站在巨人的肩膀上

Standing on the Shoulders of Giants

TURING

图灵教育

iTuring.cn

站在巨人的肩膀上

Standing on the Shoulders of Giants

TURING

图灵教育

iTuring.cn

TURING 图灵程序设计丛书

薛小小学Java

[德] 菲利普·阿克曼◎著　　贾小龙◎译

人民邮电出版社
北京

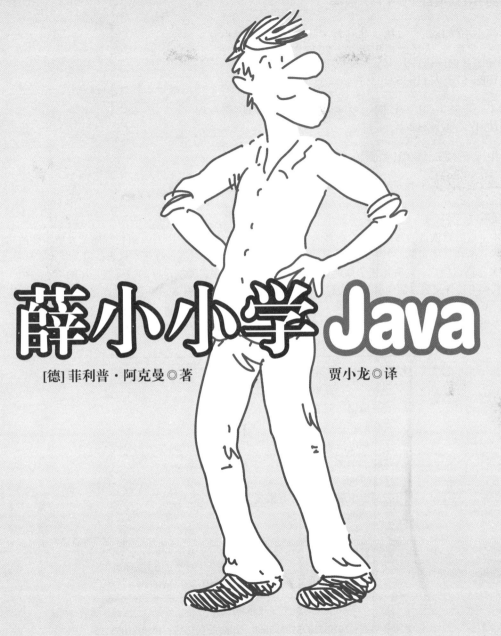

图书在版编目（CIP）数据

薛小小学Java / （德）菲利普•阿克曼著 ; 贾小龙
译. -- 北京 : 人民邮电出版社, 2020.1
（图灵程序设计丛书）
ISBN 978-7-115-52503-1

Ⅰ. ①薛… Ⅱ. ①菲… ②贾… Ⅲ. ①JAVA语言—程
序设计 Ⅳ. ①TP312.8

中国版本图书馆CIP数据核字(2019)第242044号

内 容 提 要

本书以幽默诙谐的写作风格，由浅入深、图文并茂地讲解了使用Java进行程序开发所需要的知识和技术。结合具体实例，书中介绍了变量、基本数据类型、控制流程等基本概念，以及泛型、lambda、JavaFX等高级概念，同时论述了如何正确编写面向对象程序，哪些是好的、哪些是坏的编程习惯，如何让代码可读性更强，面向服务架构和函数式编程的区别，如何测试，等等。除此之外，书中还讲解了XML、CSS、SQL等相关知识。

本书面向Java初学者。

◆ 著　　[德] 菲利普·阿克曼
译　　贾小龙
责任编辑　傅志红
责任印制　周昇亮

◆ 人民邮电出版社出版发行　　北京市丰台区成寿寺路11号
邮编　100164　　电子邮件　315@ptpress.com.cn
网址　http://www.ptpress.com.cn
三河市中晟雅豪印务有限公司印刷

◆ 开本：800×1230　1/24
印张：29.5
字数：906千字　　2020年1月第1版
印数：1－3 500册　　2020年1月河北第1次印刷

著作权合同登记号　图字：01-2017-6486号

定价：139.00元

读者服务热线：(010)51095183转600　印装质量热线：(010)81055316

反盗版热线：(010)81055315

版权声明

Schrödinger programmiert Java by Philip Ackermann (ISBN: 978-3-8362-4583-8)

亲爱的读者朋友，

很高兴你们选择学习

Java，

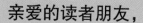

通过学习这本书，这门编程语言一定会给你们留下深刻的印象。那么，从哪里说起比较好呢？对，就从大脑说起吧。

弯弯曲曲的脑沟和脑回看起来非常适合存放那些晦涩难懂的专业知识。

说得没错，但最好是在睡觉的时候放进去，或者直接用个漏斗……

说到放置东西这件事：我想问一下，你们是否尝试过，把一个空空如也的小储物室堆满东西？不可能，没有货架根本就办不到，除非用搁板、壁橱、容器等才可以。

至于刚才提到的漏斗，我们先把它丢一边。你们完全不用舍不得，因为还有很多更合适的东西可以拿来使用。

与众不同的专业书！

学习编程和装满小储物室一样，需要一些工具，比如搁板、大大小小的容器以及一些能放重物的架子。我们的专家团队把所有代码都做了标注，把答案倒置过来，这是不想让你们过早地看到答案。你们将与薛小小（Schrödinger）一起学习编程，但他不会让你们的学习变得更轻松。老实说，他早就迫不及待地想开始学习了。

他经常会搞出一些小乱子，比如他会说：“你已经有这样的‘鞋’了，测试员。”这样可能会导致你们错过一些绝妙的练习机会。

是的，你们不用多久就会明白，为什么不轻松。
喔！说到“鞋”这个话题，我能再补充两句吗？这完全只是个暗喻，以前不是有“意大利面式程序开发”的说法嘛，在这本书里可用不到这个词。失陪了，我们稍后在工作室见……

好的，全部准备就绪，正式开始学习吧。

祝你们学习快乐！

薛小小的办公室

理论知识，一些提示和小建议

薛小小的工作室

补充、优化和修改代码

薛小小的起居室

阶段练习和总结

本书团队介绍

身为皮划艇爱好者，**艾姆特**能够在紧急关头凭借一只船桨摆脱激流。单凭这个能力，专业书的审校工作非她莫属。

艾姆特·鲍尔（Almut Poll），编辑

雅尼安的绰号是“夏洛克”。虽然侦探推理小说和时尚杂志十分畅销，但同事们还是禁止他用烟斗吸烟。

雅尼安·博纳（Janina Brönner），发行

早在学生时代，**雷欧**就非常喜欢在书上胡涂乱画，当他知道那些书现在可以拿来换钱的时候，觉得简直不可思议。

在科隆工作和生活的雷欧·莱奥瓦特（Leo Leowald）是位自由插画师。他就职于Reprodukt漫画出版社，给《泰坦尼克》杂志和《丛林世界》报刊供稿。从2004年以来，他一直为网站www.zwarwald.de绘制网络漫画。

除图书装帧设计之外，**安德烈亚斯**最爱的就是煮东西。不管怎么说，他的设计手法真是非比寻常，这很难得！

安德烈亚斯·泰茨拉夫（Andreas Tetzlaff）是一位生活在科隆的独立图书装帧设计师。他通常为艺术图书出版社工作（他和太太一起经营图书装帧网站probsteibooks.de）。但他做梦也想不到，作为经常挑战艺术类图书的装帧设计师，现在要为一本计算机专业书做装帧设计……

安奈特本身是位考古学家，原来考古和图书审校只有“一步之遥”，所以好处就是：她总能在我们的工作中发现新的东西。

生活在波恩的安奈特·莱娜茨是位自由审稿人。她为本书的审校工作做出了很多贡献。私下里她偏爱一些搞怪和恐怖的故事，还会用金银丝编制精细的船模。

安奈特·莱娜茨（Annette Lennartz），审校

这本书幸好不是满是文字的“长篇大论”，最多只能算得上是“大块文章”。尽管如此，在内容审定时，必须要做到文章的简明扼要。你也不希望在“堆积如山”的文字中翻来翻去。对吗，克里斯托夫？

作为软件开发人员，克里斯托夫·霍勒一直从事着Java企业级架构以及创建商业模型的工作。哦，值得一提的是，他自己还拥有一个专业的商业解决方案网站www.christoph-hoeller.net。

克里斯托夫·霍勒（Christoph Höller），审校

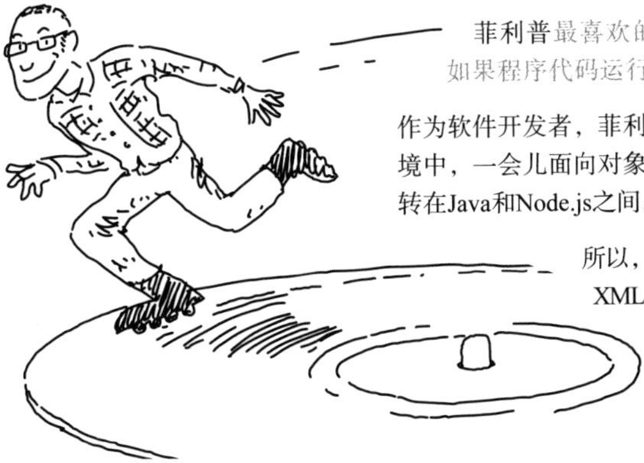

菲利普最喜欢的消遣是玩轮滑和收藏黑胶唱片。如果程序代码运行得不顺利，他可能会忙得团团转。

作为软件开发者，菲利普总能驾轻就熟地工作在不同的开发环境中，一会儿面向对象开发，一会儿面向函数式开发，或者辗转在Java和Node.js之间。

所以，他能游刃有余地应对薛小小提出的CSS、XML、SQL或其他语言的问题就不足为奇了。

菲利普·阿科曼（Philip Ackermann），本书作者

我们彼此可以用“你”互称——我也这样称呼薛小小，或叫他“小薛”

我猜，你现在一定是拿着书准备开始学习了，这与大多数Java初学者一样：想立刻开始学习，迫不及待地想编写一个属于自己的小程序，打算以后成为一名软件开发人员。一年前的薛小小和十多年前的我都有同样的人生规划，然而，当面对无穷无尽的学习资料和厚重枯燥的专业书籍时，往往却又不知该从何入手。回想起来的确如此，我也曾经或多或少地被泼过冷水，但有一点你和我们大不相同：那就是你还没有真正明白“做对的事情比把事情做对更重要”的道理。

不必担心：在本书里，我会由浅入深地为你讲解如何使用Java开发软件，通过具体实例，更好地学习和运用这门语言。此外，你将会了解如何辨别编程习惯的好坏。你还可以学到如何正确地编写一个面向对象的程序，如何区别面向服务架构和函数式编程，如何让你编写的代码可读性更高，如何测试它，等等。当然，只通过这本书的学习还无法全面掌握Java和编程艺术知识，所以我把最重要的内容过滤出来并教授给你。

虽然如此：学习Java需要一些时间，不亲自动手是学不会的。学习一门新语言，如果目的是能够使用它，那么仅仅背背单词是不够的。所以，我准备了大量的练习和代码示例。相关代码可在图灵社区本书主页www.ituring.com.cn/book/2458或者访问www.rheinwerk-verlag.de/4398下载。

此外，在本书中你不仅可以学到Java语言，还可以了解到一些XML、CSS或者SQL的相关知识。渊博的学识对于一个合格的开发者来说非常必要，所以你应该更加深入地学习这些内容。我知道，现在要求你做到这些比较困难，毕竟学习这么多内容本身就不容易。但是不用担心，我会一直指导你。

还要说一点：你既然开始学习Java了，那就不要停下来。要不断地学习，因为Java本身也在不断地发展。比如，就在你和薛小小坐下来一起学习的时候，Oracle已经发布了Java更新的版本，现在就可以学习新标准了。老实说，我非常喜欢Java SE8标准。在薛小小的“鞋盒子”里马上就用到了lambda表达式。所以，他现在就会使用更方便的DateTimeAPI了。顺便提一下，在这本书里涉及了很多关于Java 7、Java 8和Java 9的内容，如果你的Java是旧版本就不行了，先去安装个新版本吧。

致谢

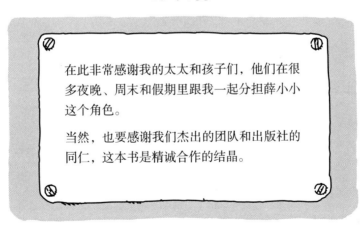

在此非常感谢我的太太和孩子们，他们在很多夜晚、周末和假期里跟我一起分担薛小小这个角色。

当然，也要感谢我们杰出的团队和出版社的同仁，这本书是精诚合作的结晶。

目录

第1章　你好！小薛

引言和第一个程序

第2章　万物皆是数据类型

变量和基本数据类型

第3章 我是不是曾经到过这里!

Java的流程控制语句

第4章 字符串的“盛宴”

有关字符串的操作

第5章　对象，一个特别的类

类、对象和方法

第6章　他到底是从哪里来的

继承

第7章　接口，疼痛的记忆

抽象类和接口

第8章　你真的了解你所有的鞋吗

数组、集合和映射

第9章 异常和异常处理

异常处理

第10章 嘿，伙计，你不能进来！

泛型

第11章　狂野的洪流——输入和输出

文件、流和序列化

第12章　保持联系

线程

第13章　应该可以看到结果！

部署程序和生成文档

第14章　交换学生——数据的交互格式

XML

第15章　用JDBC保存数据

数据库

第16章　全新的舞步

用Swing和JavaFX来实现GUI编程

第17章　走向世界

国际化、本地化、格式化、模式匹配和正则表达式

第18章　你确定结果正确吗？单元测试和Java Web Start的后续内容

单元测试

引言和第一个程序

第1章
你好！小薛

小薛发现，如果Java程序要想在虚拟机上运行，首先得把它编译成字节码（bytecode）。对于一个简单的程序来说，手动编译是非常容易办到的，但是，他不打算编写一个简单的程序。为此，他必须先安装一个开发环境，这样就比手动编译容易些。之后他用开发环境编写了第一个Java程序，学习了Java数据的搭建以及如何跟程序进行交互。

Java无处不在

很好，小薛，你想开始学习Java编程了吗？

我很高兴，能够在学习过程中帮到你。嗯，我们从哪里开始好呢？

最好直接开始学习编程，
因为我不太习惯这样的寒暄。

好吧，好吧，

但是在开始学习编程之前，你必须准备一些东西。放心，全都是免费的。

JRE，JDK，SE，EE，ME

首先你需要**Java运行环境**。Java程序必须在**虚拟机**上运行，也就是**JVM**（Java Virtual Machine）。这一点与C语言程序不同，C语言程序可以直接在操作系统上运行。这个Java运行环境也叫作**JRE**（Java Runtime Environment）。

所以，不论你想开发还是运行Java程序，都需要这个运行环境，此外你还需要Java的软件开发工具包**JDK**（Java Development Kit）。

【背景资料】

通常在下载并安装了JDK之后，JRE也就一并安装好了。

JDK有很多不同的版本：Java SE、Java EE、
Java ME，这些都是什么意思呀？
我该选用哪个呢？

事实上，选择哪个版本的JDK，取决于你想开发什么程序。**SE**（Standard Edition）是**标准版本**，它包含所有标准化开发所需要的内容。**EE**（Enterprise Edition）是**企业版**，它包含更多的东西，

比如你想用Java开发一个网络应用程序，就必须用到它。**ME**（Mobile Edition）是**移动版**，顾名思义，你可以用它来开发移动终端设备上的Java应用程序。目前来说，标准版本的JDK就够用。

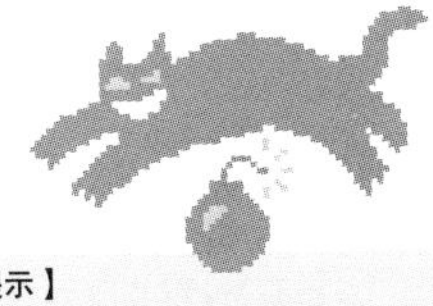

【温馨提示】

Java Mobile Edition不适用于**Android**系统。这个Java移动版和Android系统没有任何关系。它是一个完全独立的函数库，比Android系统出现早得多。尽管不能开发出现在比较流行的Android应用，但是用它开发出来的移动端应用还是可以在很多Java系统的移动设备上运行的。

安装Java

根据不同的操作系统，例如**Linux**、**Windows**、**Mac OS**或者**Solaris**，你需要下载相应的JDK。任何版本的JDK都可以在Oracle的官网www.oracle.com/java下载。接下来，我们就快速地学习Windows系统下的具体安装步骤。（如果你使用的是其他操作系统，那么我就默认你已经知道软件的安装过程了。）

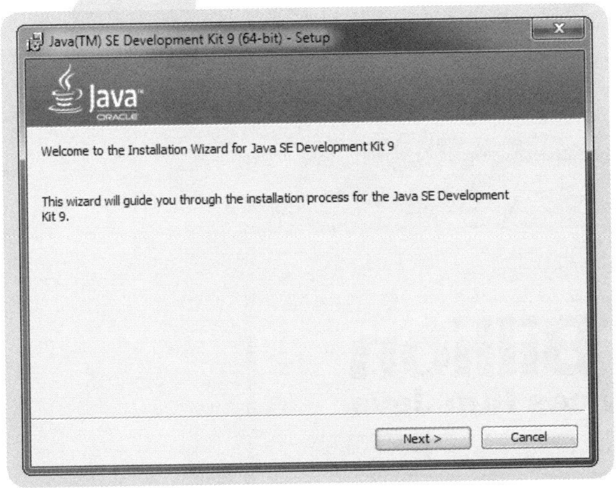

安装Java的入口对话框

在EXE运行文件下载完毕之后，你可以双击运行它，之后会弹出对话框提示框，点击“Next”进行下一步。

之后根据你的需要，在选项对话框里选择相应的组件。我们需要安装全部组件，直接点击“Next”。

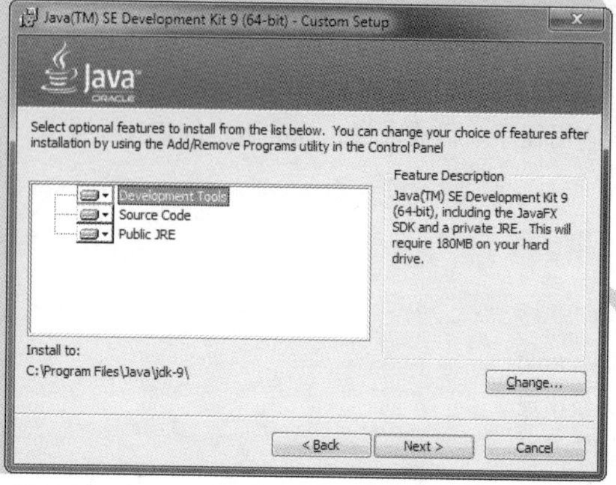

可以在选项对话框中选择你所需安装的组件

安装Java程序需要一段时间。
这段时间我去冲杯咖啡。

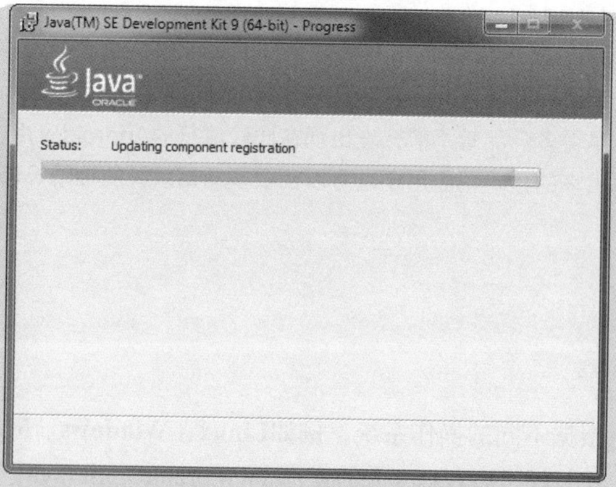

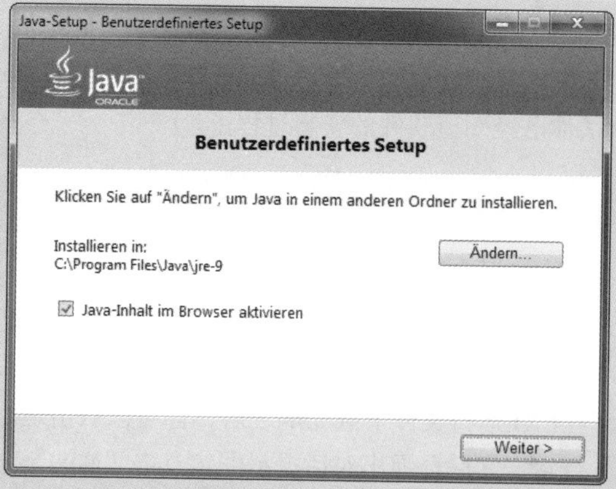

接着你还需要为JRE选择安装路径

咖啡还没有冲好，程序也还没有安装好。安装过程中会出现一些广告。看一看广告条。可以看到，Java无处不在：电脑、打印机、手机、停车计时器、信用卡以及电视等很多领域里都能找到它。所以，Java程序还是值得去学习的。

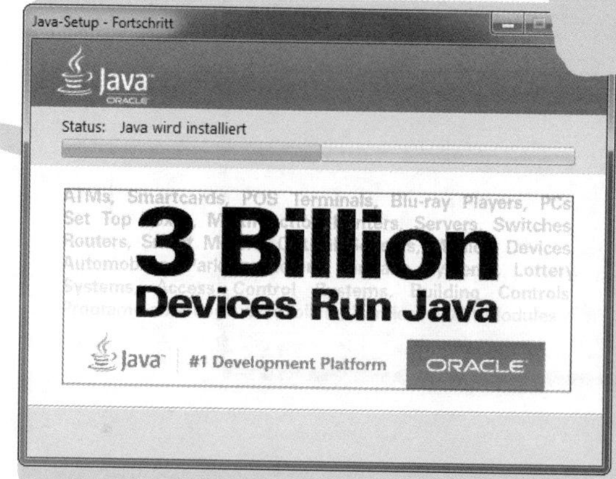

在安装过程中不可避免会出现一些Java的广告

当看到下面的对话提示框时：

恭喜你！

你已经**成功安装**了JDK和JRE！现在让我们助你实现**Java程序开发者的梦想吧**！

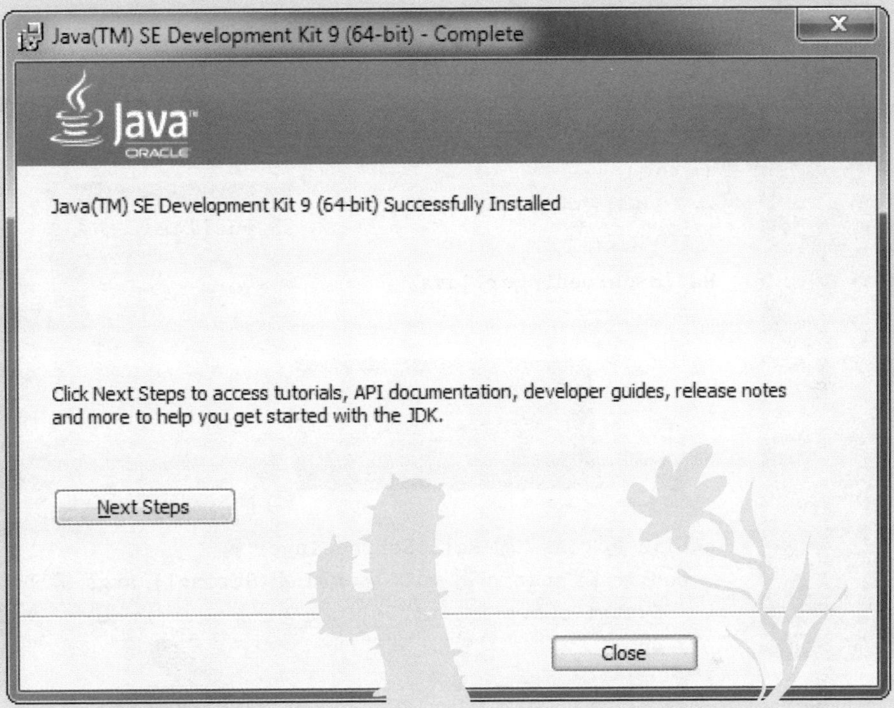

Java安装结束的确认对话框

Hallo Schrödinger

准备好了吗？我们开始了！我们从一个简单的程序“Hallo Schrödinger”开始。

【笔记】
通常开始学习一门新的编程语言，都会用“Hello World”举例。

我们算是原创了！

【简单任务】
在文本编辑器中输入下面的源代码，然后将其保存为HalloSchroedinger.java。

*2 public指明该类是个公共类。所有**公共类**必须保存在各自的Java源文件中，且名字相同。

*1 Java里所有的类都用关键字class来定义。

*3 在这个示例中，类名是HalloSchroedinger，所以相应的Java源文件名也必须是HalloSchroedinger.java。

```
public *2 class *1 HalloSchroedinger *3 { *4
  public *6 static *7 void *8 main*5(String[] args *9 ) { *10
    System.out.println("Hallo Schrödinger"); *11
  } *10
} *4
```

【笔记】
程序可以由很多类组成。但是只允许有一个起点，也就是主方法（main方法）。

【温馨提示】
在一个Java文件中只有一个public类。

*4 所有属于此类的代码都写在{}（花括号）里。

*5 每一个Java程序的**起点**，也叫作main方法。public static void和String[] args代码先不必深究，但还是先简单讲解一下为好。

*6 public指明main方法为公共方法，说明该方法可以从类的外部被调用。public是所谓的**修饰符**，后面还会讲解到它。main方法必须是public的，这样Java程序才能从外部调用运行它。

*7 static的意思是静态的，调用该方法时**不需要创建对象实例**。这样的方法也叫作**静态方法**或者**类方法**。（不用担心，这些内容会在第5章详细介绍。）

接下来干什么呢？你刚才提到虚拟机，所有程序必须在虚拟机上运行。那么我现在怎么把程序放到虚拟机里呢？

先别急，我们的工作还没完呢。在用虚拟机运行程序之前，你必须先要编译程序。

编译程序是什么？

编译程序是指**翻译程序代码**或者**转码**。用PHP和Perl语言编写的程序，**运行时**需要用一个**解析器**来解析源代码。同样，在运行Java程序前也需要用**编译器**把源代码编译成Java文件。不论解析还是编译都有它们各自的优势，我们在这里不需要讨论。你只需要知道：经过编译的程序一般运行**更快一些**。

*8 void，简单地说就是指，这个方法**没有返回值**。

*9 String 是**字符串数据类型**，String[] 是字符串类型数组，也就是在这个数组里存放了很多字符串。args 是参数名。不论是字符串还是数组，我们后续都会详细讲解。

*10 所有属于main方法的代码都写在{ }里。

*11 使用 System.out.println() 指令可以在控制台窗口里输出结果。

手动编译

编译程序时，要先打开系统的控制台窗口，进入到存放刚编写的Java文件所在的路径下。然后，在命令行输入指令：`javac HalloSchroedinger.java`，但是首先……

我执行过了，但是提示有这样的错误。

javac指令输出错误或没有找到。

首先我们要设置一下环境变量。小薛你太没有耐心了，先让我把话说完。这个错误信息的意思是，我们还没有指定好javac命令的Path（环境变量）。你最好是先去设置一下环境变量JAVA_HOME，让它指向最初安装JDK的**路径**。这个变量可以应用于Path中。是不是讲解得太快了？

环境变量设置过程详细介绍

Windows 7系统操作如下：

1 “开始”→“控制面板”→“系统和安全”→“系统”→“高级系统设置”

2 在对话框页面选择“高级”选项卡，随后点击“环境变量”，然后根据截图的内容，新建一个系统变量：

JAVA_HOME是最正规的写法

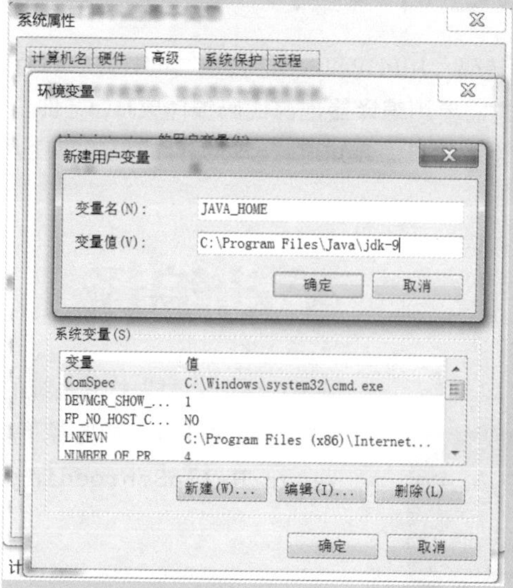

3 之后，修改Path变量内容，如下：

Path变量

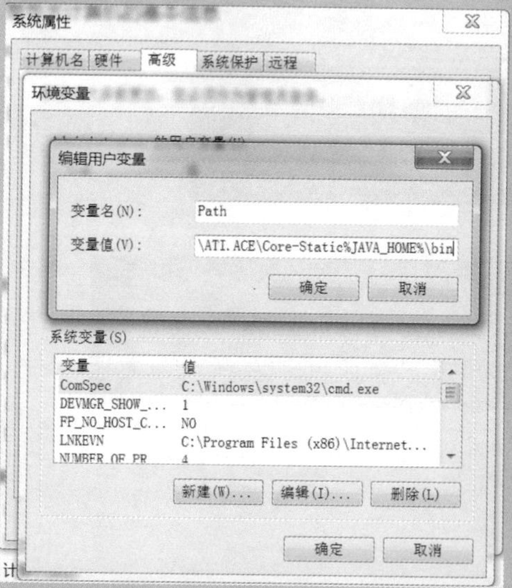

【笔记】
用 %JAVA_HOME% 的写法，可以改变其他变量的内容。

Linux和Mac OS系统操作如下：

如果你编写一个shell脚本，为了查明Java的存放路径，最好包含~/.bash_profile指令：

```
export JAVA_HOME =/pfad/zum/java/verzeichnis*1
export PATH =$PATH:$JAVA_HOME/bin*2
```

*1 首先要创建环境变量JAVA_HOME……

*2 然后再添加带$的PATH变量。

【任务完成！】

现在操作系统就可以找到Java的环境变量了，然后你就能够在控制台窗口或者shell窗口的命令行状态下输入各种指令了。

【温馨提示】

为了使新修改的环境变量能够被识别，你必须重新启动一下命令行窗口。之后用echo $JAVA_HOME 或者echo $PATH指令检测一下。

检测完成，就可以继续进行了。

你可以重新执行编译指令了（注意要先进入Java文件所在的目录）：

```
javac HalloSchroedinger.java
```

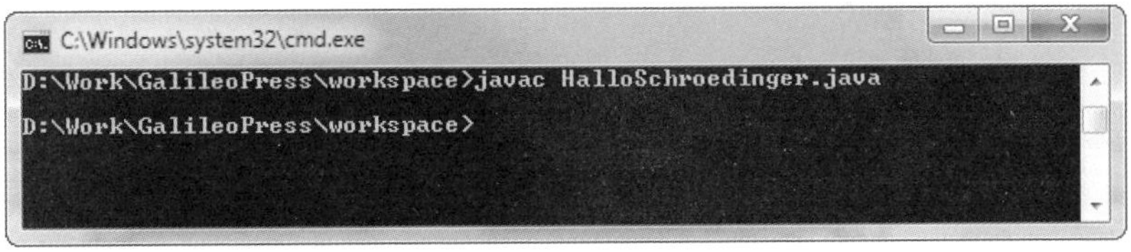
C:\Windows\system32\cmd.exe
D:\Work\GalileoPress\workspace>javac HalloSchroedinger.java
D:\Work\GalileoPress\workspace>

正常情况下编译过程不会有大量的输出信息

【笔记】

你可以用-verbose 参数查看虚拟机运行信息，即

```
javac -verbose HalloSchroedinger.java
```

现在你会在路径下面发现一个新文件：HalloSchroedinger.class。

这个就是编译后的文件！恭喜小薛！你的第一个程序编译完成了。如何？休息一下，我们继续！

什么，继续！

我想要运行我的程序！

运行程序

我早就料到，

你一定会用java指令运行程序，如：

```
java HalloSchroedinger
```

【温馨提示】

使用javac指令时，你需要给出**完全文件名**（包括文件扩展名）。但是使用java**只需要给出程序的类名**（不用带扩展名.class)。

【错误分析】

如果你的系统是Windows，看到的输出结果可能是“Hallo Schr ÷ dinger”，因为Windows不能识别变音字母（Windows使用的是标准ASCII编码）。

这种情况下，你可以在运行java指令时加上一个参数：

```
java *1-Dfile.encoding=CP850 HalloSchroedinger
```

*1 加上参数-D，后面加上file.encoding=CP850。

现在你就可以在Windows环境下看到“Hallo Schrödinger”这样的输出结果了。

【笔记】

在网页www.oracle.com/technetwork/java/javase/tech/vmoptions-jsp-140102.html中可以查找到一系列Java虚拟机指令参数。

【笔记】

除了-D这个编译器指令参数外，还有很多其他参数，比如，-d用来指定存放生成类文件的位置，-source提供与指定版本兼容的源兼容性。Oracle官网上提供了全部的Java 7编译器指令以及参数含义：http://docs.oracle.com/javase/7/docs/technotes/tools/windows/javac.html#options，这些指令和参数你不必背下来。

了解编译器和Java虚拟机

我们再来回顾一下，到目前为止你都学到了什么。

请看下面的示意图：

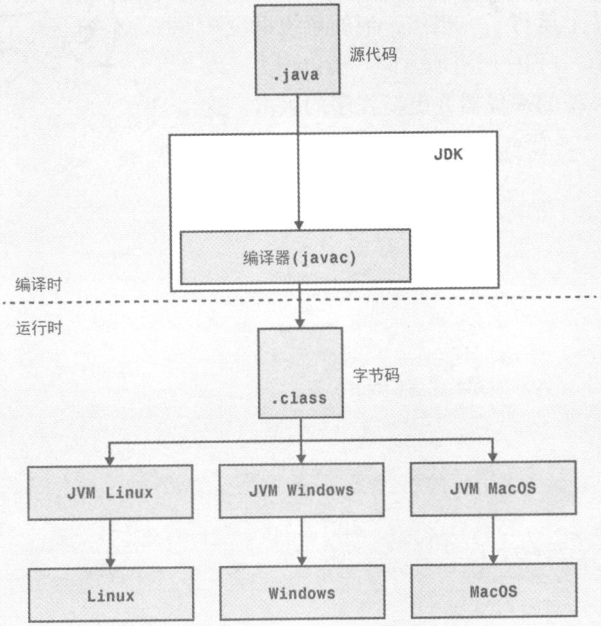

最顶部是你编写的源代码。编译器是JDK的组成部分，它把源代码编译成**字节码**，进而生成类文件（class）。这个过程就叫作**编译**或者**翻译**。

随后，字节码可以在不同的Java虚拟机上运行，当然，这取决于Java的版本。之后就是在JRE下**运行程序**。虚拟机根据不同操作系统把字节码解析成**机器码**。不同的操作系统对应的机器码是唯一的。

好的，现在明白了。我现在只需编译我的程序一次，然后就可以在任何地方直接运行它了，是吗？

没错，你可以把这个编译好的**类**文件直接给你的朋友，他就可以立即在他的系统上运行了。当然，他的系统里也必须**安装了JVM**。但运行C++程序时有所不同。所以作为开发人员，你要熟悉每个系统的编译器并更新程序的版本。这些知识需要慢慢积累。

【小贴士】
在JVM上可以运行其他语言，比如Groovy、Scala 或者Clojure 等。它们很少被提及。

阶段练习

【简单任务】
匹配正确的概念和解释。

编译器……
JVM……
java指令……
javac指令……

……生成class文件。
……把源代码编译成字节码。
……处理class文件。
……处理java文件。
……使程序可以在不同的系统上运行。
……用来运行程序。

答案：

编译器生成class文件。
编译器把源代码编译成字节码。
编译器处理java文件。
JVM处理class文件。
JVM使程序可以在不同的系统上运行。
JVM用来运行程序。
java指令用来运行程序。
javac指令生成class文件。
javac指令把源代码编译成字节码。
javac指令处理java文件。

独立完成练习

【简单任务】

按惯例，修改并运行你的源代码，在控制台窗口输出“Hallo Welt”。

好的，我修改好后，用java指令运行我的源代码……但是输出结果仍然是“Hallo Schrödiger”！

没错，只修改你的源代码还不够，你还要把程序重新……

重新编译一遍！是的，等一下，用javac指令再编译一遍。哦，现在正确了！

【简单任务】

用文本编译器再编写一个Java源代码，文件名为 Hexentexte.java 代码如下：

```
public class Hexentexte {
  public static String HOKUSPOKUS = "Hokuspokus!"; // “巫术！”
  public static String PROPHEZEIUNG = "Du wirst programmieren."; // “你将编程。”
  public static String KEINE_HEXEREI = "Das ist keine Hexerei!"; // “这不是巫术！”
}
```

Hexentexte.PROPHEZEIUNG

看起来像“巫术”！到底是什么意思呀?

嗯，类似“占卜术”。要小心哦!

“请问是关于什么的预言？”

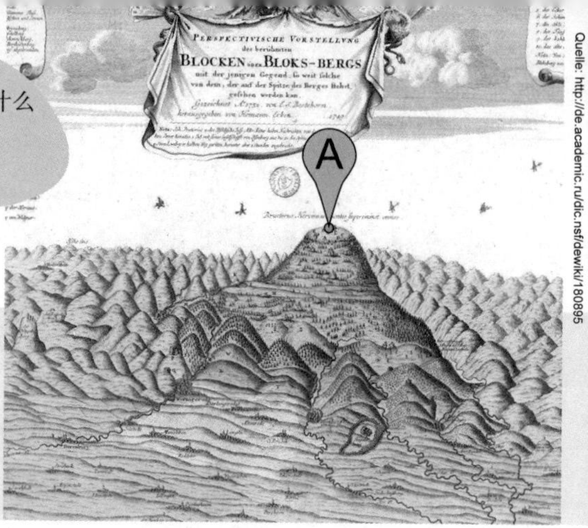

Quelle: http://de.academic.ru/dic.nsf/dewiki/180895

A 预言

Hexentexte.PROPHEZEIUNG

“首先在Hexentexte.class文件里有个Hexentexte类，里面定义了一个变量PROPHEZEIUNG。（没有的话会报错的！）”

【困难任务】

在HalloSchroedinger.java文件里的main方法中补充一行代码

```
System.out.println(Hexentexte.PROPHEZEIUNG);
```

重新编译并运行HalloSchroedinger.java文件。

你发现了什么?

哦，不！运行结果现在变成“Du wirst programmieren.”了。刚才发生什么事了?

嗯，你还没有编译Hexentexte文件。尽管这样，程序仍然可以找到。

【笔记/练习】

如果你在一个Java源代码中引用另外一个未编译的Java源代码，然后只用javac编译你的第一个文件，那个**被引用的源代码也会被自动编译好**。

需要进一步理解，什么叫自动编译。

【简单任务】

把PROPHEZEIUNG变量的内容再改成“Hekate, die Göttin des Spuks, wird deine Spiele verzaubern.”（鬼魂女王赫卡武将给你的游戏施魔法。）重新编译并运行HalloSchroedinger文件。

输出结果又变了，等一下，这意味着……

【笔记/练习】

这就意味着，被引用的文件被自动编译好了，尽管**没有去实际编译**它。

开发环境

小薛已经运行了第一个代码。至少在他眼里这算是第一个自己编写的程序。

如果你真的想认真地开发程序，单用文本编辑器还远远不够。

如果全部编译过程都是在控制台窗口手动完成的，会让人觉得枯燥乏味，所以你需要一个更强大的工具。幸运的是，有一系列绝佳的Java开发工具供我们使用，这些开发工具统称为**集成开发环境**（IDE，Integrated Development Environment）。开发环境提供了**各种各样的功能**，比如，可以用**不同颜色显示源代码**，或者**自动生成并补充完整源代码**，等等。最著名的IDE要数Eclipse、Netbeans、IntelliJ和JBuilder。IDE有Windows、Linux和Mac OS版本之分，但只有Eclipse和Netbeans是免费的。当然要你自己来决定最终使用哪个IDE，我们使用Eclipse。

安装Eclipse

你可以在网页http://www.eclipse.org/downloads/上免费下载Eclipse。

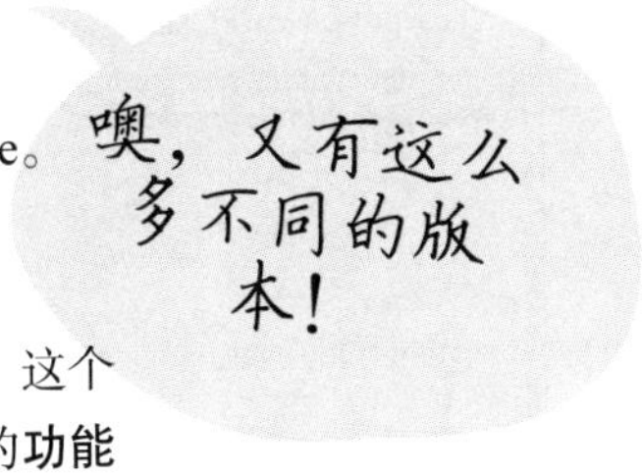

是的，都快被这么多的版本折磨死了。

先下载标准版Eclipse（Eclipse IDE for Java Developer）。这个版本包含了所有我们稍后需要的功能，以后还可安装其他的**功能插件**，比如网页开发插件、Android开发插件、数据库管理插件、网络服务插件、咖啡机应用插件，等等。如果没有你需要的功能插件，你还可以自己编写插件。总之，Eclipse本身就是用**Java语言编写的**。

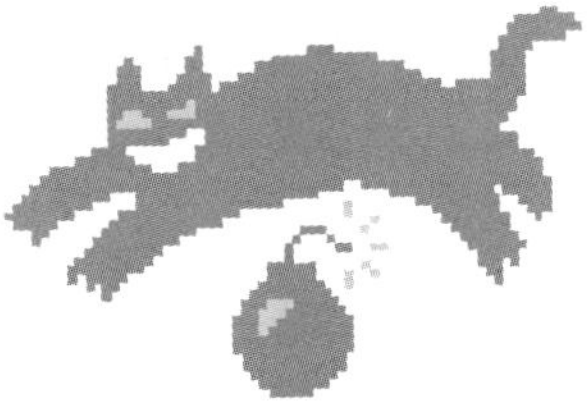

【背景资料】

因为Eclipse是用Java语言编写的，所以也需要安装JRE。我们之前已经把它安装好了。

Eclipse的安装非常简单：你只需要解压已经下载好的安装文件就行了。是不是很酷？在压缩包里你可以找到一个执行文件，点击运行它即可。

工作区和工作台

启动Eclipse时会询问你的**工作区**（Workspace）路径。指定一个路径即可，Eclipse通过这个工作区管理所有的项目。你之前编写的源代码也要放在这个路径下面。

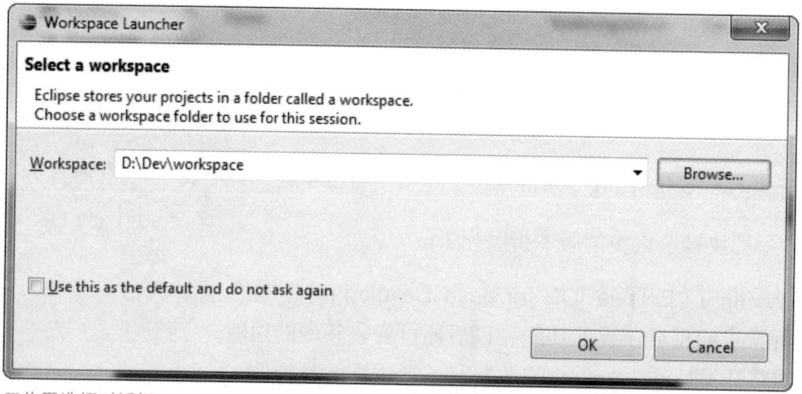

工作区选择对话框

如果你是第一次启动Eclipse，那么在指定好工作区路径后会看到一个特别的欢迎页面，通过这个页面可以查看关于Eclipse的教程。Eclipse全部安装完毕后，会出现**工作台**（Workench）界面。

工作台是开发工作的核心。你可以根据使用目的设置不同的**页面布局**和**视图**。视图是具有特定功能的窗口。页面布局则是不同视图的布局样式。

页面布局和视图

视图名称	说　　明
包资源管理器	显示正在开发的项目。因为你还没有开发项目，所以目前这个视图是空的
任务列表	显示工作计划，或必须完成的工作内容
概要	显示所选定类的详细信息。比如你打开一个类，这里会列出类的信息
问题窗口	显示编译时出现的警告和错误信息
控制台	在视图中可以查看程序的输出结果或输入参数。假如开启一个程序，并且打算输出一些东西（比如用`System.out.prinln()`指令），那么就可以在这里看到输出结果。如果你的程序需要输入数据，那么可以通过这个视图输入

【资料整理】

标准版Eclipse包含很多页面布局，你可以在菜单Windows-Open Perspectiv的选项里修改它们。

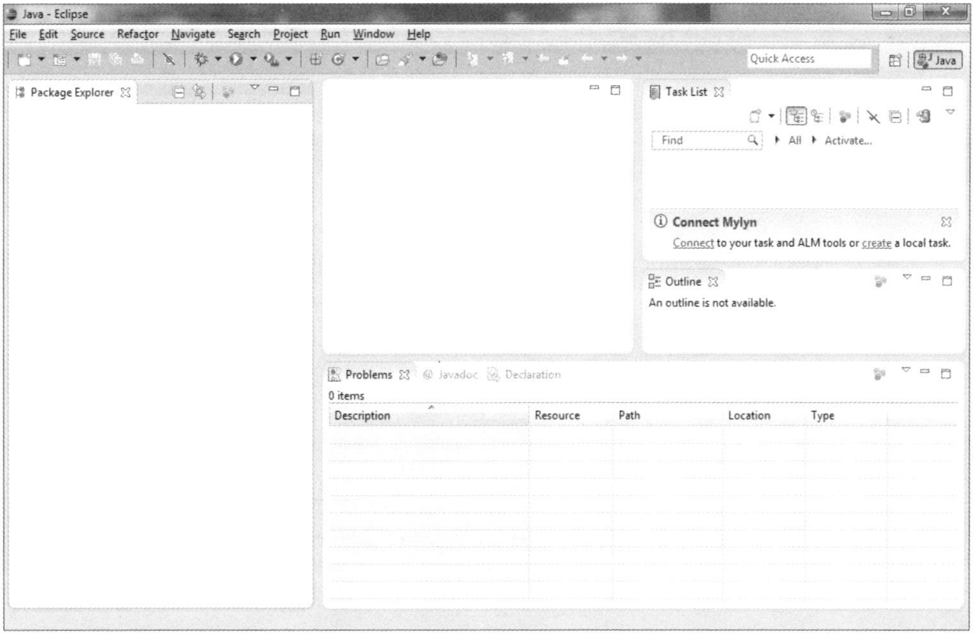

为Java开发设计的页面布局

第一个项目

我们来熟悉工作区并开发第一个Java项目。

【简单任务】

在Eclipse开发环境里创建一个新的Java项目。

打开Eclipse，在菜单中选择File（文件）→New（新建）→Java Project（Java项目），就打开了Java项目的对话框。此刻你有足够的时间在对话框中输入项目名称，点击Finish（完成）。为了保证完整性，稍后我会给你展示在对话框中可以进行哪些设置。

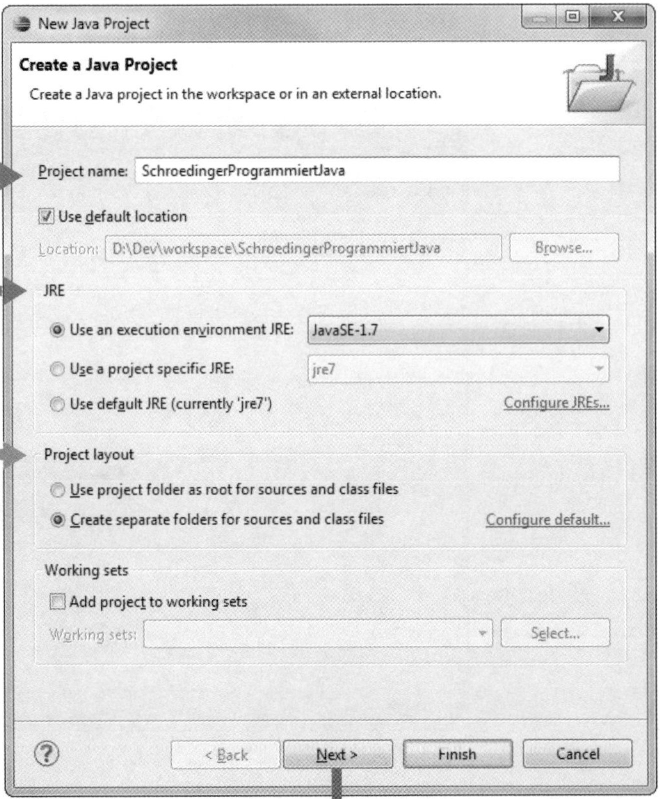

在这里输入项目的名称。

在这里可以选择Java运行环境。

在这里可以设置类文件（.class）的存储文件夹。

不同的源代码和编译的类文件最好保存在不同的文件夹中。

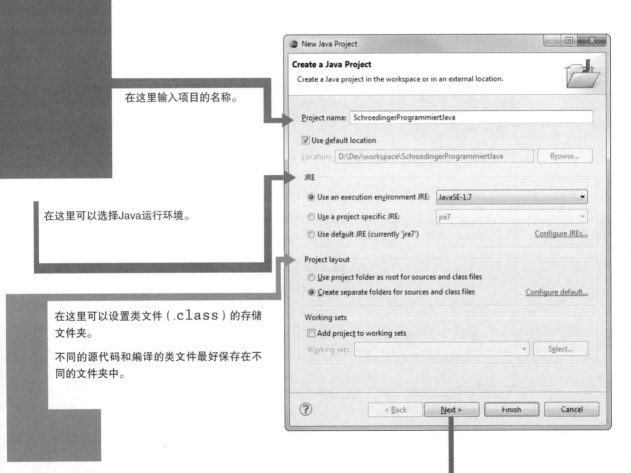

这里可以引入其他项目。现在你还不需要考虑这个选项，在后续的项目中我们会将源文件引入到其他项目。

这里可以找到源代码所在的文件夹。所有Java源代码都默认保存在SRC目录下。

这里可以向项目中引入外部函数库。

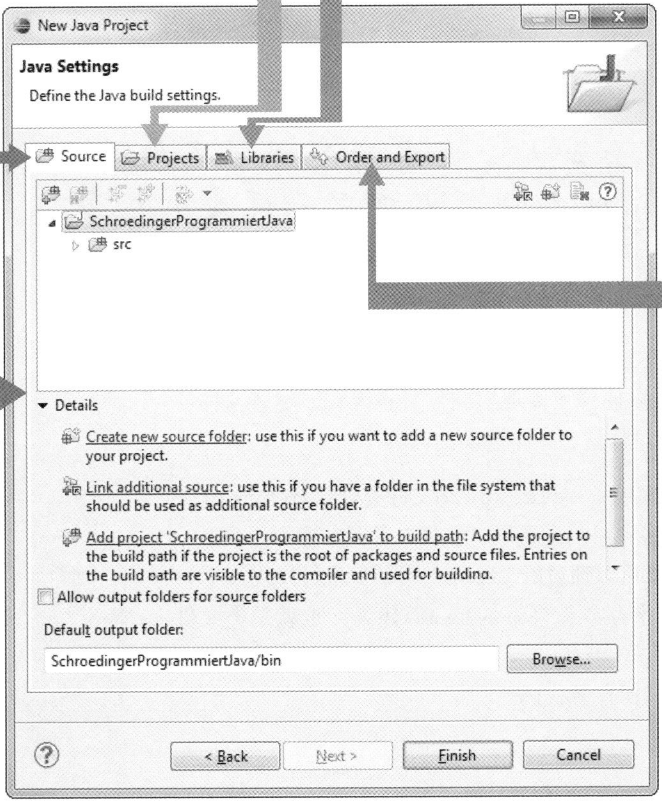

这里可以设置源代码文件夹的编译以及输出顺序。

创建好项目，你就可以在包资源管理器（Package Explorer）中看到所创建的**项目内容**了。至此，除了`src`文件夹和相关联的JRE外，整个项目几乎都是空的，因为我们还没有创建Java源文件。

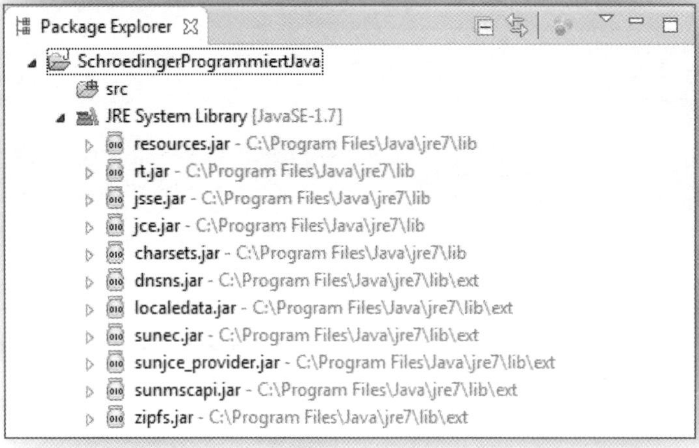

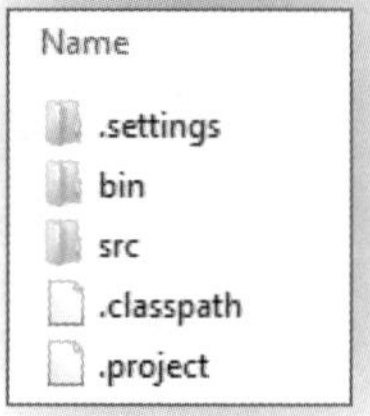

在包资源管理器中……

当我在文件资源管理器里展开文件夹时，发现里面还是有很多文件夹和文件呀。

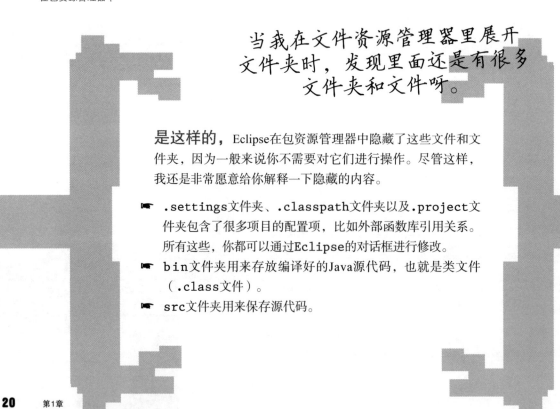

是这样的，Eclipse在包资源管理器中隐藏了这些文件和文件夹，因为一般来说你不需要对它们进行操作。尽管这样，我还是非常愿意给你解释一下隐藏的内容。

- `.settings`文件夹、`.classpath`文件夹以及`.project`文件夹包含了很多项目的配置项，比如外部函数库引用关系。所有这些，你都可以通过`Eclipse`的对话框进行修改。
- `bin`文件夹用来存放编译好的Java源代码，也就是类文件（`.class`文件）。
- `src`文件夹用来保存源代码。

打包要有序

相信我，作为Java开发者，你一定会开发很多Java程序，对这些文件按照一定样式**整理**好是十分有意义的。我不建议你将所有文件都保存在同一目录下。也许某个时候你不仅会失去对文件的有效管理，而且还会出现无法清楚命名文件的问题。为此，Java给我们提供了**包**（Package）的概念。

创建一个包非常容易：

在Eclipse的项目（Project）里创建一个新包，命名为：

de.galileocomputing.schroedinger.java.kapitel01

在包资源管理器和文件资源管理器中比对一下你的项目名。

好奇怪的名字呀！为什么用“.”分隔，而且“de”还在前面？看上去像一个反过来的网址，但是没有www。

说得没错，要注意：

给包选名要尽可能采用**独特的名称**，最好是**独一无二**的。你最好基于你所听说的网站名、客户的名字、朋友的名字、猫的名字或者随便谁的名字来给包命名。这样，**其他人也不会更改这个包名**。比如，把网址

http://www.galileocomputing.de

反过来写，将其改为

de.galileocomputing

如果你现在往包里放文件，我敢肯定，绝对不会和任何人的搞混（如果都按这样的规则命名），当然除了那些在Rheinwerk出版社做Java开发的人。如果担心自己还是会弄混的话，还可以在包名后面加上自己的名字。最后还可以添加一些东西，使我们不至于弄混，即`de.galileocomputing.schroedinger.java.kapitel01`。这就是说，包名从左往右变得越来越特别。

好吧，但是我为什么要如此唯一地命名呢？

【小贴士】

不能说是必须要这样命名，而是应该这样命名。以后你可能会使用别人开发的函数库，或者你自己写了一个很好的、别人想调用的函数库，但只有在不发生冲突的情况下才会奏效。如果一个包多次存在（或者更糟的是在包的内部还存在同样名称的文件），JVM就会出现混乱。

【背景资料】

在实际的项目中是不能用自己的名字来命名包名的。一般来说，你可以用开发项目的名字来命名。

【背景资料】

稍后你会在这本书里了解到所谓模块的概念，它是随着Java 9一起发布的新功能之一。的确，正是因为Java 9中的模块（Module）功能，才让美妙的模块化开发成为现实，不过这都是后面的内容。

【资料整理】

用更清晰、唯一的命名规则给源代码命名。

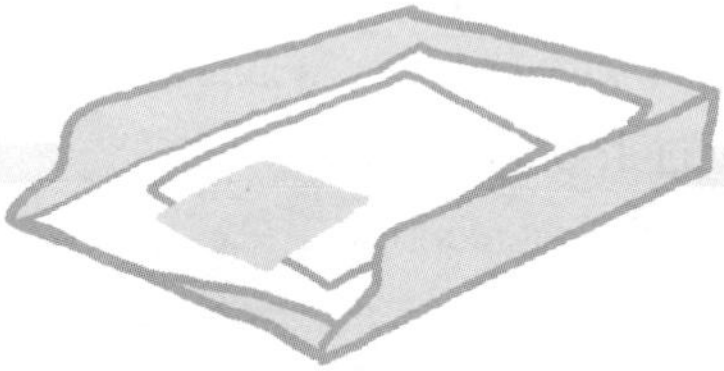

那么，现在回头看看我们的任务：创建包并查看包资源管理器和文件资源管理器。

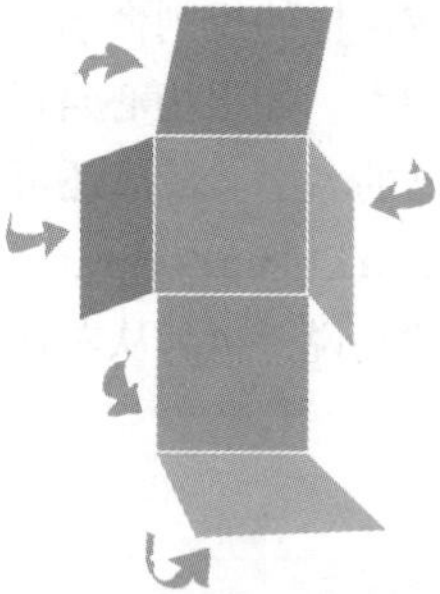

轻而易举地创建一个包

选择File→New→Package（包）菜单，之后输入包名，最后点击Finish。

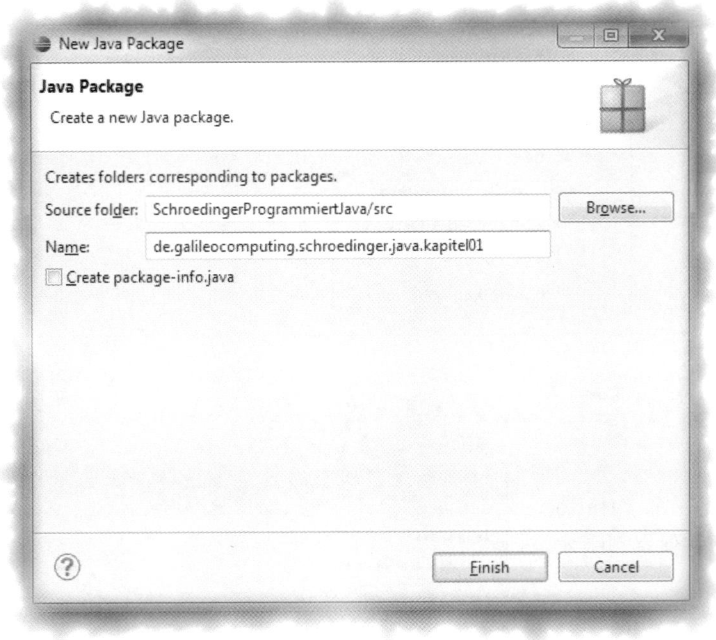

现在包资源管理器里面生成了一个包

de.galileocomputing.schroedinger.java.kapitel01

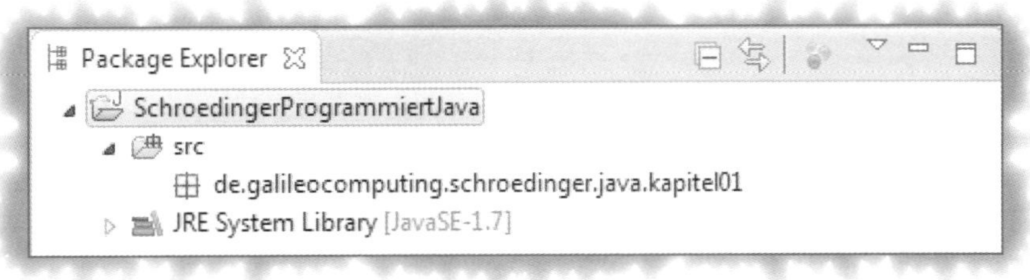

文件资源管理器里是这样显示的：

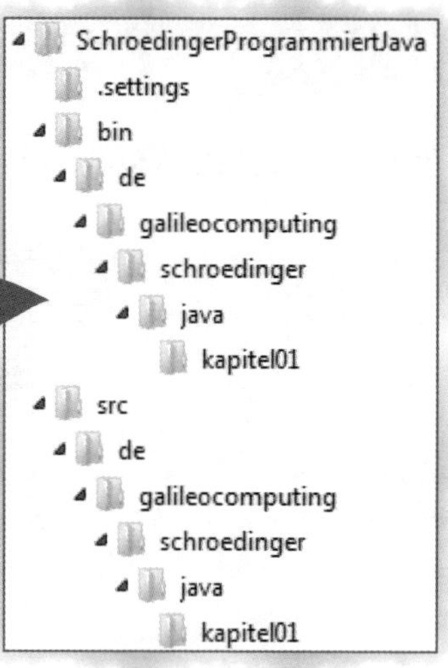

正如我所说的，Java中的包资源是以目录树结构显示的。Eclipse以目录树形式显示`src`和`bin`文件夹，这样看起来就一目了然了。

是的，你说得没错。

用Eclipse创建一个新的类

这次我们用Eclipse创建一个“Hallo Schrödinger”类，并把它保存到刚才创建的那个包里。

【简单任务】

创建一个新类，类名是`HalloSchroedinger`，然后把输出语句内容改回“Hallo Schrödinger”。

选择菜单File→New→Class（类）。打开创建类窗口，选择我们之前创建好的包，输入新的类名：`Hallo-Schroedinger`，再勾选方法项：`public static void main (String[] args)`。

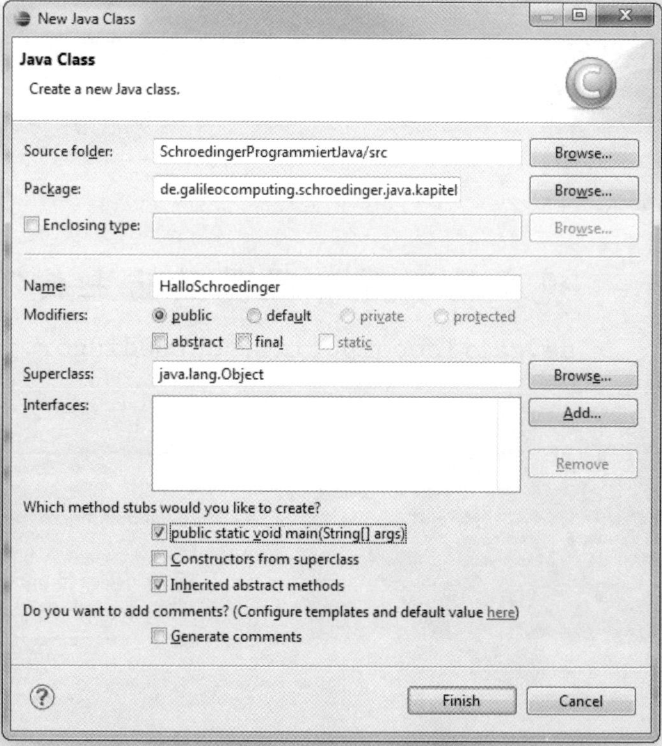

在这个对话窗口中你可以轻松创建一个新类

Eclipse已经创建好了一个Java文件，你只需要补充一句代码即可。现在的程序看上去是这个样子：

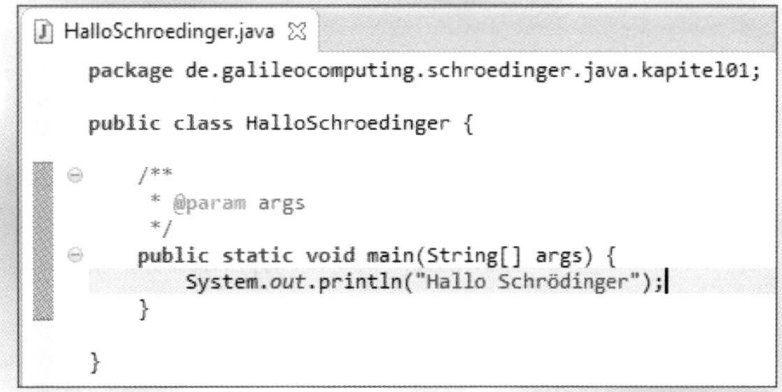
HalloSchroedinger.java
package de.galileocomputing.schroedinger.java.kapitel01;
public class HalloSchroedinger {
/**
* @param args
*/
public static void main(String[] args) {
System.out.println("Hallo Schrödinger");
}
}

你的类现在应该如图所示

这里显示的源代码，除了包名跟以前的那个程序不同之外，没有任何其他变化：

```
package*1 de.galileocomputing.schroedinger.java.kapitel01;*2

public class HalloSchroedinger {
  public static void main(String[] args) {
    System.out.println("Hallo Schrödinger");
  }
}
```

*1 package关键字标明需要加载的包名。

*2 在关键字后面给出包名，传统上包名用URL反向命名规则书写。

【笔记】

如果不给一个类指定包的话，将被指定一个默认的包。对于你私下编写的小程序来说，这样做并没有什么不妥，但是对于复杂的程序来说就不推荐了。

现在再来看看文件资源管理器里的情况。打开bin文件夹下的Kapitel01子文件夹。Eclipse已经把类文件编译好了！只要源文件被修改或者保存，Eclipse就会自动重新编译。从现在开始你就不需要手动编译了。即便这样，了解文件的编译和保存过程也没坏处。

【简单任务】

现在就可以用Eclipse运行程序了。

选择Run→Run选项，或者Run As→Java Application，之后会打开控制台窗口，在那里可以看到程序的输出结果。

“Hallo Schrödinger”。这次连变音Ö都可以正确输出了！

是的，都可以正确输出变音字母“Ö”了！比用Windows命令行窗口方便多了，对吗？

现在你知道这三个重要概念的用意了吧。

☑ 项目
☑ 包
☑ 类

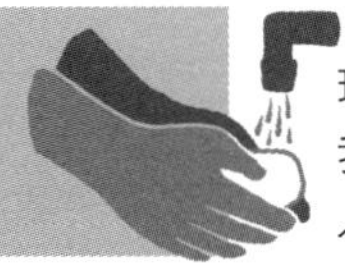

【奖励】

现在你可以坐下来休息一下了，之后我们再来看看，怎么在你的程序里输入或输出些东西。

你把这叫作休息一下吗？

与程序进行交互

在之前的“代码游戏”中你看到了，我们可以用这句代码System.out.println()在控制台窗口里查看输出结果。这是一种比较常见的做法。如果换成System.err.println()这句代码，Eclipse会把错误信息输出到控制台窗口，并用红色字体显示。你可以试一下。

【小贴士】

无论是System.out还是System.err，语句都有另外一种输出方法（相对print()来说），那就是println()。println()带换行符，而print()没有换行符。

这很适用，但是我怎么往程序里输入数据呢？

有很多方法。

方法1：开始参数

如果在运行程序前你就知道往程序里输入什么数据的话，那么就可以用开始参数。main方法这时就会通过字符串数组变量String[ ] args来传递数据。

现在我们来修改一下那个例子。以现有的程序根本产生不了什么市场价值，倒不如优化一下，让程序的输出结果可以与任意一个人说“Hallo”，那样你的目标客户就会有数十亿的增长：

```
System.out.println("Hallo " + args[0]);
```

正如之前说过的，args是一个字符串数组，类似一个字符串列表。方括号里的0代表字符串数组的第一个元素，也就是指向第一个开始参数。现在就等着给开始参数赋值了。

开始参数可以在命令行手动输入，如：

```
java de.galileocomputing.schroedinger.java.kapitel01.HalloSchroedinger *1 Schrödinger
```

*1 这时程序把包连同包名一起提交给编译器。你可以在bin文件夹里找到de这个文件。

*2 然后输入开始参数值，用空格与前面的指令分开。

在Eclipse的对话框里输入开始参数：

用Eclipse第一次运行程序时，会从后台弹出一个运行设置（Run Configuration）对话框。在对话框里你可以设置很多选项以及开始参数。也可以通过菜单Run（运行）→Run Configurations（运行设置）调出对话框，并对运行设置进行管理。

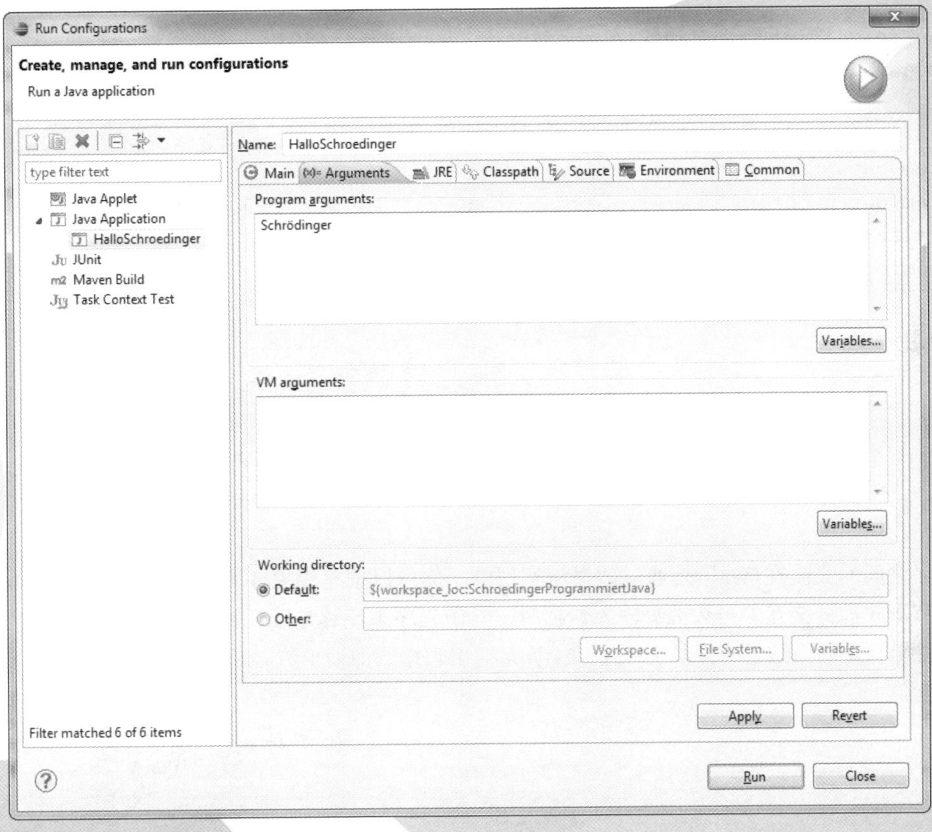

在对话框中，选择“Arguments”选项卡，输入你的名字。

还有另外一个文本框“VM arguments”。我可以在那里输入JVM参数，对吗？

是的，没错。但是现在我们只需要直接点击“Run”按钮运行程序。这时，程序的运行结果还是“Hallo Schrödinger”。你可以用其他的名字试试！

方法2：输入流

顾名思义，开始参数就是必须在运行程序前，把参数值传递给程序。这样的输入方式不能算是真正的互动方式。所以你需要另外一个有趣的方法：System.in.read()。

这个方法的功能是，从命令行依次读入单个字符。请看示例：

```
package de.galileocomputing.schroedinger.java.kapitel01;
import java.io.IOException; *1

public static void main(String[] args) throws IOException*2 {
  System.out.println("Hallo " + args[0]);
  System.out.println("Wie alt bist du?");
  int alter = System.in.read(); *3
  System.out.println(alter);
}
```

*1 用关键字import指明导入的类名。这里我们导入IOException类（IO异常类），这个类可以提供输入数据时产生的异常，应该说对这个程序是很必要的。

*2 这里的意思是：这个方法可以抛出IO异常。更多内容在第9章详细介绍。

*3 System.in.read()的返回值是整数（也就是int类型数据），即便你输入的是字符数据，返回值也是占一个字节的整数型数据。字符型和数字型数据之间的转换我们将在下一章进行介绍。

什么是流

你和程序之间的交流在Java里是通过数据流实现的。你可以把它想象成一个通道，通道里面的所有数据都以字节形式进行交互。当从键盘输入数据时，对于程序来说算是读入数据，即输入流；相反，程序在电脑屏幕上显示输出结果时，对于程序来说算是输出数据，即输出流。对于你来说……也算输入流。

【资料整理】

你需要记住：有足够多的流辅助类能够让操作变得更简便，其实System.in.read()这样的直接操作作用不是很大。

【小贴士】

out、err和in是System内部类的公共对象实例。out 和 err 属于输出流（PrintStream），in 属于输入流（InputStream）。

对象实例是什么？

为什么是System的“内部类”？听起来像一个实验室，想进到里面去的话，必须出示证件。

正相反，完全是开放的！System内部类的公共对象实例是指你可以使用内部类里的所有对象。实际上，当你输入System时，你就已经进入该内部类里了。在它后面加上“.”和方法名，比如out。这样一来，你就可以在控制台看到输出结果了。

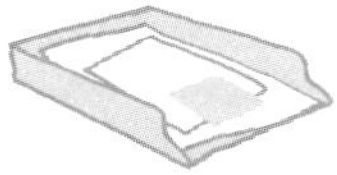

【资料整理】

System.out是输出通道，System.in是输入通道。
System.err是专门为错误信息设计的输出通道。
所有的这些通道都能在System类里找到，可用一个“.”来调用。

对象实例	对象类型	功能描述
System.out	java.io.PrintStream	标准化输出接口
System.err	java.io.PrintStream	标准化错误信息输出接口
System.in	java.io.InputStream	标准化输入接口

我还有个问题！

你说了很多关于流和控制台的知识。但是我想编写一个程序，可以用到按钮和文本框功能。控制台应用程序看起来像是20世纪80年代的！

好吧，图形界面形式最终还是要归结于基本输入输出类的。不过不用担心，我们马上来见识一下图形界面形式。

游戏开始——“文字冒险”

你已经用程序和全世界打过招呼了，那么从现在起，我们就要开启真正的编程之旅了：你不是一直梦想着开发游戏吗？

文字冒险游戏是一个有些年代感且非常经典的示例。现在我们就在“文字冒险”（World of Warcraft）的世界中创建你的第一个代码。

开始！

【笔记】

文字冒险类电脑游戏就像一本可以“互动的书”。此类游戏没有图形界面，仅通过文字互动的形式展示给游戏玩家。玩家根据提示，用键盘进行交互，从而影响游戏的进程。文字冒险类游戏绝对是20世纪80年代的象征！

编写这样的代码游戏，绝对是“80后”才干的事！我表哥以前有个小本子，里面记的都是用Basic语言编写的游戏。到现在他还在抱怨，当时手指上都磨出茧子了。

【简单任务】

创建一个类，类名是`WoWTextadventure`，源代码见下一页。

【笔记】

如果想减轻程序的输入工作量，你可在本书的下载区找到所需要的源代码。

【解除警报】

在下面的代码中，有些语句你现在肯定还不能理解。毕竟我们还有600多页的内容要讲（也许还得有喝这么多杯咖啡的工夫）。提到咖啡，我都忘了这事儿了。咖啡现在可能都凉了。

我尽量跟你简单地解释一下每句代码的含义，否则你会觉得，我写的是“咒语”。

虽然大部分Java开发者只懂得烧开水。

```
package de.galileocomputing.schroedinger.java.kapitel01; *1

import java.io.BufferedReader; *2
import java.io.IOException; *2
import java.io.InputStreamReader; *2

public class WoWTextadventure {
  public static void main(String[] args) throws IOException {
    System.out.println("Hallo " + args[0] + ", willkommen in der World of ↩
      Warcraft. Du befindest dich im Dorf Buxelknuxel.");
    System.out.println("Verwende die Tasten 'N', 'O', 'S' und 'W', um dich zu ↩
      bewegen, und 'I', um einen Blick in dein Inventar zu werfen.");
    System.out.println("Mit 'Q' verlässt du das Spiel.");
    BufferedReader br = new BufferedReader(new InputStreamReader(System.in)); *3
    String befehl;
    while ((befehl = br.readLine()*3) != null) { *4
      switch (befehl.toLowerCase()) { *5
      case "n": *6
        System.out.println("Du gehst nach Norden.");
        break;
      case "o": *6
        System.out.println("Du gehst nach Osten.");
        break;
      case "s": *6
        System.out.println("Du gehst nach Süden.");
        break;
```

*1 类所在的包名。

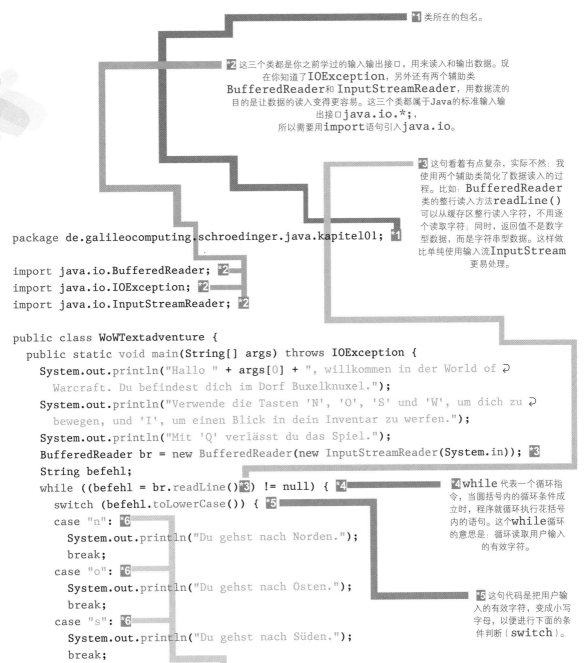

2 这三个类都是你之前学过的输入输出接口，用来读入和输出数据。现在你知道了IOException，另外还有两个辅助类BufferedReader和InputStreamReader，用数据流的目的是让数据的读入变得更容易。这三个类都属于Java的标准输入输出接口java.io.;，所以需要用import语句引入java.io。

*3 这句看着有点复杂，实际不然：我使用两个辅助类简化了数据读入的过程。比如：BufferedReader类的整行读入方法readLine()可以从缓存区整行读入字符，不用逐个读取字符；同时，返回值不是数字型数据，而是字符串型数据。这样做比单纯使用输入流InputStream更易处理。

*4 while代表一个循环指令，当圆括号内的循环条件成立时，程序就循环执行花括号内的语句。这个while循环的意思是：循环读取用户输入的有效字符。

*5 这句代码是把用户输入的有效字符，变成小写字母，以便进行下面的条件判断（switch）。

```
      case "w": *6
        System.out.println("Du gehst nach Westen.");
        break;
      case "q": *7
        System.out.println("Willst du wirklich schon aufgeben? Y/N");
        String bestaetigung = br.readLine();
        switch (bestaetigung.toLowerCase()) {
        case "y": *7
          System.out.println("Und Tschüss.");
          System.exit(0);
          break;
        case "n": *7
          System.out.println("Finde ich prima.");
          break;
        }
        break;
      case "": *6
        System.out.println("Du willst gar nichts machen? Das glaube ich nicht.");
        break;
      case "i": *6
        System.out.println("Da du noch nicht die Weisheit der Array-kundigen ⏎
          Sammler erlangt hast, befindet sich in deinem Inventar nur ein ⏎
          einziger Gegenstand: ein Holzschwert.");
            break;
      default: *8
        System.err.println("Das verstehe ich nicht."); *8
      }
    }
  }
}
```

*6 根据游戏玩家输入字符的不同，在控制器窗口给出相应的回答。

*7 如果玩家输入“q”，然后再输入“y”的话，将退出游戏；如果输入“n”则继续游戏。

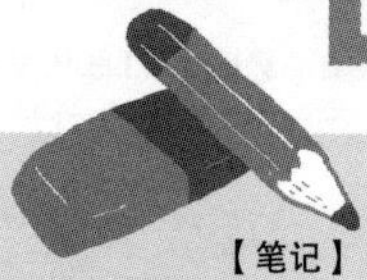

【笔记】

case是英语，在这里意思是在……情况下。

*8 对于输入的无效字符，游戏会输出错误信息。

嗯，和我想的差不多……

再告诉你一个减轻敲代码工作量的小窍门。

- 比如，不用把这句代码`System.out.println()`全部都写出来，你只需要输入“sys”，然后按“Ctrl+空格键”，代码联想功能就会给出所有以输入字母为首的代码组合，你只需要用鼠标选择想要的代码就可以了。Eclipse会为你自动生成余下的部分。如下图。

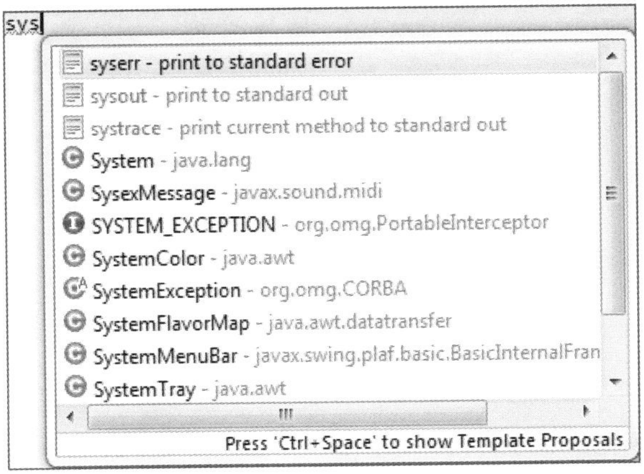

Eclipse的代码联想功能

- 同样，对于像`while`或`switch`这样有一定结构的语句，你只需要输入“while”或“switch”。通常来说，你任意输入几个字符，Eclipse都会自己去匹配与之相关的语句。

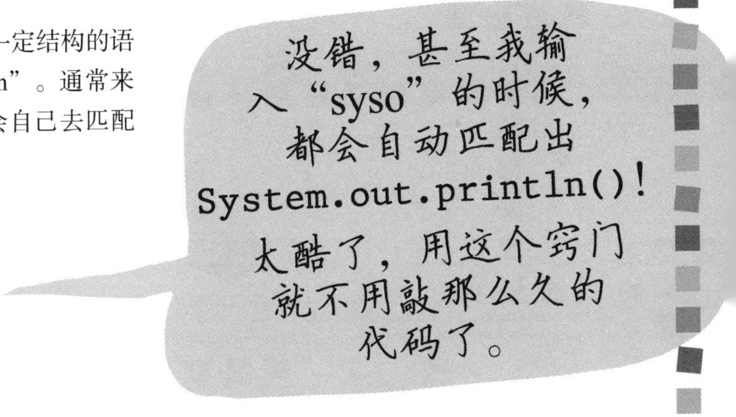
没错，甚至我输入“syso”的时候，都会自动匹配出System.out.println()！太酷了，用这个窍门就不用敲那么久的代码了。

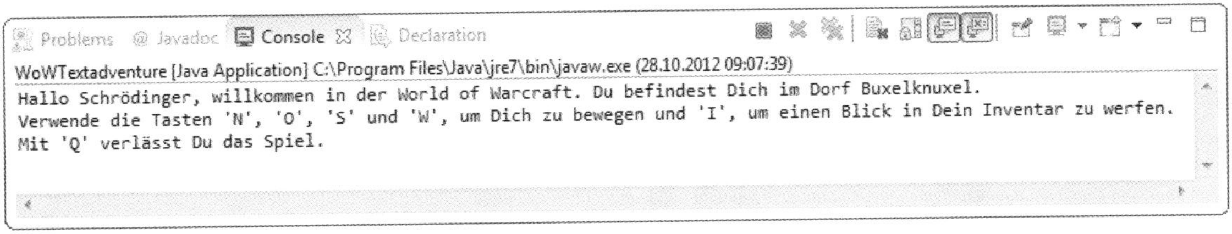

开启你的文字冒险

【任务完成】

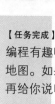

编程有趣吧！去探索一下游戏的地图。如果你忘了如何操作，我再给你说明一下。

文字冒险——

操作说明

n: 向北移动
o: 向东移动
s: 向南移动
w: 向西移动
i: 查看资产
q: 结束游戏

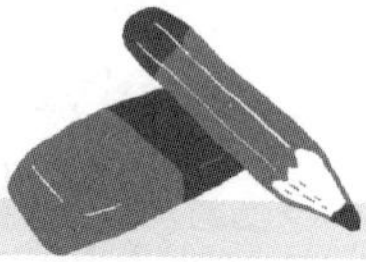

【笔记】

本书涉及的所有源代码都可以在出版社的官网上下载：www.rheinwerkverlag.de/4398。

Java的历史

小薛，你现在可以稍微放松一下了。还有一点科普常识需要介绍一下，然后第1章就结束了。我们现在来了解一下**Java的发展过程**。这部分其实没那么枯燥。我找了一张图，还有，我发誓不会讲太久。

读者朋友们，虽然到现在为止，我还不知道你叫什么名字，也不知道你的具体年龄，但是我敢肯定，你一定不会比Java大很多。因为Java诞生在20世纪中期。没错，还很年轻！90年代初，Sun公司不再满足于在C语言环境下开发程序，于是就着手研发了一种**新式的面向对象的编程语言**（当时的名字叫作Oak）。

Java诞生之初就几乎轰动了整个程序开发界（好吧，至少是震撼到了所有当时从事软件开发的人们），之后大概在1996年发布了第一个开源的JDK。这时候Java才有了现在的名字，Java Oak版本。

【小贴士】
James Gosling博士是Java的发明者之一，他领导团队一起发明了Java语言。

【小贴士】
你一定也听说过，Java还是一个小岛的名字。据说，之所以取名为Java，是因为当时团队中的一名成员特别喜欢喝Java这个小岛上的一种咖啡。由此可见，开发人员也是群有趣的人，对吧？

如果你仔细观察，就不难在地图上发现，Java版本的研发进程是1.1, 1.2, ……

嗯，打断一下，为什么Java 1.4直接跳到Java 5.0了呢，这期间发生了什么？

这是市场原因造成的。因为人们想要用版本号的变化来说明研发进展情况，如果新的版本里包括很多新功能，这就代表着进程有了一个大的进步。版本更新太快也不都是好事，比如：人们刚刚熟悉版本1的功能，没多久5.0就来了，人们就不得不放弃版本1了。

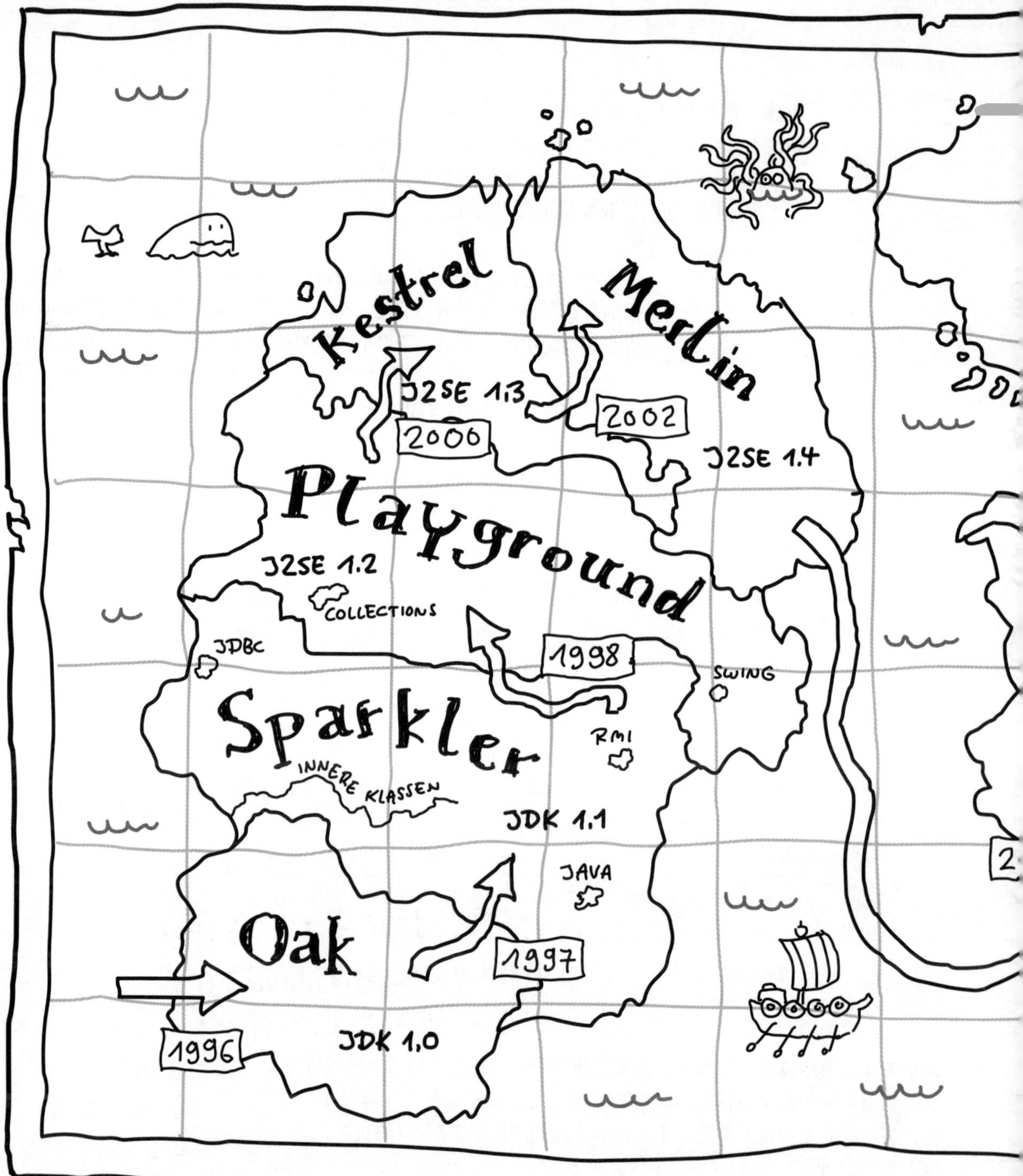
Kestrel
Merlin
J2SE 1.3
2000
2002
J2SE 1.4
Playground
J2SE 1.2
COLLECTIONS
JDBC
1998
SWING
Sparkler
RMI
INNERE KLASSEN
JDK 1.1
JAVA
Oak
1997
1996
JDK 1.0

2009年Oracle公司收购了Sun公司，这在当时引发了开发人员的强烈抗议，他们担心Java的开源时代就此结束。但随后证明，他们多虑了：Oracle公司宣布，将坚持走**开源道路**。对我们这些开发人员来说，这家庞大的公司继续Java开发事业是件好事。

【小贴士】

Java 9不再使用内部版本号Java 1.9，类似以往的Java 8（1.8）或者Java 7（1.7）。后续的版本将会延续这样的命名法9.x.x。这意味着，未来的版本会是9.1.0、9.2.0或者10.0.0。

你在这一章中学到了什么？我们一起回顾一下。

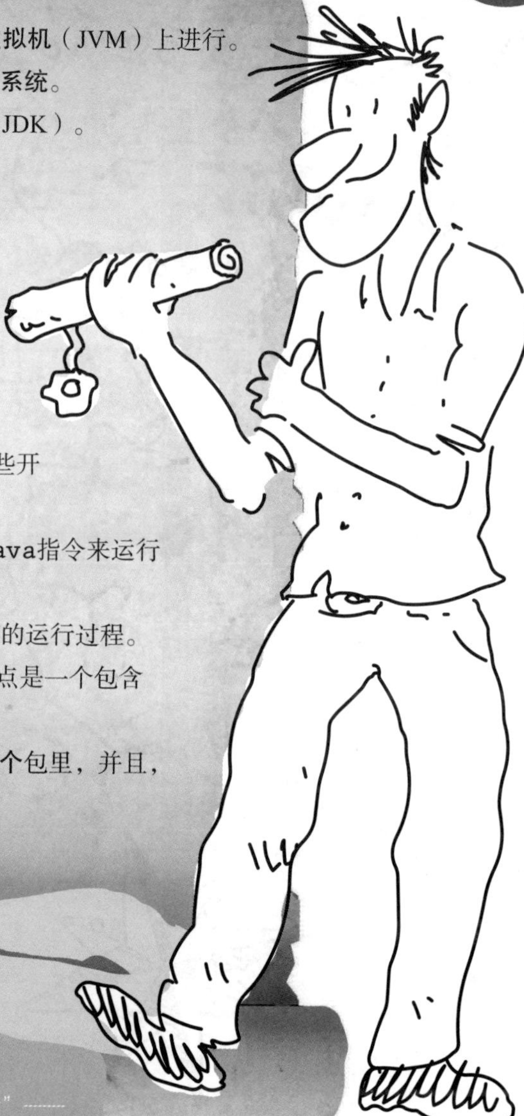

- Java程序具有**平台独立性**，运行程序需要在**Java虚拟机**（JVM）上进行。**Java运行环境**（JRE）适用于**所有目前流行的操作系统**。
- 如果想**开发**Java程序，需要用到**Java开发工具包**（JDK）。
- JDK有三个系列：
  - 标准版（SE）
  - 移动设备版（ME）
  - 企业版（EE）
- 可以用任何一款文本编辑器编写Java程序，然后用命令行的形式**手动编译代码**。更高效的做法是使用**集成开发环境**（IDE），例如Eclipse、Netbeans、IntelliJ或者JBuilder。可以在这些开发环境里开发和运行源代码。
- 命令行状态下用`javac`指令进行代码的编译，用`java`指令来运行程序。
- Compiletime指的是编译过程，Runtime指的是JVM的运行过程。所有的Java程序都是构建在类结构下的。程序的起点是一个包含`main`方法的类。
- 为了**更好地管理源代码**，应该把所有类都打包在**一个**包里，并且，为了避免混乱请使用具有唯一含义的包名。

【奖励/答案】

由衷地祝贺你，小薛！你获得了第一个“徽章”——Java版本发展图。你可以在Java的密林里找到不同版本的Java、JDK、JRE或者JDE。

变量和基本数据类型

第2章

万物皆是数据类型

小薛学习了各种各样的基本数据类型，定义了他的第一个变量，并尝试给变量命名。

什么样的变量名是合法的？变量名所代表的含义是什么？

对此有个“最佳方案”，这样以后就再不用为变量命名而烦恼了。

变量和数据类型

要想程序能实现一些功能，就需要给它们赋予一些数据。在程序中用来存放（或者临时保存）这些数据的地方就叫作**变量**。对此，要对变量里的数据进行分类，这就是：**数据类型**。在Java里定义（或者叫声明）一个变量，必须要给这个变量指明一个明确的数据类型。

【背景资料】

从一开始你就要明确，Java是一种**典型的静态编程语言**。也就是说，**每一个变量必须有明确的类型**（所以是典型的），并且**这个类型是在编译时就已经声明了**（所以是静态的）。

这一点在编程圈里或是网络上早就是众所周知的了。

使用如下结构声明一个变量：

数据类型 变量名 = 变量值;

要注意两点：

1. 赋予变量的**变量值**与**数据类型有关**。
2. 变量名**不能随意命名**，因为有些名字是Java语言的组成部分，已经被占用了。

正如我所说的，编译器对这些变量名非常敏感，如果你没有注意的话，它就会报错；相反，如果你注意了，编译器就没那么容易出现混乱。

【便签】

声明变量时不一定要赋予变量一个**初始值**。如果没有设定初始值，编译器会自动赋予它一个默认值。当然了，最好是在声明变量的时候能够给它一个初始值。稍后我们还会再来讨论这个问题。

【报错模式】

用“报错”来形容已经算委婉了，乱用变量名会让编译器产生错误，导致不能继续编译程序。

Java语言的标准化设计有如下优点：一个变量的赋值错误，通常情况下在**编译时**被发现。如果不是标准化的编程语言，比如JavaScript，查找错误会浪费很多时间，因为几乎每个变量都是任意赋值的。

好吧，好吧，强制性的，
正合我意，明白了……

数据类型的分类

Java中数据类型分为两种：**原始数据类型**和**引用数据类型**。我们先从原始数据类型开始学习，引用数据类型会在后面的章节里进行介绍。

原始数据类型？我以为Java是个高级编程语言，原始数据类型听起来像……好吧，还不算那么高级吧。

这个名字听起来是有点误导性。但事实确实如此，Java是一种高级编程语言，而且还是**面向对象的**。面向对象这个概念或多或少有些**复杂**。不管怎样，我们都还是先从**数字**、**字符**和**逻辑值**开始讲起。有时候，原始数据类型也称为**元素数据类型**或者**基本数据类型**。不管叫什么，它们最终还是要和对象联系在一起就对了。

数字类型有哪些

先从基本数据类型——数字说起。在Java中有6种数字类型：**字节型**（byte）、**短整型**（short）、**整型**（int）以及**长整型**（long），这些类型是没有小数位的；另外还有**浮点型**（float）和**双精度型**（double），这两个类型是有小数位的（也叫作**浮点数**）。

整数和浮点数，明白了。但是为什么只有这几种数据类型呢？

不同的数据类型有**各自的存储大小**。byte可以表示的数比short少，short比int少，int比long少。byte的取值范围最小，long最大。浮点数范畴里，float比double的取值范围小一些。

从图表中你可以清楚地看出每个数据类型存储空间的容量（单位是位），同时也可以看出每个数据类型能够表示的最大值和最小值。

数据类型	字节数	最　小　值	最　大　值
byte	8位	−128	+127
short	16位	−32 768	+32 767
int	32位	−2 147 483 648	+2 147 483 647
long	64位	−9 223 372 036 854 775 808	+9 223 372 036 854 775 807
float	32位	$-3.4 \times (10^{38})$	$+3.4 \times (10^{38})$
double	64位	$-1.7 \times (10^{308})$	$+1.7 \times (10^{308})$

哦，我的天呀！这么多，我一时半会儿还记不住。我现在就一定要记住吗？

不用，你不必全部记下来。比如最大值和最小值就不用记，因为一会儿还有更好的办法帮助你记忆。但是你现在应该记住的是这些**数据类型的顺序**。

我知道，你女朋友对漂亮的鞋毫无抵抗能力，所以用这样的方法帮助你记忆就非常贴切。

想象一下，不同的数据类型就像鞋一样：byte是短靴，short是低帮靴，int则是真正的长筒靴子，long是……是更长一点的靴子。float和double因为有小数位所以不适用这个例子，只要记住在任何情况下double比float都要长一些。

等等，我的女朋友可没有这样的鞋！

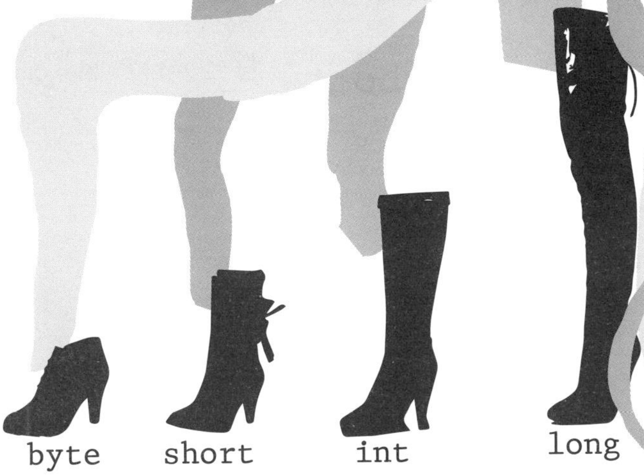

好了，好了。不必忙于澄清。至少这样的比喻会让你没那么快忘记。

嗯，你说的对，我要记下来。

- 首先是：byte——短靴。
- 然后是：short——低帮靴。
- 之后是：int——长筒靴。
- 最后是：long——加长筒靴。

说的好，小薛，我们有相同的幽默感。现在一起来看几个例子，
看看你还记得哪些靴子……不，是哪些数字。

```
byte b = -128; *1
byte b2 = 128; *2 X
short s = 6000; *3
int i = 23456; *4
```

*1 byte 可以表示最小的数字。

*2 注意：这句**编译通不过**，因为byte的最大值不是128，而是127，数字Null（0）也占用一位。

*3 short 是短整型。

*4 int是整型，取值范围是正确的。

如果需要声明一个long的变量，我建议给变量赋值时应该在数值后面加上一个**大写的“L”**，因为小写的“l”容易与数字1弄混。

```
long l = 23456782345678; *5 X
long l2 = 23456782345678L; *6
```

*5 这句还是会在**编译时出错**，因为对于整数来说，不加“L”会默认为整数类型int。这里给出的值超出了int的取值范围，实际上应该属于long的取值范围。

*6 你必须这样声明一个长整型数long。

但是为什么我不用在声明byte、short和int变量的时候，在数字的后面加上“b”“s”或者“i”呢？

问得好，答案很简单：

因为这是Java规范决定的。在各大论坛里也有这样的呼声，希望能给byte和short也加上个后缀，但现在看来还没有任何变化。

另外，浮点数的默认数据类型是double。所以在声明float变量时，需要在浮点数后面加上一个大写的“F”或者小写的“f”。

```
double d = 4.0; *7
float f = 4.0; *8 X
float f2 = 4.0F; *9
double d2 = 4.0D; *10
int a, b, c, d = 5; *11
```

*7 浮点数的**默认数据类型**是double。

*8 **编译时报错**，同样因为double型不能转换成float型。

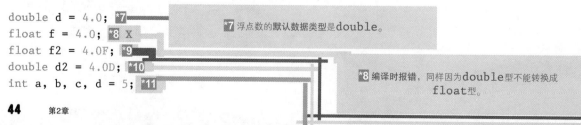

长数字的新读法

为了提高长数字的可读性，从Java 7开始提供了一个新的数字写法：在长数字中间的任何位置加上下划线“_”。比如银行卡号一般有16位，通常的写法是：

```
long kreditKartenNummer = 2345234523452345L;
```

有下划线的版本更便于阅读：

```
long kreditKartenNummer = 2345_2345_2345_2345L;
```

非常易读。幸好不是我的银行卡号……

在Java内部，这两个数没有任何区别，这样一来开发者就更容易阅读这两个变量了。

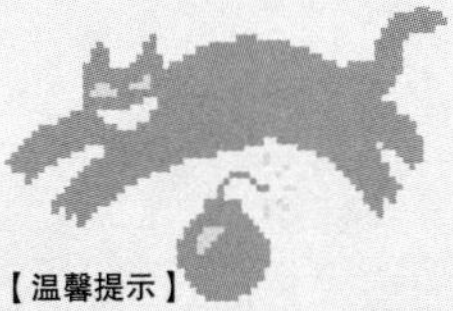

【温馨提示】

下列情况不能使用下划线：

- float和double里的小数点前后不能紧跟着下划线。
- 声明long、float和double变量时，数字后缀“l”或“L”、“f”或“F”以及“d”或“D”的前面不能使用下划线。
- 不能以下划线开始或结束。

*10 声明double型时可以用小写的“d”或大写的“D”来指定类型。

*11 允许一次性声明多个变量，并赋予相同的值，但前提是这些变量都是同一类型。

*9 必须明确地指定浮点数是float。

数字小练习

我们现在来测试一下，看看你是否已经很好地掌握了数字类型。

【简单任务】

下列数字变量的声明语句存在错误，请说明哪些是不被允许的。如果你发现了错误，就跳起来，转一圈，吸足一口气，大喊一声："错误，错误！！！"

	允许	错误
1. `short einShort = 2343434;`	☐	☐
2. `long einLong = 1234_5678_5678;`	☐	☐
3. `int einInt = 2244___________2424;`	☐	☐
4. `double einDouble = 2D;`	☐	☐
5. `double nochEinDouble = 2.0_0_D;`	☐	☐
6. `float einFloat = 2.00000000F;`	☐	☐
7. `float nochEinFloat = 02.0F;`	☐	☐

答案：

1. 错误！ 2 343 434超出了short变量的取值范围。

2. 错误！ 默认的数字类型是int。定义long型变量需要在数字后面加个"l"或"L"。

3. 允许！ 在数字中允许使用任意多个下划线。但是要注意，真正存储在变量里的数字是没有下划线的，是22 442 424。

4. 正确！ 浮点数不一定有小数点。

5. 错误！ 下划线不允许出现在后缀"D"前面。

6. 允许！ 这是常用的浮点数float赋值格式。

7. 允许！ 浮点数可以由0开始。

二进制、八进制、十进制和十六进制

小薛把猫关起来了，因为猫的叫声会影响他的计算。
现在他有点紧张。

我们可以开始了吗？

一年有365天。你可以把365换算成二进制、
八进制、十进制和十六进制吗？

我来算一下哦，十六进制？

别担心，作为Java的开发人员，数制换算的方法不必记在脑袋里。网上有足够多的换算工具。但是我希望你能把下面的方法记住，以后可以用来检查换算结果是否正确。

可是你还什么都没告诉我呢，到底要怎么做？

哦，对不起！表示数制的前缀如下表所示。

前　缀	进　制	基数	举　例
0b/0B	二进制	2	0B00011000
0	八进制	8	030
	十进制	10	24
0x/0X	十六进制	16	0X18

前缀中出现的“0”是零还是字母O？

是零。

选择哪个进制的前缀取决于你打算用什么进制表示数字。比如表示一个十六进制的数，就必须在数字前面加上0x或者0X。二进制的前缀是从Java 7才开始引入的。

OK，明白了。这就是你要的365的换算：

```
int oktalZahl = 0555;
int binaerZahl = 0B101101101;
int dezimalZahl = 365;
int hexZahl = 0X16D;
```

非常棒，其实并不难。如果你还有兴趣，并且还不想把猫从袋子里放出来的话，可以把735 535换算成不同进制数。

没有兴趣也没关系，你可以坐下来继续听。其实，还有其他的进制，只是不太常用。

【小贴士】

实际上，使用**二进制数**在程序开发时是有好处的，比如**位段结构**。可惜在这里我没有更多的篇幅和时间给你详细讲解，幸好这不是特别重要的内容。

谢谢，你说完了吧。那现在我可以把猫放出来了吧。

答案：

0b10110011100100101111，02634457，735535，0xB392F

变量名的命名规则

对于数字，你现在已经了解了，在讲解字符和逻辑值前，我还得就变量的命名规则说几句。首先，**不是所有的字符**都允许作为变量名来使用；其次，**遵守命名规则**是一名合格软件开发人员应该养成的好习惯。

变量名可以包含字母、数字、美元符号（$）或者下划线（_），但是不允许以数字开头。除此之外，一名合格的开发人员应该有一个习惯：变量名**一定**是用字母开头，而且变量名是**有一定含义**的一串字符。**驼峰命名法**就是一个很好的命名风格：当变量名由多个单词组成时，除第一个单词的首字母要小写之外，其他单词的首字母都应该大写。

请看示例：

```
int zahl = 4; *1
long ganzLangeZahl = 234567; *2
int 5tesBeispiel = 5; *3 X
char buchstabe-b = 'b'; *4 X
```

*1 变量名只有一个单词组成，所有字母都小写。

*2 变量名由一个以上单词组成时，除第一个单词外，**其他单词**的首字母需要大写。

*3 变量名**不允许用数字**作首字母。

*4 变量名**不允许包含连接符**“-”

等等，这里的char是什么意思？

哟， 差点忘了。用char可以定义字符或字母。我们接下来就会看到它的用法。变量命名时它保持不变，int和short也如此，其他的写法是无效的。

【便签】

万事都有意外：变量名也不一定非得有含义，比如循环语句中的循环条件变量i或者j（下一章会学习到循环语句）。

【小贴士】

驼峰命名规则和骆驼牌香烟没有任何关系。因为用**驼峰命名规则**写出的变量名像一匹长长的骆驼，故而得名。

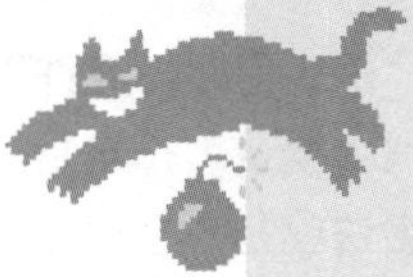

【温馨提示】

有一些单词是不允许用作变量名的，因为它们属于Java的**关键字**。

在此给出Java**关键字**的列表。

A
abstract
assert

B
boolean
break
byte

C
case
catch
char
class
const
continue

D
default
do
double

E
else
enum
exports*
extends

F
final
finally
float
for

G
goto

I
if
implements
import
instanceof
int
interface

L
long

M
module*

N
native
new

P
package
private
protected
provides*
public

R
requires*
return

S
short
static
strictfp
super
switch
synchronized

T
this
throw
throws
to*
transient
try

U
uses*

V
void
volatile

W
while
with*

*应用在模块结构中

关键字列表

【便签】

这里再给出几个关键字：null、true和false也不允许用作变量名。

下列哪些变量名是被允许的，哪些不行？继续上次的游戏。

		允许	错误
1	`int 7mal7 = 49;`	☐	☐
2	`double _ = 0;`	☐	☐
3	`float _7%7 = 5;`	☐	☐
4	`float _7x7 = 49F;`	☐	☐
5	`int default = 0;`	☐	☐

答案：

1 **错误！**变量名不允许以数字为首。

2 **正确！**下划线是允许的，不论出现在哪里。哪怕只有一个下划线。

3 **错误！**运算符%是不允许的。

4 **允许！**“x”不是运算符，而是一个字母！虽然是可以，但还是看着有点奇怪。

5 **错误！**default是Java关键字。

Java语言编码规范——选择有效的变量名

一个名字是否有效，编译器能够检测到；但是一个名字是否有含义，它就检测不到了。所以就需要用规则来约束一下，比如**Java语言编码规范**。这个规范给出了程序开发时的统一标准，同时也包含了命名规则。

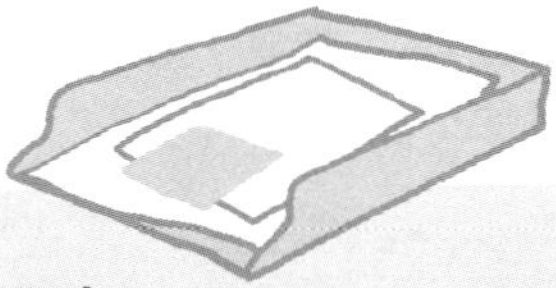

【资料整理】

完整的编码规范可以在Oracle的官网上下载：

http://www.oracle.com/technetwork/java/codeconv-138413.html。

第9章是关于命名规则的内容。

总结一下重点：

☛ 变量名不宜太短或太长，但是一定要有含义。在短小的代码段中，临时变量名的长度可以比较短。比如在下一章中我们就会学到，在循环语句中，变量**i**、**j**、**k**，或者**x**、**y**都是被允许的变量名。

【便签】
作为一名开发人员，经常会阅读和编写很多代码，要么是阅读别人的程序，要么是自己编写的。所以，为了避免阅读代码时出现看不懂的情况，建议你在编写代码的时候一定要格外小心。

嗯，要为“别人”编写代码。

没错，这个“别人”也许就是你自己。

☛ 因为Java是标准化的编程语言，所以在命名时就应该体现变量的类型。千万不能犯类似下面的错误：
booleanIstSchonFeierabend，doubleEinkommen。
同时也要避免在命名时使用**特殊字符**，最好不要使用**中式英文**。

☛ **小写的驼峰规则**（第一个字母小写）适用于所有**变量命名**。**大写的驼峰规则**（第一个字母大写）适用于**类命名**，因为类名第一个字母必须大写。**包的命名方法**在开始的时候已经见识过了，**全部要小写**。**常量**（值不会改变的变量）命名时要**全部大写**，多个单词可以用下划线来分隔。

在此给出一些示例。

类　型	书写规则	举　例
变量名	小写驼峰规则	meineWunderhuebscheFreundin
类名	大写驼峰规则	SchroedisMalschule
包名	全部小写	de.galileocomputing.schroedinger.java.kapitel02
常量名	全部大写	EINE_KONSTANTE

运算和运算符

现在我们已经学过：如何声明变量、如何命名变量、如何使用数字类型。但是对于如何利用这些数字，我们还没有真正开始学习。

其实，在Java里也有一些基本的算术运算，比如加法运算(+)、减法运算(-)、乘法运算(*)、除法运算(/)和取余运算(%)。

算术运算符

运算符	含　义
+	加法运算
-	减法运算
*	乘法运算
/	除法运算
%	取余运算

取余运算是什么？
老实说，我不记得了。
以前我也不是什么数学天才。

那你一定也没听说过逗号分隔符吧？

这个应该和押韵有关吧？

啊，那好吧。取余运算（也叫作取模运算）可以用一个例子解释清楚：22 % 4 = 2，因为4可以被20整除，但是还有个余数2。或者可以这样理解：20被4整除，22 − 20 = 2。

对于Java开发者来说，这些基础运算其实是比较容易的。

要非常熟练地掌握：

```
int a = 5;
int b = 4;
int ergebnis = a + b;
ergebnis = a + b * b; *1
ergebnis = (a + b) * b; *2
ergebnis = a%b; *3
```

*1 四则混合运算，结果（ergebnis）是21。

*2 括号运算法则，结果是36。

*3 取余运算，结果是1。

【背景资料】

你发现了吗？在这个例子中，一个字母的变量名也是允许的。

深入研究除法运算

做除法运算时你一定要注意：如果参与运算的两个数都是整数型变量，那么其结果一定也是整数型；只要其中一个数是浮点型，那么其结果也将会为浮点型。因此，下面的代码编译时会出错：

```
int ergebnis = 5/2.5; *4 X
```

*4 2.5是浮点数。运算结果应该选择double（双精度）类型。然而，double不是int（整数型）！所以编译时会报错！

另外，如果运算结果和运算数的类型都定义为整型，那么运算结果的小数部分将会被省略！

```
int ergebnis = 5/2; *5
```

*5 ergebnis不是2.5，而是2，因为变量的类型是int型。

若把运行结果的类型改为double，这时虽然结果是有小数部分的，但是小数部分为0。

```
double ergebnis = 5/2; *6
```

*6 double类型的运算结果是2.0。

此时，double型的运行结果虽然有小数部分，但这也并不比int型更精确。所以，在每次进行运算时都必须考虑运算结果的精确度问题。请看下面的例子：

```
double d = 10/3;
System.out.println(d);
```

虽然运行结果是double型，但是我们得到的值却是3.0，并不是我们所期望的3.3333…。这是因为，两个运算数的类型是int型。如果想得到精确的结果，我们必须把两个运算数的类型定义为浮点数。

等一下，我明白了，你的意思是这样的吗？

```
double d = 10.0/3.0;
```

是的，非常正确。你甚至可以把小数点后面的零省略掉（如10./3.），或者加上“D”（如10D/3D），采用哪种书写格式都可以。那么现在的运行结果是什么？

3.3333333333333335。明白了，double类型的取值范围不支持更多的小数位。

是的，取值范围不支持更多的小数位了。但是这样的运算结果看上去也不是太精确，既然是3的无限循环，最后一位上的5就显得不那么精确。如果想要小数点后面的结果更精确的话，还是使用float或者double类型更好一些。

也就是说，我不能用Java做精确计算了吗？

*1 声明对象实例用new关键字。我们将在第5章详细介绍。这句代码的意思是，生成了两个BigDecimal实例，一个是10；另一个是3。

用BigDecimal进行精确计算

对象实例是什么？

就这个列子来说，对象实例是指BigDecimal类的一个具体的“大十进制数”。也就是BigDecimal类里的一个实例。

当然可以。为了让**小数位足够精确**，Java提供了BigDecimal类：

```
BigDecimal zehn = new BigDecimal("10"); *1
BigDecimal drei = new BigDecimal("3"); *1
BigDecimal ergebnis = zehn.divide(drei*2, 16*3, RoundingMode.HALF_UP*4);
System.out.println(ergebnis);
```

*2 调用对象实例zehn的类方法divide()进行除法运算，实例drei作为第一个参数传递给类方法。

*3 第二个参数代表小数位的长度。语句中把小数位设置成16位，也就是double的最大取值范围。还可以精确到更多的小数位。

*4 第三个参数通过一个常量指明进位的方式（四舍五入）。

现在结果精确多了：3.3333333333333333！但是实际上结果应该是3.3的无限循环小数才对呀？

没错。BigDecimal类内部实际上知道哪些数是无限循环的，然而并不会存储这个无限循环的数（因为存储空间不是无限的）。

所以只需要记住：想要运算结果更精确，使用BigDecimal比float和double更合适。

【温馨提示】

需要注意的是，BigDecimal的参数是字符串型，而不是数字型。

噗，提醒得好！

```
BigDecimal dasKannUngenauWerden = new BigDecimal(0.4); *1
```

*1 这样的写法得到的结果是不准确的：0.40000000000000002220446049250313080847263336181640625。因为不知道在什么时候会出现有用的小数位，并且也是不正确的。所以最好把 0.4 用双引号括起来：new BigDecimal("0.4")，这样就没问题了。

自增和自减语句

开发人员喜欢把语句写得精简一些，所以Java提供一些算术运算的**缩写形式**：-=，+=，/=，*= 和 %=。请看下面的语句：

```
int zahl = 5;
zahl = zahl + 4; *1
zahl += 4; *2
```

*1 标准的书写格式。

*2 缩写形式。

如果已知一个数的递增量为1或者递减量为1，那么就可使用更**加精简的写法：++**和**--**（两个加号或者减号）。

```
int zahl = 5;
zahl = zahl + 1; *1
zahl += 1; *2
zahl -= 1; *2
zahl++; *3
zahl--; *3
```

*1 标准的书写格式。

*2 自加和自减的缩写形式。

*3 最精简的缩写形式。

【背景资料】

++称作**递增**运算符，--称作**递减**运算符。递增或递减运算符可以出现在变量的后面或前面，位于前面时，意味着先运算，再赋值给变量。这种写法也叫作**前缀书写格式**；位于变量后面时，则先赋值，再进行运算，此时称为**后缀书写格式**。

```
int zahl = 5;
System.out.println(zahl++); *1
System.out.println(++zahl); *2
```

*1 先打印出变量zahl的值，之后再自增1。实际上，变量值最后是6，但是在控制台输出则是5。

*2 前缀书写格式，先进行运算，再输出变量值。一开始，zahl变量的值是6，因为++要先运算，所以值最后是7，然后在控制台窗口上输出。

计算练习

【简单任务】

下段代码的运算结果是什么？

```
int zahl = 7;
System.out.print(++zahl);
System.out.print(zahl++);
```

这个简单，首先是“8”；然后还是“8”。
输出结果是“88”！我外婆就是88岁！

【困难任务】

调整语句的顺序，使输出结果为8, 8, 81, 81, 9, 9, 7, 7。 此时的输出结果为49, 7, 9, 81, 80, 80, 8, 8 。

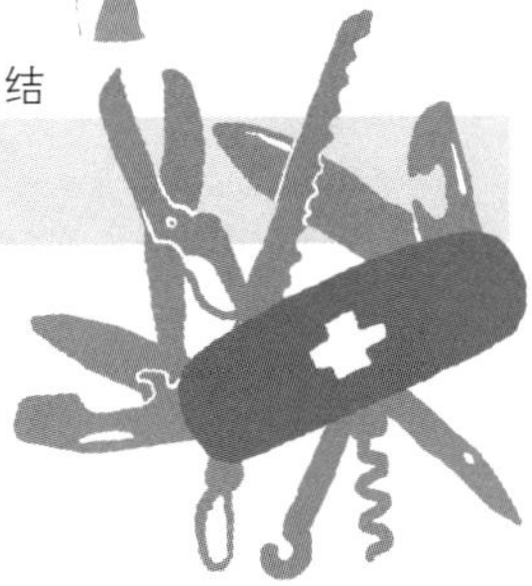

```
int zahl = 7;
System.out.println(zahl*zahl); // 1
System.out.println(zahl++); // 2
System.out.println(++zahl); // 3
System.out.println(zahl=zahl*zahl); // 4
System.out.println(--zahl); // 5
System.out.println(zahl--); // 6
System.out.println(zahl=(zahl-9)/8); // 7
System.out.println(zahl); // 8
```

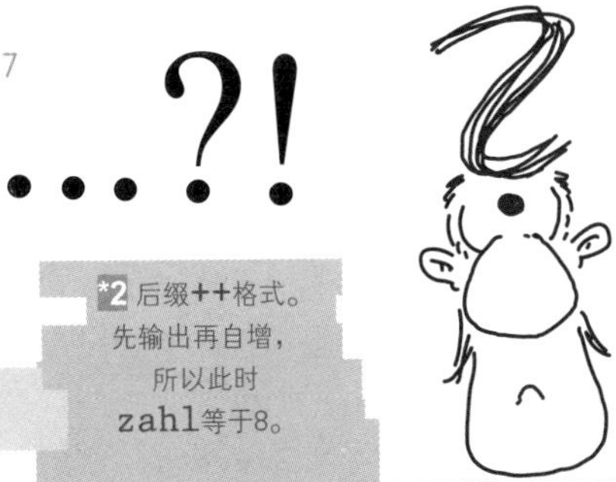

答案：3, 2, 1, 4, 7, 6, 5, 8。你只需要把第一行与第三行互换，第五行与第七行互换即可。

```
int zahl = 7;
System.out.println(++zahl); *1
System.out.println(zahl++); *2
System.out.println(zahl*zahl); *3
System.out.println(zahl=zahl*zahl); *4
System.out.println(zahl=(zahl-9)/8); *5
System.out.println(zahl--); *6
System.out.println(--zahl); *7
System.out.println(zahl); *8
```

*1 前缀++格式。先自增再输出，所以此时zahl等于8。

*2 后缀++格式。先输出再自增，所以此时zahl等于8。

*3 经过前两句运算后，此时zahl=9。再计算9*9=81。

*4 此时仍然是zahl等于9。经过计算9*9=81，把结果81赋值给zahl。

*5 算式(81–9)/8的结果是9，再赋值给zahl等于9。

*6 后缀--格式，先输出后递减，zahl等于9。

*7 前缀--格式，先递减再输出，zahl等于7。

*8 这里计算就比较麻烦，尽管如此，结果仍是7。

明白了吗，小薛？

数字类型的转换

在Java中，有时需要进行原始数据类型间的**相互转换**，也可以称作**扩展**（Widening）或者**缩小**（Narrowing）。扩展的意思是把一个数据类型的取值范围扩大；缩小则相反，把取值范围变小。

通过一个示例便可一目了然。

```
byte kleinsterTyp = 5; *1
short kleinerTyp = kleinsterTyp; *2
int grosserTyp = kleinerTyp; *3
long groessterTyp = grosserTyp; *4
grosserTyp = groessterTyp; *5
grosserTyp = (int) groessterTyp; *6
kleinerTyp = (short) grosserTyp; *7
kleinsterTyp = (byte) kleinerTyp; *8
```

*1 定义了一个byte类型的变量。

*2 把一个byte类型变量赋值给一个short类型变量是没有问题的，因为short的取值范围包含byte的取值范围。

*3 同样，把一个short类型变量赋值给一个int类型变量是没有问题的。

*4 同样，把一个int类型变量赋值给一个long类型变量也没有问题。

*5 相反，把一个long类型变量赋值给一个int类型变量就没那么容易了。编译器会给出提示，不接受这样的直接转换。

*6 此时我们必须对类型进行**强制转换**。在我们确定有必要的情况下，才能把long类型转换int类型。这样做并非一定安全，因为可能会失去精确度，不确定long的哪部分值会被转换成int。

*7 把int类型变量转换成一个short类型变量就需要强制转换。

*8 把short转换成byte也是如此。

扩展转换通常没什么问题，但是缩小转换就可能有风险，因为会丢失精度。所以，在类型转换时要非常小心！

```
short zahl = 128; *1
byte kleinesByte = (byte) zahl; *2
System.out.println(kleinesByte); *3
```

*1 尽管128的取值范围未超出short类型，但是已经超出byte类型了。

*2 编译器可以察觉short类型的取值范围比byte的大，但是强制转换是否安全就无法察觉了，所以它允许把128转换成byte类型。结果等于-127……

*3 结果显然是错误的：-127不是最小的byte值！这样的情况就被称作溢出。因为128已经超出了byte的取值范围，确切地说，128比最大的byte取值范围（127）大1，**正确的取值范围应该是从第一位开始计算**（也就是-128才是byte的最小值）。

OK，我明白了。

如果还是以靴子为例，类型转换也就可以理解为：只要能装进小靴子里的东西，也一定能放进大靴子里。反过来就不行。我觉得，除了圣诞老人，没有人愿意把东西往靴子里放吧。

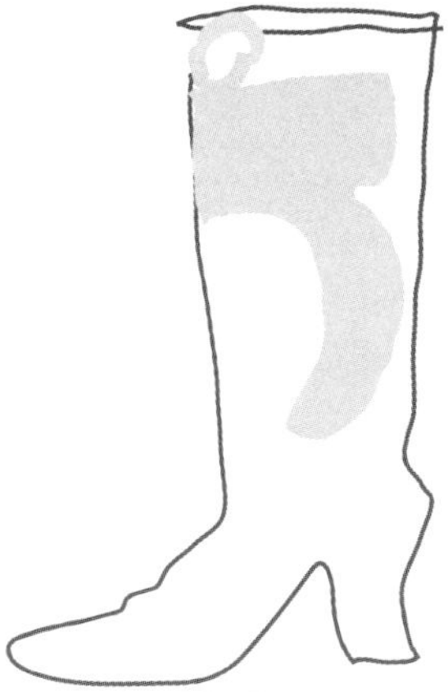

【笔记】

不仅原始数据类型可以转换，对象也可以。我将会在……让我查一下后面的内容……会在第6章和第7章里为你讲解。

下面的表格展示了各个类型之间进行转换时的情况以及需要注意的要点。

→	byte	short	int	long	float	double
byte	✓	✓	✓	✓	✓	✓
short	💣	✓	✓	✓	✓	✓
int	💣	💣	✓	✓	✓	✓
long	💣	💣	💣	✓	✓	✓
float	💣	💣	💣	💣	✓	✓
double	💣	💣	💣	💣	💣	✓

我差点忘了，每个数据类型的默认值如右表所示。

数据类型	默认值
byte	0
short	0
int	0
long	0L
float	0.0f
double	0.0d

全都是“0”，这个容易记住！

字符类型变量

我们可以用char定义字符型变量。每个字符占用2字节，这样算下来就可以表示65 536个字符。

使用下面的格式来声明一个字符变量（用单引号把字符括起来）：

```
char s = 'S';
```

采用这样的语句格式可以定义所有字符型变量，然而并不是所有字符都能够**用键盘打出来**。所以在这样的情况下，我们可以通过十进制数的形式来表示一个字符，这个十进制数会自动转换成对应的字符：

```
char s = 83;
```

这个方法好，但我怎么知道83就是字母“S”呢？

通过字符的**编码表**。编码表中0 ~ 65 536的每个数字都对应唯一的字符。有两个编码表比较出名：ASCII编码表和Unicode编码表。ASCII表使用7位二进制数表示字符，所以只能表示128个字符。Unicode表用4字节二进制数表示字符，对现有字符的编码提供了很好的补充，它可以表示100 000个字符。你可以通过语句

```
System.getProperty("file.encoding")
```

查看JVM的编码信息。

Unicode编码表和字符的对应关系

十进制数	十六进制数	字　符	Unicode码
…	…	…	…
80	0x0050	P	\u0050
81	0x0051	Q	\u0051
82	0x0052	R	\u0052
83	0x0053	S	\u0053
…	…	…	…

在网上可以找到完整的编码表。当然了，也可以用十六进制数来定义一个字符，例如：

```
char s = 0x0053;
```

使用Unicode码定义字符时，需要用单引号把编码括起来：

```
char s = '\u0053';
```

我发现一个问题：在Java里char占2个字节，而Unicode是基于4字节编码的，也就是说，在Java里我根本不能用一个char表现所有的Unicode字符！

说得没错。如果想定义全部Unicode的话，需要2个字符，另外还会用到“高代理和低代理”……

好了，谢谢。我不想知道具体的意思了。

OK，OK。大于65 536的字符在编程的时候通常也用不到。

【背景资料】

char的默认值是'\u0000'，代表NULL（空）。

在定义**字符**（稍后还有字符串）的时候，有些字符需要特别注意。比如定义一个单引号，下面的语句会在编译时报错，因为编译器认为，char只有读到一对单引号时才有效。

```
char einfacheAnfuehrungszeichen = ''';   X
```

所以，第二个单引号被认为是有效字符。这种情况下，就需要使用转义字符“\”，正确的定义格式如下：

```
char einfacheAnfuehrungszeichen = '\''; *1
```

*1 这里的\就是一个转义字符。

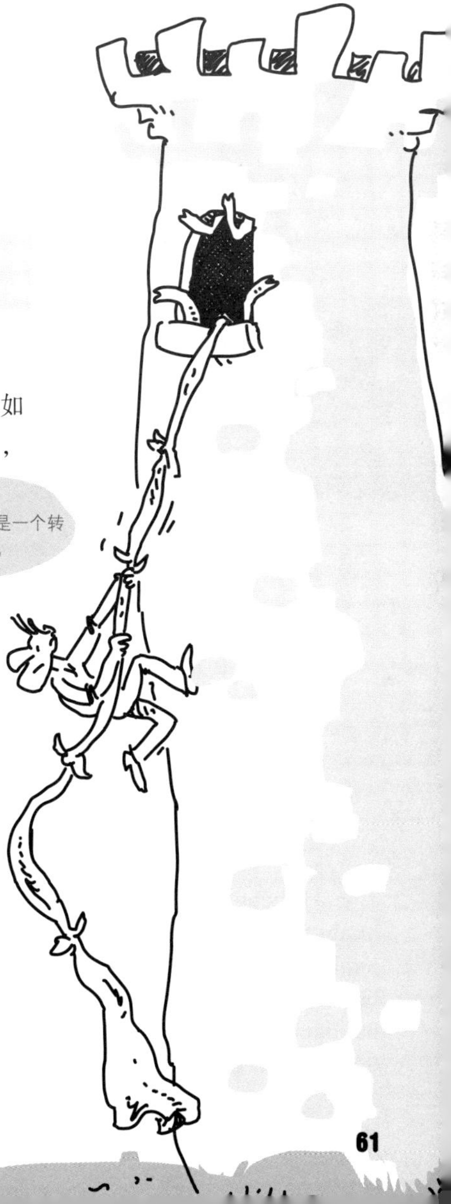

常用的转义字符表

转义字符	含　义
\t	制表符Tab
\n	换行符
\'	单引号'
\"	双引号"
\\	下斜杠\

阶段练习——凯撒字母加密法

由**字符的编码表**可知，**字符**可以完美地与**整型数**一一对应起来。那么现在做个小练习吧。

【困难任务】

编写一个程序，对于任意一个字母（A~Z），给出该字母后面第六个位置上的字母。如果超出第26个字母时，则从第一个字母（A）重新计算，以此类推，循环下去。例如：对于字符V，所对应的字母是B。

A	B	C	D	E	F	G	H	I	J	K	L	M
G	H	I	J	K	L	M	N	O	P	Q	R	S

N	O	P	Q	R	S	T	U	V	W	X	Y	Z
T	U	V	W	Y	Y	Z	A	B	C	D	E	F

【建议】

可以根据需要对int或者char进行加减法以及取余运算。

噗，这真够烧脑的！

是的，学习Java没那么容易，有时候我们必须动点脑筋。如果你完全没有解题思路的话，我给出了详细代码。

*1 需要转换的字母当然是char变量。

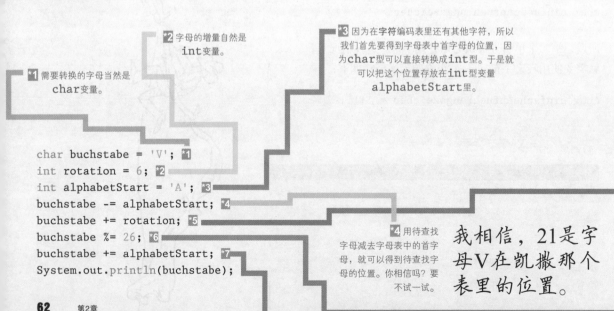

*2 字母的增量自然是int变量。

*3 因为在**字符**编码表里还有其他字符，所以我们首先要得到字母表中首字母的位置，因为char型可以直接转换成int型。于是就可以把这个位置存放在int型变量alphabetStart里。

```
char buchstabe = 'V'; *1
int rotation = 6; *2
int alphabetStart = 'A'; *3
buchstabe -= alphabetStart; *4
buchstabe += rotation; *5
buchstabe %= 26; *6
buchstabe += alphabetStart; *7
System.out.println(buchstabe);
```

*4 用待查找字母减去字母表中的首字母，就可以得到待查找字母的位置。你相信吗？要不试一试。

我相信，21是字母V在凯撒那个表里的位置。

【笔记】

这种加密的方式是由罗马大帝尤利乌斯·凯撒创造的。当时还没有Java，因此动用了数百臣民来计算。

【完善代码】

加分题：修改程序，对已经加密的字母进行解密。小提示：你只能改变一个字符！

让我想想，一共有26个字母。我们用6来加密，那么解密的话用……20！并不是很难！

完全正确！ 数学还是不错的嘛！

【加分题】

现在再把增量换成13试试。那么你的程序就既可以加密，也可以解密了。是不是不错？

*5 之后我们加入字母的增量。

凯撒挺狡猾的！这样V就变成了B，现在是28。

*6 然后取余运算，这样排在后面的字母就会重新指向前面的字母了。

*7 最后，我们还得把首字母的位置加到字母增量上，这样就得到在字母编码表里的相应字母了。

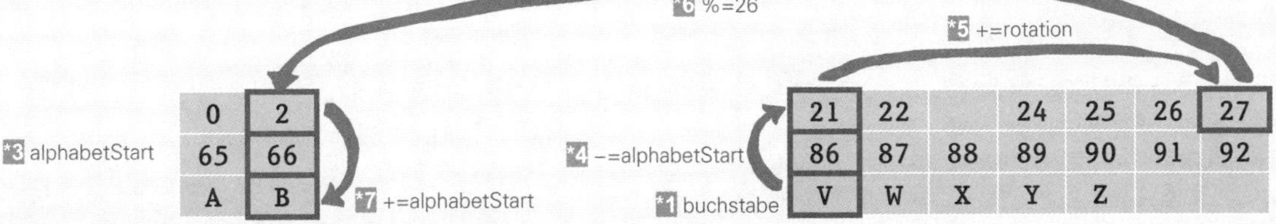

非真即假

自此你可以熟练地运用数字和字符型数据来编程了，但是有一个数据类型你还没了解过。这个数据类型有两个值，一个是真值（true），另一个是假值（false），它们叫作**布尔值**。

```
boolean b = true;
boolean c = false;
```

采用上面的语法格式就可以声明布尔型变量。了解这些就够了吗？就可以直接学习下一个数据类型了吗？当然不行，因为针对布尔型变量（boolean）还有各种各样的运算符，其中包括一个一元运算符（一元运算符只使用一个操作数）和五个二元运算符。

```
boolean ergebnis = !b; *1
ergebnis = b & c; *2
ergebnis = b | c; *3
ergebnis = b ^ c; *4
```

*1 **取反运算符**，可以把一个布尔表达式的值取反，即由真变假，由假变真。

*2 **逻辑与运算符**，两个布尔表达的值同时为真（true），则运算结果为true（真）。例句的运算结果为false（假），因为只有b的值为true。

*3 **逻辑或运算符**，两个布尔表达中有一个的值为真（true），则运算结果为true（真）。例句的运算结果为true，因为b的值为true。

*4 **逻辑异或运算符**，两个布尔表达的值不相同，一个为真（true），另一个为假（false），则运算结果为true（真）。例句的运算结果为true，因为b的值为true，c的值为false（假）。

等等，这些我在小学就会了！

补充知识

对于“&”和“|”运算符来说，还有另外一个写法：那就是&&和||。这样的写法可以叫作“短路现象”；也就是说，比如：只要运算符&&左边的布尔表达式的值为false（假），则不管右边的布尔表达式的值如何，整个运算结果都为false。请看示例：

```
boolean d = true;
boolean e = false;
boolean ergebnis = e && d; *1
ergebnis = d || e; *2
```

*1 **&&运算结果为假**，因为e的值为false（假），所以整个运算过程结束，不去考虑d的值。

*2 **运算结果为真**，因为d的值为true（真），所以整个运算过程结束，不去考虑e的值。

【背景资料】

如果你对&&和||还不是完全明白的话也没关系，但是要记住，&&运算符可以起到“短路”效果。比如：&&运算符第一个表达式中的对象为null，并且第二个表达式中的一个方法需要调用这个对象。如果使用&运算符的话，第二个表达式一定会被执行，即便那个对象是null，如此一来就会抛出空指针异常（NullPointerException）。总而言之，你应该经常使用&&和||运算符。除非你要进行**位运算**（Bit-Operationen），这时就需要用到&和|运算符了。位运算可以理解为逐位运算。至于什么是位运算，我建议你去找找相关内容来学习一下，之后我们再一起研究。

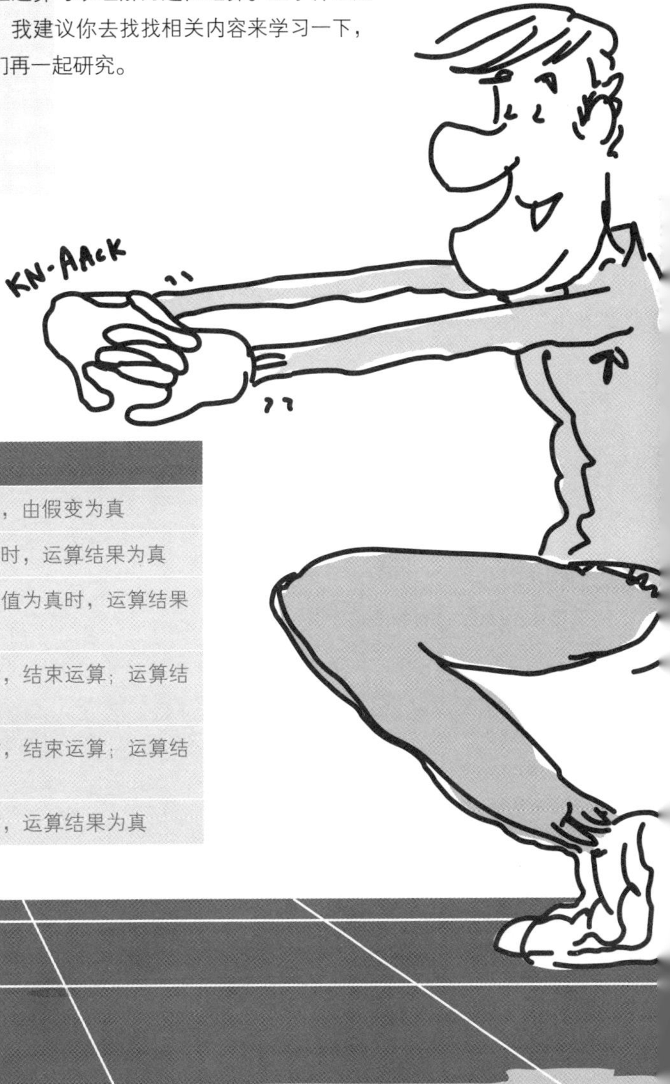

逻辑运算符总览：

运算符	符号含义	注　　解
!	取反运算	对布尔值取反，由真变为假，由假变为真
&	逻辑与（位与）	当两个表达式的值同时为真时，运算结果为真
|	逻辑或（位或）	当两个表达式中的任意一个值为真时，运算结果为真
&&	逻辑与	当第一个表达式的值为假时，结束运算；运算结果为假
||	逻辑或	当第一个表达式的值为真时，结束运算；运算结果为真
^	异或	当两个表达式的值不相同时，运算结果为真

关系运算符

认识了数字和布尔值之后，正好适合学习**关系运算**。因为不等式或者等式的运算结果（返回值）恰好是布尔值的`true`和`false`。

运算符	运算符含义	返回值
<	小于	当运算符左边的值小于右边的值时，返回值为`true`
<=	小于等于	当运算符左边的值小于或者等于右边的值时，返回值为`true`
>	大于	当运算符左边的值大于右边的值时，返回值为`true`
>=	大于等于	当运算符左边的值大于或者等于右边的值时，返回值为`true`
==	等于	当两个数的值相等时，返回值为`true`
!=	不等于	当两个数的值不相等时，返回值为`true`

我相信，不用太多的解释，你就可以给出下题的**答案**。

【简单任务】

变量`ergebnis`的值是什么？

```
boolean ergebnis = 5 < 7;
ergebnis = 5 > 7;
ergebnis = 5 <= 5;
ergebnis = 5 >= 5;
ergebnis = 5 != 7;
ergebnis = 5 == 7;
```

答案：true，false，true，true，true，false

【小贴士】

和其他编程语言（比如C++）相比，Java的关系运算只能针对原始数据类型，不能针对引用数据类型。只有`==`和`!=`这两个运算符是特例，至于为什么只有这两个是特例，等你在第5章学习引用数据类型的时候自然就明白了。

阶段练习——说出真相！

【简单任务】

用文字形式描述布尔表达式，例如：

```
int alter = 18;
boolean volljaehrig = alter >= 18;
```

如果一个人年龄大于或等于18岁，说明他已经成年了。

```
int uhrzeit = 14;
boolean mussArbeiten = uhrzeit >= 9 && uhrzeit <= 18;
```

答案：工作时间是9点到18点。

```
int geldDabei = 50;
int schuhpreis = 20;
boolean mussMeinerFreundinNeueSchuheKaufen = geldDabei > schuhpreis;
```

答案：如果身上所带的钱足够多，就得给女朋友买双新鞋。

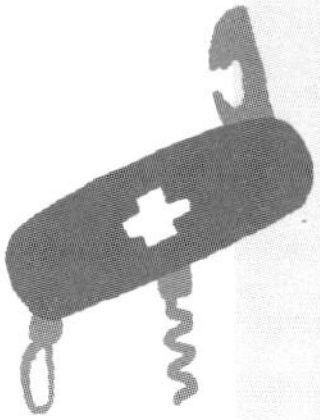

【简单任务】

现在换位思考一下，把下面的描述写成布尔表达式。

1. 当冰箱里只剩两瓶啤酒的时候，我就得再买一箱。
2. 节日将近的时候，我就觉得开心，但如果是周末的话就不开心。
3. 无论是节日还是周末，我都觉得开心，但不能是在同一天。
4. 如果我带了足够多的钱，也带了银行卡，账户里也有足够多的钱，我就得给我女朋友买双新鞋。

没问题！

1：通常冰箱里剩4瓶啤酒的时候，我就得去买了！

```
int anzahlBierImKuehlschrank = 4;
boolean neuesBierKaufen = anzahlBierImKuehlschrank == 2;
```

【完善代码】

小薛！如果就剩1瓶或者完全没有了的时候，你怎么办？

但是你说的是：“只剩两瓶”

好吧，我表述得不够清楚。但是你要考虑得更全面些。

好吧，那就这么改一下

```
boolean neuesBierKaufen = anzahlBierImKuehlschrank <= 2;
```

完全正确，正是我想要的答案。

2：那么

```
boolean istFeiertag = true;
boolean istWochenende = true;
boolean findsPrima = istFeiertag && !istWochenende;
```

3：那么

```
findsPrima = istFeiertag ^ istWochenende;
```

4：那么

```
int geldDabei = 50;
int schuhpreis = 20;
boolean karteDabei = true;
int kontostand = 200;
boolean mussMeinerFreundinNeueSchuheKaufen = geldDabei > schuhpreis ||
  (karteDabei && kontostand > schuhpreis);
```

太棒了，你做到了！

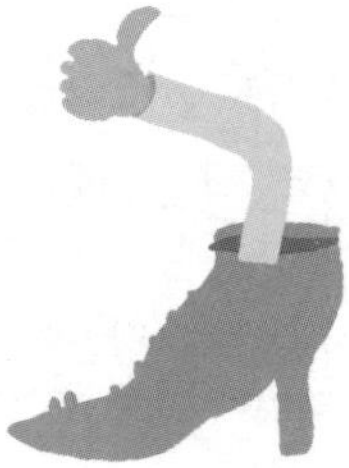

包装类

基本数据类	（包装类）
byte	(Byte)
short	(Short)
char	(Character)
int	(Integer)
long	(Long)
float	(Float)
double	(Double)
boolean	(Boolean)

对于所有基本数据类型，Java都额外设计了一个包装类（Wrapper Class），从某种程度上说，它算是基本数据类型的对象。这是因为在Java里，很多类和数据结构都只能是面向对象的，并不能直接引用基本数据类型。

例如，`List`（列表类）里是不能存储基本数据类型的，详细说明参见第6章。

包装类所对应的基本数据类型如右表。

【背景资料】

`Void`也是一个包装类，它代表一个返回值为空的类。我想你稍后就会发现，这个类其实很少会被用到。Java的Reflection API（反射机制）就是一个应用返回值的例子，简单说就是，通过返回值可以读取Java类的源文本，此外Generics（泛型）也是个应用返回值的例子，我们将在后续的章节中对此进行详细讲解。
创建一个包装类的对象有很多不同的方法。我们现在就通过创建Integer变量的包装类示例来理解一下。可以直接通过构造函数来创建对象，代码如下：

方案1

```
Integer zahl = new Integer(5);
```

或者使用包装类自带的`valueOf()`方法来创建`Integer`的包装类：

方案2

```
Integer zahl = Integer.valueOf(5);
```

你最好习惯使用方案2的创建格式，因为方案2比方案1节省更多的资源（至少在创建`Integer`的这个示例中如此）。方案2通过初始化内部缓存，生成了介于-128 ~ 127的所有数值并存放在缓存中，供随时调用。如果使用new关键字则总是需要创建一个新的对象。对于这一点我们稍后还会再进行研究。

方案3

使用自带的valueOf()方法还可以把字符串类型转化成任意一个类型：

```
Integer zahl = Integer.valueOf("5");
```

通过这个方法，你可以把任意用户输入的字符串或者程序的参数轻松地转换成数字类型。比如main方法的args数组里存放的字符串。这时你就可以通过下面的语句把程序的字符串参数转换成实数：

```
Integer zahl = Integer.valueOf(args[0]);
```

【笔记】

如果参数不是字符串类型的，你仍然可以使用方案2的语句。

方案4

从Java 5开始，甚至还可以把一个原始数据类型变量的值，直接赋值给一个包装类。专业术语叫作自动打包（Autoboxing）。

```
Integer zahl = 5; *1
int andereZahl = zahl; *2
andereZahl = zahl.intValue(); *3
```

*1 在内部，这样的写法与Integer.valueOf(5)没有任何区别，只是节省了一些编写代码的时间。

*2 反过来也同样没问题，示例中Integer对象zahl会自动“拆包”，并且赋值给int变量andereZahl。这个过程就叫作拆包（Unboxing）。

*3 Java 5以前，用intValue()来得到一个包装对象的原始数据类型数据。

我们通过一个图例来更详细地理解各个类型间的转换过程。这个图例也适用于其他原始数据和包装类间的转换。

你可以把byte、short、long、float、double、char或者boolean这些原始数据类型通过相应的xx.xxValue()方法转换成各自的包装类（Byte、Short、Long、Float、Double、Character或者Boolean），例如图例下面的int类型，通过Integer.valueOf()转换成它的包装类。只有一个是特例：Character包装类没有parseChar()这个方法，因此就不能把一个字符串转类型直接地换成char类型，同理，valueOf()也不行。

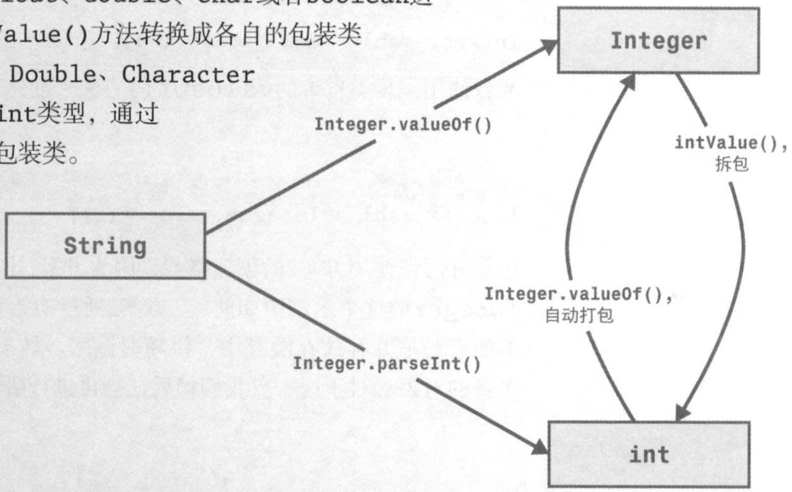

除了这些转换方法外，包装类还提供了一些有用的方法，有时间的话你应该去了解一下。在这里我介绍两个包装类里的常数量：MIN_VALUE（**最小值**）和MAX_VALUE（**最大值**）。

好吧，也就是说，MIN_VALUE和MAX_VALUE是任意一个数字类型的常量，所以我就不用特意去记了。

正确，那么我们现在来做一些小练习吧。

来到了工作室！

嗯，休息一下吧，我准备了些东西给我们两个。

两份墨西哥风味的塔玛利：一个是“包装类”，另一个是“未包装类”。

你选一个吧。

数字类型练习

【简单任务】

请写个程序，并判断任意一个没有小数点的数是否在**byte**、**short**、**int**或者**long**的取值范围内。要求使用到包装类的方法和特殊字段。

例如：检测5354这个数的输出结果如下图：

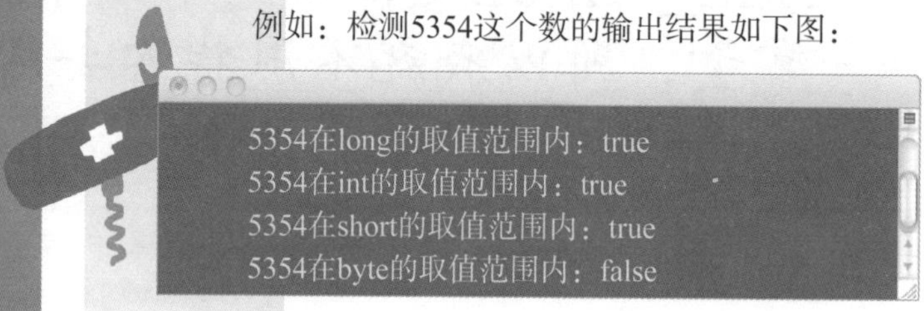
5354在long的取值范围内：true
5354在int的取值范围内：true
5354在short的取值范围内：true
5354在byte的取值范围内：false

如果你没想到答案的话，这里给出一个参考代码：

```
Long zahl = Long.parseLong(args[0]); *1
System.out.println(zahl + " 在long的取值范围内：" +
  (zahl >= Long.MIN_VALUE && zahl <= Long.MAX_VALUE)); *2
System.out.println(zahl + " 在int的取值范围内：" +
  (zahl >= Integer.MIN_VALUE && zahl <= Integer.MAX_VALUE)); *2
System.out.println(zahl + " 在short的取值范围内：" +
  (zahl >= Short.MIN_VALUE && zahl <= Short.MAX_VALUE)); *2
System.out.println(zahl + " 在byte的取值范围内：" +
  (zahl >= Byte.MIN_VALUE && zahl <= Byte.MAX_VALUE)); *2
```

*1 把输入的开始参数直接转换成Long包装类。

*2 然后检测每个整数类型，是否这个输入的开始参数大于等于最小值，或者小于等于最大值。

【温馨提示】

参考代码的第一行这样写可能会产生很多错误，比如**根本就没有参数**输入的情况，或者输入的**不是数字**而是其他字符，再或者输入的一个数**比long类型大很多**。但是不用担心，我们稍后还会再来探讨如何处理这些问题。

字符类型练习

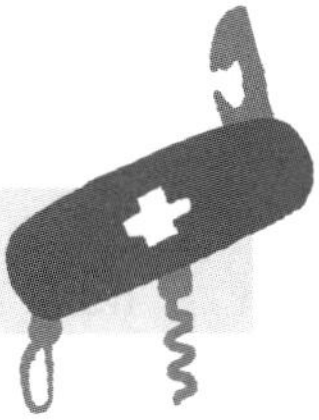

【简单任务】

写一个程序，检测一个char变量是否输入的是字母，以及是大写字母还是小写字母。

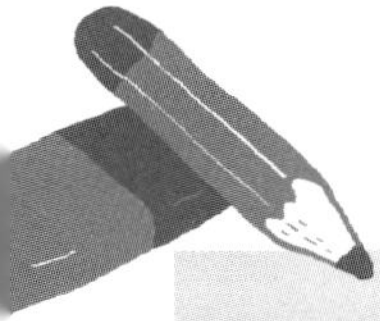

在绞尽脑汁想解决办法前，我们得先了解Character包装类的API（应用编程接口）。

【笔记】

给个小提示：在解决任何问题之前，最好是先查阅一下Java的标准函数库，看看是否已经有相关的解决方法了。

*1 Character类提供了很多实用的处理字符的方法，其中有一个就是isLetter()。这个方法可以用来检查字符是否为字母。

答案:

```
char zeichen = 'B';
System.out.println("Buchstabe: " + Character.isLetter(zeichen)); *1
System.out.println("Großbuchstabe: " + Character.isUpperCase(zeichen)); *2
```

*2 用isUpperCase()方法可以检查一个字母是否为大写。isLowerCase()用来检查一个字母是否为小写。

总结

为了检验学习效果，我们再来做一个小练习，看看你是否能很好地领会。

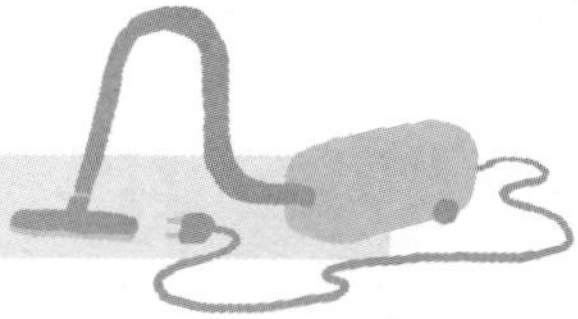

【简单任务】

下列陈述中哪些是正确的？

1. 应该尽量用构造函数去声明一个包装类，例如：
   `Integer i = new Integer(24);`
2. 如果需要一个包装类，你应该用valueOf()方法来实现，如：
   `Integer i = Integer.valueOf(24);`
3. 因为“打包”特别消耗资源，所以最好不要用下面的书写格式：
   `Integer zahl = 24;`
4. 如果想把用户输入的数据转换成数字，你最好使用valueOf()方法，例如：
   `Integer i = Integer.valueOf(nutzereingabe);`

答案：

1. 错误

2. 正确

3. 错误

4. 正确

这一章的重点内容如下。

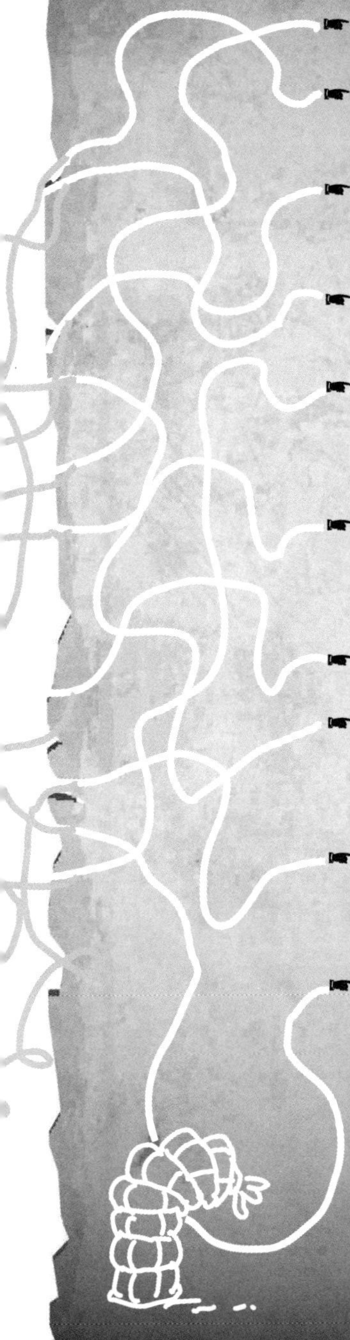

- **变量**是临时存储数据的容器。
- 变量必须有个**数据类型**，数据类型在编译阶段就已经声明了。
- 数据类型分为**原始数据类型**和**引用数据类型**，我们在这一章中已经学过了原始数据类型，引用数据类型会在后续的章节中讲解。
- 原始数据类型包括**数字类型**、**布尔值类型**和**字符类型**。
- 数字类型包括**整数型**和**浮点型**，每个数字类型都有固定的**取值范围**。
- 学习了小数位的精度计算方法，即`BigDecimal`类。用`float`和`double`计算小数位的精确程度没有使用`BigDecimal`方法高！
- 数字类型之间可以**相互转换**。
- 类型扩展（Widening）的意思是：把一个取值范围较小的变量类型转换成一个取值范围较大的变量。
- 类型缩小（Narrowing）的意思和类型扩展正好相反。在把变量的原始值转换到新的取值范围时必须格外小心。
- 对于任何一个原始数据类型都有一个与之相对应的**包装类**，例如前面列表中提到的那些。除此之外，包装类提供了一些实用的**方法**和**常量**。在开发程序时，多关注Java的**标准函数库**是非常有帮助的。

小薛，你又得到了个奖励。穿着这样的拖鞋你是走不远的。我们还有很多要学的内容，并且一个真正的“Java冒险家”非常需要一双好鞋。

哦，不！你不是说这样的鞋吧……
不是，你不用担心，你要是穿上高跟鞋，估计都没法站起来了。你得到的是一双“原始数据类型的骆驼靴”！
它是一双忠实的“同路人”。穿着它不仅时髦，而且还很舒适。不会再有第二双“泰坦属性”的鞋了。

Java的流程
控制语句

第3章

我是不是曾经到过这里！

小薛现在虽然学会了如何输入或者输出数字或字符，但是这还不算真正有趣的地方：程序难道就这样一直执行下去吗？

当然不是了！

在这一章中他会学到如何控制程序的流程，以及如何影响程序的流程。另外他还发现，“switch”不仅是一个德国的搞笑综艺节目，而且还能够让编程变得简单些。

流程控制的应用

你现在知道了什么是原始数据类型。虽然这个非常重要，但是仅凭这些内容还不能编写一个实用的程序。在你的程序中还需加入一些东西，比如一些逻辑判断语句、一些算法等。为了能够控制或者影响程序的流程，你还需要加入控制结构语句！为此首先要知道什么时候需要执行代码，或者要执行哪段代码，其次要知道代码需要执行多少次。

要是生活中没有“如果”该多好……

程序开发和现实生活一样，需要面对很多次选择。在Java中你同样会用到if语句。if语句的结构是：

```
if *1 (Bedingung *2) {
  *3
}
```

*1 if翻译成如果……

*2 圆括号里的内容是判断条件……

*3 花括号里的内容是需要执行的语句体。

圆括号里的判定条件返回的必须是布尔值，也就是要么为真值（true），要么为假值（false）。

在开始继续学习之前，你也许需要喝点什么？

每当我要费尽口舌讲解一件事的时候，我都要喝点东西。苹果汁就很好。你们能帮我拿一瓶来吗？

让我来做别人不爱做的事，
两瓶0.25升的苹果汁。

布尔

很好，现在请把杯子倒满，谢谢！ 我这就开始讲解if语句。

```
int fuellhoeheInML = 250;
if(fuellhoeheInML == 250) *1 { *2
  System.out.println("杯子倒满了。");
}
```

*1 如果杯子是250毫升的话……

*2 那就说明，杯子盛满了，并且输出语句：“杯子倒满了。”

可以使用很多个if语句进行判断。另外，还可用到关键字else（否则），例如，当不足250毫升时，也给出一个输出结果：

```
if(fuellhoeheInML == 250) { *1
  System.out.println("杯子倒满了。");
} else*2 if(fuellhoeheInML < 250) {
  System.out.println("杯子没有满。");
}
```

*1 这里判断条件不变……

*2 可以在else条件里嵌套其他的if分支语句。

还可以嵌套很多个if分支语句。比如再加上一句分支语句，判断杯子是半空还是半满。

语句的嵌套

让我想想，怎么判断，是半满还是半空：

```
int fuellhoeheInML = 125;
if(fuellhoeheInML == 250) {
  System.out.println("杯子倒满了。");
} else if(fuellhoeheInML < 250) {
  System.out.println("杯子没有满。");
} else if(fuellhoeheInML == 125) {
  System.out.println("杯子是半满的。");
}
```

输出结果：

```
杯子没有满。
```

等等， 125毫升应该输出“杯子是半满的。”不是吗？为什么输出结果是“杯子没有满。”呢？

是的，此时杯子是半满的，你的程序还不完整。

这是因为，首先判断的是fuellhoeheInML小于250。结果是true，然后就给出：“杯子没有满。”后面的else-if语句也就没有执行了！明白问题所在了吧。解决办法是：把最后两个判断语句调换一下，就可以如你所愿了。

```
if(fuellhoeheInML == 250) {
  System.out.println("杯子倒满了。");
} else if(fuellhoeheInML == 125) { *1
  System.out.println("杯子是半满的。");
} else if(fuellhoeheInML < 250) { *2
  System.out.println("杯子没有满。");
}
```

*1 这句判断比*2 句的判断特别一点。

*2 你可能会觉得这样的判断也算正常：这样的判断比*1 句更通俗一点。所以应该放到靠后一点。

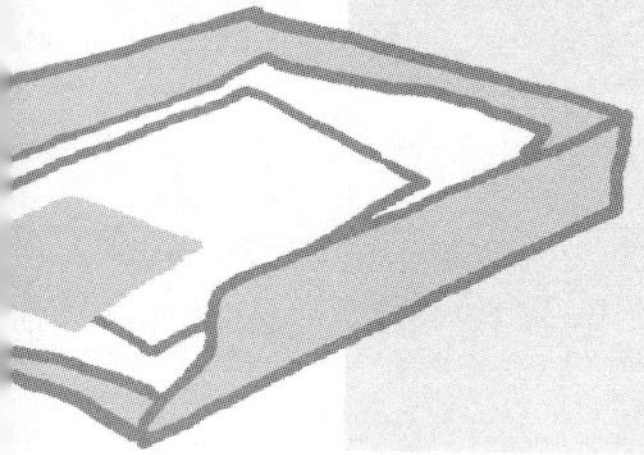

【资料整理】

判断语句是按照顺序执行的。只要一个判断结果为true，执行完这个判断条件所属的代码段后，就会跳出这个if判断语句。

【温馨提示】

在用布尔表达式描述判断条件的时候，一定要特别注意：先判断特殊情况，然后才是普通一点的情况；否则，一些判断分支语句就会被跳过。这样的情况被称为死码（Dead Code），也就是说分支语句中的代码段永远都不会被访问到。有时在编译时会产生警告，但也不是总能发现问题，这样的情况就叫作：**要自己开动脑筋！**

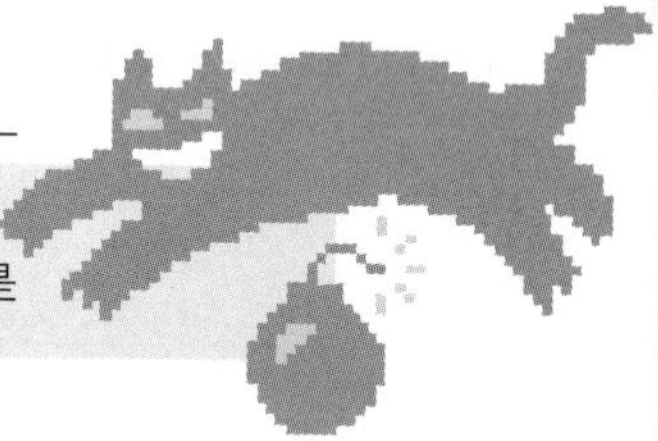

if-else判断语句

如果口渴，就不会在意杯子是满的还是半满的。**反正杯子里有东西！**这个时候**有两种判断情况**：如果杯子里有东西，就可以喝掉，否则的话就再倒些进去！对于这样的判断条件，只需要用else，不需要用else if语句。

```
if(fuellhoeheInML > 0) { *1
  System.out.println("拿来!");
} else { *2
  System.out.println("服务员!!!!");
}
```

*1 不管杯子里还有多少，半满、全满，哪怕是溢出来了也好，反正杯子里有东西……

*2 否则就叫服务员再来一瓶。

【笔记】

if、else if和else这三种判断语句可以随意组合，else和else if语句是可选的条件判断语句。但是需要记住，if语句总是和跟它最近的else一起构成条件判断语句。

阶段练习——条件分支

【简单任务】

编写一个程序，等待用户提交一个开始参数，并检测输入的参数是否可以被7整除，如果没有输入参数，则输出一个错误信息。

怎么提交开始参数你还记得吗？

记得在命令行模式下，直接写在类名的后面，或者在Eclipse里的“Run Configuration”窗口进行设置。

非常正确。

那么如何检测是否已经**提交了开始参数**呢？关于这个我还没详细和你说过呢：最好的方法是用`args.length`语句检测`args`数组的长度是否为0，之后就可以访问数组第一个单元`args[0]`里的值了。

参考代码：

```
public class Aberglauben {
  public static void main(String[] args) {
    if(args.length > 0) { *1
      String parameter = args[0]; *2
      int zahl = Integer.parseInt(parameter); *3
      if(zahl%7 == 0) { *4
        System.out.println("祝你好运");
      } else { *5
        System.out.println("换个数吧");
      }
    } else { *6
      System.err.println("没有提交参数");
    }
  }
}
```

*1 检测是否有参数输入。这种做法被称作**防御式编程**。

为什么这样做呢？谁会攻击它吗？

当然，比如**用户或者你自己**！程序开发者必须**时刻防止错误或缺少输入的情况发生**。就像在这句里，我们首先确定是否得到了一个值，然后才能在第*3句中使用这个值。

*2 在此我们取出第一个元素……

*3 通过Integer包装类把参数转换成一个整数（这句还需要进一步完善，以后再说）。

*4 用取余运算检测zahl是否可以被7整除，如果可以整除，就执行if的程序体；输出“祝你好运”。

*6 当没有提交参数时，执行外层的else语句，输出一个错误信息：“没有提交参数。”

*5 否则，执行else内的程序体，输出“换个数吧”。

现在加入其他判定条件

加入什么判定条件呢？

能被7整除会得到祝福，另外加上，不能被13整除也能得到同样结果。

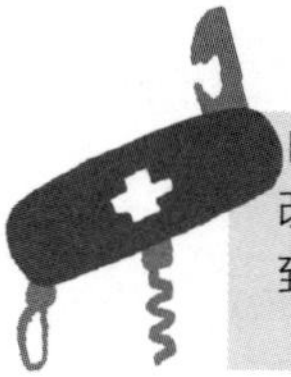

【简单任务】
改变一下判定条件，不能被13整除也能得到祝福。

加入一个行的判定条件：else-if

```
if(zahl%7 == 0) {
  System.out.println("祝你好运");
} else if(zahl%13 !=0) { *1
  System.out.println("祝你好运");
} else {
  System.out.println("换个数吧");
}
```

*1 加入新的判定条件，else-if：不能被13整除也得到祝福。

还有另外一种写法：“或者”。

你的意思是？

判定条件还可以这样写：一个数能被7整除，或者不能被13整除（或者同时满足），那么就可以输出“祝你好运”。在代码中怎么体现**“或者”**呢？

对呀，在Java中怎么体现“或者”关系的判定条件呢？

布尔运算符

在上个示例中，我们需要加入“或者”判定条件：如果输入的参数能被7**或者**不能被13整除，则输出“祝你好运”。其实只需要把两个布尔表达式直接连起来。

*1 “或者”在Java里可用||布尔运算符表示。

```
if(zahl%7 == 0 ||*1 zahl%13 !=0) {
  System.out.println("祝你好运");
} else {
  System.out.println("换个数吧");
}
```

“并且”逻辑关系是用布尔运算&&来表示：如果判定条件改为输入的数能被7整除，并且**不能**被13整除，那么就需要用&&替换||。

也可以不用加“花括号”

If、else和else if判定语句中的“{}”有时可以不用加，当条件语句里的执行体**只有一条指令**时，花括号可以被省略。

*1 花括号被省略……

*2 当判定语句里只有一条指令时。

```
if(zahl%7 == 0 || zahl%13 !=0) *1
  System.out.println("祝你好运"); *2
else *1
  System.out.println("换个数吧"); *2
```

然而不推荐使用这样的写法。

不信的话看下面的示例：

判定条件的缩写形式

【困难任务】

观察下面代码，输出结果是什么？先别急着敲代码！思考一下，这段代码的输出结果你觉得应该是什么样子的？

```
int fuellhoeheInML = 250;
if(fuellhoeheInML > 0 && fuellhoeheInML <= 250)
  if(fuellhoeheInML == 125)
    System.out.println("杯子是半满的。");
else
  System.out.println("杯子是空的。");
```

我来分析一下，fuellhoeheInML比0大，并且小于等于250，但是不等于125，也就是说……没有任何输出！

分析得不错，

但可惜错了。因为这样没有括号的写法，else判断语句总是属于离它最近的if判断语句。通过行缩进是不能体现else和if的匹配关系的。这正是我要你注意的地方：一定要使用括号！同时，这种现象也验证了一句话：程序不是“越精简越好”。

嘿，你这不是在耍我嘛！如果你给那个else关键字多加几个空格，我不就能发现错误了嘛！

条件运算符（?表达式）

对于if-else语句还有一种**特别的缩写格式**，即**条件运算符**（?表达式），可以用条件运算符替换if-else语句。用条件运算符可以给一个变量赋值，布尔表达式的值决定究竟哪一个值将赋值给变量：

```
String nachricht *1 = (fuellhoeheInML == 125) *2
  ? *3 "杯子是半满的。"
  : *4 "杯子不是半满的。";
```

*1 nachricht是被赋值的变量。

*2 括号中的内容是布尔表达式，虽然这个括号也可以省略，但是我觉得，这样写更加一目了然。

*3 当布尔表达式的值为true时，问号（?）后面的语句将被赋值给变量nachricht。

*4 当布尔表达式的值为false时，冒号（:）后面的语句将被赋值给变量nachricht。相当于else判断语句。

条件运算符表达式的值还可以赋值给一个方法，比如：println()

```
System.out.println((fuellhoeheInML == 125)
  ? *1 "杯子是半满的。"
  : *2 "杯子不是半满的。");
```

*1 当fuellhoeheInML == 125时，输出："杯子是半满的。"

*2 当fuellhoeheInML是其他情况时，输出："杯子不是半满的。"

多条件判定语句（switch语句）

如果需要处理很多条件判定，if-else语句就不是一个很好的选择了。当多于5个判定条件时，if-else就显得很混乱了。对此，Java提供了一个新的判定结构语句：switch语句，用这个语句应对多条件判定时就显得格外清楚明了。switch语句的结构如下：

```
switch(Ausdruck) { *1
  *2 case Konstante1: *3 Anweisung1; *4 break;
  *2 case Konstante2: *3 Anweisung2; *4 break;
  *5 default: Anweisung
}
```

*1 switch语句中的描述（Ausdruck）可以是字符串型、枚举型以及所有的原始数据类型数据。也就是说，可以是char、byte、short和int，或者是相应的包装类Character、Byte、Short和Integer。

*2 case关键字后面的常量（Konstante）用来与描述（Ausdruck）进行比较。当描述和常量1的值相同时，执行指令1（Anweisung1）；如果描述和常量2相同时，则执行指令2。所有常量的类型必须与描述的类型相同，比如描述是String型，那么所有常量的类型也必须是String型。

*3 冒号后面的是一个或多个指令。

*4 break关键字用来中断整个switch语句。如果没有break，接下来的case指令也会被执行，直到出现一个break才结束，或者switch语句全部执行结束。

*5 如果所有判定条件都不满足的话，将执行位于default后面的指令。default部分可缺省。

如果描述是数字的话，用法与是字符串类型时稍有不同：如果描述是byte，short、char或者int变量，case里的指令也可以是一个数值，但必须是能够转换成与描述相同的数据类型。看个小示例：

```
int eingabe = 256; *1
final byte einKleinesByte = 2; *2
final char einKleinerCharacter = 'c'; *2
final short einKleinesShort = 500; *2
switch(eingabe) {
  case einKleinesByte: *3
  case einKleinerCharacter: *4
  case einKleinesShort: *5
}
```

*1 变量eingabe作为输入数据被定义为int型。

*2 定义了3个常数，类型为byte、char和short。关键字final在此非常重要，否则我们定义的那3个常量将不能在case指令里使用（因为不加final的话，定义的是变量，而不是常量）。

*3 这句是允许的，因为byte可以转换成int。

*4 这句是允许的，因为char可以转换成int。

*5 这句也是允许的，因为short可以转换成int。

【背景资料】

用final声明的变量不能再赋予新的值。经过一次性初始化赋值后，其值就不能再改变了。

好吧，我明白了。意思就是说，如果描述的变量类型是short的话，只有byte、char和short可以作为常数使用，唯独int不可以，因为int比short的取值范围大。对吗？

非常正确，这也非常容易理解：

switch语句的case指令参数，不能超出取值范围。

绝对不允许。

【温馨提示】

if语句是基于布尔表达式的求值，switch语句却不能用布尔值进行判断。

【背景资料】

从Java 7开始，String才可以应用到switch语句中，枚举类是从Java 5开始使用的。在更早的版本中，人们只能将就着用数值作为条件描述。

阶段练习

【简单任务】

请写一个程序，把学分转换成评语。1分为优秀，2分为良好，等等。哪种判断语句更合适，switch还是if？

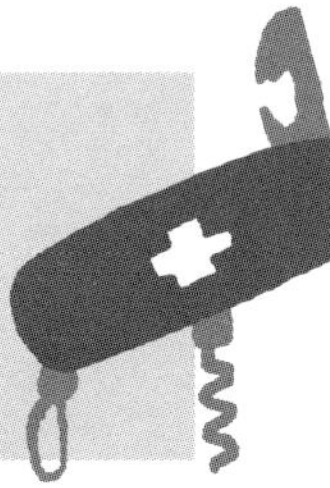

答案：

显然，switch语句更适合这种情况。

```
public static void main(String[] args) {
  int note = Integer.parseInt(args[0]); *1
  switch(note) { *2
    case 1: System.out.println("优秀"); break; *3
    case 2: System.out.println("良好"); break; *3
    case 3: System.out.println("一般"); break; *3
    case 4: System.out.println("及格"); break; *3
    case 5: System.out.println("不及格"); break; *3
    case 6: System.out.println("差"); break; *3
  }
}
```

*1 输入的成绩一定是int型。

*2 int是switch语句里允许的一个数据类型。

*3 根据每个分数给出不同的评语。

MERKE: NULL MAL NULL IS NULL

【简单任务】

完善程序，如果输入的成绩不介于1~6分的话，则输出“无效的分数”。

原则上你可以用两种不同的方法完善程序，

一个是default语句，另一个是用if else语句：

答案1：用default语句

你可以在最后一个case语句后面加上

```
default: System.out.println("无效的分数");
```

这样就够了，但缺点是：无效的分数要与6个不同的case进行比较后才能判断出是无效的。

【完善代码】

用if else完善程序：

答案2：用if else语句

```
if(note >= 1 && note <= 6) {
  switch(note) {
    // 此处给出所有分数的switch判断条件
  }
} else {
  System.out.println("无效的分数");
}
```

这样就可以先检查输入的分数是否有效，对于无效的分数就不会进行case的比较。对于有效分数部分的代码你自己来权衡：如果觉得无效的分数比较多，那就用方法2，比较少的话就用方法1。

switch语句的字符串参数

现在直接学习在switch语句中使用String变量。

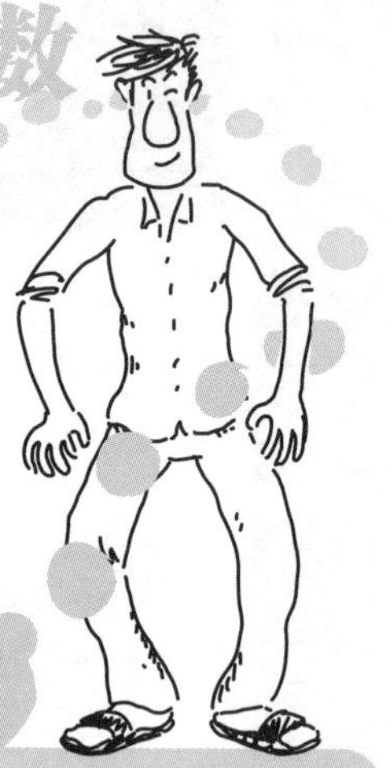

终于轮到String了!

【简单任务】
修改程序，输入的是评语（比如优秀），
输出相应的分数。

我可以做到，
真的，我能行!

```
String note = args[0]; *1
switch(note) {
  case "优秀": System.out.println(1); break; *2
  case "良好": System.out.println(2); break; *2
  case "一般": System.out.println(3); break; *2
  case "及格": System.out.println(4); break; *2
  case "不及格": System.out.println(5); break; *2
  case "差": System.out.println(6); break; *2
  default:
    System.out.println("无效的分数"); *3
}
```

*1 String类为输入的数据类型。

*2 根据不同的评语给出相应的分数。

*3 在default情况下，所有与评语不相符的字符串都将视为无效数据。另外，if else语句在这里没有任何意义。

如果我用“Sehr gut”（优秀）作为输入数据的话，会怎么样？毕竟老师也不会总强调大小写的问题。那么我的这个程序可以处理这种情况吗？

问得好。

要想在switch语句中使用String并使case不受大小写的约束，最好的办法是：在每个case里只用一种写法，要么大写，要么小写；先把输入的数据进行大小写转换，然后再进入到switch语句中进行判断。String类提供了两个方法，专门用来处理大小写的问题：toLowerCase()可以把字符串转换成小写，toUpperCase()可以把字符串转换成大写。你现在就在这个程序中试着用一下，更多有关string的知识我们在下一章会学习到。

```
switch(note.toLowerCase()*1) {
  case "优秀"*2: System.out.println(1); break;
  ...
}
```

*1 用toLowerCase()就可把note的值转换成小写字母……

*2 理想情况下，这样的case就可以适应note的任何大写情况了。

相应的代码如此

远离现实

这个程序差不多完整了，它让我想起学生时代！你还有更实用一点儿的例子吗？

当然有了，WoW文字冒险那个程序不是更实用的例子吗？

【简单任务】

写一个程序，输出你对敌人的攻击效果。
0代表没有攻击到敌人。1～3代表轻微攻击，
4～7是一般攻击，8～10是致命一击。你怎么描述这样的条件判断？

你可以用switch语句来实现：

```
int treffer = Integer.parseInt(args[0]);
switch(treffer) {
case 0: *1
  System.out.println("没有攻击到");
  break;
case 1: *2
case 2:
case 3:
  System.out.println("轻微攻击");
  break;
case 4: *2
case 5: *3
case 6:
case 7:
  System.out.println("一般攻击");
  break;
case 8: *2
case 9:
```

*1 只有0的时候表示没有攻击到。

*2 对于其他情况，你可以把不同case语句组合在一起，只用一个break作为中断条件。

*3 当攻击敌人是5的时候，就执行case 5这句指令。由于case 5没有break语句，所以会一直执行下去，判断case 6，也没有，然后是case 7。直到遇到break语句才会跳出switch结构。

```
case 10:
  System.out.println("致命一击");
  break;
}
```

现在这个程序就算是功能完备了，也可以输出正确的结果了。

尽管如此，我建议你在类似的情况下还是不要使用switch语句。设想一下，如果WoW更改游戏规则，从现在开始1 ~ 15是轻微攻击，16 ~ 30是一般攻击，30 ~ 40是致命一击。那么你就愉快地编写40个case表达式吧！

【笔记/练习】

这样的变化通常不是由你决定的，往往都是由客户决定的。因此，每个程序都应该充分地思考，然后再开发，尽可能地满足客户的要求。

嗯，有道理，少于40个case的switch也不可以，因为通常也用不到那么多布尔值。

是的。

所以，如果每种情况你都可以用布尔表达式很好地描述出来，那么最好用if else改写。

现在可以把这个程序改得更完美了：

```
if(treffer >= 30) { *1
  System.out.println("致命一击");
} else if(treffer >= 16) { *2
  System.out.println("一般攻击");
} else if(treffer > 0) { *3
  System.out.println("轻微攻击");
} else { *4
  System.out.println("没有攻击到");
}
```

*1 大于或者等于30是致命一击。

*2 大于或者等于16是一般攻击。当程序执行到这句时，攻击力一定是小于30。因为其他情况在 *1 中已经为true了，被排除掉了。

*3 大于0小于16是轻微攻击。因为在之前的if语句中已经判定出来了。

*4 在else语句里你可以得出攻击力不比0大的值。

【笔记/练习】

这个程序示例证明了switch语句并不是一个很好的选择。尽管在很多情况下，它比if-else语句更节省篇幅，但是后者更灵活：switch语句只允许使用有限的数据类型；反观if else，只要表达式能够产生布尔值，则能适用全部类型数据。

switch与if else语句的对比

switch	if else
允许使用char、byte、short和int，及其包装类：Character、Byte、Short和Integer，另外还有枚举（Emums）和字符串（String）	只要是能得到布尔值的表达式都允许
对于**case**值来说，只允许为常量	布尔表达式的值不必是常量
所有的case值必须各不相同	原则上允许在不同的if判定条件中使用两次相同的布尔表达式，其实这样做挺愚蠢的
当有多个case语句时，它们会被逐个执行，直到遇到break才能停止	始终执行众多if语句中的一个，同样很蠢
每个case语句可以包含一或多条指令，不必使用括号把指令括起来	每个if/if else/else语句可以执行一或多条指令。任何情况下，括号都是非常必要的。除非只有一条指令，即便如此，为了保持清晰的结构，最好也加上括号
default语句可有可无	**else if**和**else**是可选项，用**else**语句时，**else**必须放在判断语句的后面

玩转循环

小薛，现在我们学习一下

如何号令JVM为你工作。

你可以让程序不停地执行命令，直到你觉得满意为止。你不是一直都想做个真正的老板吗?

“开始，再来一次，直到做完为止。”“只要还有面包屑在这里，那就马上擦掉它。”

“全部杀光，一个敌人也不能放过！”“20个俯卧撑，快点！”

想忙里偷闲听听音乐的话，那么你算来对地方了。

Java（和其他编程语言一样）提供了3种不同的**循环**形式：

☛ while循环

☛ do-while循环

☛ for循环

我们先从while循环开始。

其语句结构是：

```
while*1(Boolescher Ausdruck*2) { *3
  // 循环体
}
// 跳出while循环 *4
```

*1 wihle的意思是：只要……

*2 布尔表达式的值为true时，……

*3 就一直执行循环体的代码，直到……

*4 布尔表达式的值为false，才跳出循环。

do-while循环：相比wihle循环，do-while首先执行一次循环体里的代码，然后再判定布尔表达式的值。

```
do*1 { *2
  // 循环体
} while(Boolescher Ausdruck*3)
// 跳出while循环 *4
```

*1 do-wihle的意思是：先执行……

*2 循环体里的代码，只要……

*3 布尔表达式的值为true，那就继续循环。

*4 布尔表达式的值为false时，才会跳出循环。

【背景资料】

do-wihle循环是先执行循环体，再进行逻辑判断。所以无论如何，循环体至少会被执行一次。

for循环的循环条件：除布尔表达式以外，还包括初始条件和循环增量；循环增量可以是递减的，或者是递增的。

```
for(*1 Initialisierung; *2 Boolescher Ausdruck; *4 Inkrementierungsausdruck)
{
  // 循环体 *3
}
// 跳出for循环 *5
```

*1 **循环初始值**在循环开始之初生效……

*2 然后会执行**布尔表达式**的判断……

*3 **布尔表达式**的值为true时，执行循环体中的代码……

*4 之后再执行**循环增量**值……

*5 当**布尔表达式**的值为false时，跳出循环。

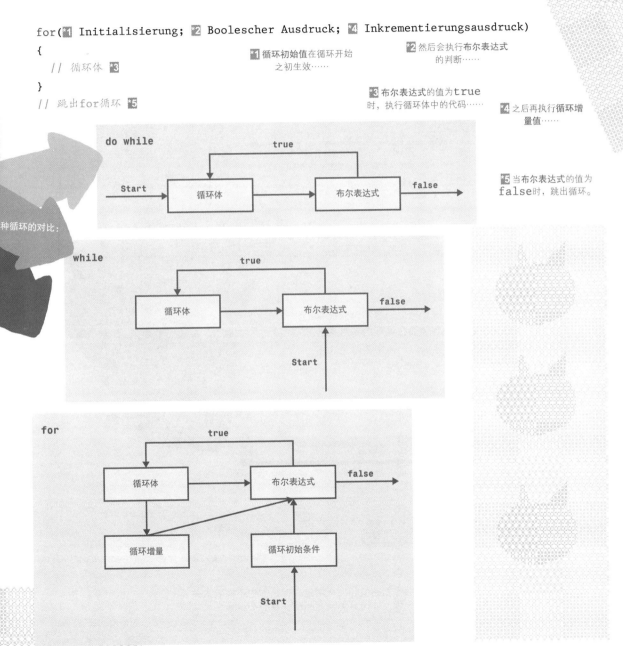

种循环的对比：

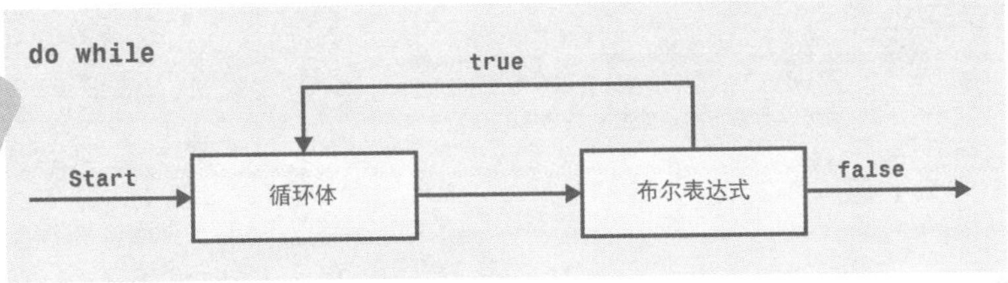

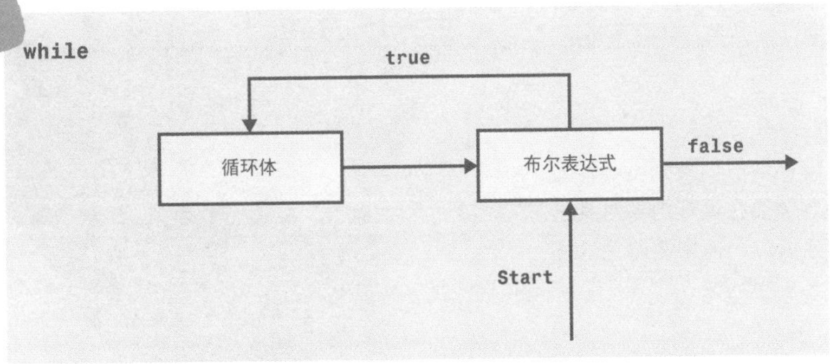

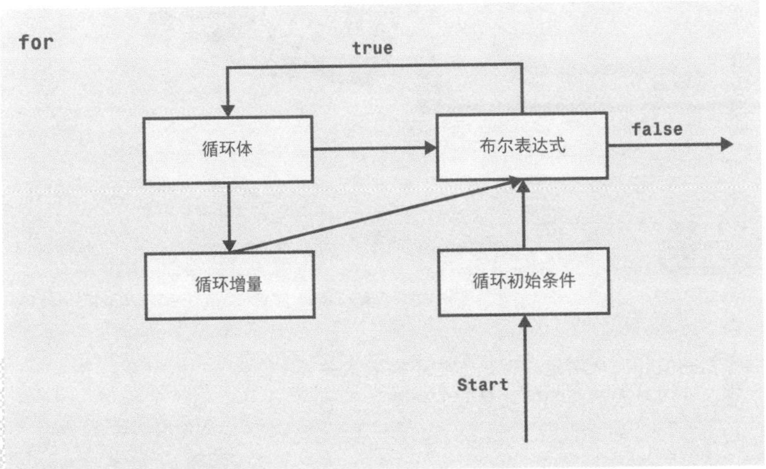

循环语句练习——50个俯卧撑

1. 用for循环实现

```
for (*1 int i = 0; *2 i < 50; *4 i++) {
  System.out.println(i + 1); *3
}
```

*1 循环变量i初始化为0；习惯上用变量i、j或者k代表循环初始值。

*2 只要i小于50，就执行循环体……

*3 输出(i+1)……

*4 然后i递增1。

做俯卧撑从来没这么容易过，你觉得呢？

2. 用while循环实现

```
int i = 0; *1
while (i < 50) { *2
  System.out.println(++i); *3
}
```

*1 while循环本身没有循环变量初始值。所以必须在循环外面初始化循环变量i。

*2 只要i小于50，就执行循环体……

*3 输出(++i)，++运算可以使i结束本次循环前增加1。

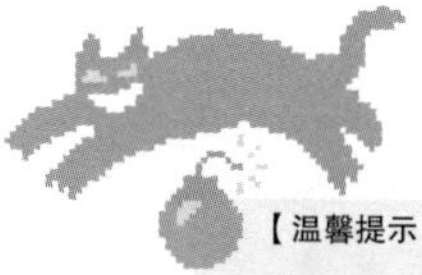

【温馨提示】

使用while和do-while循环时要特别小心，为了循环条件得到false，需要在循环内部对其进行改变，否则就是一个死循环，通常要避免这样的循环产生。

3. 用do-while循环实现

```
int i = 0; *1
do { *2
  System.out.println(++i);
} while (i < 50); *3
```

*1 与while循环一样，必须在循环外面初始化循环变量i。

*2 然后执行循环。

*3 最后才检查循环终止条件。

【背景资料】

虽然我一直在讲循环初始值和循环增量，但是你也不需要太关心它们。循环的布尔表达式以及表达式的值才是我们需要关心的。

比较：
恶魔般的表达

循环嵌套

你现在是不是感觉有些累了，先别急于休息，还有一个内容呢：一个循环语句还可以放在另一个循环里。这种结构被称作循环嵌套，for循环的嵌套最为常见。再看一个例子，做5组俯卧撑，每组50次。

```
for(int i=1; i<=5; i++) {*1
  System.out.print(i);
  System.out.println(". 回合 — 开始:");
  for(int j=1; j<=50; j++) {*2
    System.out.print(j);
    System.out.println(". 俯卧撑");
  }
}
```

*1 对5组进行计数，需要设置在外层循环里……

*2 每组50次计数，需要设置在内循环里。

通过这样的方法你可以嵌套很多循环语句。坦白地说，编程时要考虑到程序运行的**极端情况**，试想一下，内循环的循环次数是基于外循环次数的，拿上面的代码为例，我们要给出5乘以50次j的值。如果在做每个俯卧撑时都在心里默默地数十个数的话，那么运行时间又会多出10倍：

```
for(int i=1; i<=5; i++) {*1
  System.out.print(i);
  System.out.println(". 回合 — 开始:");
  for(int j=1; j<=5; j++) {*2
    System.out.print(j);
    System.out.println(". 俯卧撑");
    for(int k=1; k<=10; k++) {*3
      System.out.println(k);
    }
  }
}
```

*1 还是5组……

*2 每组50个俯卧撑……

*3 但是每次默数十个数。

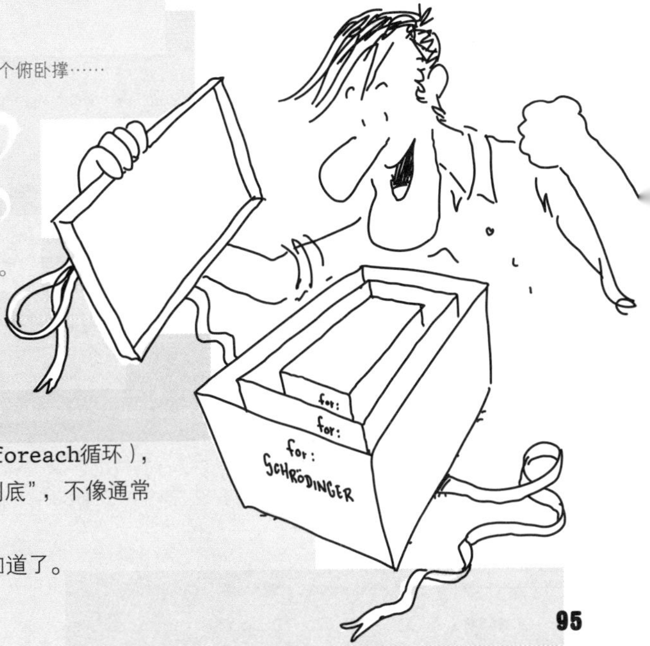

【奖励/答案】

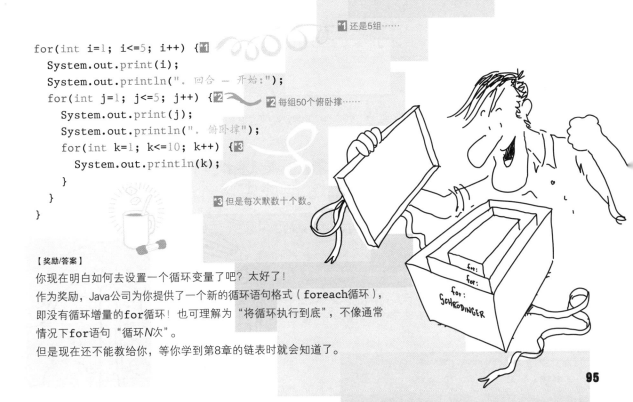

你现在明白如何去设置一个循环变量了吧？太好了！

作为奖励，Java公司为你提供了一个新的循环语句格式（foreach循环），即没有循环增量的for循环！也可理解为“将循环执行到底”，不像通常情况下for语句“循环*N*次”。

但是现在还不能教给你，等你学到第8章的链表时就会知道了。

循环语句练习

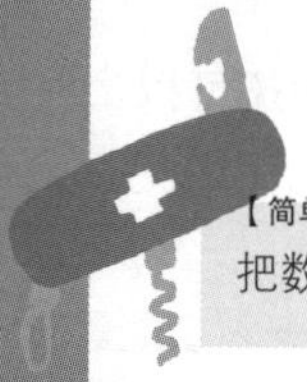

我们先来个简单的任务热身一下。

【简单任务】

把数字1～10反向输出。

```
for (*1 int i = 10; *2 i > 0; *3 i--) {
  System.out.println(i); *4
}
```

*1 循环变量初始值i为10……

*2 ……直到i大于0……

*3 ……输出当前循环变量i的值……

*4 ……i每次递减1。

这个是不是很简单呀！接下来的任务会稍微难一点。你要特别小心，下面的循环嵌套有个小错误。

【简单任务】

下面的代码段打算输出所有1～10的数字，每次输出一对数字。但是这个程序无法停止。问题出在哪里呢？

```
for(int i=1; i<=10; i++) {
  for(int j=1; j<=10; i++) {
    System.out.println(i + ", " + j);
  }
}
```

答案：程序进入死循环的原因是，内层循环的循环变量j没有递增，改变的是外层循环变量i。因此内循环不会停止。

编程练习——查找质数

哦，要想找到那个错误，还真得需要个放大镜呢。

现在我们再来做一个比较难的练习，但还是可以做出来的，只是没那么简单罢了。

【简单任务】

请编写一个程序，找出1～100的所有质数。质数的定义是：大于1的自然数，且只能被1和其本身整除的数。你首先要考虑一下需要注意哪些步骤。

我必须观察1～100的所有数字，所以选择用for循环。

并且判断每个数字是否可以被其他数字整除。

确切地说，只需判断比它小的数……

嗯，其他的我还没想好，我到底要怎么做呀？

对于初次考虑这么复杂的程序也算不错了。在处理**复杂的**或者**困难的算法**时，我们通常会把算法的每个步骤写成**伪代码**的形式，而不是真正的代码。

对于这个查找质数的程序，伪代码大概可以描述成如下的样子：

```
观察1~100的数字i                                  *1
  假设：i 是一个质数
  观察所有2到i-1间的数字                          *3
    如果i可以被j整除                              *2
      i就不是质数，并且跳出查找循环
```

经过这样的逻辑分析，把伪代码转换成真实的代码就容易多了，而且还可以把这样的伪代码写在程序里当作注释，为分析程序提供便利：

```
// 观察1~100的数字i                               *4
for(int i=1; i<=100; i++) {  *1
  // 假设：i 是一个质数
  boolean istPrimzahl = true;
  // 观察所有2到i-1间的数字
  for(int j=2; j<i; j++) {  *3
    // 如果i可以被j整除
    if(i%j == 0) {  *2
      // i就不是质数
      istPrimzahl = false;
      // 并且跳出查找循环
      break;
    }
  }
  if(istPrimzahl) {
    System.out.println(i);
  }
}
```

*1 “我必须观察1～100的所有数字”。

*2 “并且判断每个数字是否可以被其他数字整除”。

*3 “只判断比它小的数”。

*4 Java的单行注释从双斜杠（//）开始。

用循环嵌套的方式检测比较大的数时，**循环的开销会剧增**。所以应该采用更优化的检测方法，这一点非常必要。

1. 如果一个数i，它不可以被2、3……直到i的平方根的数整除，那么它就是一个质数。其他的数就不需要检测了，因为一个数必有两个因数，一个大于这个数的平方根，另外一个一定小于该数的平方根。在检测过程中，小一点的数我们早就检测过了，所以循环次数只需要小于等于平方根数即可。

2. 如果一个数i不能被2整除，那么它也一定不能被4或者6等整除。用这样的方法更能节省检测次数。

【笔记】

如果你有兴趣的话，你可以在网上搜索一下“埃拉托斯特尼筛法”和“质数查询法”。

【笔记】

要想减少检测次数，就必须减少执行内循环的次数，同时也要优化你的算法。**算法的复杂度也会随之降低。**

算法的复杂度是针对关键运算步骤而言的，它和循环初始量*n*的大小有关。比如*n*=100，此时需要考虑***n*增大时循环次数（复杂度）的变化情况**。当复杂度（通常是个常数因子）与*n*的变化速度相同时，就用$O(n)$表示。

你的这个程序消耗了更多的时间：$O(n^2)$。也就是说，外层循环需要进行*n*次运算，而且内层循环也需要运行*n*次；确切地说，其实是执行了*n*/2次。总的循环次数为*n*乘以*n*/2次；因为常系数1/2在此不考虑，所以总体还是$O(n^2)$。

【完善代码】

优化算法，修改整除判定条件if(i%j == 0)，现在让j的取值为小于或者等于i的平方根的数。另外，把内层循环的循环条件改成j*j<=i，这样会比计算平方根方法更有效率。

之前的复杂度为$O(n^2)$

观察1～n的所有数i *1

观察2～i-1的所有数j *2

时间复杂度为n^2 *3

*1 执行n次

*2 直到n次

*3 时间复杂度为n^2。

优化后的复杂度为$O(n^*\sqrt{n})$

观察1～n的所有数i *1

观察2～$\sqrt{i}$的所有数j *2

检测是否i可以被j整除 *3

*1 执行n次

*2 直到$\sqrt{n}$次

*3 时间复杂度为$n^*\sqrt{n}$

【笔记】

查找质数运算，即使用最好的算法也相当地费时。目前最大的质数是$2^{82\,589\,933}-1$，这个数非常非常大，有24 862 048位！所以不要自己在家计算！

综合练习——小薛的皇冠

为了更好地掌握if-else、for、switch、do-while语句，现在我们一起来完成一个更复杂的练习。

【小贴士】
当你绝望的时候，也不能够放弃。这个时候应该多回顾一下我们之前总结的内容，一定会给你带来一点启发。如果问题变得很棘手，Java提供了一个“放大镜”功能：Java-Debugger，稍后我再给你详细地介绍一下它的功能和使用方法。

【困难任务】
对你来说，第1章里的文字冒险游戏是个很好的开始，它能够满足你“开发游戏”的好奇心。但是，站在玩家的角度上来说，只能在四个方向上移动显然没多大乐趣，**所以我们得给玩家一点儿奖励**。假如玩家向北连续移动4次，就可以获得一个宝物，这时我们在控制台上打印出一个ASCII皇冠！在这个练习中可以更好地熟悉之前学过的东西，如果能正确地输出这个皇冠的话，你也可以得到一个奖励！

输出这样的图形：

```
*       *       *
0       0       0
00     000     00
000   00000   000
0000 0000000 0000
00000000000000000
00000000000000000
88888888888888888
```

一个小提示：最简单的方法是用for循环嵌套来实现这个程序。在下面的网格中画出皇冠的图案，就可以看出变量i和j的变化过程，也就可以知道什么时候该输出什么符号。

i\j	0	1	2	3	4	5	6	7	8	9	10	11	12	13	14	15	16
0																	
1																	
2																	
3																	
4																	
5																	
6																	
7																	

*1 图形的宽度设置成奇数，否则在打印图形时会发生变形。在对宽度的一半取整之前，我们还得减1（严格来说，不需要减1，因为除法运算默认是不包括小数部分的）。

*2 图形的高度是宽度的一半。

*3 经过计算，高度一共是8行。由于case语句里只允许常量，所以用final关键字把变量letzteReihe（最后一行）定义为常数项。此外，变量hoehe（行）、haelfteBreite（列的一半）以及breite（列）也需要定义成常数。

参考代码：

把下面的代码加在第1章的程序中，我想对你来说不是难事。当玩家无论何时连续向北走4次的时候，就可以找到皇冠。

*4 为了遍历所有行和列，我们用for循环嵌套实现。

```
final int breite = 17; *1
final int haelfteBreite = (breite-1)/2; *1
final int hoehe = haelfteBreite; *2
final int letzteReihe = hoehe-1; *3
for (int i = 0; i < hoehe; i++) { *4
  for (int j = 0; j < breite; j++) { *4
    switch(i) { *5
      case 0:
        System.out.print((j==0 || (j==haelfteBreite) || j==breite-1) ? "*" : " "); *6
        break;
      case letzteReihe:
        System.out.print(8); *7
        break;
      default:
        System.out.print((j<i || (j>haelfteBreite-i && j<haelfteBreite+i) || ↩
          j>=breite-i) ? 0 : " "); *8
    }
  }
  System.out.println(); *9
}
```

*5 根据i和j值的不同，打印出不同的字符；因为所有的值都是整型（int），而且只有3种不同的情况，所以使用switch语句非常方便；当然了，if-else也是不错的选择。

6 打印第一行（case=0）时，要在行首（j==0）、行尾（j==breite-1）和行中（j==haelfteBreite）的位置上输出一颗“”。

*7 在最后一行（case letzteReihe）打印出数字8。

*8 其他情况（default）时，根据i、j值的不同，在相应的行首（j<i）、行尾（j>=breite-i）以及行中（j>haelfteBreite-i && j<haelfteBreite+i）的位置打印出“0”。这句稍微有点复杂，就算是有经验的程序员也得多看几遍。

*9 每一行输出结束以后，会换一行，准备输出新一行。

【简单任务】

当然有了，可以用**if else**替换问号表达式。

我看了好久才理解*6和*8中问号表达式的意思。还有其他的形式吗?

好吧，我再想想。

if else替换方法（第*6行）：

```
if(j==0 || (j==haelfteBreite) || j==breite-1) {
  System.out.print("*");
} else {
  System.out.print(" ");
}
```

if else替换方法（第*8行）：

```
if(j<i || (j>haelfteBreite-i && j<haelfteBreite+i) || j>=breite-i) {
  System.out.print(0);
} else {
  System.out.print(" ");
}
```

【奖励】

非常棒！作为奖励，你今天可以得到国王一样的待遇。

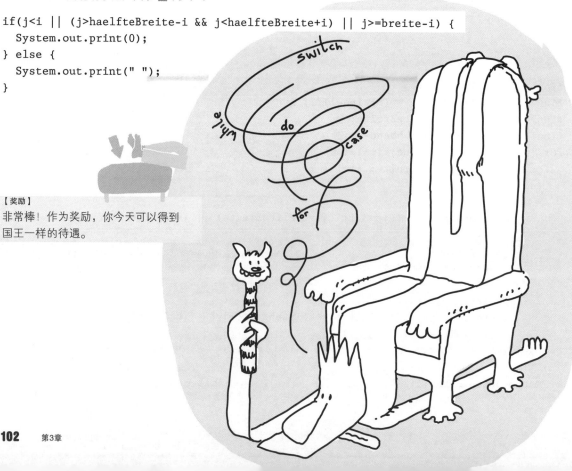

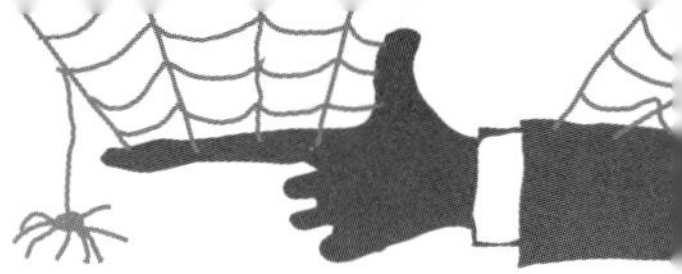

调试程序

接下来将学习一个非常实用的工具：Java-Debugger。它不仅能够找出代码中的错误，而且还可以**跟踪程序的运行情况**，以及分析代码等。

Eclipse又一次给我们提供了一些非常强大、用起来得心应手的功能。比如，通过断点功能（breakpoint），你可以让程序在设定好的位置**停止运行**，并且**一步一步地**查看运行状态。这一点对理解复杂的程序和查找错误（也叫作找Bug）非常有帮助。

在Eclipse中，你可以在打算加入断点的源代码行点击鼠标右键，这时会弹出快捷菜单，选择“设置断点”（Toggle Breakpoint，至少在英语版本里是叫这个名字）即可，或者双击该行的行号处也可以设置断点……

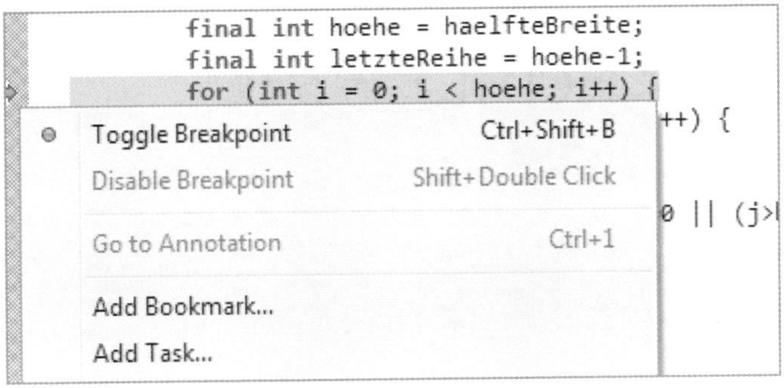

Eclipse中设置断点
可以通过快捷菜单和双击某行的行号位置来设置和插入断点。

【简单任务】
再次打开“ASCII皇冠”的代码，并且在**外层循环**设置一个断点。这次不是在运行模式“Run-Modus”下调试，而是在**调试模式“Debug-Modus”**下运行程序：选择菜单**“Run”**以及**“Debug”**。

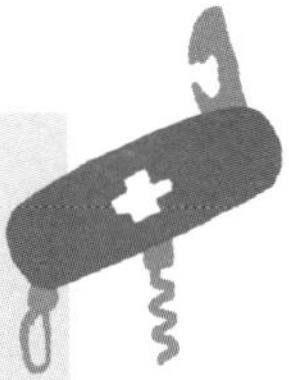

此时Eclipse也许会弹出对话框，询问你是否需要设置Bebug的**属性**。你直接选择接受就行，之后会给出很多不同的有用信息。

RUN-MODUS

在变量视图中可以查看每个变量的实时状态。

Name	Value
args	String[0] (id=16)
breite	25
haelfteBreite	12
hoehe	12
letzteReihe	11
i	0

变量的实时状态

也可以通过Debugger工具栏中的快捷按钮来控制调试模式。

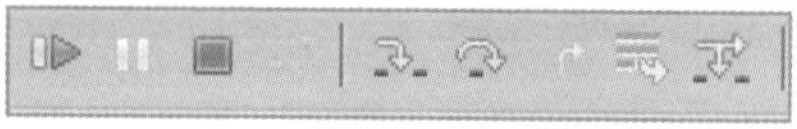

开始、停止、跳转……

这些有点像我CD机上的按钮。

没错！

为了更好地认识这些工具栏按钮，我们来看看它们的功能介绍。

工具栏按钮	功　能
运行/恢复运行（F8）	恢复断点并继续执行，直到程序结束或者遇到下一个断点
暂停/挂起	如果觉得执行过程过快，还可以暂停执行过程
停止/终止（Ctrl+F2）	结束调试过程，也就是停止运行整个程序
跳转到……（F5）	跳转进入到一个方法中
跳过（F6）	单步执行，或者跳过方法，执行下一条指令
跳转返回（F7）	从一个方法中跳出，并回到原来调用的方法中。我们的程序还没有那么多的方法可让我们跳进跳出，不过很快就会不一样了

因为刚才设置了断点，现在程序在执行到外层循环时停止。

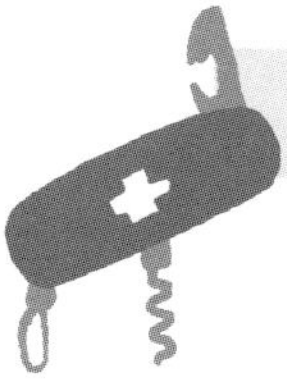

【简单任务】

现在一步一步地运行程序（快捷键F6或者选择图标“Player”），并观察各个变量值的变化。感觉如何?

中断循环

在switch语句中，我们已经认识了break指令。其实，它不仅可以中断switch的运行，也可以用来**中断（跳出）循环语句**。通过一个简单的采用for循环的查找程序，就可以清楚地演示这条指令的功能。

遍历所输入的初始参数，当找到数字5时，终止查找，跳出循环。这个小程序是我们日常编程工作中常见的真实程序。

```
int suchZahl = 5;
for (int i = 0; i < args.length; i++) { *1
  int zahl = Integer.parseInt(args[i]); *2
  if(zahl == suchZahl) { *4
    System.out.println(suchZahl + " gefunden an Stelle " + (i+1));
    break; *3
  }
}
*5
```

*1 遍历所有初始参数……

*2 把各个参数转换成int型……

*3 终止查找……

*4 当找到数字5时……

*5 执行break后，跳出循环。

break语句可以**终止整个循环执行过程**。如果仅仅想终止（跳过）**当前的循环过程**，最好使用关键字continue：

```
int suchZahl = 5;
for (int i = 0; i < args.length; i++) { *1
  int zahl = Integer.parseInt(args[i]); *2
  if(zahl % suchZahl != 0) { *4
    System.out.println(zahl + " nicht teilbar durch " + suchZahl);
    continue; *3
  }
  if(zahl == suchZahl) {
    System.out.println(suchZahl + " gefunden an Stelle " + (i+1));
    break;
  }
}
```

*1 遍历所有初始参数……

*2 把各个参数转换成int型……

*3 跳过当前的循环，继续查找下一个数……

*4 当前的数字不能被suchZahl整除，之后再判断是不是数字5。

【温馨提示】

continue指令只能在循环语句中使用，不能在switch语句中使用。

循环的标签

在break和continue关键字后面加上一个标签，通过它就可以跳过**指定循环**。在循环嵌套的情况下，这样的跳转非常有效，因为标准的break和continue语句只能绕过当前的循环。如果想从多重嵌套的循环中跳转出来的话，就得在跳转或终止时加上一个标签。

【概念定义】

标签指明跳转语句的标记。格式如下：

continue 标签名

示例如下：

```
aussen: *1
for (int i = 0; i < 10; i++) { *2
  for (int j = 0; j < 10; j++) { *3
    System.out.println(i + ", " + j);
    if(i==5) {
      continue; *4
    } else {
      continue aussen; *5
    }
  }
}
```

*1 标签名

*2 外层循环

*3 内层循环

*4 没有标签的continue跳过当前循环后，继续执行内层循环。

*5 加上标签的continue跳过本次循环后，将从外层循环继续开始。

【笔记】

不用考虑这段代码的实际意义，它只是展示了加上标签后的跳转过程。

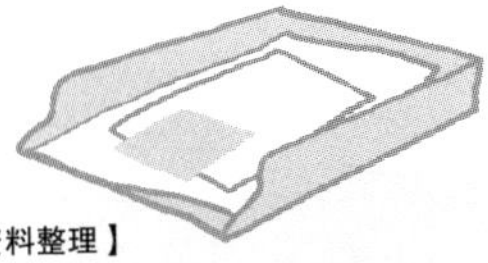

【资料整理】

我建议你慎用带标签的跳转。虽然在某些时候它比较有效，但同时也影响了代码的可读性和连贯性。很多开发人员更偏爱**“单进单出”**准则。

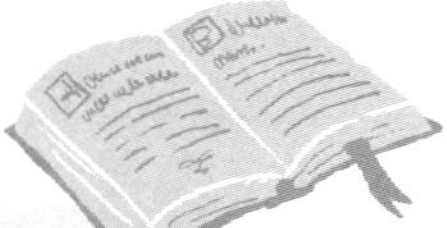

【概念定义】

“单进单出”是针对循环说的，意思就是：只能从一个入口进入循环，也只能从一个出口结束循环。break和continue打断了循环的“正常流程”，而且造成了多个出口的情况。

综合练习——打印日历

结束本章之前，我们照例还得开动脑筋做个练习，但是放心，没有标签。

【困难任务】

编写一个程序，按日历格式输出某个月。比如，这个月有31天，从星期三开始。输出结果如下：

```
|MO|DI|MI|DO|FR|SA|SO|
|  |  |  | 1| 2| 3| 4| 5|
| 6| 7| 8| 9|10|11|12|
|13|14|15|16|17|18|19|
|20|21|22|23|24|25|26|
|27|28|29|30|31|  |  |
```

这个程序将会涉及两个参数：月份和开始日期。我们先从伪代码入手：

```
// 1.检测输入参数的有效性。
如果输入的月份和开始日期有效的话：
  // 2.确定月份的天数。
  // (不考虑闰年情况。)
  确定某月的天数
    这个月是大月吗? 31天。
    这个月是2月吗?
    这个月是小月吗? 30天。
  // 3.按日历格式输出。
  准备输出星期样式
   输出星期
    准备输出日期格式
        输出日期
```

你只能按照这个伪代码编程。

“只能”，好吧。
我准备用一个if语句
来检测参数的合法性，
用switch语句
确定某个月的天数。
要是按照指定的输出格式的话，
我用for循环嵌套解决。

【小贴士】
有两个事需要注意：首先，每个月的开始日期不同，所以要用空格代替，因此需要考虑一共需要多少行才合理。要让程序自己判断。

嗯，这个分析听起来还不错。

我也给出了一个参考代码，希望可以帮到你。

【小贴士】
其次，伪代码只提及了大致的方向和重要步骤。其他的还要仔细考虑。

```
int monat = 6; *1
int startTag = 2; *2
// 1.检测输入参数的有效性
if(monat >= 0 && monat <= 11 && startTag >= 0 && startTag <= 6) { *3
  // 2.确定月份的天数
  int tage; *4
  switch(monat) {
    case 0: case 2: case 4: case 6: case 7: case 9: case 11: *4
      tage = 31;
      break;
    case 1: *4
      tage = 28;
      break;
    default:
      tage = 30; *4
  }
  // 3.按日历格式输出
  System.out.println("|MO|DI|MI|DO|FR|SA|SO|");
  int wochen = (tage + startTag) > 35 ? 6 : 5; *5
```

*1 月份（monat）参数。计算机专业的人都习惯从0开始计数，所以0代表1月，1代表2月，依此类推。当然了，你也可以用其他的方式。

*2 开始日期（startTag）参数。0代表星期一，1代表星期二，依此类推。

*3 首先需要检测输入的月份和开始日期是否为有效参数。

*4 用switch语句来判断月份的总天数。

*5 这个问号表达式可以判断一共需要多少行输出日期。最少是5行，最多6行（不算表头）。

```
  for(int woche=1; woche<=wochen; woche++) { *6
    for(int tag=1; tag<=7; tag++) { *7
      int datum = tag+(woche-1)*7-startTag; *8
      if(datum > 0 && datum <= tage) { *9
        System.out.print("|" + ((datum < 10) *11 ? " " : "") + datum); *9
      } else {
        System.out.print("|  "); *10
      }
    }
    System.out.println("|");
  }
}
```

*6 外层循环输出周的个数，也就是说，每执行一次，在日历上就会新生成一个行。

*7 内层循环输出具体的日期，每执行一次，生成一天。

*8 日期（天）的计算的确有些烧脑。所以这里需要一步一步地详细解释。具体日期（天）的算法：通过变量tag（天）来计算，因为每周是以7天为单位计算的。对于每个已经开始的周（减去当前的周）必须再加7（(woche-1)*7），最后还得减去startTag（开始日期），这样就能算出当月的第一天是从星期几开始的。

*9 计算得到的日期必须大于0，并且要小于等于当月的总天数（tage）。然后在对应的位置上输出这个日期……

*10 其他情况输出空格填充。

至此，我把所有重要的事情都讲解了一遍，对你编程应该有些启发。

这就结束了？我还有个问题，在上一章的关键字列表里，我还看到了一个关键字：goto。我好像在哪里见过！为什么我没听你在Java里说起过呢，在程序中也没看到过啊？

确实有一个关键字是goto，它在Java里没有实际意义也没有作用，是老版本遗留下来的一个关键字，保留的原因也许是还有用到的可能吧：它应该属于面向过程编程范畴。现在你不用管它了，准备学习下一章吧。

【奖励/答案】

当然不会忘记给你奖励。你得到了一个“无限循环”的徽章。它可以用来和恶魔作斗争，也可以用来保护你免受无限循环之苦。

本章总结

- 通过流程控制结构可以影响程序的**执行进程**。
- 如果需要根据布尔表达式的值来执行一段代码，那么就可以直接采用 `if`语句。
- 如果需要根据布尔表达式的值来执行一段或者其他某段代码，那么就可以采用`if else`语句。
- 如果需要根据布尔表达式的值来执行多个不同的代码块，那么就可以采用由`else if`以及任意多个`if`语句组成的条件嵌套结构。
- `switch`语句是`if`嵌套结构的一个替换形式。但是，`switch`不能对布尔表达式取值，只能转换成`int`型，以及字符串和枚举型数据。它的好处是在书写上也比`if-else`结构**紧凑**一些。
- 如果想要**反复执行**某个代码块，可以使用循环结构：`while`循环、`do-while`循环和`for`循环。
- `for`循环语句自带一个循环计数变量，其他的循环必须自己构建。
- 如果程序的控制流程过于复杂，最好是先编写一个**伪代码**，明确大致的步骤和结构后再实施编程。
- 伪代码的内容还可以作为**注释**出现在程序中，这样就增强了程序的可读性。

有关字符串的操作

第4章 字符串的“盛宴”

字符串（String）是一种基本数据类型，它与原始数据类型一样，都是Java程序的重要组成元素。在此之前，小薛对字符串还没有一个完整的认识。不过，从这一章开始，他将系统地学习Java中字符串的相关知识。

字符串的定义

在我们学习下一章的内容（类和对象）之前，我首先要介绍另一个重要的数据类型。虽然这个数据类型也是按照类的样式进行声明的，但是从某种程度上说，它也是常用的基本数据类型，甚至有些人还视它为“原始数据类型”。其实，我们很难以文字描述的形式给它下一个明确的定义，只能抽象地称它为**“一串字符”**。原始数据类型的字符型变量（`char`）只能处理单个字符，但是Java中的`String`类（字符串类）可以处理连续的多个字符。

【概念定义】

我真的没开玩笑，String真的没有明确的、具体的定义，只能抽象地认为它是由不同字符组成的一串字符。

事实上，String在Java中不属于原始数据类型，而是**单独的一个类**。严格来说，类本身是个特殊的、复杂的数据类型，类的值不是“原始类”数据（如3、A或者`true`），而是较为复杂的对象，比如数据库链接字、数据记录、`Integer`包装类，（对，我们在第2章学过的，你还记得吗？）或者像我们这一章将要学到的`String`类。至于对象的相关知识，我们会在下一章中详细介绍。

```
Objekttyp beispiel = new Objekttyp();
```

通常采用这样的写法声明一个对象。

这样的写法我在包装类那一章见过。

是的，说得没错。 我们通常用类来声明对象，你一定还记得……

嗯，让我想想…… 你当时说：“用构造函数。”

```
Integer zahl = new Integer(42);
```

正确。 看来我的“良苦用心”没有白费。**构造函数**是个统称，也就是用**new**生成一个类的对象。`String`类的对象也要用这样的声明方式生成。

```
String name = new String("Schrödinger");
```

【背景资料】

在Java中，String是个对象，也就需要用关键字new创建。正如示例所示，我们用**字符串**的构造函数创建了一个简单的字符串，但是要注意的是……

【温馨提示】

原则上，**不应该用构造函数来创建一个字符串**，因为这涉及内存空间的使用和再利用问题。

虽然字符串类型不属于原始数据类型，但是在Java中有着**特殊的地位**。它甚至可以不用new关键字，而是像原始数据类型那样定义或创建（不用构造函数声明格式）。

具体来说有4种不同的声明方式。

1. “存储空间消耗者”

```
String beispiel = new*1 String("Bla bla"*2);
```

*1 String是对象，所以原则上需要用new来创建。但是这样做对存储空间未必是件好事，因为每创建一个字符串对象，都要开辟一个新的内存空间。这样做显然不太好，尽管Java单独为字符串提供了一个回收机制。

*2 创建字符串时，双引号是必不可少的。

【背景资料】

Java的这个回收机制叫作字符串池（String-Pool）。它避免了重复创建相同内容的字符串，进而节省了内存空间，省去了创建字符串时所消耗的时间，提升了程序性能。

再利用的方式

2. “环保主义者”

```
String nochEinBeispiel = "Noch mehr bla bla";*3
```

*3 也可写成这样的省略格式。这样就**不影响存储空间了**。

【温馨提示】

声明**字符变量**时用单引号，声明字符串变量时用双引号。

3. “字母崇拜者”

```
char[] buchstaben = {'B', 'l', 'a', 'b', 'l', 'a'};
String nochEinAnderesBeispiel = new String(buchstaben);*4
```

*4 字符串也可以由一个字符数组生成。关键是又一次用到了字符串的构造函数，此外还要考虑存储空间问题。

4. “业余爱好者”

```
String undNochEinAnderesBeispiel = "Bla" + "bla"; *5
```

*5 与其他Java对象不同，字符串类对象支持**+运算符**。在示例中，用+运算符可以把两个字符串“Bla”和“bla”拼接在一起。这样做显然是多余的，而且每次会在内存中生成新的字符串对象。试想一下，如果这样的写法放在循环中，**势必会占用很多存储空间**。

【便签】
你一定好奇，为什么4种方式都是创建同一个“Blabla”字符串。这是因为“字符串创建原则”：对于新的字符串，才需要创建新的字符串对象。另外还需特别说明的是：**“字符串对象是不可改变的。”**

是呀，4个不同的方法，却只有一个是无危害的……

【便签】
创建字符串对象时，可以用到加号（+）和等号（=），但是不能用到减号（-）、除号（/）和乘号（*）。

访问字符串中的字符

用charAt(index)方法可以访问一个字符串中的某个字符。charAt(0)代表字符串的第一个字符，因为在程序中，字符串中的字符个数是从0开始计算的。比如下面的语句输出的结果是字母“S”。

```
String name = "Schrödinger";
System.out.println(name.charAt(0));
```

【概念定义】
字符的下角标（index）指的是字符在字符串中的位置。

如果从字符串的后面开始研究，并且想要获得最后一个字符的话，那么必须知道字符串的长度，可以使用length()方法来查询。自己实践一下，输出上面那个字符串的最后一个字母。

这个简单，大概是这样写吧。

```
System.out.println(name.charAt(name.length()));
```

不完全正确，需要特别小心：你运行一下试试……

怎么有一个错误呢：StringIndexOutOfBoundsException

哦，字符串下角标越界或为负。凡是出现这样的错误，都是开发者自己导致的。

好吧，谢谢。但是为什么呢？

因为你要**查找的那个字符不在你指定的位置**。“下角标越界”的意思是：你给出的角标已经超出了字符串的边界。还记得字符串是从0开始计算的吗？“Schrödinger”有11个字符，但是如果第一个字符是0的话……

Index	0	1	2	3	4	5	6	7	8	9	10	11
Zeichen	S	c	h	r	ö	d	i	n	g	e	r	StringIndexOutOf-BoundsException

哦，最后一个字符的角标是10，我明白了。

对，一般我们会在字符串长度的基础上再减1。

修改后应该是：

```
System.out.println(name.charAt(name.length()-1));
```

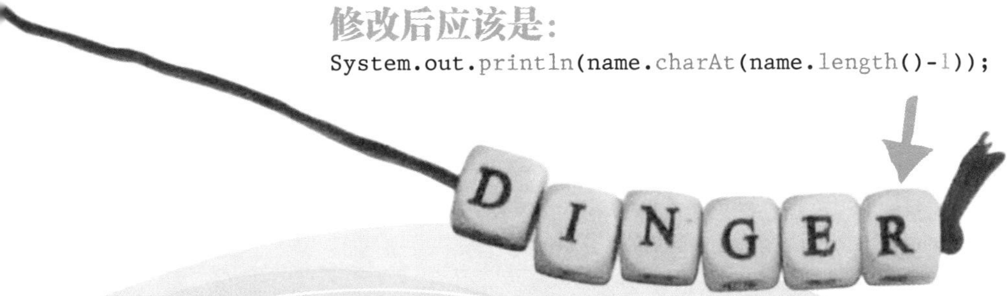

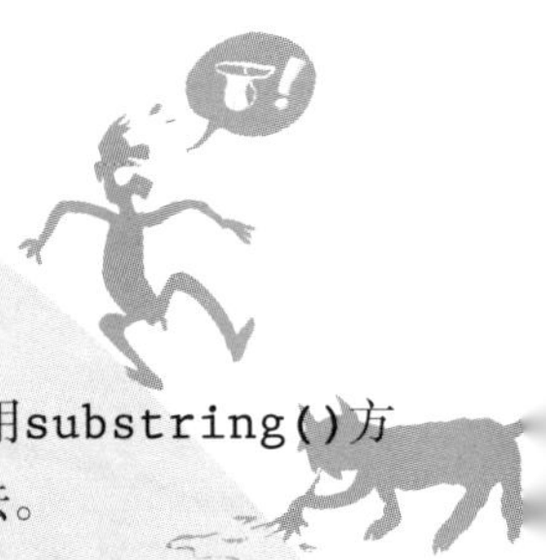

字符串的拆分

拆分字符串的方法基本上分为两种：如果打算把字符串按指定的长度拆分，那就使用substring()方法；如果想把字符串根据指定的字符或者目标字符进行拆分，那就使用split()方法。

换句话说：你相当于拿了一把有特殊形状的**单刃斧、双刃斧**或者**剥离机**。

单刃斧：

substring()方法在指定的位置拆分字符串：

```
String gegner = "Schleimiger Riesenschneckendrachen";
System.out.println(gegner.substring(18));
```

输出结果：„schneckendrachen“

指定从第18个字符开始拆分（字符角标从0开始）。

双刃斧：

substring()方法还有另外一个格式用来指定从哪里开始拆分，到哪里结束：

```
System.out.println(gegner.substring(18*1, 26*2));
```

*1 第一个参数指定从第18个字符开始拆分。

输出结果：„schnecke“

*2 第二个参数指定从第18个字符开始拆分，到第26个字符结束（不包括第26个字符）。

剥离机：

split()方法根据指定的字符拆分字符串：

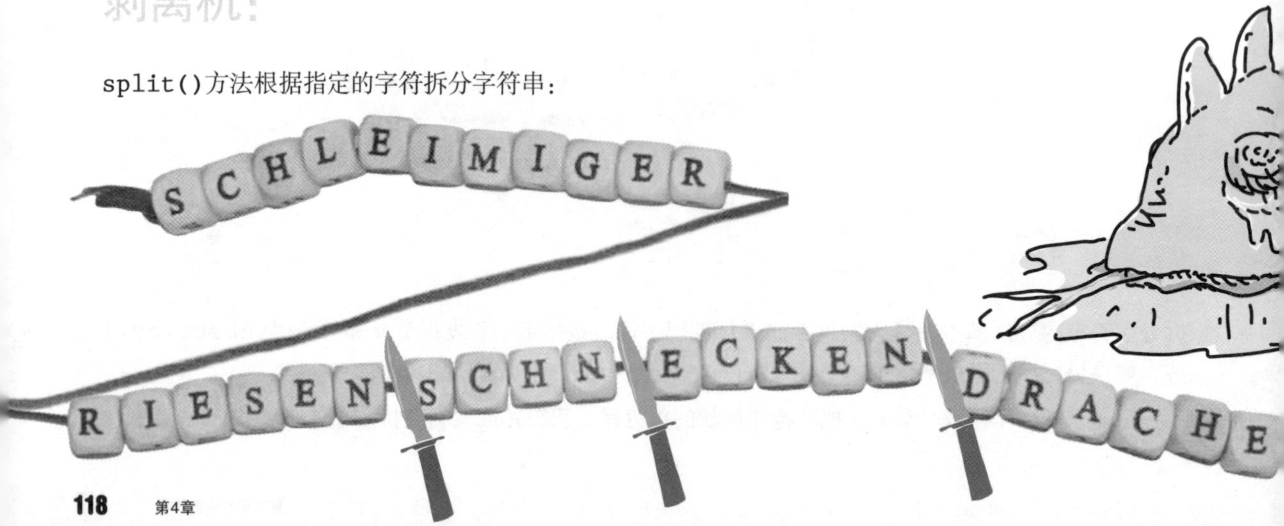

用split()方法可以把一段文字拆分成句子，把句子拆分成单词或字，或者把电话号码拆分成区号和电话号码，甚至还可以把“黏糊糊的毛毛虫”分隔成……嗯，还好这本书不是青少年读物……当然不会那么**血腥**。split()方法需要**正则表达式**（regular expression）或者用字符作为参数，按照给定的字符或正则表达的值分隔字符串。

【概念定义】

正则表达式由一串特殊的字符组成，可以用它描述任意一个字符串。比如，正则表达“S[a-zA-ZäöüÄÖÜß]*”的意思是：所有由大写字母S构成的单词。更多关于正则表达的内容将在第17章里讲解。

分割菠萝的这个比喻比较适合青少年：

```
String frucht = "Ananas";
String[] *1 scheibchen = frucht.split("a"); *2
System.out.println(Arrays.toString(scheibchen)); *3
```

*1 split()方法的返回值是一个字符串数组。

*2 字符串将按指定的字符“a”进行分割，因为“A”和“a”不相同，所以A被保留下来。

输出结果：[An, n, s]

*3 Arrays.toString()方法可以把字符串数组转换成一个字符串。输出结果就是字符串数组里的内容，显而易见，是按照“a”的格式分割的。

【温馨提示】

“a”是分割字符串的“依据”。

不费吹灰之力就可以用split("e")把黏糊糊的毛毛虫（schleimiger Riesenschneckendrachen）分成八段。

【温馨提示】

substring()方法的返回值是一个字符串，split()方法的返回值是一个字符串数组。

字符和字符串的运算

【简单任务】

回想一下，到目前为止，在前三章的内容中有哪些地方涉及了字符串。

包括：

- Java的输出语句：System.out.println()
- 初始参数的读取：public static void String args[]
- 原始数据的包装类

通过这些地方我们不难发现，字符串类型和原始数据类型都是常用的数据类型。算术运算符“+”也可以用在字符和字符串运算中；当然，运算的结果是字符串类型，**因为字符串不能自动地转换成数字**。

也就是说一定还会用到Integer.valueOf()，对吗？

小薛，你真的太聪明了。

不过还是要看几个示例：

```
System.out.println(12 + "12"); *1
System.out.println("12" + 12); *2
System.out.println(12 + 12 + "12"); *3
System.out.println(12 + (12 + "12")); *4
System.out.println("12" + 3 + 3 + "21"); *5
System.out.println("0" + 7 - 7 + "7"); *6    X
System.out.println("0" + (7 - 7) + "7"); *7
System.out.println("Hexen".concat("meister"));
*8
```

*1 可以先写原始数据类型，再写字符串类型……

*2 或者反过来写。但是结果都是“1212”。

*3 使用“+”号表达式时，如果不加括号的话，表达式由左至右求值，先计算两个数字的和，再与字符串组合，所以结果是“2412”。

*4 如果加上括号的话，先计算括号内的结果“1212”，然后在与括号外的数字组合成字符串“121212”。

*5 最左侧是一个字符串，所以和数字3组合成新的字符串“123”，之后再拼接上一个数字“3”，最后是字符串“21”。最后结果是“123321”。

*6 编译错误，在字符和字符串运算中不能使用其他运算符（除+号以外）……

*7 除非使用括号，否则会有编译错误。输出结果是“007”。

*8 concat()方法是“+”的一种替换形式，但是不要总使用这样的用法，因为每次拼接字符时都会通过构造函数产生一个新的字符串对象。

【完善代码】

下面的代码中有处错误，请修改过来。

```
int flaschenImKasten = 20;
int flaschenImBauch = 5;
System.out.println(flaschenImKasten + "-" + flaschenImBauch + " ist " + ↩
  flaschenImKasten - flaschenImBauch); X
```

"-"号是问题的所在，会报编译错误！表达式必须用括号括起来！应该改成……

```
System.out.println(flaschenImKasten + "-" + flaschenImBauch + " ist " + ↩
  (flaschenImKasten - flaschenImBauch));
```

正确，"-"不能用在字符和字符串运算中。要想得到算式的结果必须加上括号。

【困难任务】

编写一个程序，在一个字符串中，所有元音的位置上输出"-"，其他字母的位置上输出"."。

需要处理的字符串为：

Taumatawhakatangihangakoauauotamateaturipukakapikimaungahoronukupokaiwhenuakitanatahu

这个字符串是个小山的名字。有兴趣的话，可以上网了解。

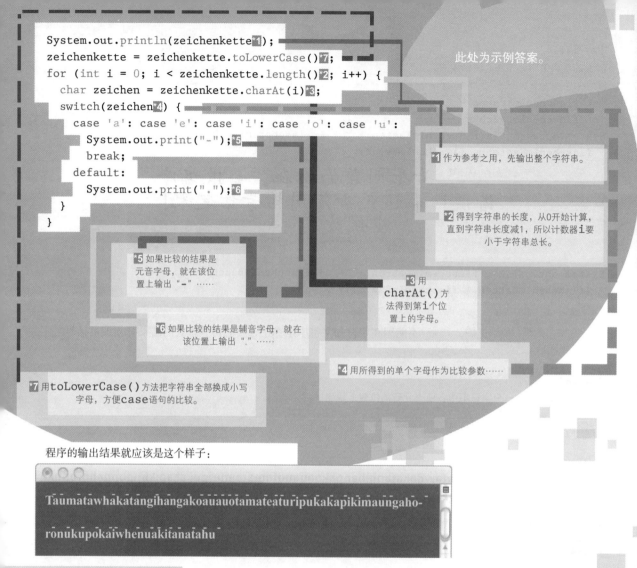

```java
System.out.println(zeichenkette*1);
zeichenkette = zeichenkette.toLowerCase()*7;
for (int i = 0; i < zeichenkette.length()*2; i++) {
  char zeichen = zeichenkette.charAt(i)*3;
  switch(zeichen*4) {
    case 'a': case 'e': case 'i': case 'o': case 'u':
      System.out.print("-");*5
      break;
    default:
      System.out.print(".");*6
  }
}
```

此处为示例答案。

*1 作为参考之用，先输出整个字符串。

*2 得到字符串的长度，从0开始计算，直到字符串长度减1，所以计数器i要小于字符串总长。

*3 用charAt()方法得到第i个位置上的字母。

*4 用所得到的单个字母作为比较参数……

*5 如果比较的结果是元音字母，就在该位置上输出“-”……

*6 如果比较的结果是辅音字母，就在该位置上输出“.”……

*7 用toLowerCase()方法把字符串全部换成小写字母，方便case语句的比较。

程序的输出结果就应该是这个样子：

```
Taumatawhakatangihangakoauauotamateaturipukakapikimaungaho-
ronukupokaiwhenuakitanatahu
```

【笔记】

toLowerCase()方法的作用是：把字符串的所有字母转换成小写字母。

toUpperCase()方法的作用是：把所有的字母转换成大写字母。但是对特殊字符（？、&等）是不起作用的。

字符串的比较

因为字符串是对象，所以不能像原始数据那样用==进行比较；比较字符串时需要用到equals()。例如：

```
String name = "Schrödinger";
String nochEinName = "Schrödi" + "nger";
boolean sindGleich = name.equals(nochEinName);
```

【背景资料】
如果在字符串比较中需要忽略大小写的话，可以使用equalsIgnoreCase()。

判断两个对象是否相同，可以用==（因为比较的是内存地址）。
但是要判断两个对象中的值是否相同，只能用equals()。

【资料整理】
用equals()或者equalsIgnoreCase()方法判断字符串是否相同；不能使用算术比较符==或者!=。

部分字符串的比较

对字符串某个部分进行比较时，我们可以使用其他两个方法：endsWith()方法用来比较两个字符串的后缀是否相同；startsWith()方法用来比较两个字符串的前缀是否相同。另外，regionMatches()方法用来比较目标字符串中是否包含指定的字符串。

```
System.out.println("Urinstinkt".endsWith("instinkt"));
```

输出结果：

```
true
```

```
System.out.println("Tischlerei".startsWith("Tischler"));
```

输出结果：

```
true
```

regionMatches()方法使用起来比较麻烦，它有4个参数：

```
System.out.println("Pfannekuchen".regionMatches(2 *1, "Badewanne" *2, 5 *3, 4 *4));
```

*1 regionMatches()的第一个参数为目标字符串中开始比较字符的下角标（Pfannekuchen中的第三个字母“a”）。

*2 第二个参数为参与比较的字符串。

*3 指定参与比较的字符串的起始下角标（Badewanne的第二个“a”）。

*4 第四个参数为参与比较的字符个数。

Index	0	1	2	3	4	5	6	7	8	9	10	11
String 1	P	f	**A**	**N**	**N**	**E**	k	u	c	h	e	n
String 2	B	a	d	e	w	**A**	**N**	**N**	**E**			

比较结果：true。

字符串“anne”既在字符串“Badewanne”里，也在“Pfannekuchen”里

【背景资料】

regionMatches()其实还有另外一个布尔值参数，如果布尔值为true，则在比较过程中忽略大小写。

阶段练习——字符串比较

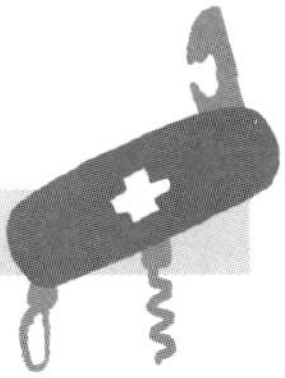

【简单任务】

完善代码：

```
public static void main(String[] args) {
  if(args[0] == "Schrödinger") {
    System.out.println("Hallo");
  }
}
```

简单！字符串不能用==运算符比较，应该用equals()，即

```
public static void main(String[] args) {
  if(args[0].equals("Schrödinger")) {
    System.out.println("Hallo");
  }
}
```

完全正确， 但是不要忘记检测args[0]是否为空，否则会报异常，因为找不到要处理的字符串下角标。

更好的答案是：

```
if(args[0] != null && args[0].equals("Schrödinger")) {
  System.out.println("Hallo");
}
```

或者更完美一些的答案：

```
if("Schrödinger".equals(args[0])) {
  System.out.println("Hallo");
}
```

这样的写法就可以省去判断是否为空的语句。

【奖励】

小技巧：

如果这样写就必须判断args[0]是否为空。

但是如果写成"Schrödinger".equals(args[0]) 就不必判断了。

如果你学会了这样的小技巧，我就送给你一件印有“ICH-BIN-NICHT-NULL”（我不是null）的T恤。

【困难任务】

编写一个程序，判断两个字符串是否有最长的共用后缀。

“最长的共用后缀”？你是不是喝醉了？到底是什么意思呀？

“最长的共用后缀”意思是：最长的字符串，两个字符串都是以它结尾。比如“**Tischlerei**”（木匠）和“**Fischerei**”（钓鱼）它们的最长后缀就是“**erei**”。

参考代码：

```
String s1 = "Tischlerei";
String s2 = "Fischerei";
String gemeinsamesSuffix = "";
for (int i = s1.length()-1; i >= 0; i--) { *1
  String teilString = s1.substring(i); *1
  if(s2.endsWith(teilString)) { *2
    gemeinsamesSuffix = teilString; *3
  } else {
    break; *4
  }
}
System.out.println(gemeinsamesSuffix);
```

*1 每次循环都检查S1的最长的后缀（子字符串）。

*2 如果S2的后缀与子字符串相同……

*3 则更新共用后缀（gemeinsamesSuffix）……

*4 否则，跳出比较循环。

【奖励】

幸好是比较最长的共用后缀，而不是最长的共用前缀。如果是那样的话，目前所学到的所有方法用起来就没这么顺手了。

字符串的查找和替换操作

在继续深入学习之前，还有两个常用的字符串处理方法需要介绍一下：

获得指定的字符串或者字符在目标字符串中首次出现的位置。

indexOf()方法的返回值为一个整数，指出指定的字符串或字符在目标字符串中首次出现的位置，例如：

```
System.out.println("Käsekuchen".indexOf('e')); *1
System.out.println("Käsekuchen".indexOf("kuchen")); *2
```

*1 返回值为3，这是字符“e”在目标字符串（Käsekuchen，奶酪蛋糕）中的下角标。需要注意的是，参数是字符型（char）。

*2 返回值为4，这是字符串“kuchen”在目标字符串中首字母的下角标。

还可以给indexOf()再加一个参数，表示从此参数的位置开始查找：

```
System.out.println("Käsekuchen".indexOf('e', 4)); *1
```

*1 返回值为8：字符“e”在目标字符串中从下角标4的位置开始查找，也就是从字母“k”开始。

从目标字符串最右边开始查找，获得指定的字符串或者字符首次出现的位置。

lastIndexOf()方法从字符串的最右边开始查找。

```
System.out.println("Käsekuchen".lastIndexOf('e')); *1
System.out.println("Käsekuchen".lastIndexOf("kuchen")); *2
System.out.println("Käsekuchen".lastIndexOf('e', 4)); *3
```

*1 因为从目标字符串中最右边开始查找指定的字符，最后出现的字母“e”的位置为8。

*2 返回值为4，这是字符串“kuchen”在目标字符串中最后出现的下角标。

*3 第二个参数指定在目标字符串中反向查找的位置，4代表字符串中的字母“k”，反向查找字母“e”的位置为3（在字符串“Käse”中的位置）。这就说明，下角标都是从左往右开始计算的，即使是从后往前查找字符。

那么，如果没有查找到指定的字符串或者字符，返回值是多少？

【便签】
如果没有找到字符或者字符串，indexOf()和lastIndexOf()的返回值为-1。

如果想要知道目标字符串是否包含指定的字符串或者字符，可以使用contains()方法。

```
System.out.println("Käsekuchen".contains("kuchen")); *1
System.out.println("Käsekuchen".contains("kalorien")); *2
```

*1 返回值为true。

*2 返回值为false。

如果不仅仅是查找，还要替换字符串的话，就可以使用replace()方法。

```
System.out.println("Käsekuchen".replace("Käse", "Schokoladen"));*1
System.out.println("Fischers Fritz fischt frische Fische".replace("isch", ⤶
  "osch"));*2
```

*1 字符串“Käse”被替换成“Schokoladen”。

*2 把目标字符串中所有的“isch”都替换成“osch”。

【背景资料】
replaceFirst()方法，替换第一个与指定字符或字符串匹配的字符或字符串。
replaceAll()方法，替换所有与指定字符或字符串相匹配的字符或字符串。

ZICK-ZICK-ZILLES

阶段练习——菜单黑客

奶酪蛋糕味道应该不错，但是我还是得吃小麦煎饼，因为我女朋友要求我吃营养配餐。

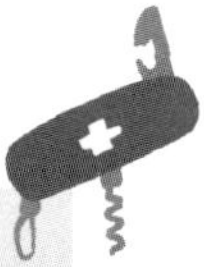

【简单任务】

那这个任务此时很适合你了：编写一个菜单黑客程序，把所有“Dinkel”开头的菜单替换成你喜欢吃的食物。比如：“Dinkelpfannekuchen”替换成“Hambuger”，“Dinkel mit Salat”替换成“Hambuger mit Pommes”，等等。

```
if (speise != null *1 && speise.startsWith("Dinkel") *2) {
  if ("Dinkelpfannekuchen".equals(speise)) { *3
    speise = "Hamburger"; *3
  } else {
    speise = speise.substring("Dinkel".length()); *4
    speise = "Hamburger" + speise; *4
  }
}
if (speise != null && speise.contains("Salat")) { *5
  speise = speise.replaceAll("Salat", "Pommes"); *5
}
System.out.println("Heute gibts " + speise);
```

*1 首先得判断菜单（speise）是否为空……

*2 菜单上有没有“Dinkel”开头的菜。

*3 把“Dinkelpfannekuchen”替换成“Hambuger”

*4 其他菜肴中，把“Dinkel”替换成“Hambuger”。

*5 再把其他菜单名字中的“Salat”替换成“Pommes”。

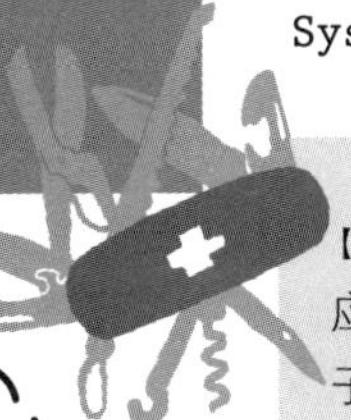

【困难任务】

应用contains()方法查找最长共用子字符串。

参考答案：

```
String s1 = "Tischlerei";
String s2 = "Fische";
String gemeinsamerSubstring = "";
for (int i = 0; i < s1.length(); i++) { *1
  for(int j = 0; j < s1.length() - i; j++) { *1
    String teilString = s1.substring(j, j+i); *1
    if(s2.contains(teilString)) { *2
      gemeinsamerSubstring = teilString; *3
    }
  }
}
System.out.println(gemeinsamerSubstring);
```

*1 循环嵌套的目的是要生成s1的子字符串，第一次循环产生一个字母的子字符串（“T”“i”“s”“c”“h”，等等），第二次循环产生两个字母的子字符串（“Ti”“is”“sc”“ch”“hl”，等等），之后第三次循环产生三个字母的子字符串，依此类推，然后是四个字母，五个字母……

*2 判断s2是否包含已经生成的子字符串（teilString）……

*3 如果包含子字符串的话，就更新共用子字符串（gemeinsamerSubstring）内容。

【简单任务】

更改字符串变量eingabe的内容，使之匹配后续出现的单词。

```
String eingabe = "Iss";
```

需要输出的单词如下：

Iss

1.) `eingabe = "E" + eingabe.substring(0,2).toLowerCase();`

Eis

2.) ____________________

Heiss

3.) ____________________

Heisser

4.) ____________________

Hosenschei**er

参考答案：

```
2.) eingabe = "H" + eingabe.toLowerCase() + "s";
3.) eingabe = eingabe + "er";
4.) eingabe = "Hosensc" + eingabe.toLowerCase().replaceAll("s", "*");
```

字符串类对象的创建

之前在创建字符串对象时提到过，创建时最好不要用构造函数，
现在我们来了解一下原因何在。

通常来说：

在Java中，字符串对象经常被**重复使用**。出于**节省存储空间**的考虑，建议创建字符串对象时尽量**不使用构造函数**。因为，每次**使用构造函数**创建字符串对象时，都要为其重新开辟一个存储空间给新的对象。那么问题就来了：假如要创建很多相同的字符串对象，势必会浪费很多没必要的内存资源；更有甚者，如果创建过程被放在一个循环语句中，那就意味着每次执行循环时都要创建一个新的对象。

更合理的解决办法是：

通过引入**字符串池机制**，成功解决了字符串重复使用问题。是的，你不要用那种眼神看着我，的确就叫这个名字。字符串池可以理解为一片存储空间，很多字符串值都存储在里面，这些字符串可以被多个字符串变量使用。当字符串变量需要使用池中的字符串值时，便可以将其从中取出，多个字符串变量可以同时使用同一个字符串的值。讲到此处要是没有一个示例的话还真不好往下继续了。

通过一个示例（不使用构造函数）可以更好地理解这个过程：

```
public class StringPool {
  public static void main(String[] args) {
    String schachFigur = "Läufer";
  }
}
```

此处生成了一个值为“Läufer”（跑步者）的字符串变量。因为是首次在程序中创建这个字符串，所以此时在字符串池中还没有值，随后在池中放入字符串值“Läufer”，另外在堆（heap）中生成一个新的String类对象。堆也是一片特殊存储空间，Java中的所有对象都存放在这里。我们将在下一章详细介绍这个概念。

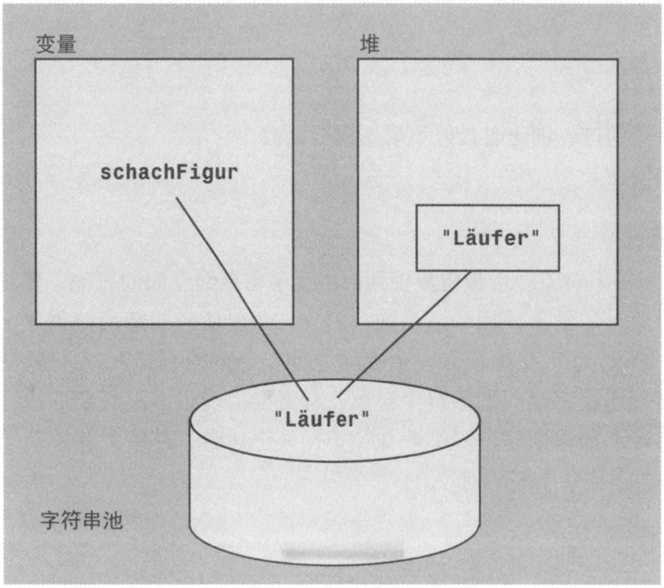

变量schachFigur指向字符串池中的值“Läufer”，也指向堆中实际的对象。如果这时生成的第二个变量其值也是“Läufer”，JVM就会开始检测是否在池中已经有相同的字符串了。如果有，则直接把值赋值给变量（同时与堆中的对象建立起引用关系），在这个过程中并没有创建一个新的对象。例如：

```
String teppich = "Läufer";
```

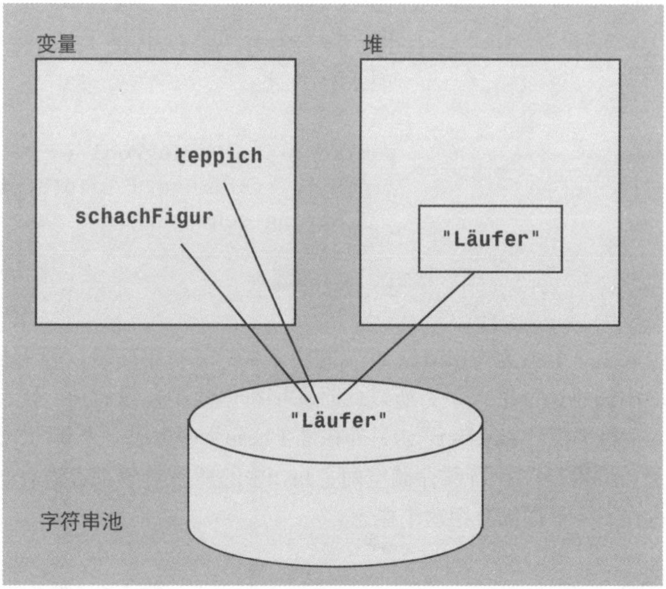

分享一个对象的两个变量

通过Eclipse的Debug模式可以清楚地看出，两个变量引用了同一个内存地址中的值。

(x)= Variables | Breakpoints

Name	Value
args	String[0] (id=16)
schachFigur	"Läufer" (id=19)
teppich	"Läufer" (id=19)

如果是通过new创建的对象，两个变量的内存地址是不同的，如下图所示：

```
String schachFigur = "Läufer";
String teppich = new String("Läufer");
```

(x)= Variables | Breakpoints

Name	Value
args	String[0] (id=16)
schachFigur	"Läufer" (id=19)
teppich	"Läufer" (id=23)

哦！现在内存地址不同了！

是的，用new创建对象时，总是需要生成一个新的对象；在这样的情况下，JVM并不会检测字符串池中是否已经有相同的值，自然也就不会去重复引用已经存在的对象了。

现在容易理解多了，在进行字符串比较的时候，最好用equals()语句；如果是用==的话，只能对内存地址进行比较。

用构造函数创建对象时，不会在字符串池中形成引用。

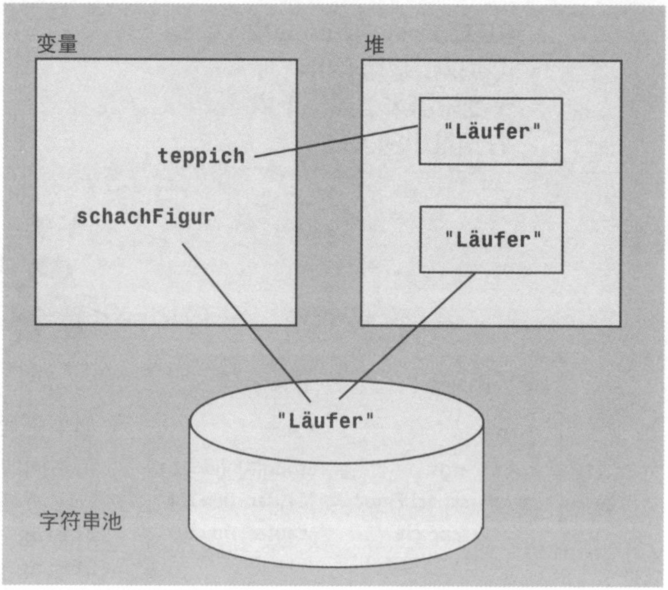

还有一种情况需要注意：用new创建字符串对象后，并不会在字符串池中自动生成引用！回收器根本没被启动。假如schachFigur是用new创建的，而teppich没有用到new（或者换过来也没问题），一定会生成两个不同的对象！

```
String schachFigur = new String("Läufer"); *1
String teppich = "Läufer"; *2
```

*1 在堆中生成一个新的对象，但是没有在字符串池中建立“Läufer”值的引用。

*2 首先检查在池中是否有“Läufer”。如果没有，那就在堆中建立一个新的对象，再在字符串池中建立一个“Läufer”的引用。

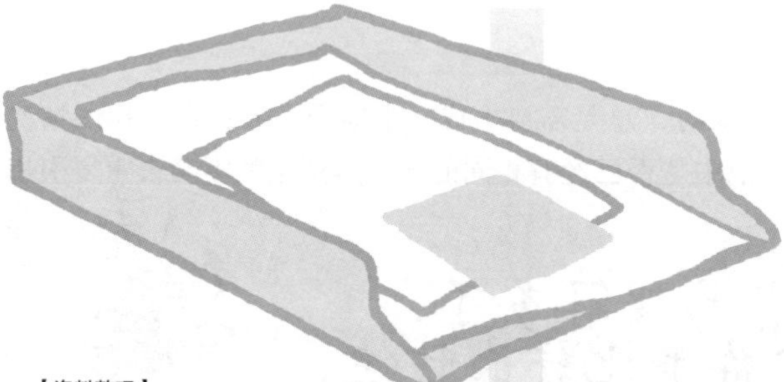

【资料整理】

用new创建字符串对象时会绕开字符串池，并且还会妨碍字符串的重复使用性。这样的创建既不会检测字符串池中是否已有字符串的值，也不会添加字符串的值（如果池中还没有的话）。

字符串池更专业的分析

虽然用new创建一个字符串后，不能在字符串池中产生该字符串对象的引用，但是此时还可以通过intern()方法来实现这一步骤。这个方法会检测池中有无对象的引用：如果没有，就在生成对象的同时，在池中也产生一个该对象的引用；如果有，则直接返回这个池中的对象引用。

修改一下上面的例子：

```
String schachFigur = new String("Läufer");
String teppich = schachFigur.intern();
```

执行过程的示意图。

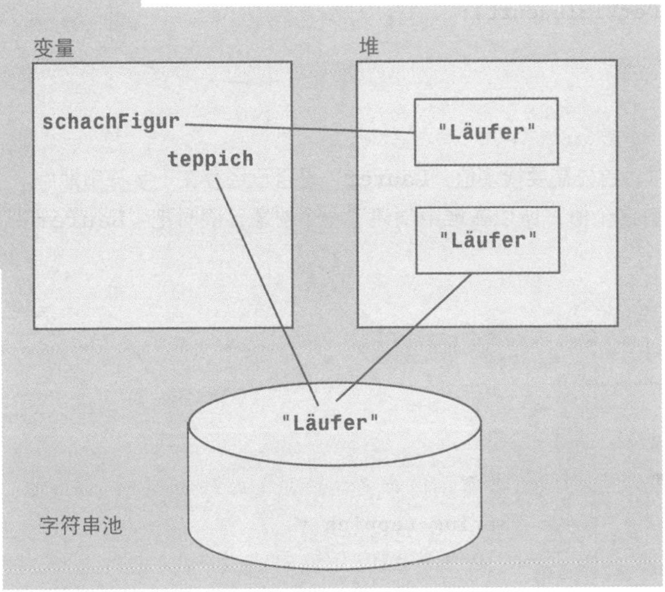

schachFigur 也不必指向字符串池吗？

不用的，因为不是对象本身经过intern()语句被放到字符串池中，而是重新生成一个新的对象，然后再把它的值放到池子中。

我现在有点混乱。我需要到“池子”里冷静一下。

没关系，做过练习你就会明白。

【困难任务】

下面程序的运行结果是什么？请考虑每个运行步骤，包括字符串池和堆中的状态。提示：用==判定堆中的两个变量是否相同。

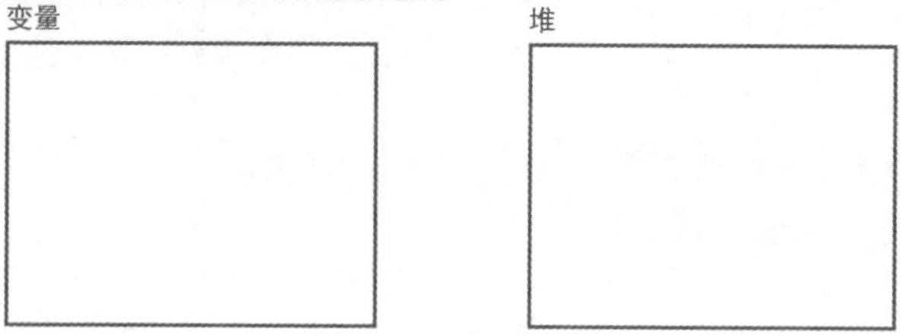


```
String schachFigur = "Läufer";
String teppich = new String("Läufer");
String jemandDerVielLaeuft = teppich.intern();
System.out.println(schachFigur == teppich);
System.out.println(schachFigur == jemandDerVielLaeuft);
System.out.println(teppich == jemandDerVielLaeuft);
```

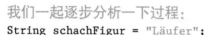

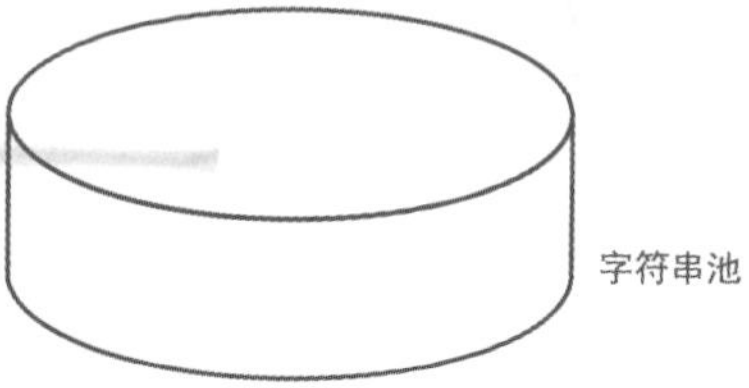

我们一起逐步分析一下过程：

```
String schachFigur = "Läufer";
```

不用构造函数创建对象时，首先需要检测值“Läufer”是否已经存在于字符串池中。显然，在字符串池中没有这个值，所以在堆中创建了一个对象，同时把“Läufer”扔进池中。

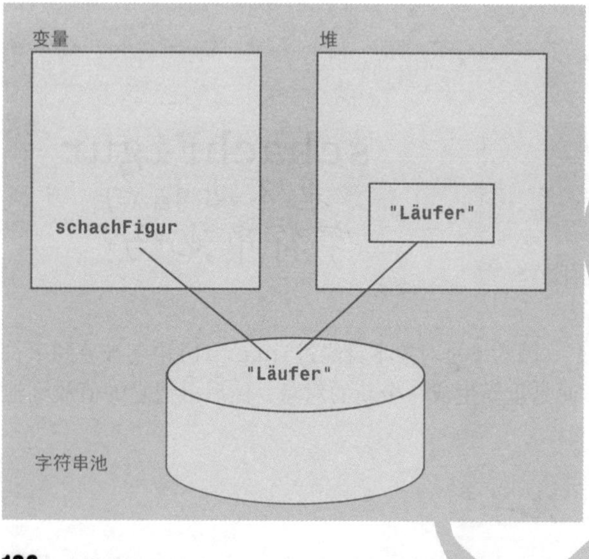

接着执行第二句语句（内存消耗者来了）：

```
String teppich =
  new String("Läufer");
```

等等，这个我知道。因为这里用到了new，所以在字符串池中完全没有值，而是在堆中生成一个新对象。

没错。创建过程现在变成这样。

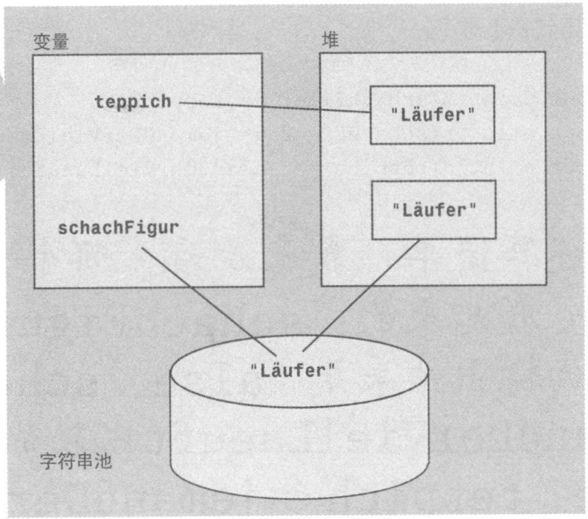

和我想的一样！

非常好，之后是下一句：难题来了

```
String jemandDerVielLaeuft = teppich.intern();
```

这句比较头疼，我觉得，是该你出手帮我的时候了。

好的。teppich此时并没有在字符串池中。这其实不重要，因为teppich调用了intern()方法，所以就开始检查，在池中是否有相同的值，结果存在“Läufer”，直接引用即可。

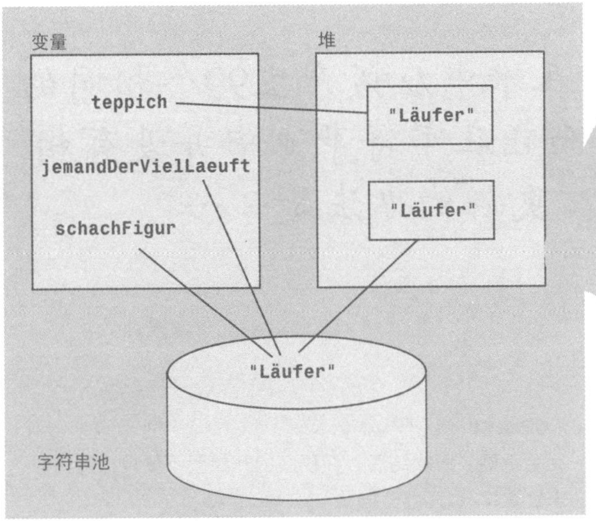

经过三条指令后，创建过程变成了现在的样子。

接下来的语句就不难了：

```
System.out.println(schachFigur == teppich);
System.out.println(schachFigur == jemandDerVielLaeuft);
System.out.println(teppich == jemandDerVielLaeuft);
```

这个还算简单。我来看看，哪个变量是和同一个对象关联起来的：schachFigur和teppich比较的输出结果是false，schachFigur和jemandDerVielLaeuft比较的输出结果是true，teppich和jemandDerVielLaeuft比较的输出结果是false。耶！！！

太棒了，那么下一个任务对你来说就不是问题了：

【简单任务】

下面代码的输出结果是什么？怎么修改一下会好些呢？

```
for (int i = 1; i <= 99; i++) {
  System.out.println(new String("Ballon")); //"气球"
}
```

如果我没看错的话，在堆中应该产生99个相同的字符串“Ballon”，而且在字符串池中并没有相应字符串的值。对吗？更好的办法是……

```
for (int i = 1; i <= 99; i++) {
  System.out.println("Ballon");
}
```

【笔记/练习】

完全正确。归根结底，在程序的开始就不要用构造函数来创建字符串。

字符串是不可改变的

这部分讲的还是与字符串有关的内容。字符串对象一经创建后，就**不能再被改变**，或者说**不可改变**。原因其实很简单：不同的变量会指向字符串池中的同一个值。但也不能理解为，变量值在程序的上下文中必须保持一致。比如，变量`schachFigur`和`teppich`可以指向同一个值，此时就不应该出现这样的情况：其中一个变量已经改变了这个值，而另一个变量却又接受了新的值。

没错，如果那样的话，变量就找不到原来的值了。

是的，但也不是都如你所想的那样。Java提供了一些方法用来**改变字符串变量的值**，并且**返回这个新对象的引用**。比如`replace()`方法，你可以使用此方法改变一个字符串中某个特定的字符。虽然表面上是改变了字符串的值，但实际上并没有改变原来的字符串的值，而是生成了一个新的字符串对象。

一起来看个示例：

```
String schachFigur = "Läufer"; *1
String jemandDerVielLaeuft = "Läufer"; *1
System.out.println(schachFigur == jemandDerVielLaeuft); *2
schachFigur.replace("Läufer", "König"); *3
System.out.println(schachFigur); *4
System.out.println(jemandDerVielLaeuft); *5
System.out.println(schachFigur == jemandDerVielLaeuft); *6
schachFigur = schachFigur.replace("Läufer", "König"); *7
System.out.println(schachFigur); *8
System.out.println(schachFigur == jemandDerVielLaeuft); *9
```

*1 生成两个变量，并且在字符串池中产生指向它们自己的对象引用……

*2 此时的比较结果为`true`。

*3 用`replace()`方法改变变量值，但是……

*4 指向`schachFigur`的对象并没有改变。所以值还是“Läufer”……

*5 `jemandDerVielLaeuft`的值同样还是“Läufer”。

*6 这就说明，`schachFigur`和`jemandDerVielLaeuft`仍然指向同一个对象，所以输出结果为`true`。

*7 必须把`replace()`方法的返回值重新赋值给变量`schachFigur`……

*8 这样才能让变量指向新的值“König”……

*9 现在`schachFigur`和`jemandDerVielLaeuft`就不再是相同的值了。两个变量之间也不会互相影响了。

最后，创建过程如图所示。

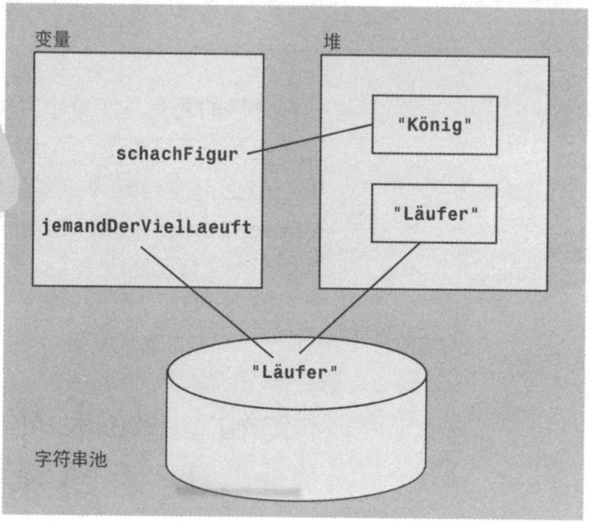

可以被改变的字符串

字符串是不可以改变的，如果改变字符串的值，
就又得生成一个新的字符串对象，
那么又会带来内存空间上的问题。
假如我一定要经常改变字符串的值，
就没有办法了吗？

作为一名开发人员，几乎每天都要处理字符串的操作。因此，Java的开发者们为我们提供了两个类，专门用来处理字符串的修改操作：StringBuffer和StringBuilder。

String什么？希望不是要给我
看你的私人收藏……

我怎么会有什么私人收藏呢，是两个对处理字符串有用的类。和String类在使用上相比，StringBuffer和StringBuilder不会受到产生新对象的限制。

通过一个示例就可以看得一清二楚：

```
StringBuilder stringBuilder = new StringBuilder(); *1
stringBuilder.append("String"); *2
stringBuilder.append("-");*2
stringBuilder.append("Bilder"); *2
stringBuilder.insert(8, "u"); *3
System.out.println(stringBuilder.toString());*4
```

*1 StringBuffer和StringBuilder可以用new创建对象。

*2 用append()方法可以在字符串的末尾追加字符、原始类型数据或者一个对象。

*3 用insert()方法可以在字符串的指定位置插入字符、原始类型数据或者一个对象。不论是append()方法还是insert()方法都不会产生新的对象，只会动态地在原对象上进行操作。

*4 用toString()方法可以把一个对象转换成字符串。其实在调用println()的时候，可以把toString()省去，直接给出变量名stringBulider，因为println()内部本来就是调用对象的toString()方法。

【便签】
StringBuffer和StringBuilder可以动态地修改字符串，这也就意味着动态地改变字符串存储空间的大小，与此同时也会带来运算上的消耗。因此给你个小建议：在修改字符串之前要为stringBulider/StringBuffer分配适当大小的空间。

运行结果：StringBuilder

通常情况下需要设定字符串的大小：

```
int anzahl = 5;
String s = "Yippie "; //"开心辞典"
StringBuilder stringBuilder = new StringBuilder(s.length() * anzahl*3);
for(int i=0; i<anzahl*1; i++) {
  stringBuilder.append(s);*2
}
System.out.println(stringBuilder.toString());
```

*1 在循环外面就设定好添加字符串的个数（anzahl）……

*2 在stringBuilder的末尾添加字符串。

*3 可以在创建对象的同时指定适当的长度。

输出结果：Yippie Yippie Yippie Yippie Yippie

【资料整理】

StringBuffer和StringBuilder功能基本相同，只有一个不同点，StringBuilder是非线程安全的，而StringBuffer是线程安全的。意思就是：StringBuffer里的数据不会被其他线程通过并行访问的形式进行同步。原则上，是在单线程工作条件下（并行执行一个程序）使用StringBuilder，也就是说，StringBuilder使用起来比StringBuffer更高效。
目前还不会涉及关于线程的问题，在以后的章节会有相关的说明！

字符的删除、替换以及镜像

用StringBuilder和StringBuffer类的方法还可以通过使用delete()实现单个字符的删除。

```
StringBuilder sb = new StringBuilder("Zu viiiiel"); //"太多了"
sb.delete(4*1, 7*2);
System.out.println(sb);
```

*1 从下角标4处开始删除……

*2 直到下角标7处结束。

输出结果：Zu viel

删除多余的部分

如果删除单个字符最好使用deleteCharAt()方法：

```
StringBuilder sb = new StringBuilder("Zu viiel");
sb.deleteCharAt(4);
System.out.println(sb);
```

输出结果：Zu viel

如果不是删除字符而是替换字符可以使用replace()方法：

```
StringBuilder sb = new StringBuilder("Rechtschreibung"); //"拼写"
sb.replace(9*1, 10*2, "e"*3);
System.out.println(sb);
```

*1 从下角标9处开始替换……

*2 直到下角标10处替换结束。

*3 指定替换的字符。

输出结果：Rechtschreibung

如果打算镜像输出某个字符串可以使用reverse()方法：

```
StringBuilder stringBuilder = new StringBuilder("rentner");
System.out.println(stringBuilder.reverse());
```

输出结果：rentner

相信我，这个功能就是把字符串完全反向输出。你还可以试试“anna”“reittier”“wow”。

哈哈哈，有趣的示例！

【资料整理】
在一个循环的内部使用StringBuilder比使用+运算符更好。
在循环外部可以使用+运算符，因为编译器此时会自动生成StringBuilder。

阶段练习

【简单任务】

下段程序的开发者大概还没听说过，字符串消耗存储空间，并且不能在循环里使用加号“+”来拼接字符串。现在请你完善下面的代码，提高程序的性能。

```
String text = "";
for(int i=1; i<=99; i++) {
  text += "Luftballon " + i + "\n";
}
System.out.println(text);
```

参考答案：

```
StringBuilder textMitStringBuilder = new StringBuilder(1377*1);
for(int i=1; i<=99; i++) {
  textMitStringBuilder.append("Luftballon " + i + "\n");
}
System.out.println(textMitStringBuilder.toString());
```

*1 “Luftballon”一共有10个字母，再加上一个空格和一个换行符，还有两位i的个数，所以共需要99×14=1386位。又因为0～9是单位数字，所以需要在总位数中减去9；1386-9=1377。但也不一定必须计算得如此精确。

【笔记/练习】

用length()方法也可以获得StringBuilder中字符串的总长。

本章总结

- 字符串不可更改。
- 对于字符串的动态操作要使用StringBuilder和StringBuffer。
- 在循环中进行拼接字符串时，调用StringBuilder类中的方法比直接用+运算符更有效率。所以尽量避免使用+运算符拼接字符串。
- 拼接字符串时不应使用concat()方法，因为StringBuilder自带的方法或者+运算符比它更节省资源。
- 为了更方便地重复使用字符串，Java引入了字符串池机制。
- 用new创建字符串时，字符串池完全被绕开，所以应该放弃用构造函数创建字符串。
- 使用equals()和equalsIgnoreCase()进行字符串比较的操作时，不要使用==运算符。
- 原则上不需要使用StringBuffer，因为StringBuilder的运算速度更快些。
- 字符串中的字符个数从数字0开始计算。

小薛，又到给你颁奖的时候了……

噢耶，我预感又要说很多“字符串”了……

SCHA-WITZ

开玩笑的，
小薛，你获得了一个用你的名字做成的字符串。

第5章 对象，一个特别的类

小薛虽然知道Java是个面向对象开发的编程语言，但是面向对象究竟是什么意思，他还不是非常清楚。经常提到的类、对象和方法又是什么呢？对于类来说，又有哪些类型和变量呢？为了全面地掌握面向对象编程方法，他将在这一章中学习所有相关的基础知识。

代码的重复使用——方法

我们虽然已经学习了基本的数据类型和程序的流程控制语句，但是这些还都不算是真正的Java核心内容。

好吧，你怎么不早说呢？

那好吧，现在来学习具体的“核心内容”也不晚。想要成为Java开发人员，应该掌握两个核心内容：首先是通过**方法**使代码结构化，其次是把结构化的代码改造成**对象**的形式。在我们挑战对象之前必须先从方法开始学习，尝试创建一个自己的方法。

先从方法开始。

其实main方法对我们来说并不陌生，学习之初就已经接触过了。假如其他的Java开发者想在他的代码中加入你的程序（比如查找质数的程序），他只需要在控制台窗口运行你的main方法即可。

在这一章中我们所学习的内容是方法的重复使用，这并不是单纯地针对main方法而言的，而是研究如何自己编写一个方法，它可以通过main方法直接被其他类调用。

【温馨提示】

main方法是个特殊的方法：它是程序的入口，当程序执行时，优先调用它。然后再调用其他的类或方法。main方法不关心类与类之间的交互情况，这一点你一定要弄清楚。

没问题，但是拜托别再举查找质数这样的例子了。已经说得够多了！

好吧，那就用个别的示例。让我想想……有了，你一定还记得第一章中那个打招呼的“Hallo”程序吧，这次我们扩展一下这个程序，用一个方法来实现和别人道别（“Tschüss”）。

定义方法的格式为：

```
public *1 static *1 void *2 sagTschuess *3 (*4 String *5 name *6) { *7
  System.out.println("Tschüss " + name);
}
```

*1 public和static叫作**方法的修饰符**，声明方法时位于最前面。在此声明了一个**公共的**、**静态的**方法。公共的意思很好理解，说明此方法可以被任何一个类调用；静态则说明，调用方法时，不需要创建任何包含这个方法的实例。

*2 指明方法的返回值类型。此方法没有任何返回值，所以用关键字void修饰。

*4 圆括号中的部分称作参数列表，为可选项。一个方法允许不包含任何参数。

不用创建对象？不太明白……

别急，马上就会讲到了。

*3 返回值后面紧跟着的是方法名。方法名采用**小写的驼峰命名**法编写。

*5 如果方法包括参数的话，需要先注明**参数的类型**……

*6 之后才是**参数名**。如果方法中包含多个参数时，各参数之间用逗号分隔。

*7 花括号内部**为方法体**，即方法中具体的指令语句。此例中的方法体只有一句指令。

【概念定义】

方法名、参数列表以及参数类型统称为**方法签名**。

再回到那个“说再见”的程序中，现在只需要在原有的main方法中加入刚刚编写好的sagTschuess()方法。注意，方法是如何被重复使用的：

```
package de.galileocomputing.schroedinger.java.kapitel05.methoden;
public class TschuessSager {
  public static void main(String[] args) {
    sagTschuess("Schrödinger");
    sagTschuess("Bossingen");
  }
  public static void sagTschuess(String name) {
    System.out.println("Tschüss " + name);
  }
}
```

嗯，明白了。但是这样看来，也只是调用了两次sagTschuess()方法，执行了两次System.out.println语句，并没看出省太多的事儿呀。

输出结果：

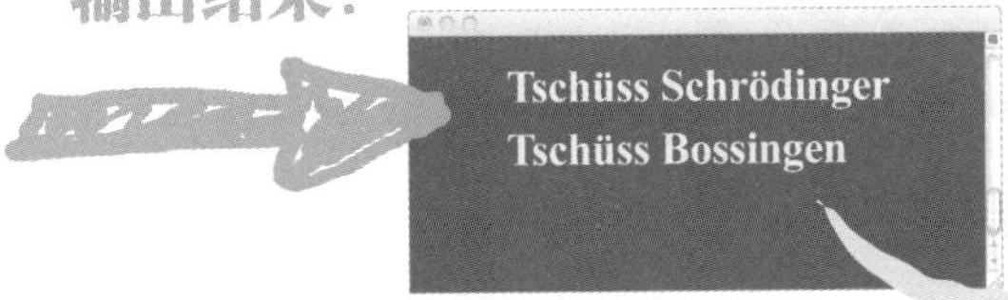
Tschüss Schrödinger
Tschüss Bossingen

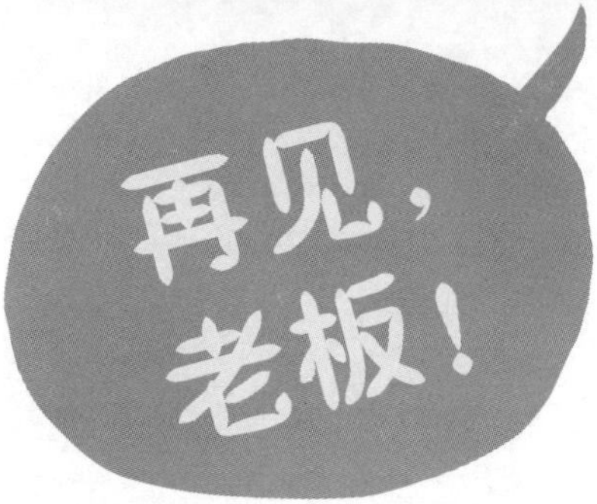
再见，
老板！

你说的也有些道理，表面看上去的确没有太大的实际作用。但是如果对代码进行一点修改，比如用Schüss代替Tschüss来和其他人道别；或者，跟名字是Boss的人道别的时候，不说Tschüss，而说Auf Wiedersehen（再见）。

这个时候只需在现有代码的基础上修改一个地方：

```
public static void sagTschuess(String name) {
  if(name != null && name.startsWith("Boss")) {
    System.out.println("Auf Wiedersehen, Herr " + name);
  } else {
    System.out.println("Tschüss " + name);
  }
}
```

现在的输出结果变成：

Tschüss Schrödinger
Auf Wiedersehen, Herr Bossingen

OK，也就是说，通过调用方法我就可以重复使用方法中的代码段了，是吗？

SCHÖ

说得没错。其实这样的重复使用代码段不局限在一个类中，在其他的类中同样可以调用方法。这就是方法的静态性，说得通俗易懂些就是，一个外部类可以采用类名加“.”的方法调用一个方法，比如TschuessSager.sagTschuess()。再看个示例：

```
package de.galileocomputing.schroedinger.java.kapitel05.methoden.feierabend;*4
import de.galileocomputing.schroedinger.java.kapitel05.methoden.TschuessSager;*5
public class Feierabend*3 {
  public static void main(String[] args) {
    TschuessSager*2.sagTschuess("Schrödinger");*1
    TschuessSager.sagTschuess("Bossingen");
  }
}
```

*1 调用静态方法使用……

*2 类名加“.”格式。

*3 可以从一个外部类直接调用这个静态方法……

*4 这个外部类甚至还可以在其他的包里……

*5 但是前提条件是，必须通过引用关键字import引入这个类。

【概念定义】
静态方法也可以称作类方法。

引入静态方法还有一个更简洁的写法：

```
package de.galileocomputing.schroedinger.java.kapitel05.methoden.feierabend;
import static de.galileocomputing.schroedinger.java.kapitel05.methoden.↩
  TschuessSager.sagTschuess*1;
public class Feierabend {
  public static void main(String[] args) {
    sagTschuess("Schrödinger");*2
    sagTschuess("Bossingen");*2
  }
}
```

*1 引入静态方法。

*2 这样在其他类中调用方法时，甚至连类名都可以省略。

祝贺你，小薛。你现在可以用这样的方式和方法打交道了。

这有什么可高兴的呢？

【便签】
对于非常短小的程序，你仍然可以继续把它放在main方法里。但是对于庞大的程序，最好还是像这样把代码封装在不同的包里，然后再调用它们。程序的长短对编译器没有丝毫影响，但是在你自己阅读程序时就麻烦了。所以，把很多短小的、功能完整的程序段放在不同的方法中才是最佳之选。

再见，老板！

再见，小薛！

代码的重构

【完善代码】

下面这段代码虽然不能预测乐透的中奖号码，但至少可以帮你填写彩票。但是，main方法的结构看起来不是太完美。所以请修改程序，把打印彩票部分的代码放入到新方法druckeLottoschein()中，并输入数字作为参数传递给方法。

```
public static void main(String[] args) {
  int zahl1 = Integer.parseInt(args[0]),
    zahl2 = Integer.parseInt(args[1]),
    zahl3 = Integer.parseInt(args[2]),
    zahl4 = Integer.parseInt(args[3]),
    zahl5 = Integer.parseInt(args[4]),
    zahl6 = Integer.parseInt(args[5]),
    zahl7 = Integer.parseInt(args[6]);
  for(int i = 1; i <= 49; i++) {
  if (i == zahl1 || i == zahl2 || i == zahl3 || i == ↩
  zahl4 || i == zahl5 || i == zahl6 || i == zahl7) {
      System.out.print("|x|");
    } else {
      System.out.print("|_|");
    }
    if (i % 7 == 0) {
      System.out.println("");
    }
  }
}
```

注意，解决方法在此！

就在一筹莫展之时，Eclipse又一次有如神助般地给我们提供了一个功能。只需要选中待生成新方法的代码，然后选择菜单：重构–提取方法即可。

```
public class Main {

    public static void main(String[] args) {
        int zahl1 = Integer.parseInt(args[0]),
            zahl2 = Integer.parseInt(args[1]),
            zahl3 = Integer.parseInt(args[2]),
            zahl4 = Integer.parseInt(args[3]),
            zahl5 = Integer.parseInt(args[4]),
            zahl6 = Integer.parseInt(args[5]),
            zahl7 = Integer.parseInt(args[6]);
        for (int i = 1; i <= 49; i++) {
            if (i == zahl1 || i == zahl2 || i == zahl3 || i == zahl4 || i == zahl5 || i == zah
                System.out.print("|x|");
            } else {
                System.out.print("|_|");
            }
            if (i % 7 == 0) {
                System.out.println("");
            }
        }
    }
}
```

选中待生成新方法的代码

之后会跳出对话框，输入新方法名。Eclipse会自动识别出新方法所使用的参数。如果不需要添加新的参数，便可以点击“OK”。新方法瞬间就创建好了。

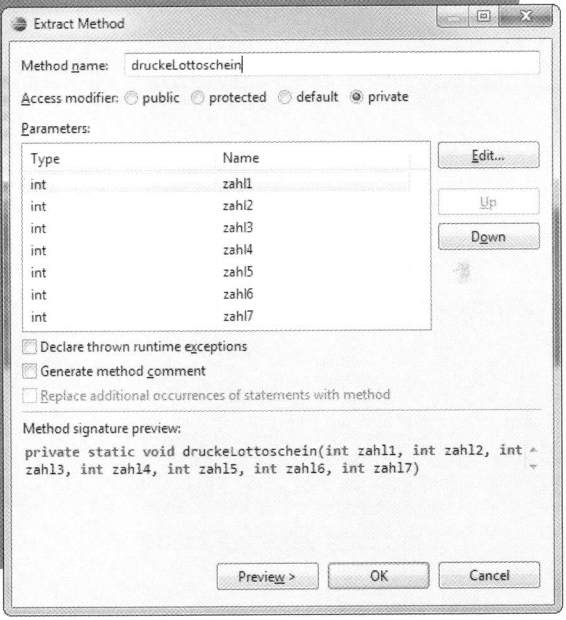

在对话框中还可以设置新方法名和参数个数

```
    public static void main(String[] args) {
        int zahl1 = Integer.parseInt(args[0]),
            zahl2 = Integer.parseInt(args[1]),
            zahl3 = Integer.parseInt(args[2]),
            zahl4 = Integer.parseInt(args[3]),
            zahl5 = Integer.parseInt(args[4]),
            zahl6 = Integer.parseInt(args[5]),
            zahl7 = Integer.parseInt(args[6]);
        druckeLottoschein(zahl1, zahl2, zahl3, zahl4, zahl5, zahl6, zahl7);
    }

    private static void druckeLottoschein(int zahl1, int zahl2, int zahl3,
            int zahl4, int zahl5, int zahl6, int zahl7) {
        for (int i = 1; i <= 49; i++) {
            if (i == zahl1 || i == zahl2 || i == zahl3 || i == zahl4 || i == zahl5 || i == zah
                System.out.print("|x|");
            } else {
                System.out.print("|_|");
            }
            if (i % 7 == 0) {
                System.out.println("");
            }
        }
    }
}
```

新方法创建完成

【笔记】
这样把代码重新构建的过程就叫作**重构**（Refactoring）。重构的目的是增强代码的**可读性**、**可扩展性**以及**可复用性**。方法的重构可以使源代码变得更简洁，结构更清晰。重构一词最初是由Martin Fowler在《重构：改善既有代码的设计》一书中提出的。

【笔记】
Eclipse不是唯一一个具备此功能的IDE。Netbeans、Intellij和JBuilder也有同样的实用工具。

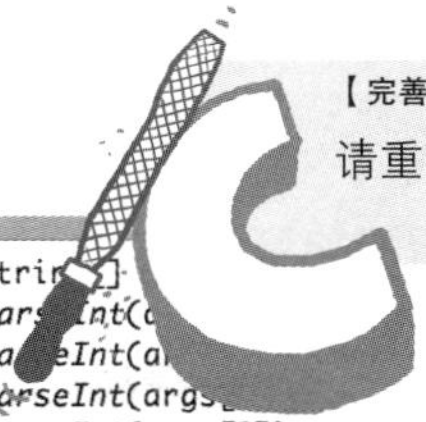

【完善代码】

请重构两次，使源代码得到如下的情况：

```
public static void main(String[] args) {
    int zahl1 = Integer.parseInt(args[0]),
        zahl2 = Integer.parseInt(args[1]),
        zahl3 = Integer.parseInt(args[2]),
        zahl4 = Integer.parseInt(args[3]),
        zahl5 = Integer.parseInt(args[4]),
        zahl6 = Integer.parseInt(args[5]),
        zahl7 = Integer.parseInt(args[6]);
    druckeLottoschein(zahl1, zahl2, zahl3, zahl4, zahl5, zahl6, zahl7);
}

private static void druckeLottoschein(int zahl1, int zahl2, int zahl3,
        int zahl4, int zahl5, int zahl6, int zahl7) {
    for (int i = 1; i <= 49; i++) {
        druckeLottoscheinKästchen(zahl1, zahl2, zahl3, zahl4, zahl5, zahl6, zahl7, i);
        testeUndDruckeNeueZeile(i);
    }
}

private static void testeUndDruckeNeueZeile(int i) {
    if (i % 7 == 0) {
        System.out.println("");
    }
}

private static void druckeLottoscheinKästchen(int zahl1, int zahl2,
        int zahl3, int zahl4, int zahl5, int zahl6, int zahl7, int i) {
    if (i == zahl1 || i == zahl2 || i == zahl3 || i == zahl4 || i == zahl5 || i == zahl6
        System.out.print("|x|");
    } else {
        System.out.print("|_|");
    }
}
```

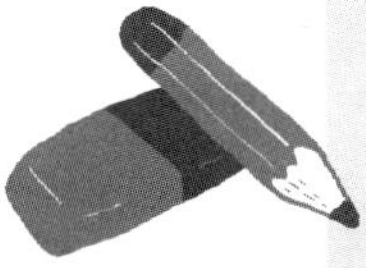

【笔记】

原则上，方法重构时应尽量避免选用过多的参数。在重构的示例中，druckeLottoschein()和druckeLottoscheinKaestchen()两个方法分别有7个和8个参数之多，这已经超出可以接受的参数个数了。

如果一定需要这么多参数，并且这些参数又在方法中都很重要的话，那么就可以采用一种简写的形式。从Java 5开始引入了一个新的变量书写格式：可变参数（Varargs）。此时不必定义明确的参数个数，只需在参数的类型与参数名之间加上三个连续的“.”，例如druckeLottoschein(int ... zahlen){}，这样就表示此方法可以接受任意多个int参数。另外，在方法内部可以用zahlen.length方法获得确切的参数个数，还可以采用数字数组的形式（如zahlen[0]、zahlen[1]等）访问每个参数值。

提高代码的可读性

一段优质的代码不仅要有较好的可复用性，还要有很好的可读性。下面这段代码的可读性显然不是很好。代码过于精简了，省略了本应该标明的参数，这样做就增加了阅读难度。

```
private static void druckeLottoschein(...) {
  for(int i=0; i<49; i++) {
    testeUndDruckeNeueZeile(i);
    druckeLottoscheinKaestchen(...);
  }
}
```

【任务完成】

由于使用了描述明确的方法名，现在代码阅读起来就非常容易。人们把这样的代码称作“整洁代码”。

【笔记】

“整洁代码”这个概念是Robert C. Martin在他的《代码简洁之道》一书中提出的。该书同时还给出了很多可以提高代码可读性的规范，其中一个规范说的就是应该使用描述明确的方法名。书中另外还提出，方法应该尽量地短小（指的是方法内的指令数不易过多）。该书真是一本茶余饭后拿来阅读的好书。

噗！我现在不仅要保持房间的整洁，还要考虑代码的简洁……这样的话，编程还有乐趣吗？

回答当然是肯定的，如果代码简洁、结构清晰的话，对于任何一个开发人员来说都是赏心悦目的事。没有什么事能比阅读冗长的代码更让人心烦意乱的了。

方法的注释

给方法或者指令加上注释也是提高代码可读性的一个好办法。注释的内容通常会放在/**和*/之间。例如：

```
/**
 * 这个方法获得两个数的最大值。
 *
 * @param zahl1               参数1。
 * @param zahl2               参数2。
 * @return                    返回两个数中的较大的一个。
 */
public static int max(int zahl1, int zahl2) {
  return zahl1 > zahl2 ? zahl1 : zahl2;
}
```

注释的内容通常包含一些标签（tag），比如@param是对参数的说明，@return是对返回值的说明。这些标签会在编程后续阶段为生成程序的文档提供很好的帮助。Javadoc是另外一个实用的JDK工具，它可以为类或方法自动生成HTML文档，关于这部分的内容我们会在第13章里介绍。

【温馨提示】

关于代码的注释内容，在修改了方法的运算逻辑后，一定也要对方法的注释进行调整和更新。

方法的返回值

到目前为止，我们实现的都是没有返回值的方法（void方法）。实则不然，有时方法也可以把执行结果通过返回值形式**传递回来**。**返回值的类型**在声明方法时被指明，通过关键字return（**返回值**）返回**指定的返回值**：

```
public static double *1 berechneSchuhgroesse(double fusslaenge) {
  return *2 (fusslaenge + 1.5) / 0.666; *3
}
```

*1 方法的返回值类型为double。

*2 return语句指明需要返回的**运算结果**。

*3 代码解释：返回鞋的尺码，用脚的尺寸+1.5厘米，之后再除以0.666厘米。

【便签】
在void方法中也可以使用return，此时就只是简单的跳出方法。

方法中可以包含多个返回值：

```
private static String sageWetterVoraus(int monat, String land) {
  if("Deutschland".equals(land)) {
    return "Absolut nicht vorhersehbar.";
  } else if(monat >= 5 && monat <= 9) {
    return "Wahrscheinlich ganz gut.";
  }
  return "Regen mit Graupel.";
}
```

但是最好在方法中只用一个返回值！还记得开发人员的准则嘛——“单进单出”。

阶段练习——天气预报

【简单任务】

修改上一段代码，只返回一个返回值。

等等，让我试试看。

```
private static String sageWetterVoraus(int monat, String land) {
  String vorhersage = "Regen mit Graupel.";*1
  if("Deutschland".equals(land)) {
    vorhersage = "Absolut nicht vorhersehbar.";*2
  } else if(monat >= 5 && monat <= 9) {
    vorhersage = "Wahrscheinlich ganz gut.";*2
  }
  return vorhersage;*3
}
```

*1 需要返回的值为字符串变量。

*2 根据不同的参数值，更改返回值。

*3 最终返回这个返回值。

【奖励/答案】

看看窗外的天气，if下雨的话，我们就在家玩WoW，else就去外面呼吸一下新鲜空气！

初识类和对象

现在我们开始学习一些有关面向对象编程的专业知识：类和对象之间的关系。

之前我们学习过一些关于类的知识，比如：类里面可以包含一个**main方法**或者**静态方法**。事实上，这些只是“冰山一角”，还有很多关于类的知识。现在就说已经对Java有了一些了解，其实还“为时过早”，充其量只能说是对“面向过程编程”有了一定的了解。

【背景资料】

面向过程编程的理念是：把一个问题描述成很多**子问题**，然后把每个子问题用**函数**的形式表达出来。过程化的程序通常由很多函数组成，理想情况下，每个函数都可以解决一个问题，子问题则通过调用其他函数（或者子函数）的形式来解决。这样看来，过程化的程序具备很好的代码复用性。

反观Java则是一种**面向对象的编程语言**。Java不仅会用到函数，而且还会用到对象（也可叫作实例）。

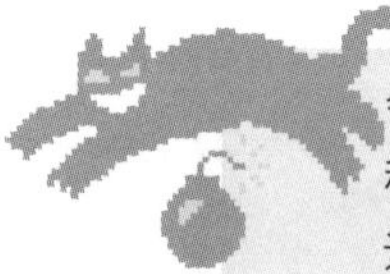

【温馨提示】

会用Java编程并不意味着就会面向对象编程。至少目前为止还不行，你对这个概念还不够了解。

谢谢！你直接告诉我就好了，到底怎么面向对象编程？

面向对象编程用来描述各个具体的小问题，或者把数据和对应的功能封装在一起。在分析复杂的问题时不难发现，数据结构和运算过程常常是紧密相连的。比如在链表中删去一个元素，这就会影响到链表的整个结构；又如在游戏中，主人公的等级得到提升，随之而来是各种属性和特性的提高；再如避免数据的不一致性，就得搞清楚何为数据的“一致性”；诸如此类的问题。

所以，**数据和功能需要很好地组合在一起**，才能实现程序的最终目的。人们在使用程序时，往往直接调用相应的功能即可，比如“免除”“支付奖金”或者“追加”，并不考虑程序内容具体的实现过程。

【概念定义】

封装的意思是：将数据和功能相结合，包装成一个整体。用户只能通过对外开放的接口，以特定的访问方式来使用类的成员。以StringBuilder类自带的一些方法为例，不用去管究竟是如何动态地改变字符串大小，只要得到最终想要的结果就行了。

【便签】

到目前为止，我们所创建的类只包含静态方法，这样的方法也可称为**类方法**，此外还包括类的**静态属性**（**类变量**）。通过调用这些类方法和使用这些类属性，就可以实现一定的功能。对于类方法我们在前面已经创建得足够多了，而类属性我们在第1章中就已经用过了（我指的是预言那个示例）。

在Java中，每个对象都对应着一个类。确切地说，类是对象的数据类型。比如游戏中的**英雄**是个类，这个类往往会有不同的属性（名字、等级和装备信息等）。通过这些就可以刻画出一个具体的游戏英雄Morcks，他现在的等级是5级，有3把剑。此时，这个游戏英雄就是英雄类的一个对象，或叫作类的**对象实例**。

【概念定义】

类（class）在字面上可以抽象地理解成分类或者类别。可以用类去定义一个对象。简单地说，类就像一个可以由开发人员自己定义的数据类型，用这个“数据类型”可以去定义不同的对象（变量）。总之，类就像是一个模板、一个规范；对象则是按着模板所具体制造生产出来的东西。

【概念定义】

非**静态**的方法和数据字段也可以叫作**类方法和类属性**（类变量）。为了访问类方法和类属性只定义类还不够，必须还得有对象，但在生成一个对象之前就必须定义相应的类。是不是有点晕头转向了？没关系，迟早会弄明白的。一个类的对象由数据和函数构成，这里的**数据**就叫作**字段**、**属性**、**特性**或者**对象的变量**；**函数**就是**方法**或者**对象方法**。

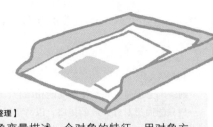

【资料整理】

用对象变量描述一个对象的特征，用对象方法描述对象的行为。比如一只猫，它有颜色，它很可爱，它几岁，这些都算是“对象变量”；它的行为（对象方法）包括吃猫粮、发出呜呜声和喵喵地叫。

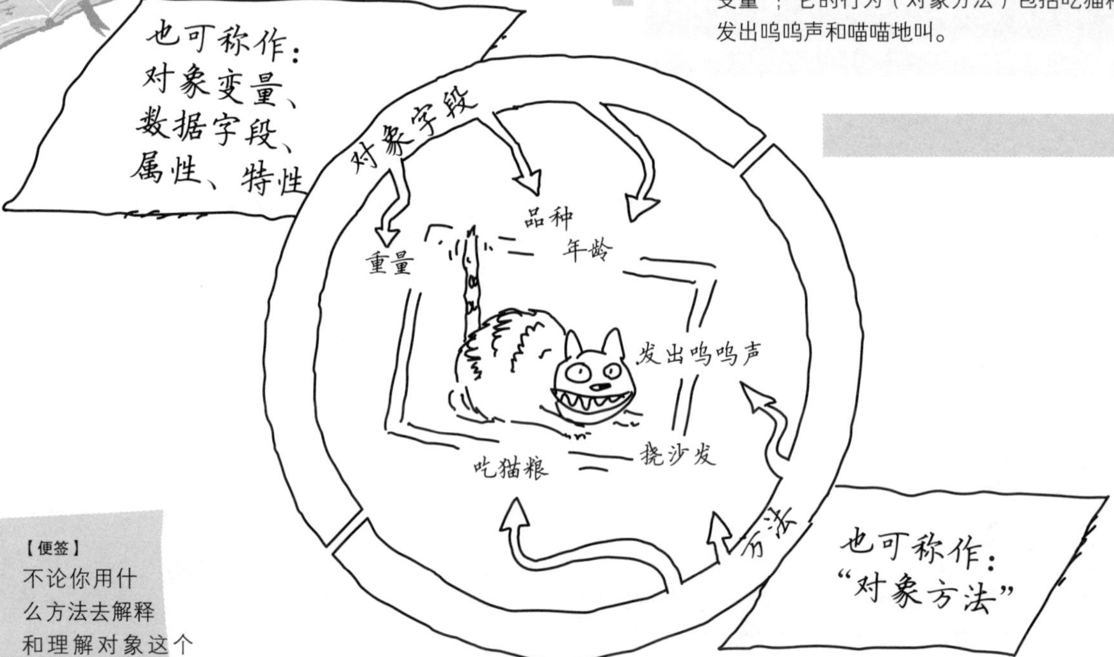

【便签】

不论你用什么方法去解释和理解对象这个概念，其实都没关系，哪怕是用专业术语或者是用只有自己明白的词语都没关系，只要能清楚地解释就可以。但是在给别人解释的时候一定要注意使用**通用语言**，比如你给委托人或者游戏开发经理讲解程序中的对象时，就需要用“英雄”这个词，而不是“record p2s”。

生成一个对象之前，首先需要创建一个结构清晰的类：

```
package de.galileocomputing.schroedinger.java.kapitel05;
public class FotoApparat { *1
  int megaPixel; *2
  double displayGroesse; *2
  boolean bildStabilisiert; *2
  String marke; *2
  int brennweiteMin; *2
  int brennweiteMax; *2

  public void machFoto() { *3
    System.out.println("Klick ");
  }
}
```

*1 用关键字class定义一个类。在第1章的时候我们就已经见过了，现在也不需要改变什么。另外，这个类文件的文件名是FotoApparat.java。

*2 这些都是数据字段（类属性），它们可以是原始数据类型或者**引用数据类型**。String类变量就属于引用数据类型。

*3 在这个类中还定义了一个方法。注意：这里没有static关键字；也就是说，这个方法不是类方法，而是一个**对象方法**。

现在就可以生成一个FotoApparat类的对象了。生成对象就可以用到我们比较熟悉的构造函数，你一定还记得的。

当然，但是之前你说过不可以用构造函数的，比如new String()和new Integer()。

是的，没错。这两个是特例，创建字符串和整数包装类时不可以使用构造函数是因为内部缓存机制造成的，但这也不意味着绝对不能使用构造函数。在你自己创建的类里当然可以使用。

言归正传，现在创建了一个类，其中包含很多对象变量和对象方法；但这些变量和方法目前还不能被引用或调用，接下来你需要生成一个FotoApparat类的对象。最好把这个创建过程放在一个独立的类中，通过执行类的main方法实现生成一个对象。示例如下：

```
public class FotoShooting { *1
  public static void main(String[] args) {
*2 FotoApparat *3 fotoApparat *4 = new *5 FotoApparat(); *6
    fotoApparat.machFoto(); *7
  }
}
```

*1 FotoShooting就是那个包含main方法的新类。

*2 这句就是核心语句，创建了一个对象。终于看到对象了！我们仔细看看，到底发生了什么：

*3 最左边是对象的类型（之前创建的类名）……

*4 接着是变量名（对象名）……

*5 =后面的new表示新建一个对象……

*6 new后面是调用类的构造方法。

*7 创建完对象之后，就可以调用对象的方法了。笑一下！

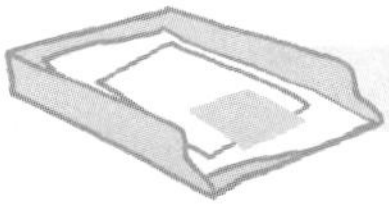

【资料整理】
在FotoApparat类里当然可以放一个main方法。但是最好不要这样做，只要让这样的类起到创建模板的作用就够了。程序起点的任务最好交给另外一个类来完成。

再次强调一下：对象方法在没有创建对象的情况下是无法被调用的。
所以下面这样的调用语句是错误的：

```
public static void main(String[] args) {
  FotoApparat.machFoto(); *1 X
}
```

*1 这样的调用会产生编译错误，因为machFoto()不是静态的，必须先创建一个对象实例，然后才能调用这个对象方法！

封装

FotoApparat类看上去是不是非常短小和精简，其实这样不符合封装准则，因为类的数据字段（类属性）很容易从外部直接被访问到，如：

```
fotoApparat.bildStabilisiert = true;
fotoApparat.displayGroesse = 7.5;
fotoApparat.marke = "SoNie";
fotoApparat.megaPixel = 10;
```

应该避免这样的直接访问！

为什么？
我要怎么避免呢？

先别急，
马上回答你的问题。

第一个问题，为什么应该避免这样的直接访问？主要的原因是，擅自访问对象变量会导致这个类创建出**无效的参数**。

如：

```
fotoApparat.megaPixel = -10; *1
```

*1 这样创建出来的照相机（对象）绝对是残次品，并且从程序风格的角度来说也是不合格的。

第二个问题，怎样避免这样的直接访问？**避免**其他人从外部直接访问对象变量最简单的方法就是把对象变量**“隐藏起来”**，将其声明成私有（private）类型就行了：

```
private String marke;
private int megaPixel;
private double displayGroesse;
private boolean bildStabilisiert;
```

现在任何人都不能从外部直接访问对象的值了。

【便签】

顺便说一句：对象变量不能直接被初始化，通常会被赋予一个默认值null，类型则基于对象的类型，比如在第2章学过的原始数据类型。

set和get方法

完全禁止访问对象变量有时也不符合逻辑。比如，需要获取照相机的品牌，猫变得不再乖巧可爱了，等等。
最简单的解决办法就是创建一个公共方法，通过它可以根据用户需要修改或者获取对象属性。通常我们把这样的方法称为set（设置）和get（获取）方法。比如设置或者获取某个对象的变量时，就会创建setWert()以及getWert()方法：

```
public void setMegaPixel(int megaPixel) { *1
  this.megaPixel = megaPixel; *2
}
public int getMegaPixel() { *3
  return megaPixel; *4
}
```

*1 像这样去创建一个set方法。

*2 这样就可以像往常一样，给对象变量赋予新的值了。

*3 采用同样的格式去创建一个get方法。

*4 通过返回值的形式就可以获得对象变量的值。

【奖励/答案】
现在对象看起来完美多了，既可以封装起来，又可以只通过方法改变对象变量的值。

等等，你是怎么做到的？

this.megaPixel是什么？this表示的又是什么？
这个词我还没见过呢！

这里的this表示**当前的对象**。你一定也发现了，set方法中两个变量名是相同的（megaPixel）：一个表示参数，另一个表示对象变量名。为了让编译器知道哪个是对象变量，所以在前面用this进行了标注。

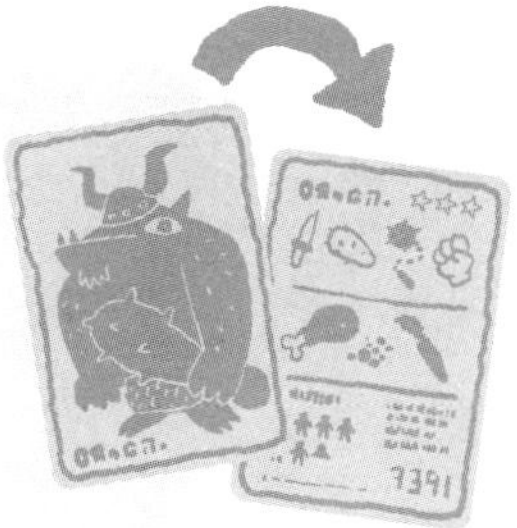

【背景资料】

这样做的好处是不必一直为新的参数名而烦恼，如：

```
public void setMegaPixel(int pMegaPixel) {
  megaPixel = pMegaPixel;
}
```

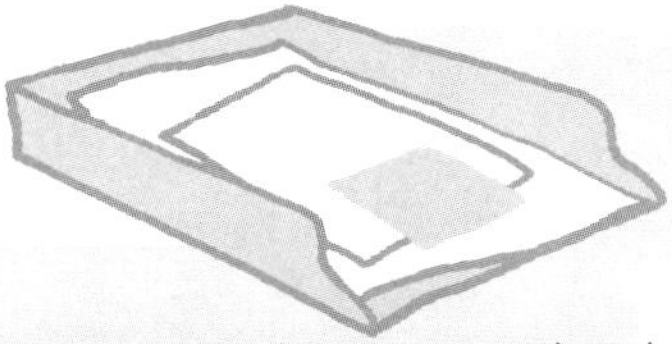

【资料整理】

类似pMegaPixel这样的参数名也没有什么具体的含义，不符合变量命名规则。

【资料整理】

由于this指的是当前对象，所以可以应用在对象方法或构造函数中。但是在类方法中却不可以，这是因为在创建类方法的时候，并没有生成一个具体的对象。这就好比在照相机制造厂，人们不能用照相机的模型去拍照片一样。

【便签】

在使用get方法时要避免使用this，因为编译器找不到这个局部变量名，它会自动匹配相应的对象变量名。例如：

```
private int megaPixel;
public void setMegaPixel(int megaPixel) {
  this.megaPixel = megaPixel; *1
}
public int getMegaPixel() {
  return megaPixel; *2
}
```

*1 这里必须用this指明megaPixel是对象变量名，而非参数。

*2 这里只有一个megaPixel，所以不需要用this指明。

如果想获取布尔类型的对象变量值，方法名可以用is替换get，例如：

```
public boolean isBildStabilisiert() {
  return bildStabilisiert;
}
```

给set方法取名字时，可以用set，而不是setIs。例如：

```
public void setBildStabilisiert(boolean bildStabilisiert) {
  this.bildStabilisiert = bildStabilisiert;
}
```

【便签】
在给set和get方法取名字时，最好使用规范些的命名方法。

set和get方法还有哪些优势？

set方法还可以检查传递过来的参数是否有效。

```
public void setMegaPixel(int megaPixel) {
  if(megaPixel >= 1 && megaPixel <= 20) { *2
    this.megaPixel = megaPixel; *1
  }
}
```

*1 把有效的参数赋值给对象变量。

*2 在验证参数有效后……

各种变量作用域对比：

变量类型	生命周期	代码示例

局部变量	至变量所属代码段执行结束	`// 变量i现在还不存在`
		`for(int i=0; i<10; i++) {`
		`  // 变量i开始生效`
		`}`
		`//变量i不再生效`

对象变量	从生成对象时开始生效，直至对象不再被引用	`public class FotoApparat {`
		`  private String marke;`
		`  ...`
		`}`

类变量	从类加载时开始生效，直至类不再被释放	`public class Konfiguration {`
		`  public static int GROESSE = 10;`
		`  ...`
		`}`

【奖励/答案】
有关封装的知识就暂时学到这里，虽然内容比较多，但总算可以正确地把对象封装起来了。现在应该能体会到面向过程和面向对象的区别了吧。

阶段练习

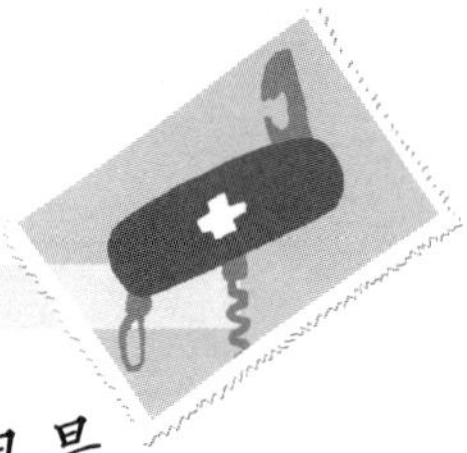

【简单任务】

在FotoApparat类里创建set和get方法。

这个我可以……但是

自己编写一个set和get方法还是有点压力的。
Eclipse有没有辅助功能呢?

当然有了。

打开菜单资源(Source)→创建get和set方法(Generate getters and Setters)。

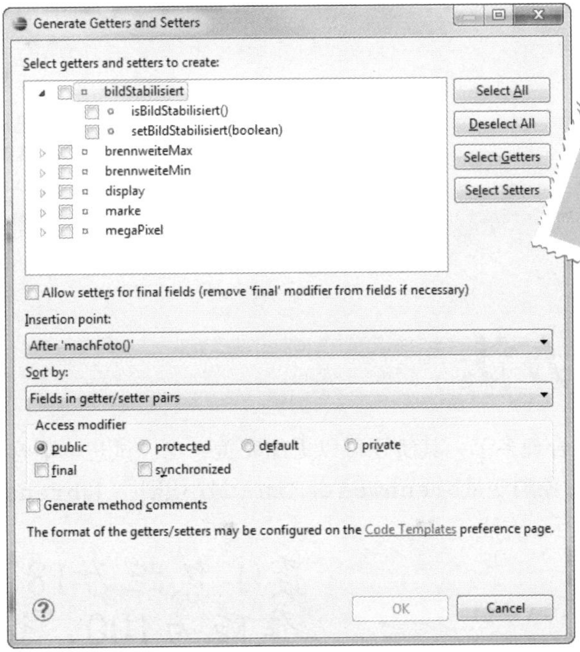

用Eclipse的辅助功能可以创建get和set方法

【温馨提示】

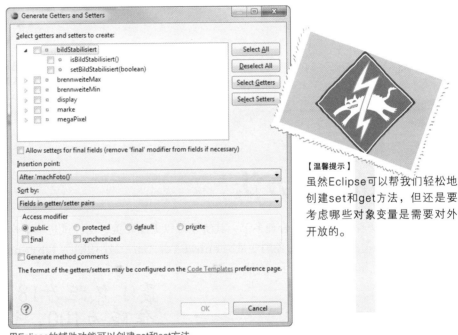

虽然Eclipse可以帮我们轻松地创建set和get方法,但还是要考虑哪些对象变量是需要对外开放的。

【完善代码】

创建set方法setBrennweiteMin()和setBrennweiteMax(),
并检测对象变量的有效性:
brennweiteMax的值不能小于brennweiteMin的值。

参考答案：

```
public void setBrennweiteMin(int brennweiteMin) {
    if(this.brennweiteMax >= brennweiteMin) { *1
        this.brennweiteMin = brennweiteMin;
    } else {
        System.err.println("Die minimale Brennweite muss kleiner gleich der maximalen
            Brennweite sein."); *2
    }
}
public void setBrennweiteMax(int brennweiteMax) {
    if(this.brennweiteMin <= brennweiteMax) { *1
        this.brennweiteMax = brennweiteMax;
    } else {
        System.err.println("Die maximale Brennweite muss größer gleich der minimalen
            Brennweite sein."); *2
    }
}
```

*1 判断最小值和最大值是否有效后才可以赋值给对象变量……

*2 否则给出错误信息。实际上，这里还应该做一些其他处理，不仅仅是给出错误信息这么简单。对于异常处理的内容我们会在第9章里讲解。

多参数的set方法

完善后的set方法看起来比之前合理多了，其实还可以更加完美一点。试想一下这样的情况：创建一个FotoApparat类的对象，把对象的变量brennweiteMin（最小焦距）和brennweiteMax（最大焦距）的值都设置为0。之后再执行set方法：

```
fotoApparat.setBrennweiteMin(18);
fotoApparat.setBrennweiteMax(100);
```

最小焦距为18，最大焦距为100，这样有什么问题吗？

你可以试着运行一下。

此时，setBrennweiteMin(18)这句会输出报错信息，因为18比brennweiteMax(0)的默认值大，而setBrennweiteMax(100)是没有问题的。最后相机的变焦范围被定义为0 ~ 100，但这不是我们想要的结果。

如果把set方法的顺序换一下，那问题就解决了。

先执行setBrennweiteMax(100)方法，再执行setBrennweiteMin(18)，这样最后设定的相机变焦范围是18 ~ 100。

```
fotoApparat.setBrennweiteMax(100);
fotoApparat.setBrennweiteMin(18);
```

很显然，在创建类的时候，还必须考虑方法的执行顺序。**其实此类问题还有更简单的解决办法：**只需要把所有的参数值通过一个set方法传递给对象就可以。

```
public void setBrennweiten(int brennweiteMin, int brennweiteMax) {
  if(brennweiteMin <= brennweiteMax) {
    this.brennweiteMin = brennweiteMin;
    this.brennweiteMax = brennweiteMax;
  } else {
    // 此处为输出报错信息的代码段。
}
```

【温馨提示】

多参数的set方法和单参数的set方法可以根据个人喜好选择。但是要注意把对象变量设置成私有类型（**private**）。

接下来再做一个简单的练习。

【简单任务】

生成一个FotoApparat类的对象实例，所需参数如下：

minimale Brennweite:	18 mm
maximale Brennweite:	200 mm
bildstabilisiert:	ja
Displaygröße:	7.5 cm
Marke:	SoNie
Megapixel:	18

这个简单，我只需要调用set方法就可以了。


```
FotoApparat fotoApparat = new FotoApparat();
fotoApparat.setBrennweiten(18, 200);
fotoApparat.setBildStabilisiert(true);
fotoApparat.setDisplayGroesse(7.5);
fotoApparat.setMarke("SoNie");
fotoApparat.setMegaPixel(18);
```

完美！稍后我再告诉你两个小窍门，可以更快地给对象变量赋值。

阶段练习——类和对象

【简单任务】
给照相机类增加一个产地的属性。哪个变量类型更合适呢？是局部变量、类变量还是对象变量？

我一定不会选局部变量，

而且每个照相机的产地不同，所以不能选类变量！
我选择对象变量，还要设计相应的set和get方法：

```
public class FotoApparat {
  ...
  private String herstellungsLand;
  public String getHerstellungsLand() {
    return herstellungsLand;
  }
  public void setHerstellungsLand(String herstellungsLand) {
    this.herstellungsLand = herstellungsLand;
  }
}
```

非常正确，继续看下一个练习。

【简单任务】
现在如果让所有照相机的变焦范围统一起来，该如何定义最大焦距和最小焦距呢？

嗯……让我想想，

所有照相机的变焦范围应该一致，这样的话，
我觉得最好是用类变量定义，对不对？

没错，但是这还取决于以后会不会修改变焦范围。其实最合理的办法是用final关键字，把变焦范围设置成常量：

```java
public class FotoApparat {
  public static final int MIN_BRENNWEITE = 10;
  public static final int MAX_BRENNWEITE = 270;
  ...
}
```

【概念定义】

不论是对象变量还是类变量，都可以用`final`关键字来修饰，表示变量值初始化后不能再被更改，所以这样的变量也被称为常量。不要与Java保留字`const`弄混淆，后者为预留的关键字，目前没有什么作用！

【笔记/练习】

类变量一般对所有的对象实例都有效，对象变量则是根据不同的对象实例而不同。

【小贴士】

目前世界上最厚的书有4.1米厚。一本书至少要有49页，否则就不能叫作书，应该叫作说明书或者小册子。

【简单任务】

创建一个书（Buch）的类，应该包含的属性有书名（Titel）、作者（Autor）、页数（Seitenanzahl）和是不是精装书（gebunden）。此外还要设定最少页数为49页，最多页数为50 560页（有人说这个要定义为类变量）。通常人们会用书干什么呢？对，阅读！所以还要考虑编写一个方法。

已经有想法了吗？这里我给你一些提示：

```java
public class Buch {
  private static final int MAX_SEITENZAHL = 50560;
  private static final int MIN_SEITENZAHL = 49;
  private String autor;
  private String titel;
  private int seitenAnzahl;
  private boolean gebunden;
  // 此外还需要加入完整的set和get方法，或者其他必要的代码。
  public void setSeitenAnzahl(int seitenAnzahl) {
    if(seitenAnzahl >= MIN_SEITENZAHL && seitenAnzahl <= MAX_SEITENZAHL) {
```

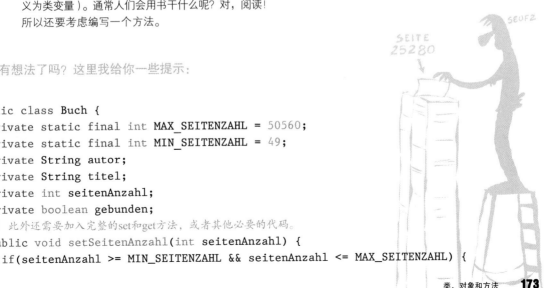

```
      this.seitenAnzahl = seitenAnzahl;
    } else {
      // 输出错误信息
    }
  }
  public void lesen() {
    System.out.println(this.getTitel() + " von " + this.getAutor() + " wollte ich
      schon lange mal lesen. Los geht’s.");
  }
}
```

为了调用这个类的对象，当然还需要一个类：

```
public class BuchMesse {
  public static void main(String[] args) {
    Buch buch = new Buch();
    buch.setTitel("Romeo und Julia");
    buch.setAutor("William Shakespeare");
    buch.setSeitenAnzahl(400);
    buch.setGebunden(false);
    buch.lesen();
  }
}
```

变量和方法的访问权限

访问修饰符private和public的作用我们已经见过了。用private修饰的变量和方法只能被同一类内部的成员访问，其他类的成员不能访问；而用public修饰的变量和方法适用于任何情况。其实在Java里除了这两个修饰符外，还有一个常用修饰符protected，用它修饰的变量和方法只能被**同一包中的类访问**，其他包中的类无访问权限。除非在其他包中的类是该成员所属类的**子类**，子类指的是有父子关系的类，这部分内容将在下一章中进行讲解。如果变量和方法不加访问修饰符（默认），那么就只能被同一包中的成员访问。这样的情况就称作**包级私有**。

访问权限汇总：

访问修饰符	同一类的成员	同一包的其他类	同一包的子类	不同包的子类	不同包的非子类
public	允许	允许	允许	允许	允许
protected	允许	允许	允许	允许	不允许
不加修饰符	允许	允许	允许	不允许	不允许
private	允许	不允许	不允许	不允许	不允许

【小贴士】

Java 9中还涉及了一些关于模块（module）的权限，在第13章里将做进一步讨论。

【温馨提示】

private的安全访问权限最高。

【笔记/练习】

顺便说一句，把所有的变量和方法设置成私有（private）权限未必是件好事，那将意味着对创建出来的对象什么也不做。当然，也不能全部都是公共（public）权限。合理的做法是，在开发之前就考虑清楚哪些方法是对外开发的或者禁止访问的。总之，要根据具体的情况来设置访问权限。

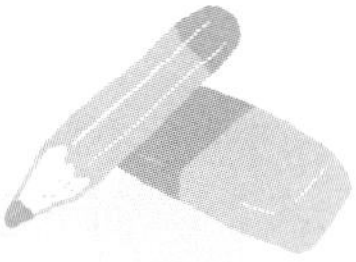

构造函数

我们再回头看看FotoApparat类的构造函数：

```
FotoApparat fotoApparat = new FotoApparat();
```

我们已经知道，new后面的部分就是调用类的构造函数的过程。那么，这个构造函数到底在哪里呢？是在FotoApparat类里还是在其他地方？

其实这个构造函数一直都是隐含在代码中的。当你**没有创建自己的构造函数**时，编译器就会为你生成一个**标准构造函数**。比如：

```
public FotoApparat() {}*1
```

*1 这个就是我所说的标准构造函数，它由编译器自动创建。目前还没有实现什么功能。

看上去有点像某个方法。

对的，圆括号和花括号，以及修饰符都和创建方法时一样，但不同的地方就是构造函数没有返回值。原因就是构造函数的“返回值”是对象实例，而不是某个变量值。另外，构造函数的名称是用**大写驼峰命名规则**书写的，因为**构造函数名必须和其所属的类同名**。
至于为什么要编写自己的构造函数，**原因不外乎有两个**。

第一： 在构造函数中可以**初始化对象变量**，也就是给每个对象变量赋予默认值。

```
public FotoApparat() {
  *1this.brennweiteMin = 18;
    this.brennweiteMax = 200;
    this.bildStabilisiert = true;
    this.displayGroesse = 7.5;
    this.marke = "SoNie";
    this.megaPixel = 18;
}
```

*1 此处也可以把this省略掉，编译器会找到相应的对象变量。

通过这样的构造函数创建出来的对象实例就有了统一的格式。
然而，有时也需要创建出一些不同的对象实例。

这就引出第二个原因：带参数的构造函数

在创建对象时，可以把不同的参数传递给构造函数。在Eclipse中可以通过辅助工具轻松地生成带参数的构造函数：资源→生成带参数的构造函数（Generate Constructor using Fields）。

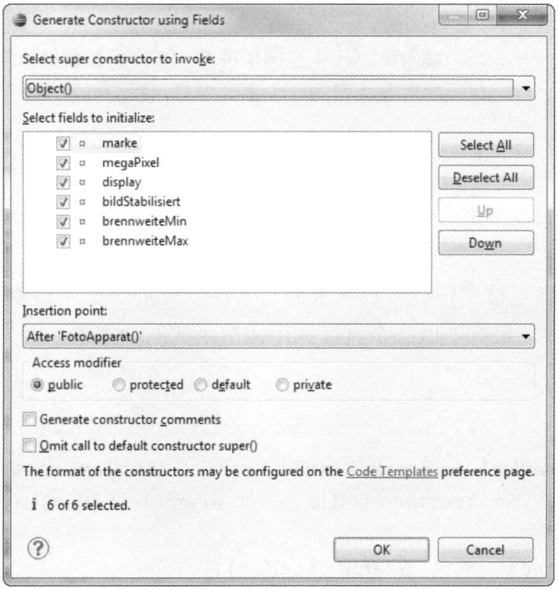

*1 构造函数也可以像方法那样具有参数。

用Eclipse的辅助工具所产生的构造函数源代码如下：

```
public FotoApparat(*1String marke, int megaPixel, double displayGroesse,
boolean bildStabilisiert, int brennweiteMin, int brennweiteMax) {
  super();
  *2this.marke = marke;
   this.megaPixel = megaPixel;
   this.displayGroesse = displayGroesse;
   this.bildStabilisiert = bildStabilisiert;
   this.brennweiteMin = brennweiteMin;
   this.brennweiteMax = brennweiteMax;
}
```

*2 这里的this是不可以省略的，否则就分不清对象变量和参数了。

那个super()是什么意思？

Eclipse觉得自己做得很棒还是因为别的？

有可能吧，但是super在Java的意思完全不同，它代表**父类**。可以用`super()`调用父类的**标准构造函数**。这涉及下一章有关**继承**的内容。目前只能简单地解释一下。

每个类**都有一个父类**。目前我们所创建的类都隐藏着一个父类`java.lang.Object`。这个类也是所有类的父类。示例中`FotoApparat`构造函数中的`super()`表示调用对象实例（`Object`）的构造函数，因为对象实例`Object`是`FotoApparat`的父类。

【便签】
类与类之间存在继承关系。一个类总是继承至一个父类。继承是面向对象编程的一个重要内容，我们在下一章中会详细介绍。

在构造函数中当然不能忘记检测构造函数参数的有效性。比如示例中检测照相机变焦范围的有效性。最好的做法是直接调用构造函数的set方法：

```
public FotoApparat(String marke, int megaPixel, double displayGroesse,
  boolean bildStabilisiert, int brennweiteMin, int brennweiteMax) {
  // 其他变量的赋值
  this.setBrennweiten(brennweiteMin, brennweiteMax);
}
```

重复使用类set方法！

【便签】
`Object`的标准构造函数没有任何参数，所以`super()`通常可以省略，编译器会自动调用父类的标准构造函数。

【温馨提示】
构造函数中不能把`this`放在`super()`的前面使用，因为一定要满足“先有父类才有子类”的条件。因此，构造函数通常会隐藏`super()`。

所有类的父类Object会自带一些方法。比如String类的equals()方法，由于字符串比较运算是非常重要的操作，因此就被定义成Object的类方法。然而Object类的这个equals()类方法是比较对象的存储地址，不是真正意义上的语义比较。也就是说，父类Object只能判断两个对象实例是否相同。而两个字符串是否相同，只能在字符串类里做判断；两个整数是否相同，只能在整数类里做判断；示例中判定两个照相机是否相同，只能在照相机类里进行。所以，每个类必须重写适合自己的类方法，这样才能得到符合逻辑的结果。总而言之，人们原则上可以调用各个Object类方法，但也应该编写适合自己类的方法（比如String类的equals()方法）。顺便说一下，String类的toString()方法也继承自Object类。

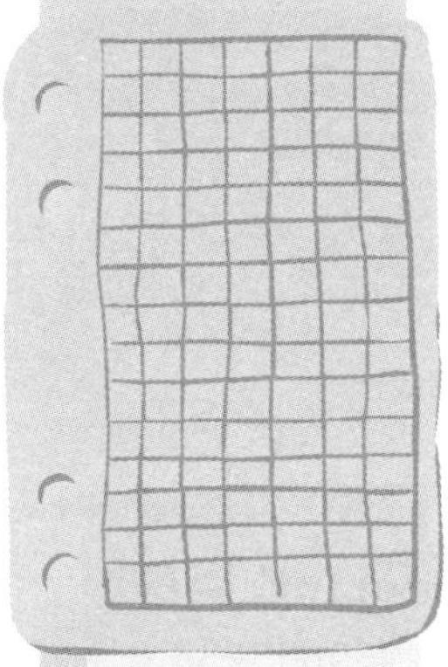

【便签】
与**equals()**方法相关的内容，我们在后续的章节还会进一步学习。

【便签】
Eclipse使用小技巧：在编写类方法或者构造函数时，输入**super.** 再按Ctrl+空格键，就可以激活代码分析窗口，并且可以清晰地查看任何一个父类所包含的方法（图中显示的是**FotoApparat**的父类**java.lang.Object**所包含的所有方法）。

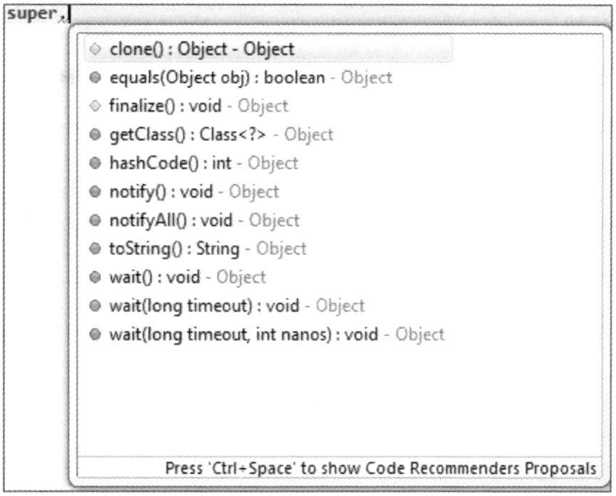

Eclipse的代码分析功能
窗口中列出所有Object类方法

对象转换成字符串型数据

【简单任务】
使用带参数的构造函数生成一个照相机实例，调用toString()方法并输出到控制窗口。

这个简单，
这样做就行。

```
FotoApparat fotoApparat = new FotoApparat("NieKon", 9, 7.5, ↩
  true, 55, 250);
String beschreibung = fotoApparat.toString();
System.out.println(beschreibung);
```

输出结果看上去没有意义呀：de.galileocomputing.schroedinger.java.kapitel05.FotoApparat@59bd523d.
前半部分还能看出来是包名，@后面的数字完全不懂它的含义，倒是有些像E-Mail地址。

是的，这样直接用toString()方法输出Object就会得到这样的结果，我们现在仔细分析一下原因。

[困难任务]
在不上网搜索的情况下查看Object的toString()方法的内部结构。

不让搜索答案？
你别耍我了，我又没有
透视眼！

可是Eclipse可以做到。它又给我们提供一个小技巧。

又是Eclipse……

按住Ctrl键，然后在源代码中点选toString()方法；或者点击右键，在弹出菜单中选择Open Declaration，这样就会在一个新的编辑窗口展示所有有关Object的信息了。

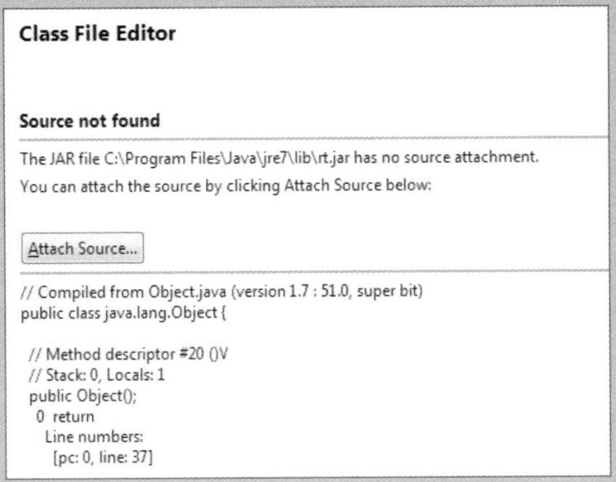

Class File Editor
Source not found
The JAR file C:\Program Files\Java\jre7\lib\rt.jar has no source attachment.
You can attach the source by clicking Attach Source below:
Attach Source...
// Compiled from Object.java (version 1.7 : 51.0, super bit)
public class java.lang.Object {
// Method descriptor #20 ()V
// Stack: 0, Locals: 1
public Object();
0 return
Line numbers:
[pc: 0, line: 37]

关联源代码

出现图例中的提示时，说明没有找到java.lang.Object的源文件。这时只需点击Attach Source按钮，关联上Java源文件的存储地址。这些文件通常都是以ZIP格式保存的。现在我们就可以查看Object的源文件内容了。

这个太实用！其他的类也都可以查看吗？

当然了！可以查看所有类的内容，其实还可以查看很多与项目相关的源文件。
现在回头看看那句Object的输出结果都代表什么意思：

```
public String toString() {
  return getClass().getName()*1 + "@" + Integer.toHexString(hashCode())*2;
}
```

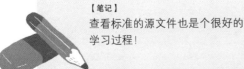

*1 获取包名和类名。

*2 @和十六进制的哈希值。

【笔记】
小提示：我们学会查看Java标准API的源文件后，现在就可以试试去查看String类和Integer类的源文件了。

【笔记】
查看标准的源文件也是个很好的学习过程！

【笔记】
有些Java的源文件是以ZIP文件形式保存的，你可以手动解压，然后用普通的编辑器打开阅读。

原文输出对象的内容

我猜，用Eclipse也可以生成toString()方法……

没错，可以的。 Eclipse几乎无所不能。生成toString()可以选择菜单：资源→创建toString()方法（Generate to String()）。

OK，我找到了。但是产生一个@Override，这是什么？特殊的注释吗？

```
@Override
public String toString() {
  return "FotoApparat [marke=" + marke + ", megaPixel=" + megaPixel", ↩
  displayGroesse=" + displayGroesse + ", bildStabilisiert=" + bildStabilisiert + ↩
  ", brennweiteMin=" + brennweiteMin + ", brennweiteMax=" + brennweiteMax + ", ↩
  herstellungsLand=" + herstellungsLand + "]";*1
}
```

*1 Eclipse返回对象信息的格式很简单。

那个不是注释，是**注解**。简单地说就是一种标记，可以在源文件的任何位置使用。当编译器读到@Override时，就会知道下面的方法需要重写。假如不写，编译器会认为下面是一个新定义的方法。加上标记还有个好处，编译器会对重写的方法进行纠错，比如重写的方法为“空方法”或者重写的方法名存在错误。

【笔记】

总的来说，重写toString()方法是明智的。特别是在代码的调试模式下非常有帮助，比看类名和神秘的哈希值强多了。

流畅接口

到目前为止，我们已经学过了**两种给对象变量赋值的方法**：一种是通过带参数的**构造函数**，另一种是通过**set方法**。其实，如果能**动态地返回对象变量值的话**，set方法还可以更完美些。

【便签】
严格来说还有一种方法：直接赋值给对象变量，但这种方法的编程风格太差了，所以没算在这里。

代码示例：

```
public FotoApparat *1 setMarke(String marke) {
  this.marke = marke;
  return this; *2
}
```

*1 用FotoApparat替代原来的void方法修饰符。

*2 用this作为返回值，返回当前的Object。

嗯，哪种方法更好呢？

需要注意的是，此时方法每次返回的是FotoApparat类，通过这样的返回值可以实现方法的连续调用。

```
FotoApparat fotoApparat = new FotoApparat();
fotoApparat.setBrennweiten(18, 200)
    .setBildStabilisiert(true)
    .setDisplayGroesse(7.5)
    .setMarke("SoNie")
    .setMegaPixel(18);
```

相比普通的构造函数，这样的书写格式能够实现对象变量的选择，指明给某个对象变量赋值。和普通的set方法相比，可以更好地提高代码的阅读性并减少代码编写量。

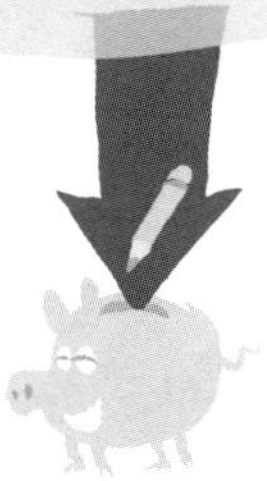

【概念定义】
这样把各个方法用“.”连起来的书写格式（方法链）有个专业名词：流畅接口（fluent interface）。

SUBJEKT

阶段练习——创建对象实例

到目前为止，对象变量的类型可以被定义成原始数据类型和String类型，接下来我们学习一些创建对象的“专业知识”。

首先回顾一下照相机类的结构。照相机的焦距不应该算作相机本身的一个属性，而是镜头的属性。所以镜头和照相机应该是附属关系，如下图。

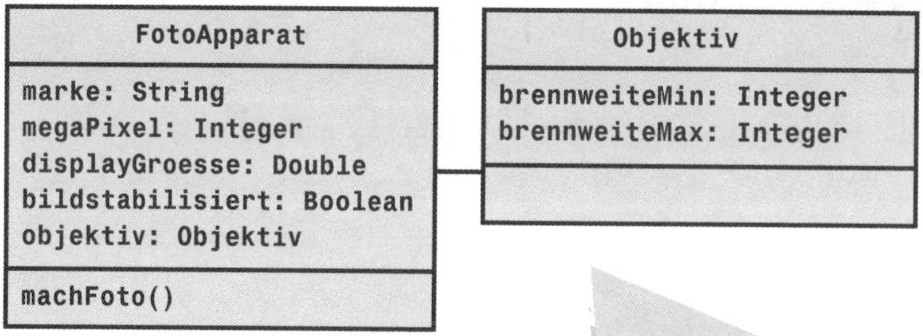

【概念定义】

UML（Unified Modeling Language，统一建模语言）是一种支持模型化和软件系统开发的图形化语言，为软件开发的所有阶段提供模型化和可视化支持。上面图例为类结构图，清晰地展示了类的结构和相互关系。

创建对象的流程

[困难任务]

根据UML的描述，修改照相机类FotoApparat。

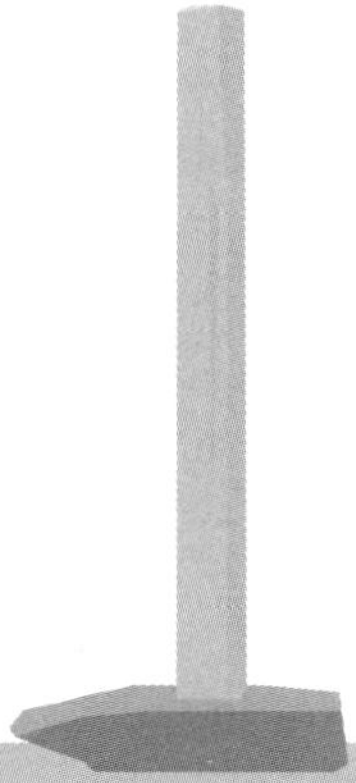

需要修改很多处代码，

创建一个对象基本上分为三个步骤，

只需要根据照相机类提练出Objektiv类：

1. 创建一个新类Objektiv（镜头）。

2. 每个照相机都有一个镜头，其参数也不尽相同：为Objektiv确定对象变量类型，比如焦距。至此，Objektiv类从照相机类中被独立出来。

3. 最后还要定义照相机类的方法，而且要考虑方法中会用到哪些对象变量。

根据这三个步骤编写代码：

1. 根据FotoApparat类的内容更容易创建新的类——Objektiv。

```
public class Objektiv {
  private int brennweiteMin;
  private int brennweiteMax;
  public Objektiv(int brennweiteMin, int brennweiteMax) {
    this.setBrennweiten(brennweiteMin, brennweiteMax);
  }
  public int getBrennweiteMin() {
    return brennweiteMin;
  }
  public int getBrennweiteMax() {
    return brennweiteMax;
  }
  public void setBrennweiten(int brennweiteMin, int brennweiteMax) {
```

```
    if (brennweiteMin < brennweiteMax) {
      this.brennweiteMin = brennweiteMin;
      this.brennweiteMax = brennweiteMax;
    } else {
      // 此处为异常处理信息
    }
  }
}
```

FotoApparat得到一个新的数据类型Objektiv:
private Objektiv objektiv;

2. 此外，还需要考虑FotoApparat的构造函数和toString()方法，以及set和get方法。

太棒了，小薛！你终于完美地实现了一个照相机类！

【笔记/练习】

准确创建一个对象类是一件非常耗时的工作。聪明之举是根据UML对象模型的结构一步一步地实现。

【简单任务】

生成两个不同的照相机对象，并且用toString()方法输出到控制台窗口。再交换创建对象的顺序，再次用toString()输出结果。

生成两个不同的对象：

```
FotoApparat fotoApparat = new FotoApparat();
fotoApparat.setObjektiv(new Objektiv(18, 100));
fotoApparat.setBildStabilisiert(true);
fotoApparat.setDisplayGroesse(7.5);
fotoApparat.setMarke("SoNie");
fotoApparat.setMegaPixel(10);

FotoApparat fotoApparat2 = new FotoApparat();
fotoApparat2.setObjektiv(new Objektiv(50, 270));
fotoApparat2.setBildStabilisiert(true);
fotoApparat2.setDisplayGroesse(9.5);
fotoApparat2.setMarke("SoNie");
fotoApparat2.setMegaPixel(18);
```

我用的输出结果如下，如果你采用不同的toString()方法也没关系，关键输出结果是正确的。

```
FotoApparat [marke=SoNie, megaPixel=10, displayGroesse=7.5, bildStabilisiert=true,
objektiv=Objektiv [brennweiteMin=18, brennweiteMax=100]]
FotoApparat [marke=SoNie, megaPixel=18, displayGroesse=9.5, bildStabilisiert=true,
objektiv=Objektiv [brennweiteMin=50, brennweiteMax=270]]
```

交换对象的创建过程：

```
Objektiv objektiv*1 = fotoApparat.getObjektiv();
fotoApparat.setObjektiv(fotoApparat2.getObjektiv()*2);
fotoApparat2.setObjektiv(objektiv*3);
```

*1 创建一个临时对象，用来保存交换前对象1的内容。
*2 交换对象2的内容给对象1。
*3 最后把临时对象的内容交换给对象2。

交换创建后的结果：

```
FotoApparat [marke=SoNie, megaPixel=10, displayGroesse=7.5, bildStabilisiert=true,
objektiv=Objektiv [brennweiteMin=50, brennweiteMax=270]]
FotoApparat [marke=SoNie, megaPixel=18, displayGroesse=9.5, bildStabilisiert=true,
objektiv=Objektiv [brennweiteMin=18, brennweiteMax=100]]
```

【笔记/练习】

现实程序开发中不可能如实地刻画真实世界里的对象，比如照相机这个示例，只需要根据具体的需求和使用情况设计出一个相近的类，不需要为不能转换成对象的事物设计一个类。

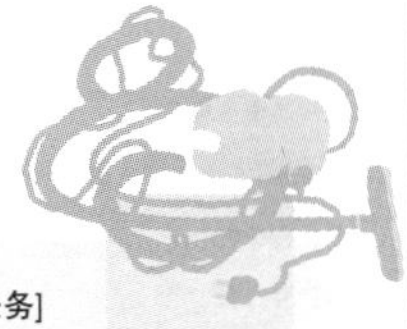

[困难任务]

根据Person类结构图，设计出较准确的类结构图。

Person
年龄：Integer 姓名：String 宠物的姓名：String 宠物的毛色：String 最喜爱的电影：String 伴侣的姓名：String 老板的姓名：String 体重：Double 是否已婚：Boolean

嗯，我想想，应该这样改……

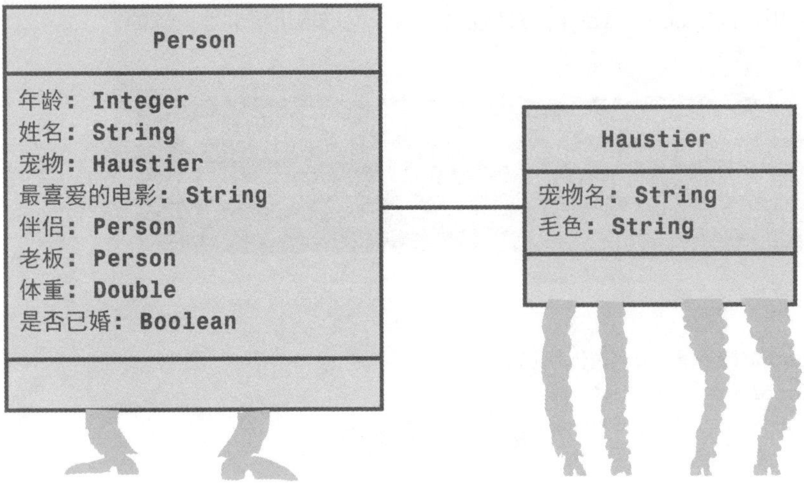

看上去不错。

你能把伴侣和老板的类型设置成Person类型，这非常好。那么，如果还需要加入最喜爱电影的片长怎么办？

哦，你是想把电影也单独拿出来作为一个类，对吗？没问题。

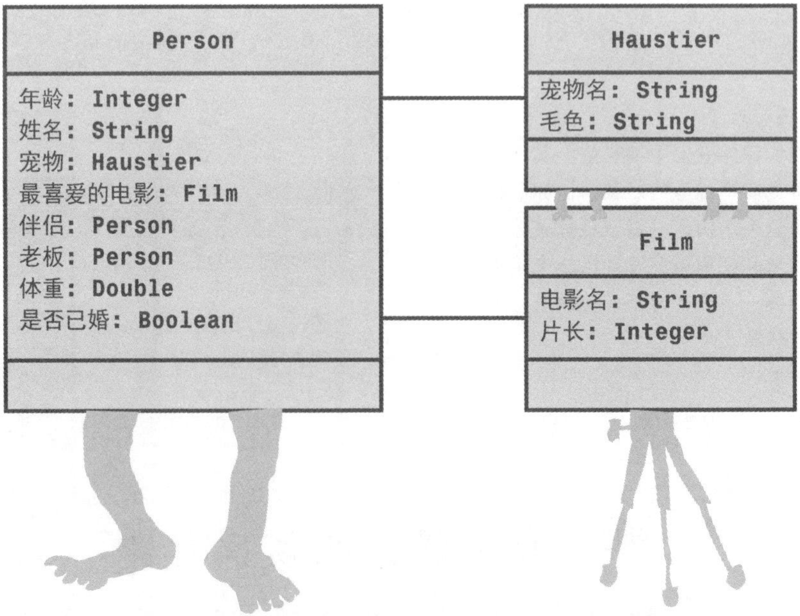

[困难任务]

详细说明一下this的作用。

引用类型、堆和垃圾回收机制

我们之前一直在讲和对象相关的知识。其实到目前为止，我还没有想好如何去讲解下面的内容。比如，你这样去创建一个对象（猫）时：

```
Katze katze = new Katze();
```

仔细剖析一下这个创建对象语句的执行过程：

```
Katze katze *1 = *3 new Katze(); *2
```

*1 此处创建了一个Katze类型的引用变量。

*2 此处生成了一个Katze类的对象，并且保存到堆中，你还记得吧？

*3 这里把引用变量和在堆中的对象关联起来，也就是建立起了一个指向对象的引用变量。

堆？就是讲解字符串时说的那个东西？ 第4章说过，它是个对象的存储区域。

没错，这个堆就是那个用来存放所有对象的存储空间。每次使用new的时候，都会往堆中放入一个新对象。引用变量其实就是指向这个对象的一个引用。用等号（=）把变量映射到一个对象上，这就使得变量katze此时包含了一个通过new Katze()创建的对象的引用。

【便签】
一些老程序员，还有在C/C++语言中，都把这样的引用叫“指针”。

还可以创建很多类似的引用，包括用来指向自己的引用。比如：Katze gleicheKatze = katze;生成了一个引用变量，在堆中指向变量katze自身。

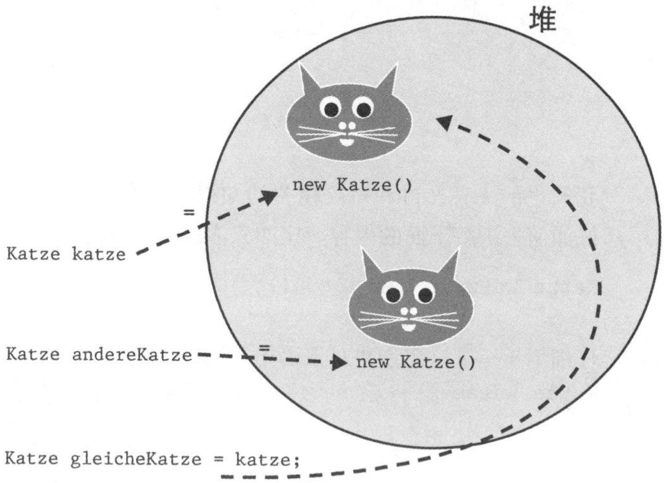

堆是用来存放所有对象的储存空间。不同的引用变量可以指向不同的对象，也可以指向同一个变量。

甚至还可以创建一个不指向任何对象的引用变量：

```
public class Tierheim {
  private Katze katzenReferenzOhneObjekt; *1
}
```

*1 此处创建了一个引用变量，但是没有指向堆中任何一个对象。这时引用变量的默认值为null。但是需要注意：局部引用变量（在方法内部的引用变量）不能为null，必须进行初始化。

可以只是把对象放在堆里，但不建立任何引用：

```
new Katze();
```

上面语句中的引用变量katzenReferenzOhneObjekt没有意义，因为它没有指向任何一个对象。这样的情况就叫作“迷失在堆中”（Lost in Heap）。

如果堆满了怎么办

对象创建多了，堆自然就会满。

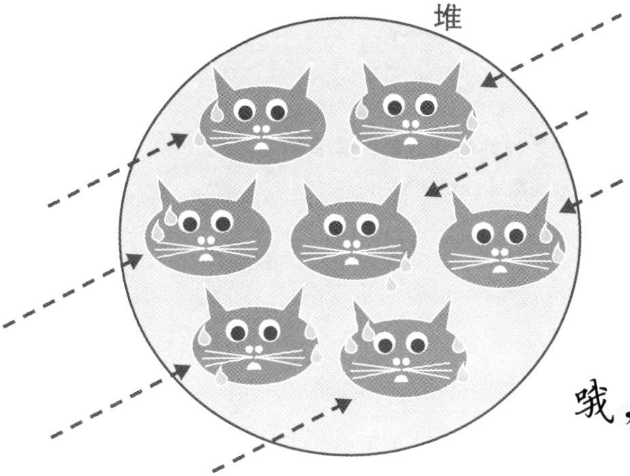

随着时间推移，堆会变得越来越拥挤

Java里有一个机制专门处理这样的情况，它会定期清理堆。这个机制叫作垃圾回收机制（garbage collection，GC）。通过这样的机制可以把不再有用的对象从存储空间中删除。

哦，这听着挺可怕的，那会不会失败呢？
Java又是怎么知道哪些对象不再有用了呢？

删除那些不再被引用的对象就可以了，它们已经是Lost in Heap。

比如下面的示例，首先创建了一个Katze对象，然后直接把它的引用变量katze赋值为null。这时对象就不再被引用了，在GC的回收周期中就会被删除。

```
Katze katze = new Katze();
katze = null;
```

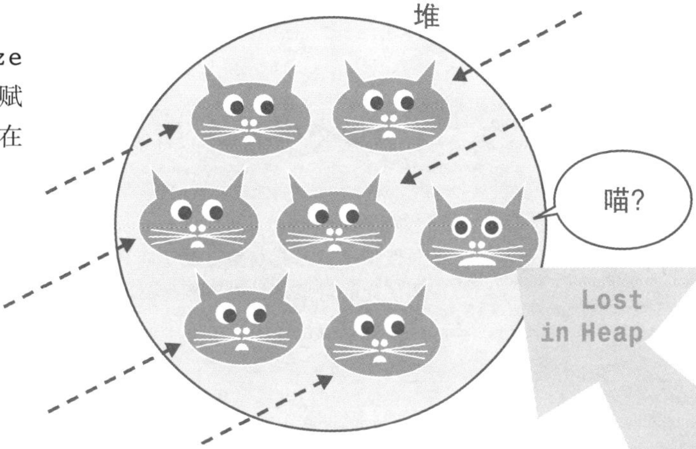

不再被引用的对象将被垃圾回收机制删除

【奖励/答案】

其实不用烦恼怎么去把那些没有用的对象“置空”。**JVM自己会发现那些不再用到的对象**。比如在`for`循环语句中创建的和被使用过的对象，在循环结束后就不再使用了，那时就会被删除。

【温馨提示】

虽然有回收机制，但也不该过度地使用堆存储空间。如果肆无忌惮地创建对象，堆很快就会满，如果那时GC又没能及时处理，程序就会出现**内存溢出现象**（Out of Memory）。

【背景资料】

堆的容量在程序运行后是不能进行动态调整的，所以应该在运行程序前，用JVM提供两个参数：-Xms（比如-Xms 256m）和-Xmx（比如-Xm×1024m），为堆容量制定适当的最小值和最大值。

析构函数

虽然Java里没有真正的析构函数，但是至少有个`finalize()`方法，这个方法隐藏在对象类（`java.lang.Object`）里。当垃圾回收器释放无用对象的内存时，可以先调用该对象的`finalize()`方法。然而，还是要注意适当地使用这个方法。

比如什么情况下应该注意呢？

【温馨提示】

有些情况垃圾回收器可能不太在意；也就是说，有时候垃圾回收器不确定是否该删除不再使用的对象，如果不删除，我们又没有及时主动地调用对象的`finalize()`方法，这样再继续执行代码的话就不能确定得到什么结果了！

请慎用堆

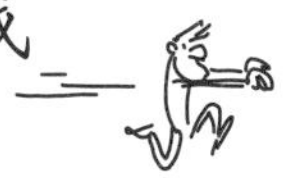

不是的，其实不用太担心。你想呀，JVM会为我们自动创建对象，又会把对象放在堆里，还会自动删除没有用的对象。我们只需要谨记不要创建过多的对象就可以了。

那好吧，可是我怎样知道
在哪里创建了过多的对象呢？

很好，问这个你算是找对人了。自从JDK6（确切地说是升级到7的时候）开始就有了一个非常有趣又实用的工具——Java虚拟机，在发生内存溢出的情况下，通过Java虚拟机就可以一目了然地观察堆的使用情况。

【笔记】
Java虚拟机可以在JDK的`bin`路径下找到。另外还有单机版的VisualVM，可以在Java的官网上下载。因为我们安装了JDK，所以不需要单独下载它。

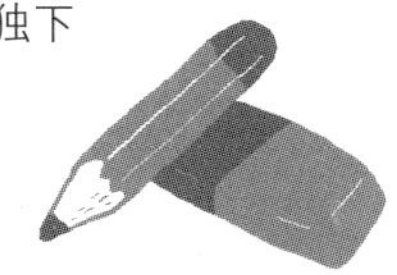

安装Eclipse的虚拟机

Eclipse其实已经提供了虚拟机插件。

【简单任务】
安装Eclipse虚拟机插件。

下载好ZIP文件后，在Eclipse的菜单中选择：帮助（Help）→安装新软件（Install New Software），之后选择添加（Add）→本地（Local）运行安装文件，最后点击“OK”。

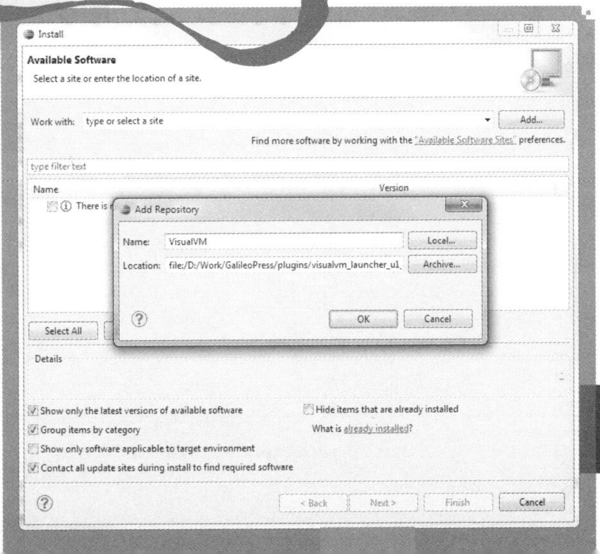

在对话窗口中选择插件的安装包路径……

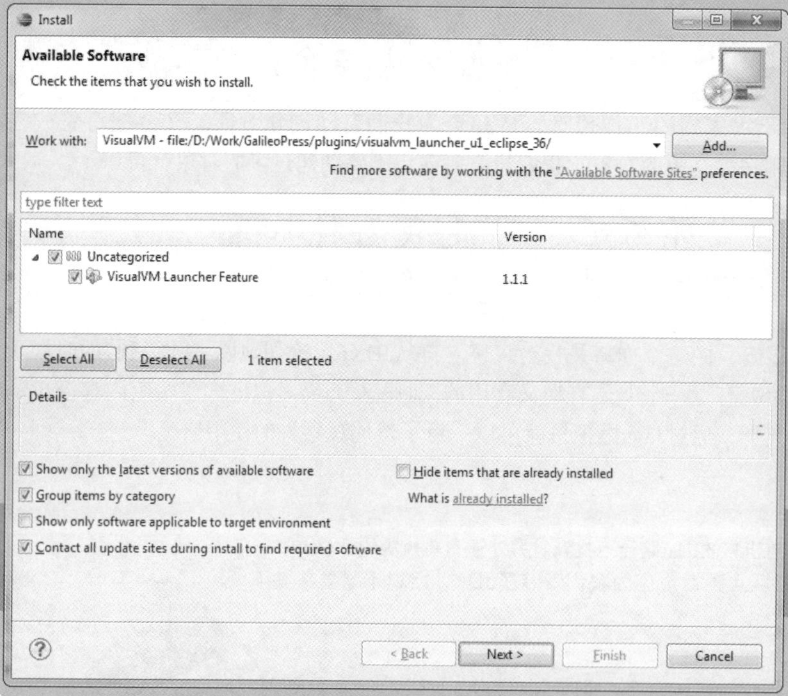

选择虚拟机运行文件

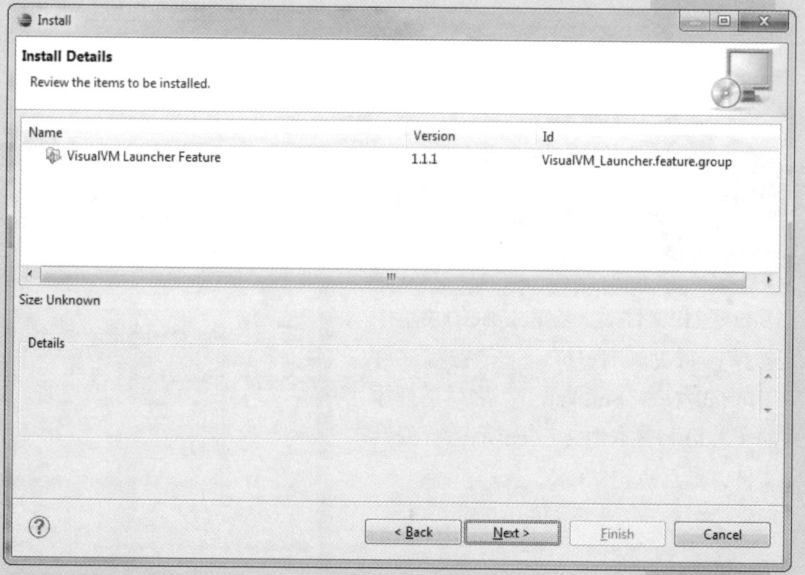

确定安装文件的版本

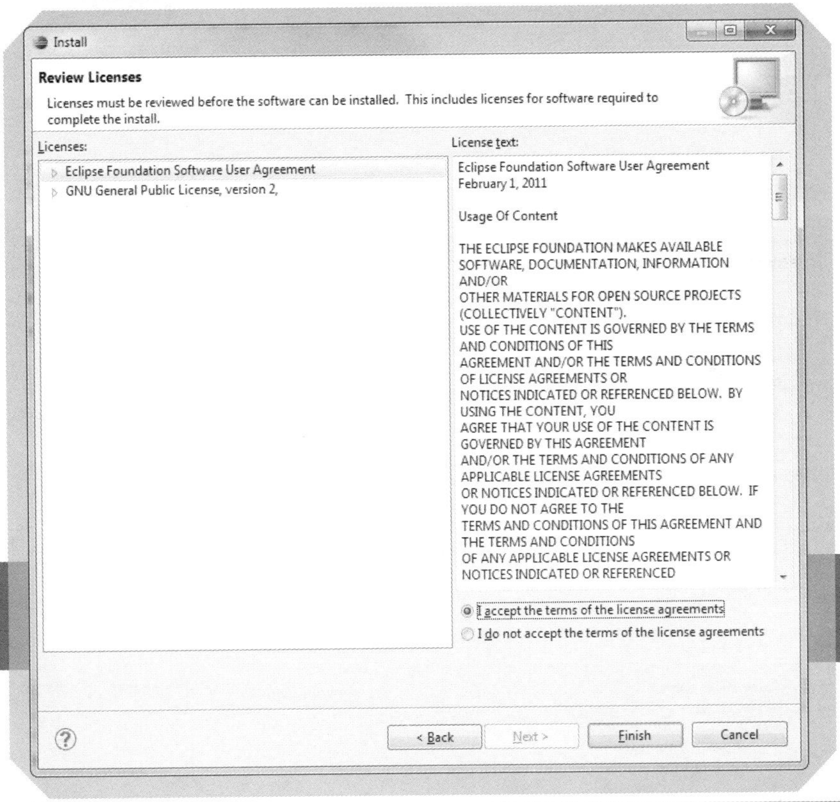

接受认证

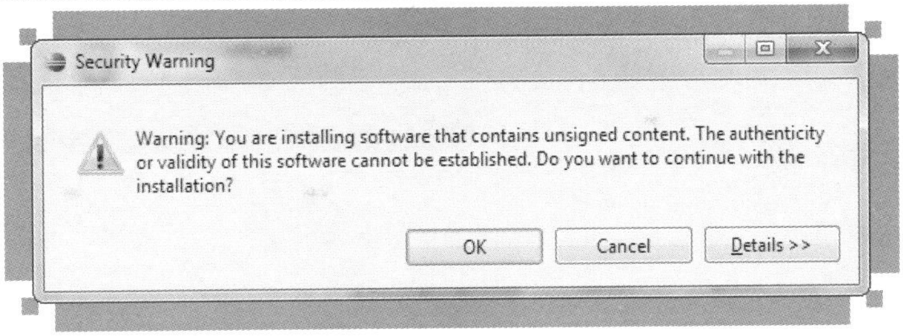

再次确认，点击“OK”

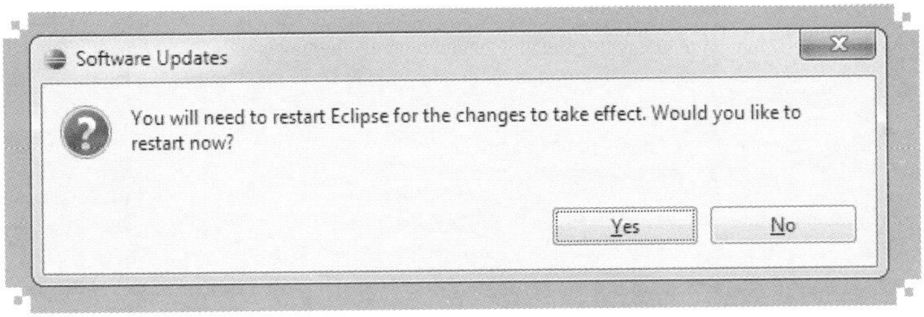

安装结束，重启Eclipse

安装成功了。虽然安装过程绕过了Eclipse的一些认证，但不管怎么样，插件总算是安装好了。

安装结束后，当然还需要设置JVM的参数。比如设置虚拟机的路径：窗口（Window）→偏好设置（Preferences）→运行/调试（Run/Debug）→运行（Launching）→虚拟机配置（VisualVM Configuration）。

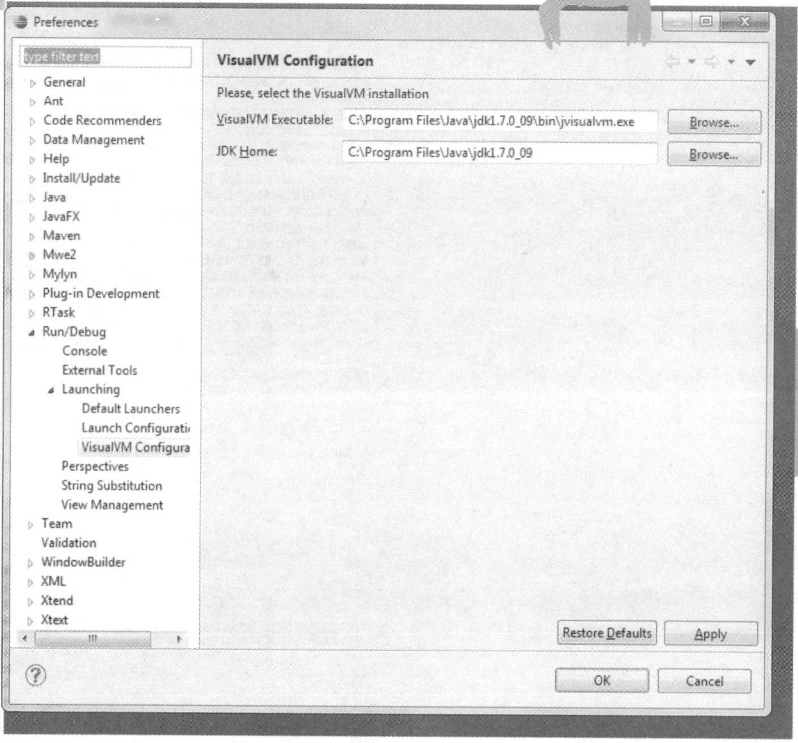

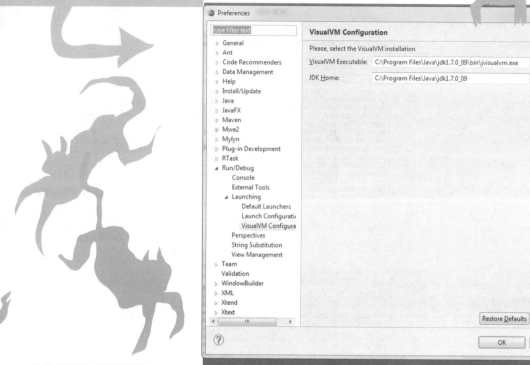

安装并配置好虚拟机后，我们就可以查看堆的使用情况了。

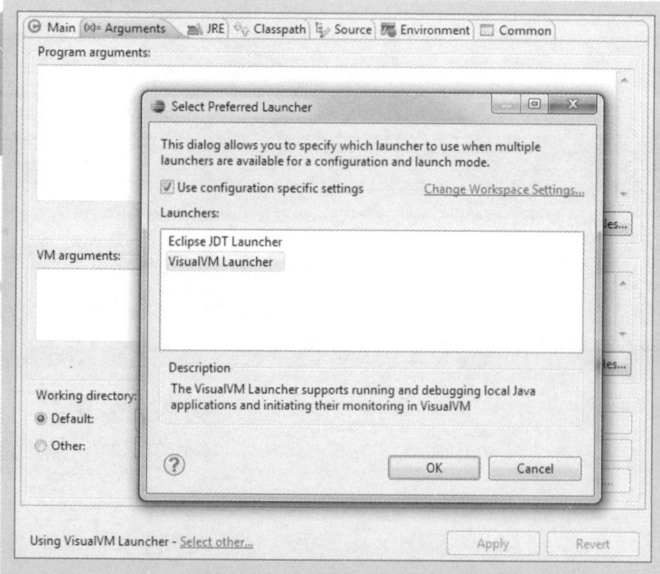

【简单任务】

创建一段程序**Katzenwahnsinn**，并在虚拟机环境下执行（Run-Run As-Java Applcation），在对话窗口中选择虚拟机运行器“VisualVM Laucher”。

```
public class Katze {
  private String name;
  public Katze(String name) {
    this.name = name;
  }
}
```

Katze类如下：

Katzenwahnsinn的代码如下：

```
public class Katzenwahnsinn {
  public static void main(String[] args) {
    for(int i=0; i<4; i++) {
      machKatzen(100000);*1
      warten(5000);*2
    }
  }
  private static void machKatzen (int anzahl) {
    for(int i=0; i<anzahl; i++) {
      Katze katze = new Katze("Katze " + i);
    }
  }
  private static void warten(long millisekunden) {*3
    try {
      Thread.sleep(millisekunden);
    } catch (InterruptedException e) {
      e.printStackTrace();
    }
  }
}
```

*1 为了检测堆的状态，需要创建足够多的对象。

*2 为了更好地观察堆的状态，还需要在创建一定量的对象后等待一段时间。

*3 Java中典型的等待方法。后面学到线程和异常处理的时候再来仔细讨论。

程序开始运行了，虚拟机也打开了，我们现在看看这个工具到底有什么功能：

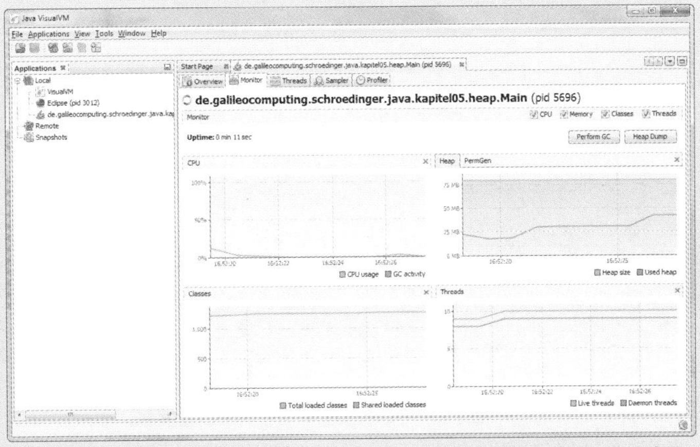

窗口右上角的图表给出的是堆占用情况，上半部分是未使用的堆空间，下半部分是占用的空间。在线上跳动的是创建对象的时间点以及我们等待花去的时间。

每次创建对象时内存消耗都在增长，这是理所应当的。

【简单任务】

生成一个堆转储（heap dump），只需要点击“Heap Dump”按钮即可。

【笔记】

堆转储就是堆的一个瞬时快照。虚拟机可以产生很多快照供对比使用。当程序出现内存渗漏时，虚拟机会创建一个快照文件（*.hprof），这个文件可以用虚拟机打开。

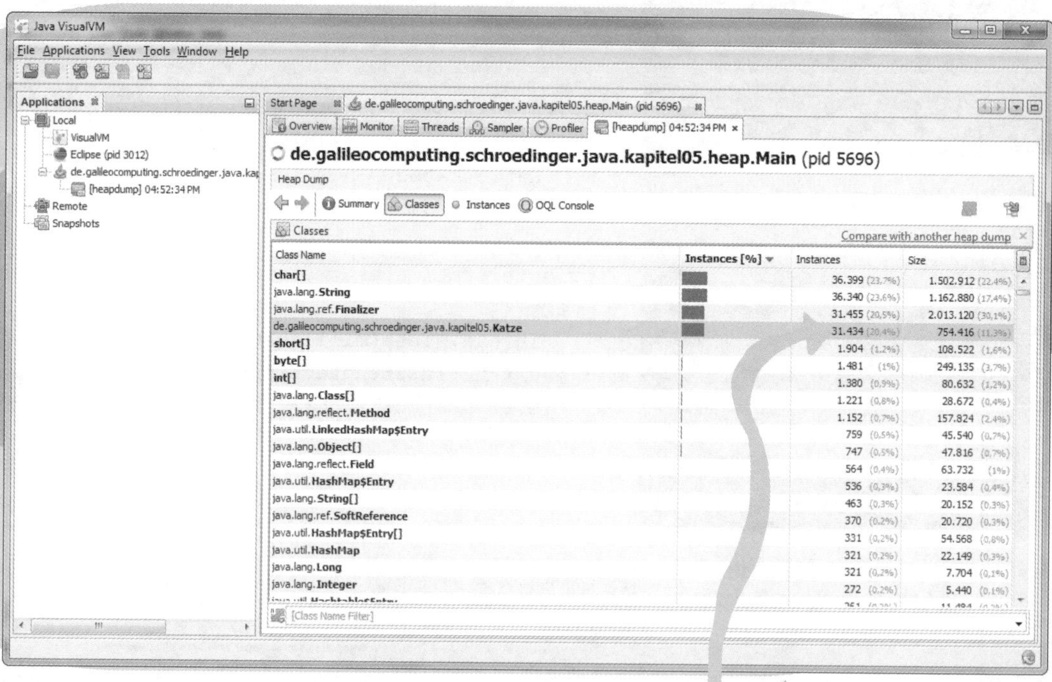

在回收垃圾之前，猫（对象）占用了很多资源……

等等，我们的确是创建了400 000只猫，但是堆里为什么只有31 434只了呢！差很多呀，其余的去哪里了？

其余的应该已经被垃圾回收器删除了。 我们现在只考虑31 434个对象。

【简单任务】

切换到Monitor标签页上，点击“GC”按钮，之后就会产生一个新的堆瞬时快照。

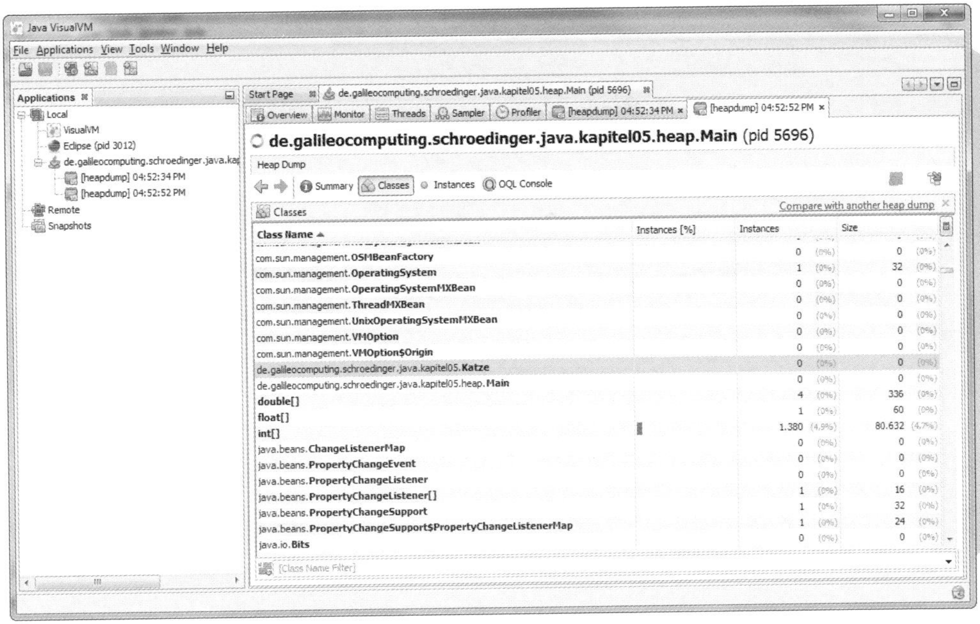

垃圾回收结束后，堆已经被清空了

不敢想象，我们的确是创建了很多猫，很多只！按了一下按钮，所有的猫都没有了！这个工具太可怕了！

【笔记】

在窗口的左边可以切换多个快照窗口进行比较。

少了31434个对象

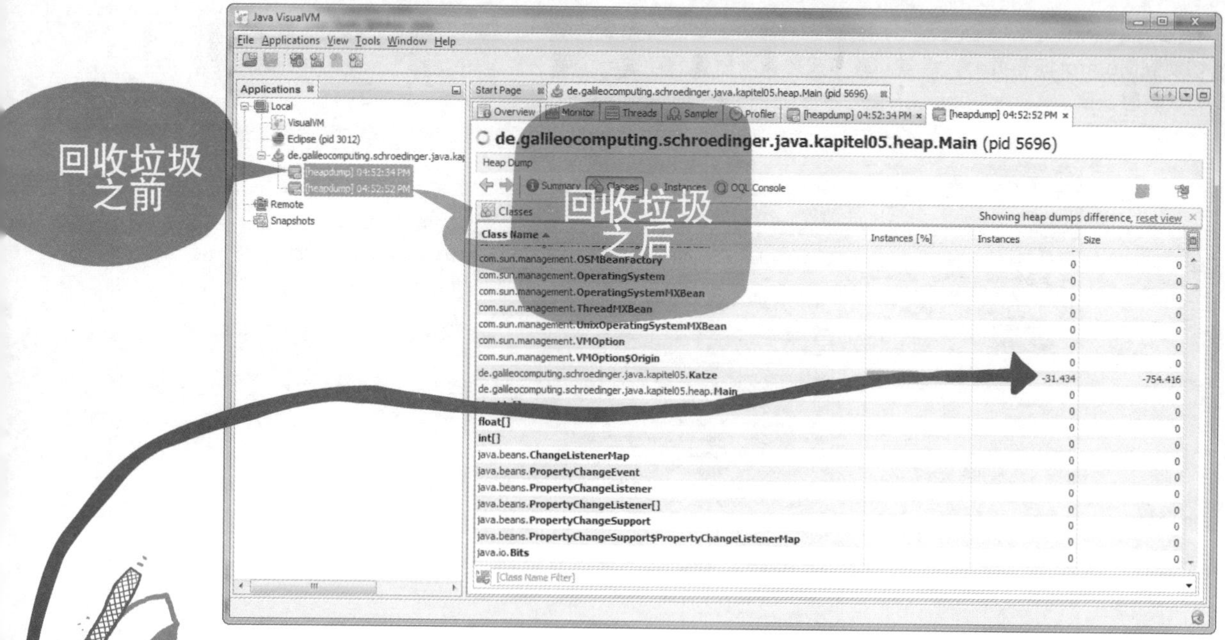

【完善代码】

在main类里加入一个动态列表：`private static List<Katze> tierschuetzer = new ArrayList<>();`，在循环里通过add()方法，把对象添加在这个动态链表里，并再次运行这个程序。

```
...
private static List<Katze> tierschuetzer = new ArrayList<>();
...
private static void machKatzen(int anzahl) {
  for(int i=0; i<anzahl; i++) {
    tierschuetzer.add[*1](new Katze("Katze " + i));
  }
}
...
```

[*1] 此处在每次创建对象的时候，都能产生一个引用：这样在动物保护者链表（tierschuetzer）里的对象就不会被回收了。

这就意味着堆会不断地增长……

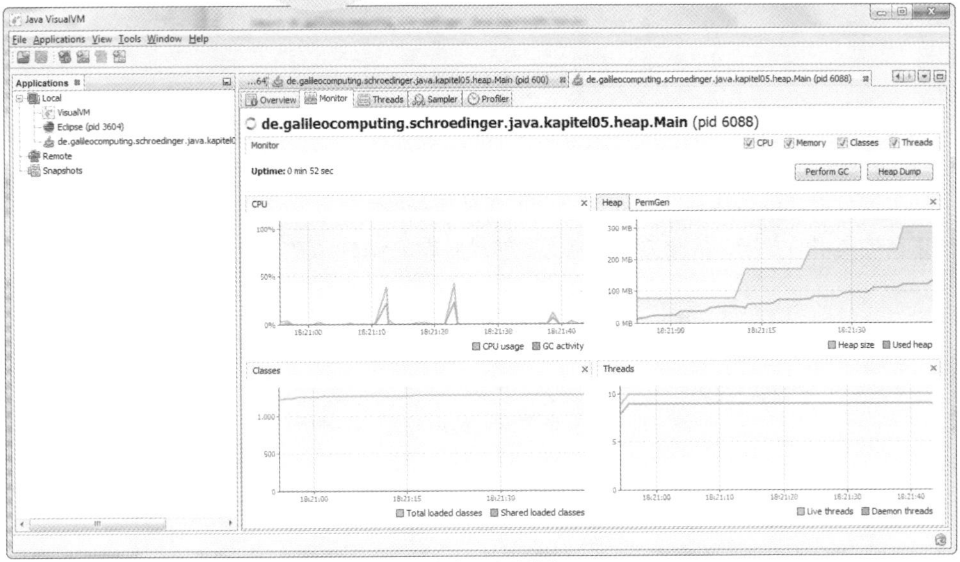

上下区域都在增长。当上区域达到极限时就会报出内存溢出的警告

直到存储空间满了为止。

【笔记】

你也可以做进一步的试验，比如改变创建对象的个数或者修改堆的空间大小，或者同时调整。

另一个存储空间：栈

相比较而言，如果堆是基于对象的，那么栈（stack）就是基于方法的：栈是JVM中的一个特殊存储空间，可以用来堆放方法的调用过程以及调用时产生的参数和临时运行结果等数据。位于栈最顶部的方法是正在被执行的方法，位于其下面的方法则是当前正在被调用的方法，依此类推，直到栈的最底端（main方法是位于最底部的方法）。

【概念定义】

一般来说，栈是一种存储方式，最后放入栈中的数据总是第一个被访问。也就是说，数据在栈中的读取顺序满足“先进后出”（last in，first out，LIFO）的原则。就此而言，这样的数据读取方式很适合用来调用方法，因为第一个被调用的方法很快就会执行结束。

怎样才能获得栈里的数据呢？

非常简单，有三种情况。

1. 在没有获取到报错信息时。

产生的报错信息没有被及时获取时，在错误信息窗口就会得到叫作“栈轨迹”（stack trace）的一组信息，这组信息记录了栈的实时使用情况，可以通过这组信息反向查到错误的源头。

【便签】

异常和错误信息处理的相关内容会在第9章进行讲解。

栈轨迹信息通常如下所示：

```
Exception in thread "main" java.lang.NumberFormatException: For input string: "S"*1
  at java.lang.NumberFormatException.forInputString*2(Unknown Source)
  at java.lang.Integer.parseInt*3(Unknown Source)
  at java.lang.Integer.parseInt(Unknown Source)
  at de.galileocomputing.schroedinger.java.kapitel05.fotos.FotoShooting.
main(FotoShooting.java:14)
```

*1 指明异常的类型：数字类型转换时出错……

*2 指明产生错误的位置：调用 forInputString() 时出错……

*3 指明产生错误的位置：转换整数型数据时出错……

2. 通过Eclipse的调试模式可查看栈使用情况。

在Debug视图下可以查看栈的使用概况，甚至还可以查看调用不同方法时栈的使用情况！

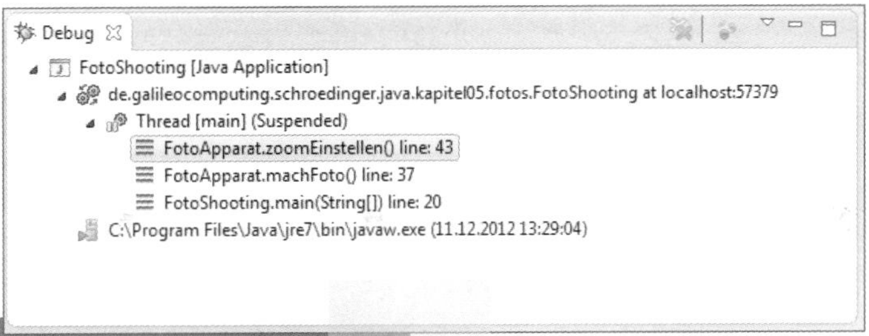

3. 调用辅助方法Thread.dumpStack()。

如果运行当前方法时抛出一个错误，就可以通过调用该方法截取出栈中实时的使用信息。

栈通常还用来存放方法的参数和局部变量（方法内部创建的变量）。如果局部变量是原始数据类型，那么变量本身和变量值都会存放在栈里；但是如果是引用类型数据，则存放的只是对象的引用，不是整个对象。（对象只能存放在堆里！）

对比栈和堆的使用情况

通过一个代码示例展示栈和堆的存储过程。

*1 **对象变量**：全部存储在堆里。

*2 **方法和参数**：在调用方法时会被存储在栈里。

*3 **引用变量**：在方法内部使用，只把变量的引用存放在栈里。

*4 **对象实例**：在堆里创建。

*5 **引用类型参数**：比如此处字符串的值就是方法的一个参数。这种情况下，对象会存放在堆里，它的引用则被存放在栈中。

*6 **原始数据类型的局部变量**：全部存储在栈里。

```
public class AutoFabrik {
  private int anzahlMitarbeiter = 500; *1
  private Person leiter = new Person(); *1

  public static void main(String[] args) { *2
    AutoFabrik autoFabrik *3 = new AutoFabrik(); *4
    Auto auto = autoFabrik.erstelleAuto("blau" *5);
    // nach erstelleAuto();
}

  public Auto erstelleAuto(String farbe) {
    int id = 4711; *6
    Auto auto = new Auto(id);
    this.maleAutoAn(auto, farbe);
    return auto;
  }
  ...
}
```

哦，规则还真不少呢。

是的，其实总结起来还是比较容易记忆的：**方法内部**的所有数据都会被存放在栈里，其余的数据则被存放在堆里。也就是说，方法和方法所用到的参数、局部变量以及对象的引用都会在方法里用到，并存放在栈里。相反，对象（包括其成员变量）因为要在很多地方同时被引用（也可以被其他方法引用），所以必须是全局的，必须存放在堆里。

栈和堆存储内容的对比：

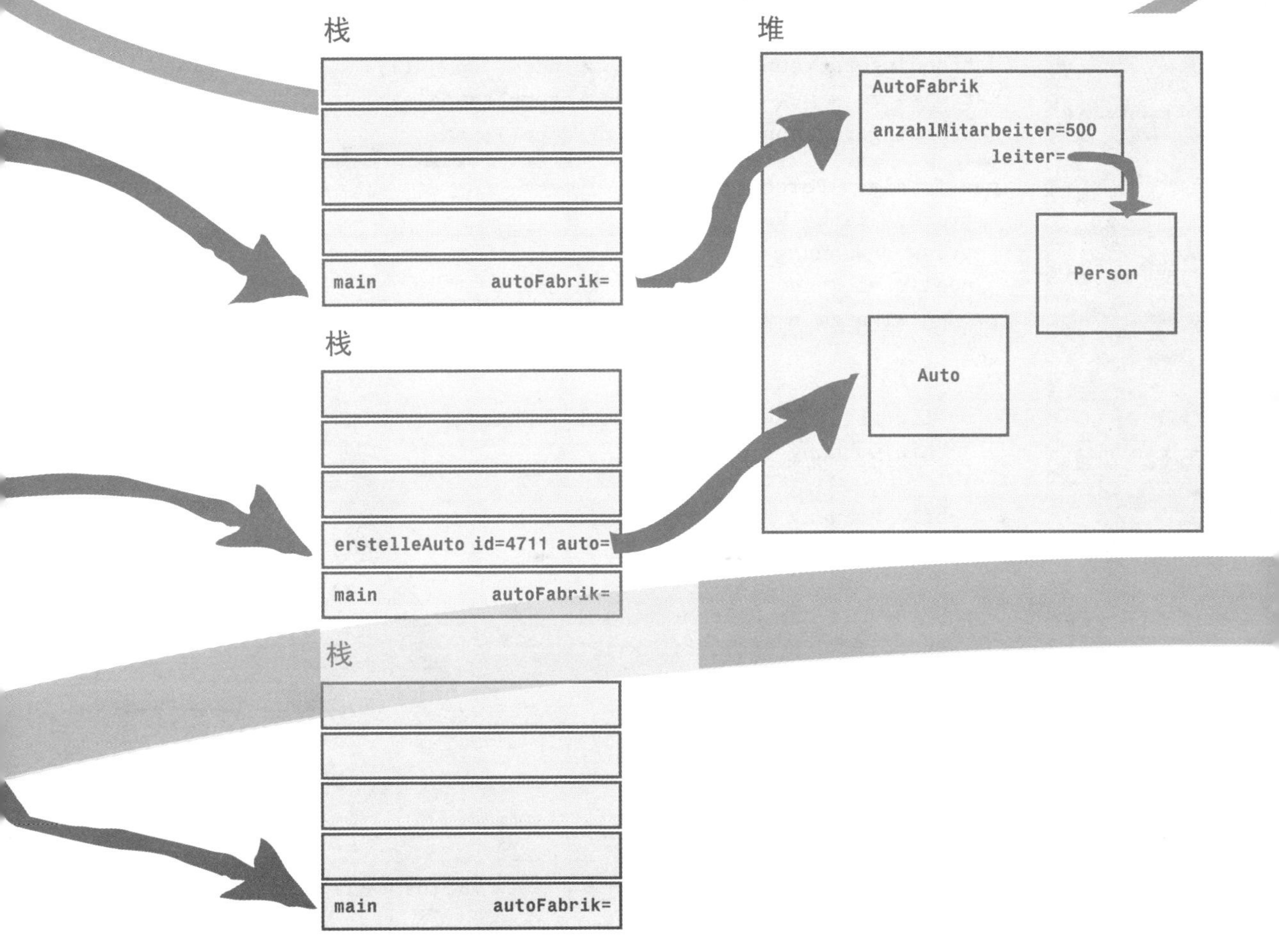

栈
main
autoFabrik=
栈
erstelleAuto id=4711 auto=
main
autoFabrik=
栈
main
autoFabrik=
堆
AutoFabrik
anzahlMitarbeiter=500
leiter=
Person
Auto

阶段练习——这事儿是猫干的

【简单任务】

查看执行umfall()方法时“栈轨迹”的输出内容。

小提示：顺着umfall()调用的轨迹往回排查，直到main方法，查明究竟是谁把花瓶碰倒了。示例代码如下：

```
Person schroedinger = new Person();
Person schroedingersFreundin = new Person();
schroedingersFreundin.setWohnung(new Wohnung());
Katze katze = new Katze(schroedingersFreundin);
schroedingersFreundin.haushaltMachen();
```

```
public class Person {
  private Katze katze;
  private Wohnung wohnung;
  public void setKatze (Katze katze) {
    this.katze = katze;
  }

  public void setWohnung (Wohnung wohnung) {
    this.wohnung = wohnung;
  }
  public Wohnung getWohnung() {
    return wohnung;
  }
  public void haushaltMachen() {
    this.getWohnung().putzen();
    this.haustierFuettern();
  }
  private void haustierFuettern() {
    if(this.katze != null) {
      this.katze.fuettern();
    }
  }
}

public class Katze {
  private Person herrchen;
  public Katze(Person herrchen) {
    herrchen.setKatze(this);
```

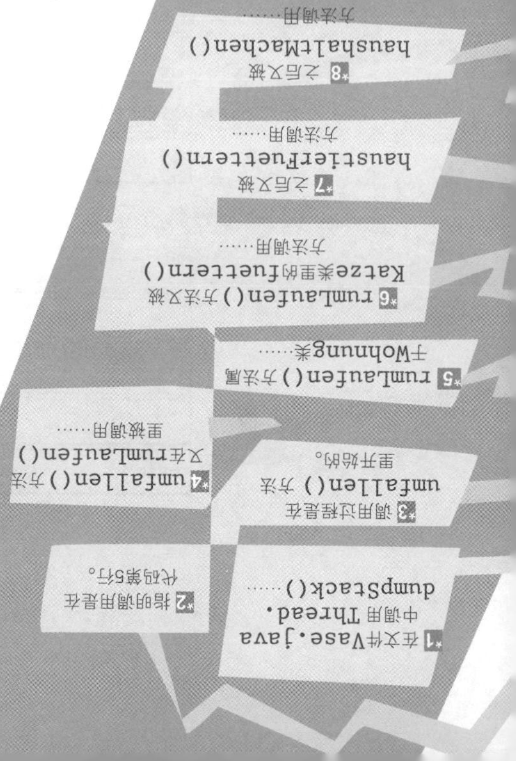

```
    this.herrchen = herrchen;
  }
  protected Person getHerrchen() {
    return herrchen;
  }
  public void fuettern() {
    Wohnung wohnung = this.getHerrchen().↩
      getWohnung();
    if(wohnung != null) {
      wohnung.rumLaufen(this);
    }
  }
}
public class Wohnung {
  private Vase vase;
  public Wohnung() {
    this.vase = new Vase();
  }
  public void rumLaufen(Katze katze) {
    this.vase.umfallen();
  }
  public void putzen() {
  }
}
public class Vase {
  public void umfallen() {
    Thread.dumpStack();
  }
}
```

“栈轨迹”输出结果：

```
java.lang.Exception: Stack trace
      at java.lang.Thread.dumpStack(Unknown Source)
      at de.galileocomputing.schroedinger.java.kapitel05.stacktrace.Vase.↩
        umfallen*3(Vase.java*1:5*2)
      at de.galileocomputing.schroedinger.java.kapitel05.stacktrace.Wohnung*5.↩
        rumLaufen*4(Wohnung.java:12)
      at de.galileocomputing.schroedinger.java.kapitel05.stacktrace.Katze.↩
        fuettern*6(Katze.java:19)
      at de.galileocomputing.schroedinger.java.kapitel05.stacktrace.Person.↩
        haustierFuettern*7(Person.java:28)
      at de.galileocomputing.schroedinger.java.kapitel05.stacktrace.Person.↩
        haushaltMachen*8(Person.java:23)
      at de.galileocomputing.schroedinger.java.kapitel05.stacktrace.Main.↩
        main*9(Main.java:9)
```

*9 最后又被代码第9行的 main() 方法调用。

也就是说，我女朋友没有做家务，猫也没有把花瓶碰倒！

【女朋友的回报】
就是这样的，这也许算是给你的一个教训吧，下次还是你自己做家务吧。
花瓶差不多是这样或者那样被碰倒的……

阶段练习——栈还是堆

[困难任务]

请把下面代码中1~16处的变量、方法等数据归类到栈或者堆中。

```
public class Ungeheuer {
  private int anzahlZaehne *1 = 200; *2
  private String name; *3
  public static void main(String[] args) {
    Ungeheuer ungeheuer *4 = new Ungeheuer("Grarrarrrr"); *5
    ungeheuer.erschrecken(); *6
    ungeheuer.kauen(); *7
    ungeheuer.flirten *8 (new Ungeheuer("Grurrurrrr") *9);
  }

  public Ungeheuer(String name) {
    this.name = name; *10
  }
  public void erschrecken() {
    int lautstaerke *11 = 5; *12
    String schrei *13 = "Aararaaaarrrararrrr"; *14
    System.out.print(this.name + schrei);
    for (int i = 0 *15; i < lautstaerke; i++) {
      System.out.print("!");
    }
    System.out.println("");
  }
  public void kauen() {
    for(int i=0; i<this.anzahlZaehne / 4; i++) {
      System.out.print("Knirsch" *16);
    }
    System.out.println("");
  }
  public void flirten(Ungeheuer ungeheuer) {
    this.erschrecken();
    ungeheuer.erschrecken();
  }
}
```

栈：4,6,7,8,11,12,13,15

堆：1,2,3,5,9,10,14,16

这一章虽然长了点，但都是很重要的内容。所以再从头整理一下。

- 类是创建对象的**模板**。
- **类变量**和**类方法**在创建类后就可以使用，**对象变量**和**对象方法**在创建这个类的对象之后才能使用。
- 在给**对象变量赋值或取值时**，可以自己**编写set和get方法**，这样做增强了程序的兼容性。
- 在set方法中需要对输入参数进行有效性检测，也可叫作**验证**。
- 所有的类都是由对象类（`java.lang.Object`）衍生出来的，或者说，`Object`是所有类的父类。
- 每个类**至少有一个构造函数**。如果在一个类中没有编写构造函数的话，编译器会自动生成一个**标准构造函数**。
- 根据不同情况重写`toString()`方法。
- **对象**和**对象变量**存储在堆中；**方法**和**局部变量**存储在栈中。
- 用虚拟机（VisualVM）可以查看堆的使用情况，栈的使用情况最好直接在Eclipse上查看。
- 在堆中，不再被引用的对象将被垃圾回收器删除；在不能及时回收内存空间时，可以调用`finalize()`方法来释放内存空间。

für usszeschnigge!

【奖励/答案】

不得不承认，我真为你感到骄傲。尽管这章的内容非常多，但你都一直坚持下来了。你的下一个装备是："喷火龙"铠甲。铠甲由很多部分组成，而且每个单独的部分都可以重复使用。

继承

第6章

他到底是从哪里来的

经过前几章的学习，小薛真正体会到了面向对象开发的乐趣。

为了满足他的求知欲，现在开始学习下一个面向对象开发的重要内容：继承。

它可以更好地增强代码的可读性和复用性。

除此之外，小薛还需要清楚地认识到，Java不支持多重继承。

继承

到目前为止，幸好还没有人觉得这本书里面用到的示例很无聊，诸如WoW、猫或者鞋等。所以，这次我特意准备了一个特别的“独唱歌手”，但是他非常“怯场”，不想一直独自在舞台上表演。他想组建一个属于自己的乐队。那么他需要什么呢？对，其他成员。

孤独的歌手仍然是一个人站在舞台上。

歌手的类已经创建好了，这对于初级面向对象编程的学徒来说已经不算是新鲜内容了：

```
public class Saenger {
  private String name;
  private int alter;
  private Band band;
  public void musizieren() { ... }
  // 这里编写set和get方法
}
```

吉他手……

一个好的乐队还需要一个……

```
public class Gitarrist {
  private String name;
  private int alter;
  private Band band;
  public void musizieren() { ... }
  // 此处编写set和get方法
}
```

嗯，我觉得他和歌手长得有点像。

```
public class Bassist {
  private String name;
  private int alter;
  private Band band;
  public void musizieren() { ... }
  // 还是需要编写set和get方法
}
```

贝斯手……

根据音乐风格可能还需要一个小号手……

小号手类的代码我就不写了。

我早就料到会这样……

为了达到优美的整体效果，当然少不了甜美的伴唱女歌手！

这两个成员的类应该也可以想到怎么编写吧。

是的，我可以自己编写，和前两个类一样就行了。

没错，“和前两个类一样就可以了”，说得很好。每个新创建的类都差不多！！！所以，这里需要创建五个相同的类。不过，演奏方法`musizieren()`里的内容却各不相同，小号手和吉他手的演奏肯定是不一样的。但是每个对象的成员变量和set/get方法又是相同的。

这还不是最糟糕的。想象一下，还需要给每位乐队成员设定头发的颜色。这样的话，就还需要给所有的成员再加入五个set和get方法。

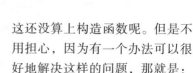

噗，又要多写五个get方法和五个set方法，以及那么多的变量。

【温馨提示】

这样重复编写代码不仅仅是增加工作量那么简单，还可能增加出错率，因为编写的时候很容易发生遗漏的问题。

这还没算上构造函数呢。但是不用担心，因为有一个办法可以很好地解决这样的问题，那就是：**继承**。

继承可以减少重复编写代码的工作量

继承指的就是，从其他的类中派生出一个类，这个派生出来的类可以**继承**该类所有的属性和方法。这样的继承关系在Java中用关键词`extends`表示。所有继承过来的属性和方法都可以在这个派生出来的类中使用。当然了，也并不是所有的属性和方法继承过来就可以了，而是要视情况而定，稍后会更详细地讲解。

对于我们乐队，这样的继承关系就非常有意义。他们有共同的父类，子类中又包含统一的属性和方法。

【概念定义】

还记得这些专业概念吗？在上一章中我们曾经提到过：一个用来被继承的类可以称作**上层类**、**超类**、**基类**或者**父类**。相反，一个类继承了另外一个类，则可以被称作**下层类**、**子类**或者**派生类**。

比如Musiker（音乐人）类就是一个很好的父类：

```
public class Musiker { *1
  private String name; *2
  private int alter; *2
  private Band band; *2
  public void musizieren() { *2
    System.out.println("OO Mmmmmmmmh, OO Mmmmmmmmh");
  }
  ... *2
}
```

*1 这就是我们需要的父类，稍后会用它派生出其他类。可以看到这是一个很普通的类，至少到目前为止，我们一直都是这样定义的。所以，目前还不能急于称它为父类（因为还没有被继承）。

*2 这个类里面包含了所有子类需要的属性和方法。

之后，我们可以从这所谓的父类中派生出所有其他的类。方法很简单：

```
public class Saenger *1 extends *2 Musiker *3 {...}
public class Gitarrist extends Musiker {...}
public class Bassist extends Musiker {...}
public class Trompeter extends Musiker {...}
public class BackgroundSaengerin extends Musiker {...}
```

*1 子类名后面……

*2 是关键字extends……

*3 之后是父类名。

这样的继承关系用UML图表示为：

【背景资料】
在UML中用空心箭头表示继承关系。

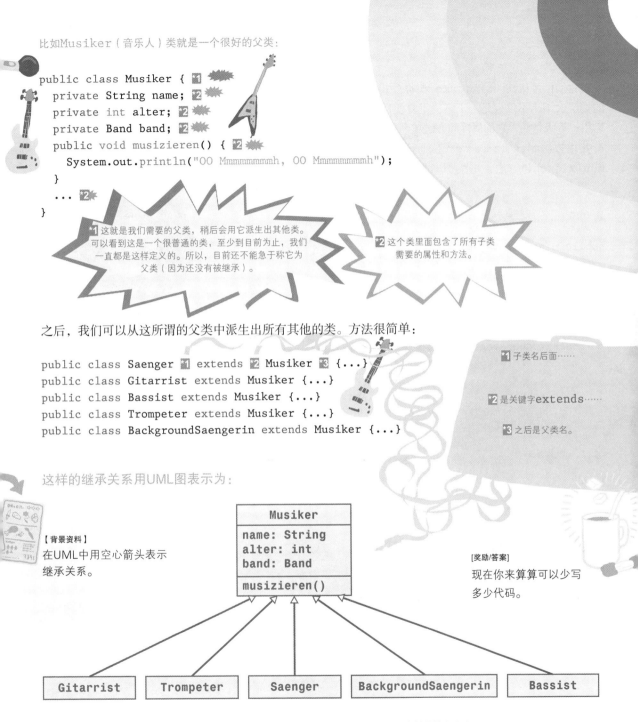

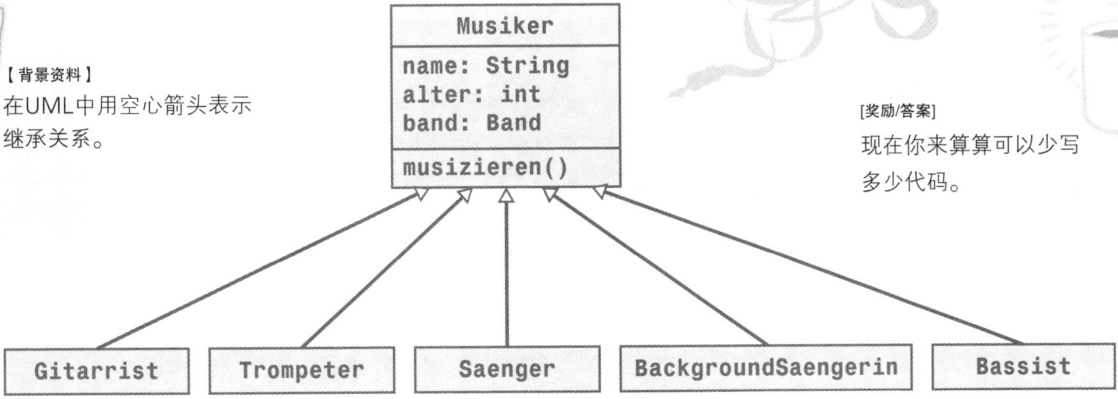

[奖励/答案]
现在你来算算可以少写多少代码。

这五个音乐人类继承自同一个类，同时还继承了相应的属性和方法。

有其父必有其子

现在我们已经从共同的Musiker类派生出了五个不同的子类，子类继承了所有父类的属性和方法。这样的类层次结构不仅仅是为了解决重复使用的问题，而且：层级结构中的类等级越高，它的属性和方法越通用；等级越低，它的属性和方法越个性化。比如，Musiker类有通用的属性name、alter和band，还有共用方法musizieren()。所有的子类都继承自Musiker类，所以同时也就继承了父类的musizieren()方法，并且可以调用这个方法。

再创建一个新类Proberaum（排练室）：

```
public class Proberaum {
  public static void main(String[] args) {
    Saenger saenger = new Saenger()*1;
    Gitarrist gitarrist = new Gitarrist()*1;
    Bassist bassist = new Bassist()*1;
    Trompeter trompeter = new Trompeter()*1;
    BackgroundSaengerin backgroundSaengerin = new BackgroundSaengerin()*1;
    machtMusik(saenger, gitarrist, bassist, trompeter, backgroundSaengerin);*2
  }
  public static void machtMusik(Musiker... *3 gruppe) {
    for(Musiker musiker : gruppe) *4 {
      musiker.musizieren();
    }
  }
}
```

*1 所有从Musiker类继承来的子类……

*2 因此在调用方法时，需要指明每个Musiker类的对象。

*3 此处又用到了可变参数。简单来说就是代表可以传递任意多个Musiker的对象。

*4 此处用foreach方法遍历所有音乐人的对象，并且调用所有对象的musizieren()方法。

【概念定义】

varargs叫作“可变参数”，用三个点表示（...）。等我们学到数组（array）和集合（collection）的时候再来研究它。

哦，应该这样写呀。

【背景资料】

父类包含最通用的行为，叫作“泛化”；子类包含最个性化的行为，叫作“特殊化”。

虽然在Proberaum类里拥有了所有乐队成员，但是大家还处在冥想阶段，什么都演奏不了（musizieren()方法还是空的）。

【便签】

通过共用类可以直接引用每个独立的音乐人，比如：Musiker saenger = new Saenger()，甚至还可以和对象的引用扯上关系，最极端的情况还可以写成Object saenger = new Saenger()，然而这样写没有实际意义。把语句反过来写是不行的，比如Saenger saenger = new Musiker()就不行，因为这样写就代表所有的音乐人都是歌手，显然不可以。或者可以这样理解，**歌手**不是所有**音乐人的子类**。总之，位于等号右边的类型必须可以转换成等号左边的类型。

通过方法的重写制定行为

现在给乐队做一点改变，从定制**Musiker子类的行为**开始。对此有两种方法：要么给子类**多加入一个方法**（就等于给子类多加入一个行为），要么**重写从父类继承过来的方法**。先从第二种方法讲起：重写方法。我们希望每个音乐人的**行为都是个性化的**，所以需要改变musizieren()方法。

```
public class Saenger extends Musiker {
  @Override *2
  public void musizieren() { *1
    System.out.println("Youuuuu aaaare soooo beautifulllll.");
  }
}
public class Gitarrist extends Musiker {
  @Override *2
  public void musizieren() { *1
    System.out.println("Tschiiiiiingzääääängggggg.");
  }
}
```

*1 每个子类的方法都可以被重写，public或者protected修饰符表示该方法为包私有，也就是指同包中的子类或者父类有访问权限。

*2 还记得这样的注解吧，表示下面的方法需要重写。

【便签】

用public或者protected修饰的方法可以在子类里被调用或者重写。如果方法是用private修饰的，则在子类中没有访问权限。也就是说，一方面方法不能被重写，另一方面相当于在子类中多了一个完全相同的方法：相同的返回值、相同的方法名以及相同的参数。这样做是不安全的，最终可能会引起冲突。

音乐和品味有关，这就是我让你放弃其他音乐人的原因。

【温馨提示】

那个注解是@Override，不是@Overwrite，被翻译成重写。我担心你没有注意这一点，所以我就提醒一下。

【背景资料】

如果想自己来实现所有子类中的musizieren()，那么你必须把Musiker类里的方法用abstrackt修饰。具体的内容在下一章中会继续介绍。

对于方法的重写还有一点需要注意：如果重写一个带参数或者返回值的方法，则必须保证参数个数相同，并且重写方法的返回值类型要与原方法的返回值类型有很好的兼容性。

噗，这个听起来太复杂了……

也不算太复杂。下面的代码可以帮你更好地理解：

```
public class MusikWettbewerb {
  public Musiker *1 derGewinnerIst() { ... }
  public void fuegeTeilnehmerHinzu(Musiker *3 musiker) {... }
}
```

父类

```
public class GesangsWettbewerb extends MusikWettbewerb {
  @Override
  public Saenger *2 derGewinnerIst() { ... }
  @Override*4
  public void fuegeTeilnehmerHinzu(Musiker *3 musiker) { ... }
}
```

重写的方法

继承后的子类

*1 如果要重写这个方法……

*2 子类方法的返回值必须小于等于父类的返回值。此处Saenger是Musiker的一个子类，所以返回值可以兼容。

*3 子类方法的参数个数以及类型必须与父类的相同。如果此处写成Saenger是不允许的。

*4 加上@Override后编译器可以为重写的方法纠错，这个注解也可以不加。

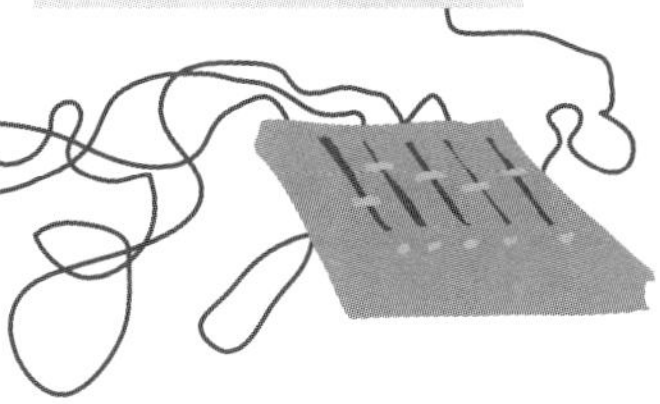

禁止重写方法

有时类或者方法需要禁止被重写，这时就可以用关键字final进行修饰：

```
public final *1 class LassMichInRuheMitDeinemUeberschreiben { ... }
public class IchWillAber extends *2 LassMichInRuheMitDeinemUeberschreiben { ... } X
```

*1 用final修饰的类……

*2 不能被继承。

```
public *1 class NaGutAberNurEinBisschen {
  public void dieDarfstDu() { ... };
  public final *2 void dieAberNicht() { ... };
}
```

*1 也可以不用final修饰整个类……

*2 而只是修饰单个方法。

【便签】
这个例子很好地诠释了String类是final的事实。

阶段练习——小花的继承关系

我们先来做个小练习热身一下，之后再继续完善乐队那个示例。

【简单任务】

创建三个类：Blume（花）、RotRose（红玫瑰）和Tulpe（郁金香）。Blume类有一个方法dranRiechen()，执行这个方法可以输出“Mmmmhh lecker”（嗯……美）。如果执行的是红玫瑰的dranRiechen()方法，还要再输出一句“Autsch”（哎哟），郁金香类中的方法和花类的方法相同。

哦~伙计，这个例子正合我意……

我也觉得这个例子不错，很适合初学者……

不，不，我的意思是……

红玫瑰正合我意。下周就是情人节了！所以，我得失陪一下。

嗨！等等，你最好哪儿也不要去。因为下面的内容很重要，接下来的内容与上一章和下一章都是面向对象的精华所在。我敢保证，你听后绝对能掌握，所以……

那好吧， 我不走了，继续非常愉快地做练习。买花的事先放放。那么，Blume类应该这样定义：

```
public class Blume {
  public void dranRiechen() {
    System.out.println("Mmmmhh lecker");
  }
}
```

红玫瑰类， 重写dranRiechen()方法就可以了。

```
public class RoteRose extends Blume {
  @Override
  public void dranRiechen() {
    System.out.println("Mmmmhh lecker");
    System.out.println("Autsch");
  }
}
```

郁金香类

最简单，不需要重写任何东西，
直接继承就行：

```
public class Tulpe extends Blume {}
```

很好，你做得非常好。不过还是多写了那么一点点代码，还可以再优化一下。RoteRose类里的dranRiechen()方法继承了Blume类里的同名方法，如果再重复使用这个类方法就更好，对吧？所以，你可以这样改写调用dranRiechen()方法：super.dranRiechen()。

super？是什么来着……

是的，上一章中曾经见过的，super()调用父类的构造函数。

把括号去掉，只写成super就可以访问父类了。

【温馨提示】
子类中调用父类的构造函数语句super()，必须位于子类的第一行。相比之下，在用super语句调用父类的方法时，可以放在子类方法中的任意一行。但是要说明的是，不能在静态方法中使用super关键字。

改善后的代码：

```
@Override
public void dranRiechen() {
  super.*1dranRiechen()*2;
  System.out.println("Autsch");
}
```

*1 super. 指明……

*2 调用父类的方法。
这样就又可以减少代码重复的情况。

可以访问“祖父类”吗

既然用super可以访问父类，那么是否也可用super.super访问父类的父类呢？

不行，那样的话就违反面向对象的原则了，因为可以直接绕开父类这层关系，并且抛开它。试想一下，用super.methodeIrgendwas()调用的方法不是父类中的方法，当然就会去调用“祖父”类里的方法了（如果那里有方法的话）！

继续用音乐人的例子：

【完善代码】

简单地重构一下：在原有的音乐人类结构上加入两个类：Person类（人类）和Kuenstler类（艺术家类）；艺术家类里有个属性kuenstlerName（艺术家名字）。思考一下，这两个类应该放在类结构的什么地方？并且考虑一下，此时的Musiker类里的哪些属性应该进行相应的修改。

明白了：Person类一定是在最高一层，因为这个类最为通用。然后是Kuenstler类和Musiker类，最后才是其他的类。

完全正确，还需要把变量name和alter从Musiker类中提出来放到Person类里。Musiker类里的musizieren()方法不需要进行修改。新的UML类结构如下：

重构的类结构如图所示：

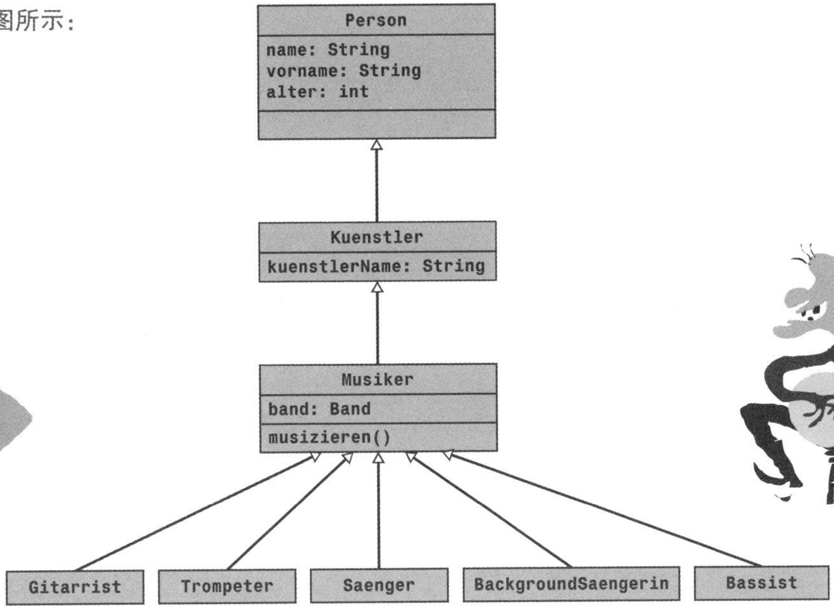

【困难任务】

非常好，下一步：不存在没有姓名的人，于是需要创建一个Person类的构造函数，其包含两个参数name和vorname。通过调用构造函数，对所有的对象变量初始化。

这就是困难任务吗？
构造函数可以这样编写：

```
public Person(String name, String vorname) {
  super();
  this.name = name;
  this.vorname = vorname;
}
```

很好，很好。然后呢？ 再仔细查看一下类结构图里的其他类……

哦，嗯，咦？Kuenstler类编译不了！是因为我在父类里添加了一个构造函数吗？到底为什么？

算是吧，
亲爱的小薛。要想弄清楚这个原因，首先我们得弄清构造函数在继承过程中的作用。

继承和构造函数

你一定还记得：如果一个类中没有定义自己的构造函数，编译器会给为其添加上一个**没有参数的默认构造函数**。

如果自己编写了构造函数，就不会将默认构造函数添加到代码中。默认构造函数如下所示：

```
public class Person {
  public Person() {
    super();*3
  }
  ...
}
public class Kuenstler {
  public Kuenstler() {*1
    super();*2
  }
}
```

*1 默认构造函数没有参数……

*2 调用父类Person的默认构造函数……

*3 再次调用父类中的默认构造函数（此处是Object）。

现在在Person类中加入练习中编写的那个构造函数，这时Person类的默认构造函数就不存在了。

代码如下：

```
public class Person {
  public Person(String name, String vorname) {
    super();
    this.name = name;
    this.vorname = vorname;
  }
  ...
}
public class Kuenstler {
  public Kuenstler() {
    super(); X
  }
}
```

问题出在Kuenstler找不到Person的默认构造函数（super()）。

难怪呢，原来不存在了。

【资料整理】

如果一个类中没有默认构造函数，那么继承它的子类必须明确指定应该调用父类中哪个构造函数。

【温馨提示】

当生成一个类的对象实例时，不仅要调用属于自己的构造函数，而且还要调用上一层类被实例化的构造函数。如果一个子类的父类还继承了其他类，则父类还需要再调用其父类的构造函数。这样逐层向上，直至最后一个类的构造函数。比如用`Saenger saenger = new Saenger();`创建一个对象`Saenger`，这时就会形成一个构造函数调用链：首先是`Saenger`，之后是`Musiker`，然后是`Kuenstler`，接着是`Person`，最后是`Object`！每个构造函数的第一行就是调用构造方法的语句。假如某个构造函数不存在这样的调用关系，则这个构造函数链就会断掉，编译时会报错。

构造函数链的修复

修改构造函数链有很多不同的方法，需要根据实际情况而定。这里给出三个最重要的方法，其他的方法仅仅在此基础上稍加改动即可。

1. 在子类的默认构造函数里指明调用父类中的新构造函数。在我们的示例中，在`Kuenstler`类中修改`super()`，使其调用父类`Person`里的一个新构造函数：

```
public Kuenstler() {
  super(null, null);
}
```

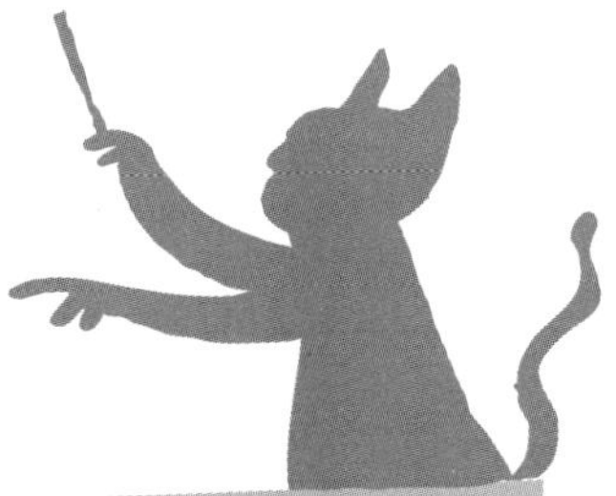

因为此时`Kuenstler`类还没有获得具体艺术家的姓和名，所以参数只能是`null`。这一点不难理解吧？

2. 再给父类添加一个默认构造函数。

对于Person类来说，默认构造函数如下：

```
public Person() {}
```

这样做尽管编译时不会出错，但也不是我们想要的结果，因为还有一种情况要注意：**构造函数不能被继承**！我们其实想要的是可以用带参数的构造函数创建一个艺术家，比如：

```
Kuenstler saenger = new Kuenstler("van Beethoven", "Ludwig");
```

这样的话，Person里的那个构造函数就不起作用了。

3. 在子类中加入参数个数相同或者更多参数的构造函数，并且调用父类的构造函数。

Kuenstler类如下：

```
public Kuenstler(String name, String vorname) {
  super(name, vorname);
}
```

构造函数的参数可以是多个，这样做的好处是子类可以直接使用这些参数：

```
public Kuenstler(String kuenstlerName, String name, String vorname) {
  super(name, vorname); *1
  this.kuenstlerName = kuenstlerName; *2
}
```

*1 首先调用父类产生的构造函数……

*2 然后是自己的参数。

第三种方法就是目前我们想要的。但这样的写法还要在艺术家的所有子类里仿制一遍，因为Musiker现在又找不到Kuenstler的默认构造函数了。

OK，明白了。这个很容易做到：

```
public Musiker(String kuenstlerName, String name, String vorname) {
  super(kuenstlerName, name, vorname);
}
```

哦，不对呀，所有的子类还包括BackgroundSaengerin、Bassist、Gitarrist和Saenger。这该如何是好呀？伙计，到底为什么构造函数不能被继承呢？

举个例子你就容易理解了。有一个啤酒箱类（BierKasten），带参数的构造函数是BierKasten(int anzahlFlaschen)，其中int anzahlFlaschen代表总瓶数。SixPack（六瓶包装）类继承了这个类，并且构造函数为SixPack() {super(6);}。
假如构造函数可以被继承，那么这个六瓶包装里就可以放更多酒瓶了。所以，只有用自己的构造函数才能避免这样的事情发生。

【Eclipse小提示】
在编译报错的所在行按Ctrl+l键，然后再选择“添加构造函数”（Add constructor）就可以自动添加构造函数。如图：

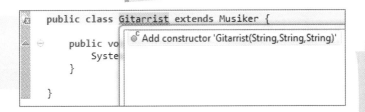

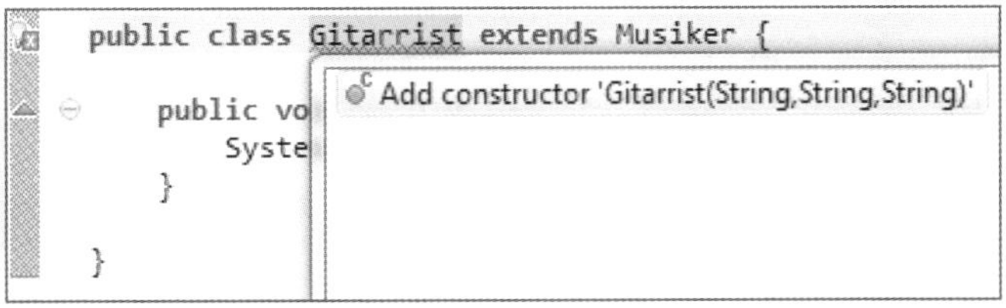

public class Gitarrist extends Musiker {
public vo
Syste
}
}
Add constructor 'Gitarrist(String,String,String)'

在一个构造函数中还可以调用**本类中的其他构造函数**：

```
public Kuenstler(String kuenstlerName, String name, String vorname) {
  this(name, vorname);*1
  this.kuenstlerName = kuenstlerName;
}
```

*1 此处调用自己的构造函数Kuenstler(String name, String vorname)。

【资料整理】
构造函数的第一行代码，必须是（总是）调用其他的构造函数。
只有一个例外：Object类的构造函数不需要调用。

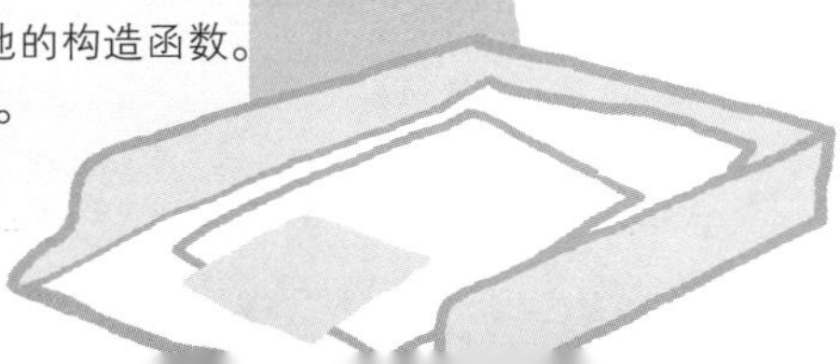

阶段练习——构造函数

【简单任务】

下列哪些构造函数是正确的，哪些是不正确的？

```
Person(Person person) {} *1
Person Person() {} *2
private final Person() {} *3
void Person() {} *4
Person() {super();} *5
```

*5 正确，Person是Object的一个子类，不论写与不写super()，对象的默认构造函数都会被最先调用。

*4 错误，构造函数不能有指定返回值。void同样不允许！

*3 错误，构造函数允许是private的（public和protected也允许），但是不可以是final的，因为构造函数是不可以被继承的，所以final在此没有意义。

*2 错误，尽管构造函数的返回值是对象类型，但也不能指定返回值类型。

*1 正确，构造函数的参数类型可以和自己相同。

【困难任务】

下面代码的输出结果是什么？

类和继承关系的代码如下：

```
public class Abo {
  public Abo() {
    System.out.println("Neues Abo");
  }
  public double getPreisProJahr() {
    return 20.0;
  }
}
public class PremiumAbo extends Abo {
  public PremiumAbo() {
    System.out.println("Neues Premium-Abo");
  }
  @Override
  public double getPreisProJahr() {
    return super.getPreisProJahr() *2;
  }
}
```

```
public class SuperPremiumAbo extends PremiumAbo {
  public SuperPremiumAbo() {
    System.out.println("Neues Super-Premium-Abo");
  }
  @Override
  public double getPreisProJahr() {
    return super.getPreisProJahr() *2;
  }
}
```

main方法的代码如下：

```
Abo abo = new SuperPremiumAbo();
System.out.println(abo.getPreisProJahr());
```

嗯……构造函数没有被重写。

调用顺序为：SuperPremiumAbo、PremiumAbo和Abo

那么结果为：

Neues Abo

Neues Premium-Abo

Neues Super-Premium-Abo

方法被改写了，那么还会输出……我算一下……

80.0

对吗？

正确！非常好。

阶段练习——继承关系

【简单任务】

用UML创建一个类结构图，需要用到的类为：Kind（孩子）、Vater（父亲）和Großvater（祖父）。

提示：网上有些关于面向对象的概念会给学习造成误解。要特别注意，别糊涂了。

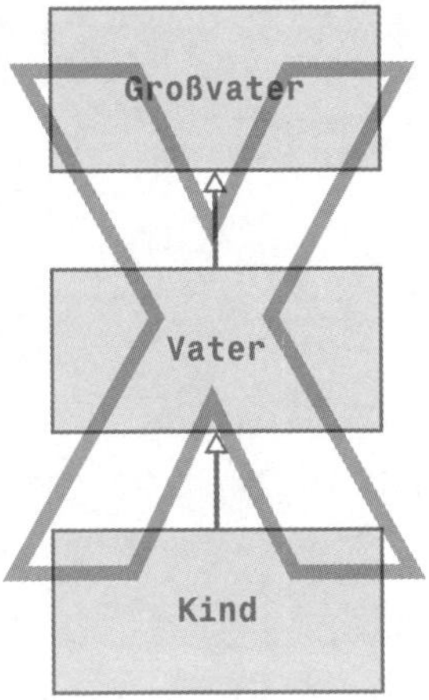

现实世界中的继承关系应该是这样的……

虽然在现实世界中是儿子从父亲那里继承到属性，但是在Java的世界（或者OOP）里却有所不同。继承关系需要从多方面来理解：一个类可以通过继承关系获得被继承类的所有属性，而且还可以附加别的属性。比如图例中的父-子关系：**“父亲”**有个属性是**孩子的个数**，**“孩子”**通过继承获得了这个属性。这样显然不太合理，因为不是每个“孩子”都有自己的孩子。

另一方面，父亲自己也是祖父的孩子；祖父又是曾祖父的孩子……所以，这样的类结构关系必须**反过来理解**：每个父亲都有孩子，每个祖父也有孩子，因为他自己也是父亲。

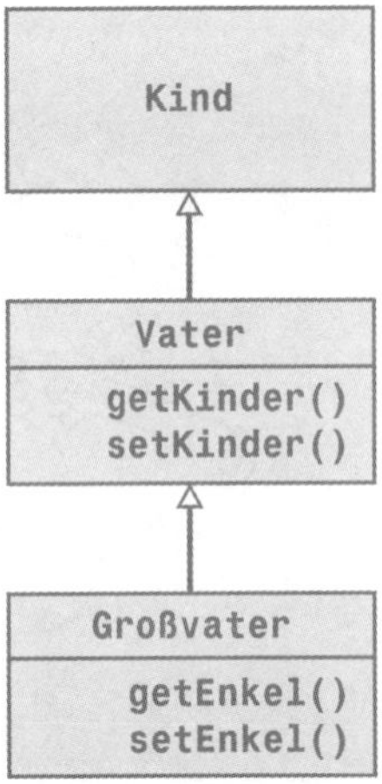

在OOP里应该是这样的……

这么说就是，Großvater从Vater和Kind继承所有的属性。

明白了，然后可以通过重写Vater里的getEnkel()方法得到getKinder()方法。

没错，但是说了这么多，继承关系归根结底还是“见仁见智”的问题。正如设计程序结构时依赖于程序的具体功能，同样，设计类的结构也依赖于其想要表达的继承关系。再比如，下面的结构也未尝不可，当各个类的用途互不相同时，那么继承关系也就没那么重要了。

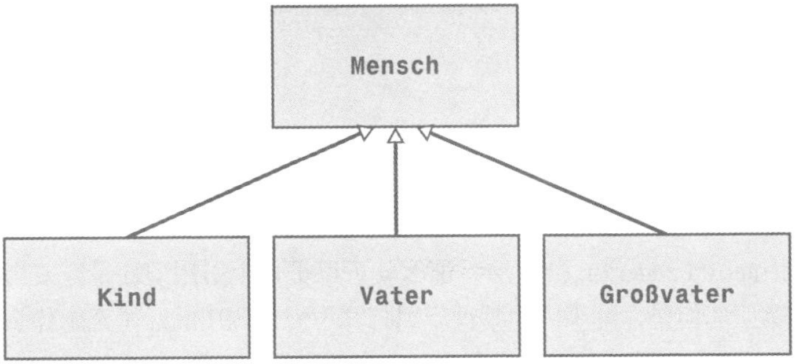

Kind、Vater和Großvater相互不存在继承关系。

正所谓，“条条大路通罗马”。在程序设计或者类结构的设计上，还是要具体问题具体分析的。

【简单任务】

请根据下面的代码段，给出每个对象可以调用哪些方法？

```
Person mick = new Saenger();
Kuenstler kurt = new Saenger();
Musiker paul = new Saenger();
Saenger bruce = new Saenger();
```

	getAlter()	getName()	getVorname()	getKuenst-lerName()	getBand()	musizieren()
mick.						
kurt.						
paul.						
bruce.						

答案：

	getAlter()	getName()	getVorname()	getKuenst-lerName()	getBand()	musizieren()
mick.	okay	okay	okay			
kurt.	okay	okay	okay	okay		
paul.	okay	okay	okay	okay	okay	okay
bruce.	okay	okay	okay	okay	okay	okay

等等，为什么mick是Saenger，却不能调用musizieren()方法？

像代码中那么写的话，的确是有些争议。也不是完全不能，需要再绕点路才行……

引用型数据的强制类型转换

mick当然是Saenger的一个对象了，然而编译器更了解的是：mick是Person类型的一个引用变量，并指向了Saenger类型的一个对象实例。

如果最初就允许mick调用musizieren()方法，那么就可以把这个引用型变量定义为Saenger或者Musiker类型。但是，如果因为某种原因打算不允许调用的话（至于什么原因，我们稍后会提到），这个时候就只有一个办法：**对象类型强制转换**（casting）。

```
Person mick = new Saenger();
Musiker *1 mickDerMusiker = (Musiker) *2 mick;
mickDerMusiker.musizieren(); *3
```

*1 此处为我们需要的引用类型。

*2 此处为强制转换的类型，此例中与需要的引用类型相同。

*3 强制转换之后就可以正常调用方法了。

【温馨提示】

进行强制类型转换后，mick成为Saenger类的一个引用变量。但实际上，对象实例的类型并没有真正被改变。只是引用类型从Person变成了Musiker（向下转型），并且用一个新的变量mickDerMusiker表示。所以，表面上mick不是Person了，而是Musiker，理所当然就可以调用musizieren()方法了。

【资料整理】

类型转换时，目标类型不一定必须与强制转换的类型保持相同，但必须是目标类型的派生类型，比如：
Musiker mickDerMusiker =(Saenger) mick;
这样是允许的，因为Saenger是Musiker的一个子类。

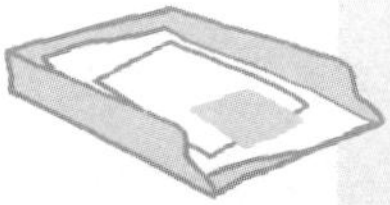

如果不想再多定义一个引用变量的话，也可以使用缩写格式：

```
((Musiker) mick).musizieren();
```

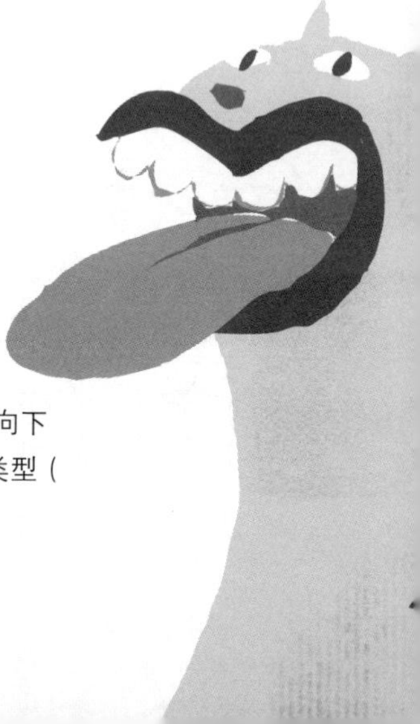

【概念定义】

对象类型强制转换是对象类型之间的转换，也可以叫作**类型融合**。向下转型就是把对象由较高阶的类型（比如Person）转换成较低阶的类型（比如Musiker）。

【便签】
类型转换当然还可以用在其他对象类型上，不仅是唱歌和音乐。casting有选演员的意思，但其实和“选演员”没关系。嗯，我猜你早就知道了吧。

向上转型

除了向下转型外，还有**向上转型**。
也就是把低阶的类型向高阶的类型转换。比如把Musiker转换成Person：

```
Musiker mickDerMusiker = new Saenger();
Person *1 mickDiePerson = *2 mickDerMusiker;
```

*1 此处为我们需要的引用类型。

*2 此处不需要加上强制转换的类型，因为是隐性转换的。

这样不就失去一些方法的调用可能性了吗！

你说对了， 向上转型看上去没什么用处；但有些情况是需要这样做的。
先来看一下这两个方法：

```
public static void einkaufenAls(Person person) { *1
  System.out.println("Einkaufen als normale Person");
}
public static void einkaufenAls(Musiker musiker) { *2
  System.out.println("Einkaufen als Musiker");
}
```

*1 此处Person作为一个参数传递给方法。

*2 此处Musiker作为一个参数传递给同一个方法。

然后呢？

现在你觉得下面的语句是调用哪个方法呢？

```
Musiker mickDerMusiker = new Saenger();
einkaufenAls(mickDerMusiker);
```

哦！应该是
einkaufenAls(Musiker musiker)？

没错！如果mickDerMusiker现在还打算变成Person类，该怎么写呢？

那就必须向上转型呀！

```
Person mickDiePerson = mickDerMusiker;
einkaufenAls(mickDiePerson);
```

正确，非常好！其实还可缩写为：

einkaufenAls((Person)mickDerMusiker)，这样就更简洁易懂了。

两个方法有相同的名字，
这样也可以！

类型转换

在类型转换时当然也会发生一些意外，比如我们尝试把一个类转换成另一个类，但是它们无法兼容：

```
Person person = new Person();
Blume blume = (Blume)person; X
```

这样就不可以了。不可能把一个人（Person）转换成一朵花（Blume）。编译器又不是万能的。

【便签】
这样的错误就是类型转换异常：ClassCastException，其原因是一个类不能转换成另一个类。等我们学到异常处理的时候（第9章）就能明白了。

为了避免这样的异常发生，在每次类型转换前都应该进行类型检查。可以用到instanceof运算符，来检查一个对象是否为该类的对象实例。运算结果为一个布尔值。比如：person instanceof Blume的运算结果为false，说明对象person不是Blume类的对象实例。

```
Person person = new Person();
if(person *1 instanceof *2 Blume *3) {
  Blume blume = (Blume)person; *4
  ...
}
```

*1 首先是需要转换的对象名person……

*2 放在instanceof运算符的左边……

*3 然后是需要转换的目标类名Blume。

*4 现在这样的转换过程就不会出错了。尽管不太符合现实情况。

进行本章的综合练习之前，
还有一点东西要学习。

方法的重载

在上个例子中我们遇到一个问题：为什么在**一个类中可以有多个同名方法**呢？其实这样的做法叫作**重载**（overload）。也就是编译器**根据参数的不同**，去**调用不同的同名方法**。还记得那两个同名方法吗？

提醒一下，两个同名方法：

```
public static void einkaufenAls(Person person) { *1
  System.out.println("Einkaufen als normale Person");
}
public static void einkaufenAls(Musiker musiker) { *1
  System.out.println("Einkaufen als Musiker");
}
```

*1 两个方法有相同的方法名，只是参数不同。这样就叫作重载。

【便签】
在方法重载时返回值可以不同，但没必要这样做。

【温馨提示】
一个类中的同名方法不允许有相同的参数！即使方法的返回值类型不同也不允许：

```
public class GehaltsRechner {
  public int*2 berechneGehalt(Person person)*1 { ... } X
  public double*2 berechneGehalt(Person person)*1 { ... } X
}
```

*1 两个方法有相同的方法名，也有相同的参数……

*2 仅通过返回值的不同来区分是不允许的！

阶段练习——订阅服务

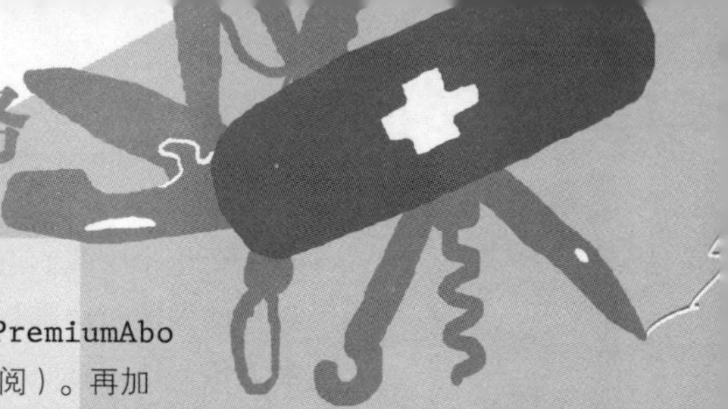

[困难任务I]

从上个示例中选取三个类：Abo（普通订阅）、PremiumAbo（高级订阅）和SuperPremiumAbo（超高级订阅）。再加入一个类Abonnent（订阅者），为了降低难度，这个类只有一个属性alter（年龄）。然后在整个Abo类结构里为这个类找个合适的地方。再为其实现一个get方法，用来输出订阅的年龄。

OK，这也不怎么难呀，搞定了！

【笔记】

很棒！提醒一下，那个属性一定要在Abo类里。

【困难任务II】

继续添加一个类AboPreisBerechner（订阅价格计算器），这个类可以计算订阅的价格：SuperPremiumAbo（超级订阅）对于18岁以下订阅者（Abonnent）给予50%的优惠；PremiumAbo（高级订阅）对于18岁以下的订阅者给予25%的优惠；Abo（普通订阅）对于订阅者没有优惠。

噗，条件挺多的，不过不算什么，我想我搞定了：

```
ublic class AboPreisBerechner {
 public double berechnePreisInklusiveRabatt (Abo abo) {
   double preis = 0;
   if(abo instanceof SuperPremiumAbo*1) {
     if(abo.getAbonnent().getAlter() < 18) {
       preis = abo.getPreisProJahr() * 0.5;
     }
   } else if(abo instanceof PremiumAbo*2) {
     if(abo.getAbonnent().getAlter() < 18) {
       preis = abo.getPreisProJahr() * 0.75;
     }
   } else*3 {
     preis = abo.getPreisProJahr();
   }
   return preis;
 }
```

*1 此处检查对象变量abo是否为SuperPremiumAbo的实例……

*2 此处检查对象变量abo是否为PremiumAbo的实例……

*3 此处得出abo是普通的Abo的实例。至少不是高级订阅和超级订阅。

【温馨提示】

在if-else语句里做这么多instanceof判断是非常重要的，首先要从最低层级类中进行instanceof判断，否则有些else判断分支语句会被绕过。

非常棒。不知不觉中你完成了一次**面向服务**的程序开发。

过程式编程、面向对象式编程，现在又多了一个面向服务式编程？这些到底是什么呀？

面向服务和面向对象程序设计

面向服务程序设计其实涉及很多内容，就我们目前所掌握的知识来说，只能从概念上得到一些认识：从类的层面上说，面向服务编程**更倾向于实现各服务间的逻辑关系，与单纯地基于对象的开发过程分离开来**。相比之下，面向对象程序设计则**更注重实现各个对象实例间的逻辑关系**。在实际的程序开发项目中，可同时采用两种开发方式，相互之间并不存在冲突。在订阅的示例中，对象包括Abo、PremiuAbo、SuperPremiumAbo以及一个服务类AboPreisBerechner。

【概念定义】

示例中的简单对象，经常被称为**POJO**（Plain Old Java Object），中文意思为“简单的（普通的）Java对象”，这样的对象仅由get和set方法构造。

至此，根据面向服务程序设计思想（服务类独立式结构的逻辑关系），在服务类与简单的对象实例之间建立起了一个强大的关联。从某种角度上也可以说，是通过类实现了其他功能间的强大关联。假如我们现在再往订阅类结构里添加一个类的话，就可以更好地认识面向服务程序设计理念。例如，有一个新类为SuperDuperPremiunAbo，用它来根据年龄计算打折比例。很显然，仅仅创建一个新类是不够的，还需要在AboPreisBerechner类里进行instanceof判断。如此一来，即便是在一个较大的项目中也可以很快地实现全部功能。

面向对象程序设计的解决方案

同样的问题我们再来看用面向对象程序设计是如何处理的。
（两种程序设计模式各有利弊。）
提示：在各自的订阅类里实现计算打折比例的功能。

```
public class Abo {
  ...
  public double getPreisInklusiveRabatt() {
    return this.getPreisProJahr();*1
  }
}

public class PremiumAbo extends Abo {
  ...
  @Override
  public double getPreisInklusiveRabatt() {*1
    if(this.getAbonnent().getAlter() < 18) {
      return this.getPreisProJahr() * 0.75;
    } else {
      return this.getPreisProJahr();
    }
  }
}
public class SuperPremiumAbo extends PremiumAbo {
  ...
  @Override
  public double getPreisInklusiveRabatt() {*1
    if(this.getAbonnent().getAlter() < 18) {
      return this.getPreisProJahr() * 0.5;
    } else {
      return this.getPreisProJahr();
    }
  }
}
public class AboPreisBerechner {
  public double berechnePreisInklusiveRabatt(Abo abo) {
    return abo.getPreisInklusiveRabatt();*2
  }
}
```

*1 如果各自的类里都包含价格计算的语句……

*2 在AboPreisBerechner类里的计算语句就会被绕过。这样做的好处在于：如果再添加一个SuperDuperPremiumAbo的类，就不用调整其他的类了，包括AboPreisBerechner类！

阶段练习——重载

【简单任务】

在下面的代码中，有些重载是存在问题的。请把它们挑出来，并说明原因。提示：需要考虑数据类型的自动打包问题（在第2章提到过）。

	可行	不可行
1	☐	☐
2	☐	☐
3	☐	☐
4	☐	☐
5	☐	☐
6	☐	☐
7	☐	☐
8	☐	☐
9	☐	☐

```
public class AussagekraeftigerKlassenName {
  public void aussagekaeftigerMethodenName() {}
  public void aussagekraeftigerMethodenName(String einString) {}
  public void aussagekraeftigerMethodenName(Object einObject) {}
  public int aussagekraeftigerMethodenName(int einInt) {return 0;}
  public int aussagekraeftigerMethodenName(String einString, int↩
     einInt) {return 0;}
  public void aussagekraeftigerMethodenName(double einDouble) {}
  public void aussagekraeftigerMethodenName(int einInt) {}
  public void aussagekraeftigerMethodenName(Double einDouble) {}
  public int aussagekraeftigerMethodenName() {return 0;}
}
```

可以重载的方法必须有不同的参数，返回值不能作为重载方法的条件。

答案就是：1和9有问题，4和7也不行。

全部都答对了，干得漂亮，小薛！

不过，6和8是因为什么呀？一个是double，一个是Double。自动打包之后，它也应该是不可以的呀，对吗？

问得好……你思考的方向是对的，但是结果不对。6和8是允许的。其实自动打包这个地方是我故意设的一个陷阱。方法重载和返回值类型（最终的类型）没有任何关系。这样做是有好处的：Java的旧版本还没有自动打包的概念，int和Integer是两个不同的类型，新版的Java也要保留这样的情况，否则就违背了Java最重要的基本原则，即代码的向下兼容性。

【笔记/练习】

方法重载时不会进行自动打包操作！原始数据类型和包装类被视为两个不同的数据类型。

阶段练习——登台表演

【简单任务】
我们刚才提到的小歌手要去参加一档音乐选秀节目DSDKS，现在他要登台表演了。我们现在需要创建一个方法。

哦，我知道了，在Saenger类里创建一个新的方法。

```
public void singen() {
  System.out.println("Oh, bäbi, juuuu a mei sannnnscheiiiiin");
}
```

没错，非常好。那现在说说，下面的代码哪里有问题……

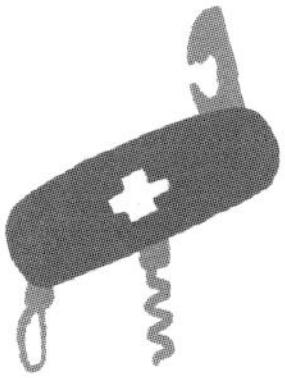

【简单任务】
什么原因使得源代码不正确？

```
public class DSDKS {
  public static void main(String[] args) {
    Musiker saenger = new Saenger();
    saenger.singen();
  }
}
```

创建了一个指向saenger的对象，类型是Saenger，对象实例的类型是Musiker.

没错，Musiker类里没有singen()方法，因为不是每个音乐人都是歌手。所以，必须改变对象引用的类型：

```
Saenger saenger = new Saenger();
saenger.singen();
```

【笔记】
顺便说一下，这题中通用类Musiker还不能作为引用类型使用，而是只能专门针对Saenger有效。通用类和专门类当然总是值得商榷的。

那伴唱歌手怎么办？她也会唱歌。

既然你提到了这个问题，我现在有了下一个题目。

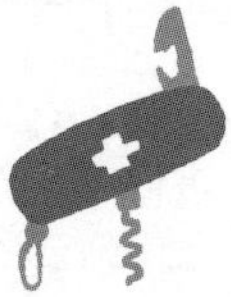

【简单任务】
伴唱歌手也是歌手（Saenger），怎么用Java描述这个呢？在结束本章之前，顺便把类结构图也完善一下吧。

这个简单：

```
public class BackgroundSaengerin extends Saenger { ... }
```

没错， 让伴唱歌手（BackgroundSaengerin）继承歌手类：

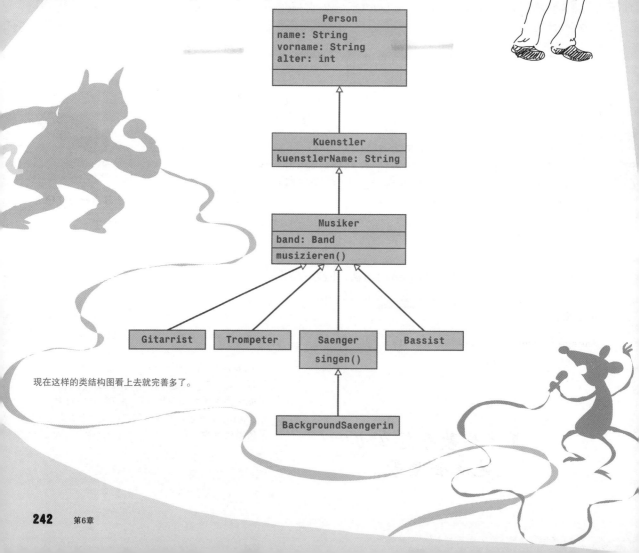

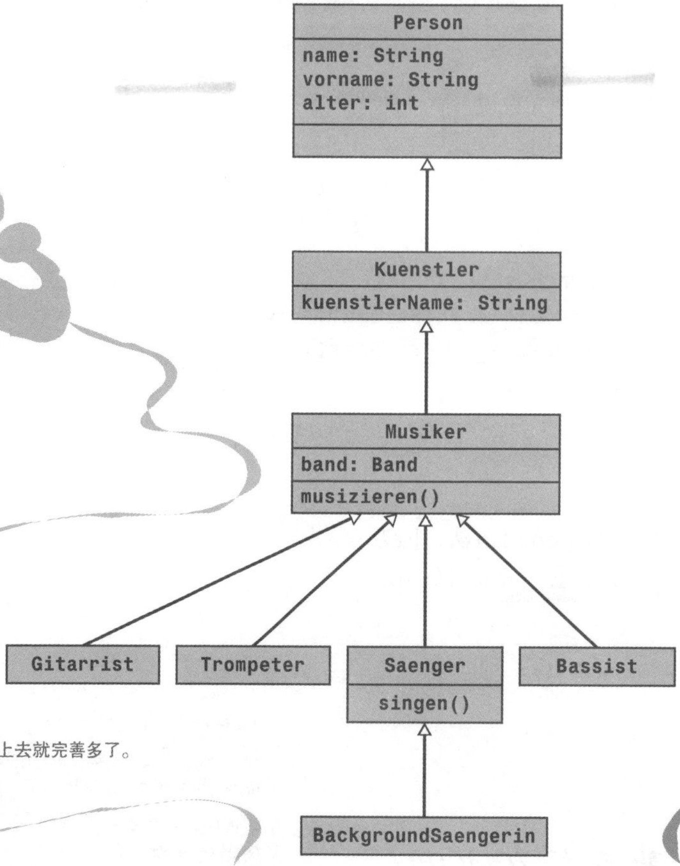

现在这样的类结构图看上去就完善多了。

本章总结

- **继承**在面向对象程序设计中是个重要的概念，继承可以避免重复编写代码。
- 类的继承需要用到关键字extends。
- Java中只支持单一继承，不接受多重继承！
- **继承**可以用在变量、方法和内部类（下一章中的内容）。构造函数**不能继承**。
- 另外，如果子类和父类属于同一包，如public或者protected，包私有的类也可以继承。
- 如果一个类没有默认构造函数，那么作为它的子类，必须明确指出调用该类的一个构造函数。
- 通过**方法的重写**，子类可以根据自己的需要调整继承来的方法。
- 如果一个类中有多个同名方法，只能通过参数的个数和类型的不同进行调用。这就叫作**方法的重载**。
- **转型**指的是类型之间的转换。
- **向下转型**是指在一个类中，高阶的类型向低阶的类型转换。
- **向上转型**正好与向下转型功能相反，低阶类型向高阶类型转换。
- 向下转型之前需要用到instanceof运算符检查类型转换时的可行性。

【奖励/答案】

作为本章结束的奖励你可以得到一个由鹿皮制成的盾牌。

第7章 接口，疼痛的记忆

到目前为止，小薛只是在WoW的示例中接触过接口概念。在本章中，他将认识到接口在Java编程中有完全不同的意义。但出乎意料的是，他很好地完成了程序开发。此外他还学到了类的其他形式，比如抽象类、内部类、静态类、非静态类、局部类以及匿名类。

抽象类

在类层次结构建模时总会遇到一些特殊类，通过这些类没有办法具体地刻画出一个对象实例。我们直接用一个示例来讲解。想象一下，你需要为一个**RPG游戏人物**类设计一个类层次结构。然后你用在上一章学到的知识去实现它，共用的行为被放到了共用类里，并且在此基础上形成了类的层次结构。我们暂且叫这个类为**RollenspielCharakter**（RPG游戏人物）类。

RPG游戏？这个示例听起来比靴子那个例子强多了。

第一个版本的UML类结构图如下。

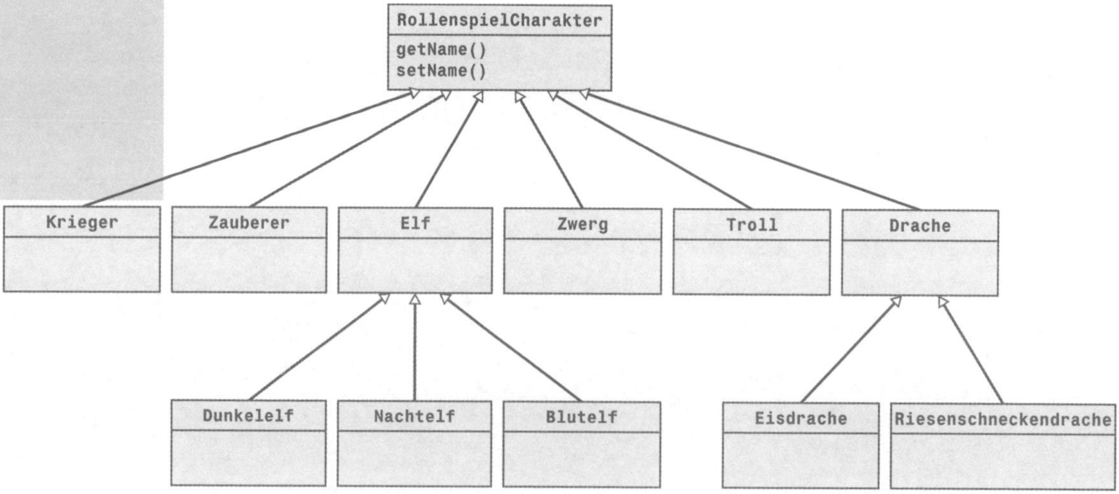

在构建好的类层次结构图中，有些类是专属的（具体的），有的则是共用的（抽象的）。其实，RollenspielCharakter本身就比其他的类更抽象一些，甚至抽象得都不能用这个类去创建一个对象实例。所以，像这样的类就可以用关键字abstract来描述。

```
public abstract class RollenspielCharakter {*1
  private String name;*2
  public String getName() {*2
    return this.name;
  }
  public void setName(String name) {*2
    this.name = name;
  }
}
```

这样去定义一个抽象类：

*1 用abstract关键字可以定义一个抽象类。

*2 abstract类可以包含对象变量或方法。

但是不能用一个抽象类实例对象：

```
public static void main(String[] args) {
  RollenspielCharakter rollenspielCharakter = new RollenspielCharakter();X
}
```

【便签】
在UML的类层次结构图中，抽象类的类名用斜体书写。

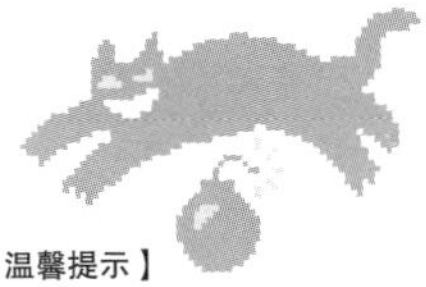

【温馨提示】
现在如果你想用private修饰一个类的构造函数，不就可以达到阻止一个类生成对象实例的目的了吗？这虽然是一个聪明的做法，但并不是我们想要的。因为那样的话，这个类的子类都不能调用父类的私有构造函数，只有这个类自己才能创造实例。这样的现象在实际情况中叫作单例（Singleton）设计模式：对于一个类只能有唯一的实例存在，而且该对象实例的创建方法也只能由类自己调用。

明白，明白。目前所说的都还可以理解。那么，Elf类该是什么类呢？不必也是abstract的吧？

当然，对于一个抽象类来说，至少要被一个类继承。

这个需要你自己决定。如果Elf（精灵）被设定为普通的类，并且Nachtelf、Blutelf和Dunkelf类都是专属的，那么这时这些类的对象实例就都是有意义的；但是如果Elf不是普通的类，Nachtelf、Blutelf和Dunkelf是Elf的唯一类型，那么就可把这个类定义为抽象类。通常在类层级机构图建模的时候就应该决定，是否需要把类设计成抽象类。所以，作为开发人员应该掌握必要的专业知识，尤其是在客户有疑问的时候。

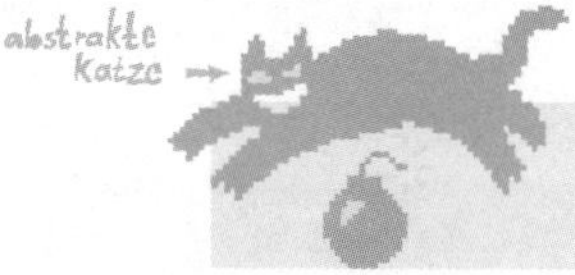

【温馨提示】

抽象类不一定要位于类层次结构的顶部，也可以放在中间。这完全取决于开发人员对类层次结构的设计。

多亏我有一些WoW的经验， 你知道的……

这方面的专业知识。那现在可以说，Elf类能确定下来了吧。

但是Drache类……

不想把Drache（巨龙）类也定义成抽象类，是吗？但刚才我还在考虑，这个类是否可以用抽象类继承的形式定义一下：

```
public abstract class Drache extends Charakter {
  public void feuerSpucken() {*1
    // 喷火
  }
  public void fliegen() {*1
    // 飞行
  }
}
```

*1 每个巨龙都可以喷火和飞行。

你看，错了不是。

这你就不懂了吧！ 在RPG游戏里不是所有的巨龙都喷火，比如爬行巨龙是吐黏液的。

好吧，好吧，你还真是个“幻想专家”。

那么需要简单地重构一下代码。第一步：feuerSpucken()方法改为spucken()，这样代码就没问题了。第二步：**把这个方法抽象化**，这样就完成了。

抽象方法

假如打算在一个抽象类中定义一个特别的方法（比如这个方法可以被所有实例化Drache对象调用），那么就可以把这个方法抽象化，再由所有非抽象的子类来实现这些抽象方法的功能，这个就叫作**具体化**。

包含抽象方法的抽象类：

```
public abstract class Drache extends RollenspielCharakter {
  public abstract void spucken();
  public void fliegen() {
    // 飞行
  }
}
```

在一个非抽象的子类中实现抽象方法：

```
public class RiesenschneckenDrache extends Drache {
  public void spucken() {
    // 喷黏液
  }
}
```

生成一个抽象类的对象引用：

```
public static void main(String[] args) {
  Drache*1 drache = new RiesenschneckenDrache();*2
  drache.spucken();*3
}
```

*1 抽象类。

*2 具体化实例。

*3 尽管Drache是抽象的，但在具体化实例后，就可以使用这个实例对象了（RiesenschneckenDrache类的对象引用）。

【资料整理】

一个子类不必实现所有父类的抽象方法。在没有实现抽象方法时，继承抽象类的子类自己也是抽象的。

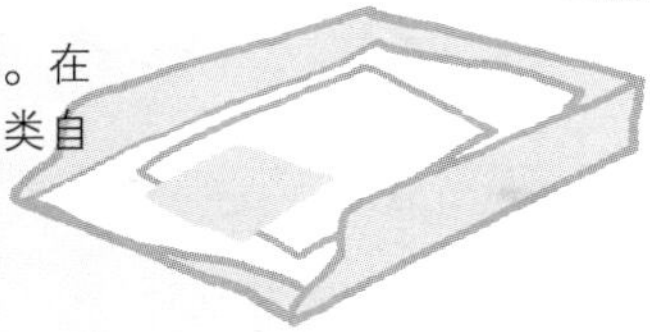

游戏人物的UML类结构图最终应该是这样的：

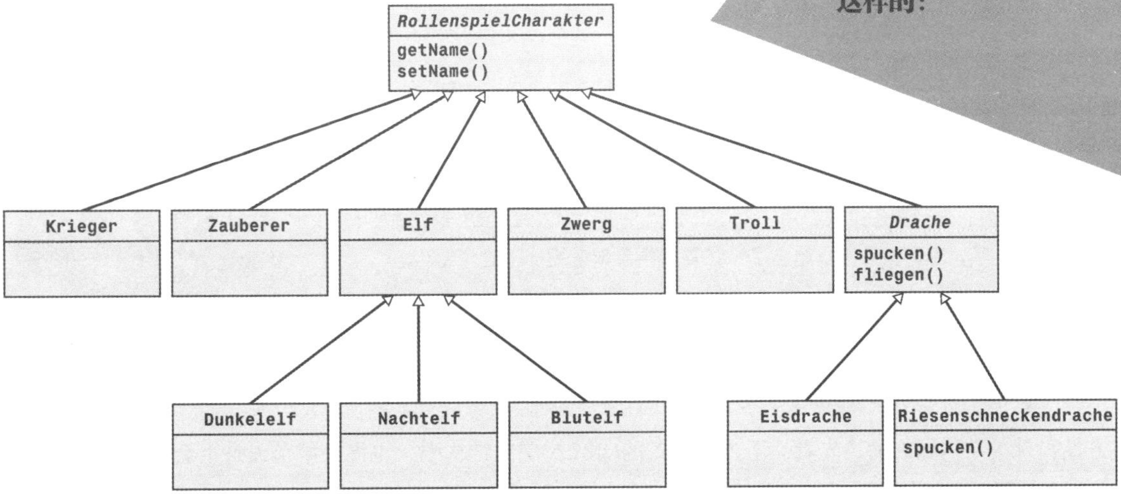

阶段练习——不管是数字的还是模拟的，抽象的才是关键！

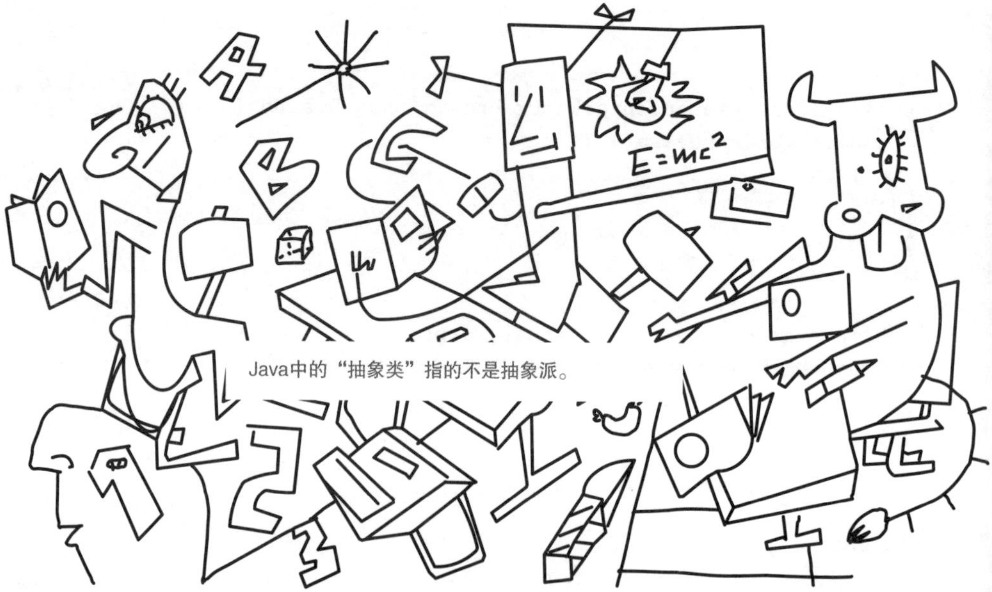

Java中的“抽象类”指的不是抽象派。

“熟能生巧”

首先从类结构图入手，创建一个音乐播放设备以及录音介质的UML类层次结构。

【困难任务】

以MP3播放器、CD播放器或者唱片机为例，它们的共同点是可以录音和播放音乐。每个播放设备所支持的音乐格式有所不同：MP3和CD播放的音乐为数字格式，唱片机则是模拟格式。但它们都属于录音介质。介质又分为光盘、MP3文件和唱片，唱片还又分为LP和EP。哦，差点把录音机给忘了！还需要再重新考虑一下这个结构。

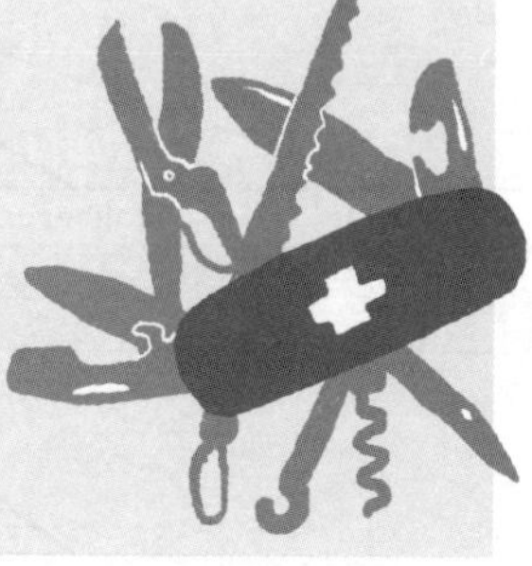

在开始设计类结构图之前，先看一下为你准备的UML类层次结构吧，也许在细节设计上会有帮助。

UML结构图如下：

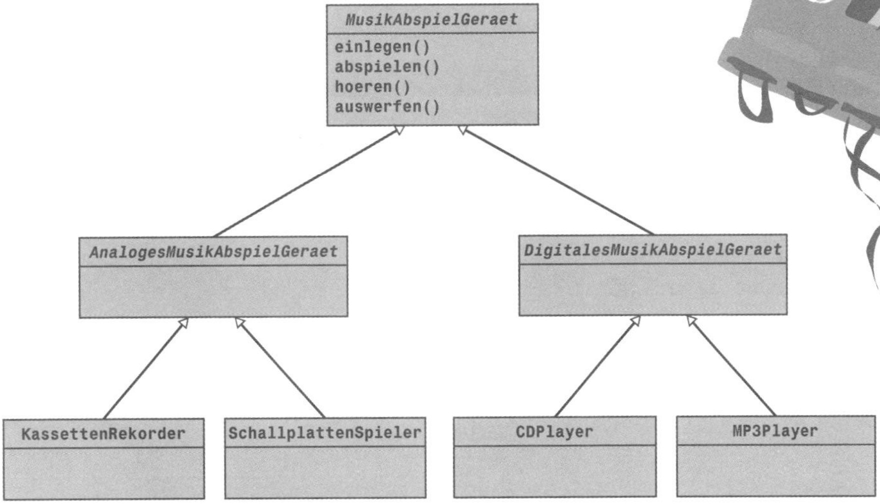

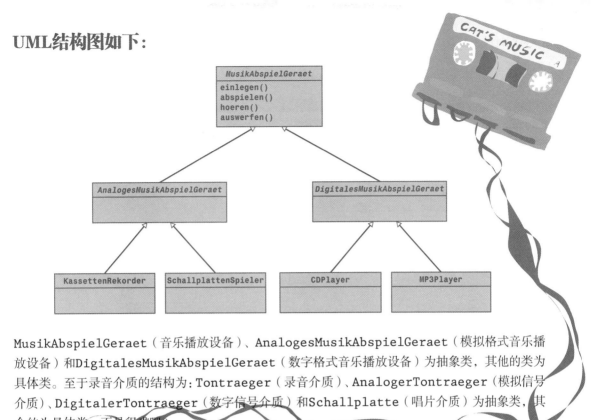

MusikAbspielGeraet（音乐播放设备）、AnalogesMusikAbspielGeraet（模拟格式音乐播放设备）和DigitalesMusikAbspielGeraet（数字格式音乐播放设备）为抽象类，其他的类为具体类。至于录音介质的结构为：Tontraeger（录音介质）、AnalogerTontraeger（模拟信号介质）、DigitalerTontraeger（数字信号介质）和Schallplatte（唱片介质）为抽象类，其余的为具体类。不是很难吧？

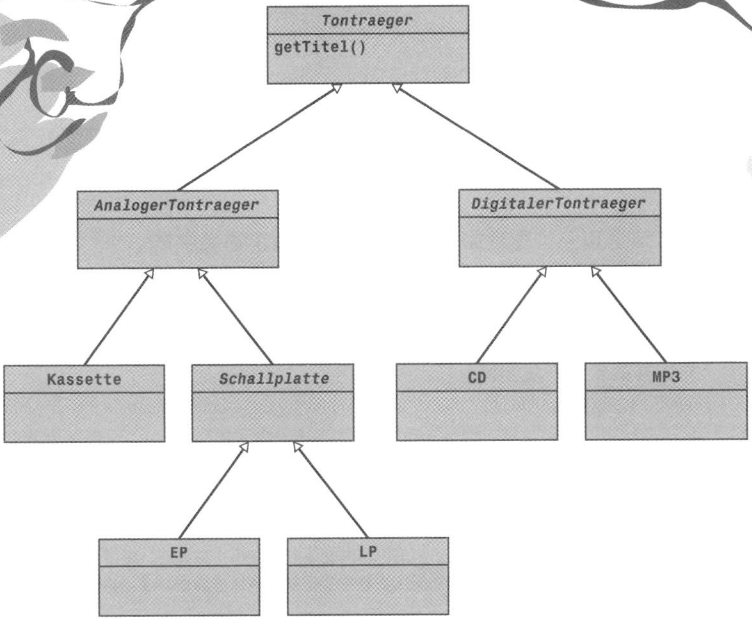

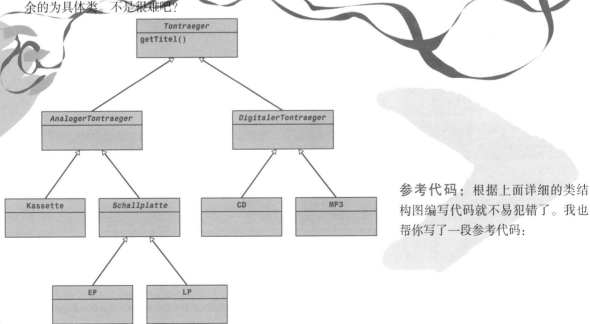

参考代码：根据上面详细的类结构图编写代码就不易犯错了。我也帮你写了一段参考代码：

MusikAbspielGeraet:

```
public abstract *1 class MusikAbspielGeraet {
  private Tontraeger tontraeger;
  protected abstract boolean unterstuetztTontraeger(Tontraeger tontraeger);*2
  protected abstract void einlegen(Tontraeger tontraeger);*2
  protected abstract void abspielen(Tontraeger tontraeger);*2
  public*3 final*5 void hoeren(Tontraeger tontraeger) {
    if(this.unterstuetztTontraeger(tontraeger)) {*4
      this.tontraeger = tontraeger;*4
      this.einlegen(tontraeger);*4
      this.abspielen(tontraeger);*4
    } else {
      System.err.println(this.getClass().getSimpleName() + " unterstützt " + ↩
        tontraeger.getClass().getSimpleName() + " nicht.");
    }
  }
  public Tontraeger auswerfen() {*6
    Tontraeger tontraeger = this.tontraeger;
    this.tontraeger = null;
    return tontraeger;
  }
}
```

*1 此处定义抽象类。

*2 抽象方法：放入录音介质和播放动作。播放音乐时需要先进行音乐格式是否匹配的判断，所以需要一个抽象的布尔变量。至此，所有的抽象方法和变量都还没有被具体化，仍然是抽象的。

*3 听音乐的这个动作对于任何一个录音媒介来说都是一样的。

*4 检测录音媒介是否匹配，然后才能放入媒介并播放音乐。

*5 听音乐的方法设定为final。

【笔记】
在一个位于上层的类已经确定好每个执行步骤之后（比如方法调用），把具体的方法实现步骤放在子类中进行，这样的设计模式就叫作模板方法设计模式。如果想了解更多关于设计模式的知识，我建议去拜读一下“四人组”（Gang Of Four）所著的书，这是一个非常出名和优秀的软件开发团队。

*6 听完音乐后要取出音乐媒介，所以需要把音乐媒变量赋值为null。.

OK，我明白了。

父类要求做什么，子类必须服从。

我就是这样长大的……

继续完成下一层的代码。这层仍然是抽象类。我们通过继承的方式实现模拟信号和数字信号音源的播放类，以及在子类中实现演奏方法（abspielen()）。

模拟信号播放器类：

```
public abstract class AnalogesMusikAbspielGeraet extends MusikAbspielGeraet {
  @Override
  public void abspielen(Tontraeger tontraeger) {
    System.out.println("喔，是" + tontraeger.getTitel() + "的歌，模拟信号的效果 ⤶
      还是依旧地好听!");
  }
}
```

数字信号播放器类：

```
public abstract class DigitalesMusikAbspielGeraet extends MusikAbspielGeraet {
  @Override
  public void abspielen(Tontraeger tontraeger) {
    System.out.println("让我猜猜，这个应该是 " + tontraeger.getTitel() + ⤶
      " 的歌。不过压缩得挺厉害的，你觉得呢?");
  }
}
```

现在完成最后一层的代码。这层中没有抽象类。
这样就需要在每个类里实现各自的方法。

```
public class KassettenRekorder extends AnalogesMusikAbspielGeraet {
  @Override
  protected boolean unterstuetztTontraeger(Tontraeger tontraeger) {*1
    return tontraeger instanceof Kassette;
  }
  @Override
  public void einlegen(Tontraeger tontraeger) {*2
    System.out.println("打开CD舱门，放入CD，关上舱门");
  }
  @Override
  public void abspielen(Tontraeger tontraeger) {*3
    super.abspielen(tontraeger);*3
    System.out.println("哎呦，不，广告，德里斯，无线电录音!");
  }
  @Override
  public Kassette*4 auswerfen() {
    return (Kassette) super.auswerfen();*5
  }
}
public class SchallplattenSpieler extends AnalogesMusikAbspielGeraet {
  @Override
  protected boolean unterstuetztTontraeger(Tontraeger tontraeger) {*1
    return tontraeger instanceof Schallplatte;
  }
  @Override
  public void einlegen(Tontraeger tontraeger) {*2
    System.out.println("煮上一壶茶，悠然自得地把唱盘 ↩
      从包装盒里拿出来，轻轻放在唱机上，然后小心翼翼地 ↩
      放好拾音臂。");
  }
  @Override
  public Schallplatte*4 auswerfen() {
    return (Schallplatte) super.auswerfen();*5
  }
}
public class CDPlayer extends DigitalesMusikAbspielGeraet {
  @Override
  protected boolean unterstuetztTontraeger(Tontraeger tontraeger) {*1
    return tontraeger instanceof CD;
  }
```

```
    @Override
    public void einlegen(Tontraeger tontraeger) {*2
      System.out.println("打开CD舱门，放入CD，关上舱门……啊……拿错CD了。
        赶紧再次打开舱门，换上正确的CD，再关上舱门。");
    }
    @Override
    public CD*4 auswerfen() {
      return (CD) super.auswerfen();*5
    }
}
public class MP3Player extends DigitalesMusikAbspielGeraet {
    @Override
    protected boolean unterstuetztTontraeger(Tontraeger tontraeger) {*1
      return tontraeger instanceof MP3;
    }
    @Override
    public void einlegen(Tontraeger tontraeger) {
      *2
    }
    @Override
    public void abspielen(Tontraeger tontraeger) {
      System.out.println("这是什么意思？\"找不到" + tontraeger.
        getTitel() + ".mp3文件\"?");
    }
    @Override
    public MP3*4 auswerfen() {
      return (MP3) super.auswerfen();*5
    }
}
```

*1 用instanceof运算符判断录音媒介是否匹配播放格式。需要注意：唱片机（SchallplattenSpieler）不仅需要匹配LP，而且还需要匹配EP，所以它们两个还需要满足唱片类（Schallplatte）。

*2 每个录音媒介的放入方法都不太一样。比如在MP3播放器的情况下，放入方法einlegen()就是空方法。类的方法为空也是允许的。

*3 磁带机和MP3播放器的播放方法通过重写来实现。需要注意：磁带机的播放方法是调用父类里的方法。

*4 在取出媒介方法中，我们借助Java的“协变（covariance）返回值”来实现；也就是说，此处我们可以返回所有配备录音媒介的值。

*5 最后调用父类的方法（super.auswerfen()）为录音媒介变量tontraeger赋值null。

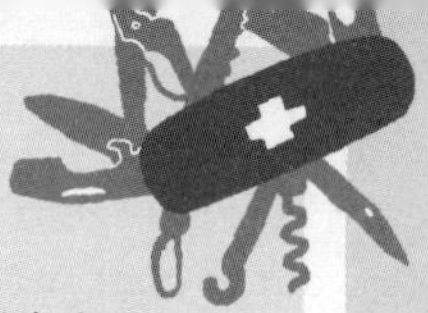

[困难任务]

下段代码的输出结果是什么，你可以说出来吗？

```
public class Probehoeren {
  public static void main(String[] args) {
    MusikAbspielGeraet schallplattenSpieler = new SchallplattenSpieler();
    schallplattenSpieler.hoeren(new LP("Jimi Hendrix")); *1
    MusikAbspielGeraet cdPlayer = new CDPlayer();
    cdPlayer.hoeren(new LP("Jimi Hendrix")); *2
    cdPlayer.hoeren(new CD("Jimi Hendrix")); *3
    MusikAbspielGeraet mp3Player = new MP3Player();
    mp3Player.hoeren(new MP3("Jimi Hendrix")); *4
    MusikAbspielGeraet kassettenRekorder = new KassettenRekorder();
    kassettenRekorder.hoeren(new Kassette("Jimi Hendrix")); *5
  }
}
```

*1 第一题：______________________

*2 第二题：______________________

*3 第三题：______________________

*4 第四题：______________________

*5 第五题：______________________

答案：

1.
煮上一壶茶，悠然自得地把唱盘从包装盒里拿出来，
轻轻放在唱机上，然后小心翼翼地放好拾音臂。
喔，是Jimi Hendrix的歌，模拟信号的效果还是依旧地好听！
2.
CD播放器不支持LP唱片。
3.
打开CD舱门，放入CD，关上舱门……啊……拿错CD了。
赶紧再次打开舱门，换上正确的CD，再关上舱门。
让我猜猜，这个应该是Jimi Hendrix的歌。不过压缩得挺厉害的，你觉得呢？
4.
这是什么意思？“找不到Jimi Hendrix.mp3文件”？
5.
打开CD舱门，放入CD，关上舱门。
喔，是Jimi Hendrix的歌，模拟信号的效果还是依旧地好听！
哎呦，不，广告，德里斯，无线电录音！

OK，但我还是觉得这个任务有个问题。

在调用取出媒介方法auswerfen()时，返回值总是可以很好地匹配不同的音乐播放设备。但是在放入媒介方法einlegen()时，却一直都在使用抽象类Tontraeger作为参数，哪怕是在子类里也是如此。为什么不能直接写einlegen(CD cd)呢？CD也是从Tontraeger派生出来呀。

问得好！ 但答案可能会让你感到有些失望。的确如你所说，虽然CD是从Tontraeger派生出来的，但Java不允许在方法重写时用到协变参数（covariate parameter）。这一点其实我在上一章中就已经提到过，在一个专属的类中，如果不是通过重写而是通过重载的方式加入一个方法，会多写一部分代码，比如einlegen()方法的代码如下：

```
public class CDPlayer extends DigitalesMusikAbspielGeraet {
  ...
  @Override
  public void einlegen(Tontraeger tontraeger) *1 {...}
  public void einlegen(CD tontraeger) *2 {...}
}
```

*1 方法重写

*2 方法重载

阶段练习——都是抽象的吗

在学习下一章之前，我们再来复习几个问题：

1. 一个抽象类可以没有抽象方法吗？
2. 一个非抽象类可以包含抽象方法吗？
3. 如果一个类包含抽象方法，其子类必须实现这个方法吗？
4. 抽象类必须总是位于类层次结构的最顶层。这种说法对吗？
5. 如果抽象类有一个带参数的构造函数，那么这样就可以用来实例化。这种说法对吗？
6. 在重写方法时，不仅可以使用协变返回值，还可以使用协变参数。这种说法对吗？

答案：

1. 当然可以。一个抽象类不一定要包含抽象方法。
2. 反向则不可以。只要一个类包含了抽象方法，该类必须是抽象的。
3. 不必。如果子类自己也是抽象类，就不必实现父类的抽象方法。只有子类不是抽象类时才需要实现其余的父类抽象方法。
4. 不正确！抽象类也可以从一个非抽象类中派生出来。例如Object类，它是所有类的父类，但不是抽象类。
5. 不正确！抽象类的构造函数在此没有用处，无论带不带参数都不能用来实例化抽象类。
6. 不正确！在重写方法时只能使用协变返回值，方法重载时用协变参数。

接口

我们再回头研究一下本章开始时的RPG游戏人物结构图。试想一下，现在打算用这个类结构图建造一团队英雄。在这个团队里只有英雄，不会有黏糊糊的爬行巨龙或者满身疙瘩的巨魔。但根据这样的要求，如果是只用类（也包含抽象类）去解决可能就会遇到问题。比如如何判断法师是英雄，而巨魔不是呢？可它们都是父类`RollenspielCharakter`的子类呀。当然，完全可以在父类中再加入一个抽象方法`istHeld()`来判断是否为英雄，之后所有的子类都重写这个方法。但这些不是我们现在想要的办法。

幼稚的解决办法是通过方法来进行区分：

```
public abstract class RollenspielCharakter {
  public abstract boolean istHeld();*1
}

public class Zauberer extends RollenspielCharakter {
  public boolean istHeld() {
    return true;*2
  }
}
public class Troll extends RollenspielCharakter {
  public boolean istHeld() {
    return false;*2
  }
}

// 在其他任意类中的任何代码
public void fuegeHeldHinzu(RollenspielCharakter charakter) {
  if(charakter.istHeld()) {*3
    // 把人物加入英雄团
  }
}
```

*1 此时的抽象方法无法判断哪个人物属于英雄……

*2 只有在子类中才能判断。

*3 当返回值为真的时候，才能加入英雄团。

这种变量的缺点是，每个从RollenspielCharakter类继承来的具体类都必须实现istHeld()方法。这就导致本来可以精简的代码严重变多。此外，英雄这个变量极有可能会在其他方法中作为一般人物被使用，比如在英雄头像方法heldenhaftPosieren()或者其他的方法中。对于一个有责任心的OO开发人员来说，这样的做法也是极为不负责任的表现。另外，当istHeld()方法为true时，这样的方法可以在游戏人物类的外部被调用。

同时也是不好的编程风格：

```
public class FotoService {
  public void heldenFotoMachen(RollenspielCharakter charakter) {
    if(charakter.istHeld()) {*1
      charakter.heldenhaftPosieren();*2
    }
  }
}
```

*1 只有当人物为英雄时……

*2 方法才能被调用？完全是胡扯。

我们就不能直接创建一个Held（英雄）类，然后让Zauberer（法师）类再额外继承它吗？但是Troll（巨魔）类不用继承吗？

可不可以这样呢：

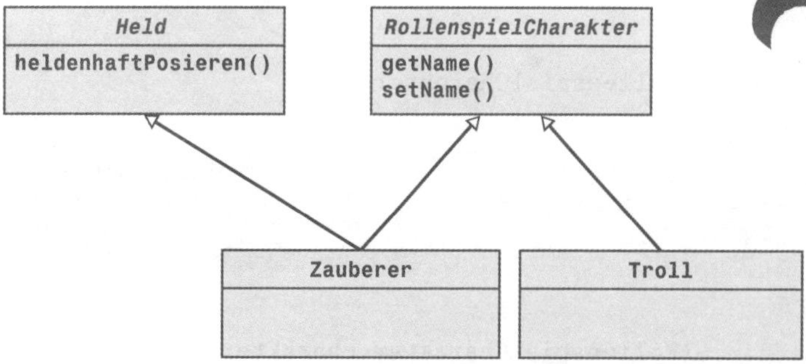

小薛，这想法不错。
但我又要让你失望了。Java是不允许**多重继承**的。一个类只能有一个直属的父类。

幸运的是，有个和多重继承相似的东西。这个东西就叫作接口。其实，接口并不是一个类，确切地说更类似一个抽象类，它里面全部都是抽象方法。接口和抽象类一样不能实例对象，甚至连一个构造函数都没有，所以它又不像是一个类。

RollenspielCharakter

【背景资料】

其实Java禁止多重继承是有原因的，这就叫作“致命的菱形”，也就是通常所说的菱形问题。可想而知，假如多重继承关系是被允许的，有一个ZaubererTroll（魔法巨魔）类是从Zauberer类和Troll类派生出来的，同时Zauberer类和Troll类又继承了游戏角色类，并且也继承了父类的所有对象变量和方法，那么接下来问题就来了：在Zauberer和Troll类中都重写了游戏角色类里的同一个方法，但之后ZaubererTroll的一个实例又调用了这个被重写的方法，这样就会产生混乱，不知道究竟要调用哪个类的重写方法。

Zauberer

Troll

ZaubererTroll

对于类的实现而言，它可以说扮演着接口的角色，也就是说，类不能继承接口，只能实现它。也正是因为如此，类可以实现很多接口。

【资料整理】

Java没有多重继承。但可以用实现接口的方法来达到多重继承的目的。

所以对于你上面提到的那个问题，就可以用接口的方法类实现。这样才是专业的解决方案。

定义了第一个接口：

```
public interface*1 Held {
  void heldenhaftPosieren();*2
}
```

*1 定义接口与定义一个类的格式相同，只不过是把class替换成interface，其他都相同，就连接口的存储文件名也和类一样。

*2 接口只包含抽象方法，并且所有方法都默认为公共的，所以public也可以省略。

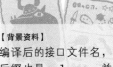

【背景资料】

编译后的接口文件名，后缀也是.class，并不是.interface。

实现一个接口：

```
public class Zauberer extends RollenspielCharakter implements Held*1 {
  @Override*2
  public void heldenhaftPosieren()*2 {
    // 此处为实现的抽象方法
  }
}
```

*2 通过重写实现相应的抽象方法。

*1 关键字implements的后面为接口名，如果需要同时实现多个接口，要将每个接口名字用逗号分隔。

这样Zauberer类就继承了Rollenspiel-Charakter类，并且实现了Held类这个接口。而对于Troll类来说，只需继承游戏角色类即可：

```
public class Troll extends RollenspielCharakter {
}
```

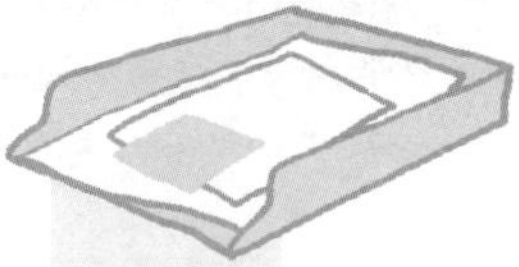

【资料整理】

接口**不是类**！更不是抽象类。接口是接口，类是类，不能混为一谈。类只能是**类层次结构中的一部分**，而接口则可以应用在**不同的类层次结构里**！

然后，头像服务生成类就可以这样来完成：

```
public class FotoService {
  public static void heldenFotoMachen(Held held) {
    held.heldenhaftPosieren();
  }
}
```

在UML类层次结构中接口的表示方式如下：

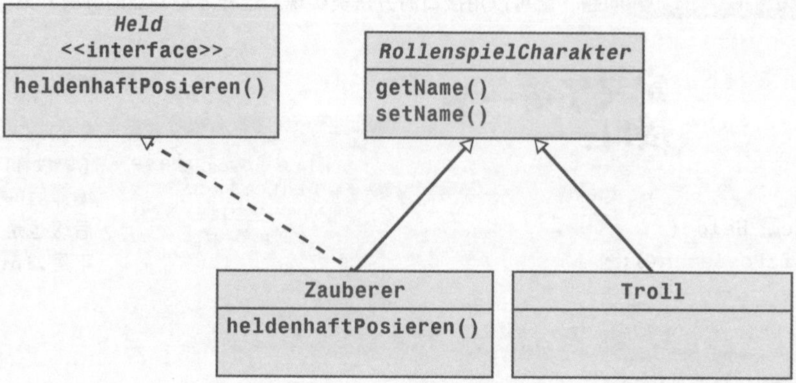

接口强大的功能还需要在不断的学习和使用中慢慢了解。

【背景资料】

在UML中用虚线加空箭头表示一个类**实现了一个接口**。接口名用斜体书写，并且还需加上一个标识，比如<<interface>>。

1. 更好的代码复用性。

正如之前所说的，接口`Held`不仅可以用在游戏人物这个类结构中，还可在其他可以用到`Held`的类层次结构中使用。只要想让代码结构变得更明确清晰，就尽量使用接口替换具体的类层次结构。比如：接口作为方法的参数来使用，这样的用法也可称为“针对接口编程”式编程。

尽管下面的这个类和游戏人物的类结构没有任何联系……

```
public class Superman implements Held {
  @Override
  public void heldenhaftPosieren() {
    // Superman的形象设计
  }
}
```

但还是可以在头像服务类中使用：

```
FotoService.heldenFotoMachen(new Superman());
```

2. 独立于具体实现的功能。

在日常的编程工作中，针对接口编程的情况司空见惯。这样实现的编程通常被称为应用编程接口（Application Programming Interface，API），有众多自由开发者会提供各种API的实现。原则上，API会被存放在一个包里（比如`de.schukartons.api`），所有实现会放在另外的包中（比如`de.bossingenschukartons.impl`和`de.konkurrenz.impl`），之后它们又会被存放在不同的Java文件夹下（第13章再详细讲解）。任何人都可以针对接口编程，从而实现具体的功能。比如觉得某个实现虽然用起来没问题，就是运算太慢了，那就干脆替换这个实现。

【背景资料】

包括我在内的很多人，在谈论API这个词时都指的是接口完成的功能，并不会直接指接口这个东西。比如编程时，实际是实现的接口，但说的时候却说，我编了一个API。

阶段练习——接口的应用

闲言少叙， 我们直接进入接口的练习时间。

【简单任务】

除了英雄以外，游戏中还缺的就是怪兽了。创建一个包括bruellen()方法的Monster接口，再让Drache类和Troll类实现这个接口。首先生成一个UML结构图，然后再实现代码。

UML类结构图如下：

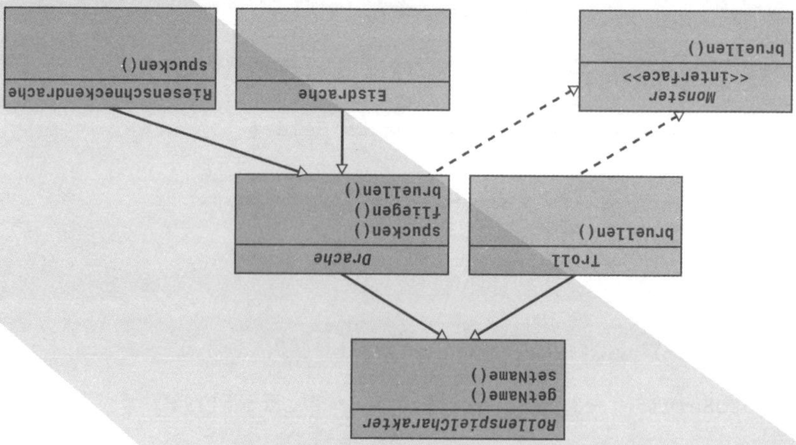

代码如下：

```
public interface Monster*1 {
  void bruellen();*2
}
public abstract class Drache extends RollenspielCharakter implements Monster*3 {
  public abstract void spucken();
  public void fliegen() {
    // 飞机
  }
  @Override
  public void bruellen() {
    // 巨龙的咆哮
  }
}
public class Troll extends RollenspielCharakter implements Monster*3 {
```

*1 定义接口……

*2 定义方法 bruellen()……

*3 在另外两个类中实现 Monster接口。

```java
    @Override
    public void bruellen() {
        // 巨魔的咆哮
    }
}
```

【温馨提示】

你一定好奇：实现Monster接口后，为什么编译器要求Troll类必须实现buellen()方法，而Drache类不必。其实原因很简单：Drache类为抽象类，抽象类不必实现全部方法，甚至都不必实现接口中的方法。

现在看来这个示例算是比较完美了。如果还想再完美一些的话，还需要考虑一个问题：所有的巨魔一定是怪物吗？也许有些巨魔还可以是英雄呢。

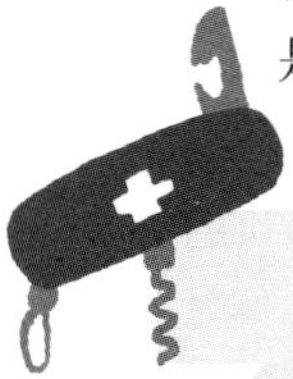

【简单任务】

修改一下Troll类，使得它既可以实现Monster接口，又可以实现Held接口。

参考答案：如此实现多个接口

```java
public class Troll extends RollenspielCharakter implements Monster, Held {  // *1
    @Override
    public void bruellen() {  // *2
    }
    @Override
    public void heldenhaftPosieren() {  // *3
    }
}
```

*1 实现多个接口时，每个接口用逗号分隔。

*2 此处实现接口Monster中的方法。

*3 此处实现接口Held中的方法。

这种现象的专业名词是多态。Troll此时可以接受不同的形式：一个是英雄，另一个是让人生厌的怪物。

UML类结构图如下：

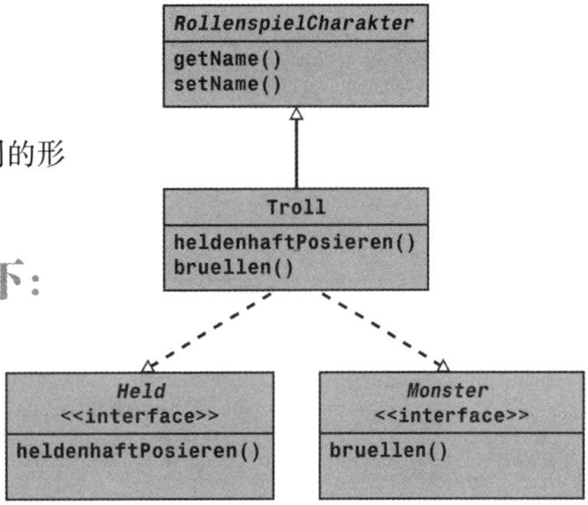

接口和多态……

在收拾你的卧室前，我们能吃点东西吗？我都饿疯了。

当然可以，但只有小麦烤饼。对你来说显然不够。再来点巧克力棒怎么样？我戒烟的时候就靠它了。

（休息了一会儿，一边吃巧克力棒，一边看代码。）喔！你来真的呀？这么长的代码……嗯……巧克力棒挺好吃……很好的示例……我先看看代码，这个代码示例是个不错的接口练习。

一个类实现了两个接口……

```
public class SchokoladenKeksGemisch implements SchokoRiegel*3, ↩
  LaengstePralineDerWelt*3 {
  @Override
  public double getLaenge() {*3
    return 20;
  }
  @Override
  public boolean istLecker() {*3
    return true;
  }
}
```

```
public interface SchokoRiegel*1 {
  boolean istLecker();*2
}
```

```
public interface LaengstePralineDerWelt*1 {
  double getLaenge();*2
}
```

*1 两个不同的接口……

*2 每个接口又有一个方法。

*3 这个类实现了这两个接口，重写了接口里的方法。

这样就可以在任何地方使用这个类了：

```
public class SchokoladenSuechtiger {
  public void essen(SchokoRiegel*4 schokoRiegel) {
    if(schokoRiegel.istLecker()*4) {
      System.out.println("Boah, lecker!");
    }
  }
}
```

*4 定义了一个接口类变量 schokoRiegel……

```
public class BuchDerWeltrekorde {
  public void messen(LaengstePralineDerWelt laengstePralineDerWelt*5) {
    if(laengstePralineDerWelt.getLaenge()*5 > 8) {
      System.out.println("Boah, lang!");
    }
  }
}
```

*5 定义了另一个接口类变量slaengstePralineDerWelt……

```
public class SchokoladenSpiele {
  public static void main(String[] args) {
    SchokoladenKeksGemisch schokoladenKeksGemisch = new SchokoladenKeksGemisch();
    SchokoladenSuechtiger schokoladenSuechtiger = new SchokoladenSuechtiger();
    BuchDerWeltrekorde buchDerWeltrekorde = new BuchDerWeltrekorde();
    schokoladenSuechtiger.essen(schokoladenKeksGemisch*6);
    buchDerWeltrekorde.messen(schokoladenKeksGemisch*7);
  }
}
```

*6 此时接口扮演着两个对象间的一个契约。对于对象schokoladenSuechtiger来说，此时对象schokoladenKeksGemisch包含了接口SchokoRiegel的契约（通过实现接口的istLecker()方法完成）。

*7 相比之下，对于buchDerWeltrekorde来说，只关注通过接口LaengstePralineDerWelt传入的对象引用。只要保证这一点，至于传入什么样的对象引用都无所谓。

[笔记/练习]

接口代表两个对象实例间的契约（或者说是两个系统间的契约）。

如果实现的两个接口中有相同的方法，会发生什么呢？

问得好。 这种情况下只需要实现一次方法，其他的根本不用管。只需要遵守实现接口的那些契约就可以。

接口和继承

我们一直在讲类和类层次结构的知识，其实对于接口来说，也有一个类似的，叫作接口层次结构。也就是说，一个接口也可以从另外一个接口派生得来。比如一个类实现了接口A，而接口A又继承了接口B。那么这个类也必须实现接口B的所有方法。

先看个接口层次结构的示例吧：

```
public interface KannManEssen {
  public void essen();
}
```

从这个接口继承一个接口：

```
public interface IstSogarRichtigLecker extends*1 KannManEssen {
  public void geniessen();*2
}
public interface UnterDenTopFiveDerEssensgerichte extends*1  IstSogarRichtigLecker {
  public void rezeptEmpfehlen();*2
}
public class PizzaSalami implements UnterDenTopFiveDerEssensgerichte*3 {
  @Override
  public void geniessen() {}*4
  @Override
  public void essen() {}*4
  @Override
  public void rezeptEmpfehlen() {}*4
}
```

*1 跟类继承时一样使用关键字extends，从父接口继承一个接口。接口IstSogarRichtigLecker是接口KannManEssen的一个子接口，而接口UnterDenTopFiveDerEssensgerichte又是接口IstSogarRichtigLecker的一个子接口。

*2 继承后的接口自然也可以包含属于自己的方法。

*3 假如一个实现了接口的类……

*4 必须实现（重写）所有接口的方法（包括从父接口继承来的方法）。

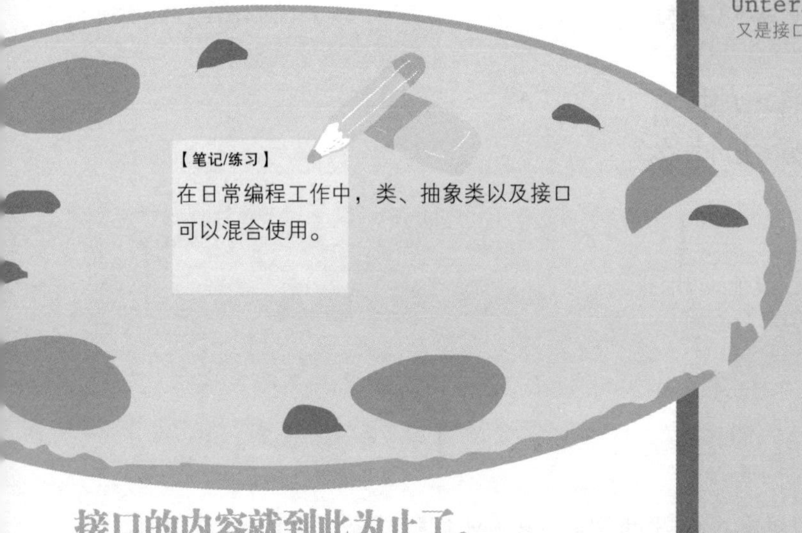

【笔记/练习】

在日常编程工作中，类、抽象类以及接口可以混合使用。

接口的内容就到此为止了。

暂短休息之后，我会再给大家介绍一些理论上的知识：什么时候，或者什么地方最好不要使用接口……你带餐巾了吗？

宁少勿多……

接口技术非常实用，我也深知这一点。虽然如此，但还是不能过分地依赖它。一个简单的Java对象（Plain Old Java Objects，POJO），例如简单猫类和狗类，就不需要接口。

作为绝对的反模式，下面的代码是允许的：

```
public interface Hund*1  {
  void bellen();
  void setFarbe(String farbe);
  String getFarbe();
  void setName(String name);
  String getName();
}
```

不推荐用下面的代码形式：

```
public class HundImpl implements Hund*1  {
  private String farbe;
  private String name;
  @Override
  public void bellen() {
    System.out.println("wuffwuff");
  }
  // 此处为set和get方法
}
```

*1 绝对的反模式！所以对于POJO来说就不要用接口技术！

一只狗始终都是一只狗。对这样简单的对象压根儿就不需要实现接口（简单的对象指的是单个方法逻辑简单，不是指方法的个数）。通常这样的类都会有set和get方法，如需扩展功能也可实现某个接口，比如bellen（吠叫）方法，就可以如下定义：

```
public interface KannBellen {
  void bellen();
}
public class Hund implements KannBellen {
  @Override
  public void bellen() {
    System.out.println("wuffwuff");
  }
}
```

接口中的常量

在接口中除了可以定义方法，还可定义一些数据字段。所有数据字段都是public、static或者final的。即便如此，我们也应该慎重考虑是否在接口中定义数据字段。

下面的代码是典型的反模式的：

```
public interface Sender {
  *1int ARD = 1;
  *1int ZDF = 2;
  *1int RTL = 3;
  *1int SAT1 = 4;
}
```

*1 所有的数据字段都可以为public、static或者final。这样也算是可以节省点工作量，但是……

在类中定义常量比在接口中定义更好，或者直接用枚举类型数据（Enums）！

【便签】
如果想了解更多关于反模式（antiPattern）的知识，建议去阅读一下Joshua Bloch的书《Effective Java》，书中有很多关于正确编写Java程序的说明，非常值得拜读。

常量类中的常量

刚刚有些跑题了，不过还是有必要说一下如何正确地定义常量。

在常量类中应该这样定义常量：

```
public class KonstantenMitKlasse {
  private*1 KonstantenMitKlasse() {}
  public static final String LIEBLINGS_FARBE_DEINER_FREUNDIN = "orange";*2
  public static final String WOW_NUTZERNAME = "SchröDanger";*2
  public static final double GROESSE = 1.80;*2
}
```

*1 把构造函数定义为private。这样就可以避免从外部常量类生成对象实例，因为……

*2 常量类里的数据字段都是public、static、final的。

这样就不需要对象实例了，其他类可以用下面的方法来引用常量：

```
import de.galileocomputing.schroedinger.java.kapitel07.konstanten.
  KonstantenMitKlasse;*1
public class Main {
  public static void main(String[] args) {
    System.out.println(KonstantenMitKlasse*2.LIEBLINGS_FARBE_DEINER_FREUNDIN*3);
  }
}
```

*1 首先导入常量类……

*2 然后使用类名引相应的常量……

*3 这样就可以访问常量了。

静态导入

说着说着就又跑题了，不过没关系，等我们最后做练习的时候还会回到接口上的。

如果不想在使用常量类时总是写出类名，Java（从Java 5开始）提供了一个方法，不仅可以导入类，而且还可以直接使用常量，确切地说是静态数据字段。这样的方法就是**静态导入**（static import），虽然不是什么新的知识，但还是说明一下吧。

静态变量的导入：

```
import static*1 de.galileocomputing.schroedinger.java.kapitel07.konstanten.
  KonstantenMitKlasse.LIEBLINGS_FARBE_DEINER_FREUNDIN;*2
public class Main {
  public static void main(String[] args) {
    System.out.println(*3LIEBLINGS_FARBE_DEINER_FREUNDIN);
  }
}
```

*1 关键字为import static……

*2 然后是变量的完整书写格式……

*3 这样就可以把类名省略掉，通过静态导入直接访问变量了。怎么样，实用吧！

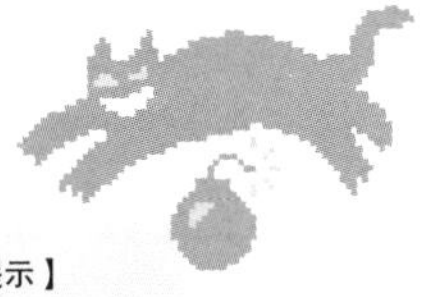

【温馨提示】

从多个类中静态导入静态的数据字段，其名称必须不同。

【背景资料】

不仅可以静态地导入数据字段，而且还可以静态地导入方法。

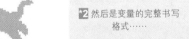

静态块

我保证，讲完静态块这部分之后，马上就回到接口的问题上去。静态块本身指的是经常被调用的代码块，比如当一个类被类加载器加载后，可以用这个类进行常量的初始化。

【背景资料】
类加载器是JRE的一个部分，它负责动态地把类加载到JVM里。当一个类引用另一个类的时候，后者就会被类加载器加载到JVM里。

常量和**final**的静态数据字段没有区别。也就是说，常量必须赋予一个不变的值，以便被类引用。所以下面的示例是不允许的：

```
public static final String LIEBLINGS_FARBE_DEINER_FREUNDIN; *1 X
```

*1 编译错误！**final**标记的字段必须直接赋予一个值。

有时候可能不想为一个常量确定一个值，比如一个常量更希望是经过计算后得到的结果。这时候静态块就正好派上用场处，在代码块中可以执行静态代码并且初始化常量。

用静态块初始化一个常量：

```
public static final String LIEBLINGS_FARBE_DEINER_FREUNDIN;
static {*1
  if(...) {
    LIEBLINGS_FARBE_DEINER_FREUNDIN = "rosa";
  } else {
    LIEBLINGS_FARBE_DEINER_FREUNDIN = "orange";
  }
}
```

*1 一个静态的代码块与一般的代码块没有实质上的区别；只不过需要放在**static**字样的后面。

【便签】
如果上面的代码块没有static字样，在每次初始化类的时候会报编译错误，因为相应的静态变量不会被初始化。

【背景资料】
静态块总是在JVM加载类的时候被执行。一个类可以包含多个静态块，这时每个静态块会按着在代码中出现的顺序来执行。

你讲的这些都很实用，不过，现在你不会再继续讲那个叫枚举的东西吧……

枚举常量

没错，你猜对了，枚举（Enums）。讲完这个就继续接口的内容。如果可以把一些常量统一用一个名词总结出来，未必不是一个好选择。比如电视台（Sender）就是一个很好的枚举示例。

这样定义一个枚举：

```
public enum Sender {
  ARD, ZDF, RTL, SAT1; *1
}
```

*1 甚至都不需要为每个常量指定一个值，内部会为其自动生成顺序。总之是可以直接拿来使用的，不然我们今天就永远都回不到接口内容了。

枚举可以很直观、简单地使用，比如在swtich语句中。

枚举可以这样使用：

```
Sender sender = Sender.ARD;
switch (sender) {
  case ARD:
    System.out.println("Tatort");
    break;
  case ZDF:
    System.out.println("Traumschiff");
    break;
  case RTL:
    System.out.println("Dschungelcamp");
    break;
  case SAT1:
    System.out.println("Glücksrad");
    break;
  default:
    break;
}
```

枚举甚至可以包含构造函数，但是只能在枚举中调用。其目的是在枚举中生成一个或者在指定的地方生成常量。

```
public enum Sender {
  ARD(true), ZDF(false), RTL(false), SAT1(true);
  private boolean findeIchGut;
  *2Sender(boolean findeIchGut) {*1
    this.findeIchGut = findeIchGut;
  }
  public*4 boolean istGuterSender() {*3
    return this.findeIchGut;
  }
}
```

*1 枚举的构造函数在编写格式上与类的相同……

*2 此处构造函数的类型为private。也可以不写明。

*3 也可以定义方法……

*4 方法可以用public修饰。

【奖励/答案】

那么，亲爱的小薛，感谢你忍耐了这么久，我们现在就回到接口的问题上！

接口内容复习

【简单任务】

与抽象类相反，接口不可以被实例化。这种说法正确吗？

对一半。说接口是不能被实例化（甚至都没有构造函数）是正确的，抽象类也不可以实例化，这一点是相同的（尽管抽象类有构造函数）。

【简单任务】

接口非常实用，所以我们最好给每个类构建一个接口。这种说法正确吗？

明显错了！即使接口再有诱惑力，你都应该有节制地使用它。

【简单任务】

列举至少两个接口的优点。

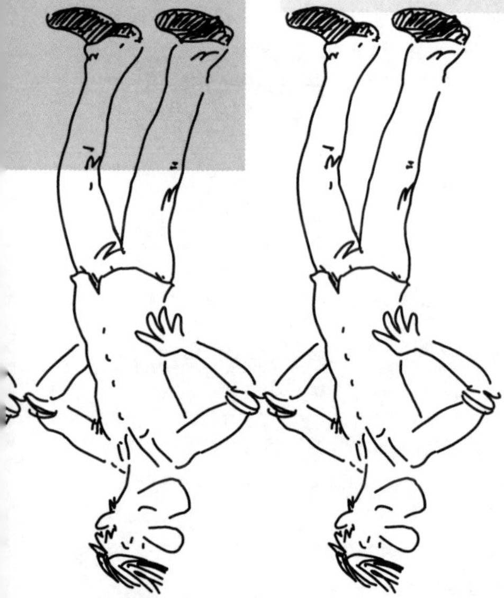

好的，这个易如反掌。

类是不能多重继承的，但是接口可以让类实现多态，对吧？另外实现接口更容易些，这样就更能提高代码的复用性，对吧？

非常好，全部正确。 看情况，对于接口部分的知识你已经全掌握了，那么我们就可以再回到类的知识上。还有几个类的变化形式。

类的其他形式

目前我们学过的类被称为**顶级类**，这些类位于包的内部。在Java中类的内部也可以定义另外一个类，这样的类就叫作**嵌套类**。嵌套类可分为四种类型：**静态**和**非静态的成员类**、**局部类**以及**匿名类**。

好吧，虽然我能理解匿名的、局部的以及静态的意思，但是这些类究竟都是什么意思呢？

好的，小薛，和往常一样，一步一步地来学习，都很容易理解。其实在实际的工作中，这些类并不是经常会被用到……除非你需要编写一些图形用户界面，这样就会经常使用到嵌套类。

【背景资料】

在GUI编程时经常会遇到一些情况，比如定义GUI时会在类内部的不同位置实现一个或多个接口。第16章会详细介绍：GUI的组件都是通过各自的类来体现的，比如按钮控件，点击按钮后，就会通过调用相应的类而触发一些事件。确切地说，处理按钮事件时，需要实现一个接口以及“登记”这个按钮实例。由此可知，在GUI中使用越多的按钮控件（每个按钮的功能各不相同），也就意味必须实现越多的接口。这样的方式正好符合嵌套类的调用，因为嵌套类可以在一个类中定义多个类。如果你现在并不是非常理解的话，那就等到学习第16章时再一起好好地研究吧。

静态成员类

先从静态成员类讲起，静态成员类需要定义在一个类中，并且在类中使用。比如一个类中的属性用原始数据类型描述过于复杂，用普通的类来实现又过于专属。在这种情况下，静态成员类就可以派上用处。

定义一个静态成员类采用如下格式：

```
public class Bank {*1
  private double vermoegen = 40.0;
  private*6 static class Tresor {*2
    private void getInhalt() {
      // System.out.println(vermoegen); *5 X
    }
  }
  public Bank() {
    Tresor tresor = new Tresor();*3
    tresor.getInhalt();*4
  }
}
```

*1 此处为普通的顶级类。

*2 此处为静态成员类。Static标记很重要。

为什么很重要？

这里定义的是一个**静态成员类**，如果没有static标记的话就是一个**非静态的成员类**。这个我们稍后就可以学到。

*3 在Bank类内部会像平常一样生成一个成员类的实例对象……

*4 并且还要调用这个成员类的私有方法。

*5 静态成员类不能访问（非静态的）顶级类的数据字段或者方法，甚至不能在一个静态类调用一个非静态类。静态成员仍然遵循public、private和protected访问准则。

制造一个保险箱不需要建一个银行。

*6 private修饰符指明类只能在Bank类中使用。

那也可以是公共的吗？

可以的，成员类Tresor可以为public的，那样的话就可以在Bank的外部生成Tresor的对象：

```
Bank.Tresor tresor =
  new Bank.Tresor();
```

这样的书写格式跟包名挺像的，只是要区分大小写……

是的。 这样做很重要，既是为了避免混淆，也是为了坚守命名公约：**包名小写，类名大写。**

非静态成员类

非静态成员类从表面上看，只是比静态成员类少了一个static标记，实际上它们之间的区别还是非常大的：非静态成员类实际上是属于外部类的对象实例，而且还可以访问外部类的对象变量。

```
public class Bank {*1
  private double vermoegen = 40.0;
  private*6 class Tresor {*2
    private void getInhalt() {
      System.out.println(vermoegen*5);
    }
  }
  public Bank() {
    Tresor tresor = new Tresor();*3
    tresor.getInhalt();*4
  }
}
```

*1 此处仍然为普通的顶级类。.

*2 定义非静态成员类不需要static标记。

*3 在Bank类内部仍然可以创建成员类的实例……

*4 仍然可以调用类的私有方法。

*5 此时非静态成员类就可以访问外部类的私有数据字段和方法了。

*6 此处用private修饰保险箱类，比如从银行类的外部创建对象实例，就可以用public来修饰。和静态成员类相比较主要区别是：非静态成员类在银行类的外部生成一个保险箱对象实例时，需要先生成一个银行的对象实例。

非静态的成员类；为了制造一个保险箱，需要先建一个银行。

```
Bank bank = new Bank();*1
Bank.Tresor tresor = bank.new Tresor();*2
```

*1 总是需要先生成一个外部类的实例级类……

*2 然后才能生成非静态成员类的一个实例。

【背景资料】

正是因为这个原因，非静态成员类才能够访问私有的数据字段和外部类的方法。有些开发人员认为，在类嵌套时，应该首先考虑静态的成员类，如果嵌套类自始至终都没有变化的话，才应该用到非静态成员类。

【便签】

有些定义把静态的成员类划归在顶级类中，理由是它不能实例化对象。

局部类

接下来看看局部类。和成员类不同的是，局部类在构造函数、方法或者初始化代码块内部被声明，局部类只能在每个相应的代码块内部进行访问。

示例如下：

```
public class Bank {*1
  private double vermoegen = 40.0;
  public Bank() {
    final*7 double zahl = 7;
    class Tresor {*2
      private double getInhalt() {
        double andereZahl = *6zahl + *5vermoegen;
      }
    }
    Tresor tresor = new Tresor();*3
    tresor.getInhalt();*3
  }
  public double getVermoegen() {
    // Tresor tresor = new Tresor();*4 X
    return vermoegen;
  }
}
```

局部（区域）保险箱

*1 此处为顶级类。

*2 定义局部类时不用**访问权限修饰符**。因为局部类的访问权限只在定义它的代码块内部。此处就只能在构造函数的内部访问。

*3 在构造函数的内部可以创建局部类的对象实例，也可以访问私有方法……

*4 超出了范围就不可以了。

*5 局部类可以访问外部类的私有对象变量和方法。

*6 局部类也可以访问外部类的局部变量……

*7 但这个变量必须是`final`的。

```
{*1
  class Tresor {
    private double getInhalt() {
      return vermoegen;
    }
  }
  Tresor tresor = new Tresor();*2
*1}
// Tresor dasGehtNicht = new Tresor();*3
```

*1 此处就是局部类的有效范围。

*2 只能在有效作用域中使用（并且需要在内部类定义了之后）……

*3 超出了范围就不可以了。

匿名类

匿名类和局部类非常类似，也就是说可以在定义类的时候生成对象实例。但不同的是：匿名类没有类名。

```
public abstract class Tresor*2 {
  public abstract double getInhalt();
}
public class Bank {*1
  private double vermoegen = 40.0;
  public Bank() {
    Tresor tresor = new Tresor()*3 {*4
      @Override
      public double getInhalt() {
        return vermoegen;*5
      }
    };
    tresor.getInhalt();
  }
}
```

*1 此处依旧为顶级类。

*2 从这个类中派生出匿名类。不必一定为抽象类，可以是具体的类，甚至还可以是接口。

*3 此处为匿名类，它由父类的构造函数/父接口（Tresor此时不是匿名类的名字）……

*4 以及类体组成。

*5 在类体中可以访问外部类的对象变量和方法。

和局部变量有所不同的是：匿名类只能生成**唯一的对象实例**。

匿名保险箱

【温馨提示】
与局部类一样，从匿名类外部访问局部变量时，这个局部变量必须是final的。

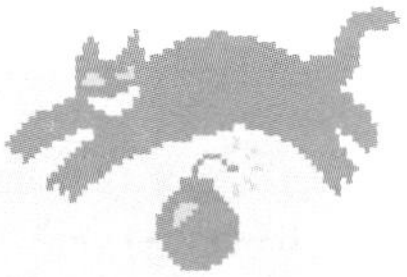

【资料整理】
静态的和非静态的成员类，以及局部的和匿名的类可以在封装数据或类的时候使用。比如两个相对独立的类，相互间耦合现象非常严重，这时不妨考虑把一个类通过一些改变嵌套在另一个类中。

【概念定义】

非静态成员类、局部类以及匿名类也可以被称为内部类。因为它们总是关注在实例化对象上。

差点儿忘了，顺便说一下，在类的内部，枚举和接口也可以嵌套……

停，别说了！

枚举嵌套枚举……

哦！不要说了！

并且类、枚举以及接口还可以嵌套在接口里。

我要被搞疯了！

我只是说说而已。

【便签】

如果还想搞得复杂点的话，**甚至可以把类任意嵌套起来**。下面的示例可能是在Java教科书里唯一的应用情况：

嵌套从顶部开始：

```
public class Aussen {
  public class Innen {
    public class NochMehrInnen {
      public class NochTieferDrinnen {}
    }
  }
}
```

HEY!
alte Schachtel

抽象类和多态——小薛，你是不是都明白了？

对于首次接触类和接口内容的朋友来说，这一章的内容实在是太多了，而且还很难理解，但你们还是坚持下来了。

那现在就回顾一下我们学过的内容吧。

- **抽象类**使得类层次结构更加丰富，而且还可以为创建子类提供一个有效的模板。
- **接口**可以看作对象实例间的一个契约。一般来说，API可以看作系统间的一个契约。
- 抽象类不可以实例化……
- 接口也不可以。
- 假如一个类包含了一个抽象方法，那么这个类也必须是抽象的。
- 在定义接口时，只能定义**方法签名**，不能定义**方法体**（空方法）。
- 在接口中，所有方法的修饰符默认为`public`和`abstract`。
- 即使接口是`abstract`的，也不能说接口是抽象类。
- 接口**不包含构造函数**，抽象类可以包含构造函数。
- 用接口可以实现Java**禁止的多重继承关系**。
- 针对接口编程时，可以先保持代码的灵活性，再考虑如何实现接口功能。
- 不可以在接口中使用常量，只能在**常量类**或者**枚举**中定义常量。
- **静态**和**非静态的成员类**，以及**局部类**和**匿名类**可以实现类的嵌套。尽管如此，也要慎重使用类的嵌套，除非是在特定情况下，比如GUI编程。
- 不要受**设计模式**的影响。

【奖励/答案】

这次奖励你一个真正可以用来战斗的武器“多态剑”。它可以根据不同的敌人变化不同的形态。

数组、集合和
映射

第8章

你真的了解你所有的鞋吗

为了给女朋友再买双新鞋，小薛做足了准备，并且想写一个小的测试程序SolcheSchuheHastDuSchonTester，目的是提醒他的女朋友，哪些鞋家里已经有好几双了。因此，他必须学习一些新的数据结构。正所谓，有志者事竟成……

我想有更多的猫，交更多的女朋友

至此，我们已经学习了很多关于类的构建方法。回顾一下，你就会发现，类总是一对一形式的。比如，用类可以描述：你有一只猫、一幢房子、一个女朋友，等等。但是有些人并不会像你一样那么容易满足。小薛，在实际的Java编程中还会经常遇到这样的情况，一个类型里面包含很多相同类型的数据，比如猫有它的猫朋友、一个人有很多房子，或者一个人有很多女朋友……

所以，在实际编程过程中，这样一对一的形式已经不能满足需要了，同时也需要一对多，或者多对多的形式。Java对此提供了一个非常简单的数据类型：数组，它可以包含多个同类型的变量。我们目前了解这么多就可以了。

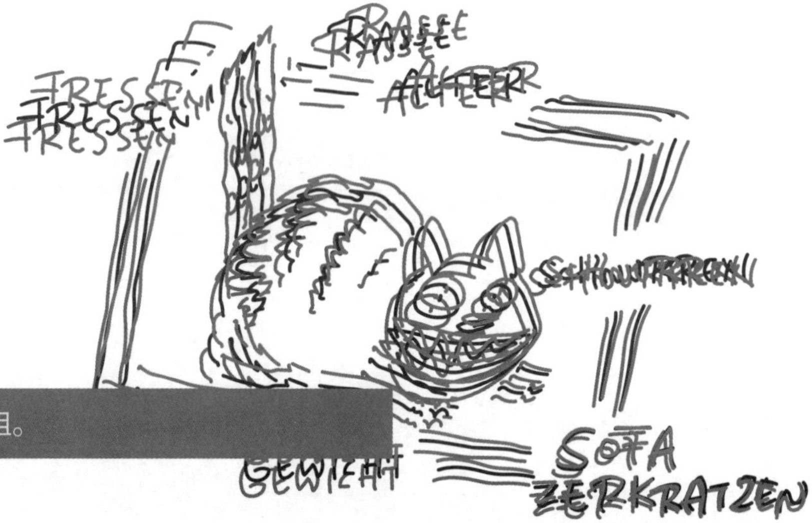

可以采用不同的方法来定义数组。

1. 用构造函数定义

数组是对象，所以需要用new来创建。

```
Katze[]*1 katzen = new Katze[4]*2;
katzen[0]*3 = new Katze("Schnuckel");
Katze katze = katzen[0]*4;
```

*1 类型后面的方括号表示定义一个对象数组。

*2 与创建对象时不同，创建数组时要用方括号代替圆括号。另外，还需要在方括号里设定数组的大小。

*3 像这样给对象数组赋予一个值。数组类型没有添加元素的方法。

*4 还可以像这样再把数组中的值提取出来。

2. 采用缩写方式

正如创建字符串时那样，创建数组也可以用一个缩写方式。不同的是，声明数组时就得明确知道数组里包含哪些元素。

```
String[]*1 monate = {*2
  "Januar", "Februar", "März", "April", "Mai", "Juni",
  "Juli", "August", "September", "Oktober", "November", "Dezember"
};
```

*1 此处没有设定数组的大小……

*2 所有数组元素写在花括号里。此时也就相当于给数组初始化了一个大小。

3. 也可以用匿名的方式

之所以叫作匿名，是因为不用赋值给一个变量（或者说不指明变量名）。比如，可以把它当作参数传递给方法。

```
machWasMitZahlen(new int[]{1,2,3,4});*1
```

*1 此处为**匿名数组**，直接作为一个方法的参数来使用。此时不需要变量，是因为匿名数组只能在方法内部使用。当方法执行结束后，也就用不到它了。

【背景资料】
声明数组时，方括号也可以放在变量名后面，比如：
`int nochMehrZahlen[] = new int[4];`
看着有点搞笑，是不是？

【背景资料】
此时的`machWasMitZahlen()`方法还可以用到两个签名：
`machWasMitZahlen(int[] array)`
或者
`machWasMitZahlen(int...array)`
这就表示数组也可以作为方法的可变参数来使用。

此时此刻我觉得所有这些创建数组的方式都挺有意思！

为了能够遍历数组中的所有元素，我们可以用for循环语句来实现。通过数字变量的索引可以直接访问数组中的元素。

```
int vieleZahlen[] = {1,2,3,4,5,6,7,8,9};
for (int i = 0; i < vieleZahlen.length*1; i++) {
  System.out.println(vieleZahlen[i]);
}
```

*1 用length可以得到数组的长度（大小）。

从Java 5开始便可以用到一个更简单的格式：foreach循环

```
for (int zahl : vieleZahlen) {
  System.out.println(zahl);
}
```

【温馨提示】

foreach语句只可以在不需要索引变量的循环内部使用，因为索引变量此处没有用武之地。

【温馨提示】

在遍历数组所有元素时需要注意两个问题：首先，数组中的元素是从0开始计算的，也就是说，第一个元素是arrayName[0]，第二个元素是arrayName[1]，依此类推；其次，数组的最后一个元素不是实际的数组长度，而是实际长度-1，即arrayName[arrayLaenge-1]。在for循环里可以这样判断数组最后一个元素的位置：

```
i <= (vieleZahlen.length-1)
```

或者

```
i <vieleZahlen.length
```

和字符串一样。
我早就明白了。

好吧，你已经知道了。
我只是想重新复习一下，你知道就可以了。

对象的欲望

现在我明白了。数组中的所有元素必须是同一个类型，对吧？

差不多吧。所有的元素必须至少是在声明数组时派生或者实现出来的类型。比如你定义了一个Tier（动物）类型的数组，原则上里面可以放入猫和狗等元素。然而，这些理解起来并不那么容易。

```
Tier[] tiere = new Tier[5]; *1
tiere[0] = new Katze(); *2
tiere[1] = new Hund(); *3
Tier*5[] hunde = new Hund[5]; *4
hunde[0] = new Hund(); *6
hunde[1] = new Katze(); *7 X
```

*1 此处创建了一个新数组，元素可以是所有动物。

*2 可以把猫放进去……

*3 当然狗也可以。

*4 此处又创建了一个新数组，在里面只能放入狗。

*5 这个数组的类型是Tier。

*6 放入狗自然是没有问题的……

*7 编译器也允许把猫放进数组里，但是程序运行时就会报错：ArrayStoreException！（数组元素类型不兼容！）编译器不是什么问题都可以发现的，所以在往数组里放入元素时应该特别注意元素的类型！

多维数组

数组的元素既然可以是对象，

那么元素应该也可以包含数组本身吧？

说的没错，这样的数组就叫作**多维数组**。

在此给出一个多维数组的示例：

```
int[][]*1 beispiel = new int[12][31];
int[][]*2 vierMalVier = {{1,2,3,4}, {1,2,3,4}, {1,2,3,4}, {1,2,3,4}};*3
double[][][]*4 dreiD = {{{5},{2},{4}},{{3},{4},{5}},{{2},{3},{4}},{{5},{6},{3}}};
```

*1 定义了一个二维整数数组。

*2 还是二维数组，不过这次……

*3 定义的同时也初始化了数组。

*4 此处为三维数组。

全都给我吧

【简单任务】

输出所有工作日的名称，并且要给出工作日的序号。把工作日放在一个字符串数组里，使用正确的循环遍历工作日和序号。

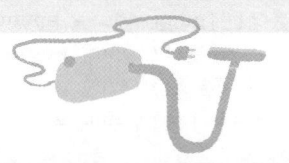

参考代码：

```
String[] woche = {"Montag", "Dienstag", "Mittwoch", "Donnerstag",
  "Freitag", "Samstag", "Sonntag"}; *1
for (int i = 0; i < woche.length; i++) { *2
  System.out.println((i+1) + ". " + woche[i]); *3
}
```

*1 知道数组里都是什么值了吧？那么就直接用缩写的格式初始化数组吧。

*2 因为要输出工作日的序号，所以for循环就需要计数变量。

*3 此处就可以输出工作日的序号，数组的索引是从0开始的，所以就要把计数变量+1。但是要注意不能在此处使用i++方式，因为那样会**影响到循环本身的增量**，否则第三次循环时就要报错了！

【困难任务】

下面程序的输出结果是什么？注意，存在两处错误！

```
int vierZahlen[] = {1,2,3,4};
for(int i=0; i<=vierZahlen.length(); i++) {
  System.out.println(vierZahlen[i]*vierZahlen[i]);
}
```

答案：

这段程序根本无法编译！为了获得数组的长度不能用length()的，而应是length这样的写法。即便排除了这个错误，程序还是有问题：循环中的计数变量i会一直计算到4，而vierZahlen[4]**指向的是实际并不存在**的第5个元素，所以运行时会出错！

你已经有这样的鞋了！

我们的鞋架已经装得满满的了，

因为我女朋友有爱买鞋的毛病，所以她从来不注意是不是买过同样的鞋。我们能编一个程序解决这个问题吗？

当然可以了！你需要一个“这样的鞋你已经买过了”的测试程序：

```
public interface SolcheSchuheHastDuSchonTester {
    void addSchuhPaar(SchuhPaar schuhPaar); *1
    boolean hastDuSchon(SchuhPaar schuhPaar); *2
}
```

*1 创建一个方法，用来加入新鞋。

*2 这个方法可以用来测试是否买过同样的鞋。

你还是多关注一下怎么把鞋的品牌也加到接口里吧。这才是实际的，对吧？

现在关注一下SchuhPaar这个类，大概如下所示：

SchuhPaar	
farbe:	String
groesse:	int
mitStoeckeln:	boolean

SchuhPaar类

凡事都要亲力亲为

现在就让我们一起用一个数组实现这个应用：

```
public class SchuhTesterMitArray implements SolcheSchuheHastDuSchonTester {
  private SchuhPaar[] schuhe;
  private int schuhZaehler = 0; *1
  public SchuhTesterMitArray() {
    this.schuhe = new SchuhPaar[20]; *2
  }
  @Override
  public void addSchuhPaar(SchuhPaar schuhe) {
    if(this.schuhZaehler < this.schuhe.length) { *3
      this.schuhe[this.schuhZaehler] = schuhe; *4
      this.schuhZaehler++; *5
    }
  }
  @Override
  public boolean hastDuSchon(SchuhPaar neuesSchuhPaar) {
    boolean hastDuSchon = false;
    for (SchuhPaar schuhPaar : this.schuhe) { *6
      if(schuhPaar != null && schuhPaar.equals(neuesSchuhPaar)) { *7
        hastDuSchon = true; *8
      }
    }
    return hastDuSchon;
  }
}
```

*1 因为数组**不能自己判定**在哪里加入元素，所以必须自己定义一个**变量**来记录。

*2 定义一个长度为20的数组，目前足够用了。

*3 只要**数组里还有空位置**……

*4 就能在相应的位置上加入新鞋。

*5 然后数组中**鞋的个数**加1。

*6 必须遍历数组中每个元素（每双鞋）……

*7 并且检测是否有相同的鞋。此外，还需要检测数组中某个位置上是否存放着一双鞋，因为没有存放鞋的位置为`null`。

*8 如果发现有相同的鞋将返回`true`。

还需要给SchuhPaar数组实现一个toString()方法，这样就可以在控制台窗口中输出文字了……

```
@Override
public String toString() {
  return this.getGroesse() + " " + this.getFarbe() + (this.isMitStoeckeln()
    ? " mit Stöckeln" : " ohne Stöckel");
}
```

测试一下吧：

```
public class Main {
  public static void main(String[] args) {
    SolcheSchuheHastDuSchonTester tester = new SchuhTesterMitArray();
    SchuhPaar schuhPaar = new SchuhPaar(39, "schwarz", true);
    SchuhPaar schuhPaar2 = new SchuhPaar(39, "lila", false);
    SchuhPaar schuhPaar3 = new SchuhPaar(39, "gelb", true);
    SchuhPaar schuhPaar4 = new SchuhPaar(39, "blau", false);
    tester.addSchuhPaar(schuhPaar);
    tester.addSchuhPaar(schuhPaar2);
    tester.addSchuhPaar(schuhPaar3);
    tester.addSchuhPaar(schuhPaar4);
    SchuhPaar gleichesSchuhPaar = schuhPaar;*1
    StringBuilder meldung = new StringBuilder();
    meldung.append(tester.hastDuSchon(gleichesSchuhPaar*2) ? gleichesSchuhPaar +↩
      " hast du schon" : gleichesSchuhPaar + " hast du noch nicht");
    System.out.println(meldung);
  }
}
```

*1 用一个完全相同的鞋测试一下……

*2 结果跟预想的一样：得到true。

输出结果：

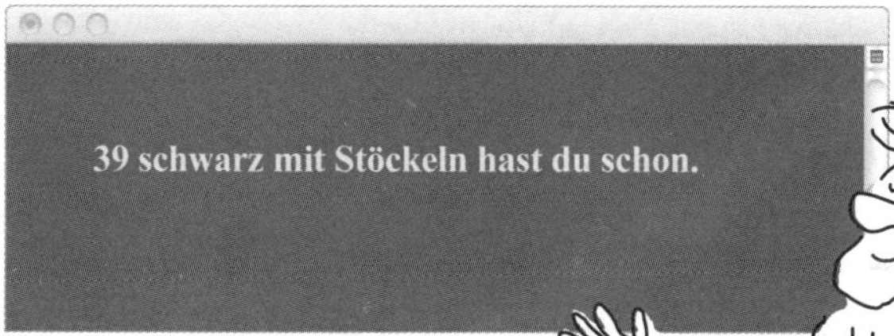

39 schwarz mit Stöckeln hast du schon.

"你已经有39码黑色带跟的鞋了。"太棒了！运行得还很快！！

等等，先别急，变量gleichesSchuhPaar现在指向与变量schuhPaar相同的存储地址。你一定会认为，这是自己和自己在作比较。那么我们再来尝试给数组中加入一双同样的鞋，**输出结果保持不变。**

```
SchuhPaar gleicheSchuhe = new SchuhPaar(39, "schwarz", true);
```

据说，我女朋友还真没有这样的鞋呢！其实我想说的是，在Java里对象实例不能用equals()方法进行比较。现在你又要用指针指向相同的存储地址吗？

探索对象的相同性

你说得没错，你一定还记得**可以重写类的方法吧**，现在就来重写这个从Object继承来的equals()方法！小薛，现在你不需要有和你女朋友一样的“专业眼光”，只需要给出一双相同尺码和颜色、有鞋跟或者无鞋跟的鞋就行了。

【困难任务】

尝试独立完成：重写SchuhPaar类的equals()方法。

参考代码如下：

```
@Override*2
public boolean equals(Object object){ *1
  boolean gleich = false;
  if(object != null && object instanceof SchuhPaar) {
    SchuhPaar schuhPaar = (SchuhPaar) object;
    gleich*5 = schuhPaar.getFarbe().equals(this.getFarbe()) *3
      && schuhPaar.getGroesse() == this.getGroesse() *4
      && schuhPaar.isMitStoeckeln() == this.isMitStoeckeln(); *4
  }
  return gleich;
}
```

*1 equals()方法的参数总是需要Object类，并不是SchuhPaar类。这一点很重要，不然不是**重写方法**了，而是**重载**了。

*2 编译器读到@Override注解时就会知道，下面的方法是SchuhPaar类里的重写方法。

*3 颜色是字符串类变量，所以用equals()方法就可以判断。

*4 鞋码和是否带鞋跟是原始数据类型，用==判断就可以了。

*5 只有当三个属性都相同时才能说明加入的新鞋**已经存在**了。

到底是相同还是不同

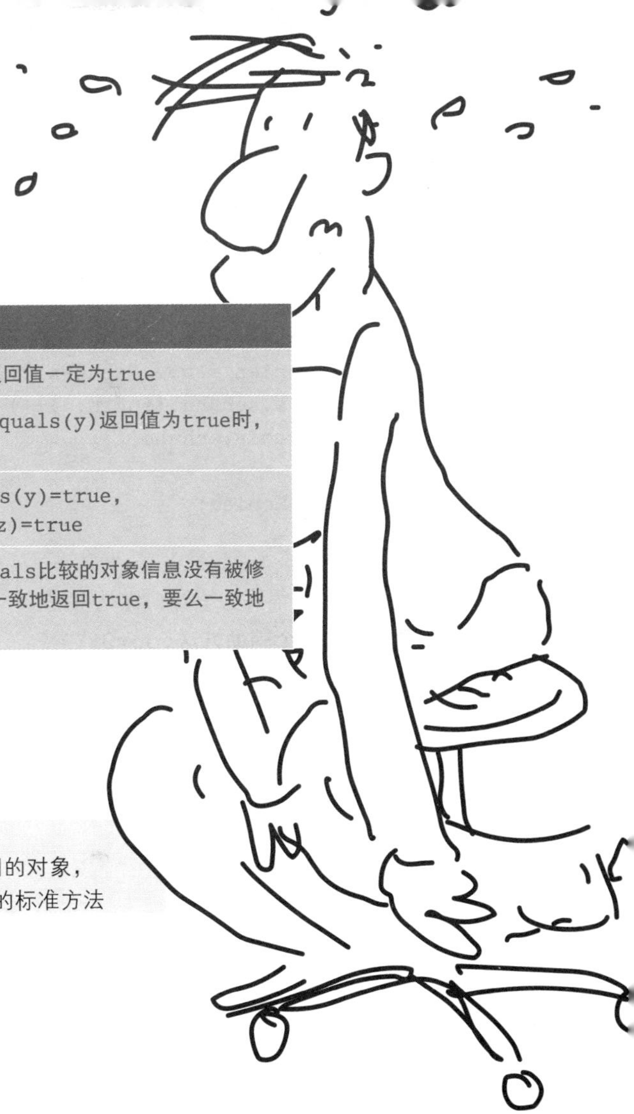

重写equals()方法时要注意以下的特性：

特　性	含　义
自反性	对任意Object x，x.equals(x)的返回值一定为true
对称性	对于任何Object x和y，当且仅当x.equals(y)返回值为true时，y.equals(x)的返回值一定为true
传递性	对于Object x、y和z，如果x.equals(y)=true，y.equals(z)=true，则x.equals(z)=true
一致性	对于任意Object x和y，如果用于equals比较的对象信息没有被修改，多次调用x.equals(y)时，要么一致地返回true，要么一致地返回false

【温馨提示】

为了在数组（或者其他地方）中能够查找到相同的对象，必须强制重写equals()方法。用Object自带的标准方法很难保证得到相同的对象！

数组自己不会增长

对数组的操作并不总能得心应手。我们刚才创建了一个拥有20个元素的数组，可惜的是，数组不能动态地更改长度。比如你的女朋友现在又买了第21双鞋。

很正常呀，但是我一定要阻止这种事情发生！

相信我， 这事儿你办不了。有两个选择：要么重新建个数组，要么重新找个女朋友。

【困难任务】

修改原来的程序，使其突破20个元素的限制！

噗，这有点麻烦。我必须再创建一个新的数组，当旧数组中没有位置的时候，就把里面所有的元素复制到新的数组里，而且是一个一个地复制！

我的天呀！

```
if (this.schuhZaehler >= this.schuhe.length) {*1
  SchuhPaar[] schuhKopien = new SchuhPaar[this.schuhe.length + 20];*2
  for (int i=0; i<this.schuhe.length; i++) {*3
    schuhKopien[i] = this.schuhe[i];
  }
  this.schuhe = schuhKopien;
}
```

*1 当数组满了的时候……

*2 再创建一个更大一些的数组……

*3 再把所有旧的元素手动复制到新数组里！

对的，不过这也算是个很好的练习，你觉得呢？

还可以使用**数组类中的一个辅助方法**copyOf()。

具体实现方法如下：

```
if (this.schuhZaehler >= this.schuhe.length) {
  this.schuhe = Arrays.copyOf(this.schuhe*1, this.schuhe.length + 20*2);
}
```

*1 第一个参数是需要复制的数组。

*2 第二个参数是新尺寸的数组。

你怎么不早点和我说这个呢！好吧，也就是说，我不用手动复制了，只需要给数组一个新的大小。还有其他的辅助方法吗？

别的辅助方法就没有了，但是有另外一个东西，可以实现动态增加元素：**集合**（collection）！

【笔记】

虽然如此，在**数组类**里面还有一些其他的辅助方法，比如查找和排序。

【温馨提示】

动态缩放数组的大小很繁琐，而且统计数组中的元素个数也没那么轻松。length字段可以提供定义数组时设定的长度。即便这样可以，它也不能准确表示数组中元素的个数。比如一个数组共有20个位置，但是里面只存放了15个元素，这时length变量提供的仍然是20，而不是有效数组元素的个数15，其中没有用到的值为null。另外，这15个有效元素也不必连续地保存在数组里，而是根据需要放在某个位置上。

集合

只能容下20双鞋的数组已经不能满足需要了，并且一些对标准数组的操作用起来也不太方便。为此，Java函数库给我们提供了一个新的接口和类的结构，这就是设计优良的接口和类的**集合框架**（collection framework）。

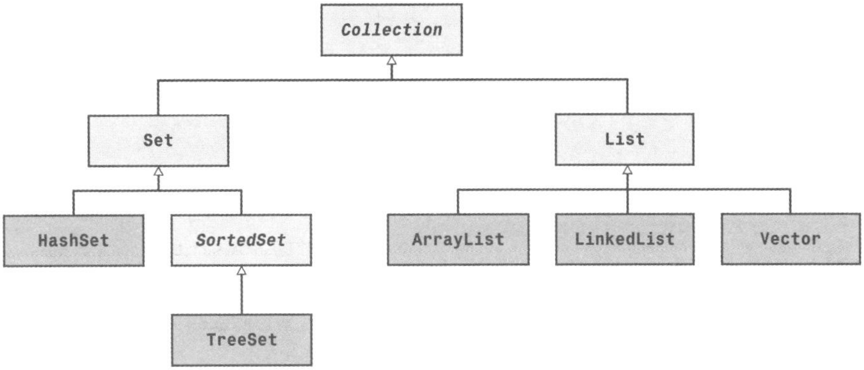

集合框架的结构

结构图的最顶部就是我们要学习的`java.util.Collection`，可以简单地把它理解成是所有元素的集合，另外，`Collection`还包含了如下的一些方法。

方　法	功能描述
`add(E element)`	在集合中加入一个类型为E的元素。这里的E是一个占位符，它表示可以接受的类型，比如链表，那么所加入的元素就是链表类型。关于这部分的内容我们在第10章泛型里再继续研究
`clear()`	删除集合中的所有元素
`contains(Object o)`	检测一个元素是否属于这个集合
`remove(Object o)`	把一个元素移出集合，以供以后使用
`size()`	获得集合中元素的个数

在`Collection`层下面还有其他的接口，其中一个经常用到且非常重要，那就是链表（`java.util.List`）。但链表使用起来不那么容易：

```
List<String> monate = new ArrayList<String>(); *1
List<String> monate2 = new ArrayList<>(); *2
monate.add("Januar"); *3
monate.add("Februar");
monate.add("März");
monate.add("April");
System.out.println(monate.size()); *4
String januar = monate.get(0); *5
```

*2 从Java 7开始可以省略**new**后面的类型参数。左边尖括号里的类型参数不能省略。

*3 给链表添加几个元素。

*1 这样定义一个链表接口：在尖括号里面指定链表元素的类型。当指定多个类型时，实际上就形成了组约束，Java中把这种情况叫作**泛型**，泛型的出现提高了程序的类型化。类似上个示例中的数组问题就可以通过泛型很好地被解决。更多关于泛型的内容我们将在第10章中继续学习。

【温馨提示】

声明链表时不能使用原始数据类型，比如`List<int>`是不允许的！换言之，必须使用包装类，因为链表或者集合除数组类型外，只适用于对象实例。

*4 输出链表长度：4。

*5 用`get()`方法获得链表中的元素。因为链表的类型是`String`，所以就可以直接获得`String`类型的返回值。如果**不使用泛型**，在这个语句中我们还需要进行类型转换。

【背景资料】

从Java 9开始链表还提供一个`List.of()`方法，使用这个方法可以相对简单地创建一个新链表：

```
List<String> monate2 = List.of(
  "Januar",
  "Februar",
  "März",
  "April"
);
```

用这样的方法创建的链表是不可改变的；也就是说，创建链表后，当中的所有元素不可以被删除，也不能再添加任何元素到链表中。

完善买鞋的测试程序！

我们现在用集合结构替换数组结构，完善你的测试程序。

太好了，我有点等不及了！

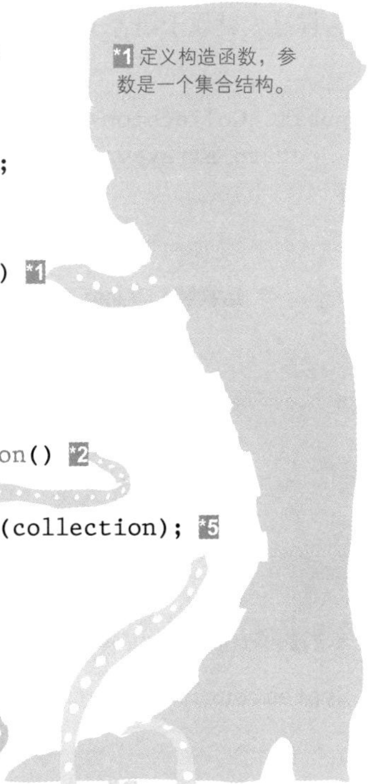

```
public class SchuhTesterMitCollection implements↩
  SolcheSchuheHastDuSchonTester
{
    private Collection<SchuhPaar> schuhKollektion;

    public SchuhTesterMitCollection(
            Collection<SchuhPaar> schuhKollektion) *1
    {
        this.schuhKollektion = schuhKollektion;
    }
    @Override
    public Collection<SchuhPaar> getSchuhKollektion() *2
    {
        return Collections.unmodifiableCollection(collection); *5
    }
    @Override
    public void addSchuhPaar(SchuhPaar schuhPaar)
    {
        this.schuhKollektion.add(schuhPaar); *3
    }
    @Override
    public boolean hastDuSchon(SchuhPaar schuhPaar)
    {
        return this.getSchuhKollektion().contains(schuhPaar); *4
    }
}
```

*1 定义构造函数，参数是一个集合结构。

*2 重写接口的get方法。我想这样的重写方法对你来说也不陌生了。

*3 此处调用集合的**add()**方法，加入一双新鞋。现在就不用再像数组那样，纠结数组大小的问题了。

*4 还需要用**contains()**方法检测，这个集合里是否已经有对象了，判断是否相同的部分已经用**equals()**实现过了。

*5 我们不希望任何人在不使用**add()**方法的情况下添加新的元素。所以，返回一个集合的镜像，这样的返回值是不可以被改变的。

@Override也可用在接口里，昨天已经说过了！

比数组简单多了！还有个问题：

编译时，编译器发现 SchuhTesterMitArray没有实现 getSchuhKollektion() 方法。这个方法我刚才加到了接口里。数组又不是集合，

我现在要怎么做呀？

非常简单， 数组类提供了一个辅助方法，可以直接从数组转换成链表，这样链表就属于集合了。

```
@Override
public Collection<SchuhPaar> getSchuhKollektion() {
  return Arrays.asList(this.schuhe);*1
}
```

*1 辅助方法Arrays.asList()直接把一个数组转换成一个链表。怎么样，适用吧？

这样我们在main类里就可以基于集合结构实现数组结构了：

```
SolcheSchuheHastDuSchonTester tester = new SchuhTesterMitCollection
  (new ArrayList<SchuhPaar>());
```

现在我终于明白这个测试程序的接口到底有什么用处了。

再来看看最终的输出结果：

```
System.out.println(tester.getSchuhKollektion().size());
```

结果是4！ 也就是说，集合方法size()给出了数组中的元素个数……不是单纯地给出一共有多少个位置。我现在觉得，比纯数组形式好多了。

为什么会有数组这种使用不方便的类型呢？

其实数组也不是“百无一用”。要根据程序的具体情况来考虑，**数组也有适用的地方**。比如在处理很多原始数据时，数组就非常地好用，因为集合结构用的都是包装类，这反而会消耗很多的存储空间。

阶段练习

【困难任务】

输出集合中的每个元素。

我打算用普通的for循环来完成。

非常遗憾，普通的for循环不适用于集合结构。虽然**集合结构**里用size()方法可以获得元素的个数，但是没有一个方法可以通过具体的序号访问该元素。

- tester.getSchuhKollektion().size()：这样可以获得元素的个数。

但是：

- tester.getSchuhKollektion()[i]：这样访问不可以，因为不是数组结构。
- tester.getSchuhKollektion().get(i)：如果是链表的话可能是有效的。我们也不想这样访问，因为还有更抽象、更好的方法。
- tester.getSchuhKollektion().item(i)：这样不可以。
- tester.getSchuhKollektion().getItem(i)：同样也不可以。

所以就可以考虑用foreach循环，因为它不需要用到所谓的序号：

```
for(SchuhPaar schuhe : tester.getSchuhKollektion()) {
  Sytem.out.println(schuhe);
}
```

【笔记】

foreach循环的语法是从Java 5之后才开始有的，此前人们必须使用不同的方式处理这样的情况。请允许我介绍一下……

迭代器
（听起来挺疯狂的，是不是？）

有点儿像施瓦辛格的电影。

还有另外一种访问集合结构中元素的方式：**迭代**。实现**迭代接口**的代码如下：

```
Iterator<SchuhPaar> iterator = tester.getSchuhKollektion().iterator();*1
while (iterator.hasNext()) {*2
  System.out.println(iterator.next()*3.toString());
}
```

*1 首先通过iterator()方法获得迭代器（iterator）。

*2 iterator接口里一共定义了三个方法：hasNext()方法检查集合中当前位置的下一个位置上是否有元素……

*3 next()方法指向下一个元素（并返回下一个元素的位置）；remove()方法可以删除元素（为了讨好你的女朋友，我们还是别用这个方法了）。

【笔记】
在编译器中，foreach循环与迭代方法的编译码是一样的。

【笔记】
链表接口有一个可以访问元素的方法，所以在访问链表元素时可以用普通的for循环，而不用foreach语句或者迭代的方式。

Link和List

在链表（List）中，除了动态数组链表（ArrayList），还有两种链表：LinkedList和Vector。LinkedList是个双向链表，它非常适合在链表中的任意位置上插入元素。相比之下，Vector类似ArrayList，同时也是线程安全的；也就是说，可以接受同时并行的访问。通常情况下，ArrayList对你来说就足够了。

【困难任务】

下面的代码打算在控制窗口输出链表中的所有元素，然后再删除该元素。但是不知为何，只能输出两个元素。请修复这个问题！

```
List<String> aufgaben = new ArrayList<>();
aufgaben.add("Geschirr spülen");
aufgaben.add("Wohnzimmer aufräumen");
aufgaben.add("Staub wischen");
aufgaben.add("Badezimmer putzen");
for(int i=0; i<aufgaben.size(); i++) {
  System.out.println(aufgaben.remove(i));
}
```

答案：

由于删除元素的语句放在for循环里面，因而在执行两次删除操作后，表达式aufgaben.size()的值为2；当执行第三次for循环时，循环条件就不满足了，因为循环计数变量i是2，不再小于链表的长度，所以循环就结束了。要想避免这样的情况，必须在for循环中每次删除链表的最后一个元素。

```
for(int i=aufgaben.size()-1; i>=0; i--) {
  System.out.println(aufgaben.remove(i));
}
```

更高级一点的办法是用while循环实现：

```
while(!aufgaben.isEmpty()) { *1
  System.out.println(aufgaben.remove(0)); *2
}
```

*1 只要链表不为空……

*2 就删除第一个元素。

“机不可失，失不再来”

小薛，学习至此一切算是进行得“顺风顺水”，接下来我们再学习一个集合结构里很重要的子接口：Set。它可以说是Java程序里的“集合”，这个“集合”指的是我们在数学课上学到的概念。

什么，数学课？我已经忘得差不多了。幸好“集合”这部分我还记得一点儿。但是请别讲太枯燥的集合理论知识！

我发誓！只是一个小小的示例，比如集合的运算和方法，之后我们就进入练习阶段。

小小的示例如下：

```
Set<Integer>*1 zahlen = new HashSet<>();*2
zahlen.add(1);*3
zahlen.add(2);*3
zahlen.add(3);*3
zahlen.add(4);*3
System.out.println(zahlen);*4
zahlen.add(4);*5
System.out.println(zahlen);*6
```

*1 通过……

*2 HashSet实现一个整数的集合。

*3 此处没有什么特别的，只是往集合里添加了几个整数……

*4 输出结果正如我们期望的那样：[1, 2, 3, 4]。

*5 由于集合中的元素要满足互异性，所以这句不起作用……

*6 输出结果依旧是我们期望的那样：[1, 2, 3, 4]。

【资料整理】
集合中的元素没有重复。

【便签】
当用add()方法往Set里添加一个已经存在的元素时，方法的返回值为false。

与集合运算类似的方法：

方　法	功能描述
addAll()	获得两个集合的并集
removeAll()	获得两个集合的差集
retainAll()	获得两个集合的交集
containsAll()	判断一个集合是否为另一个集合的子集

【背景资料】
从Java 9开始，Set还提供了一个辅助方法of()，用它创建一个有不同元素的集合相对容易些：

```
Set<Integer> zahlen =
Set.of(1, 2, 3, 4);
```

Hash的春天

【简单任务】

已知两个集合*A*和*B*，*A*集合的元素为1～40的所有偶数，*B*集合的元素为20的所有因子；从*A*集合中挑选出所有*B*集合包含的元素。请描述出解题思路。

请用Java实现

【解题思路】

可以求得集合*A*和*B*的交集，也就是说，挑选出两个集合中都包含的元素。

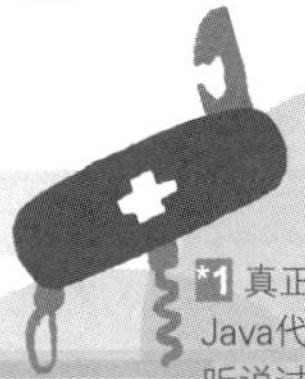

参考代码如下：

```
Set<Integer> A*1 = new HashSet<>();
for(int i=2; i<=40; i+=2) {
  A.add(i);*2
}
Set<Integer> B*1 = new HashSet<>();
for(int i=1; i<=20; i++) {
  if(20%i==0) {
    B.add(i);*3
  }
}
System.out.println(A);*4
System.out.println(B);*5
A.retainAll(B);*6
System.out.println(A);*7
```

*1 真正的数学家是不知道Java代码公约的，从来没听说过什么小写驼峰命名规则。

*2 集合*A*包含1～40的所有偶数。

*3 集合*B*包含20的所有因子。判定一个数是否为另一个数的因子，我们在计算素数时就知道了，会用到取模（取余）运算符！

*4 输出结果：[34, 32, 2, 38, 4, 36, 6, 8, 40, 10,12, 14, 16, 18, 20, 22, 24, 26, 28, 30]。

怎么是无序的呢？

HashSet本身就是无序的。如果需要排序应该用java.util.TreeSet，因为它额外实现了java.util.SortedSet接口，这个是有序的。

*5 输出结果：[1, 2, 4, 20, 5, 10]。

*6 交集运算：通过retainAll()方法得到*A*集合，集合里面的元素为*B*集合的所有元素……

*7 也就是2,4,10和20。如果反过来计算B.retainAll(A)，结果是相同的。

【完善代码】

修改刚才的代码。用TreeSet来实现，获得所有不包含在集合*A*和*B*交集里的元素。

你说的是对称差集吗？别卖关子了，快点说吧！

```
...
Set<Integer> C = new TreeSet<>(); *1
C.addAll(A); *1
C.addAll(B); *1
A.retainAll(B); *2
C.removeAll(A); *3
...
```

*1 *C*包含集合*A*和*B*的所有元素。

*2 通过`retainAll()`方法，使得*A*集合中只包含*A*和*B*交集中的元素。

*3 从两个集合中移出所有不包含在*A*和*B*集合（交集）中的元素。排序后的*C*集合为：[1, 5, 6, 8, 12, 14, 16, 18, 22, 24, 26,28, 30, 32, 34, 36, 38, 40]。

【笔记】

了解一下Google-Guava类库，这个类库中包含很多有关Collection和其他更简单的操作，比如其中的一个辅助方法就是针对集合的，用这些方法可以直接实现集合运算，包括对称差运算。

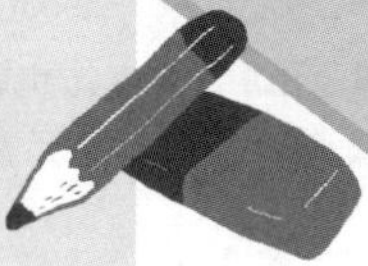

阶段练习——Set辅助刑警破案

突发新闻： **迈尔别墅发生一起盗窃案！**

金柜被撬开！ **金饰品被盗走！**

【简单任务】

著名的C. O' Mpiler 和 J.V. Mac Hine侦探正在休假。这时你必须站出来解决这个案子。有一组犯罪嫌疑人，其中只有两个有不在场证明。那其他人呢？谁对金饰品情有独钟？谁接触过保险箱？谁接触过钥匙？

创建犯罪嫌疑人

```java
String herrMueller = "米勒先生";
String frauMueller = "米勒太太";
String herrMaier = "迈尔先生";
String frauMaier = "迈尔太太";
String derGaertner = "花匠";
String diePutzfrau = "女清洁工";
String dieDiebischeElster = "贼喜鹊";

Set<String> verdaechtige = new TreeSet<>();
verdaechtige.add(herrMueller);
verdaechtige.add(frauMueller);
verdaechtige.add(herrMaier);
verdaechtige.add(frauMaier);
verdaechtige.add(derGaertner);
verdaechtige.add(diePutzfrau);
verdaechtige.add(dieDiebischeElster);
```

证据描述

证据A：

```java
Set<String> hatAlibi = new TreeSet<>();
hatAlibi.add(frauMueller);
hatAlibi.add(derGaertner);
```

证据B：

```java
Set<String> liebtGold = new TreeSet<>();
liebtGold.add(frauMueller);
liebtGold.add(herrMaier);
liebtGold.add(derGaertner);
liebtGold.add(diePutzfrau);
liebtGold.add(dieDiebischeElster);
```

证据C：

```java
Set<String> zugangZumSafe = new TreeSet<>();
zugangZumSafe.add(herrMueller);
zugangZumSafe.add(herrMaier);
zugangZumSafe.add(derGaertner);
zugangZumSafe.add(diePutzfrau);
```

证据D：

```
Set<String> zugangZumSafeSchluessel = new TreeSet<>();
zugangZumSafeSchluessel.add(herrMueller);
zugangZumSafeSchluessel.add(frauMueller);
zugangZumSafeSchluessel.add(herrMaier);
zugangZumSafeSchluessel.add(frauMaier);
zugangZumSafeSchluessel.add(dieDiebischeElster);
```

小薛，推理一下！

```
System.out.println(verdaechtige);*1
verdaechtige.removeAll(hatAlibi);*2
System.out.println(verdaechtige);*2
verdaechtige.retainAll(liebtGold);*3
System.out.println(verdaechtige);*3
verdaechtige.retainAll(zugangZumSafe);*4
System.out.println(verdaechtige);*4
verdaechtige.retainAll(zugangZumSafeSchluessel);*5
System.out.println(verdaechtige);*5
```

究竟谁是嫌疑人？

*1 输出嫌疑人列表：
[1=花匠， 2=女清洁工, 3=贼喜鹊，
4=迈尔太太，5=米勒太太， 6=迈尔先生， 7=米勒先生]。

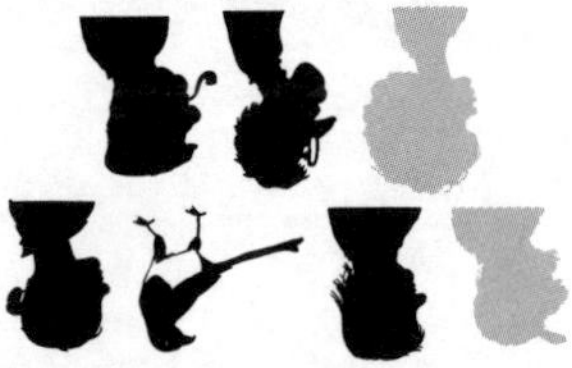

*2 米勒太太和花匠有不在场证据，剩下的嫌疑人列表：[女清洁工，贼喜鹊， 迈尔太太，迈尔先生，米勒先生]。

*3 米勒先生和迈尔太太对黄金不感兴趣，还剩下：
[女清洁工，贼喜鹊，迈尔先生]。

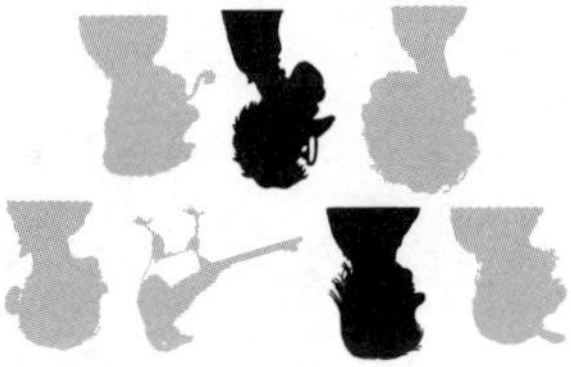

*4 接触过保险箱的人就剩下两位嫌疑人：
[女清洁工，迈尔先生]。

诈骗保险金 迈尔监守自盗！

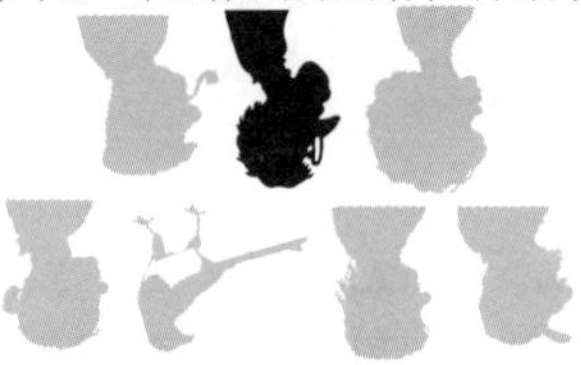

*5 接触过保险箱钥匙的人就只有：迈尔先生！
诈骗保险金！

阶段练习——Set结构的买鞋测试程序

【简单任务】

Set是Collection的子接口。我们的测试程序既然可以接受Collection，也就可以接受Set。

创建一个SchuhTesterMitCollection的实例，此次用HashSet替换ArrayList实现，并放在Main类里运行。

```
SolcheSchuheHastDuSchonTester tester = ↩
  new SchuhTesterMitCollection(new HashSet<SchuhPaar>());
```

输出结果：

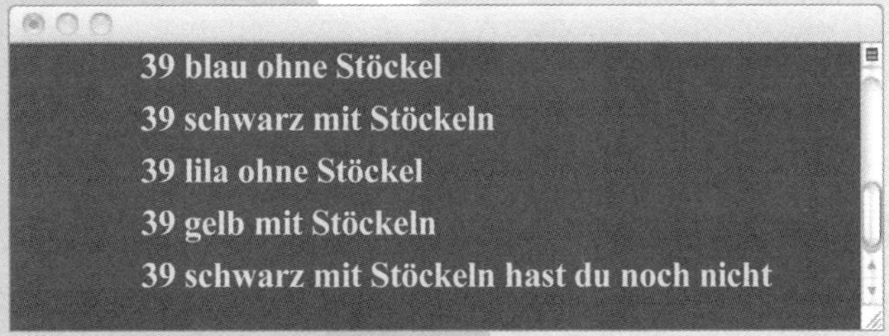

39 blau ohne Stöckel
39 schwarz mit Stöckeln
39 lila ohne Stöckel
39 gelb mit Stöckeln
39 schwarz mit Stöckeln hast du noch nicht

你还没有39码黑色高跟鞋。

这是什么情况？

为什么不管用了呢？鞋是相同的！

也实现了equals()方法！

难道白费功夫了？

不是的，没有白费功夫！Java是在所谓的鞋柜里寻找鞋的！HashSet相当于很多个鞋柜。

这个比喻好……

谢谢，但是别说笑，HashSet的结构就是为了方便查找元素的。试想一下：你女朋友的四个鞋柜都装满了。现在她又想买一双新鞋，这时你想尽快查询一下，是否在鞋柜里已经有一双相同的鞋了。于是你必须比较每个鞋柜里的每双鞋，直到找到相同的为止。

噗，那得花上好几个小时！

没错，这时候就需要有一个HashSet。与此同时，每个鞋柜都有唯一的编号，并且每个鞋柜里只能摆放相同编号的鞋。

比如：鞋的尺码！

是的，说得没错。如果现在你想查看家里已有的鞋是否跟新买的鞋同款，只需要获得新鞋的尺码信息，然后打开相应的鞋柜，在其中查找就可以了。这样做明显比**查找每一双鞋**快多了。所以说，HashSet是非常**高效的**。

归根结底，我们现在只需要鞋柜的唯一编号，确切地说，就是要生成一个唯一的编码。**hashCode()**方法就可以实现这个功能。

生成哈希码

```
@Override
public int hashCode() { *2
  return this.getGroesse(); *1
}
```

这个简单的做法……

对于整理鞋柜非常有效。

*1 相同鞋码的鞋……

*2 获得相同的哈希码。

哈希码，哈希码……
我好像在什么地方听说过……

是的，在第5章里重写toString()方法的时候曾经提到过。默认情况下，对象（Object）用toString()方法输出时就是用哈希码加密输出的。

如果我没想错的话：

我女朋友一向只穿一种鞋码，最多两种。那么只需要把鞋分别放在两个鞋柜里，根本不需要其他的鞋柜。这样，我就不必每次都花很长时间找鞋了。

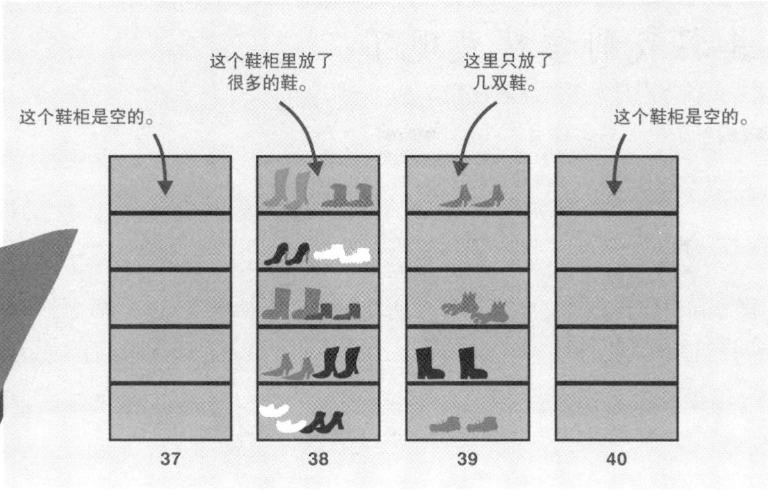

这个鞋柜是空的。
这个鞋柜里放了很多的鞋。
这里只放了几双鞋。
这个鞋柜是空的。
37
38
39
40

根据不合适的哈希码来查找往往更耗时

说得没错，的确如此！ 所以我们目前实现的方法不太适合这里的情况。我们必须找到更多鞋的特征，以便区分它们。

每个鞋柜都摆放着鞋码和款式相同的鞋。

这样的做法听起来不错，我女朋友就不用只关注高跟鞋了。

这样尝试如何？

```
@Override
public int hashCode() {
  return this.getGroesse() + Boolean.hashCode(
    this.isMitStoeckeln());
}
```

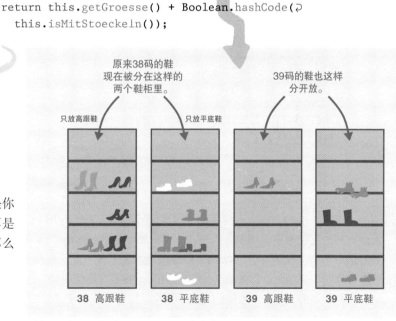

你说得没错，但是你不是肯尼，你女朋友不是芭比。的确也不需要那么多鞋柜。

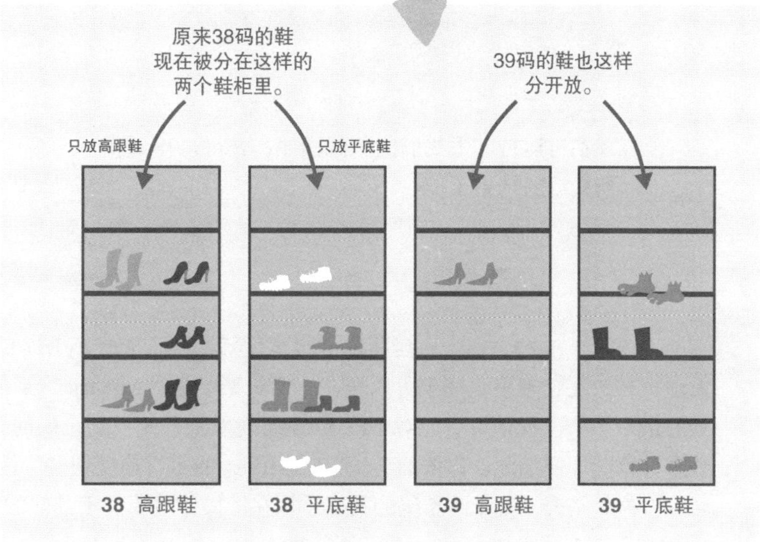

原来38码的鞋现在被分在这样的两个鞋柜里。
39码的鞋也这样分开放。
只放高跟鞋
只放平底鞋
38 高跟鞋
38 平底鞋
39 高跟鞋
39 平底鞋

用精心设计的哈希码来查询就可以达到事半功倍的效果

还有一个问题，其实我刚才就发现了：

这个程序只对那些用同一个哈市码排好序的同款鞋有效，
而且还不是分配在太多的鞋柜里。那么对于两双有不同
哈市码的同款鞋有效吗？

小薛，我不知道你在想什么，但是那个叫**哈希码**，不是**哈市码**。不管怎样，你还是能够一如既往地发现问题！这个问题涉及一个非常非常重要的规则：

【笔记】
重写equals()方法时，必须重写hashCode()方法！尽管这样，对于相同的对象也会获得相同的哈希码（也就是获得同一个鞋柜的编号）。

【笔记】
可以用hashCode()方法给**不同的对象生成哈希码**。其实这样做也不赖，比如在我们的鞋柜里既有38码的黄色高跟鞋，也有38码的粉红色高跟鞋。

现在再运行一下我们的测试程序，又可以得到我们期望的结果了。

好吧，好吧，
都是因为我刚才把ArrayList换成HashCode才引出的这些问题。
这也就是说……

哈希码和动态数组（ArrayLists）真没太大关系，无须怀疑。其实无须把鞋放在鞋柜里，完全可以摆在一个长架子上。ArrayList的写操作还是比较快的，只需放置到鞋架的最后一个位置即可。但对于HashSet则需要首先找到正确的鞋柜，所消耗的时间需要根据鞋柜的个数来计算。即便如此，你依旧会觉得HashSet的运行速度快些，因为不需要像ArrayList那样遍历所有元素。这就是说，基于哈希码的数据结构在读操作时要优于其他的数据结构。

【温馨提示】

如果生成一双鞋，把它放在HashSet里，然后改变它的一个属性，比如鞋码，这时原有的哈希码也会改变！也就意味着这双鞋被放在一个错误的鞋柜里了！正因如此，在生成一个对象的哈希码之后，就不应该再改变任何一个属性了。

```
Set<SchuhPaar> schuhKollektion = new HashSet<>();
SchuhPaar schuhPaar = new SchuhPaar(44, "schwarz", true);*1
schuhKollektion.add(schuhPaar);*2
System.out.println(schuhPaarTest.hashCode());*3
System.out.println(schuhe.contains(schuhPaar));*4
schuhPaar.setGroesse(38);*4
System.out.println(schuhPaarTest.hashCode());*5
System.out.println(schuhe.contains(schuhPaar));*6
```

*1 黑色44码的高跟鞋……嗯……小薛，你确定这双鞋是你女朋友的？

*2 把这双鞋放到鞋柜里就行了……

*3 这双鞋存放在哈希码为1917682390的地方……

*4 此处输出为true。

*5 把鞋码修改之后看起来正常多了（我觉得38码就不错）……

*6 哈希码现在也变了（1917682384）……

这就导致那双鞋再也找不到了。

树和房间

Set接口还有其他结构，比如树结构（TreeSet）。从名字就不难发现，这个结构也是Set，但并不是基于哈希值的，而是树的形式，确切地说是树形结构。这就意味着，我们刚刚习惯的鞋柜比喻在这里就不管用了。鞋现在不必放在鞋柜里，而是要挂在树上了。

噢，也就是说，要想找到鞋，我现在得爬树了吗？这方面我比较在行，因为我们的猫总是爬得很高！

哈哈哈，你真会说笑，其实不用的， 你完全不必做其他的改变，因为Set接口与HashSet完全一样。你稍微等一下，让我想想用什么比喻比较合适呢……也许我们可以不用树作比喻，用房间来比喻应该更好些！想象一下，所有的鞋被分放在不同的房间里。每个房间有三个门：一个入口和两个出口。一个房间里只能存放一双鞋。小码的鞋放在房间右侧门的后面，大码的鞋放在房间左侧门的后面。

等等，我完全混乱了。为什么搞得跟演歌剧似的呢？

这样做的好处是，所有鞋都是按一定的顺序排列好的，而且由于**不必事先进行排序**操作，所以还可以**很快地按有序的形式输出**。

树，房间，树，房间，
我今晚会梦到什么呢？

我们现在最好还是用买鞋的测试程序来解释一下。这次用TreeSet作为参数来实现，然后再运行一遍：

```
SolcheSchuheHastDuSchonTester tester = new SchuhTesterMitCollection(new ↩
  TreeSet<SchuhPaar>());
```

又报错了！我觉得我无言以对。一开始是equals()，然后是 hashCode()，现在又是什么不对了？

输出结果：

```
Exception in thread "main" java.lang.ClassCastException: de.galileocomputing.schroedinger.java.
kapitel8.schuhetester.SchuhPaar cannot be cast to java.lang.Comparable
```

等一下，我知道报错的原因了：SchuhPaar不能转型到java.lang.comparable。
这个是接口吗？

没错，SchuhPaar不能实现Comparable接口。因为现在用的是TreeSet结构，所以必须实现这个接口。

是大码还是小码

再考虑一下这个房间树的第一个房间里放入的东西：
如何确定一双鞋比其他的鞋大还是小呢？

呃……需要看鞋码，对吗？

对的。OK，下一个问题：那Java是
如何判断鞋的大小呢？

通过……这个……comparable接口，是吗？

正确！当一个对象比其他对象“大一些”或“小一些”时，你就需要定义这个接口。这时只需要实现一个方法：compareTo()。这个方法的返回值为三个整型值中的一个：

compareTo()的返回值	含　义
0	如果对象对于它的属性是“相等”
–1	如果当前对象比其他的对象“小一些”
1	如果当前对象比其他的对象“大一些”

现在必须确定，什么时候这些鞋比其他的鞋小一些。

这个容易，我可以比较鞋码。

OK，如果遇到鞋码相同的情况呢？怎么比较鞋码的“大一些”还是“小一些”呢？

嗯……明白了，
我还可以比较颜色。

没错，颜色是按照字符串的顺序编码的，现在就可以用标准的字母顺序来比较了。也就是说，蓝色的（blau）鞋比黄色的（gelb）鞋小一些。尺码相同、颜色也相同的鞋还可以用鞋跟来比较，有鞋跟的（mit Stöckln）比没有鞋跟的（ohne Stöckln）大。不管怎么样都能够实现。

参考代码如下：

```
public class SchuhPaar implements Comparable<SchuhPaar>*1 {
  @Override
  public int compareTo(SchuhPaar schuhPaar) *2
  {
    int result = 0;
    int groessenVergleich = Integer.valueOf↩
      (this.getGroesse()).compareTo(schuhPaar.getGroesse()); *3
    int farbenVergleich = this.getFarbe().compareTo(schuhPaar.getFarbe()); *4
    int stoeckelVergleich = Boolean.valueOf↩
      (this.isMitStoeckeln()).compareTo(schuhPaar.isMitStoeckeln()); *5
    if(groessenVergleich != 0) { *6
      result = groessenVergleich;
    } else if(farbenVergleich != 0) { *7
      result = farbenVergleich;
    } else if(stoeckelVergleich != 0) { *8
      result = stoeckelVergleich;
    }
    return result;
  }
}
```

*1 Comparable接口可以被视为一个“类型”接口，需要在尖括号里指明类型。关键词：泛型。

现在你要详细讲解泛型吗？

再学习两章之后我们才会讲解。

*2 开始进行鞋的比较。与用Object作参数的equals()方法不同，此处用SchuhPaar作参数。正因为如此，*1 才会指定SchuhPaar为参数。

*3 然后比较**鞋码的大小**。在此需要用到已经实现Integer类的compareTo()方法。

*4 接下来比较**鞋的颜色**。幸好String类已经实现了compareTo()方法。

*5 之后还需要比较布尔表达式的值。**鞋是否带跟**。

*6 如果鞋的尺码不同，返回**尺码的比较结果**……

*7 否则，如果鞋的颜色不同，返回**颜色的比较结果**……

*8 否则，如果鞋跟有区别，返回**鞋跟的比较结果**。

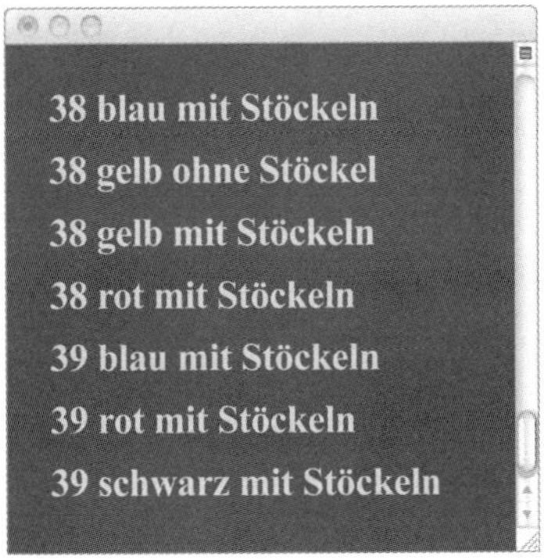

可以看到，现在所有的鞋都已经按尺码、颜色和鞋跟的顺序排列好了。

小薛在房间树结构中

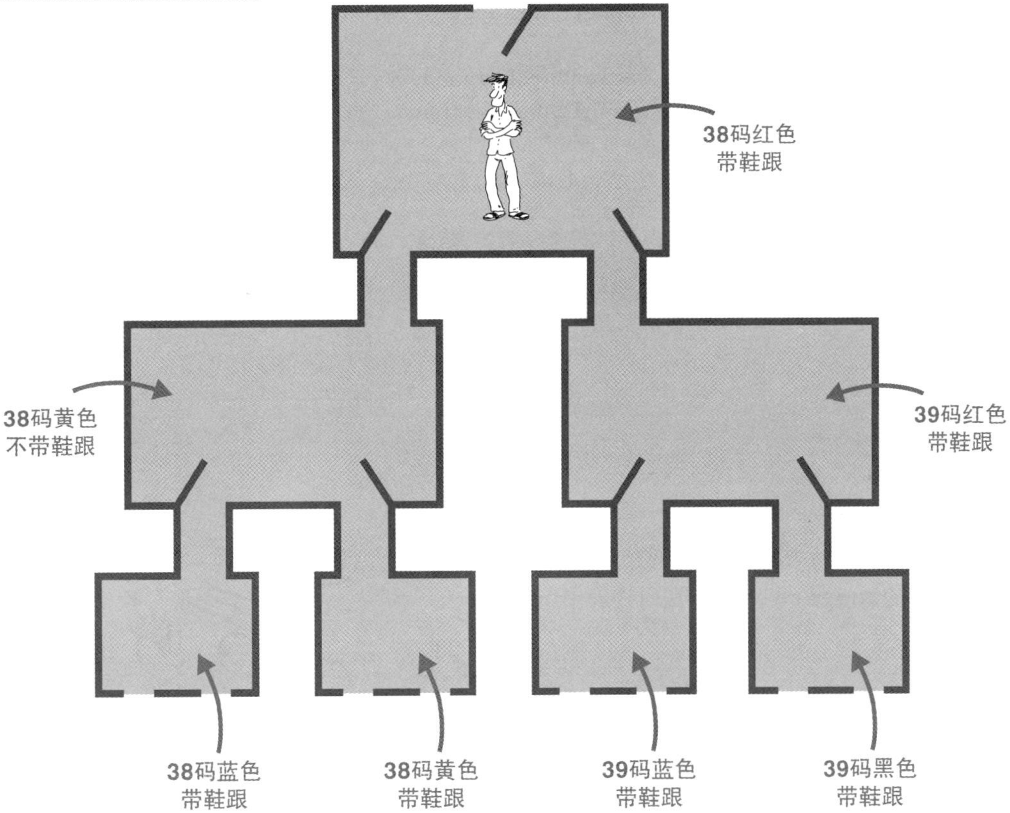

【奖励】

实现一个正确的**compareTo()**方法也许是件让人挠头的事。最好是先查看一下Apache Commons函数库，那里有个可以帮到你的辅助类**CompareToBuilder**，你可以在网址http://commons.apache.org/lang/下找到Apache Commons函数库。另外还有**EqualsBuilder**和**HashCodeBuilder**，都非常实用。

不用树结构排序

OK，排序。

我已经弄明白了。但是，给数据排序一定要用TreeSet吗？

当然不是，对数组排序时可以用java.util.Arrays，对集合排序时可以用辅助类java.util.Collections。用这个辅助类甚至还可以这样排序：

```
List<Integer> zahlenDurcheinander = Arrays.asList(2,4,3,4,5,6,7,↩
  4,3,5,3,4,5);
Collections.sort(zahlenDurcheinander);
System.out.println(zahlenDurcheinander);
```

输出结果：

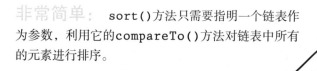

```
[2, 3, 3, 3, 4, 4, 4, 4, 5, 5, 5, 6, 7]
```

OK，太棒了，很好理解。

我发现集合结构里有个sort()方法，它有什么用呢？我的意思是，它的两个参数有什么用：Comparator<? super T>。哎呀！又是尖括号。

非常简单： sort()方法只需要指明一个链表作为参数，利用它的compareTo()方法对链表中所有的元素进行排序。

注意两件事：

- 第一，所有元素必须实现这个方法，否则就会报错，如上节所述的TreeSet。

> **【背景资料】**
> 在之前对**整型数**排序的例子中，整型数就实现了Comparable接口。

- 第二，元素的排序方式始终与compareTo()方法给出的方式相同。

sort()方法还有一个补充形式，这种形式不仅需要提供一个待排序的列表，而且还需要一个**比较器作为第二个参数**。元素的比较不是通过compareTo()方法，而是通过比较器的compare()方法来实现。

【便签】
这也就意味着，某种情况下元素本身不必实现compareTo()方法（因为根本就不能调用，没有实现comparable接口）。

比较器接口的compare()需要提供两个类型相同的对象，除此之外，它与compareTo()方法在功能上完全一样；也就是说，也会返回三个值0、-1或者1之中的一个。
一起来看个简单的Comparator接口示例，**降序**输出上面示例中的一组数：

```
public class ZahlenUmgekehrtComparator implements Comparator<Integer> {
  @Override
  public int compare(Integer zahl1, Integer zahl2) {
    return zahl2.compareTo(zahl1);
  }
}
```

【资料整理】
compareTo()方法，确切地说是Comarable接口，可以用在以相同种类或方式进行数据排序的操作中。如果想要按不同种类排序的话，使用比较器接口的方式是解决类似问题的不二选择。

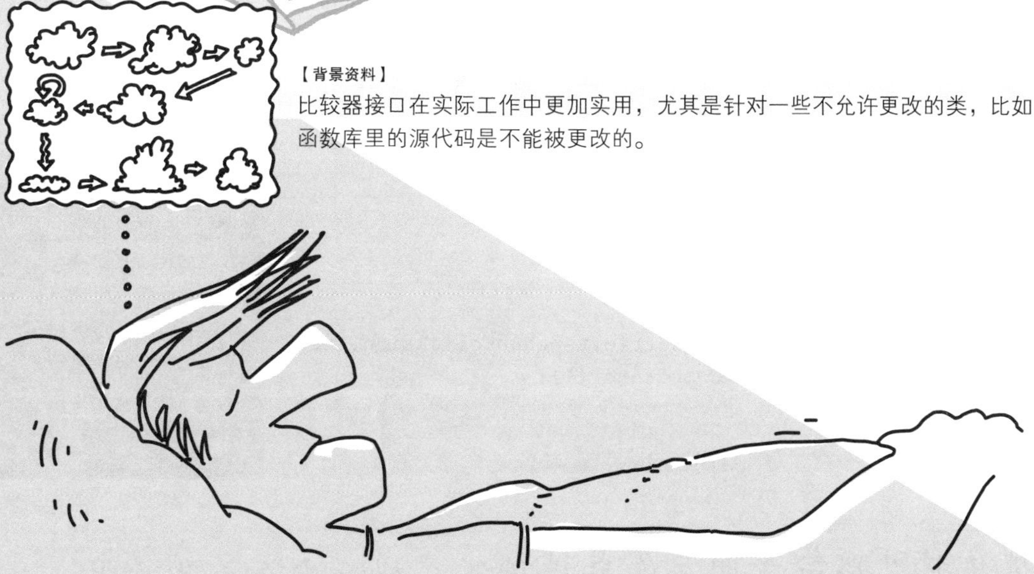

【背景资料】
比较器接口在实际工作中更加实用，尤其是针对一些不允许更改的类，比如函数库里的源代码是不能被更改的。

阶段练习——鞋的排序

【简单任务】

鞋的颜色优先，用比较器接口方式对鞋进行排序！

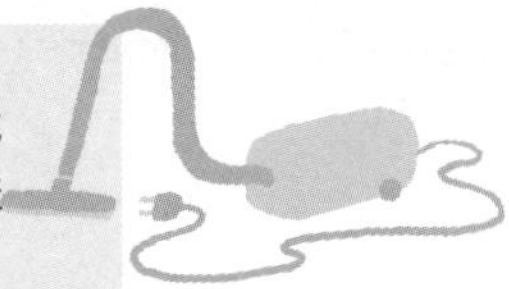

用比较器对鞋进行排序？

没有比这个更容易的事了，我把原来SchuhPaar类的compareTo()的代码稍微修改一下就可以了：

```
public class SchuhfarbenComparator implements
Comparator<SchuhPaar> {
  @Override
  public int compare(SchuhPaar schuhe, SchuhPaar schuhe2) {
    int result = 0;
    int groessenVergleich = Integer.valueOf↩
      (schuhe.getGroesse()).compareTo(schuhe2.getGroesse());
    int farbenVergleich = schuhe.getFarbe().compareTo(schuhe2.↩
      getFarbe());
    int stoeckelVergleich = Boolean.valueOf(schuhe.↩
      isMitStoeckeln()).compareTo(schuhe2.isMitStoeckeln());
    if(farbenVergleich != 0) { *1
      result = farbenVergleich;
    } else if(groessenVergleich != 0) { *2
      result = groessenVergleich;
    } else if(stoeckelVergleich != 0) {
      result = stoeckelVergleich;
    }
    return result;
  }
}
Collections.sort(sortierteSchuhKollektion, new↩
   SchuhfarbenComparator());
```

*1 直接把颜色比较的判断条件……

*2 与鞋码比较的判断条件调换一下就可以了。

输出结果：

```
38 blau mit Stöckeln
38 blau mit Stöckeln
39 blau mit Stöckeln
40 blau mit Stöckeln
38 gelb ohne Stöckel
38 gelb mit Stöckeln
38 gelb mit Stöckeln
39 gelb mit Stöckeln
38 grün ohne Stöckel
und so weiter.
```

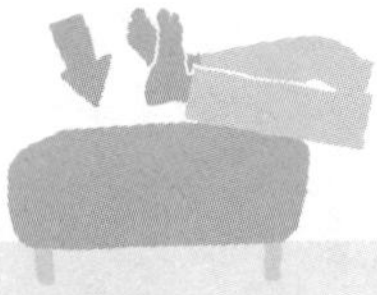

【奖励/答案】

你现在就可以用你女朋友的鞋排序了。一定还有更多的收获。

现在我可以给女朋友的鞋排序了，她一定会感谢我的。

映射

在Java中，除了集合（Collection）还有一个可以存储多个值的结构：映射（Map）。相比之下，明显区别在于，后者的每个值都会提供一个键与之关联起来。通过键又可以把值从Map中提取出来。

【便签】

对Map的理解可以参考Set的功能：存在Set里的**元素（值）只能是唯一的**，而Map里的**键只能是唯一的**。但二者不同的是，Map的**值是可以重复的**。

Map这个名字来源于值和键的对应（映射）关系。这种对应关系有很多：城市对应着它所属的国家，职员和员工对应着公司或者企业，宠物对应着它的男女主人，鞋对应着它的拥有者，等等。

以天数和月份的对应关系为例：

```
Map<String, Integer> anzahlTageInMonaten = new HashMap<String,
  Integer>(); *1
anzahlTageInMonaten.put("Januar", 31); *2
anzahlTageInMonaten.put("Februar", 28);
anzahlTageInMonaten.put("März", 31); *3
anzahlTageInMonaten.put("April", 30);
...
System.out.println(anzahlTageInMonaten.get("Februar")*4);
Set<String> alleSchluessel = anzahlTageInMonaten.keySet();*5
Integer*7 tage = anzahlTageInMonaten.remove("Februar");*6
Collection<Integer> werte = anzahlTageInMonaten.values();*5
```

*1 Map的声明方法与Set和List的类似，此次定义一个键的类型和一个值的类型。

*2 Map用`put()`方法代替`add()`方法把键和值关联起来。

*3 Map中的**值**可以重复，但**键的值**是唯一的。

*4 用`get()`方法可以获得一个键所对应的的值。

*5 如果不知道在Map里都存储了哪些键的话，可以通过`keySet()`方法生成一个所有可用键的Set；用`values()`方法生成一个所有值的Collection。

*6 通过`remove()`方法可以删除Map中的某项。

*7 `remove()`方法的返回值是删除键所对应的值，如果是空值的话就会返回null。

【温馨提示】

通过一个键可以很快地获取一个值，但是通过值去获得一个键就没那么快了，因为先要在没有键的情况下去查找值。

【温馨提示】

虽然Map和Collection很相似，但不必实现Collection的接口。

【背景资料】

与Set相同，Map有一个基于哈希码（`HashMap`）和基于树（`TreeMap`）的结构。

阶段练习——你已经有这么多双鞋了

【简单任务】

在做困难任务之前我们先来完成一个简单的：基于上面那个月份的示例进行迭代，输出月份和相对应的天数。

OK，完成了，这个还真挺简单的。

```
Set<String> alleSchluessel = anzahlTageInMonaten.keySet();
for (String schluessel : alleSchluessel) {
  System.out.println("Der " + schluessel + " hat " ↩
    + anzahlTageInMonaten.get(schluessel) + " Tage.");
}
```

输出结果

哎哟，没有按月份排序！

```
Der April hat 30 Tage.
Der Februar hat 28 Tage.
Der Januar hat 31 Tage.
Der März hat 31 Tage.
...
```

没错，月份是乱序的。 这是因为你没有用TreeMap结构。跟使用比较器时一样，你可以在构造函数里指明TreeMap结构。然后每两个月进行比较，并返回大的月份，最后形成一整年。你现在完成的代码对于这个题已经足够了。

下面再回到鞋的测试程序上。

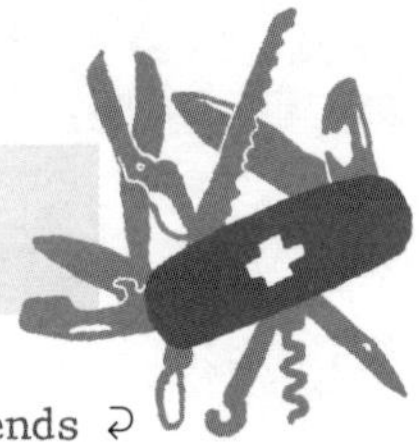

【困难任务】

假设想要计算你女朋友有多少相同的鞋，你该怎么做？
我给你点建议，要放到接口中实现：

```
public interface SovieleSchuheHastDuSchonTester extends ↩
  SolcheSchuheHastDuSchonTester
{
  int sovieleHastDuSchon(SchuhPaar schuhPaar);
}
```

*1 重复使用
SchuhTesterMitCollection
的功能!

*2 另外还要实现刚刚创建好的接口。

【笔记】
小提示：SolcheSchuheHastDuSchonTester的功能你已经实现好了，现在只需要生成一个新的子类，比如SchuhTesterMitCollection，然后实现这个新的接口。我建议最好使用Map，那样的话你就只需要考虑往Map里添加新鞋就可以了。

参考代码：

```
public class SchuhTesterMitMap extends SchuhTesterMitCollection*1 implements ↩
  SovieleSchuheHastDuSchonTester*2 {

  private Map<SchuhPaar, Integer> schuhMappe; *3
  public SchuhTesterMitMap(Collection<SchuhPaar> schuhKollektion, Map<SchuhPaar, ↩
    Integer> schuhMappe*4)
  {
    super(schuhKollektion); *5
    this.schuhMappe = schuhMappe;
  }
  @Override
  public void addSchuhPaar(SchuhPaar schuhPaar)
  {
    super.addSchuhPaar(schuhPaar); *8
    Integer anzahlGleicherSchuhe = this.sovieleHastDuSchon(schuhPaar); *7
    this.schuhMappe.put(schuhPaar, anzahlGleicherSchuhe + 1); *7
  }
  @Override
  public int sovieleHastDuSchon(SchuhPaar neueSchuhe)
  {
    Integer anzahl = this.schuhMappe.get(neueSchuhe); *6
    return anzahl == null ? 0 : anzahl; *6
  }
}
```

*3 每双鞋将通过一个整型数（Integer）各自“映射”起来。

*4 此时，构造函数除了得到一个Collection之外，还会得到一个Map，并且……

*5 这个Collection再次调用父类的构造函数，所有这些都不算复杂。

*6 此处需要重写方法：只需从Map中提取出鞋的个数。因为SchuhPaar类已经实现了equals()、hashCode()和compareTo()方法，所以可以直接把这个类的对象作为HashMap和TreeMap的键来使用。

*7 现在只差一步，还需要把鞋的个数和Map关联起来。所以需要重写addSchuhPaar()方法……

*8 重要的一点不要忘记，需要调用父类的addSchuhPaar()方法，否则鞋不能和Schuhkollection建立起联系。

再次运行这个测试程序之前，还需要一小段代码：

```
SovieleSchuheHastDuSchonTester testerMitAnzahl = new SchuhTesterMitMap↩
  (new ArrayList<SchuhPaar>(), new HashMap<SchuhPaar, Integer>());
testerMitAnzahl.addSchuhPaar(new SchuhPaar(39, "schwarz", true));*1
testerMitAnzahl.addSchuhPaar(new SchuhPaar(39, "schwarz", true));*1
testerMitAnzahl.addSchuhPaar(new SchuhPaar(39, "schwarz", true));*1
testerMitAnzahl.addSchuhPaar(new SchuhPaar(39, "schwarz", true));*1
StringBuilder meldung = new StringBuilder();
meldung.append(testerMitAnzahl.hastDuSchon(gleichesSchuhPaar) ↩
  ? gleichesSchuhPaar + " hast du schon" ↩
  : gleichesSchuhPaar + " hast du noch nicht");*2
meldung.append(", und zwar schon " + testerMitAnzahl.sovieleHastDuSchon↩
  (gleichesSchuhPaar) + " Stück");*3
System.out.println(meldung.toString());
```

*1 现在不能买这么多同款的鞋。

*2 这句在以前的测试程序中就写过了……

*3 这句就是新的：输出同款鞋的个数。

输出结果：

```
39 schwarz mit Stöckeln hast du schon, und zwar schon 4 Stück
```

* 你已经有4双39码黑色高跟鞋

这个很酷呀！ 下次买新鞋的时候我就有理由了！要是能禁止买入同款新鞋就更好了！

这个你自己就可以实现了！

【简单任务】

实现限制购买过多的同款鞋。

```
public class MehrSchuheSindNichtErlaubtTester extends SchuhTesterMitMap*1 {
  private int maximum;*2
  public MehrSchuheSindNichtErlaubtTester(Collection<SchuhPaar> schuhKollektion,↩
    Map<SchuhPaar, Integer> schuhMappe, int maximum*3) {
    super(schuhKollektion, schuhMappe);
    this.maximum = maximum;
  }
  @Override
  public void addSchuhPaar(SchuhPaar schuhe)*4 {
    if(super.sovieleHastDuSchon(schuhe) < this.maximum) {*6
      super.addSchuhPaar(schuhe);*5
    } else {
      System.err.println("Du hast schon " + this.maximum + " solcher Schuhe.");
    }
  }
}
```

*1 代码的重复利用很关键。重要的部分已经在SchuhTesterMitMap中实现了。

*2 限制购入同款鞋的最大限度需要用一个对象变量类管理……

*3 最大值可以通过构造函数来生成……

*4 之后再传递给addSchuhPaar()方法。

*5 才允许加入新鞋……

*6 只要没有超过最大值。

后进先出栈

集合（Collection）还提供了两个比较重要的类，我觉得你有必要了解一下。首先就是Stack类，可以理解成栈存储器，因为Stack里面的所有数据都是“堆放起来的”。其专业名词叫作后进先出（last in first out，LIFO），也就是后面存储的数据最先提取出来。

栈，跟调用方法时提到的栈是一样的意思，对吗？

是的，小薛，你非常棒。跟那个意思一样。

类中的方法有：

方法名	功能描述
`push(E element)`	添加一个类型为E的新元素
`peek()`	查看栈顶元素，但不移除该元素
`pop()`	弹出栈顶元素，并从栈中移除该元素

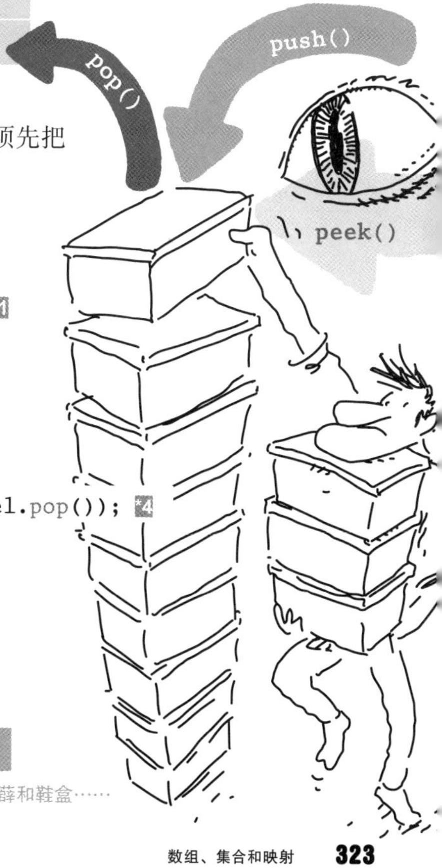

参考代码如下：

实现一个鞋盒子的栈：要想拿到位于下面的鞋盒必须先把上面的拿开。

```
Stack<SchuhPaar> schuhStapel = new Stack<SchuhPaar>(); *1
schuhStapel.push(new SchuhPaar(39, "schwarz", true)); *2
schuhStapel.push(new SchuhPaar(39, "gelb", false));
schuhStapel.push(new SchuhPaar(39, "blau", true));
schuhStapel.push(new SchuhPaar(39, "grün", false));
while(!schuhStapel.empty()) { *3
  System.out.println("Uff, jetzt noch die " + schuhStapel.pop()); *4
}
```

*1 Stack不是接口，而是一个类！

*2 用push()方法可以添加新元素。

*4 用pop()方法可以移除栈顶元素，并返回该元素。

*3 用empty()方法可以检测栈是否为空。

*小薛和鞋盒……

请排队，好吗

队列（Queue）的功能正好与栈相反，也就是先进先出（first in first out，FIFO），第一个存入的元素被最先取出。

队列的一些重要方法：

方法名	功能描述
`add(E element)`, `offer(E element)`	添加一个类型为E的新元素
`element()`, `peek()`	查看栈底元素，但不移除该元素
`remove()`, `poll()`	弹出栈底元素，并从栈中移除该元素

为了更好地体会方法功能，我们举一个非常贴切的例子：

队列就像是排队买鞋，通常都是先到收银台的顾客先结账走人。

参考代码如下：

```
Queue<Person> warteSchlange = new LinkedList<>(); *1
warteSchlange.offer(new Person("Herr Schrödinger")); *2
warteSchlange.offer(new Person("Frau Fransen"));
warteSchlange.offer(new Person("Herr Müller"));
while(warteSchlange.peek() != null) { *3
  System.out.println("Der Nächste bitte! Ah, guten Tag " ↩
    + warteSchlange.poll() + "!"); *4
}
```

*1 LinkedList实现了Queue接口。

*2 用offer()方法可以添加新元素。

*3 用peek()方法查看队列中是否还有元素。

*4 用poll()方法提出元素。

输出结果：

```
Der Nächste bitte! Ah, guten Tag Herr Schrödinger!
Der Nächste bitte! Ah, guten Tag Frau Fransen!
Der Nächste bitte! Ah, guten Tag Herr Müller!
```

* 下一位请！你好，XXX先生/太太！

【笔记】
我们基于**集合**的买鞋测试程序其实也适用于队列和栈：因为队列是从Collection中的**链表**派生出来的，而栈则是从AbstractCollection派生来的。

队列非常像购物时排队的情况

终于到Java 8的lambda表达式了

亲爱的小薛，其实集合结构的全部内容至此并没有结束，从Java 8开始又引入了一个新的表达式：lambda表达式。处理一些集合时使用这个表达式可以变得更容易。简单来说，Java中的lambda表达式是一种带方法的**匿名类紧凑写法**。匿名类你一定还记得吧？如果不记得的话就再看看前几章讲的内容。

一个匿名类的标准使用情况：链表排序时需要实现比较器的接口。

Java7及之前版本定义比较器时使用如下格式：

```
List<Integer> zahlen = Arrays.asList(4,5,6,7,5,6,4,7);
Collections.sort(zahlen, *1new Comparator<Integer>() {*2
  @Override
  public int compare(Integer zahl1, Integer zahl2)*3 {
    return zahl2.compareTo(zahl1);*4
  }
});
System.out.println(zahlen);*5
```

*1 匿名类不出现类名。

*2 实现过程看上去非常直观。

*3 compare()是比较器接口的**唯一**方法。重点是“唯一”，接下来会很重要。

*4 此处是已经非常熟悉的比较方法，降序排列。

*5 输出结果：
[7,7,6,6,5,5,4,4]

匿名类此时仅仅是compare()方法的一个载体。这段代码的意思为：通过compare()方法对链表进行排序，每次对比链表中的两个元素。如果是用lambda表达式来书写的话，就可以直接描述一个方法。（功能独立的方法也可以叫作**函数**。）

【背景资料】

lambda表达式又称为匿名方法。

Java 8中多亏有lambda表达式，才可以这么简明：

```
List<Integer> zahlen = Arrays.asList(4,5,6,7,5,6,4,7);
Collections.sort*1(zahlen, *2(zahl1, zahl2)*3 ->*4 zahl2.↩
  compareTo(zahl1)*5);
System.out.println(zahlen);
```

*1 同样的sort()方法可以这样使用……

*2 用lambda表达式书写。它由……

*3 参数和……

*4 一个小箭头……

*5 以及**返回值**构成。是不是很酷！

输出结果：

```
[7,7,6,6,5,5,4,4]
```

不用那么吃惊。 现在很多匿名类都可以用lambda表达式来代替。前提是：被匿名类实现的接口需要标记成**函数接口**（用`@FunctionalInterface`注解），并且还需要**有一个明确的方法**。这一点是理所当然的，不然就不知道要调用哪个方法了。

上面的代码还可以写成：

```
List<Integer> zahlen = Arrays.asList(4,5,6,7,5,6,4,7);
Comparator<Integer> comparator = (zahl1, zahl2) -> zahl2.compareTo(zahl1);*1
Collections.sort*2(zahlen, comparator);
```

*1 此处跟上面的代码相同，只是把lambda表达式的值赋值给另一个变量。仔细观察后发现：lambad表达式与实现一个带方法的接口并无两样。

*2 此处跟上面的格式也一样，只是提交了一个比较器变量给方法。

【背景资料】

lambda表达式本身其实不是Java的新发明。一些函数式程序设计语言，如Lisp和Haskell，很早就已经有相关的用法了。归根结底，Java中的匿名类更像是权宜之计，而现在引入lambda表达式就是一个万全之策。几年前，各种面向对象编程语言（如C#和C++）都已经接受了lambda表达式。JavaScript一直如此，函数的地位高于类的地位。更确切地说，JavaScript的现行版本根本就没有类这个概念。不过小薛，这属于另外一个话题了。

【温馨提示】

要想上面的代码正常运行，JDK的版本必须是JDK 8以上，并且用Java 8的编译器编译程序。截至本书出版时，Eclipse的版本是4.3.1，这个版本还不支持Java 8。那么就尝试换成NetBeans开发环境，这个IDE全面支持前面提到的Java 8的内容，而且它“功能齐全”，也就是说，你无须额外学习。

filter()、map()和reduce()

小薛，你现在算是一名面向对象编程的开发人员了。但我还想让你了解一下**函数式编程**。当然了，不是全部，因为函数式编程不是一两句话就能解释清楚的。我们只关注那些与面向对象有关的知识……

让我猜一下，你说的是函数吧？

完全正确。在函数式编程中虽然也有对象的概念，但对象实现的功能（方法）却是通过函数来完成的，之后再把这些对象集合在一起去完成一个任务。

对象的集合？又是什么夸张的专业词汇呀？你指的一定是Collection吗？

不完全是，还是有一些区别的：在Java 8中一些对象的集合封装在流接口（`java.util.stream.Stream`）里，并且不同类被放在`java.util.stream`包里。这些接口通常会有三个重要的函数式编程的函数：`filter()`、`map()`和`reduce()`，每个函数又涉及很多内容。集合仅仅是包含这些对象，而一个流就只负责处理这些对象。对于流来说，它通常不关心数据的来源，仅服务于一个相关的集合。

通过一个比喻来理解

比如，流是一条生产鞋盒的流水线，那么集合就像流水线前的卸货卡车（还可以是其他运输工具，只要能代表数据源就行。对于鞋盒加工厂来说，船也没问题）。流水线上可以加工任何一种鞋盒，最后再把成品放入之前准备好的卡车。这就是所谓的鞋盒加工功能。

【便签】
这个比喻并不是百分百符合实际情况。比如一个集合可以多次使用，一个流只能使用一次。这样的话，每次卡车送来鞋盒时都得重新安装一条流水线。那就得亏本。

哈哈哈，所以你就用事先准备好的卡车，对吗？

因为流不能改变数据源，而类的集合可以创建一个新流，所以需要根据流里的数据类型来选择。

比如说呢？

好吧，比如不同的函数运算。还以加工鞋盒为例：你需要**筛选**出一些破损的鞋盒，这时就要用到`filter()`方法；或者需要给每个鞋盒放入一双鞋，那么就需要用到`map()`方法；再或者寻找最大的一个鞋盒，这时就需要用到`reduce()`方法。每个操作的结果都将放到流水线上。

然后，卡车就把所有的货一起拉走了。

对，嗯……但是……需要参考流水线上的鞋盒……喂，我觉得你应该能领会大概的意思，对不对？为了满足你的求知欲我现在就给你一些好的示例。日常编程工作中通常会用实际一点的示例来弄清楚这三个函数的功能：

1 用`filter()`方法过滤出“S”开头的名字：

```
List<String> namen = new ArrayList<>();
namen.add("Schrödinger");
namen.add("Bissingen");
namen.add("Bossingen");
namen.add("Bussingen");
namen.add("Schickelmickel");
Stream<String> namenStream = namen.stream();*1
Stream<String> namenMitS = namenStream.filter(name -> name.startsWith("S"));*2
namenMitS.forEach(name -> System.out.println(name));*3
```

*1 每个集合都有一个`stream()`方法。通过这个方法你可以获取流中的实体。

*2 流有不同的方法，相比其他方法，`filter()`方法可以准确地过滤出元素，此处lambda表达式返回一个`true`值。返回值的类型为`Stream`的对象。

*3 还可用`toArray()`方法把流的内容转换到数组里并进行迭代。但是最好是用`forEach()`方法。这个方法通过lambda表达式式访问流里的每个元素。

【便签】
可以用Java 7来尝试完成这个程序，那时你就会发现有些代码是必要的。

2 用map()方法计算每个数字的平方根：

```
List<Integer> zahlen = Arrays.asList(4,9,16,25,36,49);
Stream<Double> wurzeln = zahlen.stream()↩
  .map(zahl*1 -> Math.sqrt(zahl)*2);
wurzeln.forEach(zahl -> System.out.println(zahl));*3
System.out.println(zahlen);*4
```

*1 **map()**方法调用一个函数，这个函数只有一个参数……

*2 并且把这个参数映射到**其他的值**上。此处计算流中每个数字的平方根。

*3 本行的输出结果为：

```
2.0, 3.0, 4.0, 5.0, 6.0, 7.0
```

*4 顺便提一下，原始链表中的值并没有改变。

输出结果：

```
[4, 9, 16, 25, 36, 49]
```

3 用reduce()方法求得整数链表的最大值：

```
List<Integer> zahlen = Arrays.asList(2,3,6,4,5);
Integer groessteZahl = zahlen.stream().reduce((zahl1, zahl2)*1 -> Integer.max↩
  (zahl1, zahl2)*2).get();
```

*1 得到两个值。

*2 得出值为两个数的最大值。

说到这里，求数的最大值还可以用其他方法实现：

```
int[] zahlenArray = {2,3,6,4,5};
Integer groessteZahl = Arrays.*1stream(zahlenArray).max()*2;
```

*1 Arrays类也有一个新的方法stream()。这个方法基于数组创建一个流。此处需要提供一个Interger的数组，这就是流的类型java.util.stream.IntStream……

*2 流还有一个**max()**方法，通过这个方法得到最终结果。

Java 8还引入了一个有效的书写格式：方法引用。

需要注意了：**又出现一个新的语法格式**。当需要引用一个方法时，可以采用**方法引用**简化lambda表达式。具体的语法格式为：类名，两个冒号，以及没有括号的方法名。

```
List<Integer> zahlen = Arrays.asList(2,3,6,4,5);
Integer groessteZahl = zahlen.stream().reduce(Integer::max*1).get();
```

*1 这就是方法引用的语法格式。重要的是，方法签名必须与方法引用处匹配（此例中为`reduce()`）。比如`Integer.max()`需要两个`Integer`类型的参数（同时也是链表中元素的类型），并且返回值的类型也是`Integer`。如果方法的两个参数以及返回值的类型与链表元素的类型不同，那么此方法不能作为方法引用使用。编译器遇到这样的情况会报错。

【概念定义】

方法引用不必真正地调用一个方法，而只是单纯地识别一个方法。这样，方法最终就能够作为一个参数被传递给其他方法。迄今为止，在Java中还没有一个必须通过所谓的命令模式大费周章才能得到解决的功能。

那么， lambda表达式和方法引用到底有什么区别呢……

我的意思是，什么时候使用它们？

聪明的问题！这个问题的答案是： lambda表达式终究是一个匿名函数（确切地说是Java中匿名类的匿名方法），方法引用是引用一个已经存在的方法，而这个方法是在一个已经存在的非匿名类中。什么时候使用什么格式，这个问题不能笼统地去理解。总而言之，只要你在lambda表达式中调用一个已经存在的方法，就可以用引用方法的格式去改写。比如示例中lambda表达调用了`Math.sqrt()`来计算平方根，这时就可以改写成`Math::sqrt`引用方法的形式。当需要调用多个方法时，就可以使用一个lambda表达式。

【便签】

`filter()`、`map()`、`reduce()`和`forEach()`方法不是唯一可以应用于lambda表达式的方法。`Stream`提供了一个针对其他方法的完整顺序。总的来说，lambda表达式可以接受自己实现的方法。这个话题就有点扯远了，多加练习才能更好地理解我们所学的东西。

阶段练习——高跟鞋！！！

当然，filter、map以及reduce的操作不仅针对简单的流，比如整型或者字符串类型的对象，还可以处理复杂些的对象，比如我们最喜爱的示例。

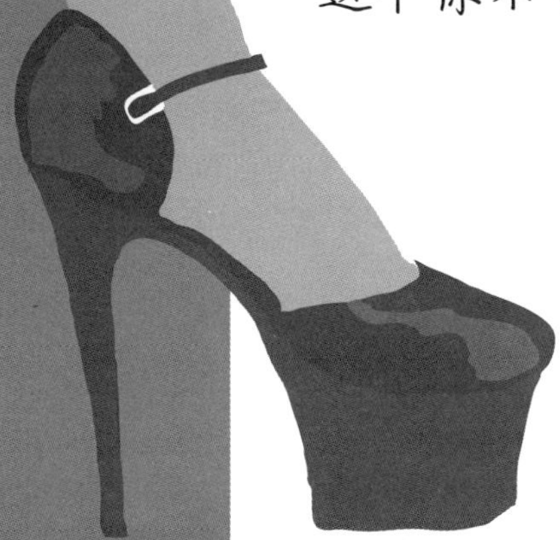

这个你不曾讲过，你打算自己留下吗？

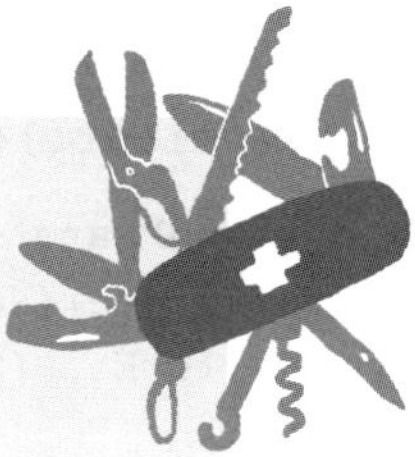

【困难任务】

已知下面的代码段，过滤出38码的高跟鞋，并且输出到控制台上。筛选和输出过程都要用到lambda表达式。如果你不打算安装NetBeans，而Eclipse又不支持lambda表达式的话，就把代码写在纸上，重要的是怎么实现这样的程序。到现在为止，不是很多开发人员都有新版本的JDK。

代码示例如下：

```
List<SchuhPaar> schuhPaare = Arrays.asList(
  new SchuhPaar("schwarz", 38, true),
  new SchuhPaar("rot", 38, true),
  new SchuhPaar("rot", 39, true),
  new SchuhPaar("schwarz", 38, false),
  new SchuhPaar("weiß", 39, false)
);
```

答案：

```
Stream<SchuhPaar> achtunddreissigerHighHeels = schuhPaare.stream()  *1
  .filter(
    schuhPaar -> schuhPaar.getGroesse() == 38 && schuhPaar.isMitStoeckeln()
  );  *2
achtunddreissigerHighHeels.forEach(
  highHeel -> System.out.println(highHeel)
);  *3
```

*1 不可以直接对一个集合结构使用lambda表达式。需要一个流。

*2 用**filter()**方法和lambda表达式在流中筛选出38码的高跟鞋。

*3 用**forEach()**方法进行迭代，通过一个简单的lambda表达式获得流中的每一个单独元素。

【任务完成】

非常棒！现在你不仅可以帮助女朋友寻找鞋，而且还得到Java开发者的很多经验：lambda表达式。

如果还想把代码精简一些，就可以……

把filter()和forEach()整合在一起：

```
schuhPaare.stream()
  .filter(schuhPaar -> schuhPaar.getGroesse() == 38 && schuhPaar.isMitStoeckeln())*1
  .forEach(highHeel -> System.out.println(highHeel.getFarbe())*2
);
```

*1 首先是filter()方法……

*2 然后是forEach()方法，关键词：流接口。

【简单任务】

你女朋友有什么，你也可以有什么。对于她的每一双鞋，你都可以给自己也买一双。现在用map()方法，从她的鞋中定位出相同颜色、没有鞋跟以及适合你鞋码的那双鞋。你可以使用之前示例中的链表。

答案：

```
Stream<SchuhPaar> schuhPaareSchroedinger = schuhPaare.stream()*1↲
  .map(schuhPaar*2 -> new SchuhPaar(schuhPaar.getFarbe(), 44, false)*3);
```

*1 依旧需要一个流。

*2 map()方法需要接收一个对象并且映射到一个其他的对象。此处就是所提交的参数。

*3 此处为返回值。小薛，重要的是要把mitStoeckeln设置成false。

【任务完成】

不是太难，对吗？你已经通过了函数式编程开发人员的选拔考试。

本章内容回顾——lambda表达式

- 函数式编程关注的是对象集合中的函数。
- 在Java 8中，这样的对象集合是通过`java.util.stream.Stream`来描述的，并且所有类都被封装在`java.util.stream`包中。
- 流中还定义了非常重要且出名的函数式编程的函数。
  - `filter()`方法，筛选流中的对象。
  - `map()`方法，把流中的一个对象定位到另一个对象上。
  - `reduce()`方法，把流中的对象简化为一个返回值。
- 所有的函数都应该提供一个lambda表达式作为参数。在Java中，这样的表达式被视为是匿名类的一个紧凑写法。
- 方法引用允许把方法作为参数传递给另外一个方法。

十个涉及数组、集合和映射的规则：

- 数组是从0开始计算的，如果条件允许的话，也可以不从0开始计算。
- 判断对象的相同性时不要使用==运算符，而要使用`equals()`方法。
- 实现`equals()`方法的时候需要注意**四个重要的特性**。
- 重写`equals()`方法时，需要重写`hashCode()`方法，否则你将一直寻找你女朋友的鞋。
- 合理地选择哈希码，否则寻找鞋的过程会很长。
- 可以从集合中抽取出数组（尽管如此，还是需要检测可行性）！
- 要牢记数组和集合的辅助方法！
- 如果只是**对一种数据排序**的话，可以使用`compareTo()`方法。但如果是对**不同种类的数据排序**，或者**不想改变已排好序的类中的内容**（比如函数库的一部分），那么就只能用比较器接口（`Comparator`）！
- 需要注意，Set中的值不能重复，Map中的键也是不可重复的！
- 队列和栈的工作方式类似，只不过是彼此相反的！

【奖励/答案】

又到了给你颁发装备的时候了。这次的装备与鞋还有哈希码都没有关系。它是个非同凡响的物品，它可以把你所有的东西都装起来：一个用鹿皮做的超大背包！它拥有超大的容积以及结实的外型，是你理想的伴侣。它独特的肩带设计让你感受不到负重，同时还有很多实用的口袋，可以让你很快找到想要的东西……

不错，不错，
我收下了！

第9章 异常和异常处理

小薛已经很好地掌握了Java知识，但是他的Java程序总会有那么一两次报错，这让他很头疼。在对数组进行操作时总有让他束手无策的地方。在这一章中，小薛会学习到如何避免各种错误，了解错误的类型，还会学到如何自定义一个错误类型，如何区分错误和异常，以及如何处理两个都被抛出但是不一定都能被捕获到的错误的情况。

从错误变成异常

为了避免出现一些不可预见和不可行的问题，程序员通常需要对程序的流程进行干预。比如做除法运算时要考虑除数是否为零，输入的电话号码需要检测号码是否由字母组成，等等。对程序流程的干预包括：忽略问题继续执行代码，或者给出一些特定的信息，还可以把有关错误信息以对象的形式提交给调用的代码。

无论是上述的哪种方式，都需要通过对象来处理。这些对象一般会分为异常类型（`java.lang.Exception`）和错误类型（`java.lang.Error`），所有程序中出现的问题都将通过这两种形式体现出来。你一定还记得前几章中出现过的错误吧？

还记得很多出现过的错误，为什么这么问？

你尝试一下，能否在Schrödinger中查找到第12个字母？这个时候就会报出`StringIndexOutOfBoundException`异常，因为Schrödinger中根本没有第12个字母。这时程序被中断，并且在控制台中**抛出一个错误**。

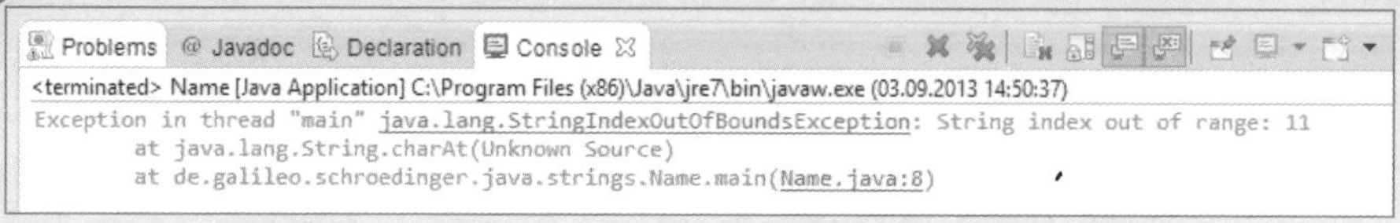

Problems @ Javadoc Declaration Console
<terminated> Name [Java Application] C:\Program Files (x86)\Java\jre7\bin\javaw.exe (03.09.2013 14:50:37)
Exception in thread "main" java.lang.StringIndexOutOfBoundsException: String index out of range: 11
at java.lang.String.charAt(Unknown Source)
at de.galileo.schroedinger.java.strings.Name.main(Name.java:8)

控制台中显示如上的错误

这时如果你什么都不做的话，程序到此就结束运行了。然而，你可以自己处理这个错误，或者针对这个错误做出一些反应。这样的错误在编程时没有被发现或被捕获到，程序就会中断，并且在控制台给出错误产出的精确位置，以便程序的使用者或者说是客户做出相应的处理。

在Java中，错误和异常是有区别的：

【概念定义】

Java中的错误和异常是有明显区别的。异常（exception）指的是一般性错误，原则上是可以人为干预的；而错误（error）针对很严重的错误，一般无法人为处理。

首先让我给你展示一下什么是异常。

第一个异常

其实在标准函数库中已经定义了一系列的异常，但也可以自定义一个异常。

哦，那我该怎么自定义一个异常呢？

非常简单。定义一个异常和定义一个类没什么区别，异常都是从java.lang.Exception类衍生出来的。

我们只需要自定义一个案例，通过它就可以更好地理解。假如，Bossingen先生打算筹备一个聚会，为了尽可能地降低成本，他只邀请了自己公司的雇员。一些无关人员想混进去，结果被挡在门外了。这就相当于我们抛出了一个异常，这个异常就叫作非请莫入异常（NichtEingeladener-TeilnehmerException）。

这听起来挺像Bossingen的。老吝啬鬼。

*1 异常是个非常普通的类……

这个自定义的异常如下：

```
public class NichtEingeladenerTeilnehmerException *1 extends Exception *2 {
  public NichtEingeladenerTeilnehmerException() {
    super("Teilnehmer nicht eingeladen");*3
  }
}
```

*3 可以直接通过父类Exception的构造函数给出**报错信息**，报错信息的内容会在触发异常时给出。

*2 继承至Java标准函数库Exception。Exception是所有异常的父类（并不包括错误类，马上就会讲到）。

【温馨提示】

你的IDE可能会警告：在你的Exception里没有静态字段。目前你可以忽略它。至于这个字段是做什么的，以及什么时候会用到它，我们将在第11章中讨论。

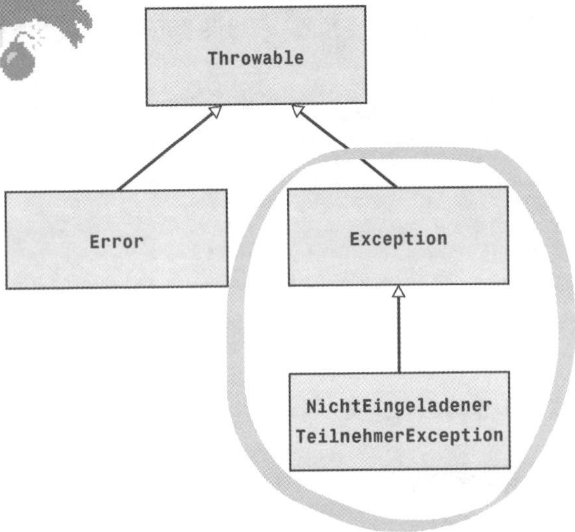

Exception是所有异常的父类，那么java.lang.Error就是所有错误的父类。它们两个有一个共同的上层类java.lang.Throwable。这个类代表所有可以被“抛出的”信息，包括程序内部方法（或者构造函数）在调用其他方法（或构造函数）时抛出的错误和异常。

抛出异常前的准备

单纯地抛出一个异常其实并没有什么实际用处。所以对于刚才那个案例我们还需要编写一段程序，并在这段程序代码里抛出异常。对此我们需要实现一个类和一个接口，结构图如下：

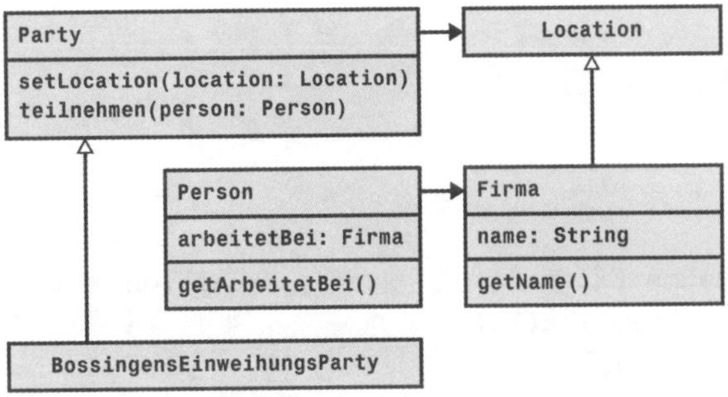

现在轮到你展示你所学的UML结构图知识了，另外还可以练习一下怎么阅读UML结构图，以及怎么去编写源代码。

对于一个聚会来说，首先一定得有一个接口，所以……

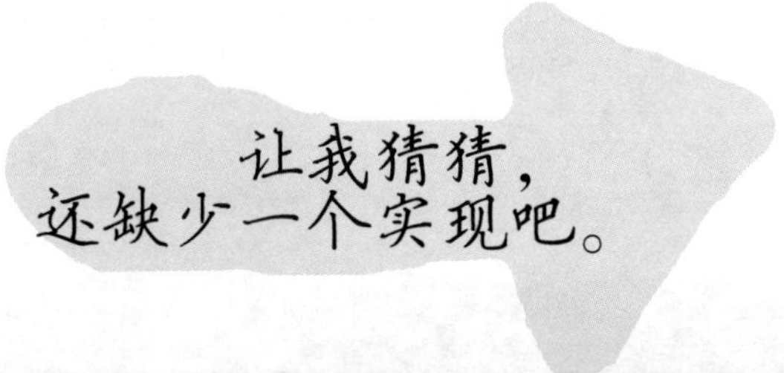

最近你是越来越了解我了，当然还缺少一个实现过程。

Party接口的代码：

```
public interface Party {
  void setLocation(Location location);
  void teilnehmen(Person person) throws *1 NichtEingeladenerTeilnehmerException *2;
}
```

*1 用throws标注的方法可以抛出异常。

*2 在throws后面给出异常的类名。

在声明方法时，用throws标注的方法就代表着此方法可以抛出异常。在throws关键字的后面可以给出多个异常名。

多个？一个方法可以抛出多个异常吗？

当然可以了。

声明方法的多个异常时，用逗号分隔每个异常。下面的代码中可以抛出一个异常。

在代码中调用一个能够抛出异常的方法，此方法通过关键字throw抛出一个异常。异常被触发之后，程序流程将返回到调用该方法的地方。

```
public class BossingensEinweihungsParty implements Party {
  ...
  @Override
  public void teilnehmen (Person person) throws NichtEingeladenerTeilnehmerException {
    if(!person.getArbeitetBei()*1.equals(this.getLocation()*2)) {
      throw new NichtEingeladenerTeilnehmerException();*3
    }
    personEinlassen(person);*4
  }
  ...
}
```

*1 获得某人工作的地点……

*2 工作地点不在聚会的举办地……

*3 这样的人将不被邀请，并且抛出一个异常。

*4 如果抛出一个异常，方法中的后续代码就会被执行了。

【资料整理】

关键字throws用来指明一个方法**可以抛出**异常。

关键字throw则用来真正地**抛出**一个异常。

【便签】
再次声明一下：为了能够抛出一个异常，可以不需要实现一个接口。通过一个没有实现接口的类也可以抛出异常。

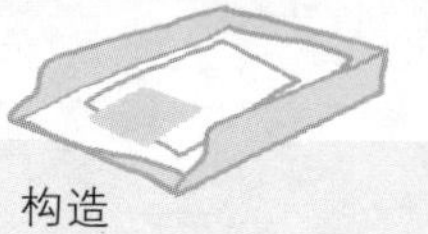

【资料整理】
不仅方法可以抛出异常，构造函数也可以。

要学会捕获异常

至此，你已经自定义了一个可以抛出异常的方法。然而，异常处理还有另外一方面：**捕获异常**。

可以使用关键词catch来帮助捕获异常。总而言之，在使用的时候必须把可以产生错误的源代码用try包括起来。这时就可以尝试（try）在**错误被触发**时，捕获（catch）这个异常。

代码执行过程如下：

```
Party party = new BossingensEinweihungsParty();
Firma kartonBossingen = new Firma("Bossingen Karton");
Firma baeckereiSchmitz = new Firma("Bäckerei Schmitz");
party.setLocation(kartonBossingen);
try*1 {*2
  party.teilnehmen(new Person(baeckereiSchmitz));
} catch*3 (NichtEingeladenerTeilnehmerException*4 e*5) {*6
  // 此处为异常处理的代码
  e.printStackTrace();*7
}
```

*1 能产生异常的源代码需要用try……

*2 花括号括起来。所有被括起来的代码都属于try块。

*3 try块后面是catch部分。

*4 待捕获的异常要放在圆括号里。首先是类名……

*5 之后是**变量名**。此处的变量名e虽然很短小，却是异常的常见命名惯例。

*6 当一个异常被捕获后，通常需要执行括在花括号里的代码。

*7 从风格上讲，在处理异常的时候像这样只输出一个异常标准信息虽然不太好，但对于目前这个示例足够了。稍后我们还会讲解真正的异常处理信息。

上述代码的输出结果如下：

```
de.galileocomputing.schroedinger.java.kapitel09.party.NichtEingeladenerTeilnehmer↩
  Exception*1: Teilnehmer nicht eingeladen*2
      at de.galileocomputing.schroedinger.java.kapitel09.party.Bossingens↩
        EinweihungsParty.teilnehmen*3 (BossingensEinweihungsParty.java*4:15*5)
      at de.galileocomputing.schroedinger.java.kapitel09.party.Main.main(Main.↩
        java:15)*6
```

*1 此处为完整的异常名。

*2 异常信息。

是的，我还记得，这个文字是在 NichtEingeladenerTeilnehmerException 的构造函数中。

*3 此处为完整的类名和方法名，错误就是在这里产生的。

*4 此处为包含这个类的Java文件……

*5 以及源代码的行号……

*6 最终指向包含所有方法的main方法。

为什么这样的输出是不好的风格呢？对于栈轨迹我已经很了解了，它可以追踪到错误出现的地方。

对你来说，只知道包名、类名等信息就可以了，但对于使用你程序的人来说就不行了。如果你把这样的信息展示给他们的话，很明显不会提高**客户体验度**！我们得马上搞点更好的。

善后工作——finally语句块

还有一个需要说的事情：**finally**代码块。位于**finally**块里的代码，无论异常是否发生**都会被执行**。刚才你也看到了，一旦抛出异常之后，后续的代码就不会被执行了。不同的是，finally块中的代码始终都会被执行。这样就非常适合用来处理清理工作：假如在打开一个数据库或者文件的时候触发了一个异常，这时就应该处理得“干干净净”，例如关闭文件、释放不必要的被占用资源，等等。这是因为在Java程序中，一个已经打开的文件不能被其他程序访问（写访问）。

喔，明白了，那么一定要在**finally**块中做这些善后工作吗？

是的。因为即使异常不被触发，finally块也**总是会被执行的**。

聚会的善后工作：

```
try {
  party.teilnehmen(new Person(baeckereiSchmitz));
} catch (NichtEingeladenerTeilnehmerException e) {
  tuersteherInformieren();
} finally*1 {
  // 总是这样做
  sauberMachen();
}
```

*1 finally块虽然是可选的，但如果用到它的话，必须放在最后面。

【温馨提示】

catch块也是可选的。那么这时你必须至少使用一个finally块，单独使用try是没有意义的。

阶段练习——自定义异常处理

【简单任务】

Bossingen筹划一个“大老板”聚会，参加聚会的嘉宾必须满足月收入高于40 000欧元的条件。未达到要求的人都会报出“不够富有”的异常（`NichtReichGenugException`）。你该怎么做呢？

我要抵制这样的聚会！
OK，OK，让我想想……

首先我需要一个异常类，
这个倒是比较简单。

```
public class NichtReichGenugException extends Exception {}
```

没错。然后去生成`Party`类的实现，`BigBossParty`类里需要实现`teilnehme()`方法。之后，无论是在接口中还是`Party`类的实现中，声明方法的同时都必须采用那个新的异常。

接口中的方法声明如下：

```
void teilnehmen(Person person) throws ↩
  NichtEingeladenerTeilnehmerException, NichtReichGenugException;
```

BigBossParty类中方法的实现如下：

```
public void teilnehmen(Person person) throws↩
  NichtEingeladener TeilnehmerException, NichtReichGenugException {
  if(!person.getArbeitetBei().equals(this.getLocation())) {
    throw new NichtEingeladenerTeilnehmerException();
  } else if(person.getGehalt() < 40000.0) {
    throw new NichtReichGenugException();
  } else {
    // 允许出席聚会
  }
}
```

因为可以抛出两个异常，也就是说，现在需要两个catch块，这样就可以捕获到不同的异常：

```
try {
  party.teilnehmen(new Person(baeckereiSchmitz, 1400.0));
} catch (NichtEingeladenerTeilnehmerException e) {
  tuersteherInformieren();
} catch (NichtReichGenugException e) {
  tuersteherInformieren();
  mitSpoettischemBlickVersehen();
}
```

这让我想起if-else指令了……只是有点儿不一样……

是的，这里也存在**程序控制流程**。不过与布尔条件没关系，只与异常有关系。

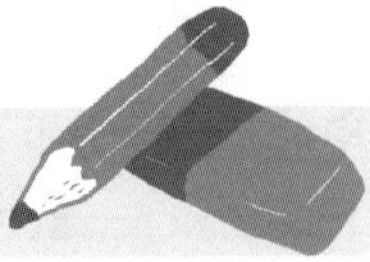

【笔记】
无论方法是否真的抛出异常，所有在声明方法时提交的异常都可以被拦截。

异常的继承

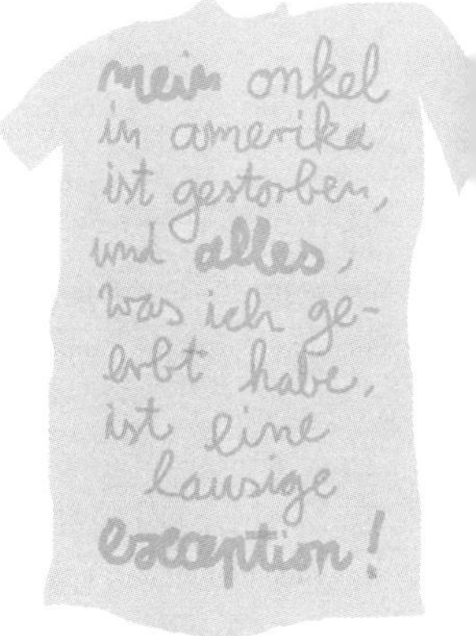

异常本身是一个普通的类，也就是说，异常类也可以用来继承，生成自己的一个子类。当处理异常的特殊情况时，就可以用一个“子异常”来表示。拿上面的那个例子来说，NichtReichGenugException异常算是NichtEingeladenerTeilnehmerException异常的一个子类（除非NichtReichGenugException异常被聚会或参加者等用到）。

如果普通的异常被捕获到，那么特殊的异常也可以直接被捕获到：

```
try {
  party.teilnehmen(new Person(baeckereiSchmitz, 1400.0));
} catch (*1NichtEingeladenerTeilnehmerException e) {
  tuersteherInformieren();
}
```

*1 此处可以捕获到所有NichtEingeladenerTeilnehmerException异常的子类。

那么我就不需要单独处理特殊的异常了，是吗？

不，当然要了，你可以继续使用两个catch块。这时，捕获异常的顺序就显得很重要。比如这两个异常哪个需要先捕获？

也许特殊的异常应该排在前边吧……就跟当时的if-else语句一样了。

正确。对于我们的这个例子，必须先捕获NichtReichGenugException异常，然后才是一般的NichtEingeladenerTeilnehmerException异常。

```
try {
  party.teilnehmen(new Person(baeckereiSchmitz, 1400.0));
} catch (NichtReichGenugException e) {
  tuersteherInformieren();
  mitSpoettischemBlickVersehen();
} catch (NichtEingeladenerTeilnehmerException e) {
  tuersteherInformieren();
}
```

【资料整理】

如果想捕获从其他异常继承来的特殊异常，必须先捕获特殊的异常，然后才是一般的异常。

捕获异常其实毫不费力。从Java 7开始在catch中引进了一种新的捕获多异常的格式，甚至这些异常都不需要再一个一个地去继承了。

```
try {
  // 此处的代码为监测不同的异常
  ...
} catch (NichtEingeladenerTeilnehmerException |*1 BudeVollException ⤶
  |*1 PartyAbgesagtException e*2) {
  ...
}
```

*1 在catch中可以捕获多个异常。每个异常类名用管道符（|）分隔开来。

*2 此时只保留一个异常变量。不再是每个捕获的异常都有各自的变量。

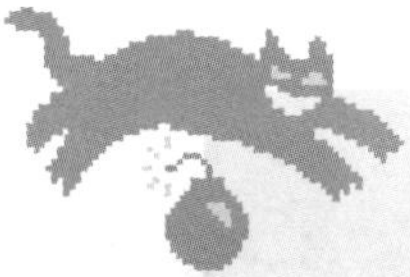

【温馨提示】

当然在catch中可以捕获通用的异常java.lang.Exception，同样也不需要写多个catch块。这样的话就会失去灵活性，因为并不是所有的异常都会被捕获。不仅是不灵活，而且还是绝对**反模式**的。用这种方法捕获的异常不是你想要的异常，而是运行时异常，这样的异常有多种情况。

异常用来交互信息——究竟发生了什么异常

你知道，在软件开发过程中，要注意“屏幕工作场所条例”吗？

那是什么……

引用一段话：

“软件系统必须为用户描述可能发生的错误，并且用户通过简单的操作就可以消除错误。”（摘自《屏幕工作安全和健康保护条例》的附录。）**这跟异常处理有什么关系？**当应用程序为用户描述错误的时候，通常也需要对异常进行处理。这时就需要为用户提供容易理解且描述清楚的信息。比如“服务器连接失败”这样的描述，就不适用于多个服务器的情况。

“为了实现xx，需要yy文件，该文件所在服务器xyz目前无法访问。请尝试某某操作”，这样的报错信息才对用户有指导作用（尤其是xyz可以根据不同的情况来替换）。

在聚会的那个例子中，如果我们在处理异常的时候可以把每个人的名字输出来，或者为了方便日后递交给Bossingen而把名字保存在一个链表中，那就非常完美了。

你替我出席吧。

【简单任务】

在NichtEingeladenerTeilnehmerException类中添加一个数据字段person，调整两个异常类的构造函数（NichtEingeladenerTeilnehmer-Exception和NichtReichGenugException异常类），使得抛出的异常包含每个符合条件的人名。

没有比这更简单的了！

```
public class NichtEingeladenerTeilnehmerException extends Exception {
  private Person person;
  public NichtEingeladenerTeilnehmerException(Person person) {
    super("Teilnehmer nicht eingeladen");
    this.person = person;
  }
  public Person getPerson() {
    return person;
  }
}
```

```
public void teilnehmen(Person person) throws ↩
  NichtEingeladenerTeilnehmerException {
  if(!person.getArbeitetBei().equals(this.getLocation())) {
    throw new NichtEingeladenerTeilnehmerException(person);
  } else if(person.getGehalt() < 40000.0) {
    throw new NichtReichGenugException(person);
  } else {
    // 允许满足资格的人进入
  }
}
```

有关异常的信息
已经准备好了……

并且可以用在处理异常的时候。

报错信息还可描述得更具体一些：

```
...
} catch (NichtReichGenugException e) {
  System.err.println(e.getPerson().getName() + " verdient nicht genug für diese ↩
    Big-Boss-Party.");
}
...
```

降低报错信息的“耦合性”

现在我们来微调一下代码。小薛，你再观察一下这段代码：

```
System.err.println(e.getPerson().getName() + " verdient nicht ⮐
  genug für diese Big-Boss-Party.");
```

这个报错信息可是我这一章中写得最清楚的一个了。

当然，它还是可以用的：这样的异常信息和Person类的关联性太强了。通常情况下应该避免这样的异常依赖关系，而且还要尽可能降低“耦合性”。

那么你提出这个问题的目的是什么呢？

为了让你可以更好地完善代码。现实工作中经常会遇到这样的问题，异常信息作为信息交互的对象，不仅被直属的异常使用，而且还要为其他的方法考虑。如果每个方法都像这样把整个对象与异常关联起来的话，那么这个异常会在瞬间达到完全耦合。

为其他方法考虑？这个异常可以最先被捕获，然后再重新抛出呀。这样做难道不可以吗？

当然可以了，先耐心地听我说。首先，我们必须争取去掉这样的耦合性。

【困难任务】

修改NichtEingeladenerTeilnehmerException异常类，去掉与Person类的依赖关系，但仍然可以通过异常信息获取人的名字。其实这个并不难。

参考代码如下：

```
public class NichtEingeladenerTeilnehmerExceptionName extends Exception {
  private String name;
  public NichtEingeladenerTeilnehmerExceptionName(String name) {
    super("Teilnehmer nicht eingeladen");
    this.name = name;
  }
  public String getName() {
    return name;
  }
}
```

喔，现在只有人名作为参数进行传递了！明白了，这样就消除了与Person类的依赖关系。这样好多了。

重新抛出异常

正如你刚才设想的那样，一个已经被捕获的异常还可以继续**重新被抛出**。对此所需要的准备工作你都会了，在声明方法的时候加上throws进行说明即可。具体如下：

```
private static void partyStarten() throws ↩
  NichtEingeladenerTeilnehmerException*2 {
  // 其他想参加聚会的人
  ...
  party.teilnehmen(new Person("Frau Schmitz", baeckereiSchmitz, ↩
    1400.0));*1
}
```

*1 当调用方法后，一个异常被抛出，但你不打算捕获这个异常……

*2 那么就可以从调用方法处（partyStarten()）继续抛出该异常。

另外一种方法是：**先捕获异常，然后再重新抛出**。例如刚才那个例子提到的，把确定的信息和异常捆绑起来。

先捕获，再重新抛出异常应这样表示：

```
private static void partyStarten() throws↩
  NichtEingeladener TeilnehmerException {
  Party party = new BigBossParty();
  Firma baeckereiSchmitz = new Firma("Bäckerei Schmitz");
  Person person = new Person("Frau Schmitz", baeckereiSchmitz, 1400.0);
  try {
    party.teilnehmen(person);
  } catch (NichtEingeladenerTeilnehmerException e)*1 {
    e.setName(person.getName());*2
    throw e;*3
  }
}
```

*1 首先捕获异常……

*2 然后进行一些其他操作，比如捆绑当前代码中的一些信息……

*3 最后再重新抛出该异常。

如何进行异常处理

如何正确地处理异常，或者确切地说，应该在什么位置上捕获那些异常。

这样的问题：1. 不是一个简单的问题；2. 不能一概而论。

最好的做法是，在哪里捕获异常，就在哪里进行处理。也就是说，在源代码中根据具体的异常触发情况进行处理。

触发异常不需要程序来实现，而是用户在使用时触发。比如输入的密码不正确，这时就会通过异常的形式展示给用户。但是我们必须注意的是，报错信息要明确，对用户要有指导作用。

【便签】
最后一个可以抛出异常的方法是main方法。然后把异常返回给调用者，之后整个程序就结束了。

单纯地把异常信息输出在控制台上（跟转发异常信息没什么区别）不是很好。在上面的示例中你一定发现了：每个调用`partyStarten()`方法的用户都必须处理`NichtEingeladenerTeilnehmerException`异常。

我们进行一些调整：在`partyStarten()`方法中，不同的人需要多次调用`teilnehmen()`方法。现在想要实现的是，只要触发一次异常，调用方法的过程就得结束。正如下面的示例中所展示的：Herr von Reichenhausen不能参加聚会，尽管他的收入符合标准。出现这样的错误是因为之前触发了一个异常，Frau Schmitz不能满足条件，所以整个方法就带着异常信息结束了。

```
private static void partyStarten() throws NichtEingeladenerTeilnehmerException[*2] {
  List<Person> personen = new ArrayList<>();
  personen.add(new Person("Frau Schmitz", baeckereiSchmitz, 1400.0));
  personen.add(new Person("Herr von Reichenhausen", firmaReichenhausen, 50000.0));
  // 添加其他想要参加聚会的人
  ...
  for (Person person : personen)[*3] {
    party.teilnehmen(person);[*1]
  }
}
```

OK，你是对的。
那就是我还没注意到。

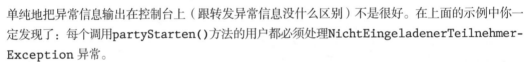

[*1] 只要NichtEingeladenerTeilnehmerException异常被触发……

[*2] 这个异常就会被转发……

[*3] 这就意味着，所有在链表中还没有被邀请的其他人，都不能再被邀请了。

阶段练习——转发异常的另一种方式

【简单任务】

调整源代码，使得Herr von Rechenhausen可以参加聚会，即便Frau Schmitz不满足收入条件。意思已经很明显了：你必须针对每个人进行**特别的处理**。

等等，让我想想。

好的，你先思考着。如果你做完了就和我给的参考代码比较一下。

```
private static void partyStarten() { *1
  ...
  for (Person person : personen) {
    try {
      party.teilnehmen(person);
    } catch (NichtEingeladenerTeilnehmerException e) { *2
    }
  }
}
```

*1 异常可以不被继续转发……

*2 而是在方法内部进行处理。

你写完了吗？

很好，现在你可以跟我讲一下吗？

【困难任务】

你要怎么实现`partyStarten()`抛出所有没有被邀请的人的异常？

等等，别看答案！自己先试试。或者先读一下提示。

一定要这样做：

1. 创建一个新的异常类：`NichtEingeladeneTeilnehmerException`（注意这是给所有没有被邀请的人的异常类）。
2. 在这个异常类中使用一个字符串链表。
3. 对于每个没有被邀请的人，都需要像上面那样去捕获`NichtEingeladener-TeilnehmerException`异常。

而不是直接看答案 >>>>>>>>>>>>>>>>>>>>>>>>>>

```
public class NichtEingeladeneTeilnehmerException extends Exception {
  private List<String> namen;
  public NichtEingeladeneTeilnehmerException(List<String> namen) {
    this.namen = namen;
  }
  public List<String> getNamen() {
    return this.namen;
  }
}
```

第1步和第2步：
实现的异常类里包含被拒绝的人的链表。

第3步：这样去捕获异常。

```
private static void partyStarten() throws NichtEingeladeneTeilnehmerException*5 {
  Party party = new BigBossParty();
  ...*1
  List<Person> personen = new ArrayList<>();
  ...*2
  List<String> namen = new ArrayList<>();*3
  for (Person person : personen) {
    try {
      party.teilnehmen(person);
    } catch (NichtEingeladenerTeilnehmerException e) {
      namen.add(person.getName());*4
    }
  }
  if(!namen.isEmpty()) {*5
    throw new NichtEingeladeneTeilnehmerException(namen);
  }
}
```

*1 此处为初始化聚会……

*2 此处为初始化所有打算参加聚会的人的链表。

*3 此处为所有被拒绝参加聚会的人的人名链表。

*4 触发NichtEingeladenerTeilnehmerException异常后，所有被拒绝的人名被添加在链表中。

*5 等所有人都“处理”过后，还需要检查是否有被拒绝的人。如果不为空则抛出NichtEingeladenerTeilnehmer-Exception异常。

不必捕获的异常——未检查型异常

目前我们所接触到的异常都属于**检查型异常**，或者叫**已检查异常**。对于这类异常，编译器会检查是否对一个明确的异常进行了相应的处理，比如一个方法或者构造函数在调用时触发了异常，则应该捕获这个异常或者重新抛出它。如果什么都不做的话，编译器就会报错。相对检查型异常还有一个是**非检查型异常**，或者叫作**未检查异常**，这样的异常不会被编译器注意到。这也称作**运行时错误**。原则上，当所**编写的代码存在缺陷**或者**弱点**时才会触发这样的异常。所有非检查异常的父类是`java.lang.RuntimeException`。

等等，我不是很明白，“不会被编译器注意到”具体是什么意思？

好吧，也就是说，这样的异常在声明方法时不必用`throws`标注，因此，编译器不强迫去捕获这样的异常。通常你也不需要关注这个。不过别担心，慢慢来……

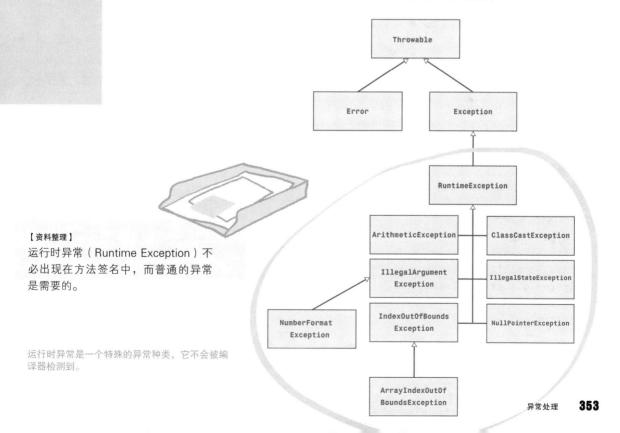

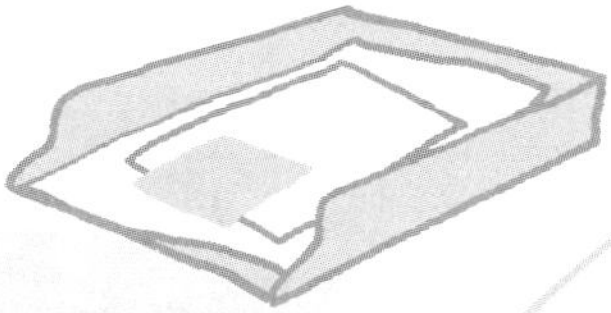

【资料整理】

运行时异常（Runtime Exception）不必出现在方法签名中，而普通的异常是需要的。

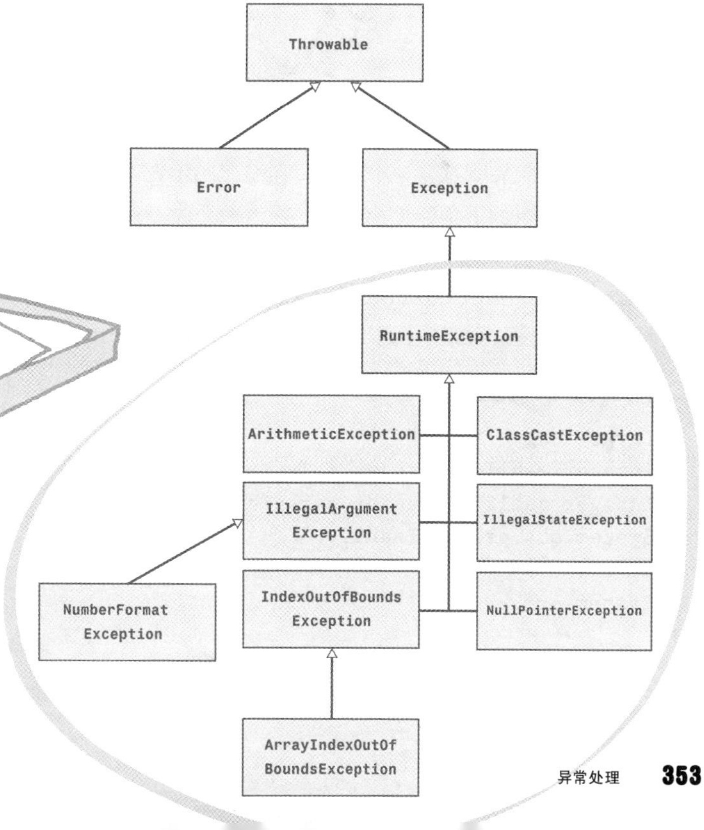

运行时异常是一个特殊的异常种类，它不会被编译器检测到。

观察下面这个简单的小程序：两个变量相加，并把运算结果输出到控制台上：

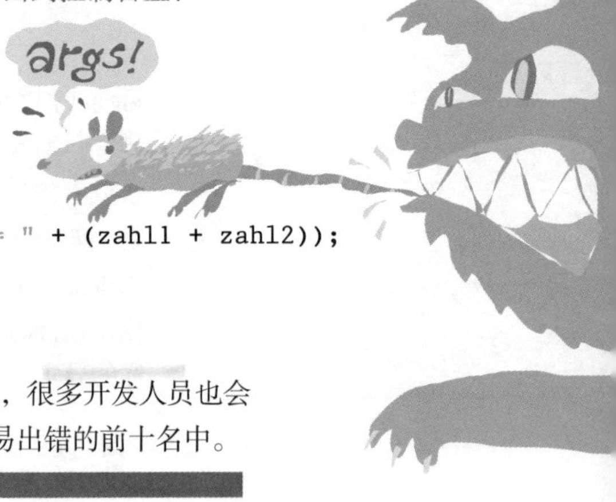
args!

```
public class Main {
  public static void main(String[] args) {
    Integer zahl1 = Integer.parseInt(args[0]);
    Integer zahl2 = Integer.parseInt(args[1]);
    System.out.println(zahl1 + " + " + zahl2 + " = " + (zahl1 + zahl2));
  }
}
```

有人一定会认为，这段代码运行时不会出错。对吧？非常遗憾，很多开发人员也会这样认为。然而这段代码里面的问题可以排在Java程序员最容易出错的前十名中。

那么你能够找到问题所在吗？

小提示：args[0]和args[1]会发生什么？
首先，访问args数组里的两个元素。但是如果不给变量赋予任何值，args数组就是空的！计算就会报数组下角标越界的异常（ArrayIndexOutOfBoundsException）。

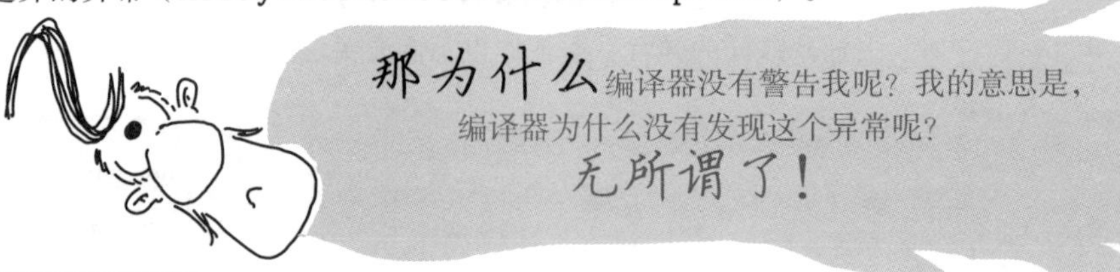
那为什么编译器没有警告我呢？我的意思是，
编译器为什么没有发现这个异常呢？
无所谓了！

是的，说得对。

原则上，运行时异常算是一个异常，在源代码中存在不定因素时应该给出提示。比如没有检查数组的下角标是否存在，或者两个类型进行转换时没有进行类型匹配的检查。其实像上面的代码，通过事先检查数组的长度就可以避免出现**下角标越界**异常（ArrayIndexOutOfBoundsException）。反过来说，必须确保至少有两个变量传递给程序。数组中元素的个数幸好可以通过length字段获得：

```
if(args.length >= 2*1) {
  Integer zahl1 = Integer.parseInt(args[0]*2);
  Integer zahl2 = Integer.parseInt(args[1]*2);
  System.out.println(zahl1 + " + " + zahl2 + " = " + (zahl1 + zahl2));
} else {
  System.err.println("Ohne gute Argumente kommst du bei mir nicht weiter.");
}
```

*1 需要检测初始条件！

*2 然后才可以访问数组。这样就不会出现数组**下角标越界**的异常了。

是不是完善多了呢?

很多运行时异常都能够通过嵌入一些检查代码来避免。

【资料整理】

检查型异常表示一些专业的错误(比如我们的示例,一个收入不符合标准的人打算参加BigBoss聚会),非检查型异常则用来描述代码中的一些技术性错误,比如访问一个下角标不可用的字符串或者数组。

【资料整理】

运行时异常属于根本不需要报出的异常,应该算是不干净代码的提示。编译器会忽略这样的异常。

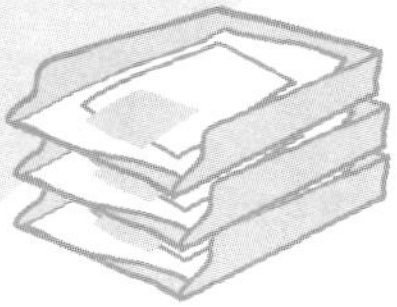

既然编译器会忽略这样的异常,
那么我该如何知道究竟
哪些异常被抛出了?

问得好。首先,运行时异常在发生前通常不会被察觉。在Java的方法文档中经常给出一些会抛出的异常。慢慢地你就会熟悉更多此类异常了。

常见的运行时异常:

异常名称	表　述
ArithmeticException 算术运算异常	算术运算时抛出,比如除法运算时,除数为0
ArrayIndexOutOfBoundsException 数组下角标越界异常	这个异常你已经非常熟悉了,访问超出数组角标的元素时抛出
ClassCastException 类型转换异常	类型强制转换中类型不匹配时抛出
IllegalArgumentException 无效参数传递异常	给方法传递无效参数时抛出
NumberFormatException 数字格式异常	字符串转换成数字类型时抛出
IllegalStateException 非法状态异常	当一个方法在无效的状态下被访问时抛出。比如线程发生这样的异常,在第12章我们再来学习
NullPointerException 空指针异常	当一个方法访问一个值为null的引用对象时抛出

防御式编程和运行时异常

正如之前所说的，应该尽量避免发生运行时异常。尽管如此，我们还得进行防御式编程。这里给出一些技术上的建议。

抛出异常的代码	异常名称	检测建议
`int x = array[index];`	ArrayIndexOutOfBounds-Exception	用index<array.length进行事先检查，查看数组的大小
`String name = (String) objekt;`	ClassCastException	用instanceof运算符检测是否类型匹配
`String name = null; name.toLowerCase();`	NullPointerException	用name != null检测，变量是否已经初始化了

小薛，下面该你来防御了。

【简单任务】

下面的代码段是否没有问题，或者你怎么进行防御式修改？

```
Musiker musiker = new Trompeter("Joe Da Trompeta", "D.", "Joe");
try {
  Saenger saenger = (Saenger) musiker;
  saenger.singen();
} catch(ClassCastException exception) {
  System.err.println("Joe Da Trompeta ist wohl doch kein Sänger");
}
```

嗯，等一下哦……

这里要把一个Musiker转型为一个Saenger。这样会报出ClassCastException异常。我不是应该用……instanceof运算符检测一下吗？首先应该检测一下，类型转换是否有效？我不需要捕获ClassCastException异常。

非常棒呀！

```
if(musiker instanceof Saenger) {
  Saenger saenger = (Saenger) musiker;
  saenger.singen();
}
```

防御式编程还是值得做的。

异常处理日志

之前曾说过，应该尽量避免单纯地使用printStackTrace()方法来处理异常。因为无论是展示异常信息的方式，还是用户体验性都不够好。更好的做法是，出现异常时把异常信息保存在**日志文件**中。日志文件方便存档，可以更好地用于后期分析，并且保存的信息更完整。日志其实包含很多内容，但核心内容还是很容易就说清楚的。Java本身就拥有一个日志包java.util.logging（缩写JUL），其中核心的组件是日志记录器类java.util.logging.Logger，用它可以在每个想要记录日志的类中生成一个静态变量，例如：

```
private static final Logger log = Logger.getLogger(BigBossParty.↩
  class.getName());
```

随后就可以通过log()方法提交所有的信息给日志记录器，不用再像之前那样，用System.out.println()或者System.err.println()方法把信息输出在控制台上了。

【便签】
在处理程序的错误上，记录日志是个有效的手段，可以精确地定位出代码中出现的问题。不仅如此，通过日志还可以进行代码调试。程序交付给用户使用时，通常是不允许出现问题的，此时就需要其他的方式来寻找出现的错误，比如通过日志文件。

另外还可以为每个输出的日志信息设定日志级别，由高到低依次为：FINEST，FINER，FINE，CONFIG，INFO，WARNING，SEVERE。此外还有两个级别OFF和ALL，用来关闭或者记录所有的日志信息。

*1 通常log()首先需要提供一个日志级别……

*2 之后才是信息内容。

调用简单的日志方法如下：

```
log.log(Level.INFO*1, "Nur ein Test, um zu prüfen, ob's Logging funktioniert."*2);
```

还可以直接使用info()方法代替提供日志级别的格式（对于其他的日志级别也有相应的方法）：

```
log.info*3("Nur ein Test, um zu prüfen, ob's Logging funktioniert.");
```

*3 调用log()方法是日志级别的一种替换格式（其他具体的Logger方法也适用）。

让门卫一起记录日志

Bossingen有点异想天开。上次聚会中门卫只是把实际情况记录在控制台中，现在他有另外一个想法：要求把所有实际情况完美地记录在文件中，不然我们就没有证据了！

好像Bossingen能看懂日志一样，
但是也没办法。

【简单任务】

在BigBossParty类中扩展一个Logger实体，并且补充一些日志信息。

参考代码如下：

```
public class BigBossParty implements Party {
  private static final Logger log = Logger.getLogger(BigBossParty.class.getName());*1
  ...
  @Override
  public void teilnehmen(Person person) throws NichtEingeladenerTeilnehmerException,↩
    BudeVollException {
    log.info("Teilnehmer: " + person.getName());*2
    if(!person.getArbeitetBei().equals(this.getLocation())) {
      log.warning(person.getName() + " nicht eingeladen.");*2
      throw new NichtEingeladenerTeilnehmerException(person.getName());
    } else if(person.getGehalt() < 40000.0) {
      log.warning(person.getName() + " verdient nicht genug für diese Big-Boss-↩
        Party.");*2
      throw new NichtReichGenugException(person.getName());
    } else {
      // 允许进入
      log.info("Teilnehmer: " + person.getName());*2
    }
  }
...
}
...
catch (NichtReichGenugException e) {
  log.severe(e.getName() + " verdient nicht genug für diese Big-Boss-↩
    Party.");*3
}
...
```

*1 此处为Logger实体……

*2 并且给出一些日志信息……

*3 或者此处还可以捕获异常。

日志信息输出如下：

```
Mrz 14, 2013 12:57:57 PM de.galileocomputing.schroedinger.java.kapitel09.party3.↩
  BigBossParty teilnehmen
INFO: Teilnehmer: Frau Schmitz
Mrz 14, 2013 12:57:57 PM de.galileocomputing.schroedinger.java.kapitel09.party3.↩
  BigBossParty teilnehmen
WARNING: Frau Schmitz verdient nicht genug für diese Big-Boss-Party.
Mrz 14, 2013 12:57:57 PM de.galileocomputing.schroedinger.java.kapitel09.party3.↩
  Main main
SEVERE: Frau Schmitz verdient nicht genug für diese Big-Boss-Party.
```

可以看到，在给出的原始数据周围还添加了一些信息，目的就是更明确地指明问题所在。

这些信息还是在控制台上输出的。你不是说……

把报错信息写入文件里更好吗？是的，比如可以写入数据库里或者……为了日志处理起来更加灵活，Java提供了不同的日志处理器（Log Handler），比如**FileHandler**，通过它可以把消息写入日志文件：

```
Handler handler = new FileHandler("BigBossParty.log");*1
log.addHandler(handler);*2
```

*1 直接用**FileHandler**方法生成日志文件的文件名……

*2 并且指向**日志实体对象**。至此，所有日志实体对象的日志都将写入日志文件**BigBossParty.log**里。

【其他日志框架】

Java.util.logging从Java 1.4版就已经存在了，只是当时在标准的API里还没有合适的记录日志功能。遵循着Java的名言“我们实例不存在的对象，并把它开源化”，Apache软件基金会推出了一个开源软件框架log4j，并且受到广大开发者们的青睐。它的工作原理和JUL类似，只不过更灵活且应用范围更广。基金会甚至还有范围更广的后继开源产品Logback软件包。虽然这两个衍生产品与JUL相似，但彼此并不兼容，对此还有一个额外的库文件，称作slf4j（Java简单日志统一界面，Simple Logging Facade for Java），这个统一界面实现了所有衍生产品在统一API中的使用。

【笔记】

顺便说一下，Facade（外观）也是设计模式之一。以后你会需要这方面的书的。

不用再抢救了

我们现在来见识一下真正的“无情的错误”，也就是说，我们根本不能消除它（至少在你的代码中是如此的）。对于这样的错误你一定会暗自说：“哦，太遗憾了。”所有这样的错误都是基于Error类的（当然也是从Throwable类继承而来的），并且这些错误跟运行时异常一样，是不能被编译器检测到的，也不能被捕获到（并且也是不应该被捕获到的）。

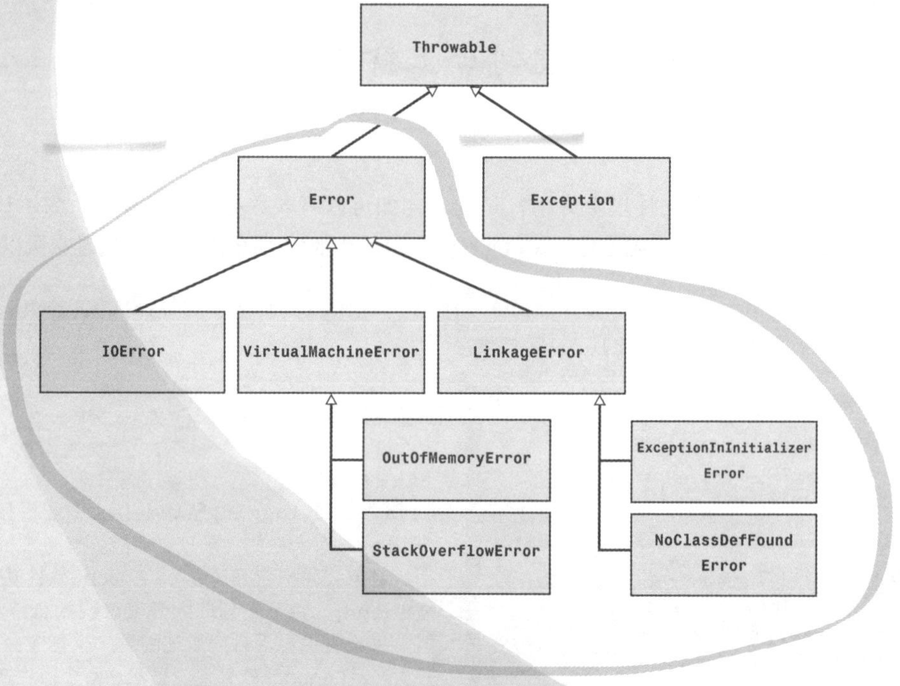

所有位于Error类下的都是严重的且不可被清除的错误

下面列表中展示了编程工作中一些常见的错误。如果你了解了这些问题，至少会知道哪里出现问题了。

错误名词	问题描述
ExceptionInInitializerError 初始化过程出错	在初始化过程中出错
IOError 输入输出错误	输出输入操作时出错
NoClassDefFoundError 定义的类未找到错误	当没有找到定义的类时报错
StackOverflowError 栈溢出错误	当过度使用栈时迟早会遇到这个错误
OutOfMemoryError 内存溢出错误	每个Java开发者基本都会遇到这样的问题，当堆中没有空间的话就会报错

StackOverflowError示例如下：

```
public static void main(String[] args) {
  rekursionOhneEnde();
}
private static void rekursionOhneEnde() *1 {
  rekursionOhneEnde(); *2
}
```

*1 如果一个方法……

*2 调用自己本身，我们把这样的调用称作递归调用。这样的调用本身没有什么问题，但必须要给定一个终止条件，否则就会导致不停地调用自己，进而产生这样的错误。

其实，原则上所有从Error衍生出来的错误都是可以被捕获的，比如捕获tackOverflowError这个错误的示例如下：

```
public static void main(String[] args) {
  try {
    rekursionOhneEnde();
  } catch(StackOverflowError error) {
    System.out.println("Kein guter Stil.");
  }
}
```

但是这样做并没有什么用处……

明白了，捕获到这样的错误也没有意义……所以也就不用再抢救了。

阶段练习——内存满了

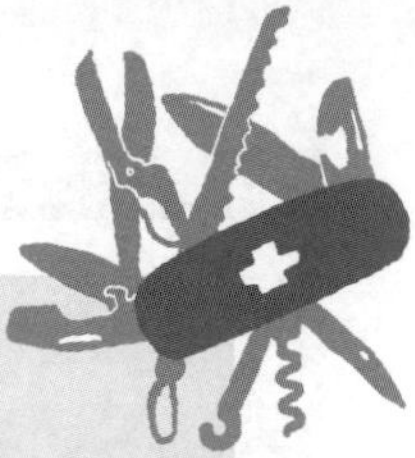

【困难任务】

现在到你了。不管用什么方法，制造一个内存溢出的错误OutOfMemoryError，另外还要捕获这个错误。

哦……

【喝了三杯咖啡以后】

完成了！！

好的，不得不承认，这个题有点“无耻”。如果我们想要制造一个OutOfMemoryError的话，其实不用做什么。非常简单，只需要创建一个过大的数组就足够了：

```
try {
  long[] gaaaaaanzLangesArray = new long[Integer.MAX_VALUE];
} catch(OutOfMemoryError outOfMemoryError) {
  System.err.println("Nicht genug Speicher");
}
```

【完善代码】

不仅把数组的长度设置成最大（Integer.MAX_VALUE）可以触发错误，其实还可以使用修改JVM的内存变量（-Xms 和 -Xmx值）的方法。

那什么时候会发生内存溢出的错误，什么时候又不会呢?

举个例子: 创建new long[20000000]这么大的数组在最大堆空间为128 MB时是行不通的, 而在256 MB时就可以。这是因为20 000 000个**长整型数**(long)的数组可达到1 280 000 000位(回忆一下, 一个long型的大小为64位)。这么大的数组换算过来几乎是152 MB, 这已经超出了128 MB。有点跑题了，可是你要知道，虽然可以捕获到Error，但这么做能否挽救什么还是个问题。

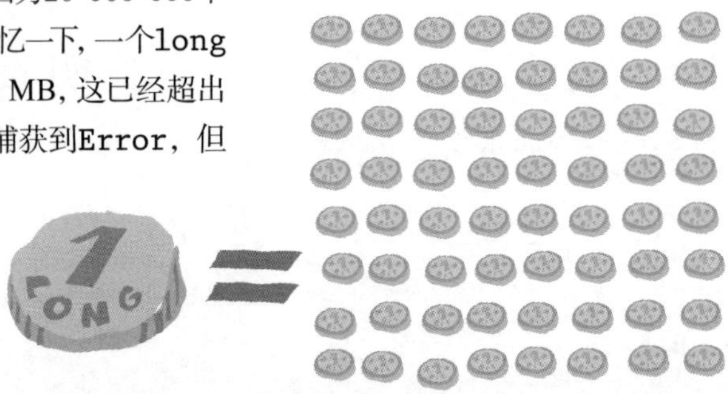

自动关闭资源

SCHLIESST AUTOMATISCH

有关文件和数据库处理的内容应该在稍后的章节里才会提到，但是自Java 7开始，与之相关的异常又是一个非常重要的创新，所以我不想拖到太晚去说。

文件和数据库可以统称为**资源**。资源操作通常也可以理解为**打开**、**处理**，以及**清理关闭资源**（也可以说成清理资源）。因为在打开、清理以及关闭数据过程中，任何事情都有可能发生，所以就会有所针对地抛出一些异常类。我想用这部分内容为异常知识的学习画上一个圆满的句号。

```
try {
  // 创建/打开一个资源
  // 对资源进行处理*1
} catch(IrgendeineException e){
  // 异常处理*2
} finally {
  try {
  // 关闭资源*3
  } catch(IrgendeineAndereException e2){ *4
  }
}
```

*1 首先试着处理一些资源。

*2 在这个过程中可能会发生一些问题。比如找不到文件，或者数据库连接失败等，所以至少需要捕获一种异常。当发生异常时，文件还是打开状态的话……

*3 必须在finally块中关闭资源……

*4 理论上关闭资源时也可能发生问题。

必须尽早进行这些处理，之后关闭资源。如果不这样做的话，有可能其他人会在关闭资源之前依然能够访问资源，这样是不允许的。做这些非常费力气也很容易出错。幸好从Java 7开始提供了一些帮助，这就是所谓的`try with resource`语句块。那么，上面的代码就可以修改为：

*1 创建和打开资源的操作，此时是在try后面的圆括号里实现的。

```
try(// 创建/打开一个资源*1) {
  // 对资源进行处理
} catch(IrgendeineException e){ *2
  // 异常处理
} finally {*3
  // 进行一些其他的处理
}
```

*2 之后依然是捕获被抛出的异常……

*3 但是这次就不需要要在finally块中操心资源关闭的事了，它会自动关闭。相当棒吧！至于它到底是如何实现的，我们在练习的时候会看到。

【资料整理】

幸亏有`try with resource`，我们就不需要在处理数据、数据库或其他资源的时候考虑资源关闭的问题了（当然没有人介意去做其他的操作）。

读取文件操作

我们现在来看看，以前人们是怎样完成文件读取操作的吧（更详细的过程可在第11章见到）：

```
private static String oldSchoolRessourcenHandling() {
  StringBuilder inhalt = new StringBuilder();
  File datei = new File("resources\\kapitel10\\datei.txt"); *1
  BufferedReader dateiLeser = null; *1
  try {
    dateiLeser = new BufferedReader(new FileReader(datei)); *2
    String zeile = null;
    while ((zeile = dateiLeser.readLine()) != null) { *3
      inhalt.append(zeile);
      inhalt.append(System.getProperty("line.separator"));
    }
  } catch (FileNotFoundException e) { *2
    System.err.println("Datei nicht gefunden!");
  }  catch (IOException e) { *3
    System.err.println("Fehler beim Einlesen!");
  } finally { *4
    if (dateiLeser != null) {
      try {
        dateiLeser.close(); *4
      } catch (IOException e) { *5
        System.err.println("Fehler beim Schliessen!");
      }
      }
    }
  return inhalt.toString();
}
```

哇哦，如此之多的代码就只是为了读取一个文件吗？

*1 此处为文件操作需要的一些类。稍后会介绍更多的相关内容。

*2 如果文件未找到的话，此处会产生一个错误。

*3 同样，在读取文件的时候也会发生一些问题。

*4 在进行这两种操作的情况下（当然也可在操作顺利的情况下），我们必须自己关闭文件……

*5 然而，关闭文件的时候可能也会遇到问题。

【困难任务】

编写一个方法newSchoolRessourcenHandling()，其功能和oldSchoolRessourcenHandling()相同，但是要在try()内部进行初始化。

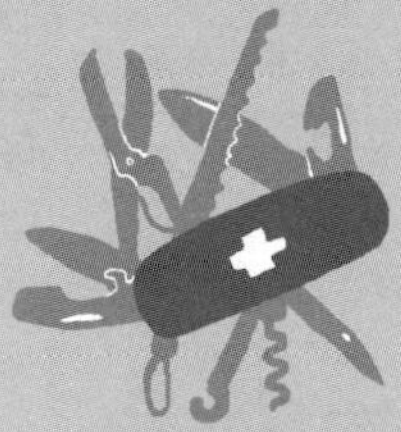

【笔记】

在try()里初始化资源的时候有个前提条件，需要初始化的资源必须实现java.lang.AutoCloseable接口，这样就可以对最重要的资源和BufferedReader进行操作了。

如果你没做出来也没关系。请看下面的参考代码：

```
private static String newSchoolRessourcenHandling() {
  StringBuilder inhalt = new StringBuilder();
  File datei = new File("resources\\kapitel10\\datei.txt");
  try (BufferedReader dateiLeser = new BufferedReader(new FileReader(datei))*1) {
    String zeile = null;
    while ((zeile = dateiLeser.readLine()) != null) {
      inhalt.append(zeile);
      inhalt.append(System.getProperty("line.separator"));
    }
  } catch (FileNotFoundException e) {*2
    System.err.println("Datei nicht gefunden!");
  } catch (IOException e) {*2
    System.err.println("Fehler beim Einlesen!");
  } finally {
    *3
  }
  return inhalt.toString();
}
```

*1 此处初始化dateiLeser。

*2 捕获异常。

*3 在finally块里可以实现你想做的任何事，但是不需要人为地手动关闭资源。dateiLeser之后自动关闭。

【笔记】

甚至还可以在一个try()里面初始化多个资源。每个初始化的语句可以用分号进行分隔。

【笔记】

从Java 9开始，用try()初始化资源时还可以采用如下的写法：

```
BufferedReader dateiLeser = new
BufferedReader(new FileReader(datei));
try(dateiLeser) {
...
}
...
```

规则也有例外

【简单任务】
OK，你现在应该有所了解了哪些代码块组成了tr……我差一点说漏了。请说出捕获异常的过程。

检测过程：

- 在try块中执行可能产生错误的代码（至少是有风险的代码）。
- 在catch块（可选）中捕获不同的错误。从Java 7开始，一个catch语句的内部可以直接捕获多个异常。
- 不论异常或者错误被触发与否，位于finally块中的代码总能得到执行。
- catch和finally都是可选的，但是必须至少执行一个。
- 在一个没有catch块的try语句中，方法一定无法把捕获的异常重新抛出。

还有以下想说的：

- Java中所有的错误或者异常都是用**异常类**构建出来的。
- 所有的异常类都继承自Exception类，同时又继承自Throwable类。
- 所有属于Throwable的对象都可以用throw语句抛出，并且可以用try-catch语句捕获。
- 运行时异常以及其所有的继承对象都不必捕获，因为这些异常又可称为非检查型异常，也就是所谓的“不被编译器检查的异常”。虽然可以捕获到这样的异常，但……

- 运行时异常实际上指明的是代码中的逻辑问题。通常这样的异常是不需要捕获的，因为……
- 通过**防御式编程**就可以完全避免**运行时异常**的发生。
- 对于检查型异常，编译器会检查异常是否被处理、被捕获或者重新被抛出。
- 如果一个方法打算抛出检查型异常，必须在声明方法时，在`throws`后面指明需要抛出的异常。
- 异常信息不应该在控制台上输出，更好的做法应该是保存在日志文件中。日志文件不仅可以保存异常信息，而且有更多的用处，比如通过日志分析，可以获得异常被触发的时间和环境。

【简单任务】

使用`try with resource`形式时，一个类必须满足哪些条件？

嗯，类必须实现`java.lang.AutoCloseable`这个接口，对吗？

非常正确。

【简单任务】

请直接回答：哪些种类的异常必须被捕获或者被重新抛出，哪些不需要？

- 检查型异常必须被捕获或者被重新抛出。
- 非检查型异常可以被捕获，但不是必须的。

【简单任务】

怎么判定非检查型异常？

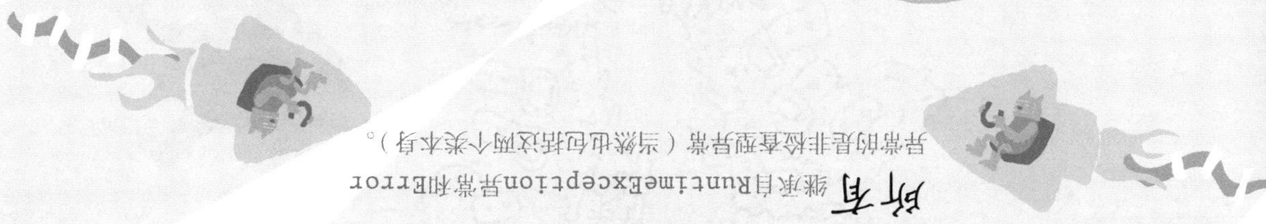

所有继承自RuntimeException异常和Error异常的是非检查型异常（当然也包括这两个类本身）。

【奖励/答案】

非常棒，小薛。这次你赢得了“黄金捕获异常抄网”，它的好处在于可以在正确的时间捕获到你想要捕获的东西。

泛型

第10章

嘿，伙计，你不能进来！

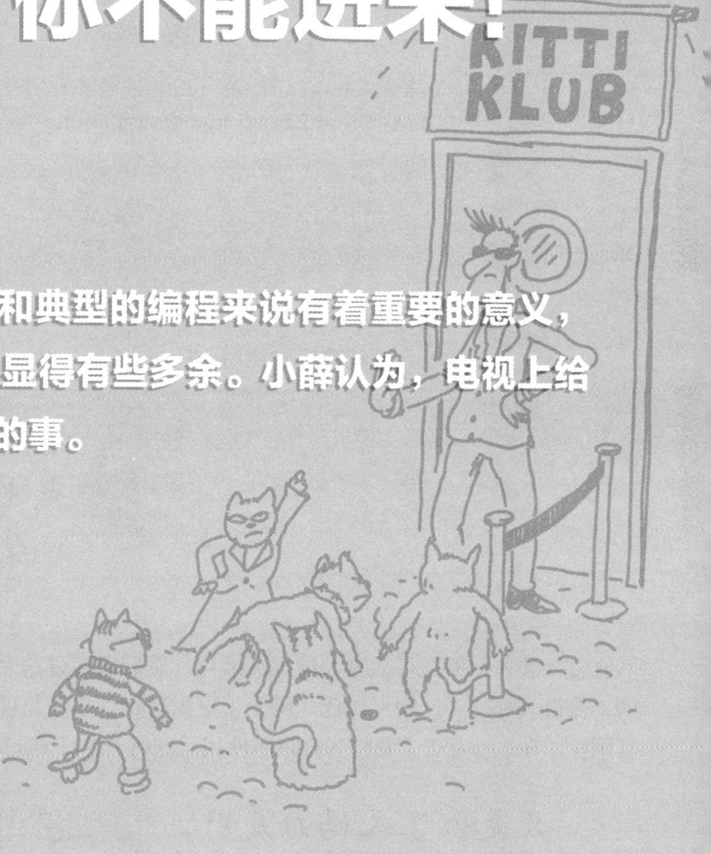

Java中的泛型对于通用和典型的编程来说有着重要的意义，这使得在很多情况下类型转换显得有些多余。小薛认为，电视上给明星翻来覆去地试镜是件多余的事。

通用类型

你已经准备好学习Java提供的这个极为奇特的语法了吗？准备好了？那么就直奔主题开始学习**泛型**吧。学习它之前还需要回忆一下集合那章的内容。

泛型……没听说呀……等等，
听说过的……当时在尖括号里……
只允许把鞋放入链表里的，对吗？

你的记忆力不错。不错，就是那时提到的。
为了回顾一下，请看下面的代码：

```
List<SchuhPaar>*1 schuhe = new ArrayList<SchuhPaar>*2();
List<SchuhPaar> nochMehrSchuhe = new ArrayList<>*3();
```

*1 链表的类型放在尖括号里……

*2 等号右边的类型也是如此。

*3 从Java 7开始等号右侧的声明可以省略类型，如代码所写那样，这种方式称为**钻石运算符**（Diamond Operator）。

泛型不仅可以在集合（Collection）和映射（Map）中使用，还可以在**其他的类**或**接口**甚至一些**方法**中使用。

请问，这样做有什么优点吗？
我也可以往类、接口和方法里
装入一些东西吗，比如像
链表那样？

不能直接装入，但是可以将类进行标准化，然后再通过这个类生成不同的标准化实例，像链表那样。泛型可以让代码变得更加通用，也就是说，更好地提高了代码的复用性。在这一章中，我将为你指明使用泛型时需要注意的地方。

又是为了代码的复用，
我的代码再这样多地被重复
使用，用不了多久我就不必
自己编写代码了。

正式开始学习之前，我们先来看一个标准化类的示例。

泛型出现之前

首先我们看一下**没有使用泛型**的源代码。由于从Java 5才开始引入泛型，所以之前人们必须……还是自己看吧。假如，你想要编写一个纸箱类，在里面可以装入**任何东西**，那么这个类当时可能会这样实现：

```
public class AlterKarton {
  private Object inhalt;*1
  public AlterKarton(Object inhalt) {
    this.inhalt = inhalt;
  }
  public Object*2 getInhalt() {
    return inhalt;
  }
  public void setInhalt(Object*3 inhalt) {
    this.inhalt = inhalt;
  }
}
```

能装下所有东西的纸箱（没有使用泛型）

*1 “任何东西”指的是Java中的Object类……

*2 放入一个Object……

*3 取出一个Object。

这个类将被这样使用：

```
SchuhPaar schuhPaar = new SchuhPaar(38, "Schwarz", true);
AlterKarton alterKarton = new AlterKarton(schuhPaar);
```

使用这个纸箱可以装下所有东西

至此还算顺利。但要想**访问纸箱里的东西**就会比较麻烦，因为原则上所有Object类的对象都可以放进去，而且通过get方法也可以获取到某个Object对象。即使纸箱里装着一双鞋，这对编译器来说也是无关紧要的。为了获得这个类型的对象引用，可以在方法中访问这个对象，返回值还必须进行SchuhPaar类型转换。在这个过程中会触发类型转换异常（ClassCastException），所以必须在此之前用instanceof进行检查，目的是要查明纸箱里是否真的有双鞋。仅仅为了访问这双鞋，会用到很多无关紧要的代码。

【背景资料】
这些无关紧要的代码用专业术语来说叫**样板代码**。

只是为了得到一双鞋，需要用到很多样板代码：

```
Object inhalt = alterKarton.getInhalt(); *1
if(inhalt instanceof SchuhPaar) { *4
  SchuhPaar schuheAusKarton = (SchuhPaar) inhalt; *3
  System.out.println(schuheAusKarton.getFarbe());*2
}
```

*1 尽管只有一个SchuhPaar实例，getInhalt()方法的返回值的类型也是Object类。

*2 为了访问SchuhPaar的方法……

*3 首先得把返回值的类型转换成SchuhPaar类型。

*4 但这之前不要进行类型转换的检查，那样会产生运行时异常。

使用泛型以后

使用泛型以后，同样的情况就会变得非常简单，甚至都可以忽略那些原本没有必要的代码。使用了泛型的纸箱类如下：

```
public class Karton<E> *1 {
  private E inhalt; *2
  public Karton(E inhalt) { *3
    this.inhalt = inhalt;
  }
  public E *4 getInhalt() {
    return inhalt;
  }
  public void setInhalt(E *5 inhalt) {
    this.inhalt = inhalt;
  }
}
```

*1 尖括号里的E代表着一个形式类型，也可以理解为是任意一个类或者接口的占位符。此处的Karton类不关心类内部的元素类型。

*2 此处的占位符E可以作为类的引用类型……

*3 也可以作为构造函数中的参数类型……

*4 也可以作为方法的返回值类型……

*5 也可以作为方法中的参数类型。

现在完全可以用E代替类名Karton去创建一个对象实例，这样就生成了一个想要的纸箱对象。

从现在起就可以放弃类型转换了：

```
Karton<SchuhPaar> *1 karton = new Karton<>(schuhe);
System.out.println(karton.getInhalt()*3.getFarbe()); *2
```

*1 创建一个对象实例的时候，可以在尖括号中指明具体的类型。

*2 以前转换时用instanceof检测类型是否匹配，现在则可以直接访问SchuhPaar，因为……

*3 用getInhalt()方法返回该Karton类实例化后的对象，此例中就是SchuhPaar。编译器会通过Karton<SchuhPaar> karton这个语句知道，karton总是包含SchuhPaar对象。

OK，明白了。
泛型简化了我们的编程工作，
使得类型不兼容的错误不再出现。
非常棒的发明。

【资料整理】
用泛型可以替换在**运行时**对类型匹配的检测（使用instanceof运算符），编译器会正确地识别出类型。

【背景资料】
通用类型不必统称为E，理论上还有其他类似的字母可以拿来使用，甚至还有小写的字母和字符串。被大家所熟悉的有针对一般类型的E（Entity实体）和T（Type类型），以及针对映射的K（Key键）和V（Value值）。

【背景资料】
如果一个**占位符**不够，还可以使用多个，比如public class KlasseMitMehrerenPlatzhaltern<A,B,C,D>，你的想象力在这里几乎不受限制。

使用泛类和不使用泛类的区别主要在于，**不使用泛型**就只能在**运行时**才能知道包含哪些类型的对象，而**使用泛型**则在**编译时**就已经确定了。

【资料整理】
使用泛型可以避免很多源代码中容易犯的错误，这些错误通常会触发类型转换的异常（ClassCastException）。

假如我要把所有可能的类都放在纸箱里的话，可以这样做吗？

```
Karton<Katze> katzeImKarton = new Karton<>();
```

当然可以。在这样的情况下，getInhalt()方法总是返回一个Katze类型的对象。你对猫的厌恶让我觉得有点害怕。为什么要把猫放在纸箱里呢？我要是你的话，就不会考虑这个问题。

阶段练习——猫狗大战

为了不让你那可怜的猫被禁锢在纸箱里，最好还是准备个篮子吧。不，不是你想象的那种篮子，我说的是一个可以让猫真正懒洋洋地躺在里面的篮子。

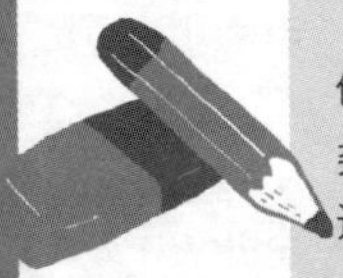

【简单任务】
创建一个Korb（篮子）类，里面有包含字段bewohner（住户），另外还有两个类：Hund（狗）和Katze（猫）。之后生成两个Korb的实例：一个篮子只允许狗进入，另一个只允许猫进入，而且只可以通过指明各自篮子来表示**狗和猫**。

这对你来说应该是不难的，跟上面纸箱的例子一样，**参考代码如下：**

```
public class Korb<E>*1 {
  private E*2 bewohner;
  public E*2 getBewohner() {
    return bewohner;
  }
  public void setBewohner(E*2 bewohner) {
    this.bewohner = bewohner;
  }
}
```

*1 此处为通用类型……

*2 之后就是使用占位符的位置。

之后还有两个实例，没有比这个更容易的了！

```
Korb<Katze>*1  katzenKorb = new Korb<>();
katzenKorb.setBewohner(*2new Katze());
Katze katzeAusKorb = katzenKorb.getBewohner()*3;
Korb<Hund>*4 hundeKorb = new Korb<>();
hundeKorb.setBewohner(new Hund());
Hund hundAusKorb = hundeKorb.getBewohner();
```

*1 此处为猫的篮子……

*2 因为那里只能放下一只猫……

*3 所以只允许放入一只猫。

*4 放狗的篮子也是同样的情况。

完全正确，让我说什么呢，太棒了！

猫篮子还可以作为子类

每个篮子的种类还可以采用创建Korb的子类形式，这样就有一个**从通用类衍生出来的类了**。

```
public class KatzenKorb extends Korb<Katze>*1  { ... }
public class HundeKorb extends Korb<Hund>*1  { ... }
```

*1 如果想获得一个通用类的继承类，那么就需要直接在尖括号里指明类型。但不是在实例化对象的时候，而是在定义类的时候指明。

实例化对象时是不需要继承形式的：

```
KatzenKorb katzenKorb = new KatzenKorb();
HundeKorb hundeKorb = new HundeKorb();
```

需要哪些变量完全看个人喜好。如果新的子类KatzenKorb（猫篮子）和HundeKorb（狗篮子）可以按它们的行为和属性来区分，或者按各自的方法以及字段来区分，我更愿意选择后者。

标准化接口

除了类之外，接口也可以做成标准化的。实现标准化接口的目的和实现标准化类是一样的，都是为了使其更加通用。原则上，这种泛型接口的定义和上面提到的泛型类十分相似：

```
public interface Behaelter<E> *1 {
  void setInhalt(E*2 inhalt);
  E*3 getInhalt();
}
```

*1 与定义泛型类时类似，尖括号内的E充当的是**占位符**。

*2 但在定义泛型接口时不需要数字字段和构造函数，占位符可以作为方法的参数类型使用……

*3 也可以作为返回值的类型使用。

如果实现了这样的泛型接口，那么就可以在下面两个地方应用它。

1. **在定义类时直接实现这个接口**。编写格式与继承Korb的子类时类似。参考代码见下。
2. **实例化对象时才可以实现泛型接口**。该对象的类实现泛型接口，而这个类本身也是泛型的。

选择哪种用法要视情况而定，要么用通用类型去创建一个类，要么接口是通用型的，类可以自己指定具体的类型。

1. 第一种用法

在定义类时直接实现接口：

```
public class SchuhKarton implements Behaelter<SchuhPaar> *1 {
  private SchuhPaar inhalt; *2
  @Override
  public void setInhalt(SchuhPaar inhalt) { *2
    this.inhalt = inhalt;
  }
  @Override
    public SchuhPaar getInhalt() { *2
    return inhalt;
  }
}
```

*1 此处实现了一个SchuhPaar类型的泛型接口Behaelter。泛型接口中的占位符E被具体的SchuhPaar所代替……

*2 这就是说，SchuhKarton类实现了一个SchuhPaar类型的泛型接口Behaelter。类中其他的地方必须使用这个类型。

如果此时用SchuhKarton创建一个对象，那么这个对象所包含的就只能是鞋：

```
SchuhKarton schuhKarton = new SchuhKarton();
schuhKarton.setInhalt(new SchuhPaar(38, "Pink", true));
```

2. 第二种用法

实现的接口不必在定义类的时候指定，而是在用类实例化对象时才指明：

```
public class Karton<E> *2 implements Behaelter<E> *1 {
  private E inhalt; *3
  @Override
  public void setInhalt(E inhalt) { *4
    this.inhalt = inhalt;
  }
  @Override
  public E getInhalt() { *4
    return inhalt;
  }
}
```

*1 此处实现了一个SchuhPaar类型的泛型接口Behaelter。泛型接口中的占位符E被具体的SchuhPaar所代替……

*2 此处的类必须自己指明类型。

*3 **不必指明具体的类型**就可以实现Behaelter接口。类的内容还不能识别这个具体的类型，但对于实现过程来说并不重要。Karton实现Behaelter就是所谓的泛型方式。

*4 还需要实现set和get方法。虽然并不陌生，**但这次是一个实现了泛型接口的泛型类。**

现在就应该这样去生成一个实例：

```
Karton<SchuhPaar> karton = new Karton<>(schuhe);
```

【温馨提示】

原始数据类型不可以作为泛型类使用。比如这样使用是不可行的：

`Karton<int> zahlen = new Karton<>();`

因为没有使用自动打包的包装类。必须这样明确地写：

`Karton<Integer> zahlen = new Karton<>();`

通配符表达问题

小薛，睡得还好吗？

这么问是因为接下来的内容（至少看上去）不是很容易理解，所以我最好是通过链表的实例给你讲解。这个内容就是**通配符**（或者直接叫？），以及与之相关的**通配符表达式**；笼统地说，通配符表达式让类变得**没那么通用**。

上个例子中的篮子原本只是为了放入动物而设计的。但令人不满的是，如此创建的篮子实例还可以放入鞋，或者还可以包含异常和其他没有意义的东西，这就太胡扯了。其实最好的做法是，**对一些类型进行限制**，用通配符和通配符表达式就能实现这样的效果。

假设，你要为隔壁的宠物店编写一个方法，这个方法可以输出所有宠物店里动物的名字。同时，这个方法对猫、狗以及被宠物店收养的所有动物都有效。然而下面的做法就显得比较天真了：

```
public static void druckeNamen(List<Tier> tiere) { *1
  for (Tier tier : tiere) {
    System.out.println(tier.getName());
  }
}

public static void main(String[] args) {
  List<Katze> katzen = new ArrayList<>(); *2
  katzen.add(new Katze("Schnuckel"));
  katzen.add(new Katze("Lisa"));
  druckeNamen(katzen); *3 X
}
```

*1 此处的方法需要一个动物类型的链表……

*2 并且创建一个猫类的链表……

猫的确是动物。那么猫的链表就能代表动物的链表吗？小薛认为是可以的，但编译器不这么认为。

>>>>>>>>> nein.

*3 此处的调用是个理想的做法。猫就是动物，Katze也是Tier的一个子类。根本不用担心，对吗？嗯哼，你想错了！这里会报出一个编译错误！因为：

【注意】

即使Katze是从Tier继承来的，对于List<Katze>和List<Tier>这样使用也是不行的。List<Katze>不是List<Tier>的子类（或者说不是继承的）。

我现在完全搞不懂了。在druckeNamen()方法里我只需要动物就可以了，猫是个动物呀。我本来以为我已经弄明白继承这个东西了！

不用担心，你已经明白它了。必须承认，这样的情况不论怎么看都是没有逻辑的。

但我还是要给你解释清楚： Java不允许你这样做，是为了防止你在druckeNamen()方法的内部加入除猫链表的其他动物，我指的是其他类型的动物。

哦，你对此应该有个例子给我吧？

当然有了。假如上面的例子行得通，并且调用druckeNamen()方法时获得了一个猫的链表，因为链表是用List<Katze>生成的，所以除了猫之外，其他的动物都是不允许的。

然后，某人就可能会这样做：

```
public static void druckeNamen(List<Tier> tiere) {
  for (Tier tier : tiere) {
    System.out.println(tier.getName());
  }
  tiere.add(new Hund("Wuffelknuffel")); *1 X
}
```

*1 这样做是允许的，因为Hund（狗）也是一个Tier（动物），但是对于猫列表来说就完全混乱了。

添加了狗之后，druckeNamen()的方法名是不是也没有用了？

是的，方法的名字将不再被明确表达，不过问题不在于此，也不在于为什么会有人把一只狗放入这样命名的一个方法里。

OK，再来一遍，也就是说，我不能使用……

List<Katze> katzen

一个用猫标准化的动物泛型链表。没错。因为在一个动物泛型链表里可以放入任何动物，但是猫标准化的链表只能放入猫。如果一个猫的标准化链表可以放入任何动物的话……

那么就存在矛盾了，明白了。

是的，反证法是论证计算机科学常用的方法。

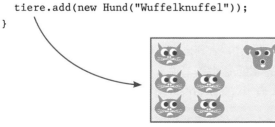

```
druckeNamen(List<Tier> tiere) {
  tiere.add(new Hund("Wuffelknuffel"));
}
```

如果List<Katzen>继承自List<Tier>，就会存在所谓的“动物问题”，因为在List<Tier>（或者说是List<Katzen>）里也允许加入（比如）一只狗。

尽管这样，要是我依然想用这样的方法去创建一个可以放入任何动物的链表时，该怎么办呢？

那就需要用到通配符表达式了，根据方法内部链表的具体情况来变化。

上限通配符

首先我们还得回到上面的例子中，`druckeNamen()`方法本应该只能输出动物的名字，并且不能加入新的动物。为了让所有包含任意动物类型的链表都有效，最好的办法就是使用**上限通配符表达式**。

其通常的表示方式为：`<? extends Oberklasse>`，代表的意思就是“每个从**上层类**继承来的类，以及**上层类**自身”。比如，`List<? extends Tier>`所代表的意思为任何从`Tier`继承来的链表，也就指的是`List<Katze>`。

如果这样去修改上面的代码的话，那么就应该用`List<? extends Tier>`替代`List<Tier>`的格式去声明方法，然后这样声明的方法就既可以对猫链表有效，也可以对狗链表有效了，也就是`druckeNamen(katzen)`或者`druckeNamen(hunde)`，两个都可以。

大家盼望的是这样的动物列表

```
public static void druckeNamen(List<?*1 extends*2 Tier*3> tiere) {
  for (Tier tier : tiere) {
    System.out.println(tier.getName());
  }
}
```

*1 首先出现的是通配符……

*2 紧接着是extends……

*3 最后是上限。

因为总是有人忘记怎样以及何时必须使用标准化，以及标准化之间的关系，所以我在这里给大家一个实用的结构图（这里说的不是UML类结构图或者其他的UML结构图，这个结构图也不涉及继承关系）。**必须仔细地阅读这个结构图。**当箭头从一个标准化指向另外一个标准化的时候，就代表结构图中更高一层的结构需要其下一层进行标准化。

明白了，List<Katze>有了一条通往List<? extends Tier>的途径，所以druckeNamen()现在对猫链表就起作用了。

不会这么简单吧？一定会有些事比较麻烦，在哪里呢？

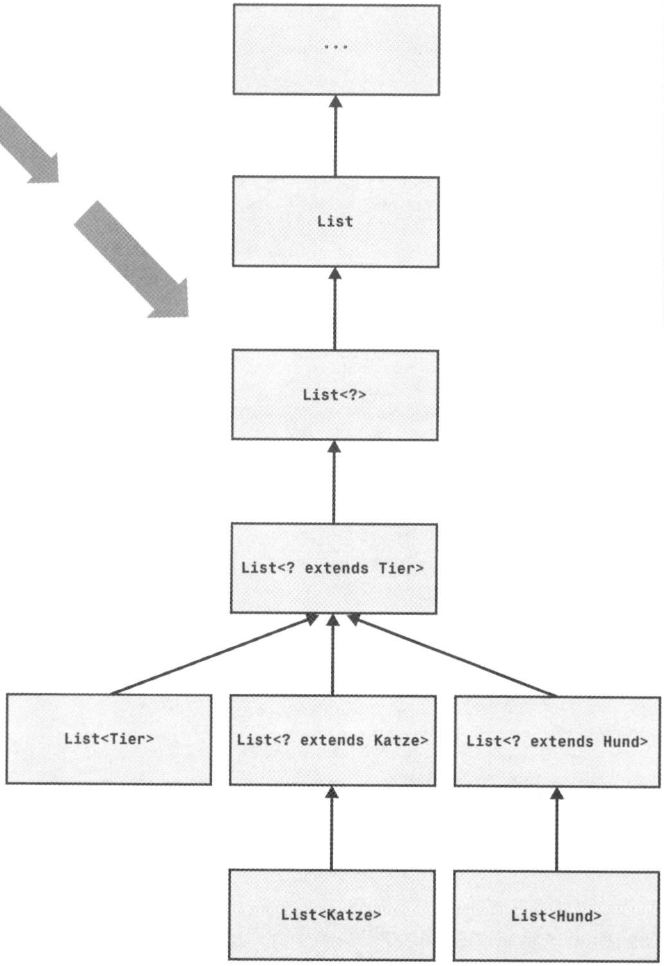

完整的表达。但需要注意，这个不是UML图

麻烦：不允许小薛进行写操作

麻烦在哪里？说得不错，但是这个根本就不是什么麻烦事，只是有利于保持数据的一致性：

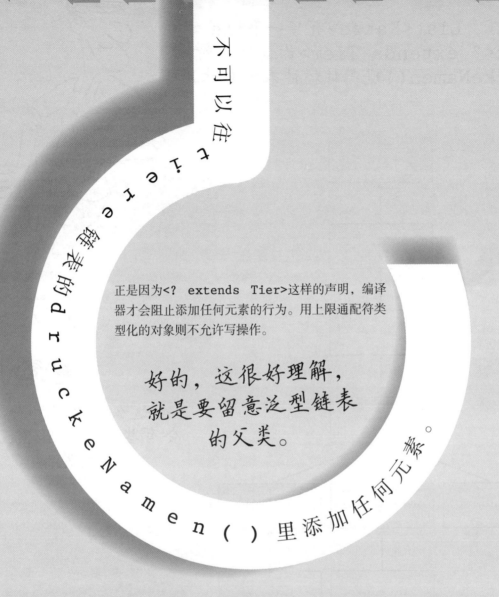

不可以往tiere链表的druckeNamen()里添加任何元素。

正是因为<? extends Tier>这样的声明，编译器才会阻止添加任何元素的行为。用上限通配符类型化的对象则不允许写操作。

好的，这很好理解，就是要留意泛型链表的父类。

你一定还记得这样的情况：当方法需要一个**动物**作为参数时，**猫**和**狗**都是可以的。尽管这样，也不能直接调用它们的方法miauen()或者bellen()，而是……

首先进行转换。明白，说起这个，不能单纯地用instanceof来测试一下吗，看看到底是猫还是狗？

不行，行不通的！ 只有非类型化的类和接口可以使用instanceof来测试。类型化的类和接口是不可行的。

```
if(tier instanceof Katze) {
  ((Katze)tier).miauen();
}
```

类型转换——这样检测是可行的

这样检测是不可行的

```
if(tiere instanceof List<Katze>) {...}*1 X
```

这样检测没有意义

```
if(tiere instanceof List<?>) {...}*2
```

*1 instanceof检测在泛型中是不允许的……

*2 无界通配符是个特例。但这也并不比上一句好到哪儿去。

【概念定义】

无界通配符<?>的含义是可以替换所有的情况。换言之，就是不可以添加元素，因为编译器不能判定究竟链表中添加的是什么：一个猫的列表、一个英雄的列表，还是字符串的列表？

不能对类型化的类用instanceof测试的原因是什么呢？其实很简单，只是因为泛型信息在运行阶段根本就不会存在。

【温馨提示】

有一件事你必须牢记，源代码中使用的每个泛型信息，在编译阶段都是不存在的（专业术语叫类型擦除）。编译器这样做其实没什么不好的，因为最终泛型在编译阶段还是要明确实际类型的，并且这样也可以减轻开发者的日常编程工作。

【温馨提示】

因此，也不应该在一个类中如下定义两个方法：

```
public void druckeNamen(List
<? extends Tier> tiere) { ... }
```

以及

```
public void druckeNamen(List
<? extends Person> personen) { ... }
```

因为这样书写的话，这两个方法在类型擦除之后就相同了。

我想用泛型的时候，既不能检测，又不让转换链表，也不能往链表里写东西。

那么，泛型真的那么好用吗？

别急呀。我现在就为你展示它的 **好处！**

下限通配符

正如我之前所讲的，需要牢记的是：在方法中，用上限通配符声明的链表是无法添加任何东西的，只能读取链表中的内容。你可能在想，既然有上限通配符，那也一定有下限通配符吧。是的，它应该这样描述：`<? super Unterklasse>`，其含义为……

我想我知道“可以接受所有的子类的父类或可以接受子类自身”，对吗？**我还行吧？**

是的，非常正确。这也就是说，现在可以添加元素，比如这样：

```
public static void vermehrtEuch(List<?*1 super*2 Tier*3> tiere) {
  tiere.add(new Katze("Mimi"));
  tiere.add(new Hund("Wuschel"));
}
```

*1 首先是通配符……

*2 紧接着是super……

*3 最后是下限。

然而这里也会有一点麻烦。

等等，让我猜猜，不允许读取tiere吗？

不，是可以读取的，但总是只能返回Object类型。

Object类型？为什么会这样呢？我现在完全搞不懂了。我只是添加了一个动物。至少也应该得到一只动物呀。

这样做也是为了保持数据的一致性。在vermehrtEuch()方法的内部只能添加动物，但是调用方法时传递进去的参数就只能是一个包含对象的链表。我觉得应该这样理解：List<Object>，因为Object本身也是Tier的一个父类。

噗，完全混乱了。

别紧张，小薛。如果你第一次接触泛型就什么都会的话，那你不就是天才了嘛。你想像“Java专家”那样使用泛型吗？

我倒是觉得泛型挺有趣的。

在此我还提供了一个辅助图，用它来表示下限通配符的类型兼容性。这个图的作用和上面那个一样。

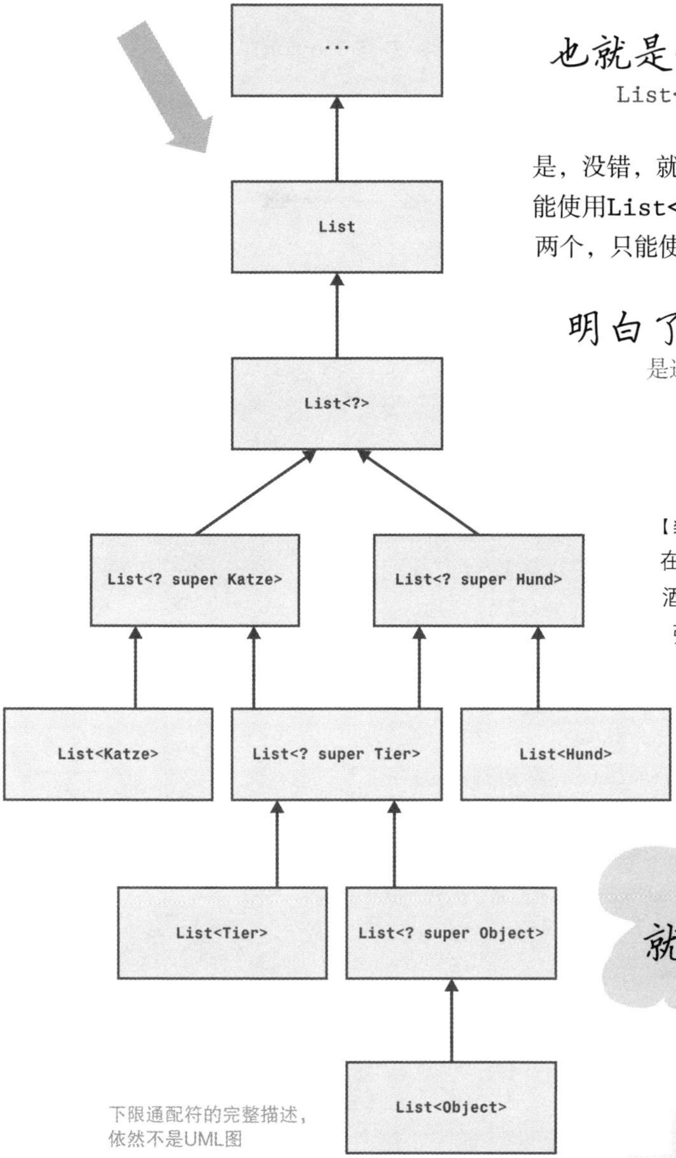

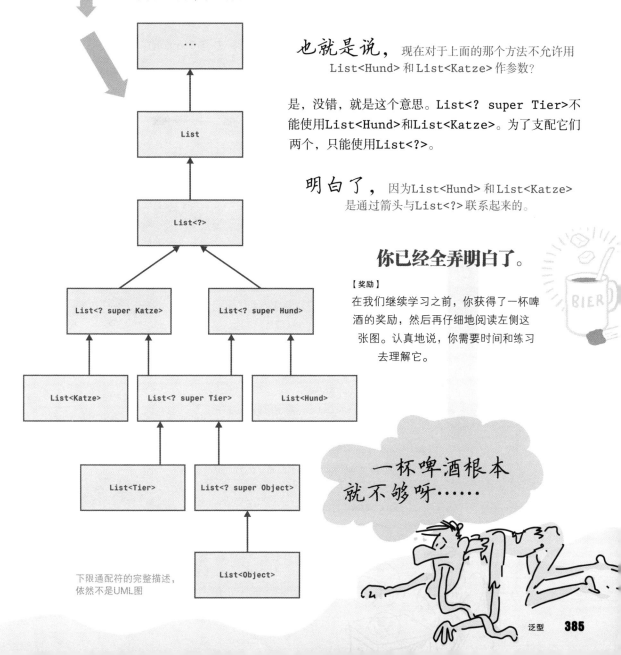

下限通配符的完整描述，依然不是UML图

也就是说， 现在对于上面的那个方法不允许用List<Hund>和List<Katze>作参数？

是，没错，就是这个意思。List<? super Tier>不能使用List<Hund>和List<Katze>。为了支配它们两个，只能使用List<?>。

明白了， 因为List<Hund>和List<Katze>是通过箭头与List<?>联系起来的。

你已经全弄明白了。

【奖励】

在我们继续学习之前，你获得了一杯啤酒的奖励，然后再仔细地阅读左侧这张图。认真地说，你需要时间和练习去理解它。

泛型方法

为了更极致地体现源代码的复用性，甚至还可以把单个方法进行泛型化。在返回值的类型之前指定一个泛型。

```
public class IrgendwasImKarton {

  public static*2 <T>*1 void machWas(Karton<? extends T>*3 karton) {...}
}
```

*1 泛型必须写在方法的返回值类型前面。

*2 一个泛型方法不必是**静态的**，非静态方法也可以这样定义。

*3 在通配符表达式中也可以使用泛型。

调用泛型方法的示例：

```
public static void main(String[] args) {
  Katze katze = new Katze("Lisa");
  Karton kartonMitKatze = new Karton<>(katze);
  IrgendwasImKarton.<Tier>*1machWas(*2kartonMitKatze);
}
```

*1 调用一个泛型方法时，直接把具体的类型写在方法名前面的尖括号内。

*2 因为此处为具体的类型Tier，所以在调用方法时参数Karton<? extends Tier>就会被替换。你现在应该能够明白，我们现在实际接受的是一个Karton<Katze>。不是很难理解，对吧。

不是很难理解就好……

阶段练习——通配符

不要丧失信心呀，小薛。泛型还是有很多好处的，多加练习就会熟练的。我们先来做一个简单的练习吧。

【简单任务】

假设，你需要一个方法，这个方法可以接受动物（Tier）和狗（Hund）的链表，并且还可以添加一些东西。那么这个链表的类型是什么呢？

等等，让我先回看一下那个图。

可以添加是吧？那么我就需要下限通配符。大概……是这样

List<? super Hund>，

对不对？

完全正确。因为打算往链表里添加元素，就得用到下限通配符。List<? super Hund>既在List<Tier>的上层，也在List<Hund>的上层。太棒了，那么我们继续吧。

【困难任务】

创建一个类Kopierer，它可以把一个链表里面的元素复制到另一个同样元素的链表中；或者这样说，从一个链表中读出元素，然后写到另外一个链表中。

main方法已经准备好了，Kopierer类必须要实现一个kopierer()方法，那么这个类和这个方法应该怎么完成呢？

```
public static void main(String[] args) {
  List<Buch> buecher = new ArrayList<>();
  List<Buch> buecherKopien = new ArrayList<>();
  Kopierer<Buch> buchKopierer = new Kopierer<>();
  buchKopierer.kopiere(buecher, buecherKopien);
  List<CD> cds = new ArrayList<>();
  List<CD> cdKopien = new ArrayList<>();
  Kopierer<CD> cdKopierer = new Kopierer<>();
  cdKopierer CD.kopiere(cds CD, cdKopien) CD;
}
```

Kopierer类应该这样使用：

参考代码：quelle链表作为复制源，ziel链表作为目标链表。

```
public class Kopierer<T>*1 {
  ...
  public void kopiere(List<? extends T>*2 quelle, List<? super T>*3 ziel) {
    for (int i = 0; i < quelle.size(); i++)
      ziel.set(i, quelle.get(i));
  }
}
```

*1 Kopierer类既可以应用在书的复制中，也可以应用在CD的复制中，所以我们使用到泛型。这样就会在实例化的时候再赋予具体的类型（CD或Buch）。

*2 对于quelle来说需要用到上限通配符，因为链表中的对象需要被读取，所以就要用<? extends T>来定义。

*3 为了往ziel中写入元素，链表必须用<? super T>来定义，也就是用到下限通配符。

【笔记】

为了更好地熟悉写和读的概念，我们应该了解一下PECS（Prodcer extends Consumer super）原则。也就是说，在Kopierer（复制）时quelle代表的是生产者，也就是可以读取元素（因为extends）；ziel则代表的是消费者，所以是可以写入元素的（因为super）。

【温馨提示】

在实际的编程工作中，也许使用之前所掌握的集合的辅助方法copy()更合适。参数其实是一样的：List<? extends T>用来读取链表，List<? super T>用来复制链表。

你能直接告诉我怎么做吗？

[完善代码】

调整上面的代码，对于拷贝CD和书时不需要额外的两个Kopierer对象实例，只需要一个（非泛型化的）对象实例，这样就可以复制所有的对象了。

一个非泛型化的对象实例。
嗯……那么就剩下一个泛型方法了？

是的，说得不错。这个类应该像下面这样：

```
public class KopiererMitMethode*1 {
  public <T>*2 void kopiere(List<? extends T> quelle, List<? super T> ziel) {
    for (int i = 0; i < quelle.size(); i++)
      ziel.set(i, quelle.get(i));
  }
}
```

*1 定义类时不需要泛型化了……

*2 对此，方法现在可以是泛型化的。其余的部分保持不变。

调用时就变成这样了：

```
public static void main(String[] args) {
  KopiererMitMethode kopierer = new KopiererMitMethode();
  List<Buch> buecher = new ArrayList<>();
  // 填充书的链表内容
  List<Buch> buecherKopien = new ArrayList<>();
  kopierer.<Buch>kopiere(buecher, buecherKopien);
  List<CD> cds = new ArrayList<>();
  // 填充CD的链表内容
  List<CD> cdKopien = new ArrayList<>();
  kopierer.<CD>kopiere(cds, cdKopien);
}
```

每次调用方法
都可以是不同的类型，
这个太不可思议了。

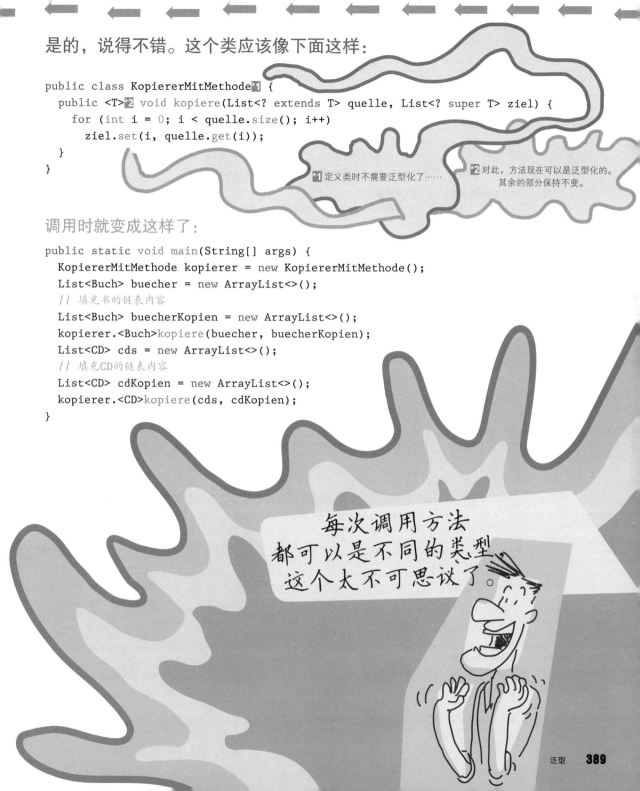

复习内容

Wiederholung

我必须承认，这一章的内容很难，但是你很好地跟上了。现在我们就回顾一下你所学过的内容。

【简单任务】

什么时候使用<? extends Typ>？什么时候使用<? super Typ>？

这个容易，当读取操作优先时用第一个，当写入操作优先时用第二个。还有PECS准则，是吧，伙计。

正确。这个当然很简单了。接下来的任务你要通知一下你女朋友，让她晚上给你按摩一下头，因为这个任务会很烧脑。注意，现在要涉及重量级难度了。

【困难任务】

源代码的完形填空。请说明在五个代码段中，每个空可以填入什么，以及结果是什么。代码段的最终目的都是相同的，给链表中添入Tier实例并且可以再取出。小提示：不是所有的代码都有效。如果你不能第一次就完全回答出来的话，也不用灰心。

第一个代码段我已经为你填好了：

代码段1

```
List tiere = new ArrayList<>();
tiere.add(new Tier("Unbekannt")*1);
Object*2 tier = tiere.get(0);
```

*1 缺少类型说明时，链表反而可以接受所有类型的对象，也包括Tier。

*2 然而只能返回最通用的类型Object，因为在这样的链表中实际是可以放入所有元素的。

代码段2

```
List<?> tiere2 = new ArrayList<>();
tiere2.add(____________);
____________ tier2 = tiere2.get(0);
```

【小贴士】
如果你没有什么思路的话，可以去看看上面那个完整的类型图或者下面的列表，同样可以获得一些读操作和写操作的提示。然后再来试试填空。

代码段3

```
List<? extends Tier> tiere3 = new ArrayList<>();
tiere3.add(____________);
____________ tier3 = tiere3.get(0);
```

代码段4

```
List<? super Tier> tiere4 = new ArrayList<>();
tiere4.add(____________);
____________ tier4 = tiere4.get(0);
```

代码段5

```
List<Tier> tiere5 = new ArrayList<>();
tiere5.add(____________);
____________ tier5 = tiere5.get(0);
```

下面的列表里总结的是链表和返回对象类型之间的对应关系。

	写入			读取		
	Katze	Tier	Object	Katze	Tier	Object
List<>	ok	ok	ok	–	–	ok
List<Tier>	ok	ok	–	–	ok	ok
List<Katze>	ok	–	–	ok	ok	ok
List<?>	–	–	–	–	–	ok
List<? extends Tier>	–	–	–	–	ok	ok
List<? extends Katze>	–	–	–	ok	ok	ok
List<? super Tier>	ok	ok	–	–	–	ok
List<? super Katze>	ok	–	–	–	–	ok

参考答案：

代码段2

```
List<?> tiere2 = new ArrayList<>();
tiere2.add(null*1);
Object*2 tier2 = tiere2.get(0);
```

*1 除null外，无界通配符定义的链表不能添加任何对象。所以，可以直接这样写。

*2 正是因为提交了未知类型，所以返回的还是最普通的Object类型。

代码段3

```
List<? extends Tier> tiere3 = new ArrayList<>();
tiere3.add(null*3);
Tier*4 tier3 = tiere3.get(0);
```

*3 在用到上限通配符时也不可以添加任何对象，最多可以添加null……

没错，不然狗就可以放到猫链表里了，或者反过来。

*4 但是至少可以假设链表里是保存的动物。所有动物的父类都可以作为返回值被接受，所以代码相当于：

```
Object tier3 =
tiere3.get(0);
```

代码段4

```
List<? super Tier> tiere4 = new ArrayList<>();
tiere4.add(new Tier("Unbekannt")*5);
tiere4.add(new Katze("Lisa")*5);
tiere4.add(new Hund("Wuffel")*5);
Object*6 tier4 = tiere4.get(0);
```

当然，就像是向上转型一样，对吧？

对的，因为Object在类结构层次中位于Tier的上层。

*5 使用下限通配符时，可以往列表里添加所有继承自指定类型的对象，也包括该类型自己。此处就是Tier、Katze和Hund。

代码段5

```
List<Tier> tiere5 = new ArrayList<>();
tiere5.add(new Tier("Unbekannt")*7);
tiere5.add(new Katze("Lisa")*7);
tiere5.add(new Hund("Wuffel")*7);
Tier*8 tier5 = tiere5.get(0);
```

*6 但返回的总是Object类型，因为链表里允许包含所有Tier的上层类。

*7 如果不使用通配符而是直接使用具体的类型来定义，那么就可以添入任何的子类型……

*8 同时也可以返回任意的子类型，此处为Tier和Object。

由此可见，通配符不仅可以应用在链表中，也可以对Karton类的方法进行泛型化，例如针对set和get方法：

	Karton	Karton<?>	Karton<? extends Tier>	Karton<? super Tier>	Karton<Tier>
setInhalt()	任意对象	–	–	Tier类或者Tier的下层类	Tier类或者Tier的下层类
getInhalt()	只能Object类	只能Object类	Tier类或者Tier的上层类	只能Object类	Tier类或者Tier的上层类

【好的建议】

不要丧失信心，要想熟练掌握通配符的含义本来就是需要一段时间的。我给你一些建议，只要想在代码中用到尖括号，就需要先从这一章中提到的表和图入手。

【奖励】

你已经坚持学习很久了，更何况学的这些东西也需要像喝咖啡一样慢慢品味。去休息一下吧，呼吸一下新鲜空气，就算是想一些其他的事情我也没意见。

咖啡渣——本章中的“干货”

此处应该多多积累经验：

跟往常一样，这里总结本章最重要的内容。

- 代码中引入泛型可以进一步提升通用性，使兼容性更好。
- 泛型可以应用在**类**、**接口**和**方法**中。
- **通配符?**可以起到灵活地限制泛型化类型的作用（比如在链表中）。
- 通配符中的extends和super关键字代表着**向上限制**和**向下限制**。专业名词是**上限通配符**和**下限通配符**。
- 通配符只有在泛型化类型实例化对象的时候才有效，在定义时不起作用。
- 上限通配符和下限通配符可以在**实例化对象**以及**定义**时使用。
- List<? extends Tier>代表可以读取类型为Tier的对象，但不能添加对象，目的是保证数据的一致性。List<? super Tier>虽然可以添加Tier类型的对象（以及其子类的对象），但返回的对象类型总是Object类的。

【奖励/答案】

你已经得到了本章的成就奖励：一个“多用途的钻石”。它可以镶嵌在任何地方，但是要小心！就像泛型在运行时那样，它会变得“不可见”。

文件、流和序列化

第11章

狂野的洪流——输入和输出

Bossingen的公司在扩大规模的时候又收购了一个新的子公司。小薛现在要把完整的新客户数据（位于简单的文本文件中）输入到一个Excel表格里。这个工作量非常巨大！有5000多条数据！对于小薛来说，为了可以快速应对这个工作，他现在应该学习如何读写Java文件。为此，他学习了两个文件操作的Java API：旧版和新版的IO API。

Bossingen带来的文件

哦，Bossingen的想法真的非常了不起，居然让我手动把上千条客户信息从普通的文本文件中登记到一个Excel表格里。他疯了吗？他觉得，我是什么事都不干吗？

冷静，冷静，别担心，学习Java的最终目的就是要处理问题呀。你刚刚说什么来着？读取文本文件吗？还需要一个Excel表格？这再简单不过了。处理这样的问题，Java有个得力的助手：Java IO！IO分别代表Input和Output，也就是**输入**和**输出**操作。用这个就可以处理文本文件！如果这个都不能满足Bossigen的话，那就太搞笑了。

【背景资料】

学习Java不仅仅为了学会它，而且还要**熟练掌握它**。除了学习语法格式和用法之外，标准函数库的学习也是很重要的环节。到目前为止，我们一直都把精力放在前者的学习上（OK，除了Collection那章的学习）。从现在开始，我们就把目光放在一个重要的标准函数的学习上：Java IO API。

在Java中有两个直接面向文件处理的包：`java.io`包含了一些比较传统（也是流行）的类；`java.nio`（n代表“新的”）尽管已经诞生了很久（准确地说是从Java 1.4开始的），但是直到Java 7的时候才趋于成熟，同时扩充了很多期待已久的功能。我们首先要了解一下“传统”的IO包，因为它的一些用法仍然随处可见。

针对数据的读写操作，Java中引入了**流**（stream）的概念，也叫作**数据流**。根据源代码中数据的“流向”，数据流又分为**输入流**（Input Stream）和**输出流**（Output Stream）；也就是指，数据是从数据源“读入”到Java程序，还是“写出”到数据目的地（后者还可以说成**数据接收器**）。
此外，还会根据读入以及写出的**数据类型**进行分类。比如，**字节流**可以读取单个字节，**字符流**可以按特定的编码方式读取单个字符，**对象流**可以针对对象实例进行读写操作。
读取数据时，使用哪种流都可以，只需先**打开**所谓的输入流，然后**一块一块地读取数据**，最后再**关闭**流就行。数据的写操作过程也是一样：打开输出流，写入数据，然后再关闭流。

我们从最基本的字节流相关内容开始学习。

再来点吗？试试二进制！

字节流通常是用来读取二进制文件的。**二进制**文件（和**文本**文件比起来）里包含的都是**非字符数据**，是单纯的二进制数据。图片文件、MP3文件、影音文件等都是二进制文件，而且打印不出字符，至少在Java控制台不能。虽然可以用字节流读取文本文件，但是相比之下，字符流使用起来更有效，因为字符流也可以直接读取文本文件的编码。

下面**这个**文件虽然属于文本文件，但我们现在需要用它来简单模拟一下读取纯二进制文件的过程。这样做的好处是，文件的内容可以逐字节地转换成**字符**，并输出在控制台上。

```
Das ist ein Text,
der so tut,
als sei er eine Binärdatei.
```

首先是未进行转换的代码：

```
try(*1InputStream*2 eingabe = new FileInputStream(*3new File(*4".\\resources↩
  \\kapitel11\\keineBinaerDatei.txt"))) {
  int eingelesenesByte;*5
  while((eingelesenesByte = eingabe.read()*5) != -1*6) {
    System.out.print(eingelesenesByte);
  }
} catch (IOException e) {
}
```

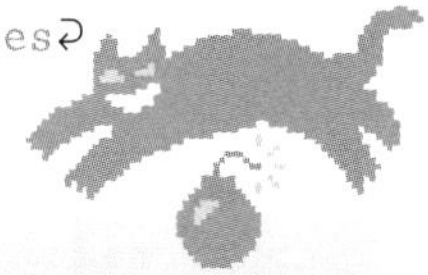

【温馨提示】

此处的new File()**不会在文件系统中生成一个新文件**，只是创建了一个**对象的引用**！这一点我们马上就会看到。

*1 所有的流都是可自动关闭的，所以在实例化它们的时候最好是放在try()的内部。

*2 对于输入流来说，java.io.InputStream属于抽象的基础类。

*3 如果想从一个**文件**中读取数据，那就需要使用到FileInputStream。把一个文件作为参数传递给它（以File类型的形式，稍后还会再详细介绍）。

我就不必再关注关闭的问题了，没错，我记得，这部分是在异常处理那章讲过的。

*4 File的参数是一个文件的存储路径。比如此处用到了一个文件的相对路径。但是需要注意，不同的操作系统会存在一些区别：Windows系统用“\\”作为分隔符，Linux系统则是用“/”。或者直接使用常数File.searator，这个字段起到了所谓的跨系统分隔符的作用。

*5 通过InputStream的read()方法可以逐字节地读取数据，返回的类型为int型。

*6 read()方法会一直被调用，直到返回-1，输入流结束，也就是意味着到达**文件尾**了。

还有其他的
输入流：

输　入　流	描　　述
java.io.ByteArrayInputStream	从一个**字节数组**中读取数据
java.io.StringBufferInputStream	从一个字符串缓存区中读取数据，这个类已经过时了，现在用StringReader代替它。更详细的内容后面会学到
java.io.FileInputStream	读取**文件**时用到这个输入流
java.io.ObjectInputStream	用来读取**Java对象**，稍后介绍
java.io.SequenceInputStream	用来把**多个**输入流合并成一个输入流

字节流，但返回值的类型却是int。
有点儿搞笑。

【背景资料】

InputStream的read()方法用int取代byte作为返回值，是因为-1。虽然-1符合byte的取值范围，然而byte完整的取值范围只有256个值（-127到128）。为了还能表示文件的结束符，所以一共需要257个值！至于为什么直接选择用int，而不是short，这是由于JVM处理int更加高效……

好啦，好啦，够了，
现在不需要知道
得那么详细。
哦耶，程序的输出现在是
这样子的：

„68971153210511511632
689711532105115116321
01105110328410112011644
321310100101114321151113
2116117116464432131097108115321151011053210111432101
10511010132661051102281141009711610110546"

是的，这就是没有分隔符的字节内容，单纯地一个接着一个地输出。而且，纯二进制文件也是不可读的。这就是我们那个所谓的**二进制文件**。之后通过**类型转换**就可以看得更清楚：

把输出语句稍加修改一下即可：

```
System.out.print((char)*1eingelesenesByte);
```

这时的输出结果如下：

```
Das ist ein Text,
der so tut,
als sei er eine Binärdatei.
```

*1 此处是可以进行类型转换的，但是你知道的，这里所读取的本来就是个文本文件。再次声明一下：这么做只是为了演示的，明白了吗？

明白，不过你有**真实**读取**二进制文件**的示例给我吗？否则你可能要给我讲很多内容。

你今天好学得令人难以置信呀！我还真准备了个示例给你，通过输入流读取图片文件，进而**实现图片的复制**，之后再逐字节地通过输出流给出。

但首先我们得了解一下输出流的功能。

二进制文件的写入操作——字节输出流

输出流原理上跟输入流是一模一样的，只不过**"流向"是反过来的**：输出流是把数据写入到某个地方。与输入流的结构类似，输出流也存在一个抽象的上层类，用这个上层类可以派生出其他的输出流类型：java.io.OutputStrean，此外还有一些子类，如：

此处为一些子类的介绍：

输　出　流	描　　述
java.io.ByteArrayOutputStream	可以把数据写到一个**字节数组**中
java.io.FileOutputStream	写一个**文件**时用到它
java.io.ObjectOutputStream	通过它可以输出一个**Java对象**，稍后给出具体的例子

下面就是用输出流把一段文字写入一个文件的示例：

*1 输出流也是**可以自动**关闭的，也需要放在try()里。

```
try(*1OutputStream*2 ausgabe = new FileOutputStream*3(new File(".\\resources
  \\kapitel11\\keineBinaerDatei.txt"), true*4)) {
  ausgabe.write(*5"Hallo Schrödinger\n".getBytes()*6);
} catch (IOException e) {
}
```

*2 java.io.OutputStream是抽象基础类……

*3 FileOutputStream是文件写操作的一个子类。参数的类型为File型……

*4 第二个参数指明了文件写入的方式：是追加写入还是覆盖当前已有的内容。参数为true时表示追加写入。

*5 write()可以（以int形式）接受单个字节，或者像此处一样，接受一个字节数组。

*6 对于字符串来说，这个方法更合适，它可以把字符串转换到一个字节数组里。

字符串转换到字节这部分很好理解。因为我不懂巴伐利亚方言，哈哈哈……

巨慢——复制文件的普通流操作

想要见识一下真正的二进制文件操作，是吧？没问题。
如你所愿，下面就演示一下用输入流和输出流复制图片：

```
try(
  InputStream eingabe = new FileInputStream(new File("./resources⤶
    /kapitel11/bild.jpg"));*1
  OutputStream ausgabe = new FileOutputStream(new File⤶
    ("./resources/kapitel11/bildKopie.jpg"))*2
)
{
  int eingelesenesByte;
  while((eingelesenesByte = eingabe.read()) != -1) {*1
    ausgabe.write(eingelesenesByte);*2
  }
} catch (IOException e) {
}
```

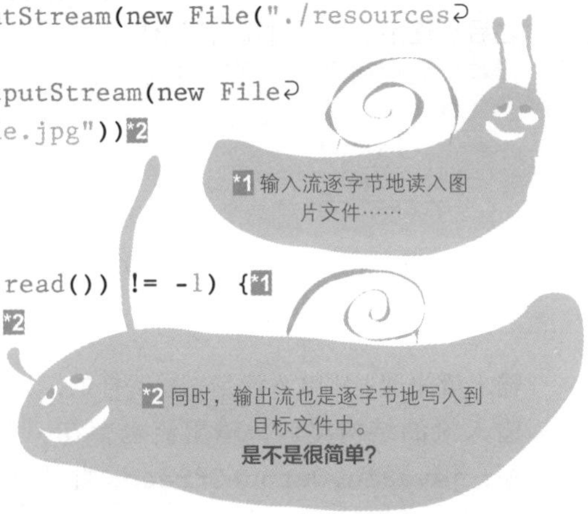
*1 输入流逐字节地读入图片文件……
*2 同时，输出流也是逐字节地写入到目标文件中。
是不是很简单？

是的，但运行程序时发现运行了很久很久！如果我去打印这张图片，逐个像素去画，然后扫描保存，都比它快些。

对此我只能说：学习效果。小薛，学习效果！**这个过程当然慢了**。越大的图片，需要读写的字节就越多。这样就慢下来了。但是，如果对这样的问题没有解决办法的话，Java就不叫Java了，因此可以使用所谓的**缓存流**。

那你给我讲讲吧！

更快些——复制文件的字节缓存流操作

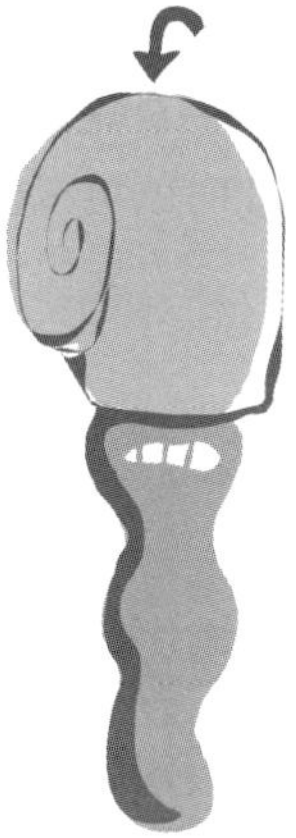

现在你需要这样想：采用普通输入流和输出流方式进行的读操作和写操作，确切地说，就是作用于相应的数据源和数据目标。但采用缓存方式的流不同，输入流**不是逐字节地读取**，输出流也不是逐字节地写入相应的数据目标。换句话说就是，缓存流读操作是在缓存区（buffer）中**一次性读入多个数据源的字节**；缓存流写操作则是在写入数据目标之前，先往缓存区中写入多个字节。此处所谓的缓存区类BufferedInputStream和BufferedOutputStream相当于把相应的输入流和输出流“包裹”起来。

```
try (BufferedInputStream eingabe = new BufferedInputStream↵
  (new FileInputStream(new File("./resources/kapitel11/bild.jpg")));*1
BufferedOutputStream ausgabe = new BufferedOutputStream↵
  (new FileOutputStream(new File("./resources/kapitel11↵
  /bildKopie.jpg"))))*1 {
  byte[] buffer = new byte[1024];*2
  while (eingabe.read(buffer)*3 != -1) {
    ausgabe.write(buffer);*4
  }
} catch (IOException e) {
}
```

*1 BufferedInputStream和BufferedOutputStream“包裹”上其他的流。

*2 此处开辟出一个缓存区——一个大小为1024字节的数字。

*3 每个读操作都会往这个缓存区里写1024字节。

*4 每个写操作都会一次性地输出整个缓存区里的内容。

【资料整理】

“包裹”这个词的专业说法是**装饰模式**，属于设计模式中的一个内容。所以对于这个例子，还可以这样说：字节缓存流通过缓存区“装饰”其他的流。

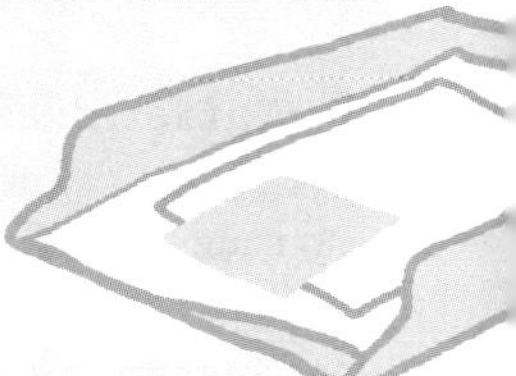

哇哦，这样一来真的是快一些！

【资料整理】

不采用缓存流方式的读写操作是直接对物理性的数据源进行操作，而采用缓存流的方式读写操作是通过一个缓存区进行的，所以在运行速度上有**显著的提升**。

谁还读取字节呀？文本文件的字符流读取操作

即使可以用字节流完成文本文件的读写操作，但这并不是正确的选择。更好的做法其实是用**字符流**来实现。至于原因，你稍后就会看到。对于字符流，有一个完整的实现层级（从`java.io.Reader`抽象类开始算起）。上面的例子此时就可以用`FileReader`来完成：

```
try(*1FileReader dateiLeser = new FileReader(new File
  (".\\resources\\kapitel11\\tagebuch.txt"))*2) {
  int eingelesenesByte;
  while((eingelesenesByte = dateiLeser.read()*3) != -1) {
    System.out.print((char)*4eingelesenesByte);
  }
} catch (IOException e) {
}
```

*1 FileReader是可以自动关闭的……

*2 并且也需要一个File参数。

*3 read()方法提供一个int数据……

*4 之后可以将其转换成char数据……

所有这些看起来与之前没有什么实质的变化。我还是得逐个字符读取呀，我看不出有什么优势。

是的，但是也算是有点帮助吧。对于读取器（reader）来说也有一个缓存区的“包裹类”`java.io.BufferedReader`，其中包含一个文件读取器，**这样就可以逐行地读取文本文件了：**

```
try(BufferedReader dateiLeser = new BufferedReader(new FileReader(new File
  (".\\resources\\kapitel11\\tagebuch.txt")))) {
  String zeile;
  while((zeile = dateiLeser.readLine()*1) != null) {
    System.out.println(zeile);
  }
} catch (IOException e) {
}
```

*1 BufferedReader提供了一个逐行读取数据的方法readLine()，该方法的返回值是字符串类型。

OK，这样就比之前的字节流看上去好多了。
字符串本身也是文本数据的一部分。.

没错。另外，逐行读取数据也比较适用Bossingen那个任务的解决办法。但是在我们试着完成这个任务前，还需要了解一下，如何用字符流实现文本文件的写操作。

文本文件的字符流写入操作

对于文本文件的写入操作，同样应该把`FileWriter`和`BufferedWriter`结合起来使用，这样就可以直接写入字符串，而不用再通过字节数组转换成字符串了。

```
try(*1BufferedWriter dateiSchreiber = new BufferedWriter*2(new FileWriter*3
  (new File(".\\resources\\kapitel11\\tagebuch2.txt"), true*4))) {
  dateiSchreiber.*6write("Hallo Schrödinger"*5);
} catch (IOException e) {
}
```

*1 `writer`也是可以**自动关闭的**。

*2 此外`BufferedWriter`……

*3 和内部的`FileWriter`也是如此。

*4 `true`代表着往文件里追加数据。

*5 相比输出流，现在我们可以直接写入字符串。

*6 如果目标文件不存在，将直接生产目标文件。

真的非常简单，
不需要通过字节数组进行转换，反正
除了流，没有人
不明白这个。

【资料整理】

用**输入流**和**输出流**进行**二进制数据**的读写，相比之下，对于**文本文件**的读写操作就要用Reader和Writer。

CSV——文本文件的转换

我们现在来看看那个客户信息文件。所有的信息被放在不同的文件中，是吗？在每个单独的文件中，每个信息记录行之间又有一个空行对吗？每个信息记录又包含“姓氏”“名字”“邮政编码”和“住址”四个内容对吗？

是的，你看这个文件。我特意隐去了一些客户的信息，不然Bossingen 非得生气不可。

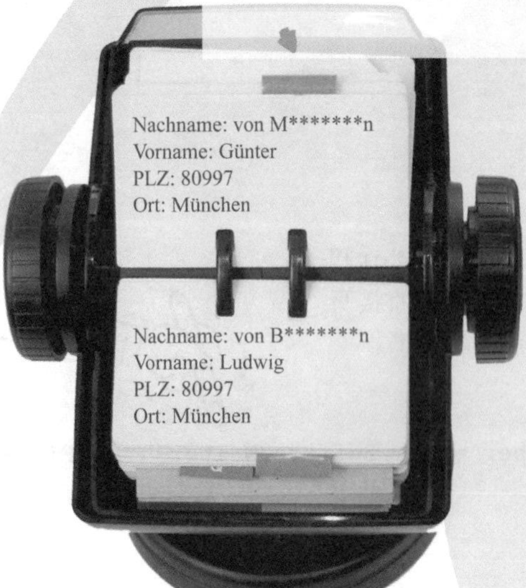

在把**这么多文件**放在一个目录里之前，先让我们考虑一下，该如何**转换每个文件**。你准备怎么做呢？用字节流，还是Reader或者Writer呢？

嗯，我觉得一个文本文件的读写要用Reader和Writer！因为它不是二进制的内容。

说得没错，但是最好的办法是用`BufferedReader`，它可以更简便地逐行读取文件中的数据，然后再把姓氏、名字、邮政编码和住址等信息过滤出来。

好的，过滤出来听起来像是要用到字符串方法。但是怎么转换成Excel格式呢？我对这样的格式真的是一无所知。

那你可是找到心理平衡了，因为我也不懂。不过我知道Excel可以打开CSV文件。

CSV？那是什么？一个新的足球俱乐部吗？还是一个地方的“啦啦队俱乐部”？

哈哈哈，不是的，都不是。
CSV是Comma Separated Value的缩写，翻译过来就是逗号分隔值。

CSV文件的每一行都包含一个数据记录，记录的各个值之间又用逗号分隔开来，所以基本上相当于一个表格的形式。这样的话，Excel能够做到的，这个表格也能做到。我们这个例子的CSV文件大概长成如下的样子：

von M*******n, Günter, 80997, München

von B*******n, Ludwig, 80997, München

然后我就可以用Excel打开了吗？Cool!

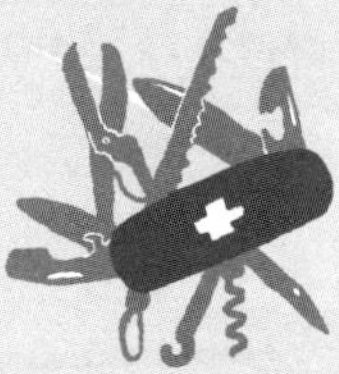

【困难任务】

是不是很棒，那么现在就试试吧，会比你想象的还容易。我已经准备好了一个接口，按着我上面说的那种格式处理客户信息文件。

准备好的接口在此：

```
public interface KundenDatenKonvertierer {
  void konvertiereKundendaten(File quelle, File ziel);
}
```

好吧，我必须逐行地读取源文件，然后还要考虑，每个记录的有效值是从冒号以后开始的。然后那四个值彼此要用逗号分隔，还要写入新文件中。好吧，让我试试。

听起来不错哦。如果你想偷看结果的话，答案就在下一页。

```
public class KundenDatenKonvertiererIO implements KundenDatenKonvertierer {
  private static final int ANZAHL_WERTE = 4;
  @Override
  public void konvertiereKundendaten(File quelle, File ziel) {
    try(BufferedWriter dateiSchreiber = new BufferedWriter(new FileWriter(ziel));
    BufferedReader dateiLeser = new BufferedReader(new FileReader(quelle));*1) {
      int zeilenNummer = 0;*5
      String eingabeZeile;
      while((eingabeZeile = dateiLeser.readLine()) != null*2) {
        if(!eingabeZeile.isEmpty()*3) {
          String ausgabe = eingabeZeile.split(":")[1].trim();*4
          if(zeilenNummer%ANZAHL_WERTE < 3)*6 {
            ausgabe = ausgabe + ", ";
          }
          if(zeilenNummer > 0 && zeilenNummer%ANZAHL_WERTE == 0)*7 {
            dateiSchreiber.newLine();
          }
          dateiSchreiber.write(ausgabe);*8
          zeilenNummer++;
        }
      }
    } catch (IOException e) {
    }
  }
}
```

*1 BufferedWriter和BufferedReader分别套用了FileWriter和FileReader，并且在try()的内部进行初始化。

*2 仅当readLine()方法返回null时才停止读取数据。

*3 也可能会出现空行的情况，空行的值是空的，而不是null！所以我们不会考虑空行情况。

*4 所有在冒号前面的内容我们也不关心。

*5 根据计数器zeilenNummer（行数）的值我们就可以确定……

*6 什么时候需要加入一个逗号……

*7 也可以确定什么时候换新行。此处用newLine()方法替换换行符\n更为便捷。

*8 然后通过BufferedWriter把整行的信息写入文件。

现在程序运行的结果
正如你所期望的那样：

```
von M*******n, Günter, 80997, München
von B*******n, Ludwig, 80997, München
```

【奖励】

太棒了，小薛，你再好好地欣赏一下你的作品吧。我马上就给你讲解针对目录操作的内容，怎么一次性直接转换Bossingen的文件。

【笔记】

再给你一个小提示：BufferedReader的一个实用的子类是LineNumberReader。任何时间都可以通过它来访问当前的行号，这样就不需要自己定义的计数器了。

向目录开炮

无论是文件还是目录，在Java中都是通过java.io.File类来展示的。现在，创建一个File对象对我们来说已经非常容易了：

```
File datei = new File("D:\\daten\\datei.txt");
```

我之前已经说过了，这样创建的只是一个文件的引用，并不是**真正**生成一个文件。即便是这样，你也可以对它进行很多操作：比如用**datei.exists()**方法检测文件是否已经存在（其实就是指向这个datei对象），用**datei.isFile()**和**datei.isDirectory()**方法检测这个文件到底是文件还是目录。你已经明白我的意思了吧？

举个例子：

```
File eingabe = new File(".\\resources\\kapitel11\\eingabe"*1);
System.out.println(eingabe.isDirectory()*2);
```

*1 此处生成指向目录的一个引用。

*2 如果引用的对象是一个目录的话，isDirectory()方法返回true值。

现在来看看Bossingen那个任务该怎么做：
从目录里读取文件、转换，然后再保存在另外一个目录当中。第一步先要找到需要处理的文件。我们可以用**ListFiles()**方法实现，该方法返回一个目录中**文件名的列表**。然而，在调用这个方法之前还必须明确，**File**对象是否为一个目录。正如下面代码所展示的那样，输出目录中所有文件的名字（还包括一些其他的信息）：

*1 首先检测，eingabe是否为一个目录。

*2 然后可以用listFiles()方法列出所有文件（包括子目录中的）。

```
if(eingabe.isDirectory()*1) {
  for (File datei : eingabe.listFiles()*2) {
    System.out.println(datei.getAbsolutePath()*3);
    try {
      System.out.println(datei.getCanonicalPath()*4);
    } catch (IOException e) {
    }
    System.out.println(datei.getName()*5);
    System.out.println(datei.getPath()*6);
    System.out.println(datei.getParent()*7);
  }
}
```

*3 getAbsolutePath()方法返回文件或子目录的**绝对路径**。**相对路径**在此处**不能被解析**（比如：...\\relativerPfad）。

*4 getCanonicalPath()方法返回文件/子目录的**规范路径**，也就是路径中**相对的部分被解析了出来**。如果不能解析相对的部分，则会抛出一个异常。

*5 getName()方法返回**文件名**，包括**文件的扩展名**。

*6 getPath()方法返回**File**对象的所在路径。

*7 getParent()方法返回路径字符串，如果路径名没有指定的父目录则为null。

绝对路径？规范路径？指的都是什么？

我已经想到你会提这样的问题了，所以准备了下面这个表格，看过之后你就应该能够明白了：

路　　径	绝对路径	规范路径
C:\dev\datei.txt	是	是
..\verzeichnis\datei.txt	不是	不是
C:\dev\java\..\..\datei.txt	是	不是

【便签】

getAbsolutePath()、getCanonicalPath()和getPath()这3个方法都会各自返回一个字符串。所有这些方法还会返回一个**文件**形式的路径，并非简单的字符串路径。

终于整理好了——生成文件和目录

现在可以把文件放入目录了。**接下来就是生成目标文件和目标目录。**尽管通过输出流和写操作可以自动生成文件，但这之前还可以通过File类的createNewFile()方法**生成一个空文件**。

创建一个空文件的过程如下：

```
File datei = new File("D:\\kundendaten.csv");*1
try {
  datei.createNewFile();*2
} catch (IOException exception) {
}
```

*1 此处只是生成一个指向文件的引用。

*2 此处在操作系统中生成一个文件（或者目录）。

比较简单，是不是？

等等，那个客户数据

文件在我的电脑里而不是直接位于D盘上。假如现在用D:\\personal\\bossingen\\ausgabe\\kundendaten.csv替换D:\\kundendaten.csv这个路径的话，我就会得到一个**IO异常**，即“系统没有找到指定的路径。”

是的，指定的路径**还不包含那个目录**，仅通过createNewFile()方法创建文件还不够。首先得考虑文件所在的目录是否**存在**。**如果只是创建文件的直属上层目录的话**，就可以使用mkdir()方法，另外还有一个更安全的替代方法mkdirs()（注意此处为复数），如果目录不存在，就可以通过这个方法**在指定的路径中**创建**所有的上层目录**。

所以更安全的创建如下：

```
try {
  File datei = new File("D:\\personal\\bossingen\\ausgabe\\kundendaten.csv");*1
  File verzeichnis = datei.getParentFile();*2
  if(verzeichnis != null*3) {
    if(!verzeichnis.exists()*4) {
      verzeichnis.mkdirs();*5
    }
    datei.createNewFile();*6
  }
} catch (IOException exception) {
}
```

*1 此处为需要创建的文件。

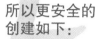

*2 首先通过getParentFile()方法获得文件所在的目录。

*3 如果文件在目录中真实存在（但不是在最高一层中）……

*4 那么再用exists()方法进行测试，看这个目录是否存在。

*5 如果目录不存在的话，就用mkdirs()方法来生成。

*6 最后再生成文件。

【便签】
文件或者目录都可以用delete()方法来删除。然而，目录必须是空的才能生效。

客户信息转换流水线

就在刚才，我刚想回家的时候，

Bossingen又打电话来了。我当然没接电话，假装我正在回家的路上。他一定是问客户信息的事……

好吧，那么我们今天就要进行一些练习了。你会看到，半个小时以后我们就可以把客户信息搞定，这样你明天就可以安心地去办公室交差了。但我想在你解决客户信息的这半个小时期间休息一下……如果能再来瓶冰啤酒就更好了。

【困难任务】

为客户信息转换器扩展一个方法，该方法可以从源目录中读取**所有文本文件**，之后再转换成CSV格式，以及保存在任意一个其他的目录中。你需要的所有代码都已经准备好了。如果你想要巧妙地完成这个任务，就可以重复使用之前实现的那个**konvertiereKundendaten()**方法。

KundenDatenKonvertierer接口中的新方法如下：

```
void konvertiereKundendatenInVerzeichnis(File quellVerzeichnis, File zielVerzeichnis);
```

具体的功能实现如下：

```
KundenDatenKonvertierer konvertierer = new KundenDatenKonvertiererIO();
konvertierer.konvertiereKundendatenInVerzeichnis(
  new File("D:\\personal\\schrödinger\\eingabe")*1,
  new File("D:\\personal\\bossingen\\ausgabe")*2
);
```

*1 此处为带文本文件的源目录。

*2 此处为目标目录。也就是复制CSV文件所需要的目录。

从一个目录中读取，在另一个目录中创建……我想，所有需要的东西都在这儿了。

你要知道，我给出的代码只是为了供你参考，你自己先要尝试着去完成这个任务。不打扰你了，我去享用我的啤酒了。

```
@Override
public void konvertiereKundendatenInVerzeichnis(File quellVerzeichnis, File ↩
  zielVerzeichnis) {
  if(zielVerzeichnis != null)*1 {
    if(!zielVerzeichnis.exists())*1 {
      zielVerzeichnis.mkdirs();*1
    }
    for (File datei : quellVerzeichnis.listFiles()*2) {
      String zielPfad*3 = zielVerzeichnis.getPath()*4 + File.separator + ↩
        datei.getName()*5.replace(".txt", ".csv")*6;
      this.konvertiereKundendaten(datei, new File(zielPfad) *7);
    }
  }
}
```

*1 首先要确定目标目录是否存在……

*2 然后读取源目录中的所有文件。

*3 每个目标文件的目标路径都是从……

*4 目标目录的路径……

*5 以及从文本文件名中获得，用File.separator字段进行分隔……

*6 并且还要替换新的文件扩展名。

*7 然后就可以重复使用之前开发好的konvertiereKundendaten()方法了。

重复使用是吧，我搞定了。真的很酷，根本不难做。但还有个事我想问一下：由于疏忽，我把一些度假时的照片放到了源目录下，所以这个程序就不停地报异常给我。有没有办法……

只对目录中的文本文件进行操作？我想一定会有办法的，因为Java是无所不能的，是吧。

没关系，你尽管问好了。

这样的情况就需要用到过滤器。说起它……你知道在咖啡机上是怎么实现的吗？

精细过滤是成功的一半——目录的过滤

listFile()方法可以在文件名过滤器（FilenameFilter）或者文件过滤器（FileFilter）中调用，根据不同的情况来使用此方法，比如**根据文件名**或者**其他条件**进行过滤。对于这个例子，**按文件名过滤**就可以了，把扩展名为“.txt”的文件过滤出来。

这样就可以把源目录中的其他文件排除在外，代码如下：

```
FilenameFilter*2 textDateienFilter = new FilenameFilter()*3 {
  @Override
  public boolean accept*4(File verzeichnis, String dateiName) {
    return dateiName.endsWith(".txt");
  }
};
for (File datei : quellVerzeichnis.listFiles(textDateienFilter*1)) {
  ...*5
}
```

*1 listFiles()方法需要一个FilenameFilter对象实例作为参数。

*2 FilenameFilter实际是个接口……

*3 同时也是局部类或者匿名类的一个典型应用。

*4 accept()方法被目录下的所有文件调用。该方法的参数是目录和每个文件的文件名。通过方法的返回值来确定一个文件是否为你需要的。true代表需要，false则代表不需要。

【温馨提示】

这个程序仍然可以对扩展名是“.txt”的非文本文件或内容不是文本的文件抛出异常。

*5 其余的代码保持不变。

走在正确的"路径"上：新的文件IO API

正如之前所说，学完java.io的内容，还要学习java.nio。在这部分中，我们主要学这个包里新加入的输入输出组件。本章开头已经提到过，这个新IO最初在Java 1.4中就出现过，但直到Java 7才把这个重大创新正式以NIO2命名。此后，有关文件操作的工作就变得更加容易和方便了。

比如，旧API中的java.io.File类在新API中为java.nio.file.Path接口，这个新的接口代表着指向文件或者目录的引用。新旧两个API之间是互相兼容的。File中的toPath()方法，顾名思义，就是把一个File对象转换成Path对象；与之相反的还有Path中的toFile()方法，作用正好反过来。

但与File比起来，Path中没有一个方法可以用来创建或者删除文件。在java.nio.file.Files中包含很多这样的文件操作类，这些操作都是通过一系列的抽象方法来实现的。不仅针对文件，针对目录也同样可以实现创建和删除操作。

下面就是一些应用Files类的示例：

```
Path*2 ausgabe = Paths.get("D:\\personal\\bossingen\\ausgabe");*1
try {
  ausgabe = Files*3.createDirectory(ausgabe)*4;
  ausgabe = Files.createDirectories(ausgabe)*5;
  Path datei = Files.createFile*6(ausgabe.resolve("datei.txt"));
} catch (IOException e) {
}
```

*1 通过辅助类java.nio.file.Paths可以创建Path的实例……

*2 这样就可以立刻替换File类去声明文件和目录了。

*3 针对文件和目录的操作，辅助类Files中包含很多静态方法……

*4 比如可以创建一个目录……

*5 或者也可以通过createDirectories()直接在一个路径下创建所有的目录（相当于mkdirs()）。

*6 Path和之前的File一样，既可以针对文件，又可以针对目录。然而，创建文件和目录是通过不同的方法。

为了能够实现对子目录的操作，
Path接口当然也提供了很多方法。

```
Path datei = Paths.get("datei.txt");
System.out.println(datei.toAbsolutePath());*1
```

*1 通过调用方法就可以查明文件的**绝对路径**。比如示例中的路径就是：D:\Work\RheinwerkVerlag\workspace\SchroedingerProgrammiertJava\datei.txt。

然而，toAbsolutePath()方法解析不了**相对路径**：

```
Path datei = Paths.get("..\\..\\workspace\\datei.txt");
System.out.println(datei.toAbsolutePath()*1);
```

*1 此处给出的路径是
D:\Work\RheinwerkVerlag\workspace\SchroedingerProgrammiertJava\..\..\workspace\datei.txt。
这就意味着，相对路径没有被解析出来。此时人们就没法知道，文件具体在哪个目录。

这种情况在File也会出现……

没错，这时就应该用toRealPath()方法获得**规范路径**：

```
try {
    System.out.println(datei.toRealPath());*1
} catch (IOException e) {
}
```

*1 这样就好多了，此处给出了**规范路径**：
D:\Work\RheinwerkVerlag\workspace\datei.txt。

处理路径有很多方式，但是具体细节的研究总会让人感到有些无聊。

1. 用resolve()方法可以组合出一个路径：

```
Path schlafzimmer = Paths.get("C:\\schroedinger\\wohnung\\schlafzimmer");
Path krawatten = Paths.get("kleiderschrank\\obersteSchublade\\krawatten");
Path woSindDieKrawatten = schlafzimmer.resolve(krawatten);
System.out.println(woSindDieKrawatten);*1
```

*1 得到的结果为：C:\schroedinger\wohnung\schlafzimmer\kleiderschrank\。

2. 用relativize()方法可以获得当前目录到目标目录的相对路径：

```
Path flur = Paths.get("C:\\schroedinger\\wohnung\\flur");
Path wohnzimmer = Paths.get("C:\\schroedinger\\wohnung\\wohnzimmer");
Path wohnzimmerZuFlur = wohnzimmer.relativize(flur);
System.out.println(wohnzimmerZuFlur);*1
```

*1 得到的结果为..\flur。某种程度上，给出的是目录 C:\\schroedinger\\wohnung\\wohnzimmer 到 C:\\schroedinger\wohnung\\flur的相对路径。

3. 也可以用路径进行迭代：

```
Path pfad = Paths.get("C:\\schroedinger\\wohnung\\flur");
Iterator<Path> iterator = pfad.iterator();*1
while (iterator.hasNext()) {
  Path pfadKomponente = iterator.next();
  System.out.println(pfadKomponente);*2
}
```

*1 iterator()方法会返回路径的迭代对象。

*2 迭代对象的结果分别为："schroedinger" "wohnung" 和 "flur" 。

讲得真有意思。

那么现在你教我用新的API进行客户信息转换，怎么样？

先别急。讲解这个之前还得说说如何读取和写入文件。此时此刻实现文件的读写操作就**不需要用到Stream、Reader、Writer等**，而全部可以通过Files的辅助类来实现，并且**读取**和**写入**实现起来比之前更加简单。不需要太多的代码就能够掌握：

```
Path datei = Paths.get("D:\\datei.txt");
Path andereDatei = Paths.get("D:\\andereDatei.txt");
List<String> zeilen = Files.readAllLines*1(datei, StandardCharsets.ISO_8859_1);
Files.write*2(andereDatei, zeilen, StandardCharsets.ISO_8859_1);
for (String zeile : zeilen) {
  Files.write*3(andereDatei, zeile.getBytes());
}
Files.copy(datei, andereDatei);*4
```

*1 可以直接从文件中把所有行读入到字符串链表中。是不是很方便？另外，还可以指定文件的编码。

*2 写入操作也同样很简单：要么直接把字符串链表写入文件（确切地说是按字符的序列，Iterable<? extends CharSeuquence>）……

*3 要么按照字节数组格式写入文件……

*4 又或者直接复制整个文件。再也不用FileInputStream和FileOutputStream！

就这些内容吗？新的API用起来就这么简单吗？怎么会如此不同呢？

客户信息转换——现在更简单了

至此，关于新IO在客户信息转换上的应用几乎都讲完了。我们还没有讲解如何用新IO读取目录的内容。下面就通过更新后的konvertiereKundendaten()为你展示这部分的应用。

示例代码如下：

```
Path quellPfad = quelle.toPath();*1
Path zielPfad = ziel.toPath();*1
try {
  if(Files.exists(zielPfad)) {
    Files.delete(zielPfad);*2
  }
  Path zielDatei = Files.createFile(zielPfad);*2
  List<String> zeilen = Files.readAllLines↩
    (quellPfad, StandardCharsets.ISO_8859_1);*3
  for(int i=0; i<zeilen.size(); i++) {
    String eingabeZeile = zeilen.get(i);
    if(!eingabeZeile.isEmpty())*4 {
      String ausgabe = eingabeZeile.split(":")[1].trim();*5
      if(i%5 < 3) {
        ausgabe = ausgabe + ", ";
      }
      if(i>0 && i%5==0) {
        Files.write(zielDatei, System.getProperty("line.↩
          separator").getBytes(), StandardOpenOption.APPEND);*6
      }
      Files.write(zielDatei, ausgabe.getBytes(), ↩
        StandardOpenOption.APPEND);*7
    }
  }
}
catch (IOException e) {
}
```

*1 KundenDatenKonvertierer接口基于File类型的参数。此处必须首先转换成Path的引用。所以用toPath()方法来实现。

*2 从现在开始就可以直接通过Files的辅助类来实现文件和目录的删除以及创建了。

*3 此处把源文本文件中所有行读入到字符串链表中，并通过每行的内容进行迭代……

*4 测试每行的内容是否为空。

*5 生成需要写入文件的文本行，与原来方法中的代码相同……

*6 根据一定的间隔在文本行中添加一个换行符，通过系统参数line.separator的值避免操作系统之间换行符的不同。

*7 然后通过Files辅助类把文本行写入目标文件。

采用目录形式的转换方法也不是那么难。通过更新过的`konvertiereKundendatenInVerzeichnis()`方法就可一目了然。

更新后的`konvertiereKundendatenInVerzeichnis()`方法如下：

```
try (DirectoryStream<Path> verzeichnisStream = Files.newDirectoryStream*1
  (quellVerzeichnis.toPath(), "*.txt"*2)) {
  Files.createDirectories(zielVerzeichnis.toPath());
  for (Path pfad : verzeichnisStream*1) {
    Path zielPfad = Paths.get(zielVerzeichnis.getPath() + FileSystems.getDefault().
      getSeparator() + pfad.getFileName().toString().replace(".txt", ".csv"));*3
    this.konvertiereKundendaten*4(pfad.toFile(), zielPfad.toFile());
  }
} catch (IOException e) {
}
```

*1 通过`Files.newDirectoryStream()`可以获得目录中所有文件和子目录的一个链表。路径对象的类型为`DirectoryStream`，同时每个路径对象都可以用来进行迭代。

*2 甚至还可以直接使用正则表达式来描述。这就可以表示为，在`DirectoryStream`中应包含哪些文件和子目录。

哦，使用流实现的。

是的，但是和之前的不能同日而语。

嗯，比用`FileNameFilter`简单多了。

*3 此处生成目标路径。此次我们通过属于NIO2的文件对象`FileSystems`获得相应的分隔符。

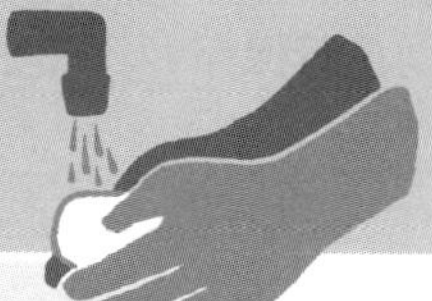

*4 `konvertiereKundendaten()`方法需要`File`对象做参数，当然对我们来说不是问题：我们可以把`Path`对象用`toFile()`方法来转换。

【任务完成】

客户信息转换现在可以用新IO API来完成了，并且你也学会与目录打交道了。

【笔记】

新旧版的IO API是完全兼容的：用`File.toPath()`方法就可以完成从旧版到新版的转换，用`Path.toFile()`方法则是从新版到旧版的转换。

讲到这里，有关新版IO API的全部内容就结束了。接下来我们再来继续学习旧版IO API中已有的内容：对象实例的存储。

对象的保存

对于在代码中已经填好数据的对象，偶尔**在程序结束时需要保存起来**。人们把这种情况叫作保持数据的持久性，简称数据**持久化**。对此可以采用很多不同的做法，在本书中我们将关注其中的三个。最简单的做法是，直接通过ObjectOutputStream和ObjectInputStream类把对象**序列化**以及**反序列化**。

【便签】
我们还会关注另外两个方法，把数据保存到**XML文件**和**关系数据库**。

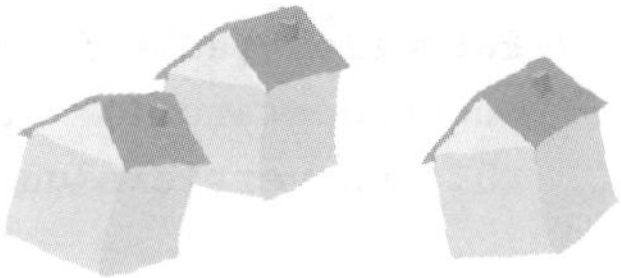

在数据序列化过程中，很多信息都将被保存起来，比如**完整的类名**和不同**字段**的值都将以字符串的形式保存。之后这些信息以（非常紧凑的）**二进制形式**写入一个文件中，目的是以后在反序列化过程中可以按**相同的顺序**再重新读取。

这种格式虽然非常紧凑，但是有两个局限性，其实可以算是两个缺点。第一，由于二进制本身的特性**不利于结构化**，所以相比其他编程语言（非面向对象编程语言）不能被广泛使用（与**结构化的XML格式**相反，稍后我们会学习到）。这也就意味着，二进制数据**只能用Java来解析**。

第二，在对象的**存储**和**读取**过程中不允许改变类的属性（对象实例通过类进行保存）。只要有所改变，先前持久化的对象实例便不能再准确地对应到更改后的类的属性上了。

【背景资料】
还有一个原因，对于所有实现了Serializable接口的类，如果该类没有serialVersionUID（静态）字段，那么编译器就会报警。序列化时，这个字段的值被保存在一个目标文件中；反序列化时，这个值被重新读取出来，并且与类中的当前值进行比较。如果这两个值不同，就意味着该类在操作过程中有所改变（例如数据字段丢失或者被赋予新值），就会报出InvalidClassException，随后反序列化过程停止。

那么你能说说，经过这么全面的介绍，我为什么还要关注这个叫序什么化的东西吗？

嗯，我不是说它不好。对于普通的应用场合它还是非常好的，对象实例可以很快地保存和读取。顺便说一下，那个叫**序列化过程**。

总的来说，为了对象可以序列化，其所属的类必须实现java.io.Serializable接口。这真的很容易，因为这个接口根本没有任何方法。没听错，就是一个**没有方法的接口**。

【背景资料】
没有任何方法的接口仅仅起到标识的作用，用来表明实现它的类属于某个特定的**类型，但不能定义这个方法的行为**（也就是说定义方法）。所以这样的接口也叫作**标识接口**，也就是只能去“标识”一个类。

这么做的好处是什么呢？

来看一个有关序列化的示例。假如，编写一段生成笔记的程序，整个内容用Notiz类来表现。为了**序列化**这个类必须做如下的实现：

```
public class Notiz implements Serializable*1 {
  private static final long serialVersionUID = -5260698528552357657L;*2
  private String autor;
  private String nachricht;
  public Notiz(String autor, String nachricht) {
    super();
    this.autor = autor;
    this.nachricht = nachricht;
  }
  // 你自己去添加get和set方法，一定没问题吧？
  ...
}
```

*1 这样就可以实现这个“标识接口”Serializable。

*2 serialVersionUID可以通过Eclipse自行创建（前提是该类要实现Serializable接口）。方法是在类名处按下Ctrl+l键，并选择“Add generated serial version ID”选项。所生产的ID代表着Notiz类的成员变量autor和nachricht元素的排列顺序。

至此是不是都很简单呀？

序列化和反序列化并不复杂：

序列化操作如下：

```
public static void main(String[] args) throws IOException, ClassNotFoundException {
  Notiz notiz = new Notiz("Schrödinger", "Mein erstes gespeichertes Objekt.");
  try(
    OutputStream dateiSchreiber = new FileOutputStream("notiz.data"*3);*1
    ObjectOutputStream objektSchreiber = new ObjectOutputStream(dateiSchreiber)*2
  ) {
    objektSchreiber.writeObject(notiz);*4
    objektSchreiber.flush();*5
  }
}
```

*1 需要把这个对象**保存在一个文件里**，所以我们会用到FileOutputStream……

*2 然后我们把它放入ObjectOutStream流里。我们这么做是因为要将**对象序列化**。

*3 给目标文件起个文件名，“data”这个是常用的对象序列化的扩展名。

*4 把对象写入ObjectOutputStream流，然后再写入FileOutputStream流。

*5 此处就表示写入操作结束了。

又出现一个流，它声明了一个其他的类，是吗？
说得没错，小薛！！

反序列化操作如下：

```
try(
  InputStream dateiLeser = new FileInputStream("notiz.data"); *1
  ObjectInputStream objektLeser = new ObjectInputStream(dateiLeser) *2
  ) {
    Notiz geleseneNotiz = (Notiz) objektLeser.readObject(); *3
    System.out.println(geleseneNotiz.getAutor()); *4
    System.out.println(geleseneNotiz.getNachricht()); *4
}
```

*1 我们从一个文件中读取数据需要用到FileOutputStream……

*2 然后把它放入一个ObjectInputStream流中。这就是对象的**反序列化**。

*3 此处读取对象。这里必须要进行**类型转换**，泛型在此处没有用武之地，因为ObjectInputStream这里没有泛化。

*4 为了对比输出结果，我们在此输出反序列化后对象的成员变量。

看吧！输出结果如下：

```
Schrödinger
Mein erstes gespeichertes Objekt.
```

嵌套对象的序列化

上面的那个序列化示例其实真的非常简单：Notiz类只由字符串字段构成，并且因为字符串实现了Serializable接口使得一切进行得非常顺利。

【笔记】
所有的**原始数据类型**也可以序列化和反序列化，请自己试着成功实现。

然而，我们需要进一步关注一个独立的类是怎么序列化和反序列化的。比如：生成一个Notiz的Autor类，大概如下所示……

```
public class Autor {
  private String vorname;
  private String name;
  public Autor(String vorname, String name) {
    this.vorname = vorname;
    this.name = name;
  }
  // 考虑此处加入set和get方法
  @Override
  public String toString() {
    return "Autor [vorname=" + vorname + ", name=" + name + "]";
  }
}
```

这个类作为一个数据类型

可以创建一个对象autor，之后试着保存在Notiz里，但这样会抛出异常，即一个没有序列化的异常（NotSerializableException），确切地说，这意味着Autor没有进行序列化。

【简单任务】
现在问题来了，仔细观察一下，看看你能否发现问题。Autor类要修改哪个地方才能让Notiz，包括Autor，实现序列化?

参考答案：

```
public class Autor implements Serializable {...}
```

嗯，我必须让Autor直接实现序什么……你明白的，必须要实现这个接口。也就是需要这样：

没错。完全正确。

差不多就是这样。在Notiz类中只需要重新生成serialVersionUID，因为即使字段的类型不同，最后类也是有所改变的。至此就大功告成了，**包含autor对象的Notiz**现在又可以序列化和反序列化了。

【温馨提示】
原先的那个Notiz对象，在重构后就不能再反序列化了！因为它还认为autor对象是字符串类型呢。
【笔记】
引用数据类型在序列化时也必须实现Serializable接口。但原始数据类型始终都是可序列化的。

影响序列化和反序列化

假如用到的数据字段来自一个没有实现序列化接口的类，而我又无法改变这个类的源代码，那么

我该如果应对呢？

你的意思是使用**第三方函数库**吗？嗯，我明白了。像这样使用的数据字段是来自外部函数库，那么可以用`transient`关键字来标注，这就意味着，这个数据字段不能够被序列化。

```
public class Notiz implements Serializable {
  private transient*1 AutorAusExternerBibliothek autor;
  ...
}
```

*1 用`transient`标记的数据字段不能够被序列化。这样不管之前的值是什么，反序列化的时候，`autor`就会得到一个默认值`null`。

【概念定义】

总的来说，**第三方**不单单指的是你或者某个客户，比如你开发的函数库，对其他的某个人来说就是第三方。

【背景资料】

类字段（静态字段）是不能被序列化的。这是理所当然的，因为它们不属于对象，而是属于类的。最终我们是序列化对象而不是序列化类。

这也就是说，我绝对不可以序列化一个非序列化类的对象实例，是吗？

这倒是挺愚蠢的！

呦，小薛，你在家练习说这个词了吗？

你刚刚正确地读出了“序列化”这个词！然而，对于一些没有实现`Serializable`的外部类也有办法序列化。

可以自己手动将它们序列化：

用writeObject()和readObject()方法实现自定义序列化

设想一下，你使用了一个第三方函数库“WoWStandardklassen 2.0”（虚构的函数库），在那里有一个未序列化的基类Krieger：

```
public class Krieger*1 {
  private String name;
  private int erfahrung;
  public Krieger() {}
  public Krieger(String name, int erfahrung) {
    super();
    this.name = name;
    this.erfahrung = erfahrung;
  }
  ...
}
```

*1 这个类不能序列化。

需要序列化的子类ZwergenKrieger如下：

然后用这个Krieger类生成一个自己的子类，比如为ZwergenKrieger，而且还要序列化这个子类。

那么接下来就该这样去做：

```
public class ZwergenKrieger extends*1 Krieger*2 implements Serializable*3 {
  private double groesse;
  public ZwergenKrieger(String name, int erfahrung, double groesse) {
    super(name, erfahrung);
    this.groesse = groesse;
  }
  ...
}
```

*1 ZwergenKrieger继承……

*2 一个非序列化的类……

*3 但是实现了Serializable接口。

现在尝试着序列化ZwergenKrieger，这时只有groesse这个值保存了下来，来自非序列化类Krieger的name和erfahrung的值并没有保存下来。

说起来挺简单，但做起来却不然： 必须通过手动实现这样的序列化。也就是说，只需要实现writeObject()和readObject()方法即可，不需要实现其他的接口。需要注意的是，这两个方法要用private关键字标注。

不需要实现接口还要私有化方法？这听起来挺搞笑的。这样一来，其他的地方**怎么调用这个方法呢？**

你有这样的问题完全在预料之中。不可以直接调用，就只有间接调用了，也就是所谓的反射（reflection）API。但是，我们这本书里就涉及这么多。

我们只关注那些可以进行对象序列化的Java类。序列化时，虚拟机首先会检测，类中是否已经准备好了writeObject()和readObject()方法。如果已经有了，那么就用它们来进行序列化和反序列化；如果没有，就会使用标准的序列化过程。

这两个方法分别需要一个流作为参数，writeObject()方法得到一个ObjectOutputStream流，readObject()方法得到一个ObjectInputStream流，这样就可以读写任意可序列化的数据字段了，甚至是在父类中的字段。

ZwergenKrieger类的这两个方法应该这样实现：

【温馨提示】

即使writeObject()和readObject()方法完全脱离了Serializable接口的束缚，进行序列化的类仍然需要**实现这个接口**，否则就不能起作用。凌乱了是不是？

```
private void writeObject(ObjectOutputStream out*1) throws IOException {
  out.defaultWriteObject();*2
  out.writeObject(this.getName());*3
  out.writeInt(this.getErfahrung());*4
}
private void readObject(ObjectInputStream in*1) throws IOException, ⤶
  ClassNotFoundException {
  in.defaultReadObject();*2
  this.setName((String) in.readObject()*3);
  this.setErfahrung(in.readInt()*4);
}
```

*1 writeObject()和readObject()方法分别以ObjectOutputStream流和ObjectInputStream流作为参数。通过这两个流可以影响序列化和反序列化过程。

*2 defaultwriteObject()和defaultreadObject()方法通过**标准序列化**过程为当前类（ZwergenKrieger）中需要序列化的数据字段进行序列化服务。

*3 幸好在流中writeObject()和readObject()可以序列化和反序列化上层类的引用变量，比如字符串变量……

*4 除此之外，对于原始数据类型还有其他的等效方法，如writeInt()、readInt()、writeBoolean()、readBoolean()等。通过它们可以保存任意的值，包括父类中的值。

等等，刚才说什么？怎么好像不那么顺利呢！

【温馨提示】

进行手动序列化的时候格外重要的是，writeObject()和readObject()方法内部每个数据字段都是按各自的顺序来读取和写入的，否则是不起作用的。

除了Serializable接口，还一个java.io.Externalizable接口。这个接口讲解起来更复杂些，但相比Serializable接口来说，它不是一个标识接口。它继承了Serializable接口，而且还需要两个方法：writeExternal()和readExtrenal()方法。通过这两个方法才能够完成序列化和反序列化的过程，原则上，它们与writeObject()和readObject()方法功能相同。

已经有点理解一个带方法的接口了……

阶段练习——榆木的脑袋和聪明的脑袋

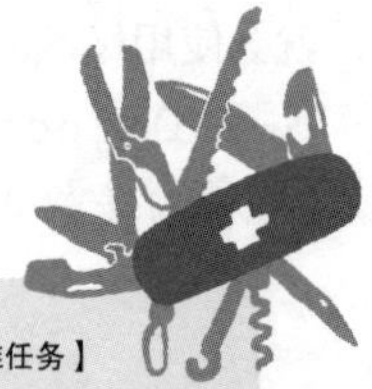

知道吗，我们一直进行得很顺利，现在为什么不亲自完成一个序列化过程呢，最好是用Externalizable接口。之后你就通关了。

【困难任务】

先慢慢看一个示例：生成一个Nusskopf类，包含一个字符串字段kopf和一个布尔型字段nuss；然后再实现Externalizable接口和它的两个方法。

两个提示：这两个方法分别需要java.io.ObjectOutput和java.io.ObjectInput类型的参数。这个类需要一个默认的构造方法，以便稍后的序列化和反序列化。

```
public class Nusskopf implements Externalizable *1 {
  ...
  public Nusskopf() {} *2
  ...
  @Override
  public void writeExternal(ObjectOutput out *3) throws IOException {
    out.writeObject(this.getKopf()); *4
    out.writeBoolean(this.isNuss()); *4
  }
  @Override
  public void readExternal(ObjectInput in *3) throws IOException, 
    ClassNotFoundException {
    this.setKopf((String) in.readObject()); *4
    this.setNuss(in.readBoolean()); *4
  }
}
```

*1 此处实现了Externalizable接口。

*2 此处是你所说的默认构造方法，否则就会出现一个Exception，我已经试验过了。

*3 通过writeExternal()方法来序列化，通过readExternal()方法来反序列化。ObjectOutput和ObjectInput接口的功能与流的时候一样！

*4 并且注意了读写时的顺序问题。明白了吧。

非常棒，接下来还有一个**难题**等着你呢，然后你就算是又完成了这一章的内容。

【困难任务】

一个对象实例的父类实现了Serializable接口，如果这样的话要怎么避免这个对象实例的序列化呢？

喂，还有啊？
我还没弄明白这个题目的意思呢！

那你再看一遍题目吧。提醒你一下，要好好动动脑筋。做完之后我们还可以去喝杯咖啡，或者你这儿还有啤酒吗？仔细考虑一下：父类实现Serializable接口，这也就是说使用了**标准（默认）序列化**……

并且我要避开这个标准序列化，对吧，我知道的！

参考答案：

对，如果writeObject()和readObject()方法都存在的话，就不会执行标准序列化了。你可以单纯地实现这两个方法，并且抛出一个NotSerializableException异常。

```
public class IchLassMichNichtSpeichern*2 extends Speicher*1 {
...
private void writeObject*3(ObjectOutputStream out) throws IOException {
    throw new NotSerializableException();*4
}
private void readObject*3(ObjectInputStream in) throws IOException, ↩
ClassNotFoundException {
    throw new NotSerializableException();*4
}
...
}
```

*1 假设：Speicher实现了Serializable接口。

*2 目的：IchLassMichNichtSpeichern不能够被序列化。

*3 结果：在writeObject()和readObject()中……

*4 只需要抛出一个NotSerializableException异常。

这样一来，这个异常什么也没做，那两个方法也是空方法，要是能用这个异常做点什么就更好了。

【奖励】

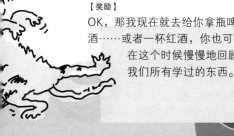

OK，那我现在就去给你拿瓶啤酒……或者一杯红酒，你也可以在这个时候慢慢地回顾我们所有学过的东西。

回顾关于流的内容

- **字节流**可以用来读写**二进制数据**。
- **文本文件**的读写操作使用**字符流**比较好，也就是指使用Reader和Writer。
- 要想更快地进行文件读写操作，就要使用带缓存的方式。通过**缓存**可以降低物理存储器的访问频率，进而带来明显的速度提升效果。
- **旧版的IO API**是通过File来描述文件和目录的，**新版的IO API**是通过Path来描述的。
- 新版的IO API优化了很多旧版中使用不方便的功能……
- 比如**核心的**Files**辅助类**，它提供了尽可能多的**文件操作**。
- Java对象可以用ObjectOutputStream和ObjectInputStream**流**来序列化和反序列化。
- 引用数据类型必须实现**无方法的标识接口**Serializable后才能够序列化；**原始数据类型**则总是可以序列化。
- 通过**私有方法**writeObject()和readObject()可以手动**影响**序列化和反序列化过程。
- 另外还可使用Extrenalizable接口及其两个方法：writeExtrenal()和readExternal()，来影响序列化和反序列化。

【奖励/答案】

我现在可以非常自豪地授予你“神奇魔法笔”了。你可以用它记录和再现所有的冒险经历。另外，在“持久化对象的魔法书”上，还可以更加节约空间地记录你所获得的所有宝贝，二进制的，你懂的。

线程

第12章 保持联系

多任务处理只是个传言吗？

并不是。

小薛正在学习如何让Java同时完成多项任务。但必须特别小心谨慎，否则会乱成一团。

进程与线程

通过线程可以让你的程序**同时做很多事**。这里所说的“同时”也可以理解为**并行**。在开始学习新的内容之前，我们必须先搞清楚两个概念，了解它们的区别。这两个概念就是**进程**和**线程**。比如，当启动一个IDE或者打开一个浏览器，再或者运行程序的时候，对于这个程序，计算机至少会启动一个新的进程。在这个进程的内部（至少）包括一个或者多个线程。

线程好比是从事各种各样生产工作的工人。使用**多线程**（multithreading），旨在让程序获得更高的性能和效率。相比之下，进程则是这些工人的雇主。

假设你有个朋友要来拜访你和你女朋友，你们必须提前整理一下房间。

如果让你女朋友自己做完这些事的话，再加上你在其中碍手碍脚的，势必会花上很久的时间。

是的，我以前的确是一直在逃避家庭作业。

家庭作业？小薛，我们现在不是在小学，那个叫“家务”。我早就看出来你什么都不会做了。无所谓了，反正这本来就是用来比喻线程的：你和你的女友现在就相当于两个独立且可以并行工作的线程，为的就是可以尽快地完成家务。这时必须弄清楚：与真正的**并行多线程多核系统**相比，**单核的计算机系统算不上真正的并行运行程序**。确切地说，对于某一时间点总是只能执行一个线程。尽管每个线程会分时被执行，但因为线程之间转换的速度非常快，所以使用者会有“并行”的感觉。

就拿你们收拾房间为例吧，比如你应该先清理一下猫毛，然后休息一下，这时你女友把垃圾倒掉，然后她也休息一下，然后你再继续清理猫毛，就这样继续下去……就这样一个接着一个快速地进行，这在外人看来不是什么时髦的舞步，而是一个连贯的动作。

然而，这种在单核系统上的多线程应用有着更积极的一面。经常会有这样的情况：处理器不需要全天候把**所有的性能**消耗在访问**不同的资源**上。比如，一个线程启动了一个下载过程（线程等待时间不消耗处理器性能），另一个线程去绘制用户的图形界面。这两个线程的各自工作是**异步**进行的。

哦，是不是可以这样理解，当我煮咖啡的时候，我还可以玩WoW？

没错。你这时就好比是处理器。

咖啡机和电脑就好比是线程，差不多类似这样吧。然而，线程并不是强制地总按一定顺序**交替**执行的，而是根据一定**规范**来选择的。所有线程的选择都由一个叫**调度器**（scheduler）的东西来负责。它的作用就是给线程分配任务，什么时候工作，什么时候停止。

这听着有点像Bossingen……总是强迫我加班。一点儿都不公平。

嗯，但Java的调度器不会这样。调度器其实不会总是选择一个线程，而是根据**调度策略**来选择单个线程。最著名的策略要数**轮询调度**（Round Robin Scheduling）策略，进行调度时会依次选择不同的线程。此外还有**最短任务优先**策略，其关注的是任务的处理时间，预计用时最短的线程被优先选择。因此，每个任务的处理时间需要事前估算出来。Java还会使用所谓的**优先级调度**，每个线程都会通过优先级进行排序，等级越高的线程越优先被选择。

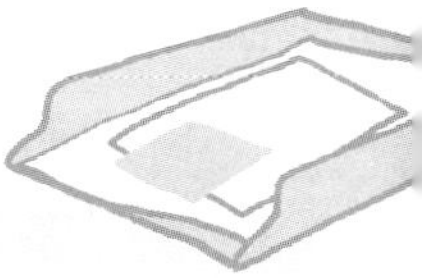

【资料整理】
调度器确定哪个线程需要在下一次被选出。调度器做出选择的依据就被称为**调度策略**。

【便签】
我们马上就会看到如何获得线程的优先级。

只讲理论知识，就足够花上一整节课的时间。但是通过**实际操作**学习才是更好的方法，不是吗？

第一个线程

可以通过两种方式来创建一个线程：通过创建一个类，让这个类实现java.lang.Runnable接口；通过创建java.lang.Thread的一个子类来实现。Java.lang.Thread本身也实现java.lang.Runnable接口。

如果选择接口的实现方式，就必须实现run()方法。如果是创建子类的方法，则需要**重写该线程已经存在的**run()，这样的话线程才能够起作用。

```
public class MachWas extends Thread*1 {
  @Override
  public void run()*3 {
    System.out.println("Ich mach was!");
  }
}
public class MachAuchWas implements Runnable*2 {
  @Override
  public void run()*3 {
    System.out.println("Ich mach auch was!");
  }
}
```

*1 要么继承Thread类……

*2 要么实现Runnable接口。

*3 两种方式中的run()方法里的代码都会在线程中被执行。

【资料整理】
推荐优先选择实现接口的方法，因为使用起来更自由，并且还可继承其他的类。另外也更常用，可以通过Runnable接口创建一个**匿名类**。

要想启动一个线程，
必须创建一个线程对象：

```
public static void main(String[] args) {
  new MachWas().start();*1
  (new Thread(new MachAuchWas())).start();*2
}
```

*1 继承Thread的类可以直接调用start()方法……

*2 或者把Runnable接口的实现过程"封装"在一个Thread对象里，然后再调用start()方法。

现在运行这段代码，你注意到了什么？

等等，有时会先输出"Ich mach was!"，之后是"Ich mach auch was!"，有时完全反过来。

是的！这就说明调度器起作用了！一会儿选择这个线程，一会儿又选择另一个线程。

【温馨提示】

如果输出的结果总是一个样子也不用担心，这也属于正常现象。

【背景资料】

“main”线程是主要线程，因为它是`main`方法的一部分。

激活线程之夜

现在我们就来看看，生成一个`Thread`对象并且调用其`start()`方法之后会发生什么。在线程的生命周期里会出现很多**不同的状态**，有些是自发的，有些是强制的。

通过下面的这幅状态图……你可能……什么都看不到。嗯，也许是加载图片的线程还没有结束，我们稍微等一下……

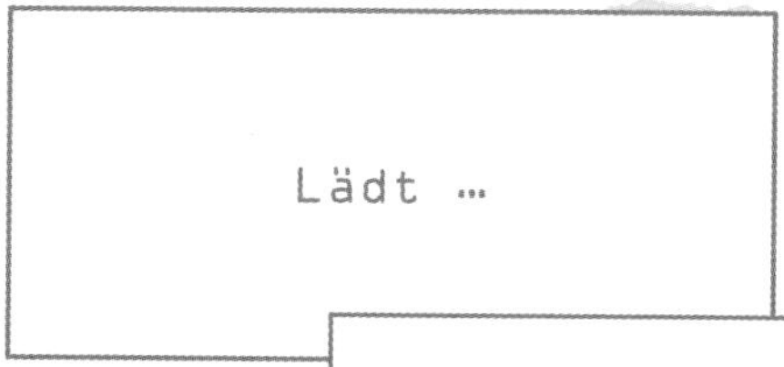

线程状态图

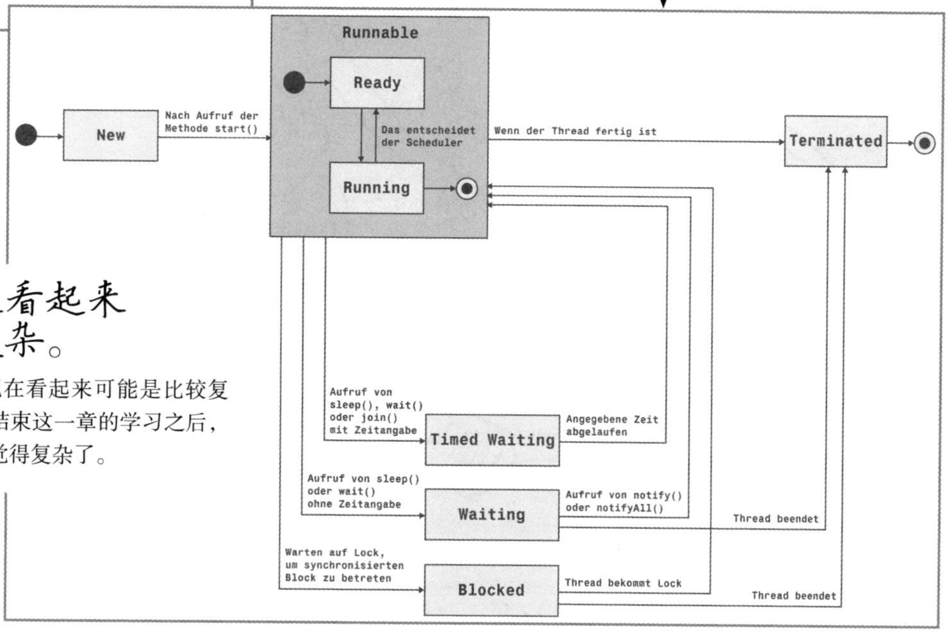

噗，这看起来很复杂。

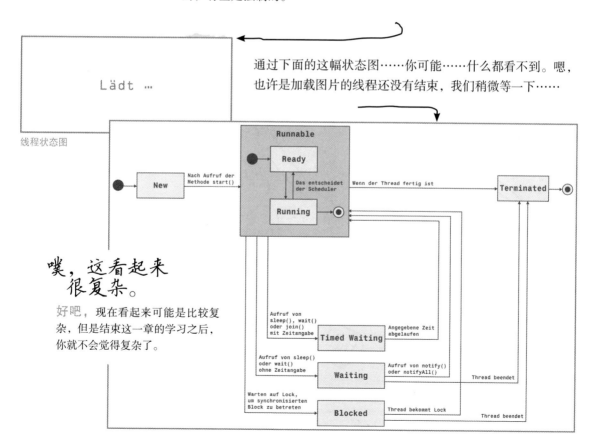

好吧，现在看起来可能是比较复杂，但是结束这一章的学习之后，你就不会觉得复杂了。

【概念定义】

你刚刚看到的是UML**状态图**。方框表示的是**状态**，箭头代表着从一个状态到另一个状态的**转换过程**。实心圆圈是**开始状态**，空心圆圈是**结束状态**。

图上的过程是什么样的呢?

线程通过调用`new MachWas().start()`方法转换了两次状态。执行`new MachWas()`方法时，线程到达了**新建状态**（New），但还不能算开始工作。线程又通过调用`start()`方法到达了**准备状态**（Ready），代表准备开始工作，但依然不能正式开始工作。首先调度器必须选择它，这时线程的状态就会变成**运行状态**（Running）。最后，线程做完它该做的事情后，状态就变成**终结状态**（Terminated）或者**死亡状态**（Dead）。

【背景资料】

`yield()`方法可以让一个线程处于运行状态，也就是把当前状态转换到准备阶段，目的是让调度器可以重新选择一个线程（或者其他的线程）。

至此，我们已经见识了线程七个状态中的四个（开始和结束状态除外）。其余的稍后会说到。

输出偶数还是奇数

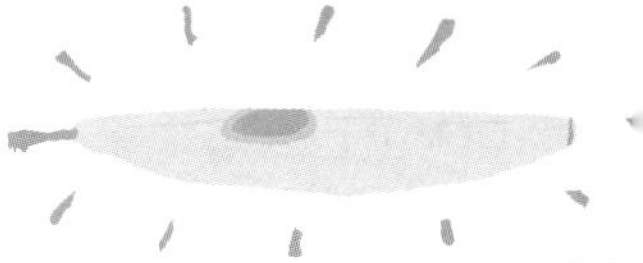

学习线程的最好办法就是亲手实践一下。

【困难任务】

创建两个线程：一个线程输出100以内的偶数，另一个线程输出100以内的奇数。

我不会袖手旁观的，我来帮你。参考代码如下（虽然我们针对线程，但也不应该忘记面向对象开发的美德，我们从接口开始）：

```
public interface Zahlendrucker { *1
  void druckeZahl(int zahl);
}
```

*1 创建一个公用接口，服务于偶数输出（GeradeZahlenDrucker）和奇数输出（UngeradeZahlenDrucker）的实现过程……

接下来需要创建一个**抽象类**，

让它来接管一部分工作：

```
public abstract class AbstractZahlenDrucker implements Runnable *1, ↩
  ZahlenDrucker *1 {
  private int grenze; *3
  public ZahlenDrucker(int grenze) {
    this.grenze = grenze;
  }
  @Override
  public void run() { *2
    for(int i=0; i<=this.grenze; i++) { *3
      if(this.akzeptiereZahl(i)) { *4
        this.druckeZahl(i); *5
      }
    }
  }
  protected abstract boolean akzeptiereZahl(int zahl); *4
  @Override
  public void druckeZahl(int zahl) {
    System.out.println(zahl);
  }
}
```

*1 抽象类实现了ZahlenDrucker和Runnable接口，通过它可以启动Zahlendrucker接口。

*2 当然也要实现run()方法。此处最后会用来“开机”，决定是输出奇数还是偶数。run()方法适用于这两种情况。因此，抽象类再适合不过了。

*3 grenze提供打印数字的个数。

*4 还需要一个抽象类，用来判断哪些数应该输出，哪些不用。

*5 在这里完成数字的输出功能。怎么样，你有什么想说的吗？

根据这样的模板开发模型来编程还是很困难的。

【完善代码】
你跟上了吗？那么现在就可以自己继续编写下去了。

嗯，没问题。 在输出偶数的线程（`GeradeZahlenDrucker`）中，负责判断的方法`akzeptiereZahl()`必须返回`true`。用取余运算符就可以实现！

```
protected boolean akzeptiereZahl(int zahl) {
  return zahl%2==0;
}
```

终于用到它了！ 在输出奇数时正好与这样的情况相反。

做得非常好！ 那么接下来就轮到main方法里的内容了，启动所有的线程。

谢谢！

```
int grenze = 100;
(new Thread(new GeradeZahlenDrucker(grenze))).start();
(new Thread(new UngeradeZahlenDrucker(grenze))).start();
```

但是我刚运行了一遍，发现所有的数都不是按顺序输出的！Eclipse的输出：
…, 89, 94, 91, 96, 93, 98, …

没错！所有的奇数和偶数都混在一起，而且不是按正确的大小顺序输出的，但分开看是按顺序输出的。在**单线程内部**，数的排列顺序是**正确的，在多线程的情况下就不能保证了**。这是调度器所致。

因此，我们要牢牢地记住：

【笔记】
调度器负责分配线程的工作。

【完善代码】
为了进一步阐明这两个线程之间的转换，在调用`druckeZahl()`**方法**之前插入一个**睡眠方法**`Thread.sleep()`。这样就可以让一个线程等待一段时间，等待时间可以手动设置。50毫秒在此就够用，有充分的时间体现偶数和奇数之间的转换，以及把结果输出在控制台上。`Thread.sleep()`**方法**我们一会儿再仔细地学习。

【温馨提示】
现在把需要打印的**基数**（grenze）提高一点（1 000 000挺合适的）。如果太小的话，程序可能很快就运行结束了。这样就可以很好地观察到调度器先分配打印全部奇数，接着打印全部偶数，或者整个过程反过来。

【笔记】
如果想查看具体线程的工作过程，可以在每个时间点上打印出线程的名字。虽然在打印数字这个例子中这样做的意义不大，但还是可以用`Thread.currentThread().getName()`**方法**来试试。

获得线程状态

小薛，必须承认，线程的学习不算容易。
所以现在做一个阶段练习。

【简单任务】
可以采用不同的方式来实现一个线程，
具体应该选择哪种呢?

要么实现Runnable接口，要么继承Thread类。最好的方式是接口方式，这样可以使"类结构更加灵活和简洁"。至少你是这么说的。

非常正确。有时候你说话的口气跟我还有点像呢……

我们已经知道，要想启动一个线程，需要用到一个Thread对象。之后再将整个Thread对象放在一个实现了Runnable接口的类中，这个类经常是局部类或者是匿名类。

【简单任务】
到目前为止，我们已经讲解了线程的四个状态。这些状态之间有什么联系呢？线程的状态是怎么从一个状态转换到另一个状态的呢？

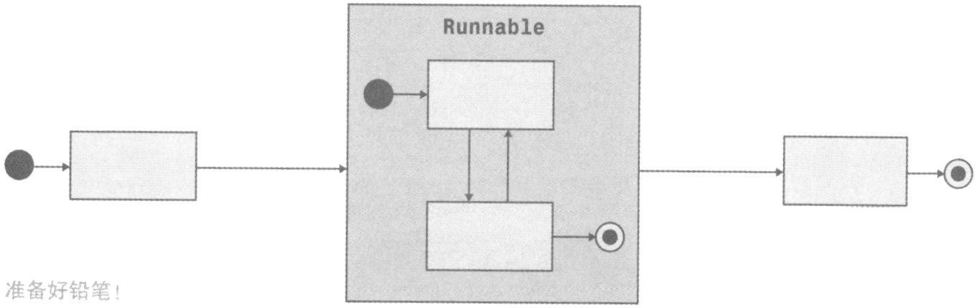

准备好铅笔！

看到这个是不是都想起来了？这四个状态分别是新建状态（New）、准备状态（Ready）、运行状态（Running）和终结状态（Terminated）。构造方法被调用之后，线程就会进入新建状态。当调用了`start()`方法后，线程就会从新建状态转换到准备状态。在准备状态和运行状态之间的转换由调度器来决定。当整个`run()`方法运行结束后，线程就进入终结状态。

【笔记/练习】
通过调用`getState()`方法可以获得线程的当前状态。返回值是一个代表每个状态的枚举值。

线程睡觉了

假如，线程工作时“加班过多”或者“无心恋战”，它就可以通过调用`sleep()`方法睡上几十毫秒。在上个示例中我们已经见识过了，线程通过调用`sleep()`方法到达定时的**等待状态**。确切地说，当给定的等待时间计时结束，或者当线程的“睡眠”被打断，该线程就只会从等待状态转换到**准备**状态。在家的时候你也许经常遇到类似的情况，比如每天晚上都得设置闹钟……

是的，我一般会把闹钟设定在8点钟，但是大多时间都是我的猫把我提前叫醒，因为它把我的脚当成毛球了。

[资料整理]

当线程的前一个状态是**运行**状态的时候，它才可能进入到“睡眠”状态。当处于睡眠状态的线程被唤醒后，就会进入**准备**状态。

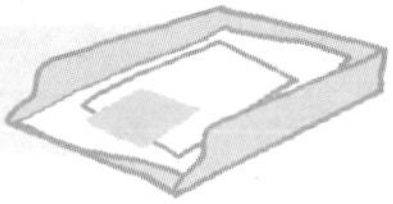

英雄，当心！

多线程是一个复杂的知识点，篇幅所限我只能大概地讲解一下。为了让你更好地吸收这部分的知识，先让我们来假设一个游戏场景：有两个英雄，一个矮人（Zwerg）和一个暗夜精灵（Nachtelf），他们打算和一群兽人展开战争。这当然不是什么大问题，但你需要考虑他们毕竟只有**两个人**。

如果想让两个或更多的英雄一起去做事，那就应该事先周密筹划一下，这就好比游戏中的多线程情况。

为了将游戏场景融入Java，所谓的源代码当然必不可少。两个英雄的基类为抽象类：

抽象的基类代码：

```
public abstract class Held { *1
  private String name;
  public Held(String name) {
    this.name = name;
  }
  public String getName() {
    return name;
  }
  public abstract void aufInDenKampf(Held held); *2
}
```

*1 两个英雄的基类包含最简单的数据字段，以及一个get方法……

*2 和一个抽象方法`aufInDenKampf()`。该方法的参数就是各自进行战斗的英雄。

暗夜精灵子类的具体代码：

```
public class Nachtelf extends Held {
  public Nachtelf(String name) {
    super(name);
  }

  @Override
  public void aufInDenKampf(Held held) { *1
    System.out.printf("%s: Auf geht's! In den Kampf!%n", this.getName());*2
  }
}
```

*1 此处为`aufInDenKampf()`方法具体实现的代码。精灵总是迫不及待地投入战斗。

*2 哦，这里的语句我需要讲解一下。虽然“格式化输出”的内容我们还没有系统地讲过，但先从这些内容说起吧：通过`printf()`方法可以把字符串按一定格式输出，比如此处的`%s`就代表这里可以用字符串变量的值来代替，也就是这里的`this.getName()`方法的返回值。`%n`代表这里要换一行。怎么样，实用吧？

矮人子类的具体代码：

```
public class Zwerg extends Held {
  public Zwerg(String name) {
    super(name);
  }
  @Override
  public void aufInDenKampf(Held held) { *1
    System.out.printf("%s: \"Auuuuufstäääääähnnnn!!!!\"%n", held.getName());
    try {
      Thread.sleep(5000); *2
    } catch (InterruptedException exception) {
    }
    System.out.printf("%s (etwas verspätet): Gääääähn, uff, guten Morgen, jaja ↩
      ich komme schon.%n", this.getName()); *3
  }
}
```

*1 矮人也有属于自己的开场白，就像aufInDenKampf()方法里输出的这样……

*2 但是矮人并不会像暗夜精灵那样好战。通过Thread.sleep()方法来模拟每次开战之前……

*3 都得等待5秒钟。

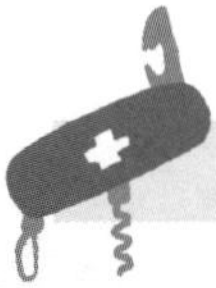

【简单任务】
怎么才能让这两个英雄在同一个线程中投入战斗呢？

让Zwerg和Nachtelf继承Thread类，这样的方式肯定不行，因为它们已经继承了英雄类（Held）。让Held继承Thread类也不明智。所以只能实现Runnable接口了……最好是在一个匿名类中实现。

没错，具体的参考代码如下：

```
public static void main(String[] args) {
  final*4 Zwerg zwerg = new Zwerg("Zwerg"*3);
  final*4 Nachtelf nachtelf = new Nachtelf("Nachtelf"*3);
  new Thread(new Runnable() { *1
    @Override
    public void run() {
      zwerg.aufInDenKampf(nachtelf); *2
    }
  }).start();
  new Thread(new Runnable() { *1
    @Override
    public void run() {
      nachtelf.aufInDenKampf(zwerg); *2
    }
  }).start();
}
```

*1 创建两个线程对象，然后启动线程。每个对象匿名实现了Runnable接口……

*2 在接口中让两个英雄开赴战场。

*3 此处就是那两位无名英雄。

*4 但不要忘记：为了在匿名类中可以访问这两个局部英雄变量，其类型必须为final。

输出结果如下（极为可能是这样的）：

```
Nachtelf: "Auuuuufstäääääähnnnn!!!!"
Nachtelf: "Auf geht's! In den Kampf!"
Zwerg (etwas verspätet): "Gääääähn, uff, guten Morgen, jaja ich komme schon."
```

至此还算不错。然而在上面代码中的暗夜精灵非常没有耐心，**不等矮人**准备好就独自一人去进攻了。这并不是一个好主意，因为他会一次遇到四个兽人。对此他备受指责，过于急躁地做决定通常不会有好运。因此，**他决定下次无论多久都要等待矮人来**。

等待其他人

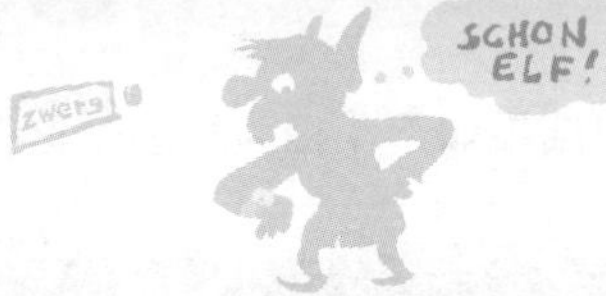

为了不让我们的精灵独自去战斗，我们必须教会他等待矮人。用Java来描述就是，调用`nachtelf.aufInDenKamf()`方法的线程，必须等待调用`zwerg.aufInDenKampf()`方法的线程。在矮人线程中，精灵线程通过调用`join()`方法就可以实现这样的功能。这样的话，精灵线程就会一直等待矮人线程，直到他们的工作结束为止。

【背景资料】

`join()`方法不加参数时表示线程转入等待状态。也可加上一个时间参数，这时线程就转入到一个定时等待状态。

精灵等待矮人的代码如下：

```
public static void main(String[] args) {
  final Zwerg zwerg = new Zwerg("Zwerg");
  final Nachtelf nachtelf = new Nachtelf("Nachtelf");
  final Thread zwergenThread = new Thread(new Runnable() { *1
    @Override
    public void run() {
      zwerg.aufInDenKampf(nachtelf);
    }
  });
  final Thread elfenThread = new Thread(new Runnable() { *1
    @Override
    public void run() {
      try {
        zwergenThread.join(); *2
      } catch (InterruptedException exception) { *3
        // Exception-Behandlung hier
      }
      nachtelf.aufInDenKampf(zwerg); *4
    }
  });
  elfenThread.start(); *5
  zwergenThread.start(); *5
}
```

*1 线程的创建过程和之前一样。只是生成的线程对象被保存在变量`zwergenThread`和`elfenThread`中。变量`zwergenThread`会在下面的精灵线程被访问。

*2 通过调用`join()`方法可以让`elfenThread`线程等待`zwergenThread`线程。

*3 `join()`方法会抛出`InterruptedException`异常。

*4 当`zwergenThread`线程结束后，这里才会被执行。

*5 当然也不能忘记启动两个线程。

现在的输出结果就一定是这样：

```
Nachtelf: "Auuuuufstäääääähnnnn!!!!"
Zwerg: (etwas verspätet): "Gääääähn, uff, guten Morgen, jaja, ich komme schon."
Nachtelf: "Auf geht's! In den Kampf!"
```

现在看起来不错了，但还不是最好的效果。他们两个可以胜任作战的任务了，至少四个兽人现在少了几个。然而历险的旅程并没有就此结束，接下来的剧情会如何发展，我们稍后再说。现在我们来了解一些其他的东西。

同步

我之前曾经讲过，默认情况下线程是采用异步方式工作的。调度器选择线程的顺序以及时间点得不到足够的保障。这样的不确定性有时会造成一些麻烦。比如我们在第7章中涉及的MusikAbspielGeraet类。

什么？什么情况？在哪里？在多少页上呢？

我记得很清楚，这里是核心代码，你就不用翻来翻去地找了：

```
public final void hoeren(Tontraeger tontraeger) {
  if(this.unterstuetztTontraeger(tontraeger)) {
    this.tontraeger = tontraeger;*1
    this.einlegen(this.tontraeger);*2
    this.abspielen(this.tontraeger);*2
  } else {
    ...
  }
}
public Tontraeger auswerfen() {
  Tontraeger tontraeger = this.tontraeger;
  this.tontraeger = null;*3
  return tontraeger;
}
```

*1 此处将已经提交的对象引用赋值给对象变量tontraeger……

*2 随后einlegen()方法和abspielen()方法带着这个对象变量一起被调用……

*3 在弹出光盘时，对象变量被赋予null值。

如果**只在一个线程中**运行，一切功能都很顺利，可以先调用hoeren()方法，最后再调用auswerfen()方法。或者反过来，先调用auswerfen()再调用hoeren()方法，但这样做意义不大。这两个方法原则上运行顺畅。但如果两个线程同时使用MusikAbspielGeraet对象工作的话，就会发生一个线程调用hoeren()方法，另一个调用auswerfen()方法……

```
final MusikAbspielGeraet plattenSpieler*2 = new SchallplattenSpieler();
(new Thread(new Runnable() {*1
  @Override
  public void run() {
    plattenSpieler*2.hoeren(new Schallplatte("The Doors"))*3;
  }
}, "Hörer")).start();
(new Thread(new Runnable() {*1
  @Override
  public void run() {
    plattenSpieler*2.auswerfen()*4;
  }
}, "Auswerfer")).start();
```

*1 两个线程……

*2 同时都使用MusikAbspielGeraet对象。

*3 在一个线程中调用hoeren()方法……

*4 而在另一个线程中调用auswerfen()。

那么在"Hörer"线程中，hoeren()方法只能执行到this.tontraeger = tontraeger;这一行，然后调度器就会转换到"Auswerfer"的线程上，这样唱片直接又被弹出了。再后，线程又转回到"Hörer"线程上，这时的MusikAbspielGeraet对象就会得到一个null的引用值！

啊，怎么会这样呢？那么……
我可以阻止这样的事情吗？

要想避免这种情况出现，必须保证在hoeren()方法中的所有行为，可以**在不被其他的线程打断的情况下**继续执行。用关键字synchronized声明这个方法就可以达到这样的效果。其实，把所有Tontraeger对象访问的方法都声明成synchronized是最好的，如下所示：

*1 现在调用任何一个方法都不会被另外一个方法影响。即便访问**相同的对象引用**，彼此也不会互相影响。

```
public abstract class MusikAbspielGeraet {
  ...
  public synchronized*1 final void hoeren(Tontraeger tontraeger) {
    ...
  }
  public synchronized*1 Tontraeger auswerfen() {
    ...
  }
}
```

这意味着什么，怎么实现？非常简单：当使用了**synchronized**关键字的时候，就会产生一个叫监控锁（monitor lock）的东西，它起到锁定的作用，确保每次只有一个线程可以访问某个代码块。

如果**synchronized**出现在**对象方法**前，那么其**对象实例**就是一个锁。如果**synchronized**出现在**类方法**前，那么其所属的**类**就是一个锁。也就相当于"锁定"对象实例以及类，并且保证不会被其他的线程调用。

```
public static synchronized*1 methode() { ... }
public synchronized*2 methode() { ... }
```

*1 出现在类方法前意味着类是一个锁……

*2 出现在对象方法前意味着所属的对象是一个锁。

更加灵活的做法是**同步一个语句块**。在这同步块中可以使用**任意对象**和**任意类**作为锁，甚至还可以把**方法的一部分同步化**。

```
synchronized(lock*1) { ... }
synchronized(MusikAbspielGeraet.class*2) { ... }
```

*1 lock可以是一个任意的对象引用。

*2 此处musikAbspielGeraet类是一个锁。

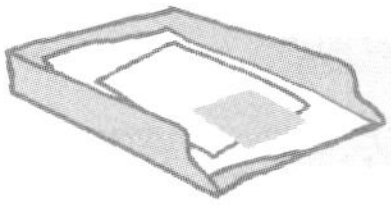

【资料整理】

例如用**synchronized(x.class)**标注的语句块，只有一个线程可以进入；用**synchronized(this)**标注的语句块，每个对象实例只有一个线程可以进入。

背景资料]

如果一个线程遇到了**synchronized**，那么它就会转换成**锁定状态**。
直至被锁定的线程再次被解锁之后，线程内部的锁也随之被解开。

这听起来有点可怕。其实我正在想，如果线程不能解锁会发生什么……

阶段练习——先来一份偶数，谢谢！

线程通常也有分工的情况。之前那个输出奇偶数的示例恰好说明了这一点：两个Zahlendrucker实现一个输出奇数，另一个输出偶数。然而，正如你发现的，因为这两个线程是**异步**进行的，所以输出的序列是乱的。接下来，让我们把输出的顺序调整正确，并且**同步化**这两个线程。

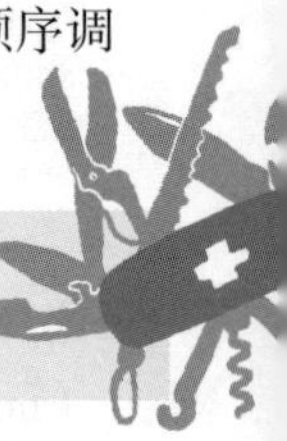

【困难任务】

修改AbstractZahlenDrucker类，实现**先输出所有的奇数**或者**先输出所有的偶数**。

如果想不到解决方案也不必绝望灰心。说它是困难任务不是没有原因的。

嗯，有点奇怪， 我觉得应该在run()方法前面加上synchronized。但是，不知道什么地方有问题，运行不了：public synchronized void run() {...}

只在run()方法前加上synchronized是不够的，因为那涉及的是一个**对象方法**，而不是一个**类方法**。也就是说，你的代码同步化应该只能与类有关，不能与对象有关。如果这两个线程里只共用**一个**对象引用的话，也就只能这样运行，可以使用对象引用作为锁。

.情况如下：

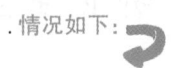

```
AbstractZahlenDrucker zahlendrucker = new GeradeZahlenDrucker(grenze);
(new Thread(zahlendrucker)).start();
(new Thread(zahlendrucker)).start();
```

也就是说， 我必须使用一个可以锁住两个对象的东西。

在之前的示例中，你有**两个对象实例**：一个实例属于GeradeZahlenDrucker，另一个实例属于UngeradeZahlenDrucker。

没错。明确地说是AbstractZahlenDrucker。

使用一个类锁应该这样定义：

```
synchronized (AbstractZahlenDrucker.class*1) {
  for(int i=0; i<=this.grenze; i++) {
  ...
  }
}
```

*1 这样就只有一个线程可以进入到同步块中。

太棒了， 这下在同步化的时候就不会失败了。

先别高兴得太早，如果使用不好的话，这样的代码段会引起常见的问题，比如多线程的时候，会引起……

线程死锁!

死锁是个非常愚蠢、非常可怕的东西，我最好还是拿那两个无所畏惧的英雄为例吧。

是的，那个故事还没结束呢!

嗯，我们说到哪儿了？哦对，正说到他们和兽人作战，他们在战斗中大获全胜，但并没有去当地的酒馆里喝酒庆祝。暗夜精灵说：“先去洗个澡，然后再碰面，怎么样？”“OK，OK，也该洗个澡了，稍后见。”矮人回答道。然后他们各自回到家中。洗过澡后他们又决定去对方的家。因为当时他们忘记确定统一见面的地方了，所以到了彼此的家时没有看到人，于是就一直在等待对方的出现……

这就好比一个线程的问题，两个线程**互相等待**，也就形成了**死锁**。这就导致两个线程都不会继续工作了。

【概念定义】

死锁代表着一个或多个线程因为一个事件而形成的互相等待的状态。

用代码来体现这个问题就是这样：

```
public class Held {
  ...
  public synchronized *1 void besuchen(Held held) {
    try {
      Thread.sleep(50); *2
    } catch (InterruptedException exception) {
    }
    System.out.printf("%s: \"Wir treffen uns bei ihm, dann gehe ↩
      ich schon mal los.\"%n", this.getName());
    held.besuchEmpfangen(this); *3
  }
  public synchronized *1  void besuchEmpfangen(Held held) {
    System.out.printf("%s: \"Wir haben uns bei mir getroffen.↩
      \"%n", this.getName());
  }
}
```

*1 Held的示例对象可以被这两个方法中的任意线程调用，但不能是同时的。

*2 所以需要等待一下。

*3 此处就是触发死锁的关键点，我们马上就来分析一下到底发生了什么。

针对上面的示例，原来的main方法不需要做太多的修改，仍然是每个英雄都有一个线程，每个英雄为了拜访彼此会调用各自的拜访方法。

```
public static void main(String[] args) {
  final Zwerg zwerg = new Zwerg("Zwerg");
  final Nachtelf nachtelf = new Nachtelf("Nachtelf");
  final Thread zwergenThread = new Thread(new Runnable() {
    @Overridea
    public void run() {
      zwerg.besuchen(nachtelf); *1
    }
  }, "ZwergenThread");
  Thread elfenThread = new Thread(new Runnable() {
    @Override
    public void run() {
      nachtelf.besuchen(zwerg); *2
    }
  }, "ElfenThread");
  zwergenThread.start();
  elfenThread.start();
}
```

*1 矮人去找暗夜精灵……

*2 同时暗夜精灵也去找矮人。

调用的顺序如下：首先要看先被选出的是矮人线程zwergenThread还是精灵线程elfenThread，然后要么调用zwerg.besuchen(nachtelf)，要么调用nachtelf.besuchen(zwerg)。因为这两个方法在实例对象上是**同步**的，所以在暗夜精灵nachtelf和矮人zwerg做其他事之前，这两个方法必须结束。但是besuchen()方法又调用了各自的besuchenEmpfangen()方法，这样就形成了死锁现象，程序会挂机并输出：

```
Zwerg: "Wir treffen uns bei ihm, dann gehe ich schon mal los."
Nachtelf: "Wir treffen uns bei ihm, dann gehe ich schon mal los."
```

【温馨提示】

顺便提一下，如果省略Thread.sleep(50)（延时50毫秒），不见得会出现死锁现象，此时输出结果如下：

```
Zwerg: "Wir treffen uns bei ihm, dann gehe ich schon mal los."
Nachtelf: "Wir haben uns bei mir getroffen."
Nachtelf: "Wir treffen uns bei ihm, dann gehe ich schon mal los."
Zwerg: "Wir haben uns bei mir getroffen."
```

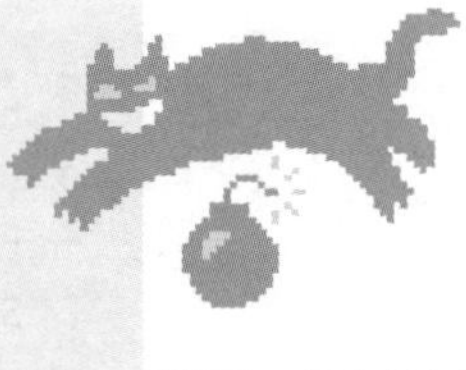

这就意味着，矮人很快飞奔到暗夜精灵家拜访了一下，之后又马上飞奔回家接待暗夜精灵。通过让线程休眠（出于演示目的时间设计短了些），我们提高了线程死锁的概率。

发现和避免死锁

虚拟机模拟工具又一次为追踪死锁现象给我们提供了很好的帮助。

【简单任务】

运行上面的程序，打开虚拟机，在工具菜单中选出程序相应的进程。然后选择线程（Threads）选项卡。

此时就会列出已选进程中所有运行的线程以及线程的当前状态。正如下面的屏幕截图所展示的，**精灵线程**和**矮人线程**正处于被**监控**状态之下。总而言之，指明这两个线程处于死锁状态。Java虚拟机可以检测出并记录这样的死锁情况。

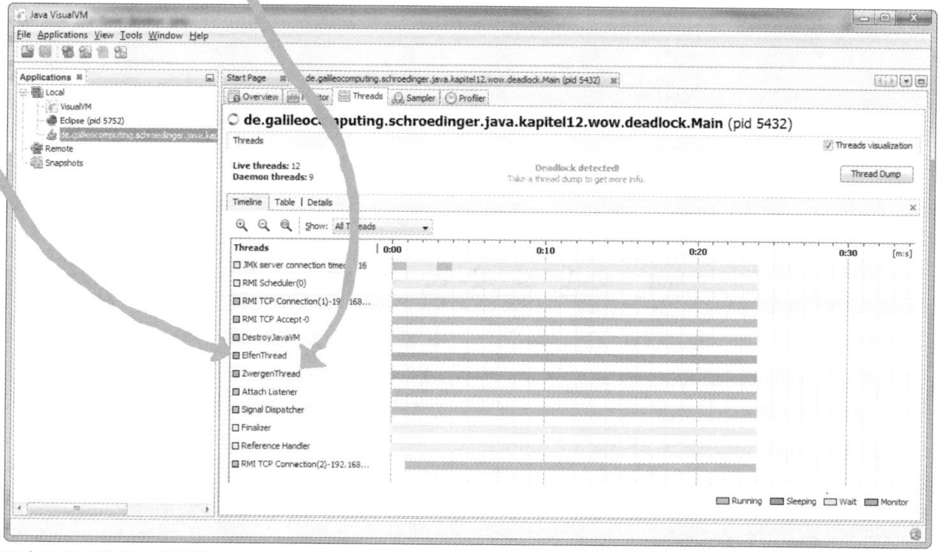

两个处于死锁状态的线程

点击Thread Dump按钮可以获得更多更详细的死锁信息。部分内容如图所示：

```
"ElfenThread":
  waiting to lock monitor ...
  which is held by "ZwergenThread"
"ZwergenThread":
  waiting to lock monitor ...
which is held by "ElfenThread"
```

意思就是："ElfenThread"线程等待"ZwergenThread"线程，反之亦然。
为了更好地追踪死锁的原因，额外还会提供一个栈跟踪信息的简报。

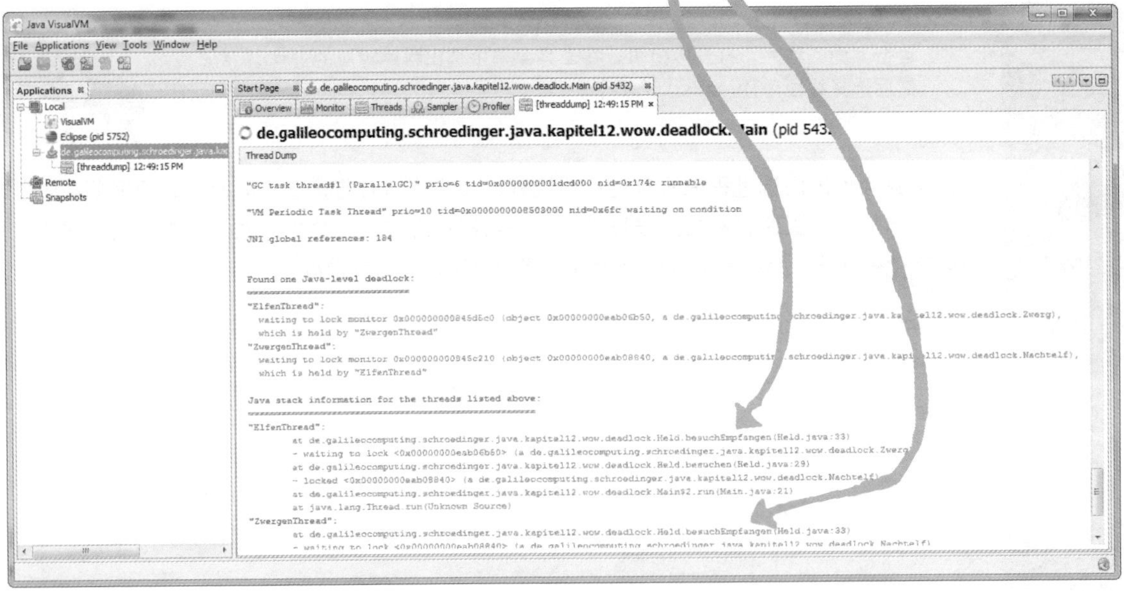

相应的线程信息

嗯，我总觉得死锁现象有些烦人。现在好了，有了这样一个实用的辅助工具！

是的，发现死锁本身就是个"千载难逢"的事，如果第一次没有发生，那么下一次可能就不同了。正如上面的示例那样，两个线程都访问了同一个Lock对象，这个对象又被各自锁住了。这种**多个线程使用一个Lock对象**的情况会时有发生。

成功的关键

我们可以继续扩展上例中的同步块（synchronized），用一个对象代替this成为这个同步块中的锁，进一步区分两个英雄。对此，在java.util.concurrent.locks包中提供了一些使用起来更加安全、更加容易的辅助类，同时还提供了一个基础接口java.util.concurrent.locks.lock。这样就可以把任意的对象作为锁来使用了。

至于Lock的好处，你还是自己去发现吧：

```
public class Held {
  private String name;
  private Lock lock*3 = new ReentrantLock(); *4

  ...
  public boolean treffenBei(Held held) { *1
    Boolean ichSageWirTreffenUnsBeiIhm = false; *5
    Boolean erSagtWirTreffenUnsBeiIhm = false; *5
    Boolean treffenBeiIhm = false;
    try {
      ichSageWirTreffenUnsBeiIhm = lock.tryLock(); *6
      erSagtWirTreffenUnsBeiIhm = held.getLock().tryLock(); *6
      treffenBeiIhm = ichSageWirTreffenUnsBeiIhm && erSagtWirTreffenUnsBeiIhm;
    } finally {
      if(!treffenBeiIhm) { *7
        System.out.println(this.getName() + ": ↩
          \"Nächstes Mal treffen wir uns dann eben bei ihm.\"");
        if(ichSageWirTreffenUnsBeiIhm) {
          lock.unlock(); *7
        }
        if(erSagtWirTreffenUnsBeiIhm) {
          held.getLock().unlock(); *7
        }
      }
    }
    return treffenBeiIhm; *6
  }
  protected Lock getLock() { *3
    return lock;
  }

  public void *1besuchen(Held held) {
```

*1 Held的besuchen()方法不再是synchronized了。取而代之的是一个新方法treffenBei()，它可以用来确定去哪位英雄的住处与之见面……

*2 在一个英雄去拜访另外一个英雄之前，他需要通过这个方法来确定这次拜访是否已经约定好了。

*3 这个约定通过两个Lock对象来实现（每个英雄都有一个）：要么矮人得到一个锁，要么暗夜精灵得到一个锁，但绝对不会两个英雄同时得到。

*4 重入锁ReentrantLock只是Lock的一种实现形式。当然这部分内容还需要详细地解释，目前只能讲到这里。

*5 现在treffenBei()方法里的代码才是值得我们关心的。因为这个方法只能给一个英雄返回true值，另外一个返回false值。两个布尔值代表着两位英雄是否同意这个见面地点。

*6 此处尝试去获得两个锁，确切地说，尝试着统一见面的地点。

*7 如果不能得到两个锁，那就检测是否得到其中的一个，然后就释放这个锁。

```
    if(this.treffenBei(held)) { *2
      System.out.printf("%s: \"Wir treffen uns bei ihm, ↩
        dann gehe ich schon mal los.\"%n", this.getName());
      held.besuchEmpfangen(this);
    }
  }
  ...
}
```

嗯，我得再好好看看，
用Lock代替锁对象的
优点在哪里？

好吧，如果使用“普通”的对象作为锁的话，想获得这个锁的线程就自动转换成**阻塞状态**，只有当线程获得了这个锁之后，它才会从这个状态中跳出来。如果一直不能获得，那么就是……死锁状态……没错吧？然而，用Lock的tryLock()方法可以**先检测**线程是否获得了一个锁，如果没有，线程可以继续做其他的事情，稍后再来检测。简单来说就是：通过这种方式可以避免死锁现象。

活锁、饿死、优先级和啤酒

两位英雄的故事还在继续，关键时刻到来了：两位英雄最终商定好在马拉松小酒馆见面，于是他们就动身了。当到达这个有名的小酒馆时，他们发现这里人非常多，好不容易点了两杯啤酒，等了一个小时才轮到他们的订单，又过了15分钟服务员回来了，但只**拿来一杯啤酒**，矮人这时先开口说道：“OK，亲爱的暗夜精灵，因为你耐心地等了我很久，所以这杯酒你先喝吧。”暗夜精灵则回答道：“不，不，亲爱的矮人，如果没有你神勇的战斧，我们是不能获得胜利的，所以还是你先喝吧。”矮人说：“不，不，还是你先请吧，我的马上就来了。”暗夜精灵说：“不，你先请吧……”
简单说吧，他们两个又遇到了一个问题。用Java的行话来说，这样的情况就叫……

活锁

与死锁的情况相同，活锁也会影响两个或两个以上的线程。但与死锁不同的是（死锁的每个线程都会处于**阻塞状态**），活锁的每个线程不停地转换自己的状态，并且可以**做一些各自的事情**，但即便是这样，线程也不能进行其他的操作。

示例代码如下：

```
public class Bier*1 {
  private Held besitzer; *2
  public Bier(Held held) {
    this.besitzer = held;
  }
  public synchronized Held getBesitzer() {
    return besitzer;
  }
  public synchronized void setBesitzer(Held held) {
    this.besitzer = held;
  }
  public synchronized void trinken() {
    System.out.printf("%s hat getrunken!", besitzer.getName());
  }
}
```

*1 此处生成一个简单啤酒类Bier……

*2 啤酒只属于一个英雄。

此外还要对英雄类做一点调整：

```
public class Held {
  private String name;
  private boolean durstig; *1
  public Held(String name) {
    this.name = name;
    this.durstig = true;
  }
  ...
  public boolean isDurstig() {
    return durstig;
  }
  public void trinken(Bier bier, Held trinkPartner) { *2
    while (this.isDurstig()) { *3
      if (bier.getBesitzer() != this) { *3
        try {
          Thread.sleep(1); *3
        } catch (InterruptedException e) {
        }
      } else if (trinkPartner.isDurstig()) { *4
        System.out.printf("%s: Trink du mal zuerst, mein Freund %s!%n", ↩
          name, trinkPartner.getName());
        bier.setBesitzer(trinkPartner); *5
      } else { *6
        bier.trinken();
        this.durstig = false;
        System.out.printf("%s: \"Das war lecker!\"%n", name);
        bier.setBesitzer(trinkPartner);
      }
    }
  }
  ...
}
```

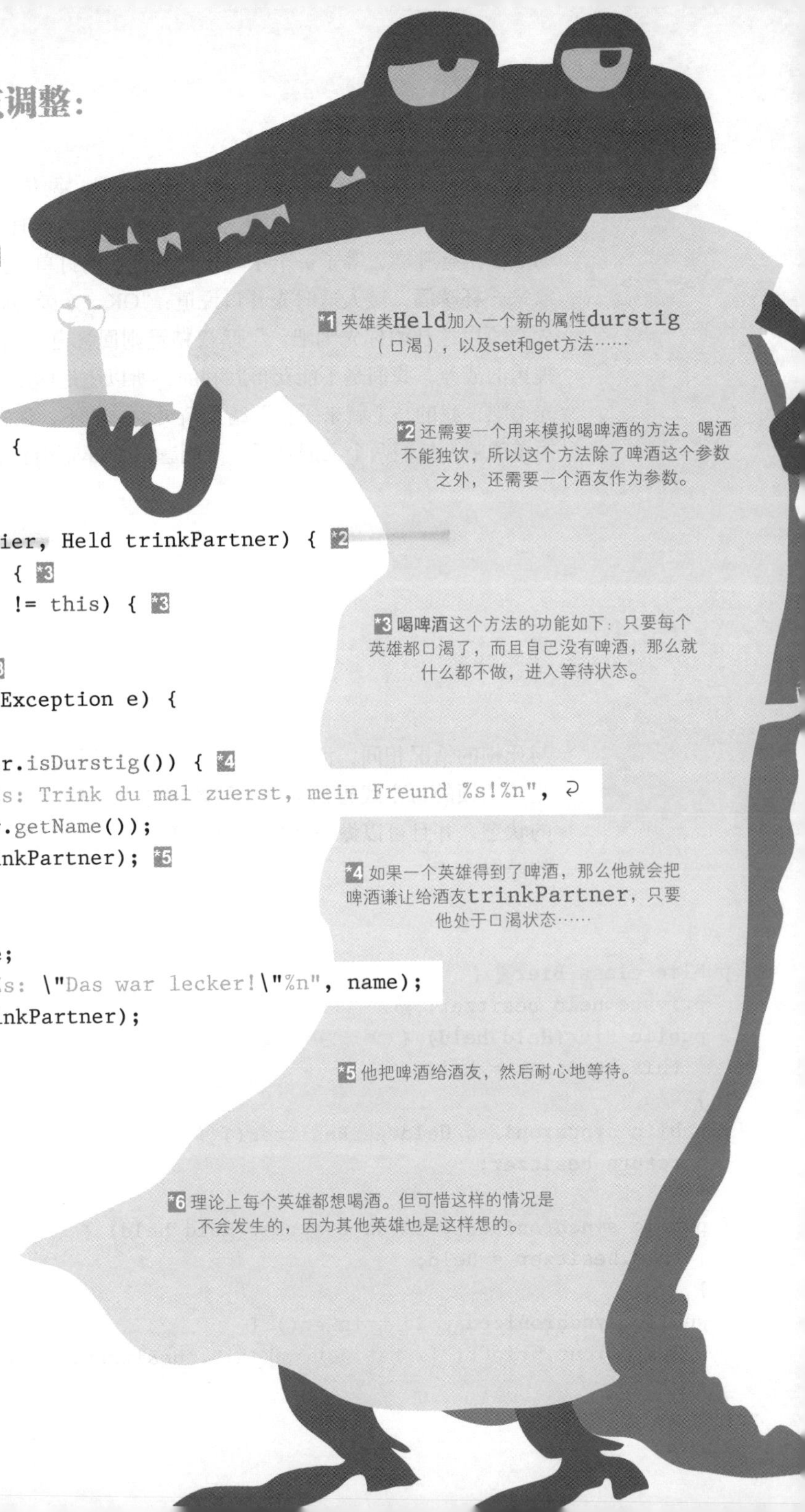

*1 英雄类Held加入一个新的属性durstig（口渴），以及set和get方法……

*2 还需要一个用来模拟喝啤酒的方法。喝酒不能独饮，所以这个方法除了啤酒这个参数之外，还需要一个酒友作为参数。

*3 **喝啤酒**这个方法的功能如下：只要每个英雄都口渴了，而且自己没有啤酒，那么就什么都不做，进入等待状态。

*4 如果一个英雄得到了啤酒，那么他就会把啤酒谦让给酒友trinkPartner，只要他处于口渴状态……

*5 他把啤酒给酒友，然后耐心地等待。

*6 理论上每个英雄都想喝酒。但可惜这样的情况是不会发生的，因为其他英雄也是这样想的。

再看看main方法中有什么可以关注的：

```
final Zwerg zwerg = new Zwerg("Zwerg");
final Nachtelf nachtelf = new Nachtelf("Nachtelf");
final Bier bier = new Bier(zwerg);
final Thread zwergenThread = new Thread(new Runnable() {
  @Override
  public void run() {
    zwerg.trinken(bier, nachtelf);
  }
}, "ZwergenThread");
Thread elfenThread = new Thread(new Runnable() {
  @Override
  public void run() {
    nachtelf.trinken(bier, zwerg);
  }
}, "ElfenThread");
zwergenThread.start();
elfenThread.start();
```

程序会不断地输出结果：

```
Nachtelf: "Trink du mal zuerst, mein Freund!"
Zwerg: "Trink du mal zuerst, mein Freund!"
Nachtelf: "Trink du mal zuerst, mein Freund!"
Zwerg: "Trink du mal zuerst, mein Freund!"
Nachtelf: "Trink du mal zuerst, mein Freund!"
Zwerg: "Trink du mal zuerst, mein Freund!"
Nachtelf: "Trink du mal zuerst, mein Freund!"
Zwerg: "Trink du mal zuerst, mein Freund!"
Nachtelf: "Trink du mal zuerst, mein Freund!"
Zwerg: "Trink du mal zuerst, mein Freund!"
Nachtelf: "Trink du mal zuerst, mein Freund!"
Zwerg: "Trink du mal zuerst, mein Freund!"
Nachtelf: "Trink du mal zuerst, mein Freund!"
Zwerg: "Trink du mal zuerst, mein Freund!"
Nachtelf: "Trink du mal zuerst, mein Freund!"
Zwerg: "Trink du mal zuerst, mein Freund!"
Nachtelf: "Trink du mal zuerst, mein Freund!"
Zwerg: "Trink du mal zuerst, mein Freund!"
Nachtelf: "Trink du mal zuerst, mein Freund!"
Zwerg: "Trink du mal zuerst, mein Freund!"
Nachtelf: "Trink du mal zuerst, mein Freund!"
Zwerg: "Trink du mal zuerst, mein Freund!"
Nachtelf: "Trink du mal zuerst, mein Freund!"
Zwerg: "Trink du mal zuerst, mein Freund!"
```

只要他们不渴死，他们会这样一直客气下去——“我的朋友，你先请！”

虽然我们在办公室，我还得插一句：我们怎么才能帮他们两个呢？我们要怎么修改一下代码呢？一个小提示：两位英雄处于一个无限循环中。

嗯……我必须让他们跳出这个循环吗？

是的，继续说下去！

我必须让这个无限循环在一个时间中断，是吗？

是的，继续说，继续，你不必每个变量都检测一遍！

嗯，是的： 我需要一个变量，比如计数变量，用它来统计他们彼此互敬啤酒的次数……

对的，用这个计数变量作为循环条件就行了，比如：`while (this.isDurstig() && zaehler<5){...}`。然而不是每个活锁都能够简单地通过一个计数变量解决的，有时甚至比死锁跟踪起来还要困难，因为这样的情况很难通过虚拟机有效地跟踪。

设置优先级

故事还没有完： 我们的英雄决定谁先喝酒之后，当然不会就此罢手。于是就推杯换盏，畅谈起来，女服务员也越来越漂亮……

等等，刚才不是男服务生吗？

别问了，小薛，最好别问了。所以，不管怎么说，女服务员可谓是越来越漂亮了，两位英雄也一杯又一杯地点啤酒喝。然而，矮人（虽然个头不高）的酒量比暗夜精灵看起来要大一些。所以，他被服务的次数也比暗夜精灵多一些。

受欢迎的矮人在Java里代表着，矮人线程的优先级要高于精灵线程。可以通过`setPriority()`方法来设置优先级：

```
final Zwerg zwerg = new Zwerg("Zwerg");
final Nachtelf nachtelf = new Nachtelf("Nachtelf");
final Thread zwergenThread = new Thread(new Runnable() {
  @Override
  public void run() {
    while(!Thread.currentThread().isInterrupted()*6) {
      zwerg.trinken(*7);*5
    }
  }
}, "ZwergenThread");
Thread elfenThread = new Thread(new Runnable() {
  @Override
  public void run() {
    while(!Thread.currentThread().isInterrupted()*6) {
      nachtelf.trinken();*5
    }
  }
}, "ElfenThread");
zwergenThread.setPriority(Thread.MAX_PRIORITY);*1
elfenThread.setPriority(Thread.MIN_PRIORITY);*2
zwergenThread.start();*3
elfenThread.start();*3
try {
  Thread.sleep(50);*3
} catch (InterruptedException e) {
}
zwergenThread.interrupt();*4
elfenThread.interrupt();*4
```

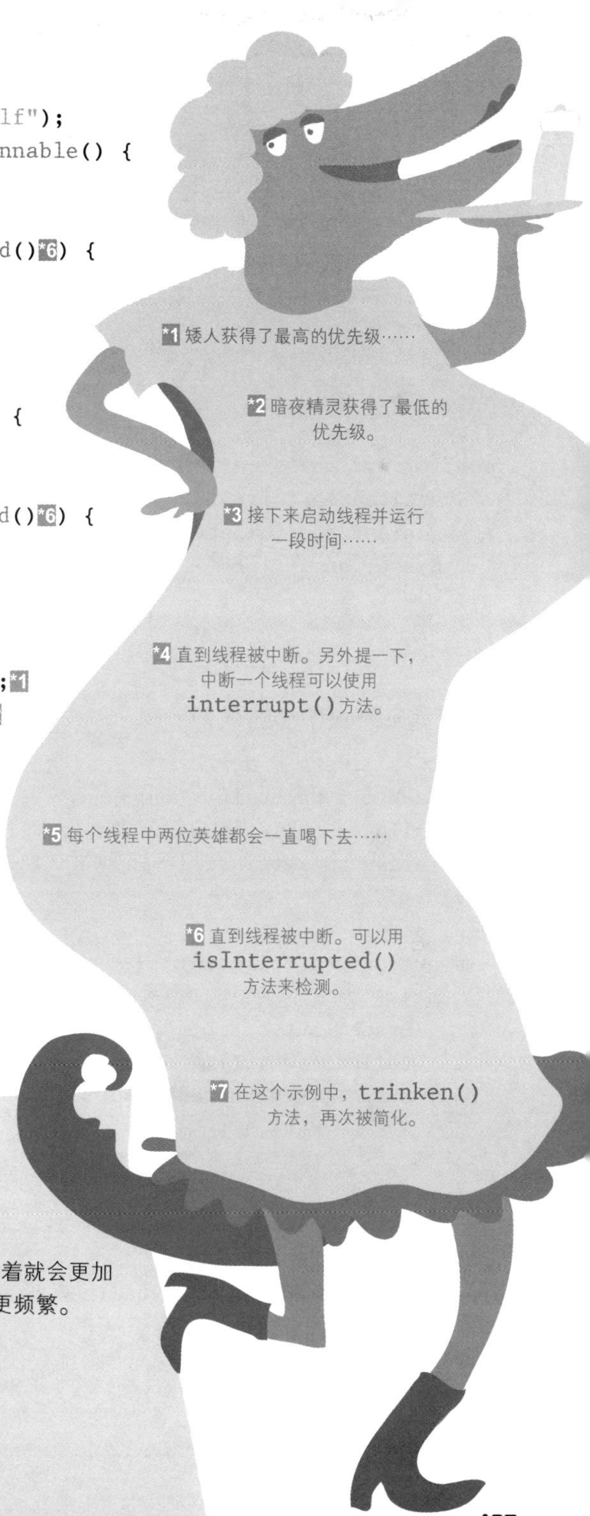

*1 矮人获得了最高的优先级……

*2 暗夜精灵获得了最低的优先级。

*3 接下来启动线程并运行一段时间……

*4 直到线程被中断。另外提一下，中断一个线程可以使用 `interrupt()` 方法。

*5 每个线程中两位英雄都会一直喝下去……

*6 直到线程被中断。可以用 `isInterrupted()` 方法来检测。

*7 在这个示例中，`trinken()` 方法，再次被简化。

【便签】

如果在`trinken()`方法中加入一些输出信息的话，看着就会更加清楚明白：线程中**矮人对象**比**暗夜精灵对象**被选择得更频繁。

等待和通知

喝了很多很多啤酒后，两位英雄又遇到麻烦了。你懂的，啤酒喝多了就会有上厕所的冲动，去过之后就又能多喝几杯了。然而问题是：这个小酒馆只有一个卫生间，而且还被一个法师占用了。

所以两位英雄只有等着了……

*1 又多一个新的英雄方法。Toilette类型的参数只是一个简单的没有特殊作用的对象（如果你愿意也可以实现一些方法，比如冲水方法abspuelen()，除非你忍得住那气味）。

```
public class Held {
  ...
  public void malGehen(Toilette toilette) {*1
    System.out.printf("%s: \"Ich als Erster, ich als Erster!\"%n", this.getName());
    synchronized (toilette*2) {*3
      System.out.printf("%s: Aaaaaaaahhhh, das wurde auch Zeit!%n", this.getName());
    }
  }
}
```

*2 这个对象就起到锁的作用。

*3 只有先获得这个锁，才可以执行这里的代码。

接下来是main方法的代码：

```
final Zwerg zwerg = new Zwerg("Zwerg");
final Nachtelf nachtelf = new Nachtelf("Nachtelf");
final Toilette toilette = new Toilette();
final Thread zwergenThread = new Thread(new Runnable() {
  @Override
  public void run() {
    synchronized(toilette)*2 {
      try {
        System.out.println("Zwerg wartet ...");
        toilette.wait();*1
      } catch (InterruptedException e) {
      }
    }
    zwerg.malGehen(toilette);*7
  }
}, "ZwergenThread");
Thread elfenThread = new Thread(new Runnable() {
  @Override
  public void run() {
    synchronized(toilette)*2 {
      try {
        System.out.println("Nachtelf wartet ...");
```

*1 wait()方法就表示一个线程需要等待一个对象。顺便说一句，wait()方法是父类java.lang.Object的一个自带方法。

*2 为了可以调用wait()方法，线程必须获得对象锁。

*3 启动zwergenThread和elfenThread线程之后……

*4 为了保证每个线程能够调用各自的wait()方法，main线程此时会等待一下，500毫秒足够了。

```
            toilette.wait();*1
        } catch (InterruptedException e) {
        }
      }
      nachtelf.malGehen(toilette);*7
    }
  }, "ElfenThread");
  zwergenThread.start();*3
  elfenThread.start();*3
  try {
    Thread.sleep(500);*4
  } catch (InterruptedException e) {
  }
  synchronized (toilette) {*6
    System.out.println("Zauberer: \"Ah das tat gut. So, der Nächste kann.\"");
    toilette.notifyAll();*5
  }
```

*5 zwergenThread和elfenThread线程一直在等待toilette，直到toilette对象调用notifyAll()方法。调用这个方法的意思就是与所有等待toilette对象的线程进行通信。另外一个代替方法是notify()，它的意思是只能与一个等待的线程进行通信。

*6 在main线程中，厕所当时是被一个法师占用……

*7 当他结束后先调用notifyAll()方法，使得zwergenThread和elfenThread线程可以继续执行。

此处的输出结果为，矮人作为下一个被选出的线程：

```
Zwerg wartet ...
Nachtelf wartet ..
Zauberer: "Ah das tat gut. So, der Nächste kann."
Zwerg: "Ich als Erster, ich als Erster!"
Zwerg: "Aaaaaaaahhhh, das wurde auch Zeit!"
Nachtelf: "Ich als Erster, ich als Erster!"
Nachtelf: "Aaaaaaaahhhh, das wurde auch Zeit!"
```

wait()方法的用处是等待一个对象，notifyAll()方法则是通知正在等待的线程。这就好比是在餐馆里面等待菜肴一样，饭菜做好了以后，服务员会通知我。

说得没错，或者是服务员等待你买单时的情况，你会通知他，你该买单了。

饿死

上面的输出结果其实是理论上的，真实的情况却是另外一个样子。两位英雄此时都不容易：矮人（尽管他个头不高）先去了厕所，但就是没能马上完事儿；暗夜精灵则在外面越来越着急，正踮着脚尖围着厕所跳舞呢……那矮人呢？就是完事儿不了。

在线程中也会遇到类似的问题，某个资源被一个线程占用，同时这个资源又不能被另一个线程使用，这样的情况就叫作**饿死**问题。不能够获得资源的线程就处在所谓的“饿死”状态，虽然我们故事中的情况不太符合这种情况……不管怎么说，对于模拟线程的饿死问题已经够用了，对此，Held类要作如下调整：

```
public void malGehen(Toilette toilette) {
    System.out.printf("%s: \" Mach schon, mach schon!\"%n", this.getName());
    synchronized (toilette) {
      System.out.printf("%s: Aaaaaaaahhhh, das wurde auch Zeit!%n", this.getName());
      while (!this.isFertig()) {*1
        try {
          Thread.sleep(500);*2
          System.out.printf("%s: \"Zzzzzzzz!\"%n", this.getName());
        } catch (InterruptedException exception) {
        }
    }
  }
}
protected boolean isFertig() {*1
  return false;
}
```

*1 只要任何一个英雄没完成他们手头上的事……

*2 线程就得等待。这样的无限循环导致其他的线程根本就没有机会。

如果矮人此时获得了锁对象，
那么输出结果就会变成这样：

```
Zwerg wartet ..
Nachtelf wartet ...
Zauberer: "Ah das tat gut. So, der Nächste kann."
Zwerg: "Mach schon, mach schon!"*1
Zwerg: "Aaaaaaaahhhh, das wurde auch Zeit!"*2
Nachtelf: "Mach schon, mach schon!"*3
Zwerg: "Zzzzzzzz!"*4
Zwerg: "Zzzzzzzz!"
Zwerg: "Zzzzzzzz!
Zwerg: "Zzzzzzzz!"
Zwerg: "Zzzzzzzz!"
Zwerg: "Zzzzzzzz!"
Zwerg: "Zzzzzzzz!"

Zwerg: "Zzzzzzzz!"
...
```

*1 矮人尝试着获得toilette作为锁对象……

*2 ……之后轮到他上厕所了！

*3 可怜的暗夜精灵一直在等待获得toilette作为锁对象……

*4 但是总是不能及时获得对象（因为矮人一直占着厕所），而且总是处于等待状态……

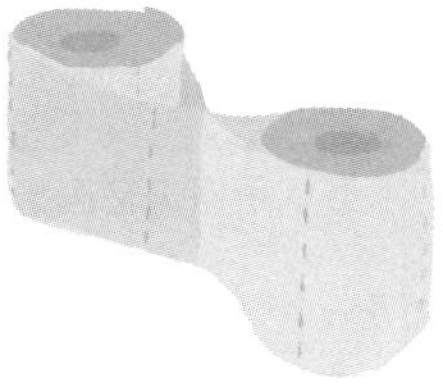

【便签】

上面的示例的确有点虚构的意味，因为我们通过malGehen()方法中的无限循环模拟了两位英雄争用厕所的情况。**确切地说，饿死问题通常是因为调度器总是选择同一个线程**。这就好比在我们的示例中有一个厕所管理员（也就是线程调度器），他负责让某个英雄使用厕所。当这个英雄如厕之后，厕所管理员会让这位英雄再次使用厕所，并且一直这样下去，使得其他人没有任何机会，并且一直在等着。

试问一下：要怎么修改才能使代码正常工作？

我们必须加入一个检测结果的方法isFertig()，并且在合适的时间返回true值。

对吗？

完全正确。但是需要注意的是：饿死问题不是总能轻易发现，同时也不是很容易被解决。

【奖励/答案】

因为你很好地解决了这个小任务，我们现在就去休息一下，你可以舒舒服服地在沙发里躺一会儿了。

阶段练习——等待和睡觉

我们现在可以舒舒服服地坐在沙发里休息了，顺便我也再说说，线程的各个阶段所处的状态是什么。

状　　态	出现的时机
新建状态	当新生成一个线程对象时
准备状态	当调用start()方法时
运行状态	当调度器选择一个线程时
定时等待状态	当调用sleep()、wait()方法或者调用**带参数**的join()方法时
等待状态	当调用wait()或者**无参数**的join()方法时
阻塞状态	当线程为了执行同步块中的代码，等待获得一个锁时
结束状态（终结状态）	当线程结束自己的工作时，有时也可被强行结束

【困难任务】

现在你已经知道各个状态之间的关系了吧？那么就根据记忆画出本章开始时提到的UML状态图吧！

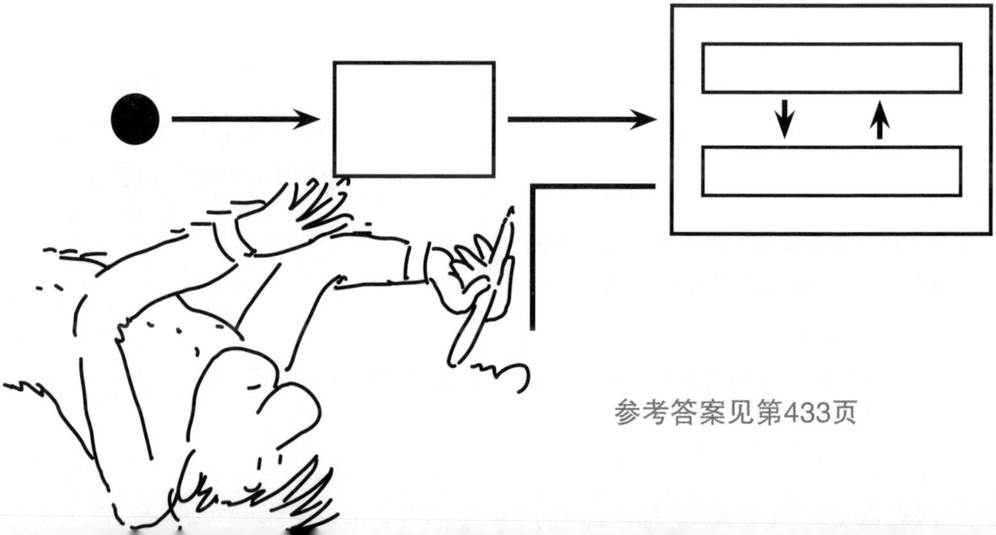

参考答案见第433页

综合练习——两位英雄对4000个兽人，各司其职

你一定在想，我们这两位英雄的故事有什么样的结局。我现在就跟你说说。我们的两个英雄从厕所出来以后各自回到家中，躺下就睡着了，梦到了啤酒、女服务员以及与兽人激烈战斗。但是，梦中的战斗不再是与四个兽人了，而是变成了与4000个兽人。对于这样规模的战斗，当然需要分配一下工作任务了。现在我们就来看看，线程在这个时候是怎么工作的。

我们要这样来实现：

首先我们需要生成一个新类用来实现兽人。我们统称为`Feind`（敌人）类，里面包含一些属性，比如**字符串**类变量`name`。还有别的吗？没有的话就往下进行。

为了让两位英雄能够战胜这4000个兽人，必须为他们分配任务。在Java中有一个负责分配工作的框架：Fork/Join-Framework，这个框架实则是`java.util.concurrent`包中的一个组成部分。这个框架的初衷是把一个复杂的或者开销大的问题拆分（fork）成小问题，分配给不同的线程，最后再把单个结果汇总（join）起来。这个框架归根结底还是基于线程的方式进行工作的，并且对于程序开发者来说这些是不可见的，只是提供给开发者一些其他的类。幸亏有这些类，我们才不必去关注线程层面上的一些具体事情。

任务分配是通过`ForkJoinPool`类实现的，这个类实现了`ExecutorService`接口。另外，这个类还有一个`invoke()`方法，用来执行既定的任务。详细说就是，任务必须在`ForkJoinTask`的子类中实现。通常从类`RecursivAction`和`RecursiveTask`直接派生。这两个类的区别在于，`RecursiveTask`提供返回值，`RecursiveAction`没有返回值。

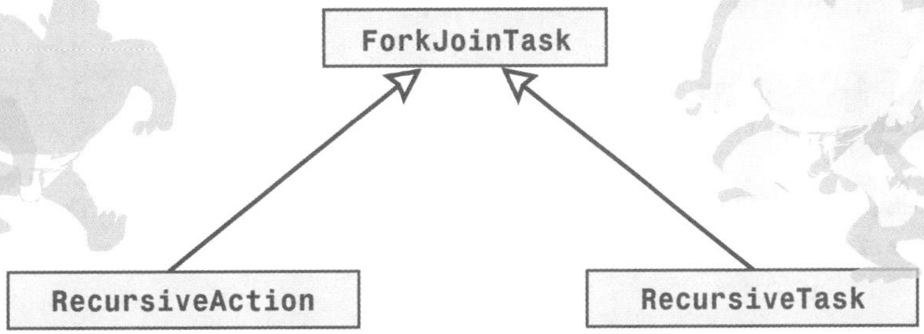

因为与兽人的战斗结束后不剩什么东西，所以我们不需要返回值，因此最好生成RecursiveAction子类。

```
public class KampfAktion extends RecursiveAction { *1
  ...
  private int MAX_ANZAHL_FEINDE = 6;
  private List<Feind> feinde;
  public KampfAktion(List<Feind> feinde) { *2
    this.feinde = feinde;
  }
  @Override
  protected void compute() { *3
    if (this.feinde.size() < MAX_ANZAHL_FEINDE) { *4
      kaempfeSelber(); *4
    } else {
      System.out.printf("%s: \"%d*8 Feinde, das ist mir zu viel, hilf mir ↩
        einer!\"%n", Thread.currentThread().getName(), this.feinde.size());
      int mitte = this.feinde.size() / 2; *5
      List<Feind> eineHaelfteDerFeinde = this.feinde.subList(0, mitte); *5
      List<Feind> andereHaelfteDerFeinde = this.feinde.subList(mitte, ↩
        this.feinde.size()); *5
      KampfAktion kampfAktionEineHaelfteDerFeinde = new KampfAktion↩
        (eineHaelfteDerFeinde); *6
      KampfAktion kampfAktionAndereHaelfteDerFeinde = new KampfAktion↩
        (andereHaelfteDerFeinde); *6
      kampfAktionEineHaelfteDerFeinde.fork(); *7
      kampfAktionAndereHaelfteDerFeinde.invoke(); *7
      kampfAktionEineHaelfteDerFeinde.join(); *7
    }
  }
  protected void kaempfeSelber() { *4
    for(int i=0; i<MAX_ANZAHL_FEINDE && i<this.feinde.size(); i++) {
      System.out.printf("%s: \"%d Feinde, die erledige ich mit links!\"%n", ↩
        Thread.currentThread().getName(), this.feinde.size());
      try {
        Thread.sleep(5);
      } catch (InterruptedException exception) {
      }
      System.out.printf("%s: \"%s, zack!\"%n", Thread.currentThread().getName(), ↩
        this.feinde.get(i).getName());
    }
  }
}
```

*1 KampfAktion继承抽象类RecursiveAction……

*2 用一个合适的构造方法来传递敌人的链表。

*3 必须重写compute()方法，这个方法为核心逻辑。

*4 **分配任务**具体如下：当参与作战的敌人个数小于MAX_ANZAHL_FEIDE时，英雄自己来应付……

接下来该大开杀戒了：

```
public static void main(String[] args) {
  List<Feind> feinde = new ArrayList<>(); *1
  for (int i = 1; i <= 4000; i++) { *1
    feinde.add(new Feind("Feind " + i)); *1
  }
  KampfAktion kampfAktion = new KampfAktion(feinde); *2
  ForkJoinPool pool = new ForkJoinPool(); *3
  pool.invoke(kampfAktion); *4
}
```

*1 4000个兽人不算少了。

*2 此处先要初始化KampfAktion类。

*3 采用ForkJoinPool类就可以减轻很多负担，所以此处我们需要一个对象实例。

*4 通过invoke()方法可以执行某个任务。仅此而已！其他的内容将在KampfAktion类里实现。

*5 否则分配攻击敌人数，最好是平均分配……

*6 然后进一步分配。

*7 fork()方法负责异步启动这个任务（不需要等待结果）。invoke()方法调用一个任务（需要等待结果）；join()方法需要一个（已经启动的）任务。此时究竟发生了什么呢？首先启动攻打一半的敌人（fork()），然后是攻打另一半，用invoke()方法启动，最后等待使用fork()方法开始的任务的结果（join()）。

【便签】
还有一种用invokAll()方法的写法。这个方法需要两个参数，然后针对指定的任务，按fork()、invoke()和join()这个顺序调用方法。比如除了这三行代码之外，可以改写成
invokeAll(kampfAktionEineHaelfteDerFeinde, kampfAktionAndereHaelfteDerFeinde);。

*8 我们再来关注一下格式输出部分，目前简单地说明一下，稍后再详细讲解：%d参数代表十进制输出（此处为this.feinde.size()的值），并且输出结果插入在现有的字符串中间。

噗，我一定要看看这个示例的运行结果。

最终运行结果如下：

```
ForkJoinPool-1-worker-1*3: "4000 Feinde, das ist mir zu viel, hilf mir einer!"*1
ForkJoinPool-1-worker-1: "2000 Feinde, das ist mir zu viel, hilf mir einer!"
ForkJoinPool-1-worker-1: "1000 Feinde, das ist mir zu viel, hilf mir einer!"
ForkJoinPool-1-worker-1: "500 Feinde, das ist mir zu viel, hilf mir einer!"
ForkJoinPool-1-worker-1: "250 Feinde, das ist mir zu viel, hilf mir einer!"
ForkJoinPool-1-worker-1: "125 Feinde, das ist mir zu viel, hilf mir einer!"
ForkJoinPool-1-worker-1: "62 Feinde, das ist mir zu viel, hilf mir einer!"
ForkJoinPool-1-worker-1: "31 Feinde, das ist mir zu viel, hilf mir einer!"
ForkJoinPool-1-worker-1: "15 Feinde, das ist mir zu viel, hilf mir einer!"
ForkJoinPool-1-worker-1: "7 Feinde, das ist mir zu viel, hilf mir einer!"
ForkJoinPool-1-worker-1: "3 Feinde, die erledige ich mit links!"*2
ForkJoinPool-1-worker-2*3: "2000 Feinde, das ist mir zu viel, hilf mir einer!"
ForkJoinPool-1-worker-2: "1000 Feinde, das ist mir zu viel, hilf mir einer!"
ForkJoinPool-1-worker-2: "500 Feinde, das ist mir zu viel, hilf mir einer!"
ForkJoinPool-1-worker-2: "250 Feinde, das ist mir zu viel, hilf mir einer!"
ForkJoinPool-1-worker-2: "125 Feinde, das ist mir zu viel, hilf mir einer!"
ForkJoinPool-1-worker-2: "62 Feinde, das ist mir zu viel, hilf mir einer!"
ForkJoinPool-1-worker-2: "31 Feinde, das ist mir zu viel, hilf mir einer!"
ForkJoinPool-1-worker-2: "15 Feinde, das ist mir zu viel, hilf mir einer!"
ForkJoinPool-1-worker-2: "7 Feinde, das ist mir zu viel, hilf mir einer!"
ForkJoinPool-1-worker-2: "3 Feinde, die erledige ich mit links!"
ForkJoinPool-1-worker-1: "Feind 1, zack!"*4
ForkJoinPool-1-worker-1: "3 Feinde, die erledige ich mit links!"
ForkJoinPool-1-worker-2: "Feind 2001, zack!"*5
ForkJoinPool-1-worker-2: "3 Feinde, die erledige ich mit links!"
ForkJoinPool-1-worker-1: "Feind 2, zack!"*4
```

*1 4000个兽人会一直减半分配下去……

*2 直到达到MAX_ANZAHL_FEINDE可以承担的最大敌人个数。

*3 此处给出的是执行任务的线程名称。可以看到：ForkJoinPool在后台自动产生线程对象，这个对象甚至可以被重复使用，所以不需要手动去创建线程！

*4 线程“ForkJoinPool-1-worker-1 ”负责部分敌人……

*5 与此同时，线程“ForkJoinPool-1-worker-2 ”负责剩下的敌人。

太好了！这就是所说的各司其职！

【便签】

把KampfAktion类和Held类组合在一起的工作我就交给你了。多好的锻炼机会呀，想想看，精灵们此时也许正和很多敌人在战斗呢。只可惜篇幅和时间都有限，不然我一定好好给你讲讲关于线程的内容……

还是算了吧，已经够多了！
我现在看东西都已经重影了！

本章总结——防止你“掉线”

- **启动线程**需要创建一个`java.lang.Thread`类的实例对象。**至于这个线程应该完成什么工作**，最好是在`java.lang.Runnable`的实现中定义，因为可以把**线程**对象当作参数传递进去。
- **调度器**负责选择和执行某个线程。
- 对于线程的选择来说有很多**策略**。Java采用的是**优先级调度机制**。
- 一个线程的生命周期中包含不同的状态：**新建状态**、**准备状态**、**运行状态**、**定时等待状态**、**等待状态**、**阻塞状态**和**终结状态**。当线程的状态处于就绪和运行时，那么线程就是可执行的。
- 为了可以执行一个**同步块**或者**同步方法**，线程必须获得其所属的**锁**。对于**对象方法**来说，其所属的对象就是这个锁；对于**类方法**来说，其所属的类就是这个锁。而对于同步块来说，锁定选择相对比较自由。
- 当一个线程尝试去执行一个同步块或者一个同步方法时，得不到回应，并且这个线程长时间处于**阻塞状态**，直到获得相应的锁为止，这就表示线程在等待过程中。`Java.util.concurrent.locks.Lock`接口通过`tryLock()`方法避开了这个问题，通过调用它可以在一个线程的内部去获得锁，如果不能获得，就可以放弃这个锁。
- 在游戏中经常会遇到多线程问题：如果两个（多个）线程彼此等待对方，并且**相互阻塞**，这样情况就是**死锁现象**；如果两个（多个）线程彼此等待，但是并**没有相互阻塞**，那么就是**活锁现象**；如果一个线程**占用某个资源**，另外的线程没有机会访问该资源的话，就会出现**饿死现象**。
- Fork/Join-Framework框架是用来把任务分配给多个线程的。这个想法就是把一个（复杂的）**问题**拆分成多个（简单些的）**子问题**，再把这些子问题**分配**给单个线程去执行，最后把每个执行的结果**汇总在一起**。

【奖励/答案】

此次的奖励是“加速手套”。有了这个手套你就可以更快、更有效地工作了。

部署程序和生成文档

第13章

应该可以看到结果！

小薛非常自豪于自己的程序，所以愿意把代码公布于世。

在做这些之前，他必须学会如何把代码打造成一个让非Java开发人员也可以看懂的格式。另外，他还将学到如何正确地注释源代码，以及如何生成一个所谓的代码文档。做这些的目的，就是以后让其他开发人员或者自己弄明白这些代码的用处。

打包程序

要想把程序放到你朋友的Windows操作系统台式机上，或者放到Bossingen的MacBook上运行，你该怎么做呢？当然了，幸好Java的虚拟机是跨系统的。总不能为了运行你的程序，要求其他人也安装Eclipse或者其他IDE呀。更糟糕的是，所有这些过程还得在控制台上才能实现。这就说明，其他人只需要**一个可执行的程序**。

没错，就相当于Windows环境下运行一个EXE文件，对吧？

对，意思差不多。因为EXE文件不受操作系统的限制。因此，在Java中用**JAR**文件替代EXE文件表示可执行文件，JAR文件是Java类编译后的一种**容器**，因此也是一种可执行文件。

【背景资料】

还有别的途径可以把Java程序生成EXE文件，但是需要额外的函数库。我另找个时间教你怎么做。

先来看看用命令行格式怎么生成JAR文件，然后再学习简单的做法——如何用Eclipse来生成。对此我们首先需要一个可以完成一定功能的类。找个非常非常简单的例子如何？第1章中`HalloSchroedinger`类就非常合适。

还记得吧：

```
public class HalloSchroedinger {
  public static void main(String[] args) throws IOException {
    System.out.println("Hallo Schrödinger");
  }
}
```

为了生成JAR文件，必须按如下的格式输入命令，之后就会得到一个JAR文件：

```
jar*1 cf*2 SagHallo.jar*3 de\galileocomputing\schroedinger\java\kapitel13↩
  \HalloSchroedinger.class*4
```

*1 使用jar命令可以生成JAR文件。

我好像还记得……

*2 参数c意思为create，代表着**生成**一个JAR文件。也可以用参数u（update）来表示**更新**一个JAR文件。参数f代表一个文件（file）格式，表示生成的结果是一个**文件**。

*3 生成的文件名直接在参数后面给出。

*4 最后的部分是需要生成JAR的类文件，示例中只有一个类文件，如果有多个的话，可以用空格进行分隔。

【背景资料】

JAR文件格式是基于ZIP格式的，所以可以把JAR文件再压缩成一个压缩包文件。也可以直接用**jar**命令来实现，即**jar xf SagHallo.jar**。

【便签】

参数v表示，在生成JAR文件的过程中可以给出详细的生成进展信息。

文件生成后使用下面的命令去运行：

```
java*1 -jar*2 SagHallo.jar*3
```

*1 使用java命令可以运行已经打包好的程序……

*2 为了运行JAR文件必须加这组参数。

*3 紧接着就可以给出文件名。

我尝试了一下，
但在控制台上出现这个信息：

```
kein Hauptmanifestattribut in SagHallo.jar
```

哦，的确会这样。有些内容我差点忘说了。对不起，其实在控制台上生成JAR文件的做法还是比较少见的。在实际工作中通常会用到一些**搭建部署工具**，比如**Ant**或者**Maven**，还可以直接用IDE来实现。

我刚才忘记说的是，在JAR中有一个清单文件，在清单文件中**指明需要运行的文件**（在JAR文档中可能有多个包含main方法的文件）。这类文件通常被称为配置文件或者清单文件：MANIFEST.MF（无须多言，这个文件的确是用大写字母命名的）。这个配置文件会在创建JAR文件时**自动生成**，而且还可以包含多个**属性参数**，比如指明程序的**开始类**就可以使用Main-Class属性。

*1 参数t是用来列出JAR文件中包含的所有文件和目录。

让我们看看JAR文档里的内容，配置文件也在其中：

```
jar t*1f*2 SagHallo.jar*3
```

*2 参数f是指文件格式。

*3 参数后面直接给出文件名。

```
META-INF/
META-INF/MANIFEST.MF
de/galileocomputing/schroedinger/java/kapitel13/HalloSchroedinger.class
```

这就是JAR文件里的所有内容：

如你所见，META-INF目录和配置文件会被直接生成。Main-Class属性默认不是在文件中给出的。这一点我们稍后再来讨论。

也可以像这样去更新JAR文件：

*1 此处还是jar命令……

```
jar*1 ufe*2 SagHallo.jar*4 de.galileocomputing.schroedinger.java.kapitel13.↩
  HalloSchroedinger*3 de\galileocomputing\schroedinger\java\kapitel13↩
  \HalloSchroedinger.class*4
```

*2 但这次我们用参数u代替参数c，目的是更新已经存在的JAR文件。新出现的参数e代表入口点entrypoint，也就是调用了main方法的类……

*3 对于JAR文件来说，需要按各文件名的顺序给出。

*4 剩下的部分不变。

【便签】

当然也可以不按照这个顺序来：为了指明开始类，可以首先生成JAR文件，然后再进行更新。也可在生成JAR文件的同时指明开始类，格式跟上面的写法一样，只需要在jar命令中用cfe替换掉ufe即可。

【背景资料】

还有一种方法就是自己编写清单文件（Manifest），在其中给出具体的属性和值，然后在创建JAR文件时传递给jar命令。

还有什么需要注意的呢：

【温馨提示】

为了可以让带有“Hallo Schrödinger”这种变音字母的字符串正确地输出，当然不要忘记JVM的编码参数。这个参数我们在第1章的时候就见到过。通常情况下，在清单文件中不需要指定这个编码参数，因为不同的操作系统和不同的JVM所需要的编码也不相同，而且它对程序打包也没有什么直接作用。

要想运行一个已经打包的程序，完整的命令应该是：

```
java -jar SagHallo.jar -Dfile.encoding=CP850
```

阶段练习——打包JAR文件

用到的类是StereoAnlage，如下：

```
package de.galileocomputing.schroedinger.java.kapitel13.stereoanlage;
public class StereoAnlage {
  public void musikHoeren() {
    System.out.println("La, la, la, la, Listen to my heart");
  }
}
```

还用到main类，如下：

```
package de.galileocomputing.schroedinger.java.kapitel13.stereoanlage;
public class Main {
  public static void main(String[] args) {
    StereoAnlage stereoAnlage = new StereoAnlage();
    stereoAnlage.musikHoeren();
  }
}
```

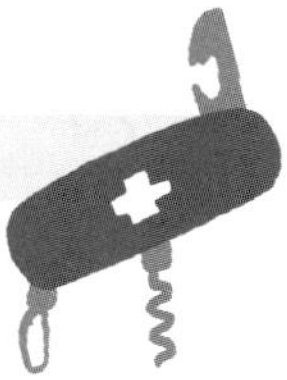

【简单任务】

用这两个类生成一个CooleMucke.jar文件。运行这个JAR文件时，要求Main就是开始类。

这也太简单了，我一只手就能搞定：

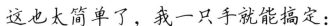

```
jar*1 cfev*2 CooleMucke.jar*3 de.galileocomputing.schroedinger.java.kapitel13.↩
  stereoanlage.Main*4 de\galileocomputing\schroedinger\java\kapitel13
\stereoanlage\Main.class*5 de\galileocomputing\schroedinger\java\kapitel13↩
  \stereoanlage\StereoAnlage.class*5
```

*1 首先是jar命令……

*2 然后是参数c，代表创建；f代表后面会给出JAR文件的文件名，e代表程序入口的开始类，参数v也可以拿来试试。

*3 此处为JAR文件的文件名……

*4 Main就是开始类………

*5 然后是另外两个类，中间用空格分开，就像你之前说的那样。

话说回来了，下次你能起短点的包名吗？

> 【温馨提示】
> jar命令的格式也需要注意包名和类名的大小写问题。

无可挑剔。太棒了。

只有一个小建议：因为两个类都在一个包里，所以de\galileocomputing\schroedinger\java\kapitel13\stereoanlage*.class这样写就可以了。这样，目录下所有的class文件都会被打包进JAR文件。

太棒了。这个你怎么现在才说呢！

你也没问我呀，哈哈！不管怎么说，生成JAR文件是一个非常重要的基础。理论上，你现在就可以把JAR文件发送给你女朋友或者Bossingen了，前提是他们得安装了正确的JRE，这样才能运行你的程序。

这话听起来好像又有什么新的内容了。

没错。因为安装正确的JRE可以是自动完成的。

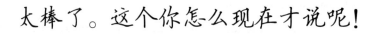

也就是说用……

Java Web Start

Java Web Start可以把你的Java程序部署在一个Web服务器上，也可以为所属的JAR文件定义**配置文件**，以及安装相应的Java版本等。当用户使用浏览器打开一个配置文件的链接……

- 就会自动检测，是否安装了**正确的Java版本**。如果不是则会安装正确的JRE。
- 就会为运行程序**下载所需要的JAR文件**，并保存在本地的缓存中。
- 就会**自动运行应用程序**。

听起来很酷。

那么教教我，怎么创建一个这样的配置文件吧！

好吧，愿意效劳，但是我们得先把这本书学完才可以，你至少还得领到两个勋章：

1. 这样的配置文件是**用XML格式**编写的，这部分内容我们在下一章就会学到。

现在，我这样理解对吗： 如果我有了这样的一个配置文件，就可以把SagHallo.jar部署在一个服务器上，然后打开一个浏览器，之后就可以自动打开控制台，输出“Hallo Schrödinger”了。

差不多。最后一步之前都对。控制台不能自己打开。对此我们还需要第二个勋章：

2. Java Web Start本身是一个拥有**图形界面**的应用程序。关于图形界面的内容我们会在第16章学习。

OK，OK，明白了。

尽管这样，我还是有个问题想问： 你刚才说了，运行程序需要下载所有所需的JAR文件。这个我就不是很明白，是说一个Java程序就是一个JAR文件吗？

好吧，我们再来说说这个问题，你这么认为就错了。 通常是这样子，Java程序可以由**很多个JAR**文件构成。我觉得是因为需要**重复使用**代码。我们开发出来的类和接口在其他的Java项目中很有可能会被用到，所以才把这些类和接口打包在一个**JAR文件**中，这样就可以被**两个项目**使用了。比如上面提到的StereoAnlage类，它就完全有可能被其他的项目使用。这一点我们还会在练习中见到。

在Eclipse中添加函数库

重复使用源代码是面向对象程序设计的核心概念。重复使用源代码的含义包含很多内容，它可以实现在子类中重复使用父类中的一个方法；可以把位于不同包中的不同的类关联起来。所以，可以重复使用这些以JAR文件形式保存起来的源代码作为函数库。为什么不呢？

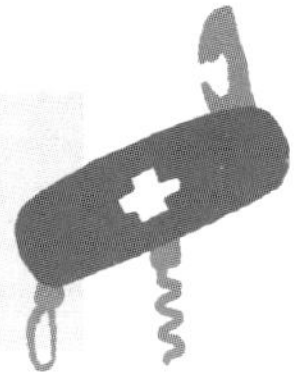

【简单任务】

在Eclipse中创建一个新的Java项目“跳蚤市场”，并且要把跳蚤市场类**Flohmarkt**放在下面的包中：**de.galileocomputing.schroedinger.java.kapitel13**。

```
package de.galileocomputing.schroedinger.java.kapitel13;

import de.galileocomputing.schroedinger.java.kapitel13.stereoanlage.↩
  StereoAnlage;
public class Flohmarkt {
  public static void main(String[] args) {
    StereoAnlage stereoAnlage = new StereoAnlage();
    Flohmarkt.verkaufen(stereoAnlage);
  }
  public static void verkaufen(StereoAnlage stereoAnlage) {
    // 此处为有关Stereoanlage的一些代码
  }
}
```

这个任务不错！
但是这段代码根本编译不了呀。

问题出在编译器没有找到StereoAnlage类，因为它并没有被放在新项目的Classpath里。好在我们刚才已经生成了一个包含这个类的JAR文件。

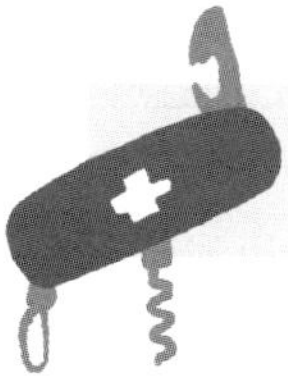

【简单任务】

在Eclipse中选中新项目，选择菜单项目（Project）→属性（Properties），点击创建Java路径（Java Build Path），然后找到Libraries选项卡。

这时你就可以看到该项目位于Classpath路径中所有函数库的列表，或者这么说，所有项目中可以使用的函数库。

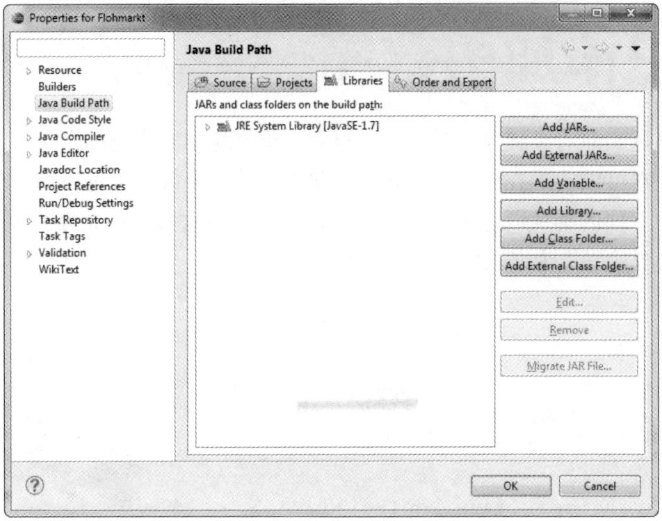

默认情况下Eclipse项目在Classpath路径中只包含标准函数库

现在就可以通过Add JARs选项来添加位于本机**工作区**里的函数库了，Add External JARs...选项用来添加**文件系统中任何地方**的函数库。此时你最好是在“跳蚤市场”项目里生成一个lib文件夹，并且把CoolMucke.jar文件放在里面。

【简单任务】

通过“Add JARs...”添加JAR文件到Classpath路径下。

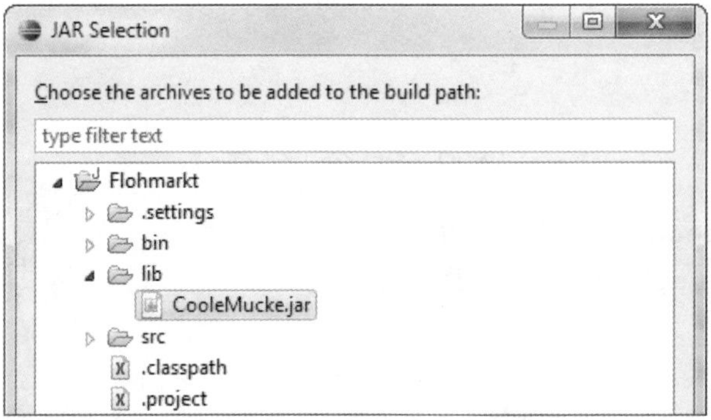

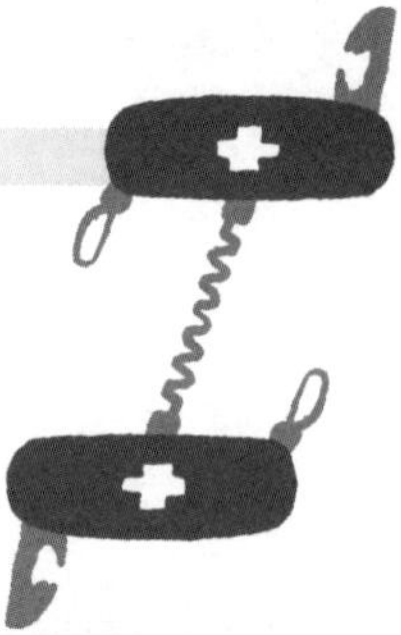

现在再编译一下你的代码吧！是不是让你眼前一亮呢。因为从现在开始，你就可以从数百万**免费使用的**Java**函数库**中，选择你自己需要的函数来用了，而且可以直接关联在你的项目中。稍后你就会看到了。

与使用任何一个函数库一样，在使用接口和类来完成自己的应用之前，最好先浏览一下其**Java文档**。

【笔记】

想要在Eclipse项目B中使用Eclipse项目A的类，其实可以不用这样费力地关联JAR文件，直接通过项目B的属性设置对话框里的Projects标签来导入项目A就行。这样，项目B就可以使用项目A中的所有代码了。

说到Java文档，如果可以为你自己编写的接口和类等代码生成一个文档的话，那么对于**其他的开发者**来说这就是一件非常体贴的事。其实对你自己也有好处，比如几周或者数月之后再回头看看当时编写的文档，就能想起这段代码的功能是什么了。所以，我们现在需要学习一些相关的工具……

等等！ 你是不是把教我怎么用Eclipse生成JAR文档这事儿给忘了？我不得不说，你刚才讲的命令行方式不太合我的口味……

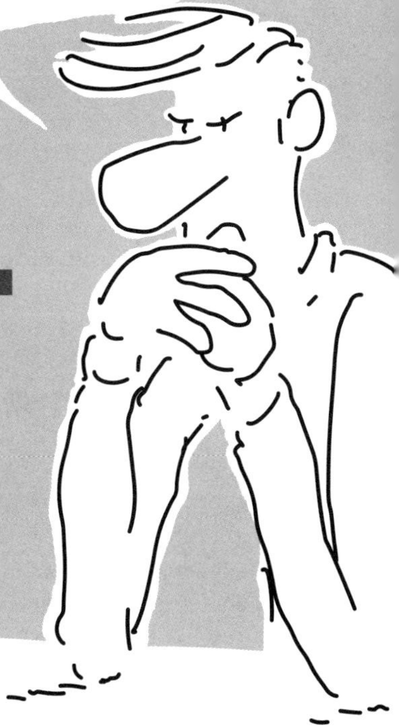

没有忘，没有忘，命令行方式已经是一个有效方法了……不过，要想更好更简单地实现，命令行方式不是最好的选择。虽然命令行方式用起来简单，但不算很安全。

所以我们要在Eclipse里这样做：

选定某个项目，在菜单中选择文件（File）→导出（Export...）→Java→JAR文件（JAR file）；如果想要生成一个带开始类的JAR文件，还可以选择文件（File）→导出（Export...）→Java→运行JAR文件（Runnable JAR file）。

你好，Doc大叔——用javadoc生成文档

使用程序的人不仅有用户，也许还包括其他的开发人员。这时就必须做好一件事情：**给源代码做好程序文档**，这样他们就能明白你的程序了。为了通过代码注释获得程序的概要，Java当然也会提供一个工具，这个工具可以为你**基于类和方法的注释生成一个HTML页面**。

生成源代码的程序文档可以这样做：

javadoc命令……

*1 javadoc命令很神奇。

*2 用-d参数可以为生成的文档定义保存后的目标文件夹。

```
javadoc*1 -d*2 ..\doc*3 -subpackages*5 de.galileocomputing.
  schroedinger.java.kapitel13.videorekorder*4
```

*3 因为调用的命令在src文件夹中，但又不想把文档放在那里，所以需要把doc文件夹放在上一个目录中。

*4 接下来就是要指明生成文档所用的**包**。

*5 可以为指定的包的**所有子包**生成文档。

```
package de.galileocomputing.schroedinger.java.kapitel13.videorekorder.api;*1
/***3
 * Interface für einen Videorekorder.
 *
 * @author Philip Ackermann
 *
 */
public interface Videorekorder*2 {
  /***6
  * Startet die Aufnahme einer <code>Sendung</code>.*6
   *
   * @param sendung*7 Die <code>Sendung</code>, die aufgenommen werden soll.
   *
   * @return Eine <code>VideorekorderBestaetigung</code>*10, wenn die Aufnahme
     erfolgreich war.*8
   */
  VideorekorderBestaetigung aufnehmen(Sendung sendung);*9
  /**
   * Startet eine aufgenommene <code>Sendung</code>.
   *
   * @param sendung Die <code>Sendung</code>, die wiedergegeben werden soll.
```

是从这个源代码的注释中……

*1 所有包都在左上方列出。

*2 左下方列出所有类和接口。至于每个类和每个接口的具体信息会在右边展示出来。也就是其所属的……

*3 类和接口的注释……

*10 所有写在<code>和</code>标签里的内容都将以特色字体样式来与其他文字进行区分。类名、接口名、方法名以及一些源代码的引用非常适合用这样的方式突出显示。

```
     */
    void wiedergeben(Sendung sendung);
    /**
     * Löscht eine aufgenommene <code>Sendung</code>.
     *
     * @param sendung Die <code>Sendung</code>, die gelöscht werden soll.
     *
     * @return Eine <code>VideorekorderBestaetigung</code>, wenn das Löschen
       erfolgreich war.
     */
    VideorekorderBestaetigung loeschen(Sendung sendung);
}
```

【温馨提示】

在生成HTLM文类时，javadoc只会关注类和方法的注释。用//开始的行注释，以及用/*和*/注释的注释块是不会被使用的。

生成的文档：

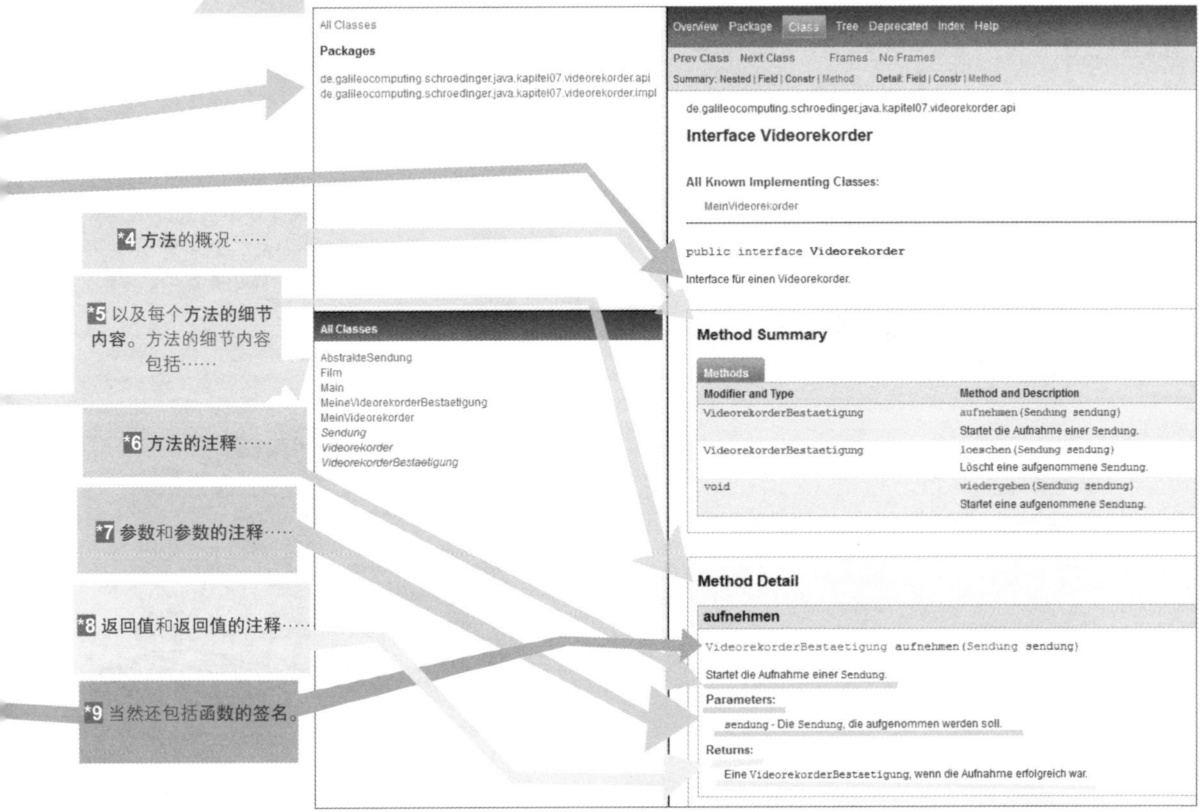

【概念定义】

注释中用@开头的**名词**与**符号**统称为**标签**。请不要与注解混淆。

关键标签的说明：

标　　签	含　　义
@author	代表类、接口或者枚举的**作者**。如果是由多个作者的话，也可以多次使用这个标签
@version	代表该函数库的版本信息，也就是指类、接口、方法以及其他的创建和更新日期
@param	用这个标签描述方法的**参数**情况。通常在这个标签的后面会给出参数名和一些描述
@return	可以用这个描述方法的**返回值**
@throws (oder alternativ @exception)	用这个标签可以把一个方法或者一个构造函数所抛出的**异常**信息进行归档。在@throws标签后面可以出现异常的类型，然后是对异常的描述。顺便说一下，文档中不要出现报错信息，因为报错信息是不可控的，这一点我们在异常那一章就说过了
@see	为了实现在已有的文档中内链到一个接口，可以用这个标签指明某个方法在源代码中的具体位置，以及一些其他相关的信息
@since	用这个标签可以确定程序中的类、接口、方法等是从哪个**版本**开始的
@deprecated	用这个标签可以表示某些东西是过时的，比如一个方法是过期的。读到了这个文档以后就不会直接使用这个方法了

【便签】

一旦项目达到一定的规模，再通过控制台生成程序文档和前面提到的JAR文件可能就不现实了，必须用Ant、Maven或者IDE来生成。尽管如此，你也应该关注一下**命令行工具的使用**。

【背景资料】

在类和方法的注释中也可以包括自己的HTML，然后再插入到完整的HTML文件中。

是的，我明白，
我还得继续学习
HTML这个语言。
现在Java对我来说
就够了。

他知道的……

结构化和模块化

从Java 9开始可以把代码结构化到所谓的**模块**里。

我想过把代码结构化到包里。

是的，你还可以继续这样做。把类和接口放在包里可以避免命名冲突，并且可以轻易找到它们。这些都已经学过了。

使用模块可以更好地结构化代码，这个过程就叫作**模块化**。在软件开发领域中，模块通常被比作可以用来实现一定功能的软件部分。那么，一个软件就会由很多个不同的模块组成，比如一个模块负责数据库查询，一个模块负责格式化输入信息的检验。然而，对于软件的代码来说，至少用Java语言开发的软件是这样，通常分布在非常多的类和接口以及很多包里，如果把这些包看作一个**逻辑上的个体**，那么就形成了模块的概念。

或者可以这样说:

【重点总结】

Java中的模块可以理解为很多**包的集合**。

好吧，
那我要怎么
定义它呢？

这个相对比较简单。 每个模块都可以通过一个所谓的**模块配置文件**（module-info.java）来实现。这个文件默认位于根目录下，并且定义了三个概念。

- **模块的名称**：一个模块可以通过模块名引用其他模块。所以模块名也需要跟包名一样，必须有意义而且需要避免命名冲突。

- **模块的导出包**：已经说过了，模块是所有包的一个集合，并且和module-info.java文件一起位于一个文件夹中。模块配置文件必须指明哪些包需要导出，确保可以从包外访问。
- **模块的依赖性**：我们已经知道，类和接口是依赖于其他类的，并且通过关键字`import`来定义依赖关系。同样，模块间也存在依赖性，也需要在模块配置文件中定义模块的依赖关系，只不过不是通过关键`import`来定义。我们马上就会学习怎么去定义它。

你能举个例子吗？

当然了，我很懂你的。假设你编写了一个给鞋排序的程序。说得更具体些：你定义了一个接口`SchuhSortierer`，并且在类`SchuhSortiererImpl`实现了这个接口，此外还有一个主类`Main`用来初始化和运行程序。我们现在不关心实现这些具体代码是什么，只关心如何把它们分配在不同的包中，然后把它们打包成一个模块。

等等，我明白了！
至少这个包会

- 把接口打包成一个包
- 把具体的实现打包成另外一个包……

而且把主类也打包成一个包……
非常棒，小薛！

现在就缺**模块配置文件**了。默认该文件位于主包下，

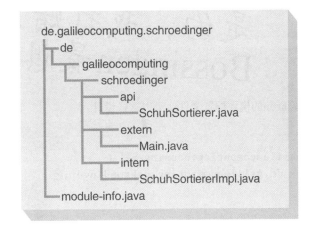

大概是这样：

```
de.galileocomputing.schroedinger
├─de
│ └─galileocomputing
│   └─schroedinger
│     ├─api
│     │ └─SchuhSortierer.java
│     ├─extern
│     │ └─Main.java
│     └─intern
│       └─SchuhSortiererImpl.java
└─module-info.java
```

配置文件的具体内容如下：

*1 模块配置文件使用关键字 `module`开头……

*2 然后给出模块名。同包的命名一样，此处使用的是**反向URL命名法**，目的是避免模块的命名冲突。

```
module*1 de.galileocomputing.schroedinger*2 {
    // 当前模块所依赖的模块
    requires java.base;*3
    requires java.logging;*3
    // 当前模块导出的包
    exports de.galileocomputing.schroedinger.schuhe.api;*4
    exports de.galileocomputing.schroedinger.schuhe.extern;*4
}
```

*3 用关键字`requires`来定义与当前模块有引用关系的模块。因为Java 9把整个标准函数库都模块化了，因此所有的类和接口（或者说是所有包）都可以结构化成模块，此处当然可以定义模块的依赖性。`java.base`模块可以不用写，因为这个模块默认可以被每个模块使用。

*4 用关键字`exports`来定义模块需要导出的包。直接在关键字后面给出包名即可。

如果现在某个人想要使用你的模块，那他就可以直接导入定义好的模块名。

是的，我打赌，Bossingen最想这么做了。

OK，然后Bossingen的模块配置文件就可以这样设计：

```
module de.galileocomputing.bossingen*1 {
    requires de.galileocomputing.schroedinger;*2
}
```

*1 Bossingen定义属于自己的模块……
*2 并且设定了模块的依赖关系。

这就表明，Bossingen现在可以使用从`de.galieocomputing.schroedinger`模块导出的类和接口，也就是在`de.galileocomputing.schroedinger.schuhe.api`和`de.galileocomputing.schroedinger.schuhe.extern`包中定义的类和接口。确切地说，只有那些**公共的类**和**接口**（也就是说不包括**私有包**）。值得注意的是：他不能使用位于自己包`de.galileocomputing.schroedinger.schuhe.intern`中的公共类。

明白，因为这个包没有从我的模块里导出。

没错。你还需要注意：要明确定义哪些包是对外公开的，哪些不是。类的安全性是从属于模块的。

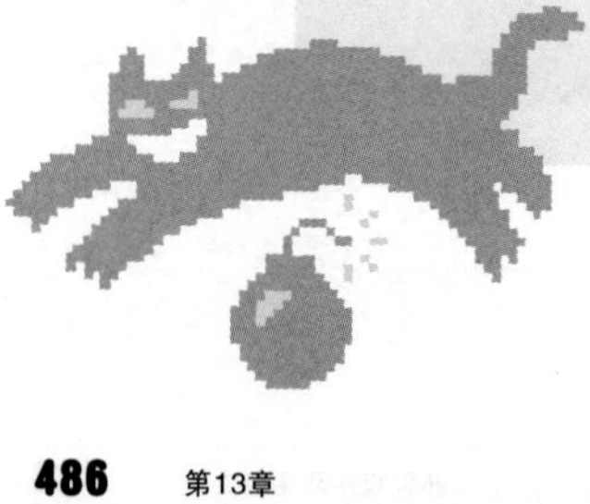

【温馨提示】

顺便说一下，当一个模块已经定义另外一个模块为依赖关系的话，另外一个模块就不可以再把这个模块定义为依赖关系，否则会形成所谓的**循环依赖**关系，这会导致无法编译。

阶段练习——模块化？明白！

小薛，我们现在来做两个小练习。通过它，你就可以很好地理解模块化的概念了。

【简单任务】

下面给出的是模块配置文件的大致内容。请把省略的关键字补充上去。你还记得吧？

```
______ de.galileocomputing.schroedinger.katzen {
    // 依赖
    ______ de.galileocomputing.tierheim;
    // 导出包
    ______ de.galileocomputing.schroedinger.katzen.api;
    ______ de.galileocomputing.schroedinger.katzen.extern;
}
```

当然记得，没有比这个更简单的了：

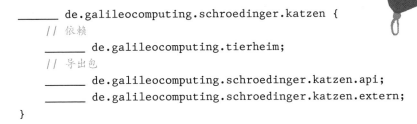

```
module*1 de.galileocomputing.schroedinger.katzen {
    // 依赖
    requires*2 de.galileocomputing.tierheim;
    // 导出包
    exports*3 de.galileocomputing.schroedinger.katzen.api;
    exports*3 de.galileocomputing.schroedinger.katzen.extern;
}
```

*3 需要导出模块的包用关键字exports来定义。

太棒了，小薛！

后面还有一个难一些的任务，只比这个难一点点。

【困难任务】

下面三段代码是三个模块配置文件的内容，但是隐藏着一个错误，
一个思维逻辑上的错误。你能找到吗？

```
module de.galileocomputing.bossingen {
    requires de.galileocomputing.kartonfabrik;
    requires de.galileocomputing.schroedinger;
    exports de.galileocomputing.bossingen.schuhe;
}

module de.galileocomputing.schroedinger {
    exports de.galileocomputing.schroedinger.schuhe.api;
    exports de.galileocomputing.schroedinger.schuhe.extern;
}

module de.galileocomputing.kartonfabrik {
    requires de.galileocomputing.bossingen;
    exports de.galileocomputing.kartonfabrik.kartons;
}
```

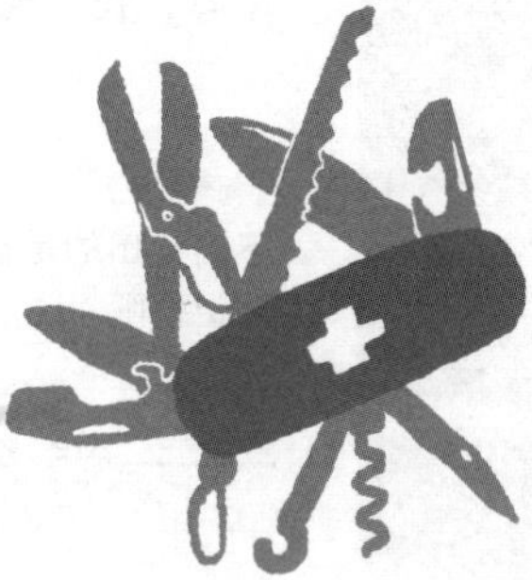

你找到了吗？其实错误就在这里：

答案其实很简单。问题就是，Bossingen的模块和纸箱厂的模块所定义的依赖关系构成了循环依赖。正如之前所说的：编译器会无法编译。

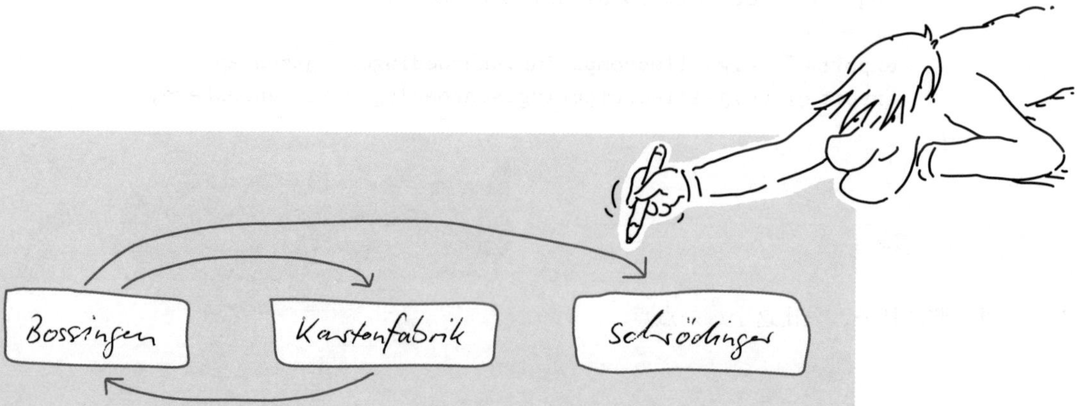

编译模块

除了已经学过的内容，其实在模块配置文件里还有一个知识需要学习，这部分内容会在下面的笔记中提到。我们还是先从我们已经学过的模块说起比较好。

首先来看看，在手动编译（使用javac命令）时必须注意些什么，才能让其他编译器的模块接受依赖关系。这个其实很简单就可以解释清楚，因为只需要加入新的编译参数--module-path就可以了。

如果Bossingen想使用你的模块，那么他必须执行下面的命令：

*1 javac命令你已经非常熟悉了。

*2 通过参数--module-path来定义模块的路径。

*3 此处的点代表当前路径。

```
javac*1 --module-path*2 .*3 -d de.galileocomputing.bossingen*4 ↩
  de.galileocomputing.bossingen/module-info.java ...*5
```

*4 参数-d定义的是编译模块所在的文件夹……

*5 还需要给出所有需要编译的Java文件，省略号的地方应该用所有的Java文件来代替，并用空格分隔开来。

手动编译，现在谁还用它呀？

是呀，是呀，我只是简单地给你介绍一下。

【笔记】

如果你已经明白了前面所说的模块间互相使用的关系，并且还想指定某个模块才能使用，那么就可以在模块配置文件中加入关键字`to`：

```
module de.galileocomputing.schroedinger {
    exports de.galileocomputing.schroedinger.schuhe.api to de.galileocomputing.bossingen;
    exports de.galileocomputing.schroedinger.schuhe.extern to de.galileocomputing.bossingen;
}
```

`to`后面还可以给出多个模块名，形成一个模块名列表，用逗号分隔。

【笔记】

在`requires`关键字后面还可以使用两个关键字。如果用关键字`requires transive`定义一个依赖关系，那么就表示所有依赖于当前模块的其他模块都具有其所包含的依赖关系。关键字`static`定义的依赖性只有在编译阶段有效，运行时是无效的。

现在你已经学会打包了

我觉得，我俩现在都应该得到奖励。你我都付出了很多的耐心，这章内容虽然少，但也算是目前为止比较难的内容了……一会儿是jar，一会儿又是javadoc命令行命令的……我敢打赌，你很少会用到它的。

尽管如此，我们还是照常回顾一下这一章里的重点：

- Java文件可以通过jar命令打包成**JAR文件**。
- 一些JAR文件可以**被执行**，或者作为函数库加载到不同的Java项目中**重复使用**。
- 如果想执行JAR文件，请不要忘记在清单文件（Manifest）中指明开始类。
- 重要的jar命令：

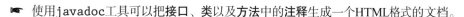

含　义	命　令
生成一个JAR文件	jar cf JAR文件 源文件
更新一个JAR文件	jar uf JAR文件 源文件
查看一个JAR文件	jar tf JAR文件
从JAR文件中提取文件	jar xf JAR文件
运行一个以JAR文件打包的应用	java -jar JAR文件

- 使用javadoc工具可以把**接口**、**类**以及**方法**中的**注释**生成一个HTML格式的文档。
- 在Java中，**模块**被视为包的集合。
- 模块的声明是通过**模块配置文件**（module-info.java）来实现的。在配置文件中可以定义：
  - 用module标签定义**模块名**；
  - 用requires标签指明模块间的**依赖关系**；
  - 用exports标签指明一个模块需要**导出**的包，并且保证对其他模块是安全的；
  - 在一个已经导出的包中，被public标签声明的部分才可以被其他模块使用。

【奖励/答案】

伙计，你得到了下一个装备：档案包。以后物品就会有更多的存放空间了，而且还可以用一个不会坏的拉链把包合上。

第14章

交换学生——数据的交互格式

XML

要想成为Java高手就要学会使用XML，小薛也不例外。在这一章中，他将学到XML到底是什么，它的优势在哪里，以及使用Java读取和编写XML数据有哪些不同的方法。这将是一个很好的机会，让他可以好好地整理他的日程和音乐收藏。

XML

我们在讲序列化的时候就提到过，还有其他方法可以用来解决Java程序的数据转存问题。其中一个方法就是XML（Extensible Markup Language，可扩展标记语言），它是一种可以把数据**结构化处理**的语言。重点是结构化，因为第11章提到的序列化或多或少属于非结构化……

可当时不是说，序列化和反序列化时必须注意数据字段的顺序吗？

没错，这是一方面。但另一方面，序列化的数据**只能通过Java来读取**。所以，在两个用不同语言编写的程序中作为交互格式就显得不太合适了。XML完全没有这样的缺点。作为一种完全跨程序的以及突破编程语言限制的数据**交互格式**，XML的存在不无道理。

【背景资料】

好吧，JSON（JavaScript Object Notation）也很出名，当时和XML同样都被广泛地使用，但是相比之下，XML更有优势。（此外，JavaScript虽然名字和Java有点像，但是你知道的，其实完全不同，对吧？）

不管怎么说。XML应该是每位资深Java开发者的必备曲目。至今为止，几乎每个大型的Java项目中**都会出现XML**的身影，要么是用于从一个网站服务器中提取数据（或者是传入数据），要么就是用于定义一个配置文件。不论是构建工具（如Ant和Maven），还是Eclipse RCP Framework，甚至Android Apps的配置文件都是用XML编写的。著名的软件框架，像Hibernate和Spring，最初也极为侧重XML（当时需要通过注解配置非常多的东西，但这是题外话了）。

在这里，你至少要对XML了解一点。如果想要学习更详细的内容，我建议去买一本相关的书，网上也有很多资料可以找来学习。我们现在不会讲得特别专，只会涉及一些Java开发者应该掌握的重要知识。

好吧，请赐教，
已经准备好了。
这样我就不用自己总结
所有的重点了。

我们先从XML文档的结构说起。

XML文档的结构非常容易理解。如果你看过网页的源代码，或者知道**HTML元素**的话，XML对你来说就不会陌生。

原则上，XML文件和**文本**文件没什么区别，同样是通过所谓的**元素**和**属性**来定义一些文本的**含义**。这些元素和属性的选择相对随意，这就应了其名字中的“可扩展”。

【背景资料】
HTML和XML都是**标记语言**，也就是说可以很好地进行标注：通过元素和属性**标注**文本以及赋予其**一定的含义**。XHTML是HTML的一个特别格式，它完全用XML编写并且符合XML风格。然而纯HTML，确切地说是最新的HTML5，和XML没有任何关系，因为HTML5和XHTML变体有根本上的不同……

好了，我记下了，
可以说，我100%
都听懂了。

这些都不太重要，你会在**其他地方**学到HTML的。开篇我们还是先通过一个小例子来介绍一下，为什么说XML那么棒吧。

好呀，但别用鞋……和WoW为例了，可以吗？
尽管我也挺喜欢它们的。

好吧，那也许就用猫…… 我不喜欢这个例子！我再也不能忍受猫了……如果你想讲这部分内容的话，也请别用厚纸箱为例。

哦，那我就用……**嗯**……日历怎么样，对！你可以在日历上写**事项**、**时间**和**地点**等，我说的是一个**记事**日历。

Bossingen一定会喜欢这个的，他最喜欢记事日历了，太经典了！

假设，你要编写一个有记事日历功能的程序，而且还可以对所有日程进行管理和保存。要是用一般的文本文件保存这些日程的话，通常会这样写：

```
Besitzer: Schrödinger*1
Was: Java lernen*2
Wann: Jetzt*2
Wo: Hier*2
Was: HTML lernen*3
Wann: Später*3
Wo: Woanders*3
```

*1 你的记事日历　*2 一个日程……　*3 另一个日程。

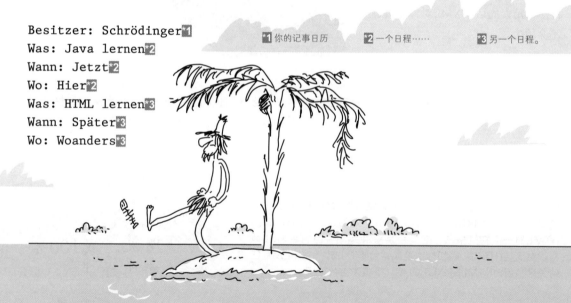

为了把这些数据写入你的记事日历Java程序中，你必须编写自己的**语法分析器**，逐行地读入数据……

这个和第11章中客户数据那个示例很像。

没错。 这个数据有着同样的问题，虽然数据是结构化的，但是这个结构却不是**统一定义**的，你是这样编写的，其他人是另外一个样子，比如Bossingen也许是按他的想法来定义的。

在Bossingen的记事日历上可能是这样记的：

```
Besitzer: Bossingen*1
Was/Wann/Wo: Boss-Essen/Dienstag/Firma*2
```

*1 Bossingen的记事日历。

*2 省事的做法是把事项写在同一行。

要想你的程序可以兼容这些数据的话……

我必须再编写一个语法分析器，我说对了吗？

说对了。 因为Bossingen和你没有用**统一的格式**，这样XML就有了用武之地。当然了，Bossingen可以采用你的格式，你也能用他的。XML就是一个**标准格式**，支持很多语言，比如Java。这样你把XML文件处理到Java里，就会有很多不同的语法分析器可供使用了。**你不用再编写自己的语法分析器了**，至少可以避开这一点。

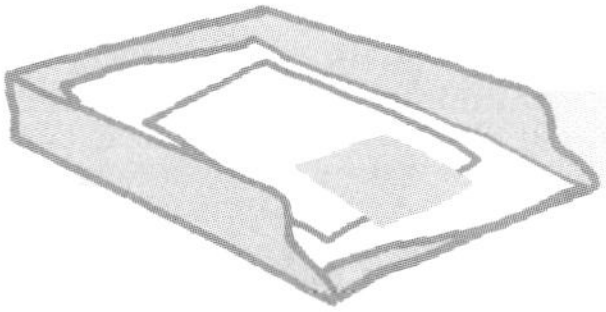

【资料整理】

XML是一个应用极为普遍的数据结构化转存标准格式。正是因为它的标准格式，才使得XML在处理数据方面得到了广泛传播以及很高的支持。

“赞美”之后你该让我真正见识一下XML了吧。

当然了，拿上面记事日历的例子来说，一个XML应该是这样的：

```
<?xml version="1.0" encoding="UTF-8"?>*1
<terminkalender *9xmlns="http://www.rheinwerk-verlag.de/schroedinger/terminkalender">*2
  <besitzer>*5
    <name>Schrödinger</name>
  </besitzer>
  <termine name*6="Meine Termine">*5
    <termin>*7
      <was>Katze füttern*8</was>
      <wann>8:00*8</wann>
      <wo>Küche*8</wo>
    </termin>
    <termin>*7
      <was>Mit Freundin Schuhe einkaufen</was>
      <wann>9:00</wann>
      <wo>Schuhgeschäft</wo>
    </termin>
    <termin>*7
      <was>WoW spielen</was>
      <wann>20:00</wann>
      <wo>Am Computer</wo>
    </termin>
  </termine>
</*4terminkalender>*3
```

*1 这就是**XML的声明**格式，通常会出现在每个XML文件的开头部分，用来指明**版本信息和编码信息**。

*2 元素<terminkalender>从这里开始。

【概念定义】

terminkalender是XML文档的**根元素**，因为它没有父元素。XML文档中**只能有一个根元素**，否则在Java读取时会带来问题。正是因为有了根元素，XML文档也被比喻成树形结构。

*3 元素<terminkalender>在这里结束。也可以说成元素的**开始和结束**。元素从<terminkalender...>标签开始，到</terminkalender>标签结束。

*4 元素的结束时不能忘记“/”符号。

*5 XML本质上的优势在于元素还可以包含底层元素。人们把它们叫作**父元素**和**子元素**。<besitzer>和<termine>是父元素<terminkalender>的子元素。通过这样的层级关系构成了数据的结构。上面这样的结构在简单文本文件中是不具备的。

【概念定义】

XML文档有了XML声明和一个根元素之后，看起来就**非常顺眼**了。

我的天呀……他还是用了鞋、WoW和猫的示例了！现在就缺纸箱的例子了。

*6 name是<termine>的一个属性。

*7 所有<termin>的元素都是<termine>的子元素。正如你看到的，可以有多个相同类型的子元素。对于每个<termin>元素来说，termine就像一个集装箱，或一个纸箱。而<termin>又可以看作由<was>、<wann>和<wo>信息组成的。

一个纸箱……
我知道它。
哈哈，我又要
混乱了。

*8 一个元素不能包含其他元素，人们把这样的情况叫作**叶子**（把XML比作树形结构）。例如这里的元素只包含**文本内容**。

*9 此处为记事日历的**命名空间**，而且总是被赋予xmlns属性。

【概念定义】

XML的**命名空间**和Java的包有相似的地方。包在使用时是为了明确地识别类和避免类的重名冲突。XML也是如此：**xmlns**属性可以单独标识出某个元素（也包括元素本身），该元素以下的所有元素都属于这个命名空间，这样也可以避免与其他元素产生命名冲突（比如从其他XML文档中导入的元素）。

【概念定义】

没有子元素和文本内容的元素叫作**空元素**。

```
<termine name="Keine Termine" *1/>
```

*1 一个空元素采用这样的格式结束。

我正在考虑，我要怎么命名元素，或者选择什么呢？要是Bossingen，他就一定会保守地选择像<beschreibung>、<zeitpunkt>和<ort>这样的元素，前提是他得会XML……

理论上你可以任意命名元素。

而实现上**定义规则**是比较好的，其中包括：XML文档里允许出现哪些元素，元素允许包含哪些属性，以及允许出现哪些数据类型，比如一个元素的值是否允许含有字符串或者数字。这些可以通过**文档类型定义**（DTD）或者**XML格式定义**（XSD）来实现。

【概念定义】

如果XML文档借鉴了DTD或者XSD，并且通过它们制定了规则，那就会变得很**通用**。

俄罗斯腊肠

现在我们只是以XSD为例来讲解。因为它比较先进，并且比起DTD至少还有两个优点：其一是我们不需要学习新的语法，因为它使用的同样是**XML的语法**；其二是XSD的功能更强大，我们使用起来更方便。不过它也非常“啰唆”（XML也一样），可见……

我现在给你看用XSD编写的记事日历的例子，你可别吃惊：

```
<?xml version="1.0" encoding="UTF-8"?>
<schema*1 xmlns*2="http://www.w3.org/2001/XMLSchema" targetNamespace="http://↩
 www.rheinwerk-verlag.de/schroedinger/terminkalender"
   xmlns:tk*3="http://www.rheinwerk-verlag.de/schroedinger/terminkalender" ↩
     elementFormDefault="qualified">
  <element name="terminkalender">*4
    <complexType>*5
      <sequence>*6
        <element name="besitzer">*7
          <complexType>
            <sequence>
              <element name="name" type="string" />*9
            </sequence>
          </complexType>
        </element>
        <element name="termine">*8
          <complexType>
            <sequence>
              <element name="termin" *11minOccurs="0" *11maxOccurs="unbounded">*10
                <complexType>
                  <sequence>
                    <element name="was" type="string" />
                    <element name="wann" type="string" />
                    <element name="wo" type="string" />
                  </sequence>
                </complexType>
              </element>
            </sequence>
            <attribute name="name" type="string" />*12
          </complexType>
        </element>
      </sequence>
    </complexType>
  </element>
</schema>
```

*1 XSD的根元素总是从<schema>开始的。

*2 XSD的命名空间也总是必备的。

*3 此处的XML的命名空间是按XSD格式写的，包含了一个**命名空间前缀**，在这里是tk，代表terminkalender。这个前缀可以随意选择，只要不与其他的前缀参数冲突就可以。

*4 用标签<element>可以定义XML文档中允许出现的元素。比如此例中，可以使用元素名是terminkalender的元素……

*5 此处定义元素的类型，分为**简单的类型和复杂的类型**。terminkalender就是一个复杂的类型……

*6 因为它包含子元素的序列，也就是……

*7 besitzer和……

*8 termine，而这两个元素本身又是复杂类型，也有子元素。

*9 besitzer有个name子元素，类型是标准数据类型string。

*10 termine也可以有termin子元素……

*11 而且可以有任意个。

*12 哦对了，还可以通过<attribute>来定义属性。此处的意思是，termine元素有一个name属性。

【资料整理】

XSD有个缺点：由于XML语法是这么的“啰唆”，XSD代码才会这么**混乱和冗长**。

现在你就把XSD和XML关联起来了：

```
<?xml version="1.0" encoding="UTF-8"?>
<terminkalender xmlns="http://www.rheinwerk-verlag.de/schroedinger/↩
  terminkalender" *2xmlns:xsi="http://www.w3.org/2001/XMLSchema-instance"
*4xsi:schemaLocation*3="http://www.rheinwerk-verlag.de/schroedinger/↩
  terminkalender*5 terminkalender.xsd*6">*1
 ...
</terminkalender>
```

*1 XSD的关联要放在根元素声明里。对此**xmlns**额外又拥有两个属性。

*2 **xmlns:xsi** 导入另外一个**命名空间**到XML文档里，并和**命名空间前缀**xsi联系起来。

*3 通过这样的映射关系就可以使用XML命名空间（http://www.w3.org/2001/XMLSchema-instance）里的元素和属性了，此例中就是**schemaLocation**属性。

*4 这时前缀就显得非常关键了。

*5 **schemaLocation**自己得到两个用空格分隔开来的属性值：XSD的命名空间……

*6 和XSD文件存放的位置。示例中XSD文件的位置与XML文档保存文件的位置相同。通常是在重要位置保存，例如在网页服务器上保存。

我使用XSD-XML这个关联的目的就是要说明，在XML文档中可以使用哪些元素和属性吗？喔，我得好好理解一下。我的脑袋现在有点混乱。

不要惊慌。

XSD本来就属于比较难理解的东西。

【概念定义】

XSD的结构看起来很像**俄罗斯套娃的设计风格**，因为各个元素的定义以**嵌套**形式呈现：首先是terminkalender，然后是termine，再后是termin。此外还有**腊肠片设计风格**，元素定义被全局声明，彼此相互引用（**不是**嵌套的形式）。然而，最好还是理解成**百叶窗设计**风格吧……

这一点我们马上就会看到。

那是肯定的，现在该我做练习了吧？伙计，这个时候你是不是该出道练习题了？

是的，马上就来练习。但开始之前还得说说：在**百叶窗结构**中元素的类型都会得到一个名字，它们会被**全局声明**，而且会通过这个名字被元素定义引用。这就意味着，与俄罗斯套娃结构相比，这样的方式可以使得类型本身在多个元素定义下被使用。

我们再来看看XSD这样的形式，伙计：

```
<?xml version="1.0" encoding="UTF-8"?>
<schema xmlns="http://www.w3.org/2001/XMLSchema"
      xmlns:tk="http://www.rheinwerk-verlag.de/schroedinger/terminkalender"
      targetNamespace="http://www.rheinwerk-verlag.de/schroedinger/terminkalender"
      elementFormDefault="qualified">
  <element name="terminkalender">*1*5
    <complexType name="terminkalender">*5
      <sequence>
        <element name="besitzer" *4type="tk:besitzer" />*1
        <element name="termine" *4type="tk:termine" />*1
      </sequence>
    </complexType>
  </element>
  <complexType *3name="besitzer">*2
    <sequence>
      <element name="name" type="string" />
    </sequence>
  </complexType>
  <complexType *3name="termine">*2
    <sequence>
      <element name="termin" *4type="tk:termin" maxOccurs="unbounded" />*1
    </sequence>
    <attribute name="name" type="string" />
  </complexType>
  <complexType *3name="termin">*2
    <sequence>
      <element name="was" type="string" />
      <element name="wann" type="string" />
      <element name="wo" type="string" />
    </sequence>
  </complexType>
</schema>
```

*1 再次定义元素……

*2 然而类型的定义并没有位于元素嵌套结构中……

*3 而是每个都有一个名字……

*4 通过这个名字每个元素定义都可以引用它们。这样做的优势就是，进一步提高了重复利用性，类型可以被多个元素定义引用。

*5 典型的百叶窗设计结构也有例外：**在根元素里会嵌入类型说明。**这在以后生成Java类结构时会有所帮助，Java工具会自动识别哪些元素是属于根元素的。当然了，我们还准备了很多其他的元素。

【温馨提示】

千万别搞混了，在element和complexType里都有属性name。前者是元素名，后者是类型名。

我说，伙计，还有别的语言吗？

我原以为我只是学习Java的。现在可好，不仅学了XML，还学了XSD。我都快

变成翻译了。

那样也不错呀。 反正XSD都是用XML写的，就像写XML一样顺便也学一下吧。其实很多情况都是这样的，比如有一个XSD，通常是由团队里的XSD大师编写，然后你要根据这个XSD制定的规则来编写XML文档。这样的话，**先理解XSD对后期编写XML文档的工作就非常重要了。**

【资料整理】

XSD本身就是用XML编写的。也就是说，对于XSD本身也会有一些自己的特点。可以去网站上学习更多相关内容：
http://www.w3.org/2001/XMLSchema.xsd，你会发现很多有趣的东西。

阶段练习——XML的音乐学校

你想做练习是吧？这就给你一个没有鞋、WoW、猫和纸箱的。

【困难任务】

编写一个XML文档去管理你收藏的所有音乐专辑。每个专辑要有标题，当然还要有艺术家和发行日期。这已有一个合适的样式（Schema），你只需要去理解和生成一个有效的XML文档。

【Eclipse小提示】

最好在你的XML文档中引入XSD，然后在Eclipse里，在一个XML文件里点击鼠标右键，选择文件浏览器，然后用“验证”来检测，你的XML文档是否符合XSD规则。

如果你还是不太明白的话，这里提供这个样式（带一些注释）：

*1 音乐库（musiksammlung）此时还很简陋，因为我还没有在里面收藏音乐；简单来说，在音乐库里可以收集**任意个艺术家**。用maxOccurs可以指定元素出现的次数，unbounded的意思是任意频率。如果是设定元素出现的最少次数，就用minOccurs代替maxOccurs，当然还要给出数值。

```
<?xml version="1.0" encoding="UTF-8"?>
<schema xmlns="http://www.w3.org/2001/XMLSchema"
      xmlns:ms="http://www.rheinwerk-verlag.de/schroedinger/musiksammlung"
      targetNamespace="http://www.rheinwerk-verlag.de/schroedinger/musiksammlung"
      elementFormDefault="qualified">
  <element name="musiksammlung">*2
    <complexType>
      <sequence>
        <element name="kuenstler" type="ms:kuenstler" maxOccurs="unbounded"*1 />*3
      </sequence>
    </complexType>
  </element>
  <complexType name="kuenstler">*4
    <sequence>
      <element name="name" type="string" />*4
```

*2 根元素的类型必须是musiksammlung……

*3 而且可以包含多个kuenstler类型的子元素。

*4 每个艺术家都有名字（String类型）和一个专辑（alben类型）的子元素。

```
      <element name="alben" type="ms:alben" />*4
    </sequence>
  </complexType>
  <complexType name="alben">*5
    <sequence>
      <element name="album" type="ms:album" maxOccurs="unbounded" />*5
    </sequence>
  </complexType>
  <complexType name="album">*6
    <sequence>
      <element name="veroeffentlicht" type="int" maxOccurs="1"/>*6
    </sequence>
    <attribute name="titel" type="string" />*6
  </complexType>
</schema>
```

*5 对于专辑来说，alben本身又是一个容器。

*6 每个专辑都有专辑名和发行日期。

如果你不清楚怎么把XSD和XML关联起来的话，这里给你一个参考代码：

```
<musiksammlung xmlns="http://www.rheinwerk-verlag.de/schroedinger/musiksammlung"
xmlns:xsi="http://www.w3.org/2001/XMLSchema-instance" xsi:schemaLocation="http://↩
  www.rheinwerk-verlag.de/schroedinger/musiksammlung musiksammlung.xsd">
  ...
</musiksammlung>
```

下面给出该样式所对应XML文档的参考代码：

```
<?xml version="1.0" encoding="UTF-8"?>
<musiksammlung>*1
  <kuenstler>*2
    <name>Jimi Hendrix</name>*3
    <alben>*4
      <album *5titel="Are You Experienced">
        <veroeffentlicht>1967</veroeffentlicht>*5
      </album>
      <album *5titel="Electric Ladyland">
        <veroeffentlicht>1968</veroeffentlicht>*5
      </album>
    </alben>
  </kuenstler>
</musiksammlung>
```

*1 <musiksammlung>是根元素……

*2 随后就是任意多个艺术家。

*3 每个艺术家都有一个名字……

*4 和一个存放整张专辑的容器。

*5 每个专辑有一个标题（作为属性）和发行时间作为子元素。

到底是元素还是属性

明白，可以理解。但我还有个问题。
我什么时候使用元素，什么时候使用属性呢？我认为，
艺术家的名字也可以定义成属性，是不是？

是的，当然可以了。定义什么是元素什么是属性，是没有固定要求的。但是有一些**原则**，最终还是涉及XML的理解问题。

元数据作为属性：

比如这个原则规定，所有**实际的数据**定义成**元素**，所有**元数据**定义成**属性**。拿日程为例的话，在用数据库同步的时候，每个日程都需要一个数据库ID。这就是一个典型的元数据作为属性存储的例子。

```
<termin id="4711">
  <was>Katze füttern</was>
  <wann>8:00</wann>
  <wo>Küche</wo>
</termin>
```

Atomare Informationen als Attribute:

另一个原则规定，一个**结构复杂**且由其他部分组成的信息要定义成**元素**；**不能再拆分的信息**要定义成**属性**。

哦，那我刚才说对了，日历里所有人的姓名可以作为属性！

```
<besitzer name="Schrödinger" />
```

是的，但是也有既有名又有姓的情况，所以还要额外再加一个元素。

只要再满足名字条件就没问题了：

```
<besitzer>
  <vorname>Unbekannt</vorname>
  <name>Schrödinger</name>
</besitzer>
```

那你就猜猜我叫什么吧。

【笔记】
什么时候用什么样的原则，或者用你自己的原则都没关系。

恭喜你！你已经掌握了**所有重要的XML基础内容**，这样我们就又可以回到Java的研究了。这部分内容比你想象的进行得要快，是吧？

是挺快的，但是XSD我还得适应一下……

读取XML文档

Java SE/EE包含两个API，专门用来处理XML文档，即JAXB（Java Architecture for XML Binding）和JAXP（Java API for XML Processing）。用JAXB可以相对简单地把Java对象转换成XML，或者将XML转换成Java对象。使用JAXP就复杂一些，比如手动地读取和生成XML文档。JAXP读取XML文档会用到三个方法：SAX、StAX和DOM。每个方法都有各自的优缺点，都还比较好用，就看你想用哪个了。

你是说Sacks、Stacks和Domm吗？

是的，差不多吧。我建议，虽然你刚刚对XML有了一定的了解，但我还是要先讲解JAXP的内容。因为这样你会更熟悉XML。另外，后面还有困难的内容等着你呢。

【概念定义】

“读取”有时还可以理解成“解析”，这个概念你一定听过吧。但我还是要简单地说一下：解析器是一个程序，它可以按一定的格式读取输入的信息。

追踪犬——SAX

第一个方法就是使用基于**事件**或者**结果**的**解析器**Simple API for XML（SAX）。这样的解析器会在逐块读取XML文档的同时解析特定的结果（事件）。就像一只追踪犬，当发现东西的时候就会报警。

事件一旦被触发就可以被截获，相当于给解析器配备了一个**事件处理器**或者**事件监听器**——随你怎么称呼它。

这样就和一个实现了`org.xml.sax.ContentHandler`接口的类没什么区别了。

对于需要捕获的事件包括**文档的开始和结束**、**元素的开始和结束**，以及**字符串的出现**。在`ContentHandler`接口里每个事件都有一个方法，只要各自的事件在解析时出现了，就会调用所属的方法。

ContentHandler中的方法	被调用的条件
startDocment()	文档开始时
startElement()	每个元素开始时
characters()	读到字符串时
endElement()	每个元素结束时
endDocument()	文档结束时

这里介绍一些方法：

解析过程如图所示：

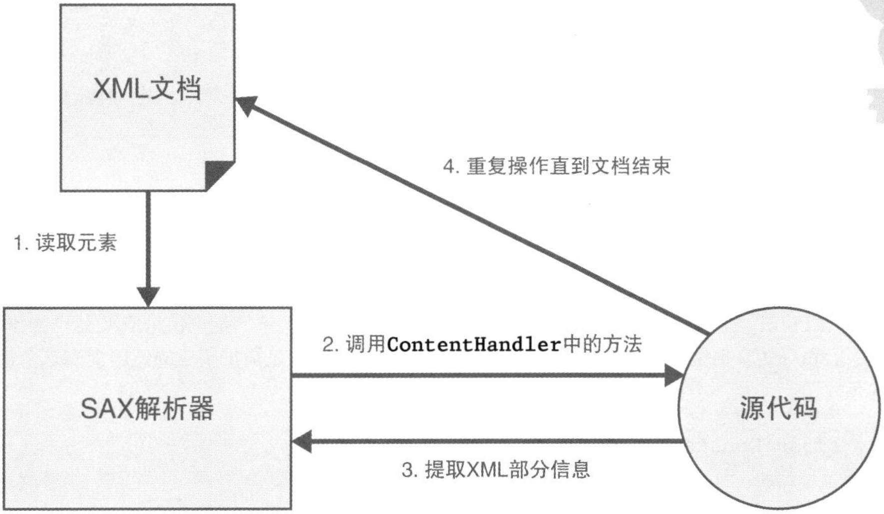

SAX解析器逐块读取XML文档，并且根据特定的事件调用ContentHandler

我们现在回到音乐收藏那个例子。看看SAX解析器怎么读取音乐库（Musiksammlung）。

启动SAX解析器相对容易，一行代码就够了：

```
try (InputStream eingabe = new FileInputStream(new File("resources/kapitel14/↩
  musiksammlung.xml"))) {
  SAXParserFactory fabrik = SAXParserFactory.newInstance();*1
  SAXParser saxParser = fabrik.newSAXParser();*1
  DefaultHandler handler = new DefaultHandler();*2
  saxParser.parse(eingabe, handler);*3
} catch (ParserConfigurationException | SAXException | IOException e) {
}
```

*1 通过SAXParserFactory首次获得SAXParser。

*2 SAXParser的parse()方法需要提供一个DefaultHandler实例，一个ContentHandler的标准实现。

*3 紧接着就要调用parse()方法，否则……

你什么都不会截获到，没有控制台输出，没有日志，什么都没有。
因为DefaultHandler默认是什么都不做的。

所以现在我们要实现自己的处理器：

假如，你打算输出音乐收藏里所有的艺术家、所有的专辑名称和发行时间，另外还要给出专辑的总数。

```
Musiksammlung
Künstler: Jimi Hendrix
Titel: Are You Experienced
Veröffentlicht: 1967
Titel: Electric Ladyland
Veröffentlicht: 1968
Alben insgesamt: 2
```

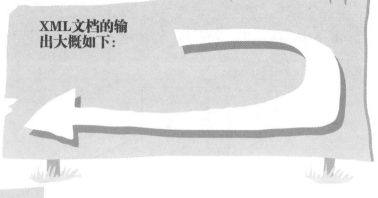

XML文档的输出大概如下：

【便签】
给你个小提示：以后所有的示例都会针对很多常量有一个静态的导入项，比如ELEMENT_ALBUM、ELEMENT_ALBUM_TITEL等。你一定会纳闷，这些常量来自哪里。它们是提供给XML处理操作的，因为在XSD和XML文档里可能需要修改元素名和属性名，那时你就只需把相应的值匹配到这个常量类里就可以了。

```
public class Konstanten {
  public final static String ELEMENT_MUSIKSAMMLUNG = "musiksammlung";
  public final static String ELEMENT_KUENSTLER = "kuenstler";
  public final static String ELEMENT_KUENSTLER_NAME = "name";
  public final static String ELEMENT_ALBEN = "alben";
  public final static String ELEMENT_ALBUM = "album";
  public final static String ELEMENT_VEROEFFENTLICHT = "veroeffentlicht";
  public final static String ATTRIBUT_ALBUM_TITEL = "titel";
  private Konstanten() {}
}
```

可以产生上面输出结果的处理器代码如下：

```java
private static class MusikSammlungHandler extends*1 DefaultHandler {
  private String aktuellesElement = "";
  private int albenAnzahl;
  @Override
  public void startDocument() throws SAXException {
    System.out.println("Musiksammlung");
    this.albenAnzahl = 0;*2
  }
  @Override
  public void startElement(String uri, String localName, String qName, ↩
    Attributes attributes) throws SAXException {
    this.aktuellesElement = qName;*5
    if (ELEMENT_ALBUM*8.equals(this.aktuellesElement)) {
      System.out.println("Titel: " + attributes.getValue(ATTRIBUT_ALBUM_TITEL*8));
      this.albenAnzahl++;*3
    }
  }
  @Override
  public void characters(char[] character, int start, int laenge) throws ↩
    SAXException {
    switch (this.aktuellesElement) {*7
      case ELEMENT_KUENSTLER_NAME*8:
        System.out.println("Künstler: " + ↩
          String.valueOf(character, start, laenge).trim());
        break;
      case ELEMENT_VEROEFFENTLICHT*8:
        System.out.println("Veröffentlicht: " + String.valueOf(character, start,↩
          laenge).trim());
        break;
    }
  }
  @Override
  public void endElement(String uri, String localName, String qName) throws ↩
    SAXException {
    this.aktuellesElement = "";*6
  }

  @Override
  public void endDocument() throws SAXException {
    System.out.println("Alben insgesamt: " + this.albenAnzahl);*4
  }
}
```

*1 最好是继承DefaultHandler类，而不是实现ContentHandler接口。

*2 albenAnzahl是用来标记所有专辑个数的变量。初始值设定为0……

*3 遇到任何一个类型是album的元素时，都会增加1……

*4 并且会在最后的时候给出总数。

*5 aktuellesElemnt是包含当前XML元素名称的变量，此处标记出当前元素……

*6 此处再次重置当前元素的变量。

*7 对当前元素的标记和重置非常关键，因为调用characters()方法时我们不知道字符串会在上下文的什么地方出现（作为参数character）。换句话说就是，characters()方法在解析元素时找不到元素。

*8 此处就是我们在上面提到的静态导入的常量。

【概念定义】

SAX会把解析的结果**发送**给使用者（也就是处理器）。这个过程也称为**推式解析**（Push Parsing）。

训练有素的追踪犬还是“不要打给我，我会打给你的”——StAX

StAX（Streaming API for XML）的功能与SAX有根本上的不同，不再是推式解析方式，而是**拉式解析**方式。使用这种解析方式时，StAX解析器的使用者会**在需要数据时提取数据**。如果把SAX比作可以为你提供数据的**嗅探犬**，那么StAX就是**训练有素的嗅探犬**，你可以告诉它，什么时候应该继续查找。但从工作方式上来看，StAX和SAX又是相似的：解析器顺序地读取XML文档（从前往后，从上往下）。

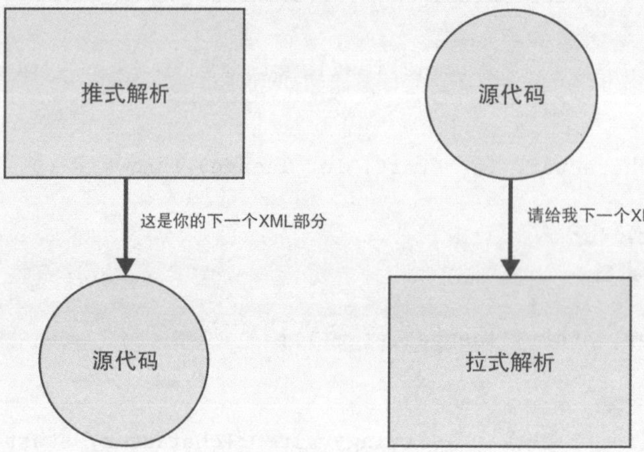

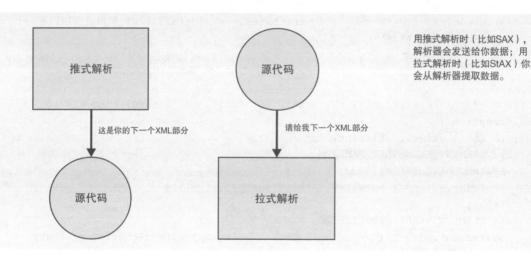

用推式解析时（比如SAX），解析器会发送给你数据；用拉式解析时（比如StAX）你会从解析器提取数据。

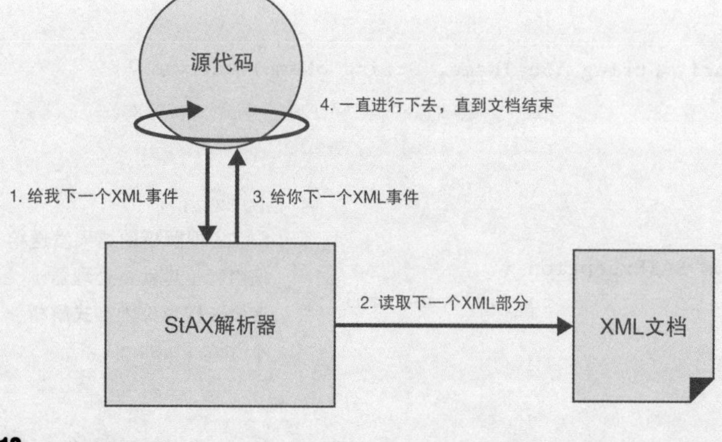

用拉式解析时（比如StAX），你指派解析器什么时候为你从XML文档提取下一个数据，直到文档结束。

在用StAX时有两个不同的启动拉式解析的模式：Cursor API和Iterator API。

Cursor API

*1 与使用SAX解析器一样，使用StAX时也需要先声明一个生成器XMLInputFactory，准确地说……

*2 通过它你可以获得一个XMLStreamReader实例。

```
XMLInputFactory fabrik = XMLInputFactory.newInstance();*1
XMLStreamReader xmlStreamLeser = fabrik.createXMLStreamReader(eingabe);*2
while (xmlStreamLeser.hasNext()) {*3
  int eventTyp = xmlStreamLeser.next();*4
  if(eventTyp == XMLStreamReader.START_ELEMENT*5){
    System.out.println(xmlStreamLeser.getLocalName()*6);
  }
}
```

这里是Cursor API的示例：

【温馨提示】

有了hasNext()和next()方法，貌似XMLStreamReader就能实现Iterator接口了；但这是不行的。否则就不会另外再有……

*3 通过hasNext()方法可以检测，在XMLStreamReader里是否还有需要处理的数据……

*4 通过next()方法可以获得下一个数据……

*5 然后就可以根据一个int型返回值确定，在XML文档中出现的是什么。如示例所示，检测游标处是否正好在一个元素的开始处……

*6 并且可以通过getLocalName()方法输出XML元素名。

Iterator API

Iterator API是通过javax.xml.stream.XMLEventReader接口来配置的。这个接口实际上也继承了Iterator。和Cursor API不同的是，Iterator API带回的不是一个简单的int值，而是一个包含很多实际信息的真实对象。

*1 还得需要那个fabrik……

*2 但是这次你提取一个XMLEventReader……

*3 并且真正实现了Iterator接口。

你自己看看吧：

*4 nextEvent()方法提供的不是一个int值，而是一个XMLEvent对象……

```
String aktuellesElement = "";
int albenAnzahl = 0;
try (InputStream eingabe = new FileInputStream(new File("resources/kapitel14/↩
  musiksammlung.xml"))) {
  XMLInputFactory fabrik = XMLInputFactory.newInstance();*1
  XMLEventReader xmlEventLeser = fabrik.createXMLEventReader(eingabe);*2
  while (xmlEventLeser.hasNext()*3) {
    XMLEvent event = xmlEventLeser.nextEvent();*4
```

```
    if(event.isStartDocument()) {*5
      albenAnzahl = 0;
      System.out.println("Musiksammlung");
    } else if(event.isStartElement()) {*5
      StartElement startElement = event.asStartElement();*6
      aktuellesElement = startElement.getName()*7.getLocalPart();
      if(ELEMENT_ALBUM.equals(aktuellesElement)) {
        Iterator<Attribute> attribute = startElement.getAttributes();*7
        while (attribute.hasNext()) {
          Attribute attribut = attribute.next();
          if(ATTRIBUT_ALBUM_TITEL.equals(attribut.getName().toString())) {
            System.out.println("Titel: " + attribut.getValue());
            albenAnzahl++;
          }
        }
      }
    } else if(event.isCharacters()) {*5
      Characters charakter = event.asCharacters();*6
      switch (aktuellesElement) {
        case ELEMENT_KUENSTLER_NAME:
          System.out.println("Künstler: " + charakter.getData()*7);
          break;
        case ELEMENT_VEROEFFENTLICHT:
          System.out.println("Veröffentlicht: " + charakter.getData()*7);
          break;
      }
    } else if(event.isEndElement()) {*5
      aktuellesElement = "";
    } else if(event.isEndDocument()) {*5
      System.out.println("Alben insgesamt: " + albenAnzahl);
      xmlEventLeser.close();
    }
  }
} catch (XMLStreamException | IOException e) {
}
```

*5 会提供不同方法，找到刚才的操作，不会像上面Cursor API一样去生硬地比较`int`值！

*6 如果可以确定处理的是元素或者是字符串的话，就可以通过`asStartElement()`、`asEndElement()`和`asCharacters()`来转换所谓的XMLEvent对象实例。

*7 然后就有不同的方法进行相应操作。比如示例中，可以通过`StartElement`的`getAttributes()`方法访问当前的元素。

【便签】

提倡**精简代码原则**的我当然要给**长代码段**提一些小建议：简洁的代码本身指的是使用**简单的方法**，因为通常可以更清楚、更快地阅读这些方法。学习之余，你最好也要养成把烦琐的方法简化成简单方法的习惯，比如**每一个方法**对应一个**`if`判定条件**。老师常会这样说，熟能生巧！但是现在不用这样。

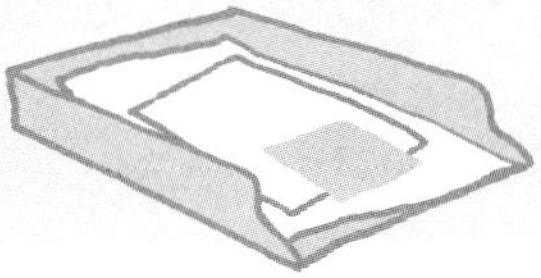

【资料整理】

Cursor API比Iterator API更加节省资源，因为代替XMLEvent对象返回的是`int`值。但Iterator API用起来更加便捷。

与SAX不同的是，StAX可以用XMLOutputFactory和XMLStreamWriter关键字编写XML文档。但现在你是初学并不需要知道，因为还有很多便捷的方法可以用来**编写XML文档**。

文档对象模型

其缩写为DOM。顾名思义，它可以给我们提供一个针对XML文档的**完整对象模型**，并可以用Java运行。如果用DOM解析器解析XML文档，你会得到一个完整的XML文档作为对象模型。回忆一下：SAX和StAX只能在解析的时候才可以访问XML文档的一个部分，被访问的这个部分正是解析器所在的位置。采用DOM解析器时，解析之后可以访问整个XML树形结构。

值得一提的是，DOM并不是由Java创建团队定义的，而是由W3C（World Wide Web Consortium）开发的（参见http://www.w3.org/DOM/）。正因如此，`org.w3c.dom`包的所有对象模型都定义成对象，如下面所示。

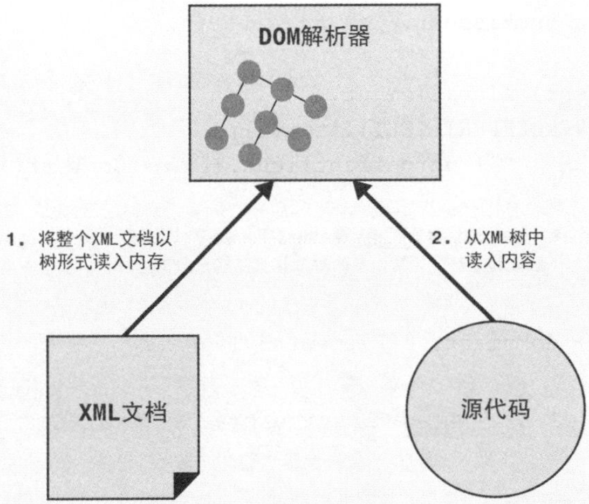

用DOM解析时，整个XML文档会作为一个由Java对象组成的树结构被加载。树结构里的每一个单独的元素会被看作**节点**。

【资料整理】

有别于SAX和StAX顺序读取XML文档，DOM解析器是把**整个XML文档提取到缓存中**。所以，在处理极大的XML文档时，要么就提供足够大的缓存，要么就放弃使用DOM解析方式。

接下来我们就看看，如何用DOM生成一个XML文档。

还是先来看看，我们那个音乐库的例子怎么用DOM来读取，只需要比较少的几行代码就行：

```
DocumentBuilderFactory fabrik = DocumentBuilderFactory.newInstance();*1
fabrik.setNamespaceAware(true);*4
DocumentBuilder documentBauer = fabrik.newDocumentBuilder();*2
Document dokument = documentBauer.parse(eingabe);*3
dokument.getDocumentElement().normalize();*4
```

*1 这回需要的是一个DocumentBuilderFactory……

*2 从那里再获得一个DocumentBuilder……

*3 然后通过它就可以创建一个XML文档了。神奇吧！文档的类型是org.w3c.dom.Document。

*4 还有两个事情要做：**激活命名空间**的支持（否则将被忽略），以及**规范**已经读入的**文档**。后者具体是什么意思，我们马上就会解释的。

扫描文档的代码如下：

```
System.out.println("Musiksammlung");
NodeList kuenstler = dokument.getElementsByTagName(ELEMENT_KUENSTLER);*1
for (int i = 0; i < kuenstler.getLength(); i++) {
  *2Node knoten = kuenstler.item(i);
  if (knoten.getNodeType() == Node.ELEMENT_NODE*3) {
    *4Element element = (Element) knoten;
    Element name = (Element) ⮐
      element.getElementsByTagName(ELEMENT_KUENSTLER_NAME).item(0);
    System.out.println("Künstler : " + name.getTextContent());
    NodeList alben = element.getElementsByTagName(ELEMENT_ALBUM);*5
    for (int j = 0; j < alben.getLength(); j++) {
      Node album = alben.item(j);
      if (album.getNodeType() == Node.ELEMENT_NODE) {
        Element albumElement = (Element) album;
        System.out.println("Titel: " + albumElement.*6getAttribute⮐
          (ATTRIBUT_ALBUM_TITEL));
        Element veroeffentlicht = (Element) albumElement.⮐
          getElementsByTagName(ELEMENT_VEROEFFENTLICHT).item(0);
        System.out.println("Veröffentlicht: " + veroeffentlicht.getTextContent());
      }
    }
  }
}
System.out.println("Alben insgesamt: " + dokument.getElementsByTagName⮐
  (ELEMENT_ALBUM).getLength());
```

*1 通过getElementsByTagName()方法可以按元素名字提取出所有元素。此处将返回一个所有<kuenstler>元素的链表（NodeList）。

*2 返回内容的类型是org.w3c.dom.Node，也就是XML树中的一个节点。

*3 节点有不同的种类，比如元素节点。对于节点的每个类型都会有常量……

*4 和各自的接口。.

*5 getElementsByTagName()方法还可以调用一个元素。然后就会在这个元素以下的XML树形结构部分进行查找。

*6 通过getAttribute()方法还可以输出元素的某个属性。

下面列出的是最基本的重要节点类型：

节点类型	常　　量	说明/示例	接　　口
文档	Node.DocumentNode	整个文档	org.w3c.dom.Document
元素	Node.ElementNode	**<name>**Jimi Hendrix **</name>**	org.w3c.dom.Element
属性	Node.AttributeNode	<album **titel="Are You Experienced"**>	org.w3c.dom.Attr
文本	Node.TextNode	<name>**Jimi Hendrix** </name>	org.w3c.dom.Text
注释	Node.CommentNode	**<!-- Woodstock -->** <kuenstler> <name>Jimi Hendrix </name> ... </kuenstler>	org.w3c.dom.Comment

【概念定义】

一个**标准化的XML文档**没有空的文本节点，并且没有相邻连接的文本节点。

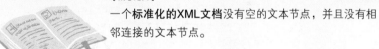

除了相对简单的对象模型操作之外，相对SAX和StAX，DOM（至少）还有一个优点：与XPath结合使用可以指定搜索方式，这样就可以使一次性选择所有元素的操作变得相对简便。这样的操作就类似于“给我所有滚石的专辑”或者“给我所有1968年发行的专辑”。

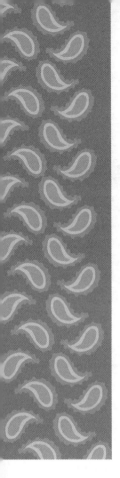

阶段练习——Flower Power

```xml
<?xml version="1.0" encoding="UTF-8"?>
<musiksammlung
  xmlns="http://www.rheinwerk-verlag.de/schroedinger/musiksammlung"
  xmlns:xsi="http://www.w3.org/2001/XMLSchema-instance"
  xsi:schemaLocation="http://www.rheinwerk-verlag.de/schroedinger
    /musiksammlung musiksammlung.xsd">
  <kuenstler>
    <name>Jimi Hendrix</name>
    <alben>
      <album titel="Are You Experienced">
        <veroeffentlicht>1967</veroeffentlicht>
      </album>
      <album titel="Electric Ladyland">
        <veroeffentlicht>1968</veroeffentlicht>
      </album>
    </alben>
  </kuenstler>
  <kuenstler>
    <name>The Beatles</name>
    <alben>
      <album titel="The BEATLES">
        <veroeffentlicht>1968</veroeffentlicht>
      </album>
      <album titel="Yellow Submarine">
        <veroeffentlicht>1969</veroeffentlicht>
      </album>
    </alben>
  </kuenstler>
  <kuenstler>
    <name>Deep Purple</name>
    <alben>
      <album titel="Shades of Deep Purple">
        <veroeffentlicht>1968</veroeffentlicht>
      </album>
      <album titel="Deep Purple in Rock">
        <veroeffentlicht>1970</veroeffentlicht>
      </album>
    </alben>
  </kuenstler>
</musiksammlung>
```

【简单任务】

因为你现在还不知道XPath，所以这个练习正好是让你学习一下。从这个XML文档中提取出所有1968年发行的专辑。

XML看起来总是这么整齐，都有点儿斤斤计较了。我觉得它不喜欢我。

是的，是的，小薛，这就给你……

看参考答案:

```java
try (InputStream eingabe = new FileInputStream(new File(
    "resources/kapitel14/musiksammlung4.xml"))) {
  DocumentBuilderFactory fabrik = DocumentBuilderFactory.newInstance();*1
  fabrik.setNamespaceAware(true);*1
  DocumentBuilder documentBauer = fabrik.newDocumentBuilder();*1
  Document dokument = documentBauer.parse(eingabe);*1
  dokument.getDocumentElement().normalize();*1
  NodeList kuenstler = dokument.getElementsByTagName(ELEMENT_KUENSTLER);*2
  for (int i = 0; i < kuenstler.getLength(); i++) {
    Element kuenstlerElement = (Element) kuenstler.item(i);
    Element name = (Element) kuenstlerElement.getElementsByTagName↩
      (ELEMENT_KUENSTLER_NAME).item(0);*3
    NodeList alben = kuenstlerElement.getElementsByTagName(ELEMENT_ALBUM);*4
    for (int j = 0; j < alben.getLength(); j++) {
      Element albumElement = (Element) alben.item(j);
      Element veroeffentlicht = (Element) albumElement.getElementsByTagName↩
        (ELEMENT_VEROEFFENTLICHT).item(0);*5
      if("1968".equals(veroeffentlicht.getTextContent())*5) {
        System.out.println("Künstler : " + name.getTextContent());
        System.out.println("Titel: " + albumElement.getAttribute(ATTRIBUT_ALBUM_TITEL));
        System.out.println("Veröffentlicht: " + veroeffentlicht.getTextContent());
      }
    }
  }
} catch (ParserConfigurationException | SAXException | IOException e) {
  e.printStackTrace();
}
```

*1 此处是准备工作。

*2 这才算真正的开始：提取所有的艺术家……

*3 然后是取出每个艺术家的名字。这里要说两个事：首先，**kuenstler**元素有一个子元素**name**，所以不会检测**item(0)**是否返回空值；其次，**item(0)**返回值的类型是**Element**，所以这里也没有用**instanceof**来检测。

*4 然后专辑被提取出来……

*5 并且选出的只是1968年发行的专辑。

编写XML文档

用DOM编写XML文档相对简单，然而通常需要关联很多很多行的源代码。这是很自然的事情，由于对象模型是详细的，你必须首先把XML文档中的每个元素和属性生成一个相应的Java对象实例，并且单个定义子元素的所属关系，同时定义各个元素属性的所属关系。我们再以本章开始时的记事日历为例。

为了创建只有一个日程的XML记事日历，
我们至少需要20行代码：

【便签】
为这些代码服务的`try-catch`语法块并没有计算在内。

```
Document dokument = documentBauer.newDocument();*1
Element*2 terminkalender = dokument.createElement*2↩
  (ELEMENT_TERMINKALENDER);
terminkalender.setAttribute*3("xmlns"*4,↩
  "http://www.rheinwerk-verlag.de/schroedinger/terminkalender"*5);
terminkalender.setAttribute*3("xmlns:xsi"*4,↩
  "http://www.w3.org/2001/XMLSchema-instance"*5);
dokument.appendChild*6(terminkalender);
Element besitzer = dokument.createElement*7(ELEMENT_BESITZER);
Element name = dokument.createElement*7(ELEMENT_BESITZER_NAME);
name.setTextContent*9("Schrödinger");
Element termine = dokument.createElement*7(ELEMENT_TERMINE);
termine.setAttribute(ATTRIBUT_TERMINE_NAME, "Wichtige Termine");
Element termin = dokument.createElement*7(ELEMENT_TERMIN);
Element was = dokument.createElement*7(ELEMENT_WAS);
was.setTextContent*9("Mit DOM-API Musiksammlung von deiner ↩
  Freundin als XML-Dokument erstellen.");
Element wann = dokument.createElement*7(ELEMENT_WANN);
wann.setTextContent*9("Sofort");
Element wo = dokument.createElement*7(ELEMENT_WO);
wo.setTextContent("Werkstatt");
besitzer.appendChild(name);*8
terminkalender.appendChild(besitzer);*8
termin.appendChild(was);*8
```

```
termin.appendChild(wann);*8
termin.appendChild(wo);*8
termine.appendChild(termin);*8
terminkalender.appendChild(termine);*8
```

*1 首先需要一个Document类型的对象实例。功能和上面的DocumentBuilder一样，只是这次调用的是newDocument()方法，不是parse()方法。

*2 XML文档目前还不包含元素，所以必须逐渐地通过createElement()方法来创建。此处从根元素开始。

*3 通过setAttribute()方法设置属性……

*4 先设置名字……

*5 然后是属性值。

*6 用document.createElement()方法虽然也可以生成元素，但是这个元素**不能直接放在相应文档**中，而是必须用appendChild()方法把元素明确地追加在XML树结构中。此处就是追加根元素<terminkalender>到**文档的节点**上。如果没有这个追加操作，文档就是空的！

对于根元素还有特别的情况，天啊！

*7 至此差不多该说的都说过了，剩下的元素就这样去生成……

*8 然后用appendChild()方法来追加到各自的父元素上。

*9 还有一个要说的：用setTextContent()方法可以知道文本中元素应有的内容。

噗，创建一个日程还真需要不少代码呢。

是的，为了要保存XML还需要再多加几行代码：

```
TransformerFactory transformerFabrik = TransformerFactory.newInstance();*10
Transformer transformer = transformerFabrik.newTransformer();*11
transformer.setOutputProperty(OutputKeys.INDENT, "yes");*12
transformer.setOutputProperty("{http://xml.apache.org/xslt}indent-amount", "2");*12
DOMSource quelle = new DOMSource(dokument); *13
StreamResult ziel = new StreamResult(ausgabe);*14
transformer.transform(quelle, ziel);*15
```

*10 为了把XML文档写入文件，我们**还是需要一个制造器**（Fabrik），这次是TransformerFactory……

*11 用它来生成一个Transformer。（Java API里已经有这个酷炫的类名了，是吗？）

*12 这里应该有XML的**缩进设置**。这么做对以后更好地读取XML文档非常有帮助。

*13 然后尽快以刚才转入Documemt的DOMSource的形式勾勒出Quelle……

*14 并且还要把XML文件对象封装在一个StreamResult对象中。这就好比得到一个OutputStream的参数，或者用别的语句，如FileOutStream(ausgabe)。

*15 这样就可以启动转换操作了。

产生的XML文档如下：

```
<?xml version="1.0" encoding="UTF-8" standalone="no"?>
<terminkalender xmlns="http://www.rheinwerk-verlag.de/schroedinger/↩
  terminkalender" xmlns:xsi="http://www.w3.org/2001/XMLSchema-instance">
  <besitzer>
    <name>Schrödinger</name>
  </besitzer>
  <termine name="Wichtige Termine">
    <termine>
      <was>Mit DOM-API Musiksammlung deiner Freundin als XML-Dokument erstellen.</↩
        was>
      <wann>Sofort</wann>
      <wo>Werkstatt</wo>
    </termine>
  </termine>
</terminkalender>
```

这段代码虽然还可以进一步地优化，比如消除方法中重复和类似的代码，或者使用循环结构等，但用DOM处理文档往往是非常费时的，需要大量的辅助工作。

阶段练习——1、2还是3？SAX、StAX还是DOM？什么时候该用什么？

讲到这里是不是都明白了？或者还需要再练习一下？

那么现在就来做一个小练习吧。让我看看你是否明白SAX、StAX和DOM的区别。

【简单任务】

Bossingen又收购了一个新的子公司，这次有了20 000个现有客户。这些客户信息不再像上次那样非结构化了，而是写在**XML文档**中，保存在一个文件里！那么现在需要你把它转换到Excel表格。你该使用哪种方式呢？

如果是读取操作的话，其实三种方式都可以用，对吗？20 000个客户其实有点多了。你说过的，如果数据太多的话，最好不用DOM，而是用SAX或者StAX。

是的， XML数据的读取和转换是SAX和StAX的典型应用，因为原则上不必把整个XML树形结构都放在缓存中。

【简单任务】

假如你接下了这个任务，把Bossingen公司的这20 000条CSV格式的客户信息转换成XML，那么你打算用什么方式以及为什么这么选择呢？

嗯……那么SAX不合适，因为我只需要读取XML文档。用DOM可以把整个XML转换成一个对象模型，但20 000条客户信息已经非常多了。所以还是用StAX比较合适。

非常正确。 即使我们用StAX来生成XML不够详尽，但它仍然是个不错的选择。或者这么说，如果可以提供足够的缓存空间也可以用DOM来尝试一下。

非常好，小薛，理论知识我们就复习到这里，下面开始实践了。

【简单任务】

输出所有XML——记事日历里的日程。
用SAX、StAX或者DOM都可以。具体用哪种方式取决于整个记事日历的篇幅。

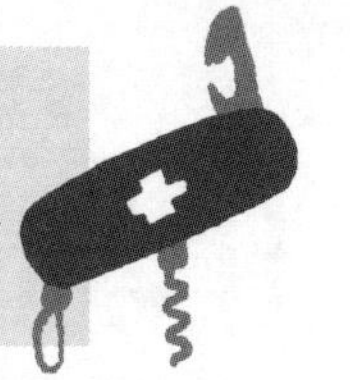

你说的大概是如果我的记事日历满了，换句话说，在XML文档里有很多内容的话，我最好使用SAX或StAX，但我的日程没有那么多，我觉得我要用……

DOM！我的答案如下：

```
try (InputStream eingabe = new FileInputStream(new File("resources/kapitel14/↩
  terminkalender.xml"))) {
  DocumentBuilderFactory fabrik = DocumentBuilderFactory.newInstance();
  fabrik.setNamespaceAware(true);
  DocumentBuilder documentBauer = fabrik.newDocumentBuilder();
  Document dokument = documentBauer.parse(eingabe); *1
  dokument.getDocumentElement().normalize();
  NodeList termine = dokument.getElementsByTagName(ELEMENT_TERMIN); *2
  for (int i = 0; i < termine.getLength(); i++) {
    Node knoten = termine.item(i);
    if (knoten.getNodeType() == Node.ELEMENT_NODE) {
      Element element = (Element) knoten;
      Element was = (Element) element.getElementsByTagName(ELEMENT_WAS).item(0); *3
      Element wann = (Element) element.getElementsByTagName(ELEMENT_WANN).item(0); *3
      Element wo = (Element) element.getElementsByTagName(ELEMENT_WO).item(0); *3
      System.out.println("Was : " + was.getTextContent());
      System.out.println("Wann : " + wann.getTextContent());
      System.out.println("Wo : " + wo.getTextContent());
    }
  }
} catch (ParserConfigurationException | SAXException | IOException e) {
}
```

*1 首先解析文档……

*2 接着提取日程……

*3 然后提取各个日程的细节。是不是很简单！

OK，你选择用DOM方式。让我们来看看……

不错，所有都对。非常棒，小薛！如果你还想获得用Sax和StAX方式解决的方案，就请看看随书资源。

【艰巨任务】

往记事日历中添加一个新的日程，然后再保存起来。

答案其实相对简单：你已经知道怎么读取和保存一个XML文档了。在这期间你只需要通过DOM API来改变DOM。

条条大路通Java

XML文档中有元素和属性，Java中有对象和对象的属性。可想而知，可以很方便地从一侧转换成另一侧，比如，可以转换成Java中的对象实例。

【困难任务】

基于XML记事日历生成一个等效的Java类，也就是说，根据XML文档里的元素，生成`Terminkalender`类、`Termine`类、`Termin`类和`Besitzer`类以及相应的属性。使用DOM来存入记事日历，然后再生成类的对象实例。明白了吗？目的是把**记事日历变成Java对象模型。**

已经明白了。 说白了就是，实现一个从XML文档到Java对象的转换器。早点说嘛！直接做四个带set和get方法的类，然后像上面一样，用DOM读取XML文档，为`terminkalender`元素创建一个`Terminkalender`对象，为`besitzer`元素创建一个`Besitzer`对象，然后在创建`Terminkalender`对象的时候，通过set方法类设置。同样，对于`termin`元素和它的子元素也需要如此操作。

```
public class Besitzer {
  private String name;
  ...
}
public class Termine {
  private String name;
  private List<Termin> termine;
  ...
}
public class Termin {
  private String was;
  private String wann;
  private String wo;
  ...
}
public class Terminkalender {
  private Besitzer besitzer;
  private Termine termine;
  ...
}
```

下面给出转换器
的部分代码：

```
...
Element element = (Element) knoten;
Element was = (Element) element.getElementsByTagName(ELEMENT_WAS).item(0);
Element wann = (Element) element.getElementsByTagName(ELEMENT_WANN).item(0);
Element wo = (Element) element.getElementsByTagName(ELEMENT_WO).item(0);
Termin termin = new Termin();
termin.setWas(was.getTextContent());
termin.setWann(wann.getTextContent());
termin.setWo(wo.getTextContent());
termine.getTermine().add(termin);
...
```

我想的差不多就是这样。

【奖励】

非常棒，小薛。现在这个Java对象模型可以在其他不能处理XML文档的程序中更好地使用了。**额外的DOM层**可以使你的代码更加简洁，不再依赖XML文档。

【困难任务】

你现在可以明确地告诉我吗？从Java对象模型生成XML文档，或者说是，**Java对象到XML的转换器**的工作过程是什么？聪明的家伙。

当然，很容易。直接通过Java对象模型进行迭代，并且在DOM里为每个Termin对象生成一个termin元素。对于其他情况也是如此。

没错。当你知道这些了，你就能看懂这个图表达的含义了：

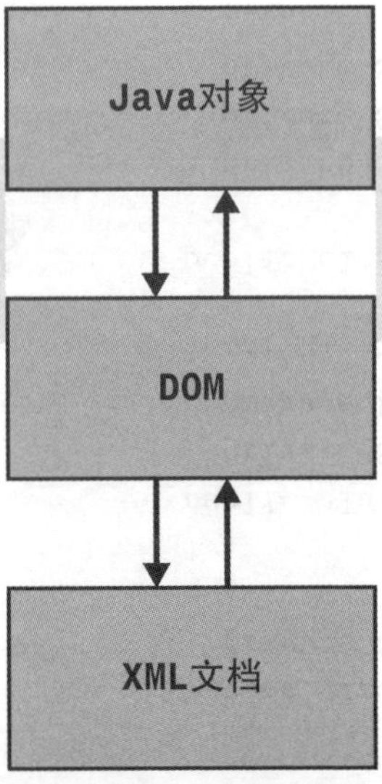

从Java对象经过DOM，再到达XML文档，及其反向过程

JAXB

虽然你在刚才的练习中做得非常好，但是我必须告诉你，现在已经有了这个练习的解决方法。

你指的是什么？

嗯， Java与XML之间的互相转换过程。

答案早就生成好了，是吗？

是的。

那你现在才跟我说！

你是想说，之前一章做的所有工作都白干了？
Java到XML和XML到Java的转换？

嗯，不算是徒劳，你最终还是学到东西了。

我觉得这对你还是有好处的，现在你真正了解了一些事情，比如**读取和写入XML是消耗资源的**。在以后的工作中你可以用DOM**节省一些工作量**，因为运用DOM可以更完美地解决问题。还记得之前说过的JAXB（Java Architecture for XML Binding）吧。通过**注解**你可以定义哪些类的数据字段与XML文档的元素或者属性是相对应的，反之亦然。

在把Java转换成XML的过程中，数据字段会被自动生成相应的XML。相反，把XML转换成Java时，产生对象实例，它的Java对象的数据字段会被XML中的属性值和元素值填充。

能用DOM手动操作的，也可以用JAXB来做，对你来说变得更简便了：

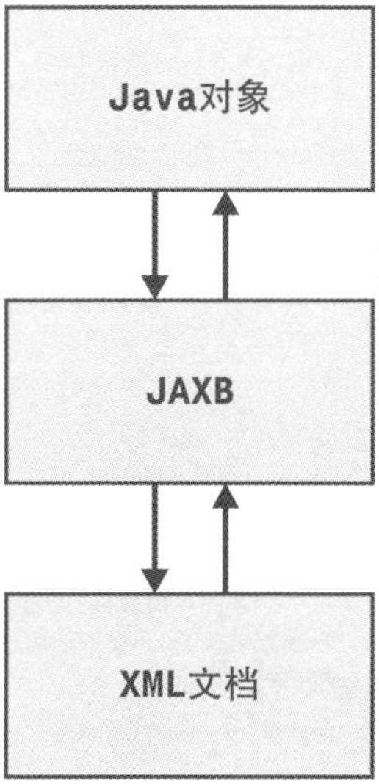

用JAXB进行Java到XML，以及XML到Java的转换示意图

【概念定义】

绑定在这里指的是，把指定的Java类属性与指定的XML属性或者元素**关联**起来。

带注解的Terminkalender类示例如下所示：

```
@XmlAccessorType*4(XmlAccessType.FIELD)
@XmlType*5(name = "terminkalender", propOrder = {
  "besitzer",
  "termine"
})
@XmlRootElement*1(name = "terminkalender")
public class Terminkalender {
  @XmlElement*2(required = true)
  protected Besitzer besitzer;
  @XmlElement*2(required = true)
  protected Termine termine;
  public Besitzer getBesitzer()*3 {
    return besitzer;
  }
  public void setBesitzer(Besitzer value)*3 {
    this.besitzer = value;
  }
  public Termine getTermine()*3 {
    return termine;
  }
  public void setTermine(Termine value)*3 {
    this.termine = value;
  }
}
```

*1 注解`@XmlRootElement`定义这个类在XML树结构中充当根元素的角色。

*2 注解`@XmlElement`定义哪些对象实例或者方法被绑定在一个元素上。

*3 然后是按顺序的set和get方法。这个很有必要，只有这样后来的读写操作才能正确运行。

*4 注解`@XmlElement`不仅可以用在get方法上，而且还可直接用在对象变量上。用注解`@XmlAccessorType`可以确定使用哪些变量，`XmlAccessType.PROPERTY`对应着get方法，`XmlAccessType.FIELD`对应的是对象变量。

*5 此处指明这个类的XML类型。此外还可声明，这个类的XML属性以什么样的顺序来保存。

从XML转换到Java及反向转换

用到JAXB当然免不了加上几段代码：

```
JAXBContext jaxbContext = JAXBContext.newInstance(Terminkalender.class, ↩
  Termine.class, Termin.class, Besitzer.class);*1
Unmarshaller jaxbUnmarshaller = jaxbContext.createUnmarshaller();*2
Terminkalender terminkalender = (Terminkalender) jaxbUnmarshaller.↩
  unmarshal(eingabe);*3
System.out.println(terminkalender.getBesitzer().getName());*4
```

*1 之前是Fabrik类的内容，现在换成JAXBContext类。重要的是，需要映射到XML文档里的类要在上下文中声明。

*2 一个Unmarshaller负责XML到Java对象的转换工作。有时不完全翻译过来也不错。

*3 eingabe可以是很多类型：File、InputStream、Reader等。

*4 在解析之后，XML数据就转换成Java对象了，是不是很棒？

这样就可以了？不，真的吗？这简直就像魔术一样！

是的，是挺神奇的。

但大部分是纯Java的，只是很好地用注解和JAXB函数库修饰了一下。

从Java对象到XML的转换也如此简单：

```
Terminkalender terminkalender = new Terminkalender();*1
Besitzer besitzer = new Besitzer();
besitzer.setName("Schrödinger");
Termine termine = new Termine();
termine.setName("Neue Termine");
Termin termin = new Termin();
termin.setWann("20:15");
termin.setWas("DSDS gucken");
termin.setWo("Wohnzimmer");
termine.getTermine().add(termin);
terminkalender.setTermine(termine);
terminkalender.setBesitzer(besitzer); *2
JAXBContext jaxbContext = JAXBContext.newInstance(Terminkalender.class, ↩
  Termine.class, Termin.class, Besitzer.class);*3
```

*1 从这里……

*2 到这里，非常简单地生成Java对象模型。

*3 与上面的读取过程一样，此处又用到了JAXBContext，它可以用来声明类……

```
Marshaller jaxbMarshaller = jaxbContext.createMarshaller();*4
jaxbMarshaller.setProperty(Marshaller.JAXB_FORMATTED_OUTPUT, true);*7
jaxbMarshaller.marshal(terminkalender, ausgabe*6);*5
```

*4 然后这些类被Marshaller使用……

*5 这样就可以从Java对象生成XML文档了。

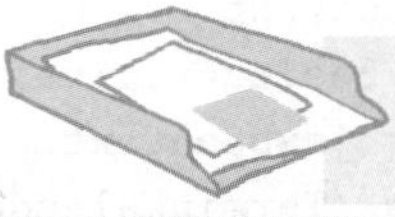

【资料整理】

Unmarshaller用来将XML转换到Java，Marshaller则用来将Java转换到XML。

*6 那XML会存放在哪里呢？例如会存放在File或者Writer里。

*7 为了把生成后的XML很好地格式化输出，比如带缩进的格式等，最好就这样去设置。

【背景资料】

如果你还嫌输入工作太多的话，还可以用XSD生成包含注解的Java类。

```
"%java home%\bin\xjc" -p de.galileocomputing.schroedinger.java↩
  .kapitel14.terminkalender.jaxb terminkalender.xsd
```

这样就可以创建不同的Java类，对于那些在XSD里定义完整的类型来说，与其他的Java等效类相比还是有所不同的，比如此例中就是Terminkalender、Besitzer、Termine和Termin类。另外，还可通过ObjectFactory生成不同类的对象实例。

用XSD生成Java类，然后就可以生成XML文档了，还可读取文档。这真的太神奇了。

【便签】

注解也是有顺序的，你可以用它们有针对性地指明应该生成什么样的XML文档。

阶段练习——花之力量

【简单任务】

为了能够生成XML文档，请给下面的类加上必要的注解。虽然没有样式，但是我对XML还是有些要求的。

XML文档如下：

```
<?xml version="1.0" encoding="UTF-8" standalone="yes"?>
<gewaechsHaus gewaechsHausName*1="Gelbe Pflanzen">
  <pflanzen>*2
    <pflanze>*2
      <name>Strohblume</name>*3
      <lateinischerName>Helichrysum</lateinischerName>*3
      <farbe>gelb</farbe>*3
      <hoehe>30.0</hoehe>*3
    </pflanze>
    <pflanze>*2
      <name>Johanniskraut</name>
      <lateinischerName>Hypericum perforatum</lateinischerName>
      <farbe>gelb</farbe>
      <hoehe>20.0</hoehe>
    </pflanze>
  </pflanzen>
</gewaechsHaus>
```

*1 花房的名字应该以属性形式出现。在GewaechsHaus类里，属性要用gewaechsHausName代替name。此外这个属性也是必要的。

*2 每个植物都要放在pflanzen这个元素容器里。

*3 pflanze里的元素顺序应该如此定义。

注解列表应该是这样的：

```
@XmlRootElement
@XmlAttribute(name = "gewaechsHausName", required = true)
@XmlType(propOrder = {
"name",
"lateinischerName",
"farbe",
"hoehe"
})
@XmlElement(required = true)
```

刚才在办公室里有一个没有说到的事，我已经替你解决了：如果有一个可以返回列表的方法（比如上例中的getPflanzen()），那么默认情况下，如果在这个方法上使用@XmlElement，则对于链表的每个元素，在其元素底下都会生成各自的元素，这样就会生成每个类（比如本例中的GewaechsHaus类）。具体如下面所示：

```
<gewaechsHaus gewaechsHausName="Gelbe Pflanzen">
  <pflanze>
    <name>Strohblume</name>
    <lateinischerName>Helichrysum</lateinischerName>
    <farbe>gelb</farbe>
    <hoehe>30.0</hoehe>
  </pflanze>
  <pflanze>
    <name>Johanniskraut</name>
    <lateinischerName>Hypericum perfora-tum</lateinischerName>
    <farbe>gelb</farbe>
    <hoehe>20.0</hoehe>
  </pflanze>
</gewaechsHaus>
```

仔细看一下，还缺一个<pflanzen>元素。为了解决这个没有封装类的问题（好比上面的Termine类是Termin类的封装类一样），还需要额外使用@XmlElementWrapper这个注释。它和@XmlElement结合使用，就可以把每个链表里的元素“封装”在已经生成的XML文档中的各自元素中。

```
<gewaechsHaus gewaechsHausName="Gelbe Pflanzen">
  <pflanzen>
    <pflanze>
      ...
    </pflanze>
    <pflanze>
      ...
    </pflanze>
  </pflanzen>
</gewaechsHaus>
```

```
____________________ *1
public class GewaechsHaus {
  private String name;
  private List<Pflanze> pflanzen;
  public GewaechsHaus() {
    this.pflanzen = new ArrayList<>();
  }
  ____________________ *2
  public String getName() {
    return name;
  }
  public void setName(String name) {
    this.name = name;
  }
  @XmlElementWrapper(name = "pflanzen")
  @XmlElement(name = "pflanze")
  public List<Pflanze> getPflanzen() {
    return pflanzen;
  }
  public void setPflanzen(List<Pflanze> pflanzen) {
    this.pflanzen = pflanzen;
  }
}
____________________ *3
public class Pflanze {
  private String name;
  private String lateinischerName;
  private String farbe;
  private double hoehe;
  ____________________ *4
  public String getName() {
    return name;
  }
  public void setName(String name) {
    this.name = name;
  }
  ____________________ *5
  public String getLateinischerName() {
    return lateinischerName;
  }
  public void setLateinischerName(String lateinischerName) {
    this.lateinischerName = lateinischerName;
  }
```

```java
  _______________*6
  public String getFarbe() {
    return farbe;
  }
  public void setFarbe(String farbe) {
    this.farbe = farbe;
  }
  _______________*7
  public double getHoehe() {
    return hoehe;
  }
  public void setHoehe(double hoehe) {
    this.hoehe = hoehe;
  }
}
```

源文本填空的参考答案

```java
*1 @XmlRootElement
*2 @XmlAttribute(name =
     "gewaechsHausName",
     required = true)
*3 @XmlType(propOrder = {
     "name",
     "lateinischerName",
     "farbe",
     "hoehe"
   })
*4 @XmlElement(required = true)
*5 @XmlElement(required = true)
*6 @XmlElement(required = true)
*7 @XmlElement(required = true)
```

噗，我的天呀，关于XML的东西真多呀！

现在可以说学完了。其实，学的这些只是**冰山一角**，还有很多东西呢。比如XSLT（Extensible Stylesheet Language Transformations）可以把一个XML文档**变换**成其他格式的XML文档。XPath之前就说过，可以定义XML文档的**检索方式**并利用……

可以了，可以了。我相信你，但是这些对我这个初学者来说已经够用了。现在我需要来一剂XWoW过过瘾。

关于X某某的总结

- XML是一个跨编程语言的标准转换格式，在很多领域都可以找到它的应用，而且还提供**数据的结构化存储**。这个结构是通过**元素**和**属性**来实现的。
- 这样的结构既可以让计算机接受，也可以让人**很容易地理解**。
- XML文档中的元素和属性最好使用XSD来定义：元素和属性里应该有什么、在哪里出现以及如何放置。
- XSD本身也可被用在XML里。
- 构建XSD有很多不同的方式：**俄罗斯套娃风格**、**腊肠片风格**以及**百叶窗风格**。
- 在Java中提供了两个用来处理XML的API：JAXP和JAXB。
- 可以用JAXP手动处理XML文件，可以用SAX或者用StAX，再或者用DOM。
- SAX和StAX以**事件驱动方式工作**：在它们处理XML文档的时候，各自的解析器会根据发生的事件来通知你。SAX遵循的是**推式解析原则**，也就是说，SAX推送事件给你。StAX的工作原理正好相反，采用**拉式解析原则**：你必须自己索取信息，也就是说当你想处理文档的时候，主动提取下一个事件数据，这时要么用到Cursor API，要么用到Iterator API。
- DOM不是事件驱动方式的工作原理，而是把整个XML文档当作**Java对象模型**来存储。这样会在处理过大的XML文档时引起性能问题。
- 用SAX只能读取XML文档，用StAX和DOM既可以读取也可以写入XML文档。
- 这一章中也有需要自己动手做的事：不需要编写各自的Java到XML或者XML到Java的转换器。更好的办法是使用JAXB，可以通过注解把对象变量或者get方法映射成XML的元素或者属性。

【奖励/答案】

奖励给你一个**超大的魔法——垫肩**。只有强壮、坚韧、有超能力和敏捷的真英雄才能获得。

第15章

用JDBC保存数据

对象的序列化是将对象以XML格式保存在文件中，这些都属于对象或者数据持久化的不同方式，小薛都已经掌握了。

还有一个非常经典的数据保存方式没讲到，那就是数据库！确切地说，是关系型数据库。小薛还需要花时间进一步学习。

关系型数据库

你现在已经学会使用不同的方法把程序里的数据转存出来了。简单地说，就是**数据的持久化**。这样以后就可以再把数据重新加载到程序中，使用IO API，或者XML的两个函数库JAXP和JAXB。其实还缺少一个比较经典的数据持久化方法，那就所谓的**关系型数据库**。在那里所有数据都保存在一个**表格**里。

保存在表格里？你是说像Excel一样的表格吗？

是的，即带**列**和**行**的表格。列用来确定**属性**，每一行存放的是相应属性**记录**的值。一个数据库里面通常包含多个表格。

简单的表格如下图所示：

ID	鞋的尺码	鞋的颜色	是否带鞋跟
1	38	粉色	是
2	39	黄色	是
3	42	白色	否
4	42	黑色	否

可以不用鞋这个例子吗……不过还行吧。
表格，列，行，我可以理解。
但是什么是关系型呢？

关系型这个概念最初是来源于**代数**，指的是**属性**和**元组**之间的关系，每个属性都有一个名称（比如鞋的尺码、鞋的颜色、是否带鞋跟），还要确定相应的属性值的（数据）类型（比如数字型、字符串型或者布尔型）。元组指的是属性具体拥有的值（比如[39，黄色，是]或者[42，黑色，否]）。**关系型数据库是一个包含属性类型的表格标题，表格的行就是元组**。因此**每个表就是一个关系**，这就是关系型数据名称的来历。

【便签】
除了关系型数据库之外还有很多其他类型的数据库，比如文档数据库或者基于XML的数据库。

第一个SQL表格

Java的标准函数库包含所谓的JDBC（Java Database Connectivity），通过它可以相对容易地链接关系型数据库，并且执行**SQL语句**。

【概念定义】

SQL？没听说过吗？它的全名是结构化查询语言（Structured Query Language），是可以**用在关系型数据库上的一种查询语言**。具体来说，它不仅可以**执行查询操作**，还可以对**数据进行操作和定义**。稍后就会学到这些。

使用JDBC的好处在于，它**完全不依赖于所使用的数据库**，因为有太多数据库供货商了，比如Oracle、IBM等。我们可以按自己的需求来定义理想的数据库，以及定义适合的**数据库驱动接口**，并且通过JDBC和各自的数据库进行交互。稍后我就教给你，怎么定义驱动接口以及通过JDBC和数据库创建关联。在这之前还有个预备知识要学习，那就是SQL。因为如果想使用JDBC，就必须自己会写SQL语句。

自己写？也就是说，我又必须学习一门语言了？

是的，又一门语言。之前就说过，作为一名Java开发者必须广览多读，触类旁通。现实中虽然有**更抽象的JDBC层的概念**，但也免不了自己写SQL命令……

明白，学习吧，反正也没有损失，是吧，我说得没错吧？

是的，说得对。你近来非常了解我。然而我们不需要很多时间来学习，也没那个必要。我们会学习与JDBC相关的有用的SQL命令，比如创建数据记录和筛选记录。如果你还有兴趣，想了解更多关于数据库的知识，最好找本书学习，网上的学习资料也很多。

不。当然了，如果你觉得我有很多时间把那些都看一遍的话，你就不和我说这么多了……

相信我，你会从我这里学到最重要的。

【背景资料】
严格来讲，SQL包含**三个分支语言**，能够满足刚才提到的三个要求：**DDL**（Data Definition Language），用来定义数据；**DML**（Data Manipulation Language），用来操作数据；**DQL**（Data Query Language），用来查询数据。不用担心，现实中这些只不过是不同的SQL命令。

首先你需要的是一张表。好吧，这么说并不完全。严格来说，首先需要的是一个**数据库管理系统**（DBMS），用它来管理数据库。DBMS的选择性很大：MySQL、PostgreSQL等。对于初学者来说，最好的选择是Java DB，它是Apache Derby 数据库开源管理系统的Oracle版本。对于初学者它具备两个优点：首先它可以直接使用现有的JDK，因为数据会直接保存在计算机的文件系统里；其次不需要构建自己的**数据库服务器**。

关系型数据库存在我的文件系统里？厉害了！

【概念定义】
DBMS是个控制数据库访问和管理的应用程序，比如把数据保存在数据库中这样的操作。

通过DBMS可以创建一个数据库，并且在数据库里生成表格。至于创建数据库的工作，一开始最好还是交给数据库驱动系统去完成，它可以直接构建出你所需要的。

【背景资料】
实际工作中数据库是由数据库管理员来生成的，完全不需要自己费心。

用SQL语句`CREATE TABLE`就可以在数据库里生成表格。创建一个英雄角色的表可以通过下面的命令在SQL非常轻松地实现：

```
CREATE TABLE*1 UNSERE_HELDEN*2
(
  ID*3 INT*4 NOT NULL*5 GENERATED BY DEFAULT AS IDENTITY*6,
  NAME*3 VARCHAR(32)*4,
  KLASSE*3 VARCHAR(32)*4,
  CHARISMA*3 INT*4,
  STAERKE*3 INT*4,
  AUSDAUER*3 INT*4,
  ERFAHRUNG*3 INT*4,
  PRIMARY KEY (ID)*7
)
```

*1 用CREATE TABLE语句生成一个新表。

*2 之后直接给出表的名称……

*3 在圆括号里，用逗号分隔开表里需要包含的列名。

*4 对于每一列都需要给出一个类型。INT是数字的类型，VARCHAR是字符串的类型。括号里的数字是可选项，用来指明数值的长度。

*5 NOT NULL的意思是，在之后表格里出现的每个记录的值一定不能为空，如果不打算给一个记录赋予ID值，将会报错。

*6 此处一连串单词的意思是，数据库能够自己生成ID。但要注意的是：这个是DBMS的特殊语句，只能用在Java DB（Apache Derby版本），在其他DBMS中，这段不一定起作用。

【概念定义】

主键是用来明确识别记录的，比如例子中的一个数字代表一列。原则上，还可以使用**别的列**作为主键，一个主键甚至还可以由**多个列**组成。

*7 用PRIMARY KEY指定**主键**，比如此例中的ID列就是主键。表格中这一列的值必须是唯一的，也就是说，不可以有两个ID出现。

【概念定义】

SQL几乎支持所有常用的DBMS，只不过在细节上会有些区别：在一个DBMS中执行的一些附加命令，在其他DBMS中就未必支持了，反之亦然。所以人们常说，DBMS使用不同的SQL**“方言”**。

*1 这个语句已经不稀奇了，只不过把刚才的SQL语句定义成一个Java的常量。

*2 首先得**加载一个数据库驱动程序**，对此可以使用不同的方法。最常见的是用`Class.forName()`方法加载一个类。这个方法用于从类加载器加载一个由参数指明类名的类，并使用它。如果没有找到这个类，则会报出`ClassNotFoundException`异常。另外一种方式是，使用JVM的参数`jdbc.drivers`来指明。这个参数需要通过`System.setProperty()`方法来设定，或者直接产生各自驱动类的一个对象实例，然后通过`java.sql.DriverManager.registerDriver()`方法来登记。重要的是驱动程序要定义在`Claspath`中。

*5 如果至此一切顺利的话，数据库就算关联好，可以编写第一个SQL语句了。SQL语句会通过`java.sql.Statement`接口来表示。

*6 如果执行`INSERT`语句，一定要使用`executeUpdat()`方法。这样就会把这条语句真正地传递给数据库，然后被执行。

生成链接

非常好，我们现在来讲解JDBC。让我们来直接生成UNSERE_HELDEN这张表。

下面的代码就是用来生成表的：

【温馨提示】

为了使用Derby-Datenbanktreiber驱动程序，首先得把derby.jar文件添加到系统路径里（Classpath）。这就是所说的，放在JDK里，相当于放在db\lib文件夹中。

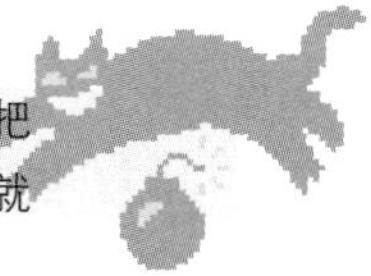

```
private final static String ERSTELLE_TABELLE_ANWEISUNG*1 =
  "CREATE TABLE UNSERE_HELDEN (" +
  "ID INT NOT NULL GENERATED BY DEFAULT AS IDENTITY, " +
  "NAME VARCHAR(32), " +
  "KLASSE VARCHAR(32), " +
  "CHARISMA INT, " +
  "STAERKE INT, " +
  "AUSDAUER INT, " +
  "ERFAHRUNG INT, " +
  "PRIMARY KEY (ID) " +
")";

private static Connection erstelleVerbindung()  throws ClassNotFoundException, ⤶
  SQLException {
  Class.forName("org.apache.derby.jdbc.EmbeddedDriver");*2
  Connection verbindung = DriverManager.getConnection("*3jdbc:derby:memory:helden*4;⤶
    create=true");
  return verbindung;
}

public static void main(String[] args) {
  try(Connection verbindung = erstelleVerbindung()*8) {
    Statement anweisung = verbindung.createStatement();*5
    anweisung.executeUpdate(ERSTELLE_TABELLE_ANWEISUNG);*6
    anweisung.close();*7
  } catch (ClassNotFoundException e) {
    System.err.println("Datenbank-Treiber nicht gefunden");
  } catch (SQLException e) {
    System.err.println("SQL Fehler");
    e.printStackTrace();
  }
}
```

*3 此处**建立了数据库的链接**。参数的格式是jdbc:[子协议]:[数据源名称][;属性=值]*。[子协议]和[数据源名词]参数对于每个数据库提供商是不同的。此例中，[子协议]参数是Java DB的derby:memory（更准确地说是memory，它是一个**子协议的协议**），helden是数据库的数据源名词。derby:memory的意思是全部数据都保存在缓存中。当程序运行结束后，这些数据就消失了。因此，这样的设置只适用于测试情况，软件版本周期中的数据显然不能只使用临时存储的方式，这一点马上就会说到。

*4 最后给出的是（供应商特定的）属性值列表，通过它们可以影响不同的事情。create=true代表着如果数据库不存在则需要创建一个数据库。

*7 数据库链接和指令都是资源，意思就是说，当资源不再被使用的时候，要想着关闭资源，这就可以释放一些存储空间。

*8 如果不想人为关闭资源，还可以在try()语句中对数据库链接和指令进行初始化，因为Connection和Statement都继承了AutoClosable类。

生成的表如下所示，
不过现在还是一张空表：

ID	姓名	类	超能力	力量	耐力	经验

非常棒，小薛， 你已经用上面学的SQL指令定义了数据。

是吗，那现在我在哪里可以看到刚才生成的表呢？

正如我刚才所说的， 所生成的表目前还是一张**临时**表，但是可以轻松地修改它。将上面的部分代码修改到合适的地址，就可以把表格持久化了：

*1 只需要简单地把memory:去掉……

```
Connection verbindung = DriverManager.getConnection("jdbc:derby:*1d:/Dev/↩
  datenbanken/helden*2;create=true");
```

*2 然后，Derby指定**文件系统的路径**给数据库，代表着数据库的数据可以存放的地方，编程后数据就会存在了。

看上去是管用了。
反正文件夹已经创建好了。

没错。 不用关心在文件夹里有什么，以及数据库是怎么保存和管理表格的。只要随后能生成表格就可以了。**你准备好了吗？接下来要生成记录了。**

等等，别这么快。 我还得再运行一下那个例子。但是我现在有一个异常提示，意思是：图表/视图“UNSERE-HELDEN”已经在Schema“APP”中存在。

是的， 你说得没错。这是因为打算生成一个已经存在的表所引起的报错。**要想事先检测表格是否已经存在**，最好使用下面的代码段：

```
DatabaseMetaData metaDaten = verbindung.getMetaData();*1
*3ResultSet tabellen = metaDaten.getTables(null, "APP", "UNSERE_HELDEN", null);*2
if (!tabellen.next()) {*4
  Statement anweisung = verbindung.createStatement();
  anweisung.executeUpdate(ERSTELLE_TABELLE);
  anweisung.close();
}
```

*1 首先需要一个DatabaseMetaData类型的对象，粗略地估算，这个类大概有78个get方法，为数据库各种各样的**元数据**提供了丰富的操作……

*2 比如可以通过getTables()方法获得一个含数据库中所有表格的清单。更加实用的是，还可以马上指明需要查找的表格名称。其他的参数你现在不需要明白，只需要了解这么多。第二个参数指明了Schema的名称，可以在数据库中Schema下的不同表中存放。Apache Derby（Java DB也是如此）系统中的默认值是“APP”。

*3 返回一个java.sql.ResultSet对象（这个接口你可以先标注上）……

*4 现在，如果此处得到的是个空值（表示UNSERE_HELDEN表还不存在），就会执行相应的SQL指令。此外，next()方法用来检测，ResulSet是否包含后续的结果。根据不同情况会返回true和false，然后指针继续调用下一个next()方法，继续检测在ResultSet里是否有后续的结果可以处理。

添加数据记录

你是不是也想往表里添加些记录了呢？

这其实非常简单，只需要执行INSERT INTO：

```
INSERT INTO*1 UNSERE_HELDEN*2 (NAME, KLASSE, CHARISMA, STAERKE, AUSDAUER, ↩
  ERFAHRUNG)*3 VALUES*4 ('SchroeDanger', 'Zwergenkrieger', 11, 11, 11, 200*5)
```

*1 通过INSERT INTO指令可以往表里加入新记录。

*2 此处给出需要加入记录的表名。

*3 在表名后面的括号里给出的是属性名（列名），在属性中可以赋予各自的值。

*4 之后是关键字VALUES……

*5 然后在圆括号里再次给出各个属性的值。属性值的顺序必须严格按照 *3 中给出的列顺序来进行匹配。

```
Statement einfuegeAnweisung = verbindung.createStatement();*1
einfuegeAnweisung.executeUpdate("INSERT INTO UNSERE_HELDEN (↩
  NAME, KLASSE, CHARISMA, STAERKE, AUSDAUER, ERFAHRUNG) ↩
  VALUES ('SchroeDanger', 'Zwergenkrieger', 11, 11, 11, 200)");*2
einfuegeAnweisung.close();*3
```

*1 生成语句。 *2 执行语句。 *3 关闭指令。

数据库中现在就生成了第一条记录：

ID	姓名	类	超能力	力量	耐力	经验
1	SchroeDanger	Zwergenkrieger	11	11	11	200

这你说过了，但是我要怎么才能知道，在表里有没有值呢？

这个我本打算稍后再讲的。你是正确的，现在知道会比较好，怎么从一个数据库中读出数据。这里先给你看看相关的代码，以后我再来仔细讲解具体含义。

【奖励/答案】

恭喜你，不必现在学习DML（Data Modification Language，数据操作语言）。

下面的代码就可以从数据库中读取刚才生成的那条记录：

```
Statement abfrageAnweisung = verbindung.createStatement↩
  ("SELECT * FROM UNSERE_HELDEN"*1);
ResultSet ergebnis = abfrageAnweisung.executeQuery();*2
while (ergebnis.next())*3 {
  String id = ergebnis.getString("ID");*4
  String name = ergebnis.getString("NAME");
  String klasse = ergebnis.getString("KLASSE");
  int charisma = ergebnis.getInt("CHARISMA");
  int staerke = ergebnis.getInt("STAERKE");
  int ausdauer = ergebnis.getInt("AUSDAUER");
  int erfahrung = ergebnis.getInt("ERFAHRUNG");
  // 此处可以放输出数据的代码
}
abfrageAnweisung.close();*5
```

*1 这样来生成一个带SQL命令的语句，具体是什么样的命令我们稍后再说。

*2 executeQuery()方法（与executeUpdate()方法相反）会返回一个**结果集合**。

*3 在这个结果集合的基础上可以进行迭代……

*4 然后逐个提取出每个属性值。

*5 最后再关闭指令，是不是非常简单？

好了，就这样吧，现在你知道运行JDBC语句的方法了吧。

是的，我现在至少可以查询表里有哪些记录了。

阶段练习——英雄和邮票

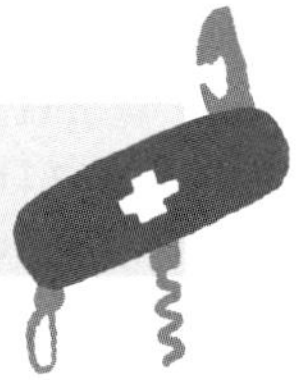

【简单任务】

请给出SQL指令，生成一个名为BRIEFMARKENSAMMLUNG的表。表中包括**LAND**（国家）和**WAEHRUNG**（货币）列（两列均为字符串类型），以及**WERT**（票面价值）和**SAMMLERWERT**（收藏价值）列（两列均为数字类型）。

```
CREATE TABLE BRIEFMARKENSAMMLUNG
(
  ID INT NOT NULL GENERATED BY DEFAULT AS IDENTITY,*1
  LAND VARCHAR(32)*2,
  WAEHRUNG VARCHAR(14)*2,
  WERT INT*3,
  SAMMLERWERT INT*3,
  PRIMARY KEY (ID)*4
)
```

*1 产生一个不可以为空的**ID**，这个**INT**类型的**ID**是由数据库自动生成的，不可以自己更改。

*2 **LAND**和**WAEHRUNG**应该为字符串类型，SQL里**VARCHAR**代表一个长度可变的字符变量。

*3 **WERT**和**SAMMLERWERT**应该为数字类型，SQL里**INT**的含义和Java中的相同。

*4 不要忘记确认，哪个列为主键。

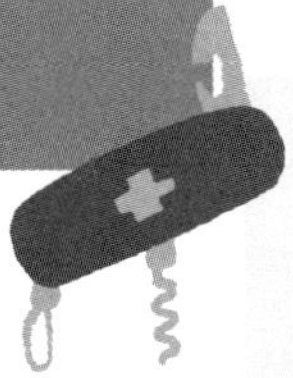

【简单任务】

现在用JDBC来生成这个表。这个表只能在还未存在的情况下建立。

这个练习的代码与上面生成英雄表那个是一样的，为了完整性我再次展示出来。同时你也可以思考一下，如何优化代码，使其可以重复使用。

```
public static void main(String[] args) throws ClassNotFoundException, SQLException {
  Connection verbindung = erstelleVerbindung();
  erstelleTabelle(verbindung);
}
private static Connection erstelleVerbindung() throws ClassNotFoundException, ↩
  SQLException {
  Class.forName("org.apache.derby.jdbc.EmbeddedDriver");*1
  Connection verbindung = DriverManager.getConnection("jdbc:derby:c:/dev/↩
    datenbanken/briefmarken;create=true");*2
  return verbindung;
}
```

*1 第一步：加载数据库驱动程序。

*2 第二步：关联数据库。（作为方法参数的数据库名要选择适当，这样以后就可以重复使用不同的数据库了——只是个建议哦。）

```
private static void erstelleTabelle(Connection verbindung) throws SQLException {
  DatabaseMetaData metaDaten = verbindung.getMetaData();*3
  ResultSet tabellen = metaDaten.getTables(null, "APP", "BRIEFMARKENSAMMLUNG", ↩
    null);*3
  if (!tabellen.next())*4 {
    Statement anweisung = verbindung.createStatement();*4
    anweisung.executeUpdate(ERSTELLE_TABELLE_ANWEISUNG);
    anweisung.close();
  }
}
```

*3 如果表不存在的话，现在就该创建它了。对此，提取出关联的元数据并且用它来查询。

*4 如果表不存在就会去创建它，是不是非常简单。

非常好的示例，但我不收集邮票。

我也不收集。嗯，好吧，再回到那张英雄的表里吧。用它再生成一条数据记录吧。

【简单任务】

使用什么样的SQL指令和JDBC代码才能在UNSERE_HELDEN表里添加一些记录呢？

比如需要添加的记录（英雄）如下：

没有什么比这更容易的了，搞定：

```
Connection verbindung = DriverManager.getConnection("jdbc:derby:d:/Dev/datenbanken/helden;create=true");
Statement einfuegeAnweisung = verbindung.createStatement();
einfuegeAnweisung.executeUpdate("INSERT INTO UNSERE_HELDEN VALUES (DEFAULT, 'Jeppi', 'Nachtelf', 20, 7, 15, 180)");
einfuegeAnweisung.executeUpdate("INSERT INTO UNSERE_HELDEN VALUES (DEFAULT, 'Juppi', 'Zwerg', 9, 20, 5, 160)");
einfuegeAnweisung.executeUpdate("INSERT INTO UNSERE_HELDEN VALUES (DEFAULT, 'Jappi', 'Krieger', 14, 17, 11, 170)");
einfuegeAnweisung.executeUpdate("INSERT INTO UNSERE_HELDEN VALUES (DEFAULT, 'Joppi', 'Zauberer', 20, 4, 8, 400)");
```

生成后的表格如下：

ID	姓名	类	超能力	力量	耐力	经验
1	SchroeDanger	Zwergenkrieger	11	11	11	200
2	Jeppi	Nachtelf	20	7	15	180
3	Juppi	Zwerg	9	20	5	160
4	Jappi	Krieger	14	17	11	170
5	Joppi	Zauberer	20	4	8	400

干得漂亮，小薛！

现在可以去冒险了，我们有足够的英雄。

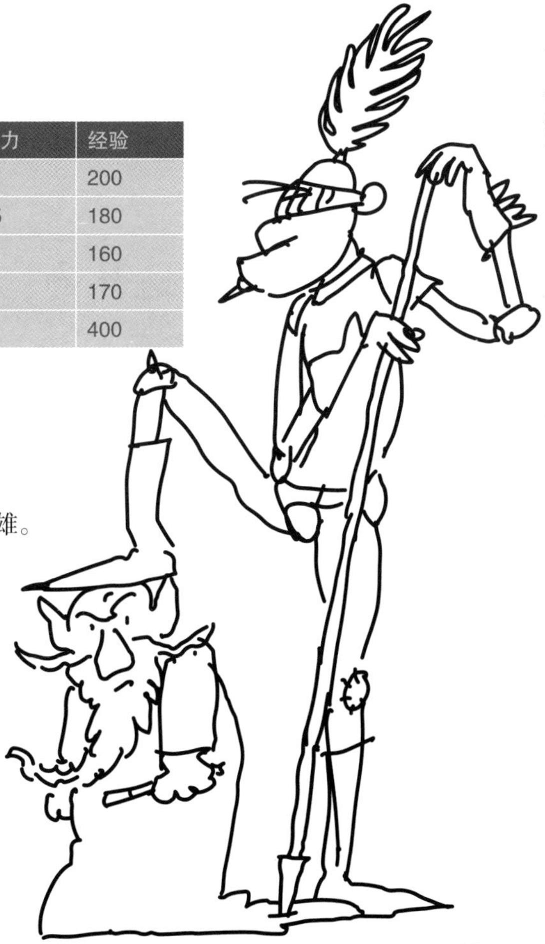

指令总结

还有个小提示：要想一次性执行多个指令，最好的做法是用**批处理**的形式先汇总指令再执行。Statement对象提供的addBatch()和executeBatch()方法就可以实现这样的功能。通过addBatch()方法先添加需要执行的指令，然后用executeBatch()方法把所有指令一起发送给数据库，再逐个执行。这样就节省了JDBC和数据库交互的时间，并且运行起来更加迅速。

【完善代码】

自己试试吧！修改现有的源代码，先把所有指令汇总到一个批处理中。小提示：你只需简单地用addBatch()方法替换executeUpdate()方法即可，最后再调用一次executeBatch()方法。

我觉得一定是这样的：

```
einfuegeAnweisung.addBatch("INSERT INTO UNSERE_HELDEN VALUES (DEFAULT, ↩
'Schroedanger', 'Zwergenkrieger', 11, 11, 11, 200)");
einfuegeAnweisung.addBatch("INSERT INTO UNSERE_HELDEN VALUES (DEFAULT, ↩
'Jeppi', 'Nachtelf', 20, 7, 15, 180)");
einfuegeAnweisung.addBatch("INSERT INTO UNSERE_HELDEN VALUES (DEFAULT, ↩
'Juppi', 'Zwerg', 9, 20, 5, 160)");
einfuegeAnweisung.addBatch("INSERT INTO UNSERE_HELDEN VALUES (DEFAULT, ↩
'Jappi', 'Krieger', 14, 17, 11, 170)");
einfuegeAnweisung.addBatch("INSERT INTO UNSERE_HELDEN VALUES (DEFAULT, ↩
'Joppi', 'Zauberer', 20, 4, 8, 400)");
einfuegeAnweisung.executeBatch();
```

1 先通过addBatch()方法汇总所有指令……

2 然后让数据库一下子搞定。

是的，没错。 你是不是也觉得这样在很大程度上**提升了运行速度**？

准备就绪

说到运行速度： 如果数据库事先知道需要执行哪些指令的话，速度会更快。因为所有发送到数据库的指令都需要先**编译**，再**优化**。这就意味着需要消耗一些时间，所以可以通过所谓的**预编译**来生成SQL指令。这些指令会在数据库层面事先被编译和优化好，甚至还可以**重复使用**这些指令。这样就又可以节省一些时间。此外，有些指令还可以用到**通配符**，有了这些通配符就可以在以后的调用过程中使用不同的参数。

这就相当于把一个“老古董”改造成一个时髦的“保时捷”。

要实现这些必须使用PreparedStatement接口，它是Statement的一个子接口。

上面那个添加“英雄”的指令还可以用PreparedStatement来定义：

```
private final static String EINFUEGE_ANWEISUNG = *2"INSERT INTO UNSERE_
  HELDEN VALUES (DEFAULT, ?*3, ?*3, ?*3, ?*3, ?*3, ?*3)";
PreparedStatement einfuegeAnweisung = verbindung.
  prepareStatement*1(EINFUEGE_ANWEISUNG*2);
einfuegeAnweisung.*4setString(1*5, "Juppi"*6);
einfuegeAnweisung.setString(2, "Zwerg");
einfuegeAnweisung.*4setInt(3*5, 9*6);
einfuegeAnweisung.setInt(4, 20);
einfuegeAnweisung.setInt(5, 5);
einfuegeAnweisung.setInt(6, 160);
einfuegeAnweisung.executeUpdate();
```

*1 为了得到一个PreparedStatement（预编译指令集），可以直接用prepareStatement()方法代替creatStatement()方法。

*2 这个方法需要一个字符串作为参数，这个字符串和一般的SQL指令差不多……

*3 区别就是这里可以定义通配符。

*4 这些通配符可以通过PreparedStatement的setString()和setInt()方法来进行替换。

*5 方法的第一个参数是每次预编译时的序号，换句话说就是，字符串中间问号的位置。序号的计算是从1开始计算的，不是通常的0。

*6 第二个参数是通配符所对应的替换值。

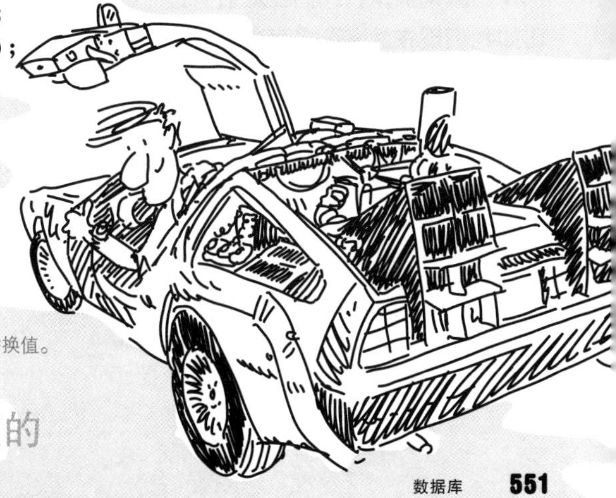

保时捷的改装就大功告成了！哦，多像McFly穿越时空的跑车Delorean。

【温馨提示】

针对各个类型的需要，选择与之搭配的方法很重要。比如不能用`setString()`方法来给SQL指令中的SQL数据类型`INT`设置索引。

【背景资料】

预编译指令集比“普通的”指令还多一个优点，它可以防止SQL注入操作。简单地说，SQL注入就是恶意代码渗透到你的SQL指令里。比如，用户通过图形界面输入一些数据，**如果事先没有对用户所输入的数据进行过滤**，那么在拼接这个数据中的某个指令时（比如使用一个`StringBuilder`或通过拼接字符串方式）就可能发生恶意的SQL注入。但使用预编译指令集就不会发生这样的情况，因为`setString()`、`setInt()`等方法只能接受指定的值，不接受恶意的代码。

*2 千万不要允许用户输入数据！更重要的是：不要以拼接字符串的方式去构建指令。

*1 在指令中使用了拼接字符串的方式……

```
einfuegeAnweisung.executeUpdate("INSERT INTO UNSERE_HELDEN VALUES (DEFAULT, " +*1↩
  nutzer.getName()*2 + ", " + nutzer.getKlasse() + ", 11, 11, 11, 200)");
```

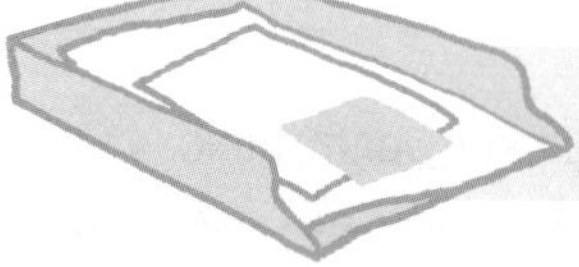

【资料整理】

`PreparedStatement`比普通的`Statement`更可取，不仅因为节省资源，而且还可以避免SQL注入！

读取数据

数据保存在数据库中是件好事，但美中不足的是，在提取数据以及通过一些条件进行筛选时就没那么方便了。要想让数据库的学习圆满收官，我们还缺少一个组件：**选择语句**，也就是指在数据库中进行查询操作。查询操作，我们在之前有过一面之缘，是通过关键字SELECT来实现的。

比如我们现在就来选择表中的所有英雄：

```
PreparedStatement abfrageAnweisung = verbindung.prepareStatement↩
  ("SELECT*1 **2 FROM UNSERE_HELDEN*3");
ResultSet*5 ergebnis = abfrageAnweisung.executeQuery*4();
```

*1 使用SELECT指令可以提取数据库中的数据。OK，听起来可能有点乱，数据当然是在数据库中的，通过选择只不过是得到了数据的一个副本。

*2 SELECT提取后可以给出被挑选数据的属性名。星字符代表“所有属性”。如果不打算显示所有列的内容，就可以用需要查找的**列名替换***符。如果是多个列名需要用逗号分隔。

*3 `FROM UNSERE_HELDEN`的意思是，在`UNSERE_HELDEN`表里进行查询。

*4 与通过`executeUpdate()`方法执行`CREATE TABLE`或者`INSERT INTO`指令有所区别，在执行选择指令时需要用`executeQuery()`方法。顺便说一下，`INSERT INTO`属于数据操作语言。

*5 指令的执行结果是`ResultSet`类型的对象。

这样就可以通过查询结果进一步进行迭代了：

```
while (ergebnis.next()*1) {
  String id = ergebnis.*2getString("ID");
  String name = ergebnis.getString("NAME");
  String klasse = ergebnis.getString("KLASSE");
  int charisma = ergebnis.*2getInt("CHARISMA");
  int staerke = ergebnis.getInt("STAERKE");
  int ausdauer = ergebnis.getInt("AUSDAUER");
  int erfahrung = ergebnis.getInt("ERFAHRUNG");
}
```

*1 又有人冒充实现Iterator接口了。如果在ResultSet中还有后续的记录，那么next()方法会返回true值，在结果集中还会继续……

*2 通过get方法（根据数据类型会有所不同）获得各个结果的值。这个get方法有两种版本：一个是可以通过列号（比如getString(5)）来查询符合这个数字所代表的列；另一个**最好是用列名**来查询，这样就可以保证当改变数据库中列的顺序时，程序依然是有效的。

为了获得各自的值，必须根据SQL的类型来调用相应的Java方法：

Java方法	Java返回值类型	SQL类型
getInt()	int	INTEGER
getLong()	long	BIG INT
getFloat()	float	REAL
getDouble()	double	FLOAT
getBigDecimal()	java.math.BigDecimal	NUMBER
getBoolean()	boolean	BIT
getString()	String	VARCHAR, CHAR
getAsciiStream()	java.io.InputStream	LONGVARCHAR
getDate()	java.sql.Date	DATE
getTime()	java.sql.Time	TIME
getTimestamp()	java.sql.Timestamp	TIME STAMP
getObject()	java.lang.Object	任何类型

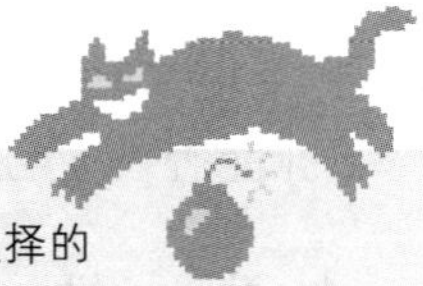

【温馨提示】

ResultSet的get方法只能获得在SQL指令中也被选择的列值。如果不相信的话你可以去尝试，访问那些在SQL指令中没有出现过的列值，那么一定会得到“XYZ列没有被找到”的错误信息。

什么是你想要的？根据条件筛选数据记录

什么情况？
还有更多理论知识呀？
等等，

越来越有用了。

一个表里的条目越多，想在ResultSet中获得理想的数据记录就越不容易。我们经常只对那些**满足一定条件的特定数据记录感兴趣**，比如“所有力量值大于10的英雄”。

用SQL语句就可以这样实现。

*1 用WHERE来定义筛选条件，满足条件的数据记录会出现在筛选结果中。

筛选出数据记录：

```
PreparedStatement abfrageAnweisung = verbindung.prepareStatement(↩
  "SELECT * FROM UNSERE_HELDEN WHERE*1 STAERKE >= 10*2");
ResultSet ergebnis = abfrageAnweisung.executeQuery();
while (ergebnis.next()) {
  System.out.println(ergebnis.getString("NAME"));*3
}
```

*2 在WHERE的后面给出判定条件。此处的意思就是，所有力量大于等于10的英雄。

*3 符合条件的只有SchroeDanger、Juppi和Jappi。

【背景资料】
当然也可以先返回所有的记录，然后再由ResultSet根据条件挑选出英雄。你一定会想到，这样的方式在性能上不一定占优势。

选择条件还可以用不同的方式来进一步细化。

用“AND”链接筛选条件： 一个记录可以满足多个条件，所以我们就可以用AND把多个条件链接在一起。下面的指令只能返回SchroeDanger这条记录：

```
SELECT * FROM UNSERE_HELDEN WHERE STAERKE >= 10 AND ERFAHRUNG >= 200
```

我就知道，我最强，经验最丰富！

是的，是的。但有时经验不等同于力量。

用“OR”
链接筛选
条件：

如果想筛选出力量值大于等于10，或者经验值大于等于200的英雄，就可以用OR来查询：

```
SELECT * FROM UNSERE_HELDEN WHERE STAERKE >= 10 OR ERFAHRUNG >= 200
```

嗯，SchroeDanger、Juppi、Jappi和Joppi。
谁想出来的这些名字？

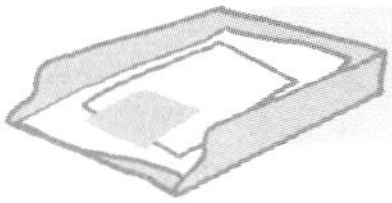

【资料整理】
在定义筛选条件时还可以使用比较符号，就像在Java里一样。只有一个情况例外：在比较两个相等的值时使用一个等号，而不是两个等号。

【温馨提示】
如果在筛选语句中使用到**字符串**，那么必须用单引号把值括起来！比如："SELECT* FROM UNSERE_HELDEN WHERE NAME = 'SchroeDanger'"，否则Java和SQL就弄混了。

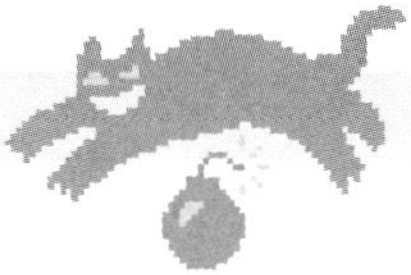

除了这样标准的比较方式以外，还可以使用BETWEEN进行**值区间**的比较。为了筛选出满足特定属性值的记录就可以指定一个值区间，比如：

定义值区间：

```
SELECT * FROM UNSERE_HELDEN WHERE STAERKE BETWEEN*1 10 AND*2 200
```

*1 所有英雄的力量值在10……

*2 和200之间。

否定条件：

如果想筛选出所有力量值**不满足**值区间的英雄，那么就可以使用否定运算符NOT：

```
SELECT * FROM UNSERE_HELDEN WHERE STAERKE NOT*1 BETWEEN 10 AND 200*2
```

*1 所有英雄的力量值不在……

*2 10和200之间。

寻找近似值：

对于字符串，除了比较运算符之外还有一个LIKE运算符可以使用：

```
SELECT * FROM UNSERE_HELDEN WHERE NAME LIKE*1 'J%*2i'
```

*1 LIKE的意思是“类似”……

*2 这样的情况下，满足字符串以J开头、i结尾的数据记录会被选择出来。%的意思就是“任何一个”。这时选出的就是Jeppi、Juppi、Jappi和Joppi。

数据排序后输出

SQL除了可以根据指定的条件进行筛选以外，还可以做很多工作。比如可以对结果进行ORDER BY操作，就是对数据库进行排序。这样就节省了时间，因为数据库本身就是出于快速排序的目的而设计的，所以比后来用Java实现排序快一些，尤其是在数据量大的情况下。

```
SELECT * FROM UNSERE_HELDEN WHERE NAME LIKE 'J%i' ORDER BY*1 NAME*2 DESC*3
```

*1 通过ORDER BY可以对数据进行排序。

*2 只需要指明哪个列需要排序即可。

*3 DESC的意思是descending，就是降序排列。默认时是升序排列（ASC，即ascending）。

阶段练习——谁是最强者

接下来的这个练习需要用到含有5个英雄的表。如果在表里已经有多条记录的话，那就先把所有条目都删掉，然后重新生成5个英雄的表。可以用SQL数据更新指令DELETE FROM UNSERE_HELDEN进行删除。

```
Statement loeschenAnweisung = verbindung.createStatement();
loeschenAnweisung.executeUpdate*1("DELETE FROM UNSERE_HELDEN");
...*2
```

*1 DELETE操作会**改变数据**，所以必须用excuteUpdata()方法。

*2 接下来的代码就是用来添加5个英雄的记录，你已经非常熟悉了。

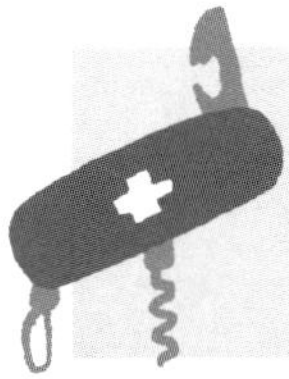

【简单任务】

只有经验最丰富的英雄才敢到布鲁豪森的密林中去。有谁愿意一同前往呢？筛选出所有经验值大于等于180的英雄。

这个简单：

```
SELECT * FROM UNSERE_HELDEN WHERE ERFAHRUNG >= 180
```

【困难任务】

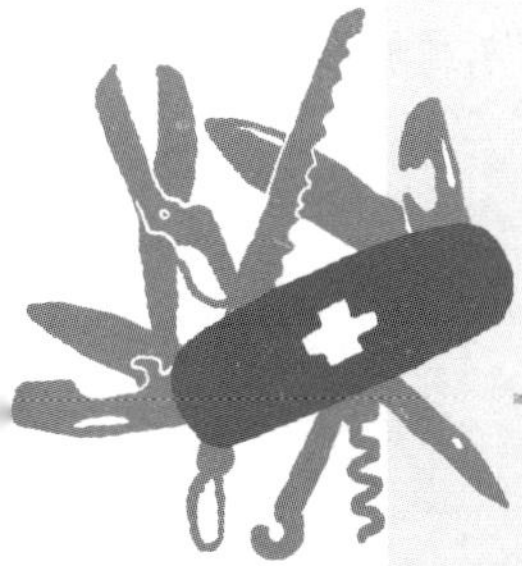

任务的第一部分

选出三个最强悍的英雄。小提示：原则上，SQL里用LIMIT就可以限制返回数据记录的个数。那就可以用在这个例子里了，然而Apache Derby数据库不支持LIMIT语句，这就是SQL语句不同的地方。也就是说，这个部分必须用Java代码来控制。好在Statement里有个setMaxRows()方法，可以用它来达成目的。

任务的第二部分

哦，差点忘了：表里的英雄不一定根据力量来排序。这个应该难不住你的。

任务的第三部分

为了最终得到完美的效果，我们只对名字和力量感兴趣，其他的属性不要出现在筛选结果中。

参考答案:

```
Statement abfrageAnweisung = verbindung.createStatement();
abfrageAnweisung.setMaxRows(3);*1
ResultSet ergebnis = abfrageAnweisung.executeQuery(
  "SELECT *3NAME, STAERKE*3 FROM UNSERE_HELDEN *2ORDER BY STAERKE DESC*2");
```

*1 答案的第一部分：通过这句就可以限制返回数据记录的最大数量。

*2 答案的第二部分：为了获得最强的英雄，必须先按力量进行降序排序。

*3 答案的第三部分：只有名字和力量是相关信息，所以只能返回这两个属性的值。

【困难任务】

下面的代码中有什么问题呢？为什么会报出一个异常？

```
PreparedStatement abfrageAnweisung = verbindung.prepareStatement
  ("SELECT NAME, KLASSE FROM UNSERE_HELDEN");
ResultSet ergebnis = abfrageAnweisung.executeQuery();
while (ergebnis.next()) {
  String name = ergebnis.getString("NAME");
  String klasse = ergebnis.getString("KLASSE");
  int charisma = ergebnis.getInt("CHARISMA");
  int staerke = ergebnis.getInt("STAERKE");
  ...
}
```

你找出来了吗？这里是答案：

OK，这是有点困难，因为这里的问题在上面只是稍微提了一下。如果这样都能让你找到，那你就太厉害了！这里的问题发生在访问属性CHARISMA和STAERKE的代码中，因为这两个属性完全没有在SELECT指令里出现过，出现的只是NAME和KLASSE。所以程序最后就会报错“没有找到CHARISMA列”。

【简单任务】

没有武器，我们英雄的防御能力几乎为零。生成第二张表，表名为WAFFEN，并且表里要包含ID、WAFFEN_NAME和HELD_NAME列。

参考答案：

```java
private final static String ERSTELLE_TABELLE_WAFFEN_ANWEISUNG = ↩
  "CREATE TABLE WAFFEN (ID INT NOT NULL GENERATED BY DEFAULT AS IDENTITY, ↩
  WAFFEN_NAME VARCHAR(32), HELD_NAME VARCHAR(32))";*1
private static void erstelleTabelleWaffen(Connection verbindung) throws ↩
  SQLException {
  DatabaseMetaData metaDaten = verbindung.getMetaData();*2
  ResultSet tabellen = metaDaten.getTables(null, "APP", "WAFFEN", null);*2
  if (!tabellen.next()) {
    Statement anweisung = verbindung.createStatement();*3
    anweisung.executeUpdate(ERSTELLE_TABELLE_WAFFEN_ANWEISUNG);*4
    anweisung.close();*5
  }
}
```

*1 最好把SQL指令放在一个常量里。

*2 在执行这个指令之前应该先检测表是否已经存在。通过数据库的元数据就可以找出这个。

*3 如果表不存在那么就生成一个Statement对象……

*4 用executeUpdate()方法运行这个指令……

*5 最后关闭这个指令。

【完善代码】

给这个表里添加不同的武器。

比如分别是：

- 给SchroeDanger双刃斧和匕首。
- 给Jeppi弓和箭矢。
- 给Juppi战锤。
- 给Jappi两把剑。
- 给Joppi魔法棒。

参考答案：

```
private static void erstelleWaffen(Connection verbindung) throws SQLException {
  Statement einfuegeAnweisung = verbindung.createStatement();
  einfuegeAnweisung.*1addBatch("INSERT INTO WAFFEN (WAFFEN_NAME, HELD_NAME) VALUES ↩
    ('Doppelaxt', 'SchroeDanger')");
  einfuegeAnweisung.addBatch("INSERT INTO WAFFEN (WAFFEN_NAME, HELD_NAME) VALUES ↩
    ('Dolch', 'SchroeDanger')");
  einfuegeAnweisung.addBatch("INSERT INTO WAFFEN (WAFFEN_NAME, HELD_NAME) VALUES ↩
    ('Bogen', 'Jeppi')");
  einfuegeAnweisung.addBatch("INSERT INTO WAFFEN (WAFFEN_NAME, HELD_NAME) VALUES ↩
    ('Pfeile', 'Jeppi')");
  einfuegeAnweisung.addBatch("INSERT INTO WAFFEN (WAFFEN_NAME, HELD_NAME) VALUES ↩
    ('Streithammer', 'Juppi')");
  einfuegeAnweisung.addBatch("INSERT INTO WAFFEN (WAFFEN_NAME, HELD_NAME) VALUES ↩
    ('Schwert', 'Jappi')");
  einfuegeAnweisung.addBatch("INSERT INTO WAFFEN (WAFFEN_NAME, HELD_NAME) VALUES ↩
    ('Schwert', 'Jappi')");
  einfuegeAnweisung.addBatch("INSERT INTO WAFFEN (WAFFEN_NAME, HELD_NAME) VALUES ↩
    ('Zauberstab', 'Joppi')");
  einfuegeAnweisung.executeBatch();*2
  einfuegeAnweisung.close();
}
```

*1 一次生成多个武器吗？那么我最好是通过**addBatch()**方法把单个指令添加到批处理中……

*2 然后通过**executeBatch()**方法来运行这个批处理。

非常棒，小薛，你真不简单，自己完成了这个题。现在好了，我们有了**两张表**。接下来我们还要继续学习关系型数据库的其他长处。

连接多个表中的信息

使用不同的JOIN关键字，可以把位于多个表中的数据连接起来，这个功能恰好体现了关系型数据功能的强大。我们现在有了一个英雄表和武器表，并且在武器表里每个武器都有对应的英雄名，我们就可以针对这两个表用连接（join）来找到每个英雄所拥有的武器。

嗯，如果你想的话，

你就可以像这样找到所有英雄各自拥有的武器：

下面的代码究竟会发生什么？英雄表里的每个记录都将在武器表里的记录中查找，找出英雄名所匹配的记录，并且与武器表里所对应的记录组合成一个结果再输出。

```
PreparedStatement abfrageAnweisung = verbindung.
prepareStatement("SELECT * FROM UNSERE_HELDEN INNER JOIN WAFFEN*1 ON ↩
  UNSERE_HELDEN.NAME = WAFFEN.HELD_NAME*2");
ResultSet ergebnis = abfrageAnweisung.executeQuery();
while (ergebnis.next()) {
  String held = ergebnis.getString("NAME");*3
  String klasse = ergebnis.getString("KLASSE");*3
  String waffe = ergebnis.getString("WAFFEN_NAME");*4
  System.out.println("Held: " + held);
  System.out.println("Klasse: " + klasse);
  System.out.println("Waffe: " + waffe);
  System.out.println("********************************");
}
```

*1 join的用法就是这样，确切地说这是个内连接（INNER JOIN）。还有其他的连接方式，至于它们的区别现在还不需要考虑。join现在的作用就是把UNSERE_HELDEN表和WAFFEN表连接起来。

*2 连接的条件就是两个表中的英雄名。

*3 在产生的结果中既可以访问UNSERE_HELDEN英雄表中的属性……

*4 也可以访问WAFFEN武器表中的属性。

程序输出结果为：

```
Held: SchroeDanger        Held: Jeppi         Held: Juppi            Held: Jappi
Klasse: Zwergenkrieger    Klasse: Nachtelf    Klasse: Zwerg          Klasse: Krieger
Waffe: Doppelaxt          Waffe: Bogen        Waffe: Streithammer    Waffe: Schwert
***********************   *****************   ********************   *****************
Held: SchroeDanger        Held: Jeppi         Held: Jappi            Held: Joppi
Klasse: Zwergenkrieger    Klasse: Nachtelf    Klasse: Krieger        Klasse: Zauberer
Waffe: Dolch              Waffe: Pfeile       Waffe: Schwert         Waffe: Zauberstab
***********************   *****************   ********************   *****************
```

【便签】
上例中的SQL指令还可以换一种方式来写，不用INNER JOIN命令：
SELECT * FROM WAFFEN W, UNSERE_HELDEN H WHERE W.HELD_NAME = H.NAME

连接的功能比你想象的还要强大，同时也是一个比较复杂的内容，但对我们来说，现在学这些就够用了。因为时间和篇幅的原因不能讲更多的知识，也是因为我们接下来学习的内容也同样重要。

所有都得重来——事务

接下来的内容是在数据库操作中非常重要的环节，例如维护数据的**完整性**，确保数据的完整无误。那么错误的数据到底是怎么来的呢？比如，在Java代码中发送了多个（与之相配的）SQL指令，那这些指令里出现了一个错误，最终导致只有部分指令在数据库中得到了执行。那么这个数据或许就不一致了。假设，Bossingen打算把工资转账给你，但在工资从公司账号上扣除**之后**，转到你的账户**之前**，银行的服务器宕机了。钱现在没有了，那事情就严重了，是不是？所以，为了避免这样的事情发生，会把这两个步骤看成一个**原子单位**来执行，这个过程简称**事务**。

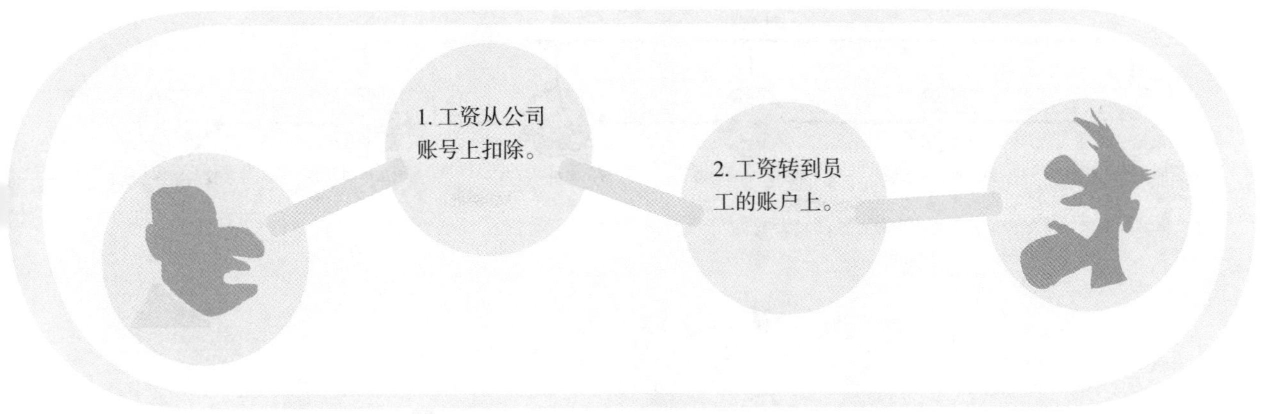

1. 工资从公司账号上扣除。
2. 工资转到员工的账户上。

这时候如果银行的服务器宕机的话，这个事务就会“**回滚**”（rollback），也就是数据（此例中的账户余额）就会回到事务开始前的状态。

【资料整理】

事务其实指的是固定步骤的执行顺序，这些步骤会被视为原子单位来执行。这样一来，即使在某个步骤出现了错误，也可以确保数据的一致性。

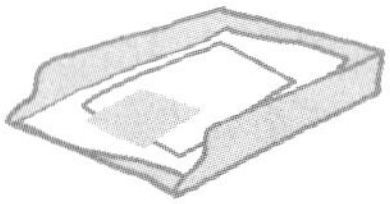

事务在JDBC中是如何工作的呢

在一个事务中的执行不同的指令：

默认情况下，每执行一次数据库的写操作，都会对其直接产生永久性的影响。这就不能再实现逆操作了，至少是不能自动地实现。然而可以关闭这个默认功能，具体实现如下：

```
try {
  verbindung*1.setAutoCommit(false);*2
  // 工资从公司的账户上转出 *3
  // 再把工资转到员工的账户上 *3
  verbindung.commit();*4
  verbindung.setAutoCommit(true);*7
} catch (Exception e) {*5
  try {
    verbindung.rollback();*6
  } catch (SQLException e1) {
    ...
  }
}
```

*1 跟你想象的一样，变量verbindung的类型是Connection。

*2 这句的意思就是不让指令自动地直接作用在数据库上。

*3 这里执行各自的指令，这些指令被视为原子单位。

*4 此处一口气把之前所有的指令都给执行了。

*5 如果发生了错误……

*6 可以通过rollback()方法把整个数据库层面的操作进行回滚，这样就可以保证数据的完整性。所有指令要么全部被执行，要么就完全不执行。

*7 如果想再次激活默认行为，就可以把自动执行的参数设为true。

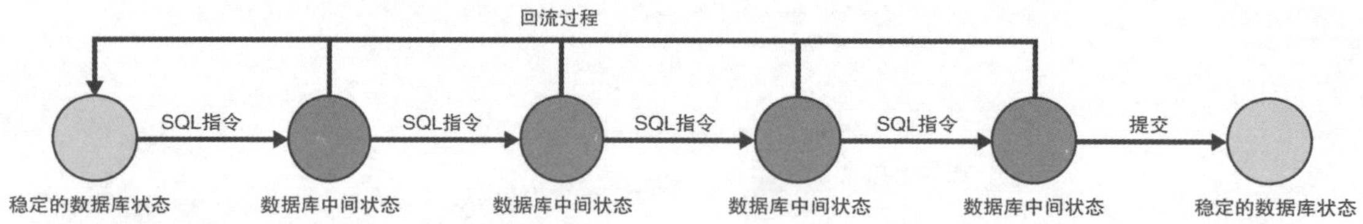

通过事务处理可以确保数据库保持在一个稳定的状态上

关系型数据库和Java对象间的映射

还有一个： 除JDBC之外，还有一个API用来执行关系型数据库，那就是**Java持久化API**（Java Persistence API，JPA）。持久化过程可以通过注解识别出，哪些对象变量或者Java类的哪个方法应该映射到数据库中的哪个列里。

对象变量和方法的注解？
听着很熟悉的样子。

是的。 原理与Java类到XML文档的映射情况一样。你已学过JAXB了，但现在我们继续深入学习。

【概念定义】
把关系型数据库中的数据映射到Java对象上的过程被叫作对象关系映射（Object Relational Mapping），缩写为ORM。

阶段练习——把魔鬼滚回去

下面的这个任务还会涉及英雄表里的那5个英雄。

【困难任务】

写一个程序，首先把所有英雄和武器都删除，然后再新添加一个英雄、老板Bossingen，以及他的新武器“折叠式智能手机”。所有的这些步骤必须在一个事务里完成，并且在执行事务之前和之后输出所有英雄。

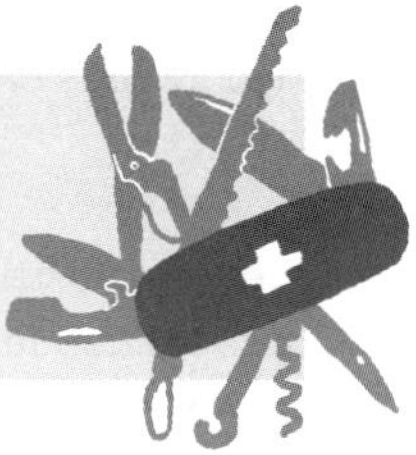

喔，听起来有点复杂。

是的。其实大部分相似的代码在本章前面都出现过。**现在需要的只是勇气！**

参考答案:

```java
PreparedStatement abfrageAnweisung = verbindung.prepareStatement(↩
  "SELECT * FROM UNSERE_HELDEN");*1
ResultSet ergebnis = abfrageAnweisung.executeQuery();
System.out.println("Helden vor Transaktion");
gebeAusHelden(ergebnis);*1

try {
  verbindung.setAutoCommit(false);*2
  Statement loescheHeldenAnweisung = verbindung.createStatement();
  loescheHeldenAnweisung.executeUpdate("DELETE FROM UNSERE_HELDEN");*3
  loescheHeldenAnweisung.close();
  Statement loescheWaffenAnweisung = verbindung.createStatement();
  loescheWaffenAnweisung.executeUpdate("DELETE FROM WAFFEN");*3
  loescheWaffenAnweisung.close();
  Statement heldenAnweisung = verbindung.createStatement();
  heldenAnweisung.executeUpdate("INSERT INTO UNSERE_HELDEN (NAME, KLASSE, ↩
    CHARISMA, STAERKE, AUSDAUER, ERFAHRUNG) VALUES ('Bossingen', 'Cheftroll', ↩
    4, 20, 20, 50)");*4
  heldenAnweisung.close();
  Statement waffenAnweisung = verbindung.createStatement();
  waffenAnweisung.executeUpdate("INSERT INTO WAFFEN (WAFFEN_NAME, HELD_NAME) ↩
    VALUES ('Klappbares Smartphone', 'Bossingen')");*4
  waffenAnweisung.close();
  verbindung.commit();*5
  verbindung.setAutoCommit(true);*5
} catch (Exception e) {
  try {
    verbindung.rollback();*6
  } catch (SQLException e1) {
  }
} finally {
  System.out.println("Helden nach Transaktion");
  ergebnis = abfrageAnweisung.executeQuery();
  gebeAusHelden(ergebnis);*7
}
```

*1 在事务处理之前输出所有英雄。这个指令在事务处理之后还得再执行一次，对这一点来说需要提供一个PreparedStatement对象。gebeAusHelden()方法就是一个辅助方法，通过ResultSet进行迭代，并输出所有英雄。

*2 事务开始。

*3 删除所有的英雄和武器。

*4 加入新的英雄和武器。

*5 事务结束。

*6 遇到问题时所有都要回滚。

*7 事务结束后输出英雄。

事务处理之前会输出5个英雄，
事务处理之后就只剩下一个新加入的英雄了。
这是当然了，因为其他的英雄都被删除了。

【完善代码】

现在需要在事务的内部抛出一个异常，当然是在删除了英雄和武器之后。小提示：编译器不允许简单地使用`throw Exception()`抛出异常，因为其下面的代码根本不会被执行。所以必须用`if(true){throw new Exception();}`这样的方式抛出异常。这样一个小手段就骗过了编译器。现在`finally`语法块里的代码该输出些什么呢？

```
...
loescheWaffenAnweisung.close();
*1if(true) {
  throw new Exception();
}*1
Statement heldenAnweisung = verbindung.createStatement();
...
```

*1 此处应该报出一个异常。

最初的5个英雄被输出，而Bossingen却没有。

是的，事务处理没有结束，所以数据库里的数据也没有改变。

复习

小薛，你一直都做得很好。现在我们就来看看，在没有关于鞋的练习之下，你是否能记起这一章里的内容。

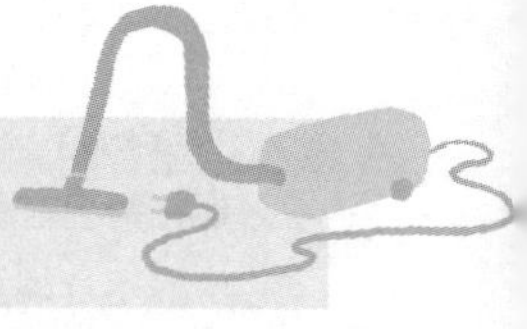

【简单任务】

下面哪个SQL指令属于哪种SQL语言？

SELECT	DDL
CREATE TABLE	DQL
INSERT INTO	DML

参考答案：

1. SELECT指令属于数据**查询**语言DQL，它可以**查询**数据。
2. CREATE TABLE指令属于数据**定义**语言DDL，用它可以生成表，也就是**定义**表。
3. INSERT INTO指令属于数据**操作**语言DML，用它可以添加数据，也可以说对表中的内容进行**修改**。

【对记性不好的人来说的困难任务】

要想启动一个事务，哪个步骤最为关键？并说出执行过程中重要的方法。

参考答案：

1. 首先必须关闭自动执行指令的功能，通过执行setAutoCommit(false)就可以实现。
2. 然后在事务框架下执行所有指令。
3. 之后调用commit()方法执行所有指令。如果这时出现了错误，那么可以通过rollback()方法把数据库回滚到处理事务之前的状态。
4. 最后通过setAutoCommit(true)重新激活自动执行指令功能。

本章最重要的部分

对于关系型数据库、JDBC和SQL你应该获得的知识

- 关系型数据库中的数据是存放在表里的，可以把它理解成电子表格。
- 表格中的列代表着**属性**，行代表着单笔**记录**，确切地说是**元组**。一张表就是一个**对应关系**。
- SQL是一种语言，用它可以对关系型数据库进行查找操作、修改数据和定义数据。
- 对此有不同的SQL指令，比如`CREATE TABLE`指令用来生成表（定义表），`INSERT`和`DELETE`用来**插入**和**删除**数据（通常叫作**操作**），`SELECT`指令用来实现**选择查询**。
- 用`JOIN`关键字可以把不同表中的记录关联起来。
- JDBC确保不同的关系型数据库之间的访问。如果想要交换数据库，Java代码可以保持不变，只需要更换**数据库驱动程序**即可。
- 请尽量使用**预编译指令集**的方式，因为它在数据库层面是经过**预编译**和**优化**的，而且通过**通配符**还可以重复使用它。此外，它还可以避免恶意的代码入侵。
- **批处理**方式可以把多个SQL指令汇总在Java代码里，然后一次性发送给数据库去执行。
- 即使多个SQL指令逐句地被执行，**事务处理**也能保证数据库状态的**一致性**。

【奖励/答案】

那么，小薛，给你的下一个装备是什么呢？你得到了**高浓度的魔法药水**。它可以给敌人造成伤害，如果你喝一口这个魔法药水，就可以回到之前的状态。

用Swing和JavaFX来实现GUI编程

第16章 全新的舞步

小薛认为，就目前学到的编程内容而言，输出的样式有些单调。

现在学习图形化编程应该可以改变一下他的口味。对此，小薛直接学习了JDK提供的两个函数库。

离开控制台的动力——Swing

小薛，终于要学习你期待已久的部分了。在这一章里，我将带领你揭开**图形界面**编程的神秘面纱：从现在开始不再编写只有书呆子才能使用的命令行工具了。绝不！一个真正的程序应该是有合适的用户界面，满足“普通人”的应用。这样也可以给Bossingen留下深刻的印象。

Java从早期的版本开始就已经有了支持界面编程的**Swing函数库**。在这个函数库里包含了很多不同的类和接口，通过它们可以**生成**、**布局**不同的**GUI组件**，比如按钮、菜单、表单、文本输入框等，还可**设定这些控件的逻辑**。这三个方面的知识就是我们现在需要学习的。

1. 如何**生成GUI组件**，以及究竟有哪些组件。
2. 怎么**布局**这些组件。
3. 如果用户和这些组件有了**互动**，要如何回应。也就是我们常说的，**给这些组件添加什么样的动作**。

【概念定义】

GUI是Graphical User Interface的缩写，最常用的说法是图形用户界面，目前我们知道它指的是什么就可以了。

全部都在框架里——如何生成GUI组件

1. 首先，我们需要为一个应用创建**主窗口**，这个窗口就相当于其他GUI组件的**容器**。表示这样的窗口会用到Swing的`javax.swing`包中的`JFrame`类。

用四行代码就可以生成：

```
JFrame fenster = new JFrame("Schrödingers GUI"*1);

fenster.setDefaultCloseOperation*2(JFrame.EXIT_ON_CLOSE*3);

fenster.setSize(240, 80);*4

fenster.setVisible(true);*5
```

*1 此处给出的是窗口的标题，以后会在窗口的**标题栏**里看到它。

*2 对于应用的主窗口应该养成这样的习惯。要定义当用户关闭窗口时的相应行为。

*3 `EXIT_ON_CLOSE`在此处的意思是停止整个程序的执行过程。

*4 用`setSize()`方法可以定义窗口的宽度（第一个参数）和高度（第二个参数）。

*5 万物皆有因果，要想显示整个窗口，必须通过`setVisible()`方法来设定窗口的可见性。

把这段代码放到main方法里并且执行它。

可以了：JFrame，主窗口好了。

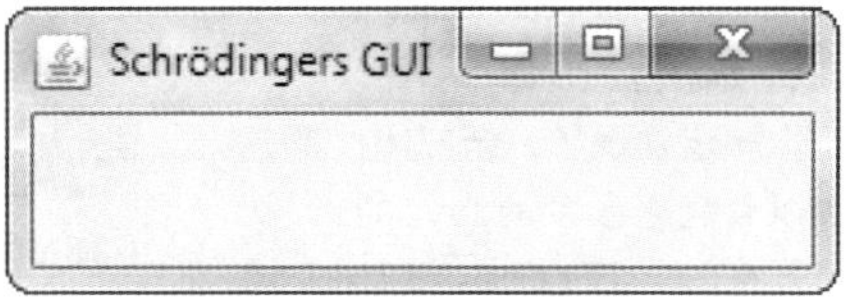

*第一个图形界面还没有任何内容

正如你所看到的，你通过JFrame在屏幕上获得了一个有图标、标题栏、最大化和最小化按钮，以及关闭按钮的窗口。因为我们**还没有给这个窗口添加任何组件**，所以现在显示区里还什么都没有，不过很快就会有的。

我都等不及了！

那就开始吧。 可以添加JFrame组件的区域叫作**内容面板**（Content Pane），代表着JFrame的内容区，也可以理解成窗框里的**窗玻璃**。

现在我们来放置一个组件：JButton按钮，它的全称是javax.swing.JButton。

```
JFrame fenster = new JFrame("Schrödingers GUI");*1

fenster.setDefaultCloseOperation(JFrame.EXIT_ON_CLOSE);*1

fenster.setSize(240, 80);*1

JButton schaltflaeche = new JButton("Drück mich");*2

Container fensterScheibe = fenster.getContentPane();*3

fensterScheibe.add(schaltflaeche);*3

fenster.setVisible(true);*1
```

*1 此处的代码和上面的一样，不需要改动。

*2 此处创建了一个按钮，可以通过javax.swing.JButton类来表示。“Drück mich”（点击我）是按钮上显示的文字。

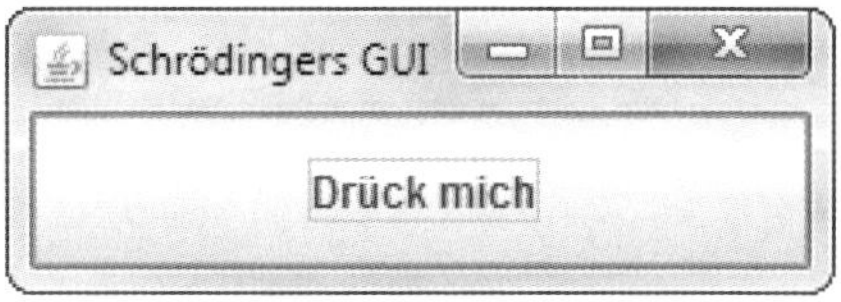

*3 通过getContentPane()方法可以取得一个“窗玻璃”，然后添加按钮。顺便说一下，Pane翻译过来就是窗玻璃。软件开发人员非常喜欢这样的比喻……

这里给出Swing中的一些GUI组件。

【背景资料】

你一定发现了，全部组件都是以看起来多余的Java的“J”开头的：JFrame、JButton等。Swing基于比较**旧的GUI函数库——抽象窗口工具包**（Abstract Window Toolkit，AWT），那里原本就已经有了Frame和Button等抽象类，后来人们为了避免命名冲突才改成现在的名称。我个人倒觉得没什么关系，因为这些类反正都存放在不同的包里。无所谓了，反正不会影响我们使用。

类　名	功能描述
JButton	像上例中那样创建一个按钮
JLabel	用作文字或图片的描述，比如用于文本框的描述
JCheckBox	一个代表“选择”和“不选择”的控件，如果是需要从多个选项中实现**多选**的效果，那么这个控件就非常适合
JRadioButton	功能和JCheckBox非常相似，但只能从多个选项中实现**单选**的效果
JSlider	一个带**最大值**和**最小值**的滑块，非常适合实现带数值的选择
JProgressbar	一个**进度条**，用来表示一个过程所花费的时间，比如文档的加载过程，需要体现从网上或者其他地方下载文档的过程等
JTextField	一个**普通的文本框**，用户只能在里面输入文字
JPasswordField	从外观看上去和文本框一样，但是输入的每个字符都会被一个大黑点代替
JTextArea	如果一个文本框不能满足需要的话，那就可以定义文本输入域，它提供了**更多的空间**。相对于JTextField只有一行可以输入，JTextArea包含**更多**可以输入文字的行
JEditorPane	如果觉得JTextArea里显示的文字过于无聊，可以使用JEditorPane，这样就可以展示**不同风格和样式**的文字了。从名字就可以看出，用户不仅可以输入文字，还可以对所输入的文字进行样式上的编辑
JList	这个没什么可说的，只是一个简单的带值**列表**
JComboBox	也是一个带值的列表，但这个列表默认**只有一个**值供选择
JTree	以**树形**结构来展示，比如文件浏览器里的文件夹结构
JTable	以表格的样式来展示，用行和列来表现一些事情，这些你都知道的

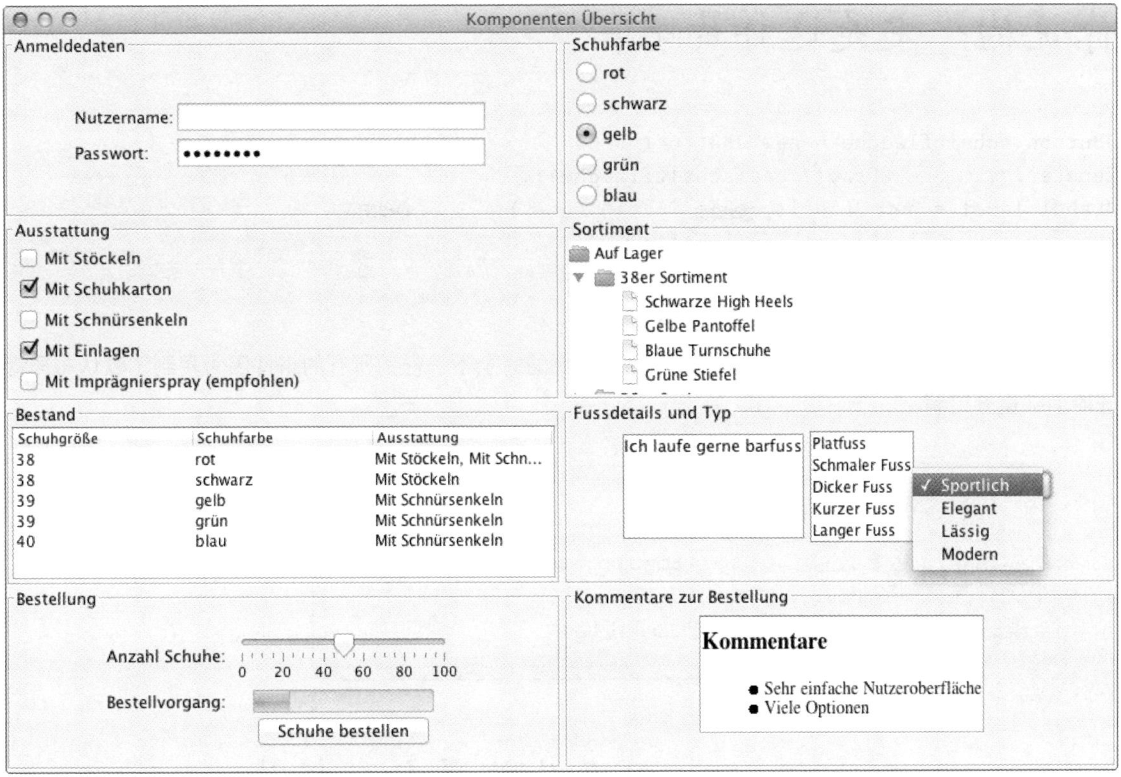

各个组件的实现效果

全部要行列对齐——怎么布局GUI组件

2.

在继续创建GUI组件和添加内容面板之前，我们先认识一下所谓的**布局管理器**。是的，有很多常用的布局管理器。但首先应该知道，内容面板里的GUI组件是根据什么原则来布局的。正因为有不同的风格，所以可以通过一个布局管理器表示各个风格。如果你对这个没有什么兴趣的话，那就从下面的代码入手，假设想要在按钮的边上再加上一个描述。

你说的一定是这样的吧：

```
...
JButton schaltflaeche = new JButton("Drück mich");
fenster.getContentPane().add(schaltflaeche);*1
JLabel label = new JLabel("Hallo Schrödinger");
fenster.getContentPane().add(label);*2
fenster.setVisible(true);
```

*1 添加第一个按钮……

*2 然后在它的后面是文本描述。

对，我说的就是这样。但显示的结果和你想要的完全不一样。所有的组件**因为用到了默认布局管理器而被重叠绘制**。

采用默认布局管理器的两个组件在同一个内容面板里的展示效果。

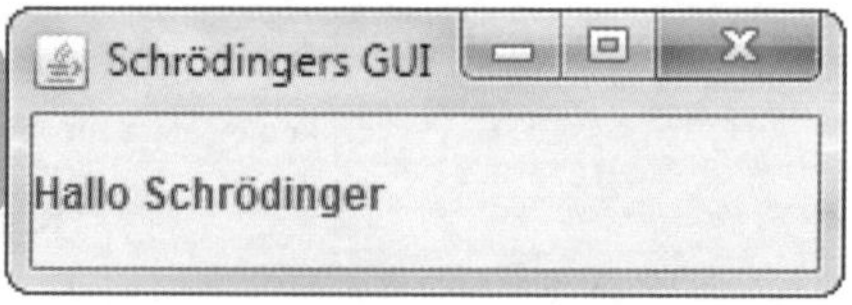

现在的效果和我想的完全不一样。
上下、左右都还好，
就是不要**重叠**着摆放！

是的，重叠摆放听起来也挺搞笑的，但是事实就是如此，那是因为**还没有弄明白默认布局管理器的作用**。在JFrame中会通过java.awt.BorderLayout类来表现边界布局（border layout）。这样的布局会把容器（现在叫容器，其他后续的例子还是叫内容面板）分为**东**、**南**、**西**、**北**和**中心**五个区域：

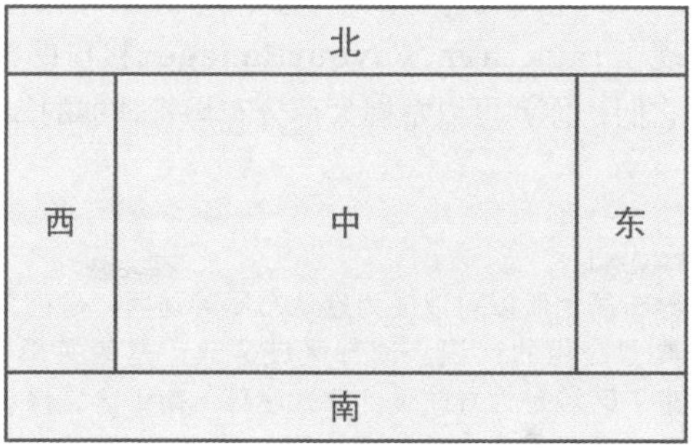

边界布局的区域划分

两个组件在同一个面板中，还是默认布局管理器

不言而喻，通过add()方法可以把组件添加到内容面板中的**五个区域**里，默认情况是添加到**中心区域**。如果以同样的格式再添加一个组件的话，组件还是出现在**中心区域**，并且展示的效果还是**重叠的**。幸好在重载的变量里有add()方法，可以用它来指明组件应该出现在哪个区域。所以，

更好的做法是这样的：

```
JButton schaltflaeche = new JButton("Drück mich");
fenster.getContentPane().add(schaltflaeche, BorderLayout.WEST*1);
JLabel label = new JLabel("Hallo Schrödinger");
fenster.getContentPane().add(label, BorderLayout.EAST*2);
```

*1 按钮放在区域里的左侧……

*2 文本描述放在区域里的右侧，所有这些都通过BorderLayout类里的常量来表示。

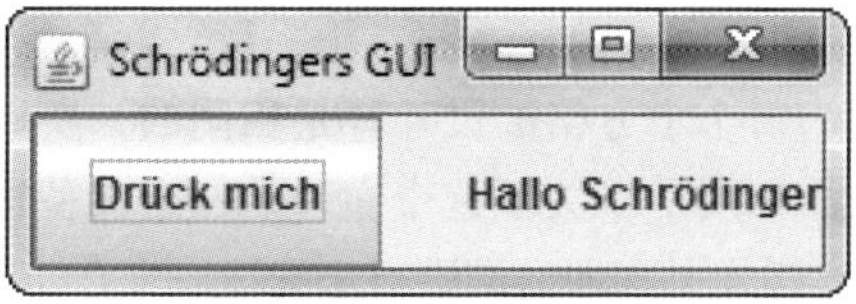

现在看着好多了。但是，如果我不想把组件这样布局，或者想在GUI里使用更多的组件要怎么做呢？

问得好，很专业的问题。如果是那样的话，就使用**其他的布局管理器**。严格来说，有一系列这样的布局管理器，它们都是实现了`java.awt.LayoutManager`接口的类，由于数量众多我只能给你介绍一些比较常用的。通过学习它们，你就可以掌握大部分布局管理器的知识。

【背景资料】

边界布局之所以可以成为默认布局管理器，是因为它能快速摆放组件，符合人们对典型应用的认识。顶部区域（**北**）是为菜单栏设计的，左侧（**西**）和右侧（**东**）区域是为导航设计的，底部（**南**）区域是状态栏位置，中部（**中**）则是留给了应用程序本身的实际应用。对比一下IDE或者浏览器的布局，是不是差不多都是这样设计的？

用网格布局把所有组件放在网格里

使用网格布局（grid layout）的方式（`java.awt.GridLayout`）会把GUI的组件摆放在**网格**里。

网格中小方格的数量可以人为设定。每个组件会从左上开始，每行按照从左至右的顺序逐行地进行布局。如果一行满了，将在下一行继续布局。GUI组件的大小要符合小方格的尺寸。因为每个小方格的尺寸都是**相同**的，所以使得**网格布局结构**的应用区域看起来比较简洁明了。关于这个布局的一个典型且单调的例子要数计算器应用程序的按钮布局样式了。那么谁愿意来编写一个有GUI的计算器程序呢？

我不愿意！

那好吧，我来替你做这个程序，让你看看网格布局是什么样的：

```
JFrame fenster = new JFrame("Taschenrechner");*1
fenster.setDefaultCloseOperation(JFrame.EXIT_ON_CLOSE);*1
fenster.setSize(200, 200);*1
fenster.setLayout(new GridLayout*2(4, 4));
fenster.getContentPane().add(new JButton("7"));*3
fenster.getContentPane().add(new JButton("8"));
fenster.getContentPane().add(new JButton("9"));
fenster.getContentPane().add(new JButton("/"));
fenster.getContentPane().add(new JButton("4"));
fenster.getContentPane().add(new JButton("5"));
fenster.getContentPane().add(new JButton("6"));
...

fenster.getContentPane().add(new JButton(","));
fenster.getContentPane().add(new JButton("="));
fenster.getContentPane().add(new JButton("+"));
fenster.setVisible(true);*1
```

*1 这几句都是老面孔了……

*2 这句是新面孔。此处就是布局管理器所设定的**网格布局**格式。两个参数分别代表网格的行数（第一个参数）和列数（第二个参数）。

*3 接下来就是用add()方法把各个GUI组件添加到内容面板里。“7”号键在左上角，“8”号键在其右侧，以此类推。到“4”号键的时候换一行，因为所定义的布局已经到达了列的极限，然后再继续按部就班地放置组件。

计算器的网格布局就完成了：

网格布局里的所有小方格都有相同的尺寸，这就使得当中所有的GUI组件也是如此。

这个计算器不错……
它没有显示结果的地方……

你说得没错，不得不承认，这样的**网格布局**并不那么好看：文本框要是只有一个单元格大小的话，那么就用大脑计算就好了，因为多位的运算结果根本显示不下。

嗯，那我一定会这样说，文本框要比一个、两个、三个、四个单元格大些才行。

小薛，我是不是早就说过？我得感谢你，每次都能用你预习的知识帮我很好地衔接上下文。你刚刚那样的解决办法当然可以，但是不能用**网格布局**，而要换成**网格包布局**（grid bag layout）。你现在猜一猜，接下来我该讲什么内容了。

用网格包布局合并单元格

网格包布局（`java.awt.GridBagLayout`）使用起来比网格布局灵活得多，因为可以用它指明一个单元格是否应该覆盖多个列或行，还可以指定行、列的高和宽。

我们先抛开那个无聊的计算器的例子，一起来看个有趣的例子吧。

这个登录对话框的例子是不是好多了，这里给出它的布局草图。

哦，还是很无趣呀……

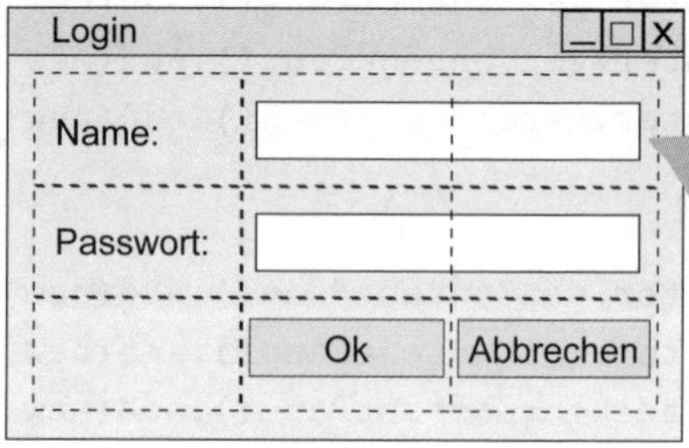

我明白，我明白，小薛。

但这个例子不是更现实一些吗？你注意这草图，上面的登录名（Name）和密码（Passwort）的区域已经覆盖了两个单元格。处理这样的问题虽然有一些工作量，但是并不是很难：

```
JFrame fenster = new JFrame("Login");
fenster.setDefaultCloseOperation(JFrame.EXIT_ON_CLOSE);
fenster.setSize(290, 170);
fenster.setLayout(new GridBagLayout()*1);
```

```
JLabel labelName = new JLabel("Name:");*2
JLabel labelPasswort = new JLabel("Passwort:");*2
JTextField feldName = new JTextField();*2
JPasswordField feldPasswort = new JPasswordField();*2
JButton schaltflaecheOk = new JButton("Ok");*2
JButton schaltflaecheAbbrechen = new JButton("Abbrechen");*2
```

```
GridBagConstraints c = new GridBagConstraints();*3
c.fill*5 = GridBagConstraints.HORIZONTAL;
c.insets*6 = new Insets(4, 4, 4, 4);
c.gridx*7 = 0;
c.gridy*7 = 0;
fenster.getContentPane().add(labelName, c*4);
```

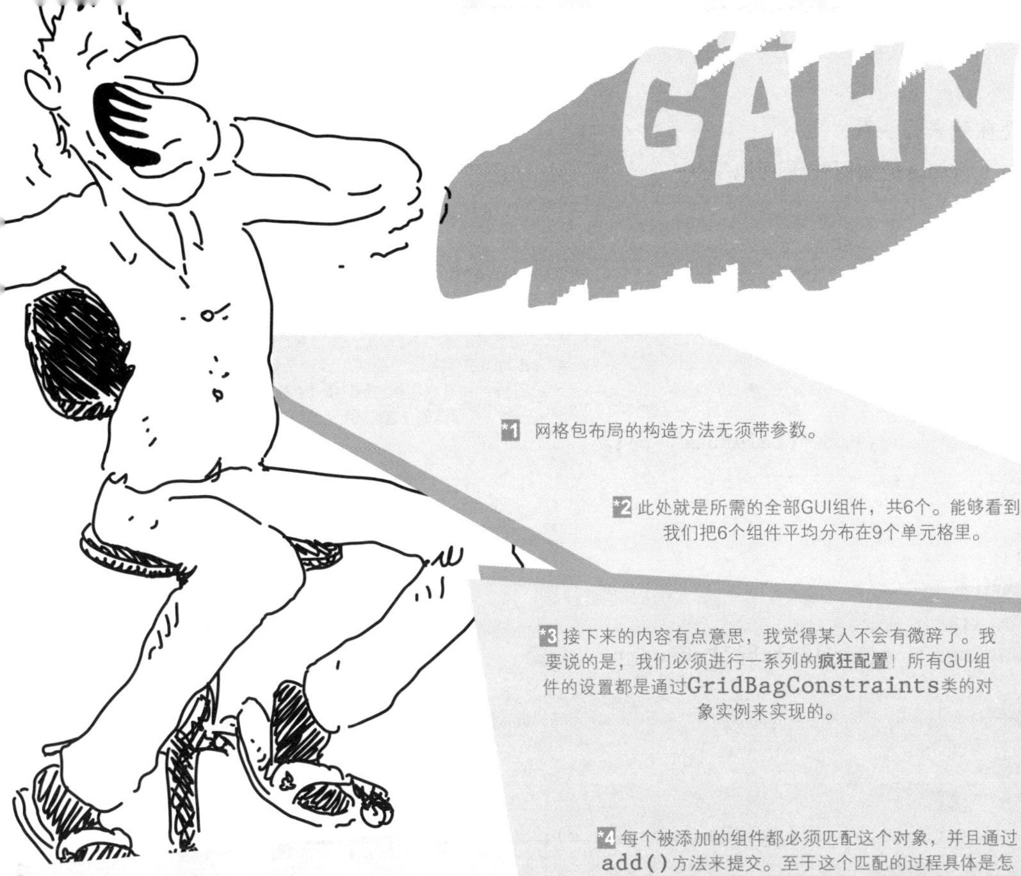

*1 网格包布局的构造方法无须带参数。

*2 此处就是所需的全部GUI组件，共6个。能够看到，我们把6个组件平均分布在9个单元格里。

*3 接下来的内容有点意思，我觉得某人不会有微辞了。我要说的是，我们必须进行一系列的**疯狂配置**！所有GUI组件的设置都是通过`GridBagConstraints`类的对象实例来实现的。

*4 每个被添加的组件都必须匹配这个对象，并且通过`add()`方法来提交。至于这个匹配的过程具体是怎么实现的，我们马上就一步一步地来看看。

*5 `GridBagConstraints`类没有set方法，但是有对外开放的公共对象字段。通过把`fill`设置成`GridBagConstraints.HORIZONTAL`，就可以让GUI组件充分利用内容面板里的横向区域（说容器可能更通俗些）。

公共字段？我觉得，这样的风格不太好吧？

是的，从某种程度上讲你是对的。但这样可以自行设定，并且通过公共set和get方法访问也不会有什么损失。你看，专家也会犯错，而且Java标准函数库里本身就有这样的问题……严格地说也会有不寻常的编程格式。因为版本的向下兼容性不会顾及这样的问题，所以非常遗憾，这样的设计错误通常不会有后来人纠正。好了，这个问题我们就不继续讨论了。

*6 通过`java.awt.Insets`类可以设定每个GUI组件顶部、左侧、底部和右侧的边距。如果只给定一个值，将对所有四个边界区域生效。

*7 用`gridx`和`gridy`指定GUI组件呈现的网格位置。与往常一样，这里是从0开始计算的。

至此都理解了吗？

太好了，我们现在就来看一看，GridBagConstraints是如何配置其他GUI组件的。

*1 注意，GridBagConstraints实例可以被重复使用。网格包布局管理器只需要读取它一次，之后不需要再引用。已经添加了组件的布局不会由于这样的实例改变而产生变化！

*2 因为输入用户名的文本框应该出现在描述的右边，所以gridx需要加1。

*3 此外文本框的宽度应该与"OK"按钮和"取消"按钮的宽度总合保持一致。通过gridwith可以指定，一个GUI组件在本行中使用多少个横向彼此相连的单元格。同样，还可通过gridheight指定纵向彼此相连的单元格的个数。但这个设定在这里不需要。

输入用户名的文本框：

```
*1c.gridx = 1;*2
c.gridwidth = 2;*3
fenster.getContentPane().add(feldName, c);*4
```

*4 最后，新设定的文本框被添加到面板里。

密码输入框的描述：

```
c.gridx = 0;*6
c.gridy = 1;*6
c.gridwidth = 1;*7
fenster.getContentPane().add(labelPasswort, c);*5
```

*5 对于输入密码的描述……

*6 应该出现在下一行（gridy加1）的最左侧（gridx变回0）。

*7 重要的是，gridWidth需要变成1。

输入密码的文本框：

```
c.gridx = 1;*9
c.gridwidth = 2;*10
fenster.getContentPane().add(feldPasswort*8, c);
```

否则密码输入框就会是两个单元格的宽度了。我知道的。

*8 密码输入框本身……

*9 位于描述的右侧……

*10 并且是两个单元格宽。

"OK"按钮：

```
c.gridy = 2;*11
c.gridx = 1;*13
c.gridwidth = 1;*14
fenster.getContentPane().add(schaltflaecheOk, c);*12
```

"取消"按钮：

```
c.gridx = 2;*15
c.gridy = 2;*15
fenster.getContentPane().add(schaltflaecheAbbrechen, c);*16
fenster.setVisible(true);
```

*11 重新换一行……

*12 配给"OK"按钮。因为要与文本框左对齐，并且gridx的值还是1，所以就不需要重新设定gridx的值了。

*13 当在网格中加入一个新组件时，尽管有很好的样式，但也要这样设置，因为这样可以确保代码位置与你所设计的布局相吻合。

*14 无论如何，gridWidth肯定需要重新设定。

*15 在右下角……

*16 再放置"取消"按钮。这样就结束了。

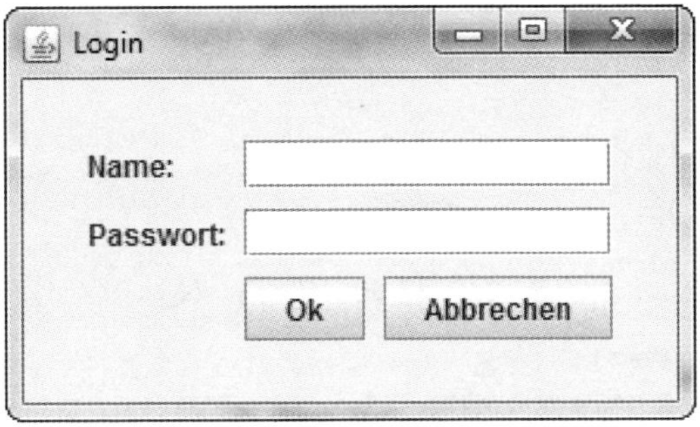

刚才还是草图呢，现在就已经登上舞台了——**网格包布局**的GUI完成了

但这并不是全部的布局样式。

下面是其他布局管理器的介绍。

布局管理器	解释说明
`java.awt.FlowLayout` 流式布局	所有GUI组件会被放置在**同一行**中。当横向排满了以后会换一行重新加载各个组件
`java.swing.BoxLayout` 箱式布局	功能和流式布局类似，只是多了一些选择，此外GUI组件不仅可以**横向**排列，还可以**纵向**排列
`java.awt.CardLayout` 卡片布局	这样的布局可以使得各个组件重叠放置。为什么？因为总是只有一个组件可以被呈现出来。比如选项卡（tab）：用户选择一个选项卡时，只有它的内容会被看到，其他选项卡的内容不会展示出来

【背景资料】

在现实的工作中，为了界面上的GUI组件能符合客户的要求，通常是将不同的布局结合起来使用。原则上，可以给每个从`java.awt.Container`派生出来的GUI组件都设置一个布局管理器。比如首先用边界布局管理器得到一个`JFrame`，然后在**西侧**获得一个可以设置网格布局面板，在**北侧**再设置一个流式布局的面板。这样GUI组件的布局就不会受到边界的限制了。

阶段练习——鞋放在盒子里好，还是放在网格里好

又到做练习的时间了。你是不是觉得上面的例子太无趣了？
那现在做一个鞋盒容积计算器如何？

好吧，鞋，说来说去还是这个。

【困难任务】

根据下面草图的风格，用Swing实现图形界面。应该采用哪个布局管理器呢？要是你可以采用**JFrame**编写一个属于自己的类，并且可以在这个类里启动一个实例的话，还会有额外的奖励给你。哦，对了，结果显示框是不允许用户修改的。可以用**setEditable(false)**来实现。

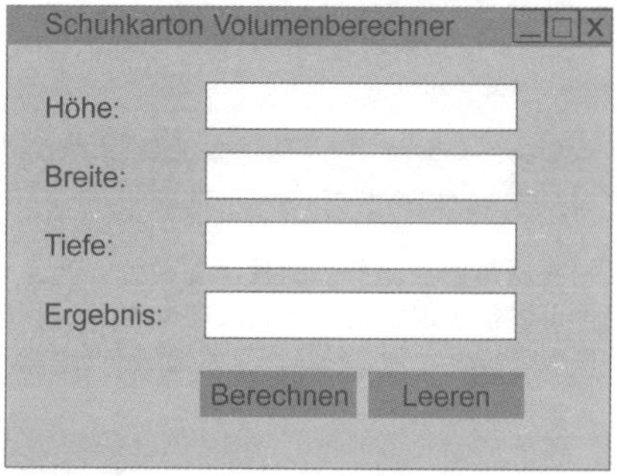

我觉得这个用网格包布局来做的话会比较麻烦。

说得不错，下面给出的是剩下的参考代码：

```
public class SchuhKartonVolumenBerechnerGUI extends*1 JFrame {
  private JLabel labelHoehe;*3
  private JLabel labelBreite;
  private JLabel labelTiefe;
  private JLabel labelErgebnis;
  private JTextField textHoehe;
  private JTextField textBreite;
  private JTextField textTiefe;
  private JTextField textErgebnis;
  private JButton schaltflaecheBerechnen;
  private JButton schaltflaecheLeeren;
  public SchuhKartonVolumenBerechnerGUI() {
```

*1 基于面向对象的知识，我有必要再次说明一下：不要在**main()**方法里直接定义GUI界面，更好的做法是在一个继承**JFrame**的类中定义GUI。在**main()**方法中能直接生产这个类的实例，并且用**setVisible(true)**启动这个实例。或者在GUI类里编写一个自己的**start()**方法，然后再用**setVisible(true)**来调用它。无论如何，把GUI定义和启动**彻底分开**就对了。

```
    super("Schuhkarton Volumenberechner");*2
    this.setDefaultCloseOperation(JFrame.EXIT_ON_CLOSE);*2
    this.setSize(350, 200);*2
    this.initialisiereKomponenten();
    this.ordneKomponentenAn();
  }
 ...
}
```

*2 这句在学习继承的时候就已经见过了。这样就可以直接调用拥有特定标题的JFrame父类的构造函数，同时还可以调用从JFrame继承过来的方法。

*3 把各个GUI组件定义成私有的对象变量，这样在……

```
private void initialisiereKomponenten()*4 {
    this.labelHoehe = new JLabel("Höhe:");
    this.labelBreite = new JLabel("Breite:");
    this.labelTiefe = new JLabel("Tiefe:");
    this.labelErgebnis = new JLabel("Ergebnis:");
    this.textHoehe = new JTextField();
    this.textBreite = new JTextField();
    this.textTiefe = new JTextField();
    this.textErgebnis = new JTextField();
    this.textErgebnis.setEditable(false);*5
    this.schaltflaecheBerechnen = new JButton("Berechnen");
    this.schaltflaecheLeeren = new JButton("Leeren");
  }
```

*4 后来调用类的其他方法时就不会混乱了。正如你看到的，GUI代码可以迅速占据多行，整个初始化代码可以被更多的方法引用，这样一来就更加方便了。initialisiereKomponenten()方法里的代码没有什么特殊的，只是创建各个组件。

*5 显示结果的文本框不允许修改。

```
  private void ordneKomponentenAn()*6 {
    this.getContentPane().setLayout(new GridBagLayout());
    GridBagConstraints c = new GridBagConstraints();
    c.fill = GridBagConstraints.HORIZONTAL;
    c.insets = new Insets(4, 4, 4, 4);
    c.gridx = 0;
    c.gridy = 0;                                          A
    this.getContentPane().add(this.labelHoehe, c);

    c.gridx = 1;
    c.gridwidth = 2;                                      B
    this.getContentPane().add(this.textHoehe, c);

    c.gridx = 0;
    c.gridy = 1;
    c.gridwidth = 1;                                      C
    this.getContentPane().add(this.labelBreite, c);

    c.gridx = 1;
```

*6 此处布局所有的组件。用网格包布局来摆放GUI组件的工作比较紧凑，因此我就不过多地解释代码了，自己慢慢看吧。最后的效果和我们之前说的会是一样的。那么现在就开始**疯狂配置**吧！

```
    c.gridwidth = 2;
    this.getContentPane().add(this.textBreite, c);

    c.gridx = 0;
    c.gridy = 2;
    c.gridwidth = 1;
    this.getContentPane().add(this.labelTiefe, c);

    c.gridx = 1;
    c.gridwidth = 2;
    this.getContentPane().add(this.textTiefe, c);

    c.gridx = 0;
    c.gridy = 3;
    c.gridwidth = 1;
    this.getContentPane().add(this.labelErgebnis, c);

    c.gridx = 1;
    c.gridwidth = 2;
    this.getContentPane().add(this.textErgebnis, c);

    c.gridx = 1;
    c.gridy = 4;
    c.gridwidth = 1;
    this.getContentPane().add(this.schaltflaecheBerechnen, c);
    c.gridx = 2;
    this.getContentPane().add(this.schaltflaecheLeeren, c);
}
```

我注意到

所有GUI组件的变量名中你都特意体现出了变量名的类型。这是在命名时的

坏习惯吧？

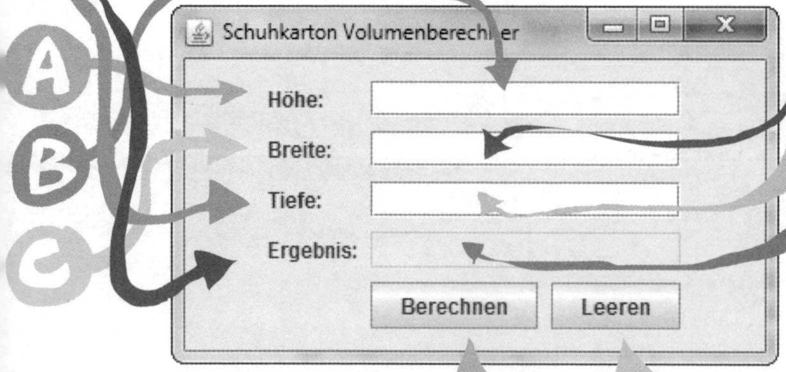

是的，的确有点不好。但是在GUI组件的命名上我已经习惯这样做了，这样我就会知道组件和变量之间的对应关系了。就算变量的声明和所对应的变量类型出现在源代码的其他地方，也同样可以一目了然。

布局好了，但是动作……还没有呢？怎么给GUI组件添加动作

3. 一个GUI虽然做好了，但是如果人们不为它们赋予一些动作，它们也没什么意义。因为大多数的GUI组件默认情况下很少或者压根就不会做什么，所以我们要告诉这些组件应该执行哪些动作。就好比现在，点击鞋盒容积计算器界面上的某个按钮后，其实并不会看到有什么变化，至少从用户的角度看是什么变化都没有的。总之，我们必须给每个GUI组件**添加动作**。

接下来我们就来实现鞋盒容积计算器的功能，点击“计算”按钮后就会从文本读出长、宽、高的数据，并且把计算结果写到第四个文本框里。

如果没成功的话，会被人笑话的。

把动作加入Swing和一些其他GUI函数库里，这种行为叫作**事件处理**。也就是说，**GUI组件触发事件**，你要在代码中**对这个事件做出回应**。回应事件的功能是通过**监听器**（listener）来做的。除了点击按钮是事件以外，比如往文本框里粘贴文本、鼠标的移动，或者键盘上按键的动作都可以算作事件。

【概念定义】

一般来讲，**监听器**是用来监听其他组件所触发的特定事件的。对于GUI编程来说，监听的是来自具体的GUI组件的事件。

在Java中，不同的事件是由不同的类实现的。`java.awt.event`包里囊括了非常多的`Event`类，比如动作事件、文本事件、鼠标事件，或者按键事件等。当用户点击了一个按钮的时候，就会产生一个`ActionEvent`的实例，然后**公布出去**。

哦。那我该怎么响应这些事件呢？

你可以事先为GUI组件**注册监听器**。在Swing中对于每个不同的事件都对应着一个**事件监听器**。比如，对应上面提到的事件在`java.awt.event`里就会有`ActionListener`监听接口、`TextListener`监听接口、`MouseListener`监听接口和`KeyListener`监听接口等。

接口……也就是说，我必须先生成监听器再给GUI组件注册，是吗？

没错。每个监听接口都会有一个或多个用来响应不同事件的方法。比如实现了`ActionListener`接口后，`actionPerformed()`方法就会获得动作事件的一个实例作为参数。在一些接口中甚至还要实现多个方法，比如鼠标监听器中就有`mouseClicked()`、`mouseEntered()`、`mouseExited()`、`mousePressed()`和`mouseReleased()`方法，这些方法都会获得一个`MouseEvent`的实例，但是调用它们的时间点是不同的，需要根据用户在各个GUI组件上的鼠标动作来判断。

好吧，那怎么给GUI组件注册监听器呢？

非常简单，创建一个监听对象以后，通过合适的GUI组件方法（addActionListener()、addTextListener()、addMouseListener()、addKeyListener()等）就可以把组件和监听对象关联起来。根据不同的GUI组件选择使用不同的方法来添加，因为不是所有的GUI组件都支持所有类型的监听器。比如一个按钮不能添加文本监听器（text listener），因为按钮不具备改变文本的功能。所以，JButton是没有addTextListener()方法的。

虽然你说的这些我都能明白，但是还得实践一下才行。

没错，那是自然。只需把前面的源代码扩展成下面的方法，然后在构造函数里调用这个方法，**那样就会生成并注册一个监听器：**

```
private void registriereListener() {
  this.schaltflaecheBerechnen*1.addActionListener*2(new ActionListener()*3 {
    @Override
    public void actionPerformed*4(ActionEvent e) {
      Integer hoehe = Integer.parseInt(textHoehe.getText());*5
      Integer breite = Integer.parseInt(textBreite.getText());*5
      Integer tiefe = Integer.parseInt(textTiefe.getText());*5
      Integer ergebnis = hoehe * breite * tiefe;*5
      textErgebnis.setText(ergebnis.toString());*5
    }
  });
}
```

*1 此处就是那个按钮。

*2 addActionListener()方法需要ActionListener作为参数。

*3 典型的做法是把监听器定义成**匿名类**，不然在大型的项目中很难在短时间内获得监听器类，另外也可以很方便地从匿名类访问到附近的类的对象变量。

*4 当用户点击了按钮，注册了监听器的actionPerformed()方法就会被调用。

*5 此处读取出长、宽和高的值，经过计算后再写到结果文本框中。

【便签】
一个GUI组件不是只能添加一个监听器，而是可以添加多个同一类型的监听器，比如一个负责计算的动作监听器和一个负责其他工作的动作监听器。反过来，一个监听器本身可以注册到多个GUI组件上。但这时候就不允许把监听器创建为匿名类了，而是必须先分配给一个变量，然后再提交给不同的GUI组件。所以你看，GUI组件和动作的分离会有利于代码的重复利用。

监听器至少和GUI组件一样多，这里给出几个最重要的监听器。

监听器类	调用时间
`ComponentListener` 组件监听器	当GUI组件被隐藏、呈现、移动和调整大小的时候调用
`FocusListener` 焦点监听器	当GUI组件获得键盘焦点的时候调用，就是说，当通过键盘（不是鼠标）定位到相应的GUI组件时
`KeyListener` 按键监听器	当键盘上的按键被按下或者被松开的时候调用
`MouseListener` 鼠标监听器	当鼠标指针被放在一个GUI组件的上面，然后又离开，或者点击和释放鼠标键的时候调用
`MouseMotionListener` 鼠标运动监听器	如果把鼠标指针移动到一个GUI组件上，监听器会记录这个过程中**所有的轨迹**
`MouseWheelListener` 鼠标滚轮监听器	当鼠标滚轮在GUI组件上移动时被调用

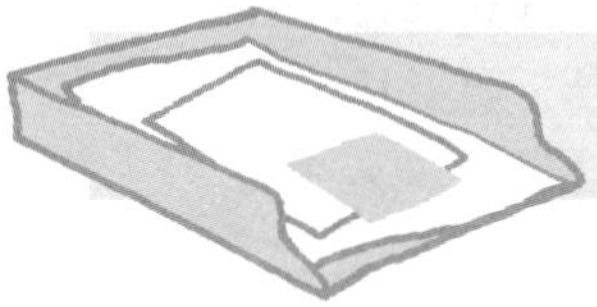

【资料整理】

理论上所有监听器的工作原理都一样：都需要在GUI组件上注册，然后再对组件触发的特殊事件做出响应。

如果不想总是实现监听器（比如**鼠标监听器**）的所有方法，那么可以了解一下所谓的**适配器类**，实际上它只是个实现了监听器接口的**空类**。在用到该接口时，可以继承这个适配器类，并且只要重写所需要的方法即可。举个例子，假如只打算捕捉鼠标点击事件，那么实现**鼠标监听器**所有的5个方法显然没有太大意义，因为其中的4个方法都会为空方法。这就会导致没必要的代码增多，使代码变得臃肿。对于此类情况，更好的做法是继承`MouseAdapter`类（鼠标适配器类在`java.awt.event`类里可以找到），然后只需重写需要的方法（也就是`mouseClicked()`方法）。

用Swing实现用户输入信息验证

还有一个事情得说，然后就可以去做下一个练习了。到现在，这个容积计算器看来还不赖，假如在文本框里输入的不是数字，而是字符的话，那它就不管用了——因此就要对**输入的信息进行验证**。可以通过继承javax.swing.InputVerifier类，并且重写verify()方法，之后再给各自GUI组件注册监听器。

简单说就是这样：

```
private static class NurZahlenVerifier extends InputVerifier {
  @Override
  public boolean verify(JComponent input) {
    String text = ((JTextField) input).getText();
    try {
      Integer.parseInt(text);
      return true;
    } catch (NumberFormatException e) {
      return false;
    }
  }
}
```

然后这样去注册它的验证器：

```
private void registriereValidatoren() {
  this.textHoehe.setInputVerifier(this.nurZahlenVerifier);
  this.textBreite.setInputVerifier(this.nurZahlenVerifier);
  this.textTiefe.setInputVerifier(this.nurZahlenVerifier);
}
```

【便签】
在本书的资源中可以找到完整且结构简洁的源代码。

有趣的知识，有机会我一定试一试。
老实说，我有点紧张，不知道Bossingen对此会说些什么……

阶段练习——贩鞋商人

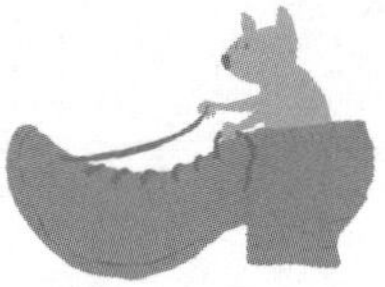

小薛，GUI编程差不多就是这样了，幸好有验证才能避免用户在文本框里马马虎虎地输入信息……

等等， 我把这些内容跟Bossingen展示了一下。他说：“从理论上听起来还不错。” 他说得就像他知道GUI设计一样……总的来说，他直接给了一个要求。

“从理论上听起来还不错。但是鞋盒的长度不可能是大于100cm的……总的来说，人们需要知道鞋盒使用的计量单位是什么？”

这根本就是两个要求：

(1) 需要显示单位；
(2) 需要定义输入数字的值域。

那么，需要显示的单位可以通过在各个文本框后面加上文字来解决。所以你必须把下面的代码段添加到各自文本框的后面：

```
c.gridx = 3;*1
c.gridwidth = 1;*2
this.getContentPane().add(new JLabel("cm"), c);*3
```

*1 右边加入一个新的列，直接gridx加1。

*2 不要忘了，gridwith重置回1。

*3 然后再加入一个描述。因为大多数情况下，描述对于一个对象变量来说不是很重要，所以在结果输出框的后面可以加入“cm³”。

最终结果如下：

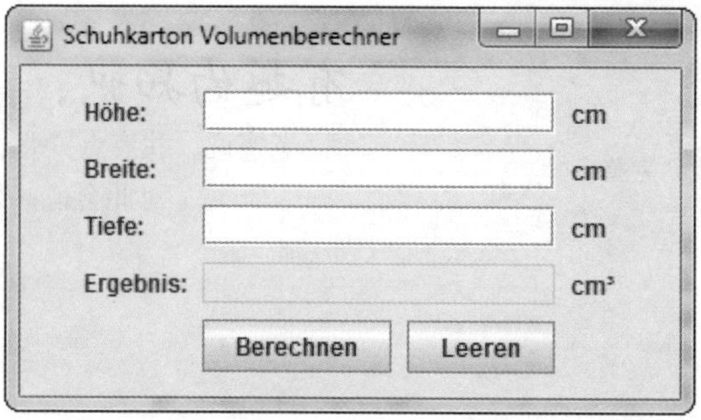

现在就剩限定取值范围了：

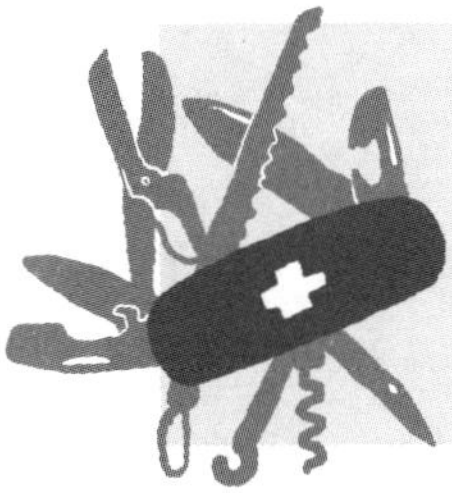

【困难任务】

用一个滑块组件（**JSlider**）替换鞋盒容积计算器中的文本输入框，然后把取值范围的最大值和最小值提交给它。对此必须先搞明白**JSlider**的用法，我相信你可以的。考虑一下，实现滑块效果需要哪些方法，还有不要忘了，要匹配监听器。至于数据的验证可以不用考虑，因为滑块组件是不允许用户输入信息的。

参考代码：

```
...
private JSlider schiebereglerHoehe;
private JSlider schiebereglerBreite;
private JSlider schiebereglerTiefe;
...
private void initialisiereKomponenten() {
  ...
  this.schiebereglerHoehe = this.erstelleSchieberegler(20, 60);*1
  this.schiebereglerBreite = this.erstelleSchieberegler(20, 60);*1
  this.schiebereglerTiefe = this.erstelleSchieberegler(40, 100);*1
  ...
}

private JSlider erstelleSchieberegler(int minimum, int maximum) {*1
  JSlider schieberegler = new JSlider(minimum, maximum); *2
  schieberegler.setPaintLabels(true);*3
  schieberegler.setPaintTicks(true);*4
  schieberegler.setMinorTickSpacing(5);*5
  schieberegler.setMajorTickSpacing(10);*6
  return schieberegler;

}
```

*1 因为需要三个相同的滑块组件，所以在各自的方法里创建**JSlider**对象很有必要，而且还要给定最大值和最小值。尽管现在还不知道这里给定的值是不是符合Bossingen的要求，但稍后修改起来也非常容易。

*2 这些值可以直接传递给**JSlider**的构造函数。

*3 然后马上激活滑块的描述……

*4 还要在滑块的下面画出刻度线（就是一个小线段）。

*5 此处还需要指定小刻度的间隔距离……

*6 此处指定大刻度的间隔距离（包含刻度值）。

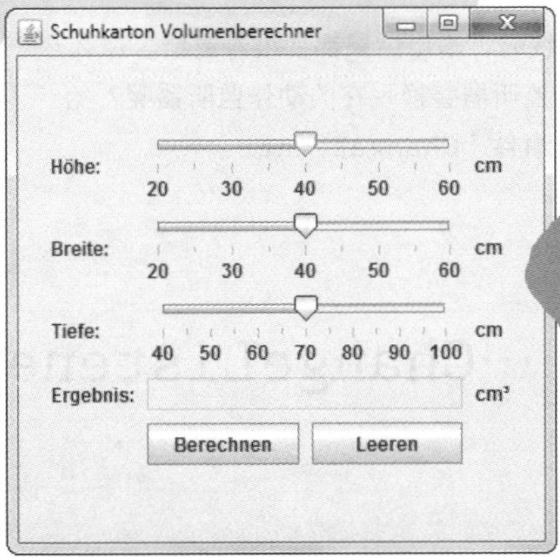

如果全都正确完成了，GUI就会是现在这个样子：

【笔记】

如果觉得现在这个GUI看着有点紧凑，直接调整一下窗口的宽度就协调了。

也可以省去在监听器中设置解析数字的麻烦：

```
private void registriereListener() {
  this.schaltflaecheBerechnen.addActionListener(new ActionListener() {
    @Override
    public void actionPerformed(ActionEvent e) {
      int hoehe = schiebereglerHoehe.getValue();
      int breite = schiebereglerBreite.getValue();
      int tiefe = schiebereglerTiefe.getValue();
      int ergebnis = hoehe * breite * tiefe;
      textErgebnis.setText(String.valueOf(ergebnis));
    }
  });
}
```

你的意思是，我根本就不需要检测是否为数字，因为JSlider总是只能提供数值。

对，没错。甚至还可指定标尺的刻度不是数字类型，而是其他的文本（如果有兴趣的话可以研究一下setLabelTable()方法）。不过内部还是int值。

【完善代码】

现在调整一下这个GUI，当**移动任何一个滑块**时，输出结果都会跟着**更新**。那么那两个按钮就可以删除了。现在需要用哪个监听器替换现在的**动作监听器**呢？给你个小提示：触发这个动作的事件叫作**改变事件**（ChangeEvent）。

嗯……那么我就需要一个……ChangeListener?

正确，参考代码如下：

```
private class BerechneErgebnisListener implements ChangeListener*2 {
  @Override
  public void stateChanged*3(ChangeEvent e) {
    aktualisiereErgebnis();*3
  }
}
private void aktualisiereErgebnis()*1 {
  int hoehe = this.schiebereglerHoehe.getValue();
  int breite = this.schiebereglerBreite.getValue();
  int tiefe = this.schiebereglerTiefe.getValue();
  int ergebnis = hoehe * breite * tiefe;
  this.textErgebnis.setText(String.valueOf(ergebnis));
}
private void registriereListener() {
  this.schiebereglerHoehe.addChangeListener(this.berechneErgebnisListener);*4
  this.schiebereglerBreite.addChangeListener(this.berechneErgebnisListener);*4
  this.schiebereglerTiefe.addChangeListener(this.berechneErgebnisListener);*4
}
```

ChangeListener回应每个滑块的动作：

*1 我把之前**动作监听器**里的代码打包进了一个单独的方法里，然后还可以直接调用构造函数来启动GUI在结果文本框中输出结果。

*2 接下来就需要实现ChangeListener监听器

*3 当任何一个滑块值改变时，结果输出文本框都会更新。

*4 之后三个滑块都可以使用这个监听器。

更绚丽、更多功能的JavaFX

平心而论，Swing是漂亮绚丽的，但是它也有些年头了。人们期待从新一代的GUI得到更多的功能。但是严格地说，尽管Swing有很多GUI组件和大量带有更多组件的外部函数库，但有些东西用Swing实现起来的确不是那么简单。Oracle也有同样的感受，所以现在才会有了第二个服务于用户图形界面的标准函数库。这就是JavaFX，确切的名称是JavaFX 2。从名字上就能看出来，JavaFX已经不算年轻了，在2008年的时候就已经推出了1.0版本。当时，整个1.X版本正是基于其**脚本**语言JavaFX Script。直到JavaFX 2才完全废除了JavaFX Script语言，换成了Java API。我下面提到的JavaFX指的就是JavaFX 2。

JavaFX的设计理念跟Swing相似，还是会有很多现成的类，也就是有**不同的GUI组件**，并且名称相似。如果已经了解了Swing，那么也会很快学会JavaFX的。同时，它会有**不同的布局**，给人更直观的感觉；还有**不同的事件监听器**，不过这次改名叫**事件处理器**了。

它和Swing长得那么像，我现在干嘛还要学习它呢？

好吧，因为它功能更强大，可以处理更多的事情，比如：

- 生成**动画效果**非常容易。
- 几乎可以呈现任何**HTML内容**。
- 灵活地调整GUI组件的**布局**和**外观**。
- **声明式GUI编写**，也就是说，不是用Java，而是用XML来定义GUI。

我现在展示给你看的并不是全部内容，
而是最重要的。

为了学习JavaFX开发，必须先把JavaFX SDK添加到类路径里。在Eclipse里是这样添加的：从菜单中先选出项目，再点击Add External JARs...，并且添加JDK的`jfxrt.jar`文件，这个文件通常位于jre\lib路径下。

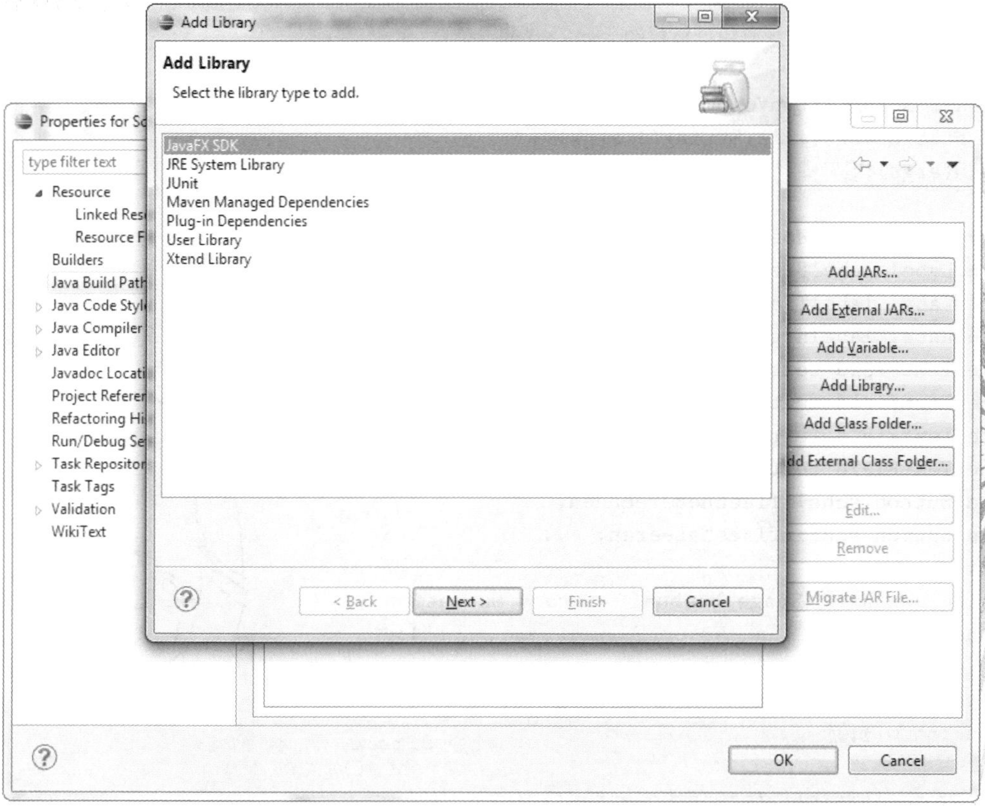

【背景资料】
除了Swing、AWT和JavaFX，Java标准函数库还有个比较出名的GUI函数库——**标准小部件工具箱**（Standard Widget Toolkit，SWT）以及在此基础上建立的JFace。例如，Eclipse就使用这个函数库。

JavaFX正式登台表演

如果把Swing形象地比喻成窗户和窗玻璃，那么JavaFX可以比喻成**剧场的舞台**。所以，为创建舞台背景所建立的类就叫作`Stage`，中文就是“舞台”的意思。舞台中的内容是通过类的实例对象`Scene`（场景）来体现的。在场景中摆设了不同的GUI组件，就像一个剧本通常都会有多个根据舞台需要而建造的场景一样。

你自己先看吧，这里直接把鞋盒容积计算器的JavaFX代码给你：

```
public class SchuhKartonVolumenBerechnerGUI extends Application*1 {
  public static void main(String[] args) {
    launch(args);*2
  }
  private Label labelHoehe;*3
  private Label labelBreite;
  private Label labelTiefe;
  private Label labelErgebnis;
  private TextField textHoehe;
  private TextField textBreite;
  private TextField textTiefe;
  private TextField textErgebnis;
  private Button schaltflaecheBerechnen;
  private Button schaltflaecheLeeren;  ...
  @Override
  public void start*4(Stage buehne*5) throws Exception {
    buehne.setTitle("Schuhkarton Volumenberechner");*5
    this.initialisiereKomponenten();
    this.ordneKomponentenAn(buehne);
    buehne.show();*5
  }
  private void initialisiereKomponenten() {
    this.labelHoehe = new Label("Höhe:");*6
    this.textHoehe = new TextField();
    this.labelBreite = new Label("Breite:");
    this.textBreite = new TextField();
    this.labelTiefe = new Label("Tiefe:");
    this.textTiefe = new TextField();
    this.labelErgebnis = new Label("Ergebnis:");
    this.textErgebnis = new TextField();
```

*1 一个JavaFX的应用总是需要继承`javafx.application.Application`类。

*2 它里面包含一个`launch()`方法，从`main`方法中可以方便地调用这个方法，用来启动JavaFX应用。

*3 GUI组件的类名与Swing和AWT里的差不多（只是去掉了大写字母“J”）。

*4 在`start()`方法里初始化GUI界面。

*5 `Stage`类的一个实例对象相当于GUI的一个窗户。跟之前的`JFrame`一样，可以给它定义个标题，然后用`show()`来展示这个窗口。

*6 初始化组件的功能跟Swing时一样。

```
    this.textErgebnis.setEditable(false);
    this.textErgebnis.setDisable(true);
    this.schaltflaecheBerechnen = new Button("Berechnen");
    this.schaltflaecheLeeren = new Button("Leeren");
  }
  ...
}
```

FX布局的过程就和Swing不同了。你还记得嘛，在Swing里必须创建一个布局管理器的实例，并且还要把它放在各自的面板里。但在JavaFX里不需要把面板和布局管理器分开，而是不同的布局有不同的面板。或者这么说吧：面板就是布局，布局也是面板。需要举个例子？已经有了：

```
private void ordneKomponentenAn(Stage buehne) {
  GridPane grid = new GridPane();*1
  grid.setHgap(10);*4
  grid.setVgap(10);*4
  grid.setPadding(new Insets(25, 25, 25, 25));*5
  grid.add(this.labelHoehe, 0, 1);*2
  grid.add(this.textHoehe, 1, 1, 2, 1);*3
  grid.add(new Label("cm"), 3, 1);
  grid.add(this.labelBreite, 0, 2);
  grid.add(this.textBreite, 1, 2, 2, 1);
  grid.add(new Label("cm"), 3, 2);
  grid.add(this.labelTiefe, 0, 3);
  grid.add(this.textTiefe, 1, 3, 2, 1);
  grid.add(new Label("cm"), 3, 3);
  grid.add(this.labelErgebnis, 0, 4);
  grid.add(this.textErgebnis, 1, 4, 2, 1);
  grid.add(new Label("cm³"), 3, 4);
  grid.add(this.schaltflaecheBerechnen, 1, 5);
  grid.add(this.schaltflaecheLeeren, 2, 5);
  buehne.setScene(new Scene(grid, 300, 250));*6
}
```

网格面板集布局和面板于一身。

*1 取代Swing里网格包布局的是JavaFX的网格面板，同时也直接用作面板……

*2 在面板中可以继续嵌入GUI组件。第一个参数是GUI组件，第二个是行，第三个是列。

*3 在加载的变量里还可以额外确定网格中GUI组件水平和垂直方向上需要使用单元格的个数。

*4 此处可以指明各个GUI组件之间水平和垂直方向上的间隔空间……

*5 以及指明GUI组件到网格面板的间隔距离（通过`javafx.geometry.Insets`类）。

和Swing*差不多*，只是更加简单了。没有了笨手笨脚的`GridBagConstraints`。

*6 好戏上演！如果所有的组件都布局好了，可以直接把它们放到一个场景里去，然后，一场精彩的演出即将上演！

JavaFX中最重要的布局介绍：

布局名	说　明	展示效果
javafx.scene.layout.orderPane 边界布局	与Swing的边界布局类似，可以通过setTop()、setBottom()、setRight()、setLeft() 和setCenter()方法来填充内容	BorderPane 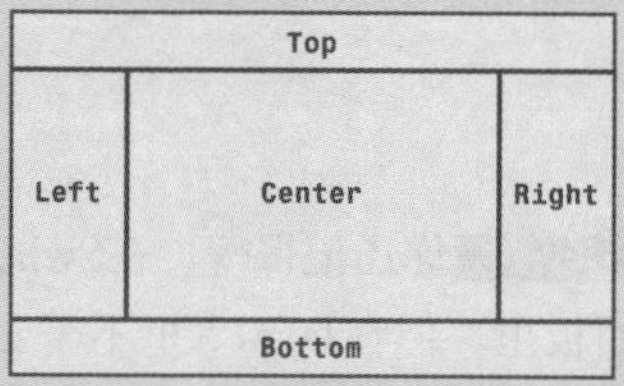
javafx.scene.layout.HBox 横排组件布局	组件横向**连续**排列（所以就叫HBox）	HBox 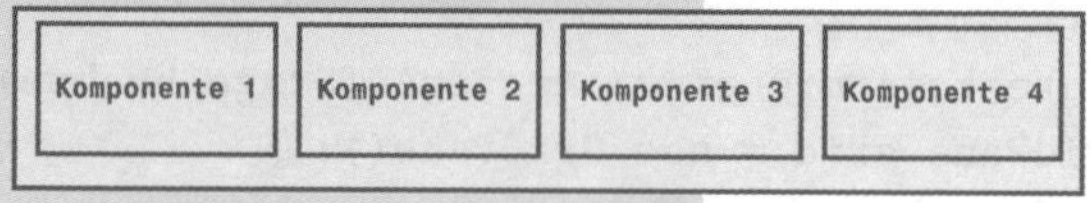
javafx.scene.layout.VBox 竖排组件布局	与HBox类似，只是所有组件**连续**布局在**垂直**方向上	VBox 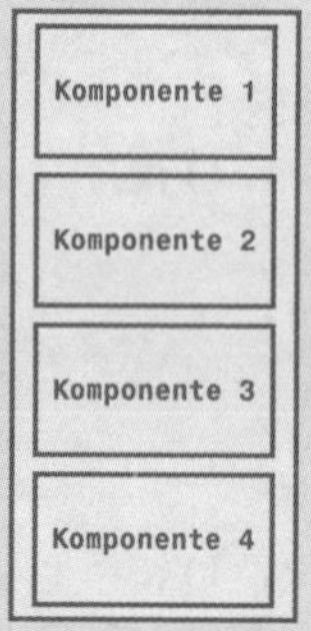
javafx.scene.layout.StackPane 栈面板布局	所有组件被**重叠**地摆放起来	StackPane 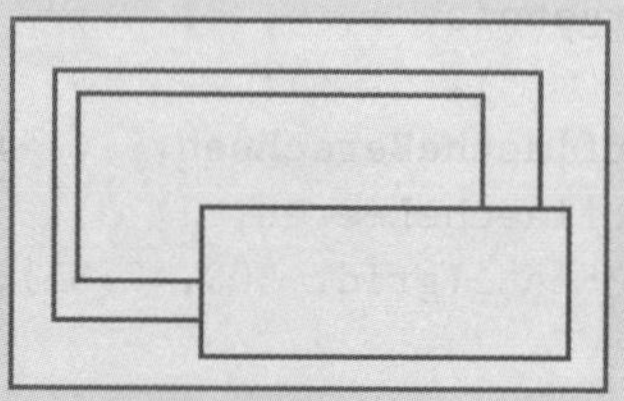
javafx.scene.layout.GridPane 网格面板布局	与Swing的网格包布局类似，行和列的结构设置**更加灵活**	GridPane 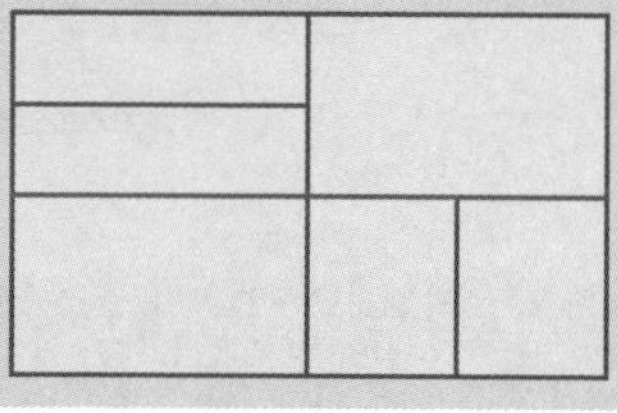

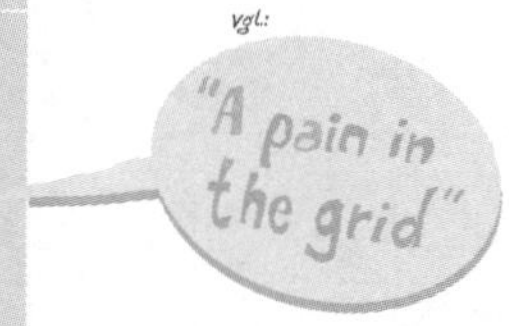

（续）

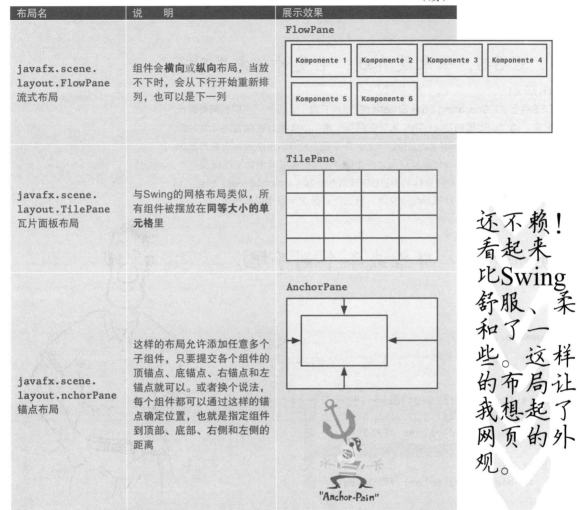

布局名	说　明	展示效果
javafx.scene. **layout.FlowPane** 流式布局	组件会**横向**或**纵向**布局，当放不下时，会从下行开始重新排列，也可以是下一列	FlowPane 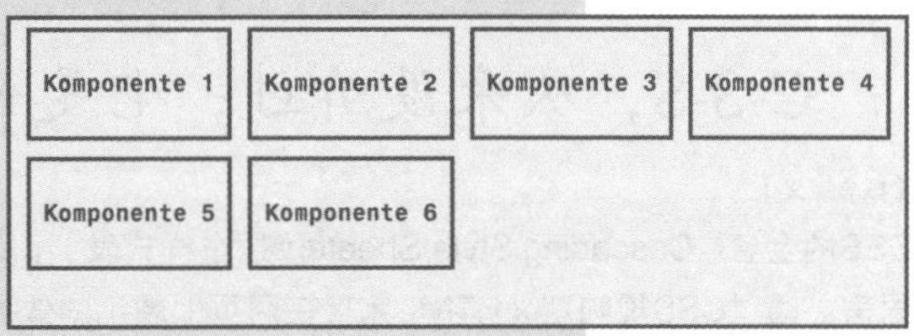
javafx.scene. **layout.TilePane** 瓦片面板布局	与Swing的网格布局类似，所有组件被摆放在**同等大小的单元格**里	TilePane 
javafx.scene. **layout.nchorPane** 锚点布局	这样的布局允许添加任意多个子组件，只要提交各个组件的顶锚点、底锚点、右锚点和左锚点就可以。或者换个说法，每个组件都可以通过这样的锚点确定位置，也就是指定组件到顶部、底部、右侧和左侧的距离	AnchorPane 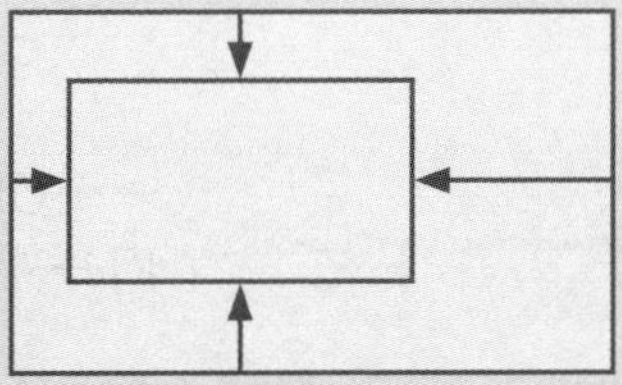 

还不赖！看起来比Swing舒服、柔和了一些。这样的布局让我想起了网页的外观。

说了这么多，现在让我们来看看完成后的GUI效果吧：

是的，说得没错。提到外观，你完全可以把它看成网页的样式。其实完全可以通过CSS来定义GUI的外观。

再用CSS加些"味道"

C-S-S，从来没听过，它是什么意思呀？

【概念定义】

CSS的全名是Cascading Style Sheets（层叠样式表），是一门早期的网页设计语言。通过**CSS规则**定义HTML元素在网页上展示的效果，比如设定元素的颜色和字体等。目前JavaFX也支持CSS了，为了使各个GUI组件的外观变得**更加完美**，无须改变Java源代码就可以让一个GUI直接变换成其他的外观样式。虽然Swing也提供了各种各样的调控GUI样式和外观（look and feel）的通用组件，但数量有限。而对于JavaFX来说，远远不止是应用灵活那么简单。

更加完美？那给我举个例子吧。

一个CSS文件的内容如下所示：

```
.root*1 {*2
  -fx-font-size:*3 11pt;*4
  -fx-font-family: "Courier New";
  -fx-background-color: #FF69B4;
}*2
.button*1 {
  -fx-background-color: #FFC0CB;
}
.label*1 {
  -fx-text-fill: #FFFFFF;
}
```

*1 这个部分叫作**选择器**，因为会通过它来**选择**哪些GUI组件受到这个**规则**影响。这里你看到的全部是简单的选择器，例如：`.root`的意思为针对所有的GUI组件，`.button`只对按钮有效，`.label`只对描述有效。

*2 花括号里就是具体的规则。

*3 首先出现的总是**属性名**和冒号……

*4 然后是**属性值**。各个属性要用分号分隔。

如果我没理解错的话，

第一个规则指定了所有GUI元素的字体大小为11pt……

pt代表字体的磅数，是一个典型的字体排版计量单位。你说得没错，我设定了**字体大小**（`-fx-font-size`）、**字体**（`-fx-font-family`）以及**背景颜色**（`-fx-background-color`）。

现在就剩下一件事必须做了，把这个样式表添加到Scene对象中去：

```
Scene szene = new Scene(grid, 300, 250);
szene.getStylesheets()*1.add(↩
  "de/galileocomputing/schroedinger/java/kapitel16/javafx/schuhe/styles.css"*2);
buehne.setScene(szene);
```

*1 每个Scene对象拥有可使用的样式列表。

*2 最好把CSS文件（文件扩展名为.css）保存在与各个应用主类相同的目录下。

现在GUI界面看起来完全不同了，而且真的柔和多了：

是的，你瞧。要是你想为Bossingen换个样式的话，可以直接用其他的样式表就好了，根本不用修改Java源代码……

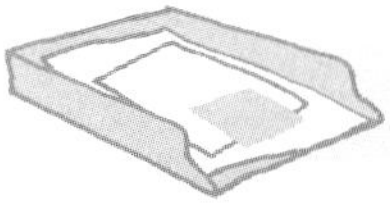

【资料整理】

GUI的外观样式与组件分离式的设计就是JavaFX比Swing明显优越的地方。

添加动作

在JavaFX中，同样采用的是GUI类与GUI组件动作相分离的模式。在Swing的时候，动作是通过事件和事件监听器来实现的，在JavaFX里只是名字不一样罢了，后者叫**事件处理器**。这个概念对你来说可能不算新了。

不，你还是直接给我看看代码吧。

好吧，在这个方法里添加和实现了整个事件处理器：

```
private void registriereListener() {

  this.schaltflaecheBerechnen.setOnAction*1↩
    (new EventHandler<ActionEvent*2>() {
    @Override
    public void handle(ActionEvent event) {
      aktualisiereErgebnis();*3
    }
  });
  this.schaltflaecheLeeren.setOnAction(new EventHandler<ActionEvent>() {
    @Override
    public void handle(ActionEvent event) {
      textHoehe.setText(null);
      textBreite.setText(null);
      textTiefe.setText(null);
    }
  });
}
private void aktualisiereErgebnis() {
  Integer hoehe = Integer.parseInt(this.textHoehe.getText());*4
  Integer breite = Integer.parseInt(this.textBreite.getText());*4
  Integer tiefe = Integer.parseInt(this.textTiefe.getText());*4
  Integer ergebnis = hoehe * breite * tiefe;
  this.textErgebnis.setText(ergebnis.toString());
}
```

*1 每个GUI组件都有不同的set方法，通过它们可以注册事件处理器。比如当一个GUI组件上的动作被触发，就可以用setOnAction()方法确定一个被激活的EventHandler。当然还有一系列的set方法，比如setOnMouseClicked()方法处理鼠标点击事件，setOnKeyPressed()方法处理按键被按下的事件等。

*2 任何一个set方法都有固定的事件处理器类型。setOnAction()方法只能登记处理用动作事件参数化的事件处理器，setOnMouseClicked()方法只能登记由<? super MouseEvent>参数化的事件处理器，setOnKeyPressed()方法只能处理<? super KeyEvent>参数化的事件处理器等。

*3 任何一个事件都可以在handle()方法里做出响应。

*4 文本框里的内容直接被解析出来，结果文本框的内容也会被更新。

嗯，理解了……也可能发生某人在文本框里输入无效数据的情况？

对，没错，因此在JavaFX里当然也会对用户输入数据的有效性进行验证。

JavaFX中对用户输入数据的验证

在用户输入数据的验证方面，JavaFX遵循的概念与Swing有所不同。回忆一下：对于文本框，Swing会提供一个**验证器**，任何一个文本框都可以登记一个监听器，只要用户尝试往文本框里输入文本，它就会被调用。JavaFX对此则截然相反，比如它会创建一个文本框的**子类**，在子类里可以重写一些方法，然后再创建这个类的实例对象。比如，一个只允许输入数字的文本框可以这样来实现：

```
public class ZahlenTextFeld*1 extends TextField {
  @Override
  public void *2replaceText(int start, int end, String text) {
    if(this.istZahl(text)*3) {
      super.replaceText(start, end, text);*4
    }
  }
  @Override
  public void *2replaceSelection(String text) {
    if(this.istZahl(text)*3) {
      super.replaceSelection(text);*4
    }
  }
  private boolean istZahl(String text) {
    return text.matches("[0-9]*"*5);
  }
}
```

*1 直接生成一个特殊的文本框变量……

*2 然后重写一些可以改变文本的方法。

*3 只要输入的文本是数字……

*4 每次就会调用父类TextField里的标准功能。

*5 再次使用正则表达式，这个正则表达式的意思是“任意多个0～9的数字”。如果你期待下一章并且还有精力研究正则表达式的话，我非常愿意在最后一章里给你讲解更多的技巧。

阶段练习——用JavaFX来做交易

【简单任务】

现在你一定在想，接下来要干嘛：以滑块代替用户输入文本框，然后删除那两个按钮。对此需要类javafx.scene.control.Slider。

下面是部分参考答案：

```
private Slider erstelleSchieberegler(int minimum, int maximum) {
    Slider schieberegler = new Slider();
    schieberegler.setMin(minimum); *1
    schieberegler.setMax(maximum); *1
    schieberegler.setShowTickLabels(true); *2
    schieberegler.setShowTickMarks(true); *2
    schieberegler.setMinorTickCount(1); *3
    schieberegler.setMajorTickUnit(2); *3
    return schieberegler;
}
```

*1 与Swing类似，通过值域指明滑块上的刻度值。

*2 此处激活刻度线（这个标尺的名称是不是很专业）。

*3 此处定义滑块下面画出刻度线的距离。

此时的GUI差不多是这样的：

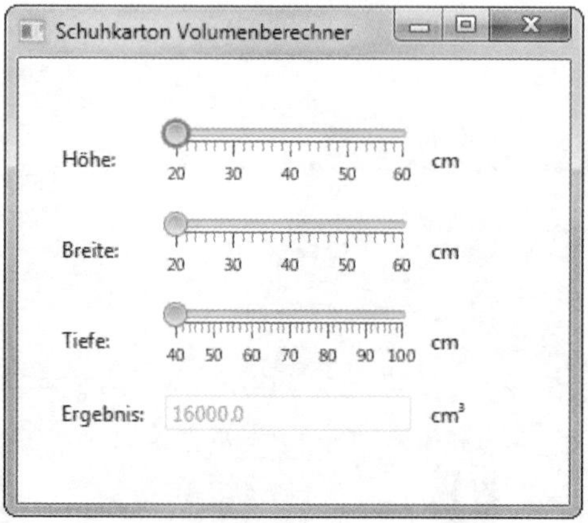

专业做法——无须监听器为组件添加动作

在我们添加滑块动作之前，我也想告诉你JavaFX**的一个强项**。说到这个就不得不提到所谓的**属性捆绑**。

一般来讲，属性捆绑指的是把特定的变量值关联到其他的变量上；从另一个角度来讲，就是相互捆绑在一起。这样，如果改变这个被捆绑变量的变量值，其他变量的值也跟着改变，并且不需要人为手动修改。这些动作是在后台自动发生的。如此一来，在理想情况下甚至连监听器都可以省掉了。

在JavaFX里提供了一个所谓的**属性**，确切地说是**属性类**，可以把它看成一个原始数据的包装类（但是不需要用到第2章中学过的包装类转换过程）。在javafx.beans.property包下有很多其他的类，比如BooleanProperty、DoubleProperty、FloatProperty、IntegerProperty等。可以在这些类的实例之间直接建立一个捆绑关系：

```
IntegerProperty gehaltBossingen = new SimpleIntegerProperty(20000);*1
IntegerProperty gehaltSchroedinger = ↩
  new SimpleIntegerProperty(2000);*1
System.out.println(gehaltBossingen.getValue());*2
System.out.println(gehaltSchroedinger.getValue());*3
gehaltSchroedinger.bindBidirectional(gehaltBossingen);*4
System.out.println(gehaltBossingen.getValue());*5
System.out.println(gehaltSchroedinger.getValue());*5
gehaltSchroedinger.set(2005);*6
System.out.println(gehaltBossingen.getValue());*7
System.out.println(gehaltSchroedinger.getValue());*7
```

*1 此处有两个IntegerProperty的实例，它们的值分别为20 000和2000。

*2 值的输出和你想象的一样简单，这里输出的是20 000。

*3 这里输出的是2000。

*4 现在就神奇了：此处把两个变量相互关联起来，此时变量gehaltSchroedinger开始从变量gehaltBossingen处得到值，因为binBidirectional()方法被变量gehaltSchroedinger调用。

没错，说得对。

*5 现在两个输出结果都是20 000。

有这么简单就好了。

我们现在薪水加得越来越少了。

*6 现在如果改变两个变量中的某个值，另一个变量的值也会跟着改变。

*7 现在两个输出结果变成2005。

OK，明白了，那怎么用GUI程序来实现呢？

注意：

值得高兴的是，JavaFX里的GUI组件都基于这些属性类。比如，TextField类的textProperty()方法会提供一个StringProperty类型的对象，Slider类的valueProperty()方法会提供一个DoubleProperty对象，等等。

这也就是说，不同GUI组件的各个属性都可以相互捆绑：

```
StringConverter<? extends Number> converter =  new DoubleStringConverter();*3
Bindings.bindBidirectional(
  this.textErgebnis.textProperty(),*1
  this.schiebereglerBreite.valueProperty(),*2
  (StringConverter<Number>)converter*3
);
```

*1 在文本框里出现的值……

*2 与滑块的宽度值相关联。

*3 因为包含的两个数据类型是不同的（文本框是String类型，滑块是Double类型），所以另外还需要一个转换器DoubleStringconverter。

这样，文本框的值就能够在滑块的宽度里设置了。但是这只是个演示，并不是我们想要的。实际上，文本框中的计算结果是通过高×宽×长得来的。所以最好还是采用监听器的形式来做，但这个监听器得登记到各自滑块的**属性对象**上，因为这样也行得通。做练习的时候我再展示给你看。

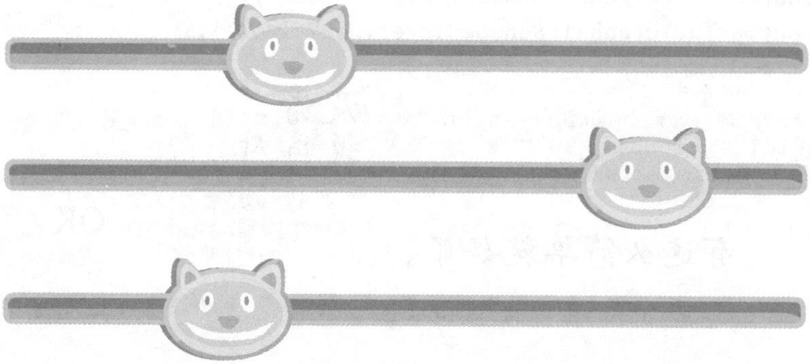

带行为的滑块

一个可以自动更新计算结果的方法我已经准备好了：

```
private void aktualisiereErgebnis() {
  double hoehe = this.schiebereglerHoehe.getValue();
  double breite = this.schiebereglerBreite.getValue();
  double tiefe = this.schiebereglerTiefe.getValue();
  double ergebnis = hoehe * breite * tiefe;
  this.textErgebnis.setText(String.valueOf(ergebnis));
}
```

第一步：实现监听器

在第二步里添加行为：

```
private class BerechneErgebnisListener implements
  ChangeListener<Number>*1 {
  @Override
  public void changed(ObservableValue<? extends Number> observable, ↩
    Number alterWert, Number neuerWert) {
    aktualisiereErgebnis();*2
  }
}
```

*1 这次需要一个CangeListener类型的监听器，而且要用Number进行参数化。

*2 还需要对结果进行更新。

第二步：登记监听器

```
this.schiebereglerHoehe.valueProperty().*1addListener(↩
  this.berechneErgebnisListener);
this.schiebereglerBreite.valueProperty().*1addListener(↩
  this.berechneErgebnisListener);
this.schiebereglerTiefe.valueProperty().*1addListener(↩
  this.berechneErgebnisListener);
```

*1 valueProperty()方法提供了一个javafx.beans.property.DoubleProperty类型的对象，并且监听器被登记到这个属性对象上。

JavaFX的无所不能给我留下了深刻的印象。

核心专家的绑定方案同样可以解决

好吧，如果你坚决不接受那样做的话，也可以完全不使用监听器方式。
只用属性捆绑方式的代码如下：

```
NumberBinding hoeheMalBreite = Bindings.multiply(
  this.schiebereglerHoehe.valueProperty(),
  this.schiebereglerBreite.valueProperty()
);*1
NumberBinding hoheMalBreiteMalTiefe = Bindings.multiply(
  hoeheMalBreite,
  this.schiebereglerTiefe.valueProperty()
);*2
this.textErgebnis.textProperty().bind(Bindings.*4format("%f", ↩
  hoheMalBreiteMalTiefe));*3
```

*1 首先调用Bindings.multiply()方法建立一个高乘以宽的一个绑定。

*2 然后接着绑定 *1 的结果乘以长。

*3 最后再建立一个文本框和结果 *2 间的绑定。

*4 此处为了从Double转换成String，可以用format()方法代替上面的转换器。

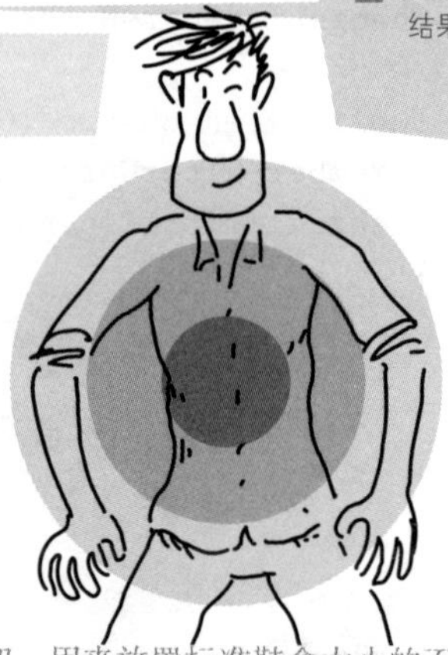

真够核心的！
不过我能理解！

我把新的鞋盒容积计算器的GUI展示给Bossingen看了（当然不是粉红色的版本），他觉得非常棒，然而又给出了新的想法。

“右侧我们还需要再加上一列按钮，用来放置标准鞋盒大小的不同按钮。当点击按钮的时候，会在滑块上直接显示出相应的值。”

需要五个按钮。
那就破坏了现有的网格布局，对吗？

要有勇气，小薛。其实这个问题你自己差不多可以解决。布局类本身就可以作为组件添加给其他的布局类，你所需要的只是额外再生成一个可以纵向摆放组件的布局容器。

明白，那一定是VBox！

正确， 因为组件需要纵向地罗列在版面里，所以它正是你需要的。直接把所需要的**VBox**添加到**网格**容器即可。

就是下面这样：

```
VBox vbox = new VBox();*1
vbox.getChildren().add(this.schaltflaecheLangstiefel);*2
Insets abstand = new Insets(4, 4, 4, 4);*3
VBox.setMargin(this.schaltflaecheLangstiefel, abstand);*3
vbox.getChildren().add(this.schaltflaecheHalbstiefel);
VBox.setMargin(this.schaltflaecheHalbstiefel, abstand);
vbox.getChildren().add(this.schaltflaecheKurzstiefel);
VBox.setMargin(this.schaltflaecheKurzstiefel, abstand);
vbox.getChildren().add(this.schaltflaecheHalbschuhe);
VBox.setMargin(this.schaltflaecheHalbschuhe, abstand);
vbox.getChildren().add(this.schaltflaecheSandalen);
VBox.setMargin(this.schaltflaecheSandalen, abstand);
grid.add(vbox, 4, 1, 1, 5);*4
```

*1 按钮需要纵向摆放，对此VBox非常合适。

*2 通过getChildren().add()方法把一个GUI组件添加给VBox。

*3 为了让各个按钮摆放得不是那么紧密，我们可以通过Insets的实例来设置距离。但是注意，setMargin()方法是一个**静态方法**！它可以被类调用，但不能被变量调用。

没错，否则VBox的第一个字母就不用大写了，我已经发现了。

*4 最后还要把VBox自己作为参数添加到**网格面板**，也就是需要延伸出第五行。

最终完成的GUI如下所示：

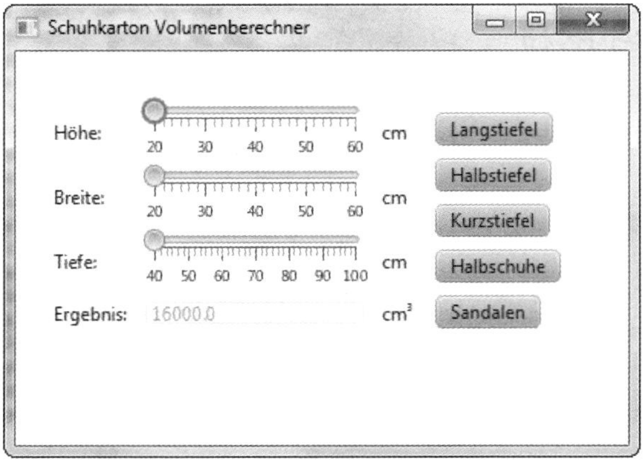

当人们知道所做的事没有想象中难时，就会**开始**要些小聪明。这一点很容易在你身上看出来。

小薛，就讲这么多了。无论是Swing还是JavaFX，最重要的概念你现在已经知道了，剩下的就只有练习了。但是不用紧张，为了呈现出正确的布局，即便是熟悉Swing或者JavaFX的开发人员也必须经常使用网络，这样才能够很好地揣摩这样或那样的布局有哪些功能、哪些类有哪些方法、“Inset”究竟怎么使用，以及人们必须什么时候在哪里调用哪个方法。重要的是要懂得基本知识，并知道在哪里查找。

现在还得做一个小练习，这个练习也许你**可以轻松搞定**，虽然你在前15章可能都不敢相信会学到这个程度。

【简单任务】

为每个按钮登记一个事件处理器，并且在点击不同按钮的时候，滑块上的值会变成预设的相应纸盒数值。对于这些值，你不妨听听Bossingen的意见。

你说得没错，前15章我连问题都不太明白……言归正传，五个按钮，所有的滑块会根据不同的值来更新。这个听起来像是需要一个独立的方法，大概是这样：

```
private void aktualisiereSchieberegler(double hoehe, double breite, double tiefe) {
  this.schiebereglerHoehe.setValue(hoehe);
  this.schiebereglerBreite.setValue(breite);
  this.schiebereglerTiefe.setValue(tiefe);
}
```

非常棒，完全正确。继续。

然后，事件处理器以匿名类的形式登记给所有的按钮，这个简单：

```
this.schaltflaecheLangstiefel.setOnAction(new EventHandler<ActionEvent>() {
  @Override
  public void handle(ActionEvent event) {
    aktualisiereSchieberegler(20, 20, 20);
  }

});
```

【奖励】

太棒了，小薛。你很快就能申请专利了，很快就能用你的鞋盒容积计算器赚得盆满钵满了。

粉刷匠和油漆工学徒的考试重点

Swing和JavaFX领域

- 在Java中有不同的GUI函数库：AWT（非常旧）、Swing函数库（也有很多年的历史了，并且得到了广泛的支持），以及先进的JavaFX（从Java 6才开始得到支持）。
- 在Swing中通过**布局管理器**来控制面板（容器）内各个组件的布局效果。
- 在JavaFX中同样也有特定**布局类**，但使用起来明显更简单、更直观，并且布局类本身也可以作为其他GUI组件的容器。
- 在Swing和JavaFX（以及其他大部分GUI函数库）中，GUI组件的**行为（动作）**独立于GUI组件本身。GUI组件根据用户需要创建**事件**，并把事件发送给事先已经登记了该组件的**监听器**。
- 在JavaFX中，对于监听器方式还有一个**属性绑定**方法。属性绑定的意思就是把变量相互地关联在一起，这样在改变其中一个变量的值时，其他变量的值也会跟着变化。
- 在JavaFX中，可以通过**CSS规则**来调整GUI组件的**外观样式**。CSS其实来源于网页开发，使用它就可以独立于HTML代码处理网页的外观样式。

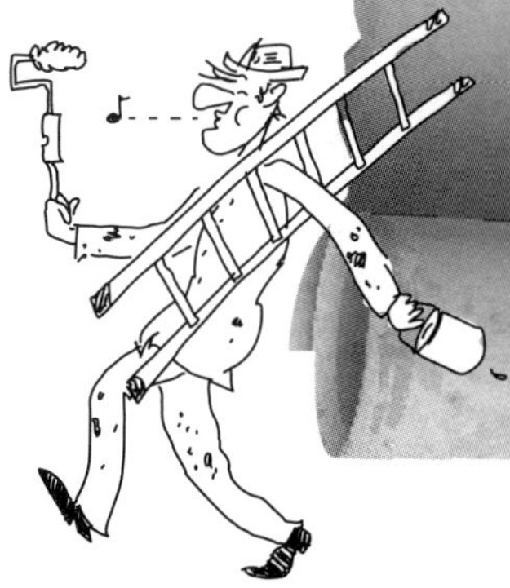

【奖励/答案】

小薛，下一件奖励已经准备好了。你得到了“充满活力的GUI大师特效画笔”，它自己就可以画出各个GUI。

国际化、本地化、
格式化、模式匹配
和正则表达式

第17章

走向世界

很多人都梦想着征服世界，现在小薛有机会去实现这个梦想。然而，他至少得学会如何不大费周章就让他的程序实现多语言化。毕竟现在也算是小有收获了。

另外，我们还将揭开正则表达式的神秘面纱，学习如何用它在Java 8里玩转日期和时间表述。

本地化

你现在知道怎么开发一个图形用户界面了，这也就意味着你距离给其他人分享程序不远了。你的程序之前给你女朋友和Bossingen用过，之后又给过其他的同事，这就让你觉得，现在应该尝试把你的软件**推向世界**了。
毕竟，芬兰也需要鞋盒，那为什么不把鞋盒容积计算器的页面开发成芬兰语的，把所有的组件（文本框的描述、按钮的描述等）都翻译成芬兰语的呢？

需要重新编程吗？全部用芬兰语编写吗？
根本行不通，是不是？最主要的是，
我压根不会芬兰语呀！

我也不会。可能又让你失望了：翻译成芬兰语的工作Java也帮不上忙。但Java可以避免仅仅为了让程序以其他语言呈现而产生的重复和过多的编程工作量。

让一个程序可以适应更多的语言，做到下面这两件事情至关重要：

1. 必须知道用户使用的是哪种语言，也就是**本地化**。
2. 必须为每个支持的语言提供翻译服务，也就是**软件的国际化**。

首先，软件本身要具备找出用户语言设置的功能，确切地说就是，找出JVM使用了哪个默认设置。或者换句话说，就是必须实现**适应用户的本地化**。然而不必准确地定位到用户的所在地，但至少要知道他们所使用的语言设置。
对此，Java提供了一个`java.util.Locale`类，用它来表示**国家/地区**（严格来说是抽象的概念，指的是地理上、政治上或者文化上的特定区域）以及该地区**所使用的语言**。

使用下面的语句就可以简单地获取到默认设置：

```
Locale locale = Locale.getDefault();*1
System.out.println(locale.getLanguage());*2
System.out.println(locale.getCountry());*3
System.out.println(locale.toString());*4
```

*1 此处获取用户的设置信息，具体地说就是从用户各自使用的JVM中获取。

*2 通过 `getLanguage()` 方法可以获得**语言代码**，比如“de”，代表“德语”。

*3 通过 `getCountry()` 方法可以获得**国家/地区代码**，比如结果可能是DE，代表“德国”。你一定已经发现了，语言代码是小写的，而国家/地区代码是大写的。

*4 `toString()` 方法总会按下面的格式输出：**语言代码_国家/地区代码**，也就是“de_DE”的格式。你要记住这个格式，稍后的练习会用到它。

首先要确定正确的地区

【背景资料】

在Locale里分开设置语言和国家/地区的原因很简单，人们使用的语言不一定必须和国家关联起来，反之亦然。比如，在美国和英国人们都说英语，在比利时有些地区的人可能还会说法语。

【背景资料】

语言代码和国家/地区代码分别根据两个不同的ISO标准来定义：语言代码对应ISO 639-1，国家/地区代码ISO 3166。

部分语言代码见下表：

语言代码	语言
de	德语
en	英语
fr	法语
fi	芬兰语

部分国家/地区代码见下表：

语言代码	语言
DE	德国
FI	芬兰
FR	法国
GB	英国
US	美国

使用`Locale.setDefault()`方法可直接更改默认设置。假如用户想要手动修改软件中的语言设置，比如通过下拉菜单的选择，把GUI组件中的德语描述替换成中文，那么经过该方法的更改，你的程序就不会再使用JVM之前的设置，而是使用你重新设置的。为了可以设置默认的地区选项，首先需要创建一个`Locale`的实例对象。

对此可以采用不同的方法：

```
Locale deutsch = new Locale("de");*1
Locale deutschland = new Locale("de", "DE");*1
Locale franzoesisch = new Locale.Builder().setLanguage("fr").build();*2
Locale frankreich = new Locale.Builder().setLanguage("fr").setRegion("FR").build();*2
Locale ialienisch = Locale.ITALIAN;*3
Locale italien = Locale.ITALY;*3
Locale spanisch = Locale.forLanguageTag("es");*4
Locale spanien = Locale.forLanguageTag("es-ES");*4
```

*1 用法与普通**构造方法**没什么区别……

*2 还可以使用Locale自带的辅助类……

*3 还可以通过一些**常量**（然而只有几个国家/地区和语言可以用到这样的常量）……

*4 或者采用forLanguageTag()辅助方法。

【便签】
如果仔细阅读本书就会发现，这里的**辅助类**说的就是第5章提到的“流畅接口”概念。严格来说，此例其实就是**设计模式**里涉及的**建造者模式**。

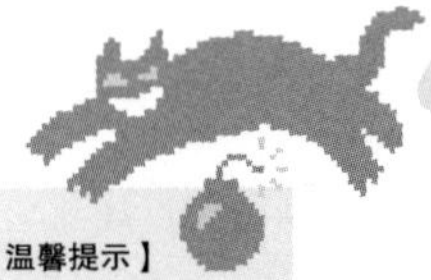

【温馨提示】
理论上可以用语言和国家/地区代码的任意有效组合方式来创建一个 Locale对象。但并不是所有的组合都有意义，也就是说，这些组合不一定在各自的JVM里可用。
通过Locale.getAvailableLocales()方法可以获得一个列表，其中包含了所有当前JVM所能接受的Locale对象（也就是语言和国家/地区的组合）。

此外，通过getDisplayLanguage()和getDisplayCountry()方法还可以给出符合**当地用户阅读习惯**的语言和国家/地区名：

```
System.out.println(deutsch.getDisplayLanguage());
System.out.println(franzoesisch.getDisplayLanguage());
System.out.println(deutschland.getDisplayCountry());
System.out.println(frankreich.getDisplayCountry());
```

输出结果如下：

```
Deutsch
Französisch
Deutschland
Frankreich
```

如果使用其他Locale作为参数，甚至还可以直接给出符合该地区语言的输出结果：

```
System.out.println(deutsch.getDisplayLanguage(franzoesisch));
System.out.println(franzoesisch.getDisplayLanguage(franzoesisch));
System.out.println(deutschland.getDisplayCountry(franzoesisch));
System.out.println(frankreich.getDisplayCountry(franzoesisch));
```

输出结果如下：

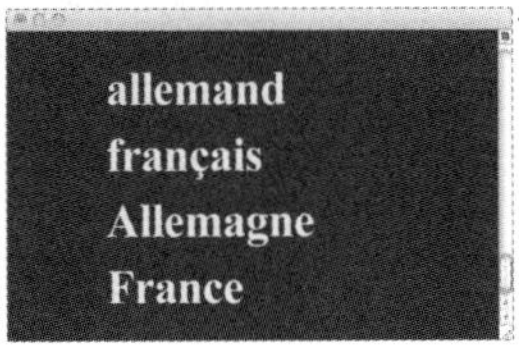

不是真的吧……那Java不就可以当翻译工具使用了吗?

别高兴得太早。

这只对语言和国家/地区起作用，对任意的文本没有效果。

所以还需要自己手动来翻译，但好在省去了在Java源代码里费劲的编码工作了。

软件的国际化

我们的目的是根据用户所使用的语言和所在地区的不同，展示出相匹配的界面。因此，所有GUI里出现的文字都必须保存在**属性配置文件**里。对于每个软件支持的语言都需要创建一个独立的属性文件。通过Locale类（和马上就会介绍到的其他类）的辅助，可以非常容易地在代码中得到正确的翻译。

典型的属性配置文件大概是这样的：

```
# meldungen_de.properties*3
titel*1=Schuhkartonvolumenberechner*2
hoehe=Höhe
tiefe=Tiefe
breite=Breite
ergebnis=Ergebnis
```

*1 一个属性文件是由多个键（按照小写驼峰命名规则命名）……

*2 和值组成。

*3 注释行通常用#开头。在这里为了便于观察，我把文件名作为注释放在#后面。

【背景资料】

属性配置文件是简单的文本文件，通常由简单的键值对构成，扩展文件名为.properties。

现在该第二重要的类登场了：

java.util.ResourceBundle类。它管理所有属性配置文件里的键值对，并且针对不同的地区加载相应配置文件中的内容。

如此一来，获得某个特定地区的准确值将变得非常容易了：

```
ResourceBundle meldungen = ResourceBundle.getBundle("meldungen"*2, Locale.GERMAN*1);
System.out.println(meldungen.getString("titel"*3));
System.out.println(meldungen.getString("hoehe"));
System.out.println(meldungen.getString("tiefe"));
System.out.println(meldungen.getString("breite"));
System.out.println(meldungen.getString("ergebnis"));
```

*1 Locale.GERMAN 所对应的语言是德语，德语的语言代码是“de”。

*2 此时捆绑语言代码的名字（处理地区时捆绑的就是国家/地区代码）就是要查找的属性配置文件的文件名，此例中就是文件 meldungen_de.properties。

*3 通过用键名做参数的 getString() 方法，就可以获得各个与键相对应的值。

【温馨提示】

为了确保 ResourceBundle 的属性配置文件可以被加载，必须把它添加到系统路径里。

【概念定义】

像这样通过很少的开销，使一个程序很好地匹配其他语言和地区的过程，就叫作**国际化**（internationalization），或者称为程序的国际化。

【背景资料】

要是懒得写这么长的单词，还可以缩写成i18n。这里的18并不是代表数字，而是代表internationalization中i和n之间由18个字母组成。

【便签】

国际化当然不局限于图形用户界面了，用控制台输出的程序也可以替换成多语言。这个你很可能早就预料到了。

阶段练习——芬兰语的鞋盒

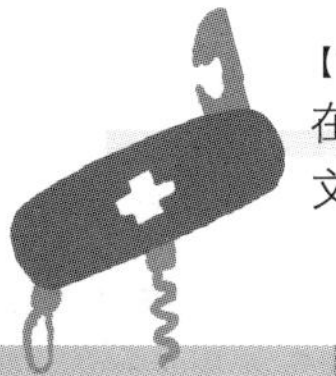

【简单任务】

在文件夹中生成另外一个属性配置文件，文件名为 meldungen_fi.properties，文件的内容如下：

```
titel=shoebox tilavuus laskin
hoehe=korkeus
tiefe=syvyys
breite=leveys
ergebnis=tulos
```

哦，明白了，这是为翻译成芬兰语做的准备……

【笔记】

我不能保证芬兰语翻译的准确性。

【完善代码】

现在修改原有的Java源代码，使得能够按所翻译的芬兰语输出。

我只需要简单改变一下地区就可以了！

对，没错。参考代码如下：

```
Locale locale = Locale.forLanguageTag("fi");*1
ResourceBundle meldungen = ResourceBundle.getBundle("meldungen", locale);
System.out.println(meldungen.getString("titel"));*2
System.out.println(meldungen.getString("hoehe"));*2
System.out.println(meldungen.getString("tiefe"));*2
System.out.println(meldungen.getString("breite"));*2
System.out.println(meldungen.getString("ergebnis"));*2
```

*1 换成芬兰语……

*2 输出结果就是“shoebox tilavuus laskin”“korkeus”“syvyys”“leveys”和“tulos”。

Olen innoissani……嘿……我很兴奋！

你不是说不会芬兰语吗？

是的。嘿嘿，我是从翻译软件里学来的。

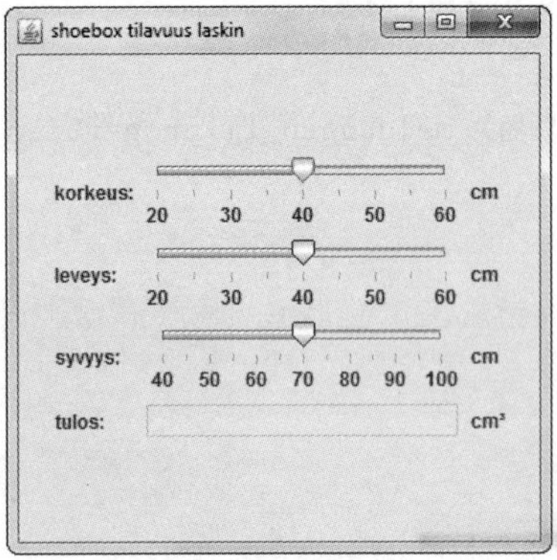

芬兰语GUI的鞋盒容积计算器看上去是这样的

【困难任务】

创建三个不同的属性配置文件，使得下面的程序相继输出“Welcome in Great Britain”“Welcome in the USA”以及两次“Welcome”。小提示：思考一下，**Locale**的**toString()**方法返回的是什么，然后你才能设置属性配置文件里的内容。

下面是供测试用的代码段：

```
System.out.println(ResourceBundle.getBundle("meldungen", Locale.US)↩
  .getString("gruss"));
System.out.println(ResourceBundle.getBundle("meldungen", Locale.UK)↩
  .getString("gruss"));
System.out.println(ResourceBundle.getBundle("meldungen", Locale.CANADA)↩
  .getString("gruss"));
System.out.println(ResourceBundle.getBundle("meldungen", Locale.ENGLISH)↩
  .getString("gruss"));
```

输出结果如下：

参考答案：

那三个文件必须叫作：

meldungen_en_GB.properties *1

meldungen_en_US.properties *2

meldungen_en.properties *3

*1 Englisch in Großbritannien.

*2 Englisch in den USA.

*3 Englisch überall.

当Locale包含语言和国家/地区的信息时，就会按照下面的规则确定键和值的对应关系：

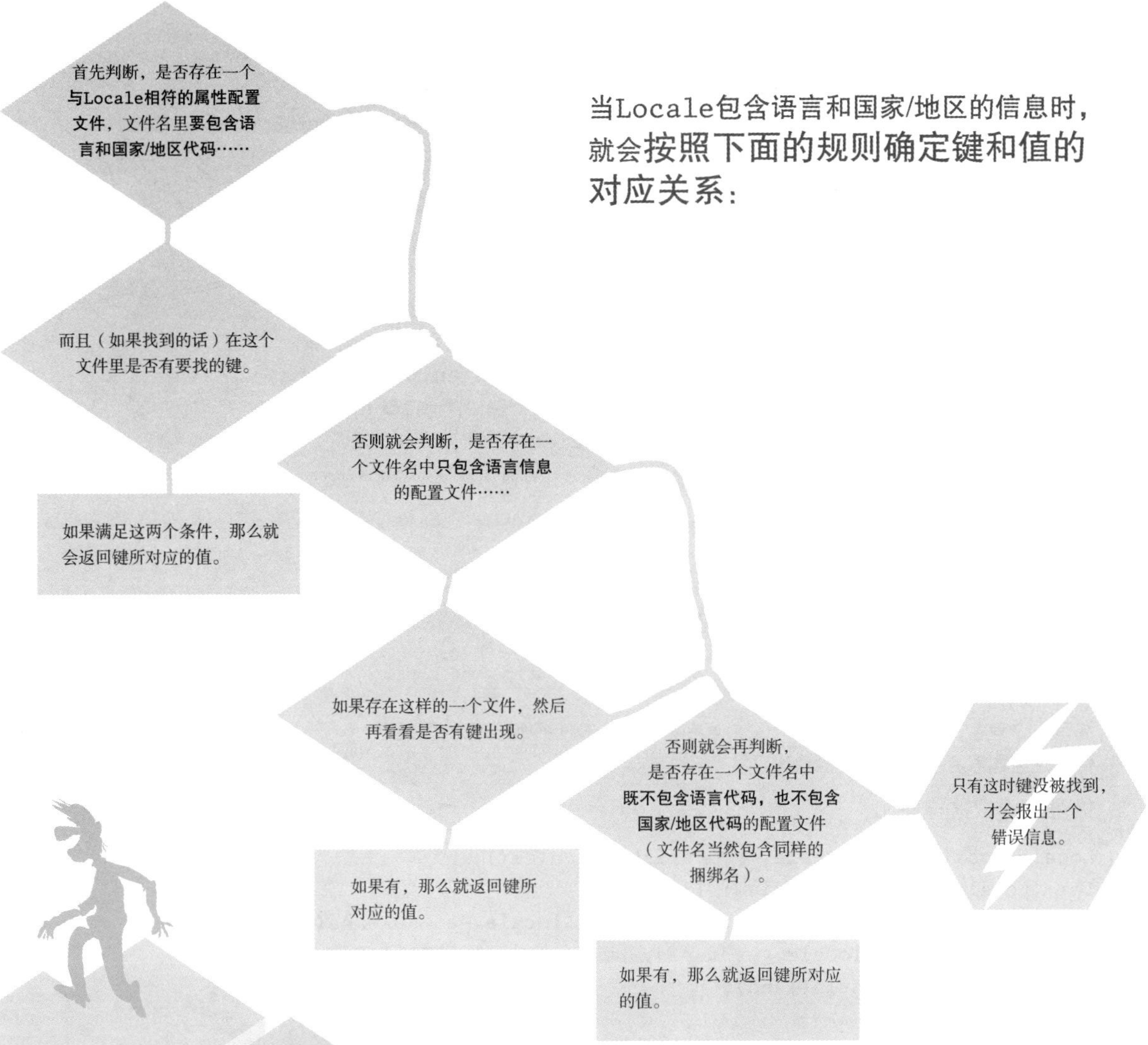

首先判断，是否存在一个**与Locale相符的属性配置**文件，文件名里**要包含语言和国家/地区代码**……
而且（如果找到的话）在这个文件里是否有要找的键。
如果满足这两个条件，那么就会返回键所对应的值。
否则就会判断，是否存在一个文件名中**只包含语言信息**的配置文件……
如果存在这样的一个文件，然后再看看是否有键出现。
如果有，那么就返回键所对应的值。
否则就会再判断，是否存在一个文件名中**既不包含语言代码，也不包含国家/地区代码**的配置文件（文件名当然包含同样的捆绑名）。
如果有，那么就返回键所对应的值。
只有这时键没被找到，才会报出一个错误信息。

【完善代码】

在meldungen_en.properties配置文件中加入一行语句ausgabe=Hello，另外再创建一个配置文件meldungen.properties，文件中需要包含下面的内容，最后再运行下一页的Java代码。

```
gruss=Standardgruss
text=Standard Blabla
ausgabe=Hallo
```

```
System.out.println(ResourceBundle.getBundle("meldungen", Locale.UK)
  .getString("gruss"));
System.out.println(ResourceBundle.getBundle("meldungen", Locale.UK)
  .getString("ausgabe"));
System.out.println(ResourceBundle.getBundle("meldungen", Locale.UK)
  .getString("text"));
```

输出结果为：

```
Welcome in Great Britain
Hello
Standard Blabla
```

明白了！

在文件meldungen_en_GB.properties中有"gruss"键，但是没有"ausgabe"键，但是在文件meldungen_en.properties中有这个键；然而在文件meldungen.properties中只有"text"键。明白了。

钟情于英语

【简单任务】

编写一个程序，输出所有说英语的国家（在各自的JVM上使用英语的国家）。
但是这些国家名要用意大利语输出。

你可以尝试这样输出：

```
Locale locales[] = Locale.getAvailableLocales();*1
for (Locale locale : locales) {
  if(Locale.ENGLISH.getLanguage().equals(locale.getLanguage())) {*2
    String land = locale.getDisplayCountry(Locale.ITALIAN*3);
    System.out.println(land);
  }
}
```

*1 首先需要一个包含所有使用英语的地区列表，通过它来进行迭代。

*2 当一个地区的语言是英语时……

*3 就把这个国家名用意大利语输出。

输出结果如下：

```
Malta           Irlanda
Regno Unito     India
Canada          Australia
Stati Uniti     Nuova Zelanda
Sudafrica       Filippine
Singapore
```

类的加载

如果觉得只是加载与地区有关的**字符串**已经不能满足你了，那么还可以加载**任意与地区相关的对象**。

假设想在鞋盒容积计算器的长、宽、高滑块上展示不同的且与地区相关的默认值，那么就可以尝试把这些值保存在一个属性配置文件中，然后解析时再通过Integer.parseInt()方法把值转换成所需要用的数值。把这些数字直接视为与语言相关的整型数字来处理显然非常有意义，确切地说是放在ListResourceBundle里进行管理。这样一来你就可以把**任意一个对象**与键关联起来了。也正是因为绕开解析这一步骤，使得这样的变型减少了很多出错情况。

以对象为值的ResourceBundle：

```
package de.galileocomputing.schroedinger.java.kapitel17
  .internationalisierung;

import java.util.ListResourceBundle;

public class SchuhkartonBundle_de_DE*4 extends ListResourceBundle*1 {

    private Object[][] inhalte = {*3
            { "hoehe", Integer.valueOf(10) },
            { "tiefe", Integer.valueOf(34) },
            { "breite", Integer.valueOf(20) },
        };

  @Override
  protected Object[][] getContents() {
    return inhalte;*2
  }
}
```

访问

*1 java.util.ListResourceBundle类是ResourceBundle类的一个子类。

*2 getContents()方法的返回值是个二维数组……

*3 在这个数组中包含键值对，这个值不一定必须是字符串，也可以是任何对象。

*4 为了支持一个指定的地区，可以直接把语言和国家/地区代码放在类名后面。这和属性配置文件时一样。

还需要一个支持芬兰语的类：

```
package de.galileocomputing.schroedinger.java.kapitel17.internationalisierung;

import java.util.ListResourceBundle;

public class SchuhkartonBundle_fi_FI*1 extends ListResourceBundle {

  private Object[][] inhalte = {
    { "hoehe", Integer.valueOf(10) },
    { "tiefe", Integer.valueOf(50) },*2
    { "breite", Integer.valueOf(20) },
  };
  @Override
  protected Object[][] getContents() {
    return inhalte;
  }
}
```

*1 此处Locale指说芬兰语的芬兰。

*2 我听说，芬兰人穿的鞋非常长。

像上边那样可以得到一个真正的ResourceBundle：

```
ResourceBundle schuhkartonBundle = ResourceBundle.getBundle(↩
  "de.galileocomputing.schroedinger.java.kapitel17.internationalisierung↩
  .SchuhkartonBundle"*1, new Locale("de", "DE")*2);
System.out.println(schuhkartonBundle.getObject*3("hoehe"));
System.out.println(schuhkartonBundle.getObject("tiefe"));
System.out.println(schuhkartonBundle.getObject("breite"));
```

*1 可以直接使用完整的类名作为绑定名，但是不能带Locale的后缀……

*2 而是需要参照提交的Locale参数来指明。

*3 为了获得与键相对应的对象，可以直接调用getString()方法，而不需要再调用getObject()方法。

【背景资料】

基于**属性配置文件**的ResourceBundles是通过子类java.util.PropertyResourceBundle来体现的。

阶段练习——想要红酒还是啤酒

你是不是觉得上面用Integer值的例子太无趣了？那接下来我们就做点有意思的，用一个印象深刻的例子给你解解渴。

【困难任务】

创建三个类：Bier、Wein和一个通用父类Getraenk。下面这段不完整的代码段实现了，变量lieblingsgetraenk对应法国分配到一个Wein（葡萄酒）类实例，对应德国则分配到一个Bier（啤酒）类实例。

不完整的代码段如下：

```
public class WeinOderBier {
  public static void main(String[] args) {
    ResourceBundle getraenkeBundle = ________;
    Getraenk lieblingsgetraenk = (Getraenk) getraenkeBundle↩
      . ________;
    System.out.println(lieblingsgetraenk.getClass()↩
      .getSimpleName());
  }
}
```

对应法国输出如下：

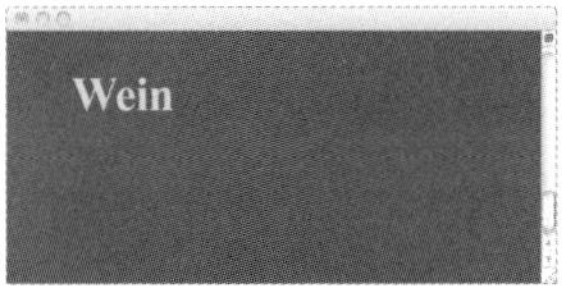

对应德国输出如下：

你应该能搞定这个吧。需要注意一点，在加载ResourceBundle时需要提交正确的捆绑名。

如果还没有做出来，那么请参考下面答案：

首先给每个需要支持的Locale生成一个类，此例中就是一个给法国的类（GetraenkeBundle_fr_FR）和一个给德国的类（GetraenkeBundle_de_DE）。

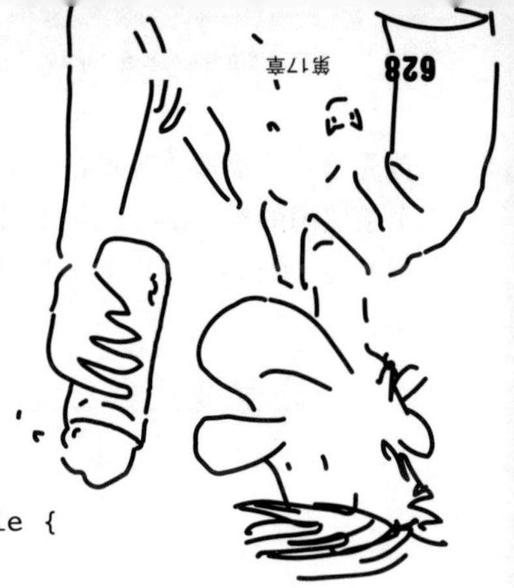

因为Wein和Bier都有共同的父类，所以Getraenk的类型转换在这里也有效。太巧妙了！

对应法国的类如下：

```
public class GetraenkeBundle_fr_FR extends ListResourceBundle {
  private Object[][] inhalte = {
    { "lieblingsgetraenk", new Wein() },*1
  };
  @Override
    protected Object[][] getContents() {
    return inhalte;
  }
}
```

*1 如果对应法国，一定是直接给Wein的实例分配lieblingsgetraenk键。

对应德国的类如下：

```
public class GetraenkeBundle_de_DE extends ListResourceBundle {
  private Object[][] inhalte = {
    { "lieblingsgetraenk", new Bier() },*2
  };
  @Override
  protected Object[][] getContents() {
    return inhalte;
  }
}
```

*2 要是对应德国就给Bier的实例分配lieblingsgetraenk键。

把不完整的代码补充好：

```
public class WeinOderBier {
  public static void main(String[] args) {
    ResourceBundle getraenkeBundle = ResourceBundle.getBundle("de.galileocomputing↩
      .schroedinger.java.kapitel17.internationalisierung.weinoderbier↩
      .GetraenkeBundle"*1, Locale.FRANCE);
    Getraenk lieblingsgetraenk = (Getraenk) getraenkeBundle.*2getObject↩
      ("lieblingsgetraenk");
    System.out.println(lieblingsgetraenk.getClass().getSimpleName());
  }
}
```

*1 捆绑名是一个完整的没有Locale后缀的类名。

*2 通过getObject()方法得到该类中的一个对象。

数字和货币的格式化

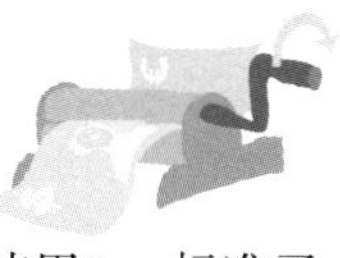

为了获得具有国家/地区特色的信息，Locale对象还可以使用Java标准函数库里除ResourceBundle类之外的其他类，它们包括用于不同的**货币**、**日期**和**时间**描述的类。

获得某个Locale货币的方法如下：

```
Currency waehrung = Currency.getInstance(Locale.GERMANY);*1
System.out.println(waehrung.getCurrencyCode());*2
System.out.println(waehrung.getDisplayName());*3
System.out.println(waehrung.getSymbol());*4
```

*1 通过java.util.Currency类的静态方法getInstance()可以得到一个对象实例。

*2 输出结果为“EUR”。 *3 输出结果为“Euro”。 *4 输出结果为“€”。

如果改变了Locale，那么货币也会改变：

```
Currency waehrung = Currency.getInstance(Locale.US);*1
```

*1 如果把上面代码的第一行替换成这句的话，那么输出结果就会变成“USD”“US-Dollar”以及再输出一次“USD”。

这样一来就需要对依赖于Locale的货币进行格式化输出：

```
NumberFormat*1 waehrungsFormat = NumberFormat
  .getCurrencyInstance(Locale.GERMANY);*2
System.out.println(waehrungsFormat.format(24.0));*3
```

*1 java.text.NumberFormat类负责货币的格式化输出。

*2 NumberFormat的实例对象总要与一个Locale相关。如果把参数省略掉，就会按照默认的Locale样式来设置。

*3 输出结果为：“24,00 €”。

用NumberFormat除了可以对货币格式化之外，还可以针对数字的格式生成一个实例（通过getNumberInstance()方法），或者针对百分比生成一个实例（通过getPercentInstance()方法）。

```
NumberFormat*1 zahlenFormat = NumberFormat.getNumberInstance(Locale.GERMANY);
NumberFormat*1 prozentFormat = NumberFormat.getPercentInstance(Locale.GERMANY);
System.out.println(zahlenFormat.format(24.0));*2
System.out.println(prozentFormat.format(24.0));*3
```

*1 总会返回一个NumberFormat的实例对象。

*2 此处输出为“24”。

*3 此处为“2.400%”，还会根据不同的Locale来区分小数点的格式（我知道，这里是2.4，而不是24）。

	货币	数字	百分比
Locale.GERMANY	24,00 €	24	2.400%
Locale.US	$24.00	24	2,400%
Locale.CANADA	$24.00	24	2,400%
Locale.ITALY	€ 24,00	24	2.400%

【背景资料】

如果你觉得上面那样的数字格式化没意思，还想输出小数位的话，那么可以参考java.text.DecimalFormat类，它是NumberFormat的子类，可以通过不同的模式精确地控制输出结果的样式。

日期和时间的格式化

日期的格式化与上面的用法类似，只是需要用到**其他的格式化类**：

```
DateFormat*1 datumsFormat = DateFormat.getDateInstance(↩
  DateFormat.DEFAULT, Locale.GERMANY);*2
System.out.println(datumsFormat.format(new Date()*3));
```

【温馨提示】

但是要注意，在这里我只展示了部分完整的内容。Java 8有一个全新的日期/时间API，这就使得在纯Java 8项目中完全不再需要Date类和相关的格式化类了。但是那些渐旧的方法可能还会经常被用到，所以你至少需要知道这些重要内容。新的API我马上就会讲给你听。

*1 通过java.text.DateFormat类可以实现日期的格式化。

*2 通过 getDateInstance()方法可以得到该类的对象实例。第一个参数指明日期格式化的样式，第二个参数指明地区。

*3 DateFormat类的format()方法需要一个日期类对象。通过new Date()可以获得当前的日期信息。

根据选择的格式化样式和地区的不同，展示出的日期格式也会不同：

格式化样式	Locale.GERMANY	Locale.US	Locale.CANADA	Locale.ITALY
DateFormat.SHORT	09.07.13	7/9/13	09/07/13	09/07/13
DateFormat.MEDIUM/ DateFormat.DEFAULT	09.07.2013	Jul 9, 2013	9-Jul-2013	9-lug-2013
DateFormat.LONG	9. Juli 2013	July 9, 2013	July 9, 2013	9 luglio 2013
DateFormat.FULL	Dienstag, 9. Juli 2013	Tuesday, July 9, 2013	Tuesday, July 9, 2013	martedì 9 luglio 2013

format()方法针对某个日期返回的样式。

时间的格式化与日期格式化的过程类似：

```
DateFormat zeitFormat = DateFormat*1.*2getTimeInstance(
  DateFormat.DEFAULT, Locale.GERMANY);
System.out.println(zeitFormat.format(new Date()));
```

*1 可别搞混了，这里使用的也是DateFormat类……

*2 唯一不同的是需要通过getTimeInstance()方法来获取对象实例。

不同的地区展示的时间也会有所不同：

格式化样式	Locale.GERMANY	Locale.US	Locale.CANADA	Locale.ITALY
DateFormat.SHORT	09:29	9:29 AM	9:29 AM	9.29
DateFormat.MEDIUM/ DateFormat.DEFAULT	09:29:32	9:29:32 AM	9:29:32 AM	9.29.32
DateFormat.LONG	09:29:32 MESZ	9:29:32 AM CEST	9:29:32 CEST AM	9.29.32 CEST
DateFormat.FULL	09:29 Uhr MESZ	9:29:32 AM CEST	9:29:32 o'clock AM CEST	9.29.32 CEST

format()方法针对时间返回的样式。

阶段练习——货币换算器

现在用你学到的所有知识足以完成下面的任务了，祝你做题开心。

【困难任务】

编写一个货币换算器程序，用它进行欧元和美元之间的换算。输入的货币单位为欧元，比如：输入“27.00”就会输出“27.00 € = $ 35.09”，货币的汇率按1.2996计算。

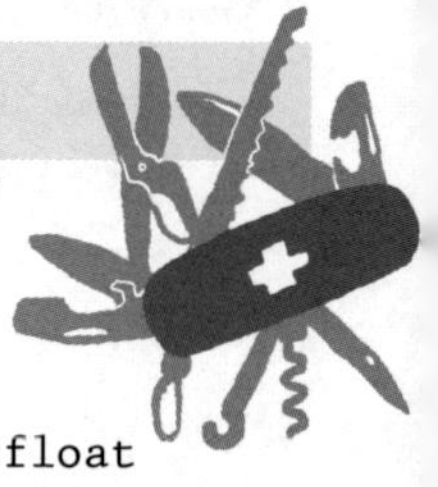

【温馨提示】

需要注意的是，double 和float类型是不适用于涉及金额的计算。

参考代码：

```
public class Waehrungsrechner {
  private static final BigDecimal UMRECHNUNGS_FAKTOR = ↩
    new BigDecimal(1.2996);*1
  private static final NumberFormat WAEHRUNGS_FORMAT_DEUTSCHLAND ↩
    = NumberFormat.getCurrencyInstance(Locale.GERMANY);*2
  private static final NumberFormat WAEHRUNGS_FORMAT_USA ↩
    = NumberFormat.getCurrencyInstance(Locale.US);*2
  public static void main(String[] args) {
    double euro = 27.0;*3
    double dollar = euroZuUSDollar(new BigDecimal(euro))↩
      .doubleValue();
    String meldung = generiereMeldung(euro, dollar);*6
    System.out.println(meldung);*8
  }
  public static BigDecimal euroZuUSDollar(BigDecimal euro) {
    BigDecimal dollar = euro.multiply(UMRECHNUNGS_FAKTOR);*4
    dollar = dollar.setScale(4, RoundingMode.HALF_DOWN);*5
    return dollar;
  }
  private static String generiereMeldung(double euro, double ↩
    dollar) {*6
    StringBuilder meldung = new StringBuilder();
    meldung.append(WAEHRUNGS_FORMAT_DEUTSCHLAND.format(euro));*7
    meldung.append(" = ");
    meldung.append(WAEHRUNGS_FORMAT_USA.format(dollar));*7
    return meldung.toString();
  }
}
```

*1 正如上面所说的，对于汇率的精确计算不适合用原始数据类型。所以最好使用BigDecimal类型。

*2 因为有两种不同的货币，为了得到正确的计算结果，我们需要两种不同的格式：一个给欧元，一个给美元。

*3 如果想完全按题目要求那样输入数值，那么就可以用程序参数的方式来读取。即直接从args[0]里读出，然后再用Double.parseDouble()方法来转换。

【完善代码】

调整现有的代码，使其可以输出完整的句子，比如“Ergebnis：27,00 € sind $35.09”。用英语输出则是“Result：27,00 € are $35.09”。

这样的话我就会用到ResourceBundle。直接修改generiereMeldung()方法就可以了。

```
private static String generiereMeldung(double euro, double dollar) {
  Locale locale = Locale.getDefault();
  ResourceBundle meldungen = ResourceBundle.getBundle("waehrungsrechner", locale); *1
  StringBuilder meldung = new StringBuilder();
  meldung.append(meldungen.getString("ergebnis"));*2
  meldung.append(" ");
  meldung.append(WAEHRUNGS_FORMAT_DEUTSCHLAND.format(euro));*3
  meldung.append(" ");
  meldung.append(meldungen.getString("sind"));*4
  meldung.append(" ");
  meldung.append(WAEHRUNGS_FORMAT_USA.format(dollar));*5
  return meldung.toString();
}
```

*1 首先必须加载Bundle……

*2 然后把“ergebniss”，也就是把运算结果拼接在StringBuffer上……

*3 然后拼接欧元的金额……

*4 然后是“sind”，相当于“等于”。

*5 最后要拼接的就是美元的金额。搞定了！

原理上没问题，小薛。

但可以再优化一下。

其实，像这样用不同的单词拼接成一个消息的方法并不是太好，你觉得呢？还有可能出现更极端的情况，比如“You have spent EUR 6.50.”就不能正确地翻译成德语“Sie haben ausgegeben 6.50 Euro.”是不是觉得有些奇怪。再比如“You have selected 4 files.”要是按照上面那么翻译就更奇怪了。所以此时就需要用到占位符来实现了——“You have selected 占位符 files.”，然后再翻译成德语“Sie haben 占位符 Dateien ausgewählt.”。这样才是正确的。

输出结果：

```
Ergebnis: 27,00 €
sind $35.09
```

说得对。那现在该怎么办呢？

那就需要看这里了：

*4 下一步：直接使用BigDecimal的multiply()方法来进行换算……

*5 然后再对计算结果进行四舍五入。应题目要求我们需要精确到小数点后四位。

*6 此处是和语言没关系的消息：也不必再用到BigDecimal，用double值计算。

*7 欧元金额和美元金额被格式化成适合各自的样式……

*8 最后就可以如愿以偿地输出想要的结果了：“27,00 € = $35.09”。

文本消息的格式化

幸好有个格式化类`java.text.MessageFormat`可以用于**格式化文本**，这个类的作用与用占位符替换特定值的情况没有什么区别。可以在属性配置文件里直接定义文本消息中所用到的占位符，其语法非常简单：

```
ergebnismeldung=Ergebnis: {0} sind {1}
```

这样，Java代码就变得更加简洁了：

```
private static String generiereMeldung(double euro, double dollar) {
  Locale locale = Locale.getDefault();
  ResourceBundle meldungen = ResourceBundle.↩
    getBundle("waehrungsrechner", locale);
  String ergebnismeldung = meldungen.getString("ergebnismeldung");*2
  MessageFormat*1 nachrichtenFormat = new ↩
    MessageFormat(ergebnismeldung, locale*3);
  return nachrichtenFormat.format(new Object[]{
    WAEHRUNGS_FORMAT_DEUTSCHLAND.format(euro),
    WAEHRUNGS_FORMAT_USA.format(dollar)
  });*4
}
```

*1 MessageFormat应该格式化成一个字符串……

*2 此例中字符串是从ResourceBundle中得到。

*3 格式化需要的Locale可以作为可选项出现在第二个参数的位置。

*4 此处进行真正的格式化。{0}就会被WAEHRUNGS_FORMAT_DEUTSCHLAND.format(euro)的结果替换，{1}会被WAEHRUNGS_FORMAT_USA.format(dollar)替换。

酷！比之前的做法简单多了。

但还有一个问题我没太弄明白：为什么还要把Locale传递给MessageFormat呢？在*2语句里我已经给Locale提交过正确的字符串了。我觉得，MessageFormat只是起到替换占位符的作用……

是的，你说得没错。在上面的例子中，我们理论上是可以不这样做的。当然也可以给每个占位符指定**格式类型**和**格式样式**。比如：`{0,number,currency}`的意思就是第一个占位符是个数字（number），并且以“货币”（currency）的样式来格式化。所以传递过来的`Locale`就会出现在适当的地方：这时在后台就会通过调用`NumberFormat.getCurrencyInstance()`方法生成格式化过程，确切地说是在**传递过来的**`Locale`基础上进行的。

新版日期/时间API

我之前就说过，要给你讲解新版的日期/时间API。但在开始学习之前，我们还是先简单了解一下Java 8，因为在Java 8里对**日期/时间**的格式管理与以前的版本完全不同了。直到Java 7我们还必须使用`java.util.Date`类来对日期/时间进行管理。仅从这个类名一眼就能看出来，它的作用不是非常直观。用一个类来处理日期和时间也并不是只有这么一个缺点，其实老版里还有很多前后矛盾的地方。需要举个例子吗？那就猜猜看吧，用`new Date(2013, 1, 1)`会生成一个什么样的日期。

嗯，是……错了！

如果你的答案是01.01.2013的话，那就错了。它会生成一个2013年2月(!)1日的日期对象，因为月份是从0开始计算的，而年和天都是从1开始计算的。

```
System.out.println(new Date*1(2013*2, 1*3, 1*2));
```

*1 旧版的日期时间API因为不一致而不受重用；

*2 年和天从1开始计算……

*3 月份则是从0开始计算的。所以这里就会输出2月。

此外还有一些子类也是继承了这个搞笑的类，如`java.sql.Date`、`java.sql.Time`和`java.sql.Timestamp`类，这些都是从`java.util.Date`类衍生出来的。总之，严格地说，旧版的API不是个很好的设计。

Java 8引入了`java.time`包以及四个子包，它们包括各种各样的类和接口，而且总体上比旧版的日期/时间API给人更成熟的印象。对于刚开始学习的你来说，主包里的内容就足够了，更何况仅仅学习重要的内容就已经不算少了。

【背景资料】

新版的日期/时间API深受Joda-Time函数库的影响，其目的就是提供更简便、更易提取日期和时间的API。

时区、时间轴、时间点和时段

首先需要明确的是：不论是旧版的还是新版的，日期/时间API都是通过一组数字来表示时间的，这组数字是从1970年1月1日开始，且以毫秒为单位计算的。另外，UTC（世界协调时间）也是按此方式来表示“世界时间”的。

日期同样是通过一个所谓的“起始元年”来表示的。

下面的图也许可以让你看得更清楚：

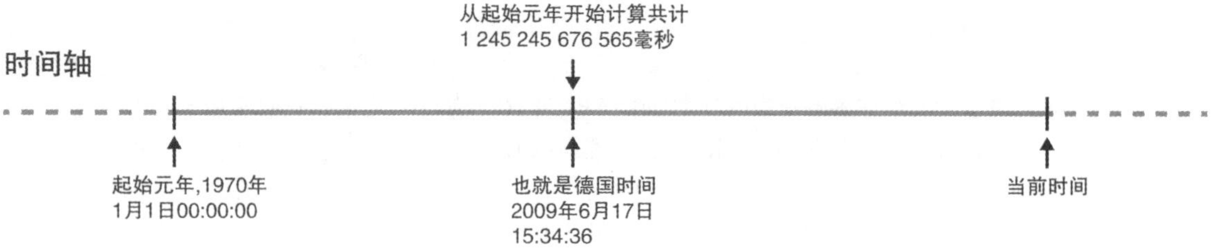

【概念定义】

UTC是Universal Time Coordinated的缩写。全世界所有地区的时间都需要根据它来调整时间，所以，它也叫作“世界时间”。它本身又是基于位于本初子午线上的格林尼治时间来调整的。

在旧版的日期/时间API中，人们用Date类来管理这个毫秒数。而在新版中是通过java.time.Instant类来管理。这个类表示**时间轴**上的一个精确的**时间点**。两者的本质区别在于：Instant比Date更精确，甚至可以精确到**纳秒**。

```
Date datum = new Date(); *1
Instant instant = Instant.now(); *2
```

*1 相比之下：java.util.Date类是从Java 7才开始使用的……

*2 更好的做法是使用新类java.time.Instant。

新版API更准确：

```
System.out.println(new Date().getTime()); *3
System.out.println(Instant.now().getEpochSecond()); *4
System.out.println(Instant.now().getNano()); *4
```

*3 Date 只能精确到毫秒……

*4 Instant 可以精确到秒、毫秒和纳秒。

这个毫秒和纳秒数其实面向**内部**，Java可以用它们来计算日期，但开发人员或者用户是无法知道的。比如，我们无法知道137000000具体代表哪个日期。所以，就会有一个所谓的**外部**东西给我们，也就是我们熟悉的年、月、日、小时、分钟等，这就是Instant比Date有优势的地方，因为这样的表示方式是符合ISO 8601标准的。

新版API根据ISO标准来计算日期：

```
System.out.println(datum);*5
System.out.println(instant);*6
```

*5 此处的输出结果为："Wed Oct 02 12:10:15 CEST 2013"，不管怎么看都不那么标准。

*6 此处的输出结果为："2013-10-02T10:10:15.810Z"，这样就符合ISO 8601标准了。

我们再来看看合格的ISO 8601表示格式：

2013-10-02T10:10:15.810Z

年　月　日　分隔符　小时　分钟　秒　纳秒　UTC时区

2013-10-02T10:10:15.810+00:00

还可以这样表示：
用"+00:00"代替上面的"Z"。这里的数字是偏差值，代表着与UTC时区的偏差时间。

围绕着Instant类还有一些实用的东西：

```
System.out.println(Instant.EPOCH);*1
System.out.println(Instant.MIN);*2
System.out.println(Instant.MAX);*3
```

输出结果：

```
1970-01-01T00:00:00Z *1
-1000000000-01-01T00:00:00Z*2
+1000000000-12-31T23:59:59.999999999Z*3
```

*1 显示起始元年。

*2 起始元年0之前的十亿年。

*3 起始元年0之后的十亿年，也就是Java API必须重新设计的最晚时间。

比起用Instant表示时间轴上单个时间点，java.time.Duration类可用来表示一个时间段，它也是基于毫秒来计算的。这个类不仅可以单独使用，也可以和Instant类结合使用。

【便签】
Instant 和 Duration类被创建后就**不可再改变了**，新版日期/时间API的其他对象也是如此。这样做主要是出于多线程访问安全问题的考虑。旧版的Date类则是**可改变的**，它会受到多线程的影响。

参见示例：

```
Duration zeitdauer = Duration.ofHours(4);*1
Instant zeitpunkt = Instant.now();
Instant zeitpunkt2 = zeitpunkt.plus(zeitdauer);*2
Duration zeitdauer2 = Duration.between(zeitpunkt, zeitpunkt2);*3
```

*1 Duration类里有多个可用来创建实例对象的静态方法。此处创建了一个与开始和结束无关，且时长是4小时的时间段。

*2 时长也能以与时间点组合的方式使用，比如此处就是由一个时长加上一个时间点构成的。之后会返回第二个时间点。

*3 也可以用两个时间来表示一个时间段。

不需要时间轴表示日期、时间和时段

有时我们需要的信息与时间轴无关，可以是一个单独的日期或者一个确定的时间，例如出生日期和婚礼日期，或者为闹钟设定一个时间等，这些都与时间轴无关。正是出于这样的原因，新版API又提供了三个不同的类：java.time.LocalDate类用来表示日期，java.time.LocalTime类用来表示一个确定的时间，java.time.LocalDateTime类……

应该是既可以表示日期，又可以表示时间，明白了。

没错。这就是另外一个与旧版不同的地方，以前这些都必须通过Date来调节。

新版API中日期和时间之间的区别：

LocalDate类功能如下：

```
LocalDate neuesDatum = LocalDate.now();*1
System.out.println(neuesDatum);
System.out.println(neuesDatum.getYear());
System.out.println(neuesDatum.getMonth());
System.out.println(neuesDatum.getDayOfYear());
System.out.println(neuesDatum.getDayOfMonth());
System.out.println(neuesDatum.getDayOfWeek());
```

输出结果如下：

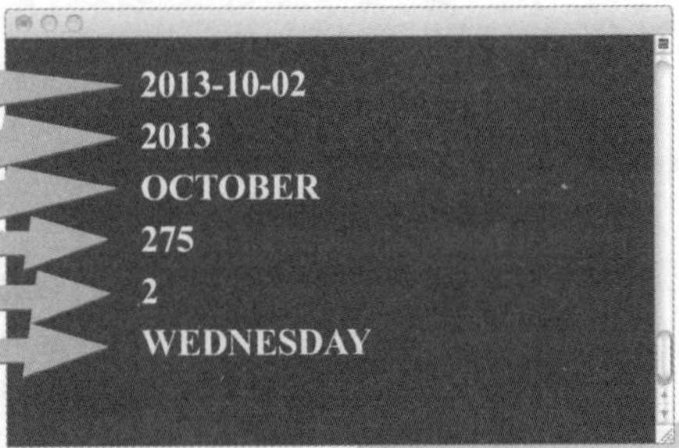

*1 这样就可以获取当前的日期了。

LocalTime类功能如下：

```
LocalTime neueZeit = LocalTime.now();*2
System.out.println(neueZeit);
System.out.println(neueZeit.getHour());
System.out.println(neueZeit.getMinute());
System.out.println(neueZeit.getSecond());
System.out.println(neueZeit.getNano());
```

输出结果如下：

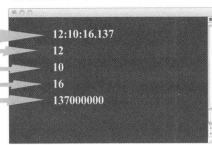

```
12:10:16.137
12
10
16
137000000
```

*2 这样获取当前时间。

LocalDateTime类功能如下：

```
LocalDateTime neuesDatumMitZeit = LocalDateTime.now();*3
System.out.println(neuesDatumMitZeit);
```

输出结果如下：

```
2013-10-02T12:10:16.137
```

*3 这样获取当前日期和当前时间。

Duration类的用法和它们类似，都是以毫秒为单位来表示一个时间段。此外还有一个java.time.Period类，但这个类是**以天为单位**来计算的。

功能如下：

```
Period zeitdauer = Period.of(2, 4, 6);*4
LocalDate datum1 = LocalDate.of(2012, 7, 27);*5
LocalDate datum2 = LocalDate.of(2012, 8, 12);*5
Period olympischeSommerspiele2012 = Period.between(datum1, datum2);*5
System.out.println(olympischeSommerspiele2012.getDays());*6
```

*4 如此一来，你就可以创建一个以天为单位且与开始日期和结束日期没有关系的时间段了。

*5 这样就可以得到两个日期之间的时段。

*6 通过不同的get方法可以得到年、月、日的个数。

时区和时差

正如上面例子中提到的（你可能早就发现了），世界上存在着不同的时区。不同的**时区**，UTC时间存在**时差**。比如德国比UTC早2个小时，而澳大利亚悉尼的时差是10个小时。Java 8中通过`java.time.ZoneId`类来表示时区，而时差通过`java.time.ZoneOffset`类来表示。时区的ID各不相同，比如会有Europe/Berlin或者Australia/Sydney等。

```
System.out.println(ZoneId.systemDefault());
OffsetDateTime zeitunterschiedDatum = OffsetDateTime.now();*1
System.out.println(zeitunterschiedDatum);*1
ZonedDateTime zeitzonenDatum = ZonedDateTime.now();*2
System.out.println(zeitzonenDatum);*2
```

*1 此处会根据IOS标准的格式创建并输出一个没有时区说明的日期……

*2 而此处输出一个有时区说明的日期。

输出结果如下：

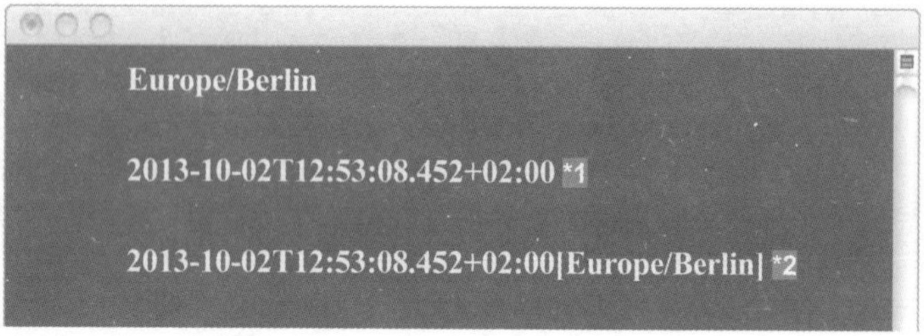


```
ZoneId zeitzonenID = ZoneId.of("Australia/Sydney");*1
ZonedDateTime zeitzonenDatum = ZonedDateTime.now(zeitzonenID);*2
System.out.println(zeitzonenDatum);*3
System.out.println(zeitzonenDatum.getOffset());*4
```

*1 如此生成一个时区。

*2 这时就会得到指定时区中的一个带时间的当前日期。

*3 所以输出结果就是：2013-10-02T20:54:07.584+10:00[Australia/Sydney]。

*4 此处输出“+10:00”。

与`LocalDate`、`LocalTime`和`LocalDateTime`相比，`ZonedDateTime`和`OffsetDateTime`类还可以与**时间轴关联**：用`getEpochSecond()`方法可以获得从起始元年开始计算的总秒数；用`toInstant()`方法可以把任意的日期转换成时间轴上的一个时间点。

只要再多一点时间，一切就都清楚了

学过的类还真不少呢，是不是？不过不用担心，一直在Java 7或更早期环境下编程的Java开发人员也是这么认为的。在这里我额外给你展示一个图（不是UML图）。通过这个图，你可以掌握所有新版日期/时间API里的重要内容。

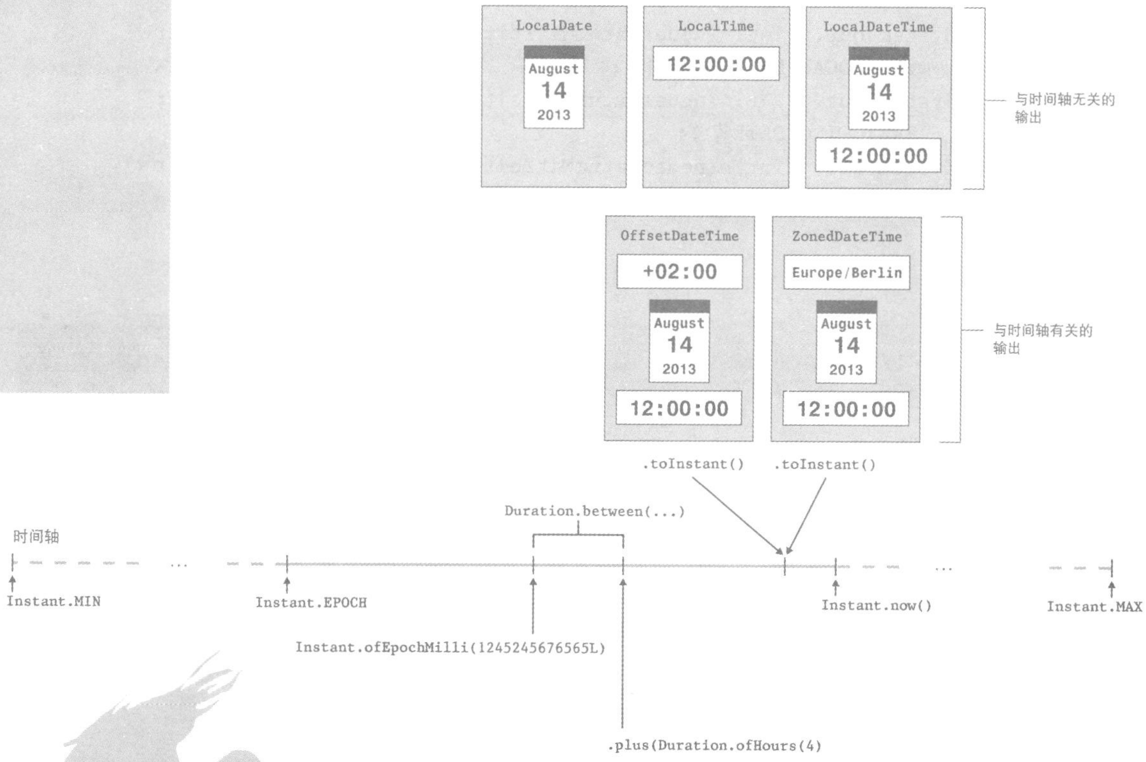

日期和时间的格式化

旧版API中用DateFormat类进行格式化，在新版的java.time.format包中同样也能够找到不同的类来实现格式化功能。不用说，这个重要的类就是 DateTimeFormatter 类，从名字就能看出它是用来格式化日期和时间的。

这样格式化一个LocalDateTime类型的对象：

```
System.out.println(neuesDatumMitZeit.format(DateTimeFormatter↩
  .ISO_LOCAL_DATE_TIME*1));
System.out.println(neuesDatumMitZeit.format(DateTimeFormatter↩
  .BASIC_ISO_DATE*2));
System.out.println(neuesDatumMitZeit.format(DateTimeFormatter↩
  .ofPattern("yy")*3));
```

输出结果如下：

```
2013-10-02T12:32:03.114
20131002
13
```

*1 以默认格式输出的格式器。

*2 按照ISO标准格式输出的格式器。

*3 用ofPattern()方法可以生成个性化样式的格式器。此例用两位的格式输出年份（"yy"）。

说到样式，这里给出几个其他的可选参数：

符号	说明
y	年的格式
M	月份的格式
D	一年中天数的格式
d	一个月中天数的格式
F	一个月中周数的格式
H	一天中小时的格式

通过这些样式可以设计出复杂的格式……

```
System.out.println(neuesDatumMitZeit.format(DateTimeFormatter.ofPattern
  ("*1'Jahr: 'yy', Monat: 'MM', Tag: 'dd")));
```

*1 注意：要想将字符串解读成字符串，而不是样式，必须用**单引号**把字符串括起来。

输出结果：

```
Jahr: 13, Monat: 10, Tag: 02
```

更好的做法是用辅助类DateTimeFormatterBuilder来实现：

```
DateTimeFormatter formatierer = new DateTimeFormatterBuilder()*2
  .appendLiteral("Jahr: ")*3
  .appendPattern("yy")*4
  .appendLiteral(", Monat: ")
  .appendPattern("MM")
  .appendLiteral(", Tag: ")
  .appendPattern("dd")
  .toFormatter();*5
System.out.println(neuesDatumMitZeit.format(formatierer));*1
```

*1 此处格式器的作用和上例中的功能相同……

*2 只是用DateTimeFormatterBuilder类的代码更好理解些……

*3 这样就更容易分辨，哪些是字符串……

*4 哪些字符串是样式了。

*5 然后再调用格式器方法，这样就是想要的格式了。

到此为止，我们学了足够多的有关时间和日期的内容了。下一个内容是：

字符串类的格式化

自Java 5开始，在String类里提供了一个与上面格式化类作用相同的方法：format()。printf命令大概就是出于这样的灵感，才能通过占位符和格式说明来实现对文本的格式化输出。

比如：

```
String.format("Hallo %s*1 und viel Spaß mit Kapitel %d*3", "Schrödinger"*2, 17*4);
```

*1 %s是一个占位符，代表是按String格式，也就是可以用一个字符串来代替它……

*2 此处就是后面需要指明的参数。

*3 %d的意思是，这个位置是为一个**十进制数**预留的……

*4 这个值就是前面需要指明的参数。

String.format() 支持占位符：

然而，你所看到的这些占位符与在MessageFormat中用到的**完全不同**，而且它们之间**互不兼容**。这里所说的很多类都是在这个背景下工作的，最具代表性的要数java.util.Formatter类。其实应该把占位符更确切地理解为**格式的分类符**。如果想把信息格式化后输出到控制台，那么此时String.format()方法就派上用场了，并且不会像MessageFormat那样对**文本消息进行格式化输出**。字符串右对齐排版？没问题！那么数字前面用零填充呢？

也不是难事，不信你看：

```
for(int i=1; i<=10; i++) {
  System.out.println(String.format("%02d*1*2", i));
}
```

String.format()
格式化

*1 这里的%d代表一个强化版的十进制参数：数字2代表输出数字的位数，如果用来输出的数字多于两位，那么就会被舍掉。

*2 并且在所输出的个位数前面都会用零来填充。

控制台的输出总算可以排版了。

【资料整理】

如果打算在控制台进行格式化输出，采用 java.text包里的格式化类与采用format()或者String.format()方法的格式化作用完全不同。java.text包是不会用在国际化文本信息的格式化操作中的。

在此介绍一些String.format()方法的重要的格式符：

格式符	说　明
%n	换行符，但是要注意，它是不会被一个指定的参数替换的
%b	布尔型参数
%s	字符串型参数
%d	十进制型参数
%f	浮点数型参数
%c	Unicode字符型参数
%t	日期和时间型参数

阶段练习——格式化走起!

小薛，结束这部分的学习前我们来做两个格式化的练习。

【简单任务】

编写一个程序，输出1到2000之间的数字，并且输出结果需要分成20行，还要在个位数、十位数和百位数的前面用零填充。

我绝对相信你可以独立完成这个任务。

不过还是得给出参考代码：

```
for(int i=1; i<=2000; i++) { *1
  System.out.print(String.format("%04d *3", i));
  if(i%100==0 *2) {
    System.out.println();
  }
}
```

*1 所有从1到2000的数字……

*2 每100个数字需要换一行，这样就满足20行的要求了。

*3 2000以内的数字没有多于4位的（所以用到数字4）。有一点要注意，少于4位的数字前面要用零来填充（所以用到了0）。后面的空格符一定不能忘，否则整个格式化看起来就不完美了。

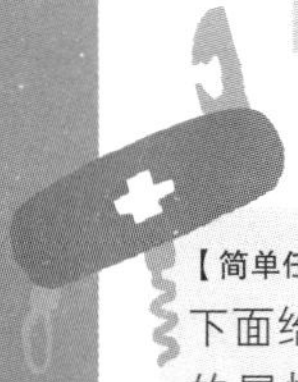

【简单任务】

下面给出一个名为musiksammlung.properties的属性配置文件。请说明源代码是如何加载消息的，以及占位符是如何被替换的。

```
musiksammlungstatus=Ihre Sammlung enthält {0} Alben von {1} mit ↩
  insgesamt {2} Songs.
```

参考答案：

```
Locale locale = Locale.getDefault();
ResourceBundle meldungen = ResourceBundle.getBundle("musiksammlung" *1, locale);
String ergebnismeldung = meldungen.getString("musiksammlungstatus" *2);
MessageFormat meldungsFormat = new MessageFormat(ergebnismeldung, locale); *3
String meldung = meldungsFormat.format(new Object[]{20, "Jimi Hendrix", 200}); *4
System.out.println(meldung);
```

*1 此处为捆绑名。也就是指定了需要加载的属性配置文件。

*2 此处为消息名。确切地说就是配置文件里键值对中的键。

*3 为了替换占位符，需要一个**MessageFormat**实例……

*4 然后调用这个实例的**format()**方法。这个方法需要给出替换占位符的具体参数。

用正则表达式进行样式匹配

除了字符串的格式化操作以外，其实还有更有趣的字符串操作，比如查找特定的字符串。在Java中，这样的查找是在**正则表达式**的基础上来实现的。正则表达式与有特定意义的字符串没什么区别，用它可以来表述其他的字符串。或者换个说法，正则表达式描述了一个由特定字符串组成的字符串，并且这个字符串是符合正则表达式的描述。比如，字符串“Schrödinger”用正则表达式来表示就是“Sch……er”，中间的六个点代表着可以是任意字符。所以字符串“Schlaumeier”和“Schrohmeier”都是允许的，但“Schinkeneier”就是错误的，因为在“Sch”和“er”中间存在多于六个字符。也就是说，正则表达式“Sch……er”只能表示由“Sch”开始，以“er”结束，并且中间只有六个字符的所有字符串。

【便签】
正则表达式是一个复杂的知识点，复杂到需要花上一整节课讲解计算机科学的理论才能讲清楚。我们这里只涉及一些实际应用层面的知识。

【资料整理】
正则表达式相当于一个模板，即英语里的模式（pattern），只能用来匹配某些字符串，不符合表达式的字符串就不能算是有效字符串。

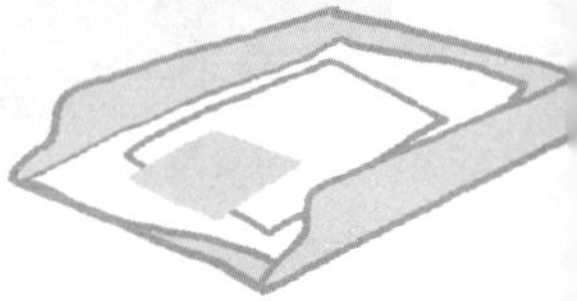

我想起来了！Bossingen抱怨过，不能正确获取那些在我们网页上预订鞋盒的客户电话号码。这些数据都保存在一个数据库里，需要过滤出有效的电话号码。这是不是与正则表达式很像？这不就可以通过一个模板把全部有效的号码过滤出来了吗？

当然，这不是问题。在数据库里进行查询就行了，这对你来说已经不是问题了，所以我就不在这里演示了。检测一个电话号码是否有效，就可以用到正则表达式。现在跟我说说，Bossingen需要的电话号码是什么样子的。

等等，让我看一下，我这里好像还有一封他的邮件……

- 4～5位的区号
- 第1位是0开头的
- 第6位到第7位是主号码位
- 区号和主号码位之间要有一个/、一个空格、一个-，或者什么都不放
- 比如：0123/123456

好吧，那就开始吧。

正则表达式的最简形式可以准确地描述唯一一个字符串：

```
0123/123456*1
```

*1 这就是一个最简形式的正则表达式。

嗯，好的， 但是用这个真能识别出电话号码吗？不能吧？也没什么用呀。

我也觉得没用。Bossingen也许会更喜欢其他的号码，我稍后就会告诉你如何得到一个完美的正则表达式。在开始继续学习之前，你首先应该认识一下与正则表达式有关的Java类，然后就可以在程序中直接对正则表达式进行测试了。Java中有**两个核心的类**可以用来进行模板的识别。第一个类就是`java.util.regex.Pattern`，用它就可编写正则表达式。

创建实例的方法如下：

```
Pattern muster = Pattern.compile("0123/123456"*1);
```

*1 此时正则表达式会作为一个参数来进行传递。

单独用这个`Pattern`还不能完成什么事。

为了检测一个字符串是否匹配这个正则表达式，我们还需要第二个重要的类：`java.util.regex.Matcher`。通过`Pattern`对象可以获得一个`Matcher`的实例：

```
Matcher matcher*1 = muster.matcher("0123/123456"*2);
boolean passt = matcher.matches();*3
```

*1 匹配器。

*2 此处就是那个需要用正则表达式来检测的字符串。

*3 用这个指令来检测，所提交的字符串是否符合正则表达式的要求。

在java.util.regex包里还有最后一个同时也很重要的类PatternSyntaxException。从它的名字就可以知道这个类的功能：当提交给compile()方法的字符串不是一个有效的正则表达式时，该类就会抛出异常。

以下就是检测电话号码的全部代码：

```
public class TelefonnummerValidator {
  private static final Pattern*1 TELEFONNUMMERN_MUSTER = Pattern
    .compile("0123/123456");
  public static void main(String[] args) {
    System.out.println(istGueltigeTelefonnummer("0123/123456"));
  }
  public static boolean istGueltigeTelefonnummer(String telefonnummer) {*2
    Matcher matcher = TELEFONNUMMERN_MUSTER.matcher(telefonnummer);
    return matcher.matches();
  }
}
```

*1 可以直接把正则表达式先定义成一个常量。现在不用担心，稍后我们会完善一个可以真正覆盖电话号码的正则表达式。

*2 给属于自己的方法起个合适的名字很有必要。此处就会检测提交的字符串是否为一个电话号码。对此，创建一个Matcher的实例，然后返回matches()方法的结果就可以了。

现在该说说通用模板的事了：

之前你就发现了，“0123/123456”这样的模板只能用来描述一个电话号码。然而对于通用模板来说，我们需要匹配**任意的字符**。

我已经想到了。比如可以用上面提到过的点来表示。

说得没错。在正则表达式里，一个点代表一个任意的字符：

```
....*1/......*2
```

一个由点构成，可以代表任意多个字符的正则表达式：

*1 区号由4个字符组成。

*2 主号码由6个字符组成。

现在好多了，其他的电话号码也可以识别出来了。然而匹配的不仅仅是5位的区号和7位的主号码。还必须给区号和主号码的部分加上一个**可选项**，也就是所谓的**限定符**，准确地说是我们示例中的?**限定符**。

[*1] 分别补满足够多的点和一个问号，这里的问号是可选的。

```
.....?[*1]/.......?[*1]
```

其他限定符如下：

限定符	解释说明
?	匹配前面的子表达式零次或一次
*	匹配前面的子表达式零次或多次
+	匹配前面的子表达式一次或多次
{n}	匹配确定的*n*次
{n,}	至少匹配*n*次
{n,m}	最少匹配*n*次且最多匹配*m*次

等一下，表格的最后一行，{n,m}不就是我们需要的吗？我是说：我们需要4到5位的区号和6到7位的主号码。

没错，所以可以这样修改：

确定字符的个数：4–5/6–7

```
.{4,5}[*1]/.{6,7}[*2]
```

[*1] 区号：4到5位任意字符。

[*2] 主号码：6到7位任意字符。

然而，满足这种正则表达式的字符串有很多，比如“abcde/2345678”也被视为正确的电话号码。

为了指定有效的字符串我们还需要一个**字符集**[0–9]，这样所描述的字符就只能是0到9之间的数字了。

只有数字是有效字符：

```
[0-9][*1]{4,5}/[0-9][*1]{6,7}
```

[*1] 接下来的一步是：指定只有数字是有效字符。

名　　称	正则表达式	说　　明
简单集	[xyz]	匹配x、y或者z
取反集	[^xyz]	匹配除x、y或z的所有字符
域集	[a-zA-Z]	匹配所有大写和小写的字符，不包含变音字母
合集	[a-d[x-z]]	匹配所有a–b，或者x–z的字符
交集	[a-z&&[xyz]]	匹配所有a–z的字符，同时满足[xyz]字符集。所以就只有x、y和z
差集	[a-z&&[^x,y]]	匹配所有a–z的字符，但不能是x和y。所以就只有a–w和z

字符集总结：

还可以再简化些，使用预设的字符集：

字符集	注　解	等价于……
.	任意一个字符	
\d	一个0-9的数字	[0-9]
\D	一个非0-9数字的字符，也就是**除**0-9的数字的任意字符	[^0-9]
\s	匹配任何**空格符**	[\t\n\x0B\f\r]
\S	匹配任何**非**空格符	[^\s]
\w	匹配**字母、数字、下划线**	[a-zA-Z_0-9]
\W	匹配**非**字母、数字、下划线	[^\w]

现在就可以把[0-9]替换成\d了。

只允许数字且有预设字符集的正则表达式。

```
*1\\d{4,5}/\\d{6,7}
```

*1 此处用到两个“\”，因为它是Java中的一个字符串。

【温馨提示】

在Java环境中必须注意，正则表达式中一个正斜杠必须用两个前置的反斜杠来引用。

但我们忽略了一个条件：
区号的第一位应该用零来占位。

等等，这个我会做……这样做对不对？

电话号码前面加个零。

```
0\\d{3,4}/\\d{6,7}
```

这就完美多了。现在就剩下分隔符了。不仅是“/”，而且减号、空格符或者什么都不添加也是允许的。这部分就在练习的时候你自己做吧。至此，所有正则表达式的相关内容你都已经学过了。

阶段练习——这个电话号码不要连接符

【完善代码】

调整一下上面的正则表达式，让它可以匹配用减号、空格作为分隔符的电话号码，或者干脆不用连接符。

好吧，我直接把空格符和减号加入到“/”字符集里做成可选项的形式不就行了吗？

```
0\\d{3,4}[/-\\s]?\\d{6,7}
```

要注意，这样做太草率了。需要考虑一下模板解读的问题，也就是从“/”到“\\”这部分。像你这样的写法没有意义，还会抛出 PatternSyntaxException异常。减号作为一个字符本身是有意义的，所以必须通过**转义字符**来引用它。这在正则表达式中有特殊的意义。

```
0\\d{3,4}[/\\-\\s]?\\d{6,7}
```

【温馨提示】

正则表达式里的所有字符，比如点(.)、减号(-)、问号(?)、括号({})等，都必须用两个反斜杠来转义。

寻找字符串的子串

人们经常只是在一个字符串中查找一个模板出现的次数，比如在一个文本中里保存所有电话号码。用matches()方法可以检测，整个字符串是否匹配该模板。要想查找出匹配一个模板的子串，就得使用find()方法（类似Matcher类里的方法）。

示例如下：

```
Pattern muster = Pattern.compile("0\\d{3,4}[/\\-\\s]?\\d{6,7}");
Matcher matcher = muster.matcher("Kein Anschluss unter dieser Nummer: 0123/123456 
  und auch nicht unter 0234/223456.");
System.out.println(matcher.find());*1
System.out.println(matcher.find());*2
System.out.println(matcher.find());*3
System.out.println(matcher.matches());*4
```

*1 输出true，因为find()方法找到了第一个电话号码（“0123/123456”）。

*2 输出true，因为find()方法找到了第二个电话号码（“0123/223456”）。

*3 输出false，因为find()方法没有找到其他电话号码。

*4 输出false，因为提交的字符串压根就不是电话号码。

还有一些特殊符号：

如果打算在一行中寻找字符出现的位置，那就应该在正则表达式的前面加上一个^符号，然后在表达式的后面再加上一个$符号。^符号表示一个新行的开始，而$符号表示一行的结束。

查找独自占用一行且匹配正则表达式的电话号码。

```
*1^0\\d{3,4}[/\\-\\s]?\\d{6,7}$*2
```

*1 确保每个电话号码总是先出现在新行的行首。

*2 确保电话号码所在行不再出现其他字符。

【完善代码】

修改上面的代码段，在正则表达式的前面和后面加上开始符和结束符，然后再运行一次程序。这样在一行中就只能找到唯一匹配表达式的电话号码了。

find()方法返回的还是false。一定是这样的，因为在示例中的电话号码并不是该行中唯一的字符串。

阶段练习——匹配还是不匹配？不算难事！

【困难任务】

请观察下表中给出的正则表达式和字符串。哪些字符串可以被模板识别出来？

	[a-zA-Z]*	[a-zA-Z&&[^g-k]]*	[0-9]{2,4}	[^0-9]
abcdefg				
Schrödinger				
Bossingen				
Katze				
4				
44				

参考答案如下：

*1 匹配任意多个小写和大写字母，但没有变音字母！

*2 匹配任意多个小写和大写字母，但没有变音字母和g－k的字母。

*3 匹配2－4位的数字，其他的字符不允许。

*4 这个挺有意思：匹配一个字符，但不能是数字。

	[a-zA-Z]*1	[a-zA-Z&&[^g-k]]*2	[0-9]{2,4}*3	[^0-9]*4
abcdefg	true	false	false	false
Schrödinger	false	false	false	false
Bossingen	true	false	false	false
Katze	true	true	false	false
4	false	false	false	false
44	false	false	true	false

通过组获取某个子串

假如，你不仅想检测电话号码的有效性和它在字符串中出现的位置，还想输出某个区号或者某个主号码。

嗯，能讲讲怎么实现这个吗？

非常简单，通过定义**组**（group）就可以了。

在正则表达式里为特定的部分加上一对圆括号就形成了一个组。在Java中，对于每个匹配正则表达式的字符串你都可以借助这个组的描述访问相对应的子串。

组的定义如下：

```
^*1(0\\d{3,4})*2[/\\-\\s]?*3(\\d{6,7})*4$
```

*1 第一个组开始于此，里面包含区号。

*2 第一个组结束于此。

*3 分隔符不需要作为一个组，所以要放在括号外面。

*4 最后还需要一个组，把主号码的部分正则表达式放到括号里面。

然后可以这样访问组：

```
public static Telefonnummer erstelleTelefonnummer
  (String telefonnummer) {
  Matcher matcher = TELEFONNUMMERN_MUSTER.matcher(telefonnummer);
  matcher.matches();*1
  String vorwahl = matcher.group(1);*2
  String hauptnummer = matcher.group(2);*3
  return new Telefonnummer(vorwahl, hauptnummer);*4
}
```

*1 此处的调用非常重要，如果没有它就不能取得任何一个组，因为表达式压根就没有被检测过。

*2 通过matcher.group(1)就可以得到第一组里的内容。但此处需要从1开始计算。

*3 下一个组的内容是主号码。

*4 现在就可以有效地对这两个部分进行操作了，比如生成对象实例。

希望Bossingen现在别再给我手机号码了……

E-Mail地址的认证

哦，天呀， Bossingen非常钟意电话号码的认证程序，现在他又想认证别的了，不是手机号码，而是E-Mail地址！**喂？你还好吧？**

我相信你，小薛。先来看看Bossingen的提示。这个问题虽然不算简单，但还是可以试试的。

“小薛，现在急需一个E-Mail认证程序，格式为：名字加@，再加国家或地区后缀。”

提示已经够了，我就不多说了。其余的你可以自己查询了……

好的，查询新知识点非常棒，因为这将是一个很好的**挑战过程**。

（一阵查询之后……）

好了，我找到了资料，一个E-Mail地址应该是这样构成的。

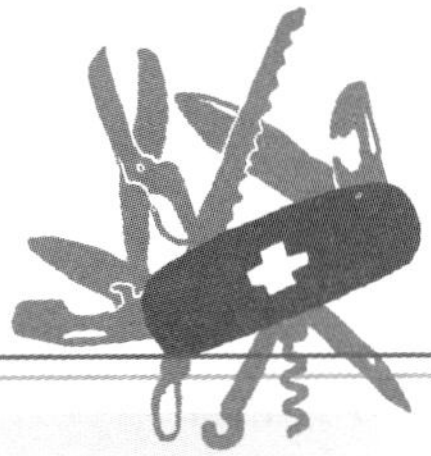

- 用户名，之后紧跟着@，然后是域名，最后是顶级域名，也就相当于国家或地区后缀。
- 用户名和域名只能是小写的，数字、下划线、点以及减号是有效字符。
- 用户名、域名和顶级域名不能为空。
- 顶级域名至少由两个，最多可以由六个字符组成，并且必须只能包含小写字母和点（比如“com”或者“co.uk”）。
- 例如：herr.bossingen@example.com。

【困难任务】

接受Bossingen的挑战，生成一个识别E-Mail地址的正则表达式。

参考答案如下：

```
^*1[a-z0-9_\\.\\-]+*2@*3[a-z0-9_\\.\\-]+*4\\.*5[a-z\.]{2,6}*6$*7
```

*1 首先识别一个新行的开始……

*2 然后是用户名……

*3 @符号……

*4 域名……

*5 紧跟着是一个点……

*6 然后是顶级域名……

*7 最后是行结束符。

有点麻烦是不是？但值得。正则表达式也可以用在根据文本文件中的数据创建对象实例上，之后就可以用对象进行其他的面向对象编程了。对此我们稍后会尝试一下：

【完善代码】
我们再来做点有意思的改动，创建一个工厂类`EmailAdressenFabrik`，它可以接受字符串类型的E-Mail地址，并且可以返回一个`EmailAdresse`类型的对象。

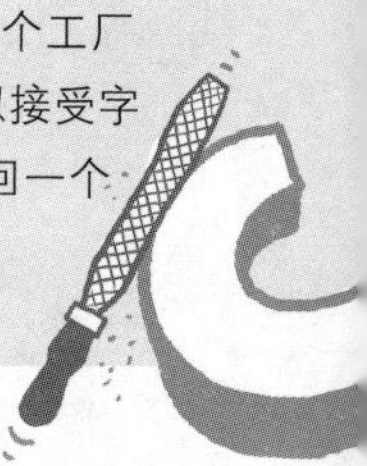

需要的EmailAdresse类已经为你准备好了：

太棒了，谢谢。这个其实我自己也可以搞定，剩下的部分还是得我自己来处理。

```
public class EmailAdresse {
  private String nutzerName;
  private String domain;
  private String topLevelDomain;
  public EmailAdresse(String nutzerName, String domain, String topLevelDomain) {
    super();
    this.nutzerName = nutzerName;
    this.domain = domain;
    this.topLevelDomain = topLevelDomain;
}
    // get和set方法，toString()方法需要自己来实现
}
```

从E-Mail字符串转变成E-Mail对象：

```
public class EmailAdressenFabrik {
  private static String EMAIL_MUSTER_STRING = " ^([a-z0-9_\\.\\-]+)@↩
    ([a-z0-9_\\.\\-]+)\\.([a-z\\.]{2,6})$";*1
  private static Pattern EMAIL_MUSTER = Pattern.compile(EMAIL_MUSTER_STRING);
    public static EmailAdresse erstelleEmailAdresse(String eingabe) {
      EmailAdresse emailAdresse = null;
      Matcher matcher = EMAIL_MUSTER.matcher(eingabe);
      if (matcher.matches()*2) {
        String nutzerName = matcher.group(1);*3
        String domain = matcher.group(2);*3
        String topLevelDomain = matcher.group(3);*3
        emailAdresse = new EmailAdresse(nutzerName, domain, topLevelDomain);*4
      } else {
        // 抛出异常
      }
      return emailAdresse;
    }
}
```

*1 为了能够访问E-Mail地址的**各个组成部分**，首先需要在邮件地址的正则表达式上**添加组**。

*2 如果提交的E-Mail地址是有效的……

*3 那么就可以获取到单个组的内容……

*4 同时也可以创建`EmailAdresse`对象。

本章重要内容总结

本地化和国际化

- java.util.Locale和java.util.ResourceBundle类会给软件的多语言服务提供了一些帮助，比如它们会在**外部的属性配置文件中，以键值对的形式**来管理文本消息。
- 一个Locale的实例由**语言**和**地区**组成，它们会通过各自的缩写代码来描述，这些缩写代码是根据ISO标准定义而来的。
- 除了文本消息之外，还可以加载与所有使用地区相关的**任意对象**。

格式化

- 在Java标准函数库中，不同的类会用到很多代表地区特征的信息，比如数字、货币、百分比以及日期和时间等格式，它们都会根据地区的不同而有不同的输出格式。
- **数字**、**货币**和**百分比**的格式可以通过java.text.NumberFormat类来格式化。
- **日期**和**时间**的格式可以通过java.text.DateFormat类来格式化。
- 通过java.text.MessageFormat类，可以用具体的值代替**占位符**，这些占位符通常出现在配置文件的文本中。
- 除了这些格式化类，还有一些**字符串类**的格式化方法（format()），使用这些方法同样可以起到**格式化字符串**的作用。然而不同的是，在使用MessageFormat时会用到自己的占位符语法。
- 如果多语言对于你来说比较重要，或者在某个字符串中的不同位置上需要指定具体的值，那么就应该使用MessageFormat。
- 如果打算在控制台上进行格式化输出，那么就要用到String.format()方法。

正则表达式

- 正则表达可以用来表述很多字符串。在Java中可以用java.util.regex.Pattern类描述正则表达式。
- java.util.regex.Matcher类可以用来检测字符串是否匹配正则表达式，或者该字符串是否包含匹配正则表达式的一个子串。
- 正则表达式的编写其实并不难，主要的前提是要明确需要什么样的结果。对此最好先写出要求和需求，然后再一步一步地来完成正则表达式。

- 新版的日期/时间API位于`java.time`包里。
- `Instant`类表示在时间轴上的一个**时间点**。
- `Duration`代表**以秒为单位的一个时间段**。

日期/时间API

- `LocalDate`、`LocalTime`和`LocalDateTime`代表与**时间轴无关的**日期和时间。
- `Period` 代表**以天为单位的一个持续时间**。
- `ZonedDateTime`和`OffsetDateTime`代表**与时间轴有关的**日期和时间。
- `ZoneId`指的是一个**时区ID**，比如“Europe/Berlin”，`ZoneOffset`指的则是与UTC相比的**时差**，比如+02:00。

【奖励/答案】

你得到的奖励是一个经过**简明编码的语言翻译器**。使用它的话就不用再学习新语言了，可以直接说出需要翻译的单词：选择语言，旋转按钮，然后单词就会显示在LED屏幕上。

单元测试

第18章

你确定结果正确吗？单元测试和Java Web Start的后续内容

小薛有时会感到一丝不安，因为他不能确定自己编写的程序能否按他的想法来执行。要是有个机会可以自动检测一下代码就好了。其实是有可能的，比如做单元测试，虽然这个测试不是很全面，但显然也是不容忽视的。小薛预感到，入门阶段的学习就这么结束了，但真正的挑战即将开始……

单元测试

把笔记拿出来，
开始测试了！

小薛，现在你算是对Java有了真正的了解。在学习即将结束的时候，我还想进一步说明一些东西，不过请放心，既不是Java标准函数库里的内容，也不是大多入门书里的内容，而是作为一名优秀开发人员和合格项目人应了解的必不可少的过程。

不管怎样，听起来还不错。
你说的是什么内容呢？

我说的就是单元测试。

单元测试其实就是需要开发者自己编写一个小的单元程序。它准确地描述了一个软件提供的功能，并且可以通过测试框架自动地运行该软件。**那么做单元测试的好处是什么呢？**

- 可以更加清楚地理解代码的来龙去脉。
- 如果代码的编写量过多，那就不能很好地全面考虑软件的质量，还会产生软件消耗过多资源的问题。不仅如此，如果项目后期对深层的代码进行了修改，那么可能会对程序产生不可控的不良影响。在开发阶段，单元测试往往反复进行，从而排除代码的不良影响。
- 甚至还有其他的好处。比如在与其他开发团队一起开发项目的时候，通过单元测试可以确保不对其他开发人员的代码产生不良影响。专业术语叫作**持续集成**（continuous integration）。在这个阶段，各个团队成员编写的代码会被定期地整合并进行单元测试。

单元测试也可以让开发过程变得更加有效，因为软件通过整合各个部分功能会变得越来越完善。要想很好地了解单元测试的效果，可能要积累多年的经验，还要和同行多进行交流。

哦，不用了。谢谢！

无论如何，单元测试是有用的。

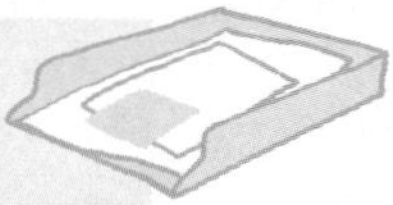

【资料整理】

一个软件迟早都会遇到新的需求，总会轮到你编写新的代码。在这种情况下，单元测试就可以为你节省很多时间，因为你在软件更改之前就已经对整个软件了如指掌。

如何编写一个单元测试程序：

要为每个类编写一个测试类。然后在测试类中创建该类的实例，还要调用各类的一些方法，最后通过特殊的辅助方法，也就是所谓的**断言**（assertion），来检测对象的运行结果是否符合预期结果。

比如，测试一个拥有双刃斧和100点经验值的英雄，看看他是否可以战胜一个拥有短剑和50点经验值的英雄，那么就可以在测试中生成两个拥有各自值的实例，然后让他们开始对战，最后再检测拥有100点经验值的英雄是否可以获得胜利。对此可以设计一个对战方法`Held wettkampf(Held held1, Held held2)`，最后该方法的返回值必须是`held1`。

测试框架

最著名的Java测试框架大概要算JUnit了。虽然也有其他的框架，比如TestNG，但这里我只想给你展示JUnit 4。如果你在第1章时就已经下载了Java开发包的话，那么也就相当于在本地拥有了一个函数库。如果还没有下载的话，那你可以在http://junit.org/下载最新版本。在使用之前还必须把JUnit作为函数库添加到项目的类路径。

操作步骤和之前一样：

在Eclipse里右键单击当前项目，然后依次选择Properties → Java Build Path → Libraries。然后在页面上再点击Add Library → JUnit → Next，选出版本4，最后点击Finish（结束）按钮。

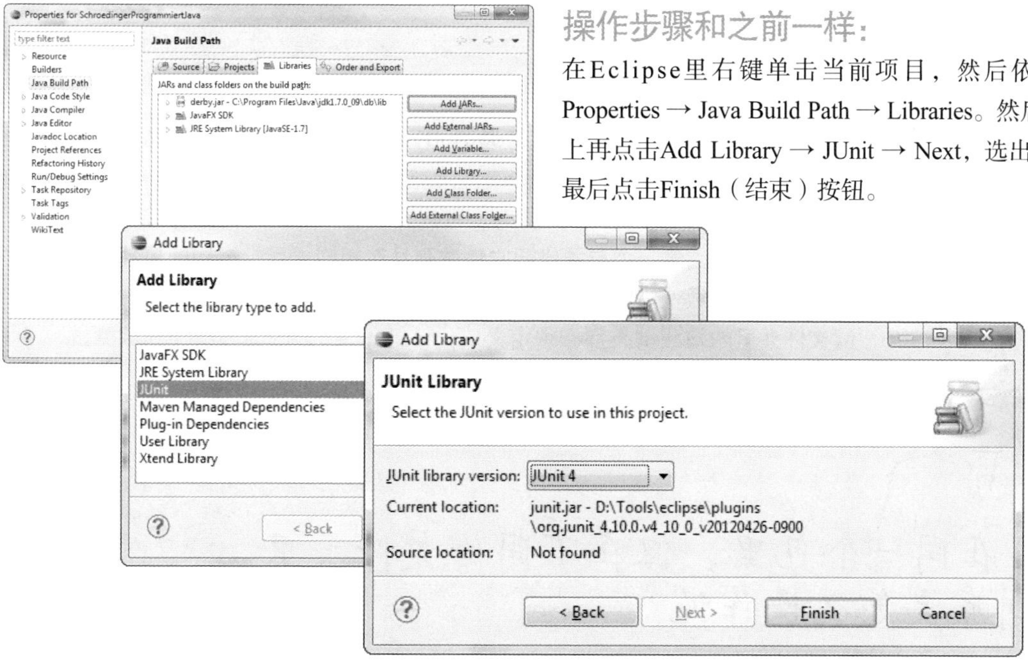

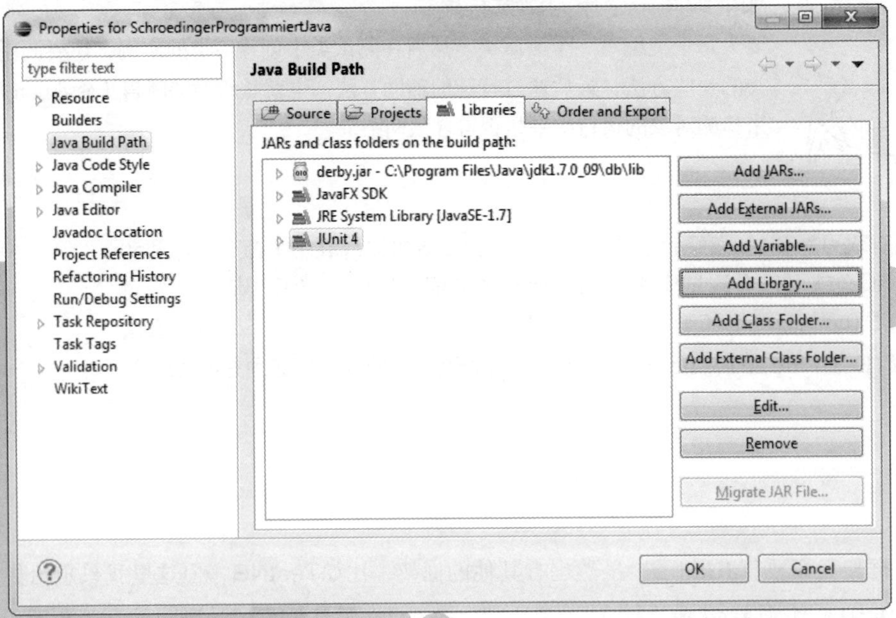

准备好了吗？那么我们就开始测试喽。

测试类里涉及的都是一些**非常普通的Java类**。因为这些测试类仅是**在开发过程中**才会用到，所以不应该把它们与项目的其他类放在同一个路径下。目的是在以后生成JAR文件时，可以直接忽略测试用的文件夹和测试程序。最好是创建一个**与源代码文件并列**且有相同子目录结构的**单独测试文件夹**，这样做就可以在开发过程中同时访问两个文件夹了；同时，在测试文件夹里的被测试类都必须定义成`protected`，因为测试类和被测试类看上去都在同一个包里。

在同一个包里，但在不同的文件夹里。
这到底要怎么操作呢？

在Eclipse里匹配系统目录非常简单：

依次选择菜单File→New→Source Folder打开如下的对话框，选择相应的项目，并且输入测试文件夹名，比如示例中的文件夹名为“test”。

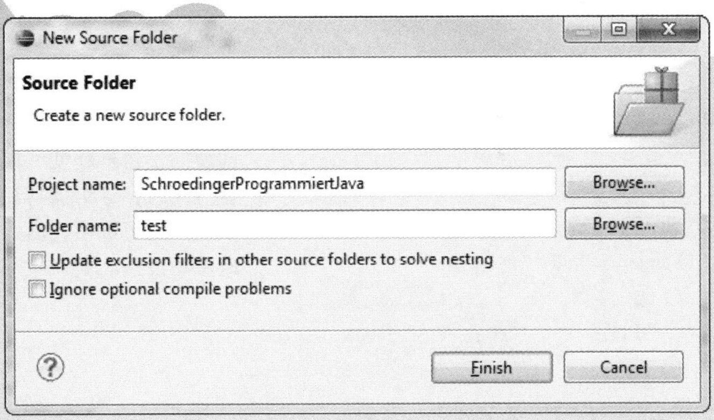

之后，每个需要测试的类（在src文件夹里）就会出现在test文件夹下面的子目录里。此外，应该养成**为每一个待测试类创建一个属于自己的测试类**的习惯。这样一来，就会拥有一个测试模块且避免了很多依赖性。比如，想要测试`de.galileocomputing.schroedinger.java.helden`包里的一个`Held`类，那么就可以生成一个`HeldTest`测试类，并且把它放在test文件中相同的包中。

【背景资料】

在进行真正的**测试驱动开发**（Test Driven Development，TDD）时，首先需要编写一个**测试用例**，然后再根据测试用例的需要实现**相应的类和接口**。测试驱动开发是**软件敏捷开发方法**［比如**极限编程**（XP）］**中的核心手段之一**。

敏捷和极限？
听起来很专业嘛。

现在你也可以专业一次了！那就从一个简单的测试类开始吧。

先在test文件夹中的`del.galileocomputing.schroedinger.java.kapitel18`包里创建一个普通的类`EinfacheTests`，然后把下面的代码添加进去：

简单的测试类通常会如下所示：

```
package de.galileocomputing.schroedinger.java.kapitel18;*1
import static org.junit.Assert.*;*5
import org.junit.Test;*4

public class EinfacheTests*2 {
  @Test*4
  public void ganzEinfacherTest()*3 {
    assertEquals("Schuhe", "Schuhe");*6
    assertTrue(2 == 2);*7
    assertFalse(2 == 7);*7
    assertNotNull("Zwei");*8
    assertNull(null);*8
  }
}
```

【背景资料】

Eclipse同样会为生成JUnit测试类提供创建向，这样就使得创建过程更简便一些。同时，这个向导还提供了很多与测试相关的可选项，但这并不代表可以省略手动设置。

*1 测试类应该与被测试类放在同一个包中。

*2 JUnit类属于非常普通的类……

*3 它的方法也非常简单。

*4 @Test注解表示下面出现的方法为**测试方法**，该方法会在执行测试类时启动。所以，一个测试方法就代表一个测试。因此我在以后说到测试的时候，其实指的就是测试方法，否则我会直接说测试类。

在同一个包里却在不同的文件夹里。测试类在test文件夹里，被测试类却在src文件夹里。好吧，明白了。那么这个待测试的类究竟是什么样的呢？

嗯，目前我们还没有。当前这个测试类唯一的用处就是，让你熟悉一下JUnit的方法和测试用例的结构，稍后我们再真正地见识一下。

*5 org.junit.Assert类提供了不同的方法，通过它们可以定义**特定的断言**。为了更方便地直接在测试方法中使用该类，这里需要把该类进行静态导入……

*6 比如，使用assertEquals()方法可以测试两个对象是否相同；

*7 使用assertTrue()和assertFalse()方法可以检测，提交的布尔表达式值为true或false；

*8 使用assertNotNull()和assertNull()方法可以判定，一个对象的引用是否为零。

现在来运行一下这段测试代码。虽然在测试类里没有main方法，但是仍然可以用Eclipse的菜单Run→Run as...→JUnit Test来执行测试用例。届时测试类会通过后台启动一个可执行的JUnit**测试运行器**，而且所有用@Test注解的方法都会被执行，然后测试的结果会显示在一个新的窗口中。在这期间，如果任何一个测试发生了错误，那么整个assert方法就会抛出一个java.lang.AssertionError异常。然后，JUnit会根据这个错误判定测试是失败的。

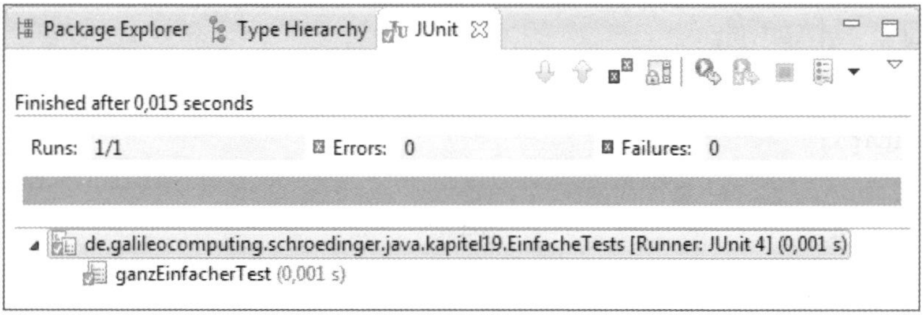

正如你看到的，测试成功了：

和我想的没什么两样。这样比较有什么意义呀？Schuhe和Schuhe本来就是相同的，好不好。

我只是想让你看看，成功的测试是什么样子，只是给测试失败的情况做个铺垫罢了。接下来我们调整一下测试类，加入第二个测试用例，最后让测试报出错误。

```
@Test
public void testAufGleicheStrings() {
  assertEquals("Schrödinger", "SchröDinger");*1
}
```

*1 此处有一个错误，因为两个参数不一样。

Schrödinger与SchröDinger，是不同的，所以会导致测试失败。

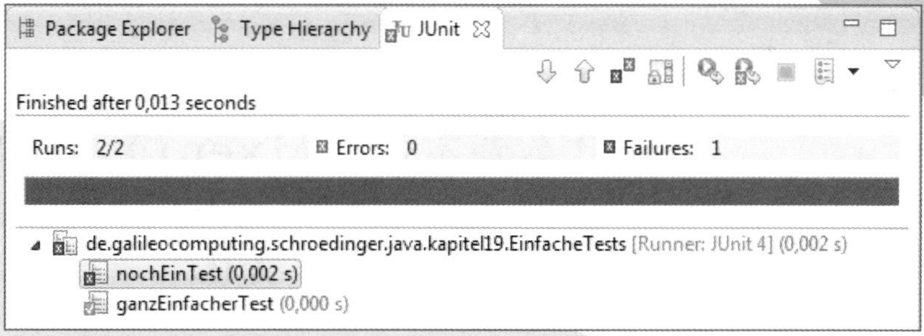

失败的测试

已经说了很多关于JUnit和断言的内容。现在就来讲讲有关待测试的内容。我们借助一段程序来进行讲解，编写一个实现**调制鸡尾酒**的软件。好吧，并不是真的可以调制，而是**模拟调制**的过程。

对此我们需要编写一个接口，具体如下：

```
public interface CocktailMixer {
  void hinzufuegen(Zutat zutat);
  Cocktail mixen();
  int getAnzahlZutaten();
}
```

Zutat现在还是一个空接口，Cocktail类也完全是空的。还有几个实现了Zutat的类，比如Banane、Milch和Apfelsaft（可以在资源中找到代码）。至此我们有了足够的原料和一个CocktailMixer接口的实现，所以被测试类就应该是如下所示：

```
public class StandardCocktailMixer implements CocktailMixer {
  @Override
  public void hinzufuegen(Zutat zutat) {
  }
  @Override
  public Cocktail mixen() {
    return null;
  }
  @Override
  public int getAnzahlZutaten() {
    return 0;
  }
}
```

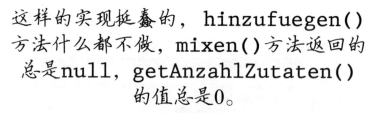

这样的实现挺蠢的，hinzufuegen()方法什么都不做，mixen()方法返回的总是null，getAnzahlZutaten()的值总是0。

可我也没说这是个既好又有用的实现呀。不过有一点说我蠢倒是没错，因为我根本不知道各个方法必须实现什么功能。好在方法的名字可以给我一些提示，但即便是这样，我还是不知道CocktailMixer需要些什么。

单元测试此时就有用武之地了！

此时在测试类中便可以定义**一个实现所需要的东西**了，这正是我最初什么都不写的原因。接下来就该进行TDD了！不过还是等到做练习的时候吧。

【背景资料】

在大型的开发项目中，测试程序和具体实现过程的编写工作往往由不同的人来完成。编写测试程序的人会定义一个类必须实现**什么**功能，而编写具体实现的人则定义**如何**实现该类的具体功能。

【便签】

简单的程序很容易就能发现哪些功能还没有实现，要是遇到逻辑关系比较复杂的类就没那么简单了，所以经常进行单元测试还是非常必要的。

【资料整理】

与`Zutat`（原料）相关的类实际上是非常简单的类，它不需要包含逻辑关系，只需要有set和get方法——其实就是个POJO。**原则上，set和get方法是不需要测试的**，因为太简单了，就好比测试“Schuhe”和“Schuhe”是否相同一样，结论就是：多余。

接下来一起看看与断言类有关的重要方法。

方　法	说　明
`assertArrayEquals()`	检测两个数组是否包含相同的值
`assertEquals()`	检测两个对象是否相等。类似于字符串比较使用的`equals()`方法
`assertFalse()`	检测一个布尔条件是否为`false`
`assertNotNull()`	检测一个对象是否不为`null`
`assertNull()`	检测两个对象是否为`null`
`assertSame()`	检测两个对象的引用是否相同。类似于使用“==”比较两个对象
`assertTrue()`	检测一个布尔条件是否为`true`

阶段练习——可我已经订了一份鸡尾酒

我们现在来玩测试人员和开发人员的游戏，看看在TDD时都会做什么。我是测试人员，你是开发人员。你不可以修改我的测试程序，同时我也不关心你是怎么具体实现的。关键是让测试正常执行。

第一个要求：一个调制不出鸡尾酒的鸡尾酒调制器，要么不是鸡尾酒调制器，要么就是坏了。所以，一个正常的鸡尾酒调制器CocktailMixer返回的一定是鸡尾酒Cocktail类型的对象。

满足这个需求的测试用例如下：

```
package de.galileocomputing.schroedinger.java.kapitel18.cocktails; *1
import static org.junit.Assert.*;
import org.junit.Test;
public class CocktailMixerTest {
  @Test
  public void testeCocktailMixer() {
    CocktailMixer cocktailMixer = new StandardCocktailMixer();*2
    Cocktail cocktail = this.cocktailMixer.mixen();*3
    assertNotNull(cocktail);*4
  }
}
```

*1 与被测试类放在同一个包里——要记住这一点！

*2 首先我们需要一个类的实例，它就是需要测试的实例，也就是此例中的tandardCocktailMixer实例。注意：测试时接口的作用非常显著，因为凭借接口进行的测试可以让后续的测试工作变得十分轻松，用同样的测试用例来检测其他类似的实现。

*3 从mixen()方法返回的值……

*4 不允许是null。

这个测试肯定会失败。我刚才就说过mixen()方法一直都返回null值。

没错，为了能够满足测试的要求，mixen()方法做如下改动就可以了：

```
public Cocktail mixen() {
  return new Cocktail();
}
```

是不是很简单？下面提高点难度，但还算是容易的，只是没有那么简单罢了。

【简单任务】

我又在测试用例里加入了一两个测试方法。但是方法`hinzufuegen()`和`getAnzahlZutaten()`好像哪里有点儿不对劲儿，我该怎么做才能让测试通过呢？

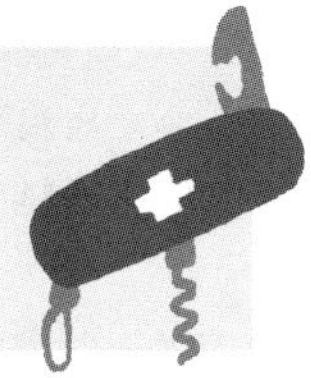

让测试通过，但不能改变测试方法，这是不是有点儿耍赖了，我们明白你的意思了。

这就是那个测试方法，不过有点儿问题：

```
@Test
public void testeAnzahlZutatenInCocktail() {
  Banane banane = new Banane();
  Milch milch = new Milch();
  CocktailMixer cocktailMixer = new StandardCocktailMixer();
  cocktailMixer.hinzufuegen(banane);*1
  cocktailMixer.hinzufuegen(milch);*1
  assertEquals(2, cocktailMixer.getAnzahlZutaten());*2
}
```

*1 虽然加入了两个原料……

*2 但此处抛出一个错误。

然后呢？测试已经通过了吗？你完成了吗？

好吧，尽管用的时间久了一点，但是我觉得我完成了。至少测试结果现在显示变绿了。

很好，测试通过了。

我完全没有看你的代码。

我给出的答案如下：

```
public class StandardCocktailMixer implements CocktailMixer {
  private Collection<Zutat> zutaten;*1
  public StandardCocktailMixer() {
    this.zutaten = new ArrayList<>();*1
  }
  @Override
  public void hinzufuegen(Zutat zutat) {
    this.zutaten.add(zutat);*2
  }
  @Override
  public Cocktail mixen() {
    return new Cocktail();
  }
  @Override
  public int getAnzahlZutaten() {
    return this.zutaten.size();*3
  }
}
```

*1 首先需要一个链表，比如一个所有原料的集合。

*2 然后给这个集合添加原料……

*3 而且直接用`getAnzahlZutaten()`方法返回集合的大小。

还挺容易的吧？下面我们就加快点速度。

【困难任务】

当鸡尾酒调制好了之后，在调制器里就应该没有原料了，因为都在鸡尾酒里了。

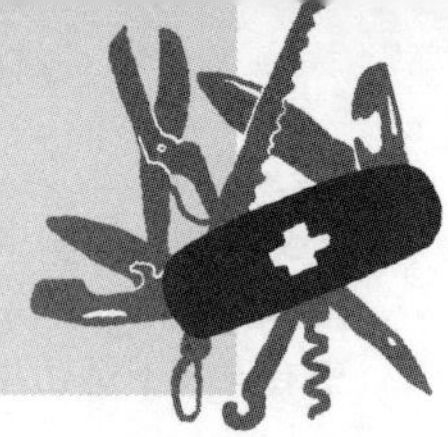

相应的测试如下：

```
@Test
public void testeAnzahlZutatenInCocktail() {
  Banane banane = new Banane();
  Milch milch = new Milch();
  this.cocktailMixer.hinzufuegen(banane);
  this.cocktailMixer.hinzufuegen(milch);
  assertEquals(2, this.cocktailMixer.getAnzahlZutaten());
  Cocktail cocktail = cocktailMixer.mixen();*1
  assertEquals(0, cocktailMixer.getAnzahlZutaten());*2
  assertEquals(2, cocktail.getAnzahlZutaten());*3
}
```

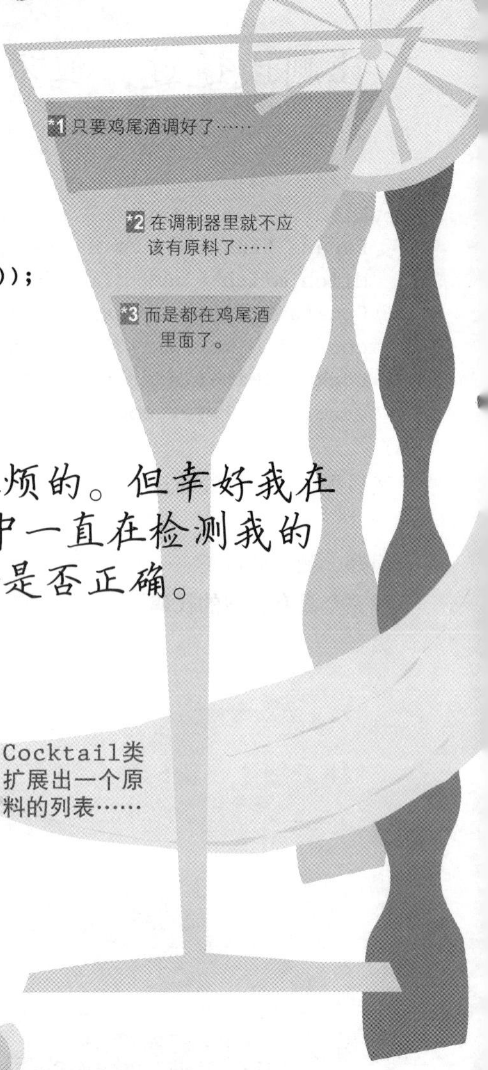
*1 只要鸡尾酒调好了……
*2 在调制器里就不应该有原料了……
*3 而是都在鸡尾酒里面了。
噗，还挺麻烦的。但幸好我在整个过程中一直在检测我的做法是否正确。
Cocktail类扩展出一个原料的列表……

对的，这就是单元测试的作用。

参考答案如下：

```
public class Cocktail {
  private Collection<Zutat> zutaten;*2
  public Cocktail(Collection<Zutat> zutaten*3) {
    this.zutaten = zutaten;
  }
  public int getAnzahlZutaten() {*1
    return this.zutaten.size();
  }
}
```

*1 此处为测试需要的一个新方法，它可以返回鸡尾酒里原料的种数。要想实现这个功能，我们需要……

*2 新的对象属性zutaten……

*3 以及获得一个以原料为参数的构造函数。

```
public class StandardCocktailMixer implements CocktailMixer {
  ...
  @Override
  public Cocktail mixen() {
    Collection<Zutat> zutaten = new ArrayList<>(this.zutaten);*1
    this.zutaten.clear();*2
    return new Cocktail(zutaten);*3
}
  ...
}
```

*1 重要的是生成一个**集合**的副本……

并且要匹配StandardCocktailMixer里的mixen()方法：

*2 然后就可以把对象属性zutaten直接清空……

*3 并且把这个局部的副本作为参数传递给Cocktail构造函数。如果创建不了副本，而是直接把this.zutaten传递给构造函数，那么在单元测试类里的那两个期待得到鸡尾酒两种原料的assertEquals()方法就会在测试时报错，因为此时从鸡尾酒调制器那里获得的是一个空原料表。

要是没有单元测试，这个生成集合副本的问题我可能根本发现不了……

是的。也许**数小时调试**之后可以找到这样的错误，或者根本就找不到。这样做一些单元测试，立刻就会让它原形毕露。

要是用到上一章练习中出现过的正则表达式的话，那么编程就更有趣了。我终于可以做下一个练习了，对吗？

是的，不过还得耐心地等一下。继续练习之前，我还得说点儿其他关于JUnit的内容。除了assert方法可以用来检测之外，其实还可以用其他的办法来测试是否抛出了特定的异常。

【奖励】

单元测试在编程工作中会给你一种踏实的感觉，我可以跟你打赌，你离不开它，而且还会爱不释手。

异常情况的测试

测试用例的功能如下：

```
@Test(expected*1=EkligeZutatenKombinationException.class*3)
public void testeEkligeZutatenKombination() {
  Banane banane = new Banane();
  Apfelsaft apfelsaft = new Apfelsaft();
  CocktailMixer cocktailMixer = new StandardCocktailMixer();
  cocktailMixer.hinzufuegen(banane);*2
  cocktailMixer.hinzufuegen(apfelsaft);*2
  Cocktail cocktail = cocktailMixer.mixen();
}
```

*1 @Test注解获得了一个新的参数，用它可以定义测试过程中抛出的异常。

*2 当香蕉和苹果汁混合在一起的时候……

*3 就会给出一个EkligeZutatenKombinationException异常。原则上，对异常进行测试的时候是不会用到assert方法的。

哦，这个异常名都可以当选“本书最好的类”了。

谢谢，谢谢！但我怎么感觉有点反讽的意味呢？
你一定还记得这件事吧，我们要在练习的时候让那个测试通过。所以你最好尽快熟悉这个类名。

做练习之前我还要交代一下其他有用的东西：

一般来说，每个测试类都应该写得结构清晰些，那样各自的测试方法就**不会太长**，而且也不用测试太多不同的事情。每个测试方法**应该只针对被测试类的一个方面**来测试。**方法名**要结合具体的测试内容来命名，这样就可以更好地管理测试类，如果一个测试失败了，也可以快速地推断出发生错误的代码位置。

测试方法不要太长，要对一个方法来测试……明白了。

对的。另外在每个测试方法里还要有一个被测试类的实例（除非测试非静态方法），结合这些实例形成各自的测试用例。为了避免测试中留下“不纯净”的对象而影响下次测试，每次重新测试实例化对象就会特别关键。

否则可能会导致测试结果不准确。比如鸡尾酒调制器那个例子就是这样，调制器（还有原料在里面）的测试方法就会给其他测试方法留下不纯净的对象。

对此，@Before注解就非常适用于这样的情况。测试类里，所有使用这个注解的测试方法都会在**每次测试开始前**被执行，也就是在执行测试方法前。与这个注解类似的还有@After，**每次测试结束后**会执行用它来注解的方法。

对于每次测试前都重新刷新一下的StandardCocktailMixer实例，你可以这样使用@Before注解：

```
public class CocktailMixerTest {
  private CocktailMixer cocktailMixer;
  @Before*1
  public void setUp*4() {
    this.cocktailMixer = new StandardCocktailMixer();*2
  }
  @After*3
  public void tearDown*4() {
  }
  ...
}
```

*1 @Before注解的意思就是，这个方法会先于测试类中的其他测试方法被调用。

*2 这样的做法非常适合初始化测试中必要的变量（或者适合关联数据库、加载其他资源等）。比如此例中，初始化一个StandardCocktailMixer的实例。

*3 同理，用@After注解的方法是在每次测试之后执行的。这样的做法就非常适合删除测试中产生的数据，比如删除一个数据库中的条目。

*4 setUp()和tearDown()名字早有耳闻了吧，因为在JUnit 3时（那时还没有注解这个概念）就用这个方法名了（因为当时是从一个测试父类继承来的）。现在用注解就无所谓了，可以随便起一个方法名。

【便签】
另外还有@BeforeClass和@AfterClass注解。这些注解标识的方法分别会在测试前和测试后执行。

阶段练习——根本不难喝呀

【困难任务】

考虑一下，当尝试把苹果汁和香蕉混合在一起的时候，如何确保mixen()方法抛出一个EkligeZutatenKombinationException异常。换句话说，怎么让testeEkligeZutatenKombination()方法的测试通过。

其实这并不是很难，你需要用到以下方法：

```
public static <T> boolean enthaelt(Collection<?> collection, ↩
  Class<T> klasse) {
  for(Object o : collection) {
    if (o != null && o.getClass() == klasse)  {
      return true;
    }
  }
  return false;
}
```

一个普通的变量，它可以测试集合里是否包含一个特定类的实例。

我觉得你可以搞定，是不是？

参考答案：

```
public class StandardCocktailMixer implements CocktailMixer {
  ...
  @Override
  public Cocktail mixen() throws ↩
    EkligeZutatenKombinationException*1 {
    if(enthaelt(this.zutaten, Banane.class)*2 && enthaelt↩
      (this.zutaten, Apfelsaft.class)*2) {
      throw new EkligeZutatenKombinationException();
    }
    Collection<Zutat> zutaten = new ArrayList<>(this.zutaten);
    this.zutaten.clear();
    return new Cocktail(zutaten);
  }
  ...
}
```

*1 在方法签名后面指定需要抛出的异常名。这个异常当然也必须添加到**接口中的方法签名**，并且要添加到其他单元测式和被**mixen()**方法调用的类里，目的就是可以捕捉到或者再次抛出异常。不过，编译器会提醒你这些的。

*2 此处就会检测**zutaten**是否包含一个不合理的原料组合。如果是，就抛出一个异常；如果不是，就继续工作下去。

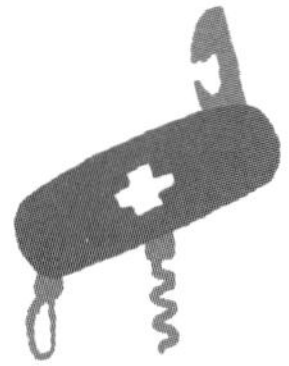

【简单任务】

再做一个简单的练习我们就可以结束了：原料当然也可以从调制器中取出来。假如我第一次把香蕉和苹果汁放了进去，但后来发现，用牛奶替换苹果汁更好，这样的情况**不应该抛出异常**。

```
@Test*2
public void testeEntfernenVonZutaten() throws EkligeZutatenKombinationException*2 {
  Banane banane = new Banane();
  Apfelsaft apfelsaft = new Apfelsaft();
  Milch milch = new Milch();
  this.cocktailMixer.hinzufuegen(banane);
  this.cocktailMixer.hinzufuegen(apfelsaft);
  this.cocktailMixer.hinzufuegen(milch);
  this.cocktailMixer.entfernen(apfelsaft);*1
  Cocktail cocktail = this.cocktailMixer.mixen();
}
```

*1 现在原料也应该可以从调制器里取出来。`CocktailMixer`的方法签名就是这样：`void entfernen(Zutat zutat);`。

这就是测试方法：

*2 即使之前的原料搭配不合适，现在删除了一个原料，也不会抛出这个异常。

【笔记】

让测试通过其实非常简单，只需**`mixen()`**方法不抛出异常就可以。这样一来，其他的测试就会变成失败的测试了，所以根本不能这样做。这也说明了，每个测试都需要认真仔细地考虑实现的情况。

简单的参考答案：

```
@Override
public void entfernen(Zutat zutat) {
  this.zutaten.remove(zutat);*1
}
```

*1 是不是真的很简单。集合里正好有一个现成的删除方法可以用。

测试真是太有用了！我现在根本不用考虑改变类的问题了。假如我的程序存在Bug，那么测试就不会通过，然后就可以找到它。

但前提条件是你的测试也得编写正确且**常常**做测试。改变的代码有可能并不在单元测试的范围里，这样这段代码就不会被测试到。人们把这样的情况叫作“测试没有覆盖到这段代码”，专业名词**测试覆盖率**说明的就是这样的情况。当然了，这样的问题可以通过很多工具来解决，它们会自动找出那些被覆盖的代码行。如果你有兴趣了解更多的相关知识，可以去网上搜索一下“Cobertura”和“EclEmma”这两个工具。

好了，小薛。关于测试的内容就讲到这里了。

我之前好像还要给你**讲些别的来着：**

JWS后续内容

在结束全部学习之前，我们要再次研究一下第13章的部署问题。其中一个原因是，你作为一个开发人员想要检验一下自己的成果；另一个原因是，你现在已经学会了必要的XML知识，而且也会创建图形界面的应用了，所以我们再来回顾一下JWS（Java Web Start）的内容。

我还清楚地记得：它是用来**在服务器上部署Java程序**的……

而且关于**配置文件**还需要注意，

- 程序所支持的Java版本。
- 指必要的JAR文件。

对于用户来说，如果他点击了配置文件后面的链接，就会安装相应的Java版本（如果没有安装的话），或者把所有需要的东西下载到本地计算机上。

没错，总结得不错。

【温馨提示】
提醒一下：JWS本身就是图形界面的应用程序。

接下来，让我们用JWS完成第16章中那个鞋盒容积计算器的例子。

非常愿意，我已经有来自芬兰客户的询问了……他们自己终于可以在当地下载我的软件了。

发布产品需要三个步骤：

1. 第一步：生成包含程序的JAR文件

这一步我们可以通过Eclipse非常简便地完成：在主菜单里选择File→Export。接下来在出现的Runnable JAR File对话框中选择适合的运行配置项和JAR文件所在的文件夹，并且点击Finish来确定。或者用命令行的形式……

最好不要，我已经习惯用Eclipse了。

噢，我看得出来！

2. 第二步：生成配置文件

如上所述，配置文件是用XML语言编写的，严格意义上指的就是所谓的JNLP格式。把下面的代码保存在 `schuhkartonvolumenberechner.jnlp`文件里：

```
<?xml version="1.0" encoding="UTF-8"?>
<jnlp spec="1.0+" codebase=""*1 href="schuhkartonvolumenberechner.jnlp"*2>
  <information>
    <title>Schuhkartonvolumenberechner</title>*3
    <vendor>Schroedinger</vendor>*3
    <icon href="icon.jpg"/>*3
    <offline-allowed/>*4
  </information>
  <resources>
    <java version="1.7+"/>*5
    <jar href="../../build/jar/SchuhKartonVolumenBerechner.jar" main="true" />*6
  </resources>
  <application-desc main-class="de.galileocomputing.schroedinger.java.kapitel16
    .swing.schuhe.Main" />*7
</jnlp>
```

*2 此处给出配置文件名。

*1 此处指明配置文件和JAR文件的根目录的位置。通常情况下此处都会指定**真实服务器的地址**，比如http://www.galileo-computing.de/schroedinger。这里没有写任何东西是因为仅仅是举例，**不需要用到服务器**。

*7 通过`<application-desc>`标签来指明应用程序的`main`类位置。

*3 一般信息，比如标题和程序的提供者等信息都是在`<information>`标签下的元素里声明的。

*4 这个标签说明应用程序可以在没有网络连接的条件下运行。

不用网络连接？那要怎么运行程序呀？

嗯，假设用户之前已经从网上下载了这个程序，并且已经加载到本地的JWS**缓存**中了，之后要想使用这个程序，就需要设置成不用网络连接。

*5 Java的版本信息在这里给出，要想运行该程序，用户至少得安装这里指定的Java版本……

*6 并且还可以指明JAR文件的路径。

3. 第三步：把配置文件部署在服务器上

我们现在还不能真正地进行这一步的操作，但作为演示在浏览器里打开一个配置文件就够了。在浏览器的地址栏里输入配置文件的路径，比如我这里的是`D:\dev\workspace\SchroedingerProgrammiertJava\resources\kapitel18\schuhkartonvolumenberechner.jnlp`。然后浏览器也许会询问使用这个文件要做什么，选择Java（TM）Web Start Laucher（Standard）就行了，然后“咻”地一下你的应用程序就会开始下载或运行了。

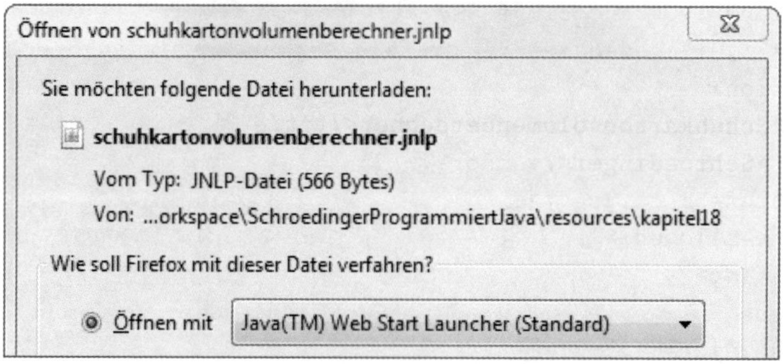

【温馨提示】

我们刚才做过哪些操作（无服务器连接的JWS）取决于浏览器，因为没有网络连接的话，作为文件头（Header）的**Mime类型**就不能通过配置文件发送出去。如果现在不明白这些定义也无须担心，至少目前不用去理会它。仅仅需要明白，文件头是一些附加信息，比如（通过HTTP协议）下载文件的话，每次下载都需要由服务器发出这个附加信息。用来**阐明传输内容类型的信息**就叫作Mime类型。在我们这个JNLP文件的例子中，Mime类型就是“application/x-java-jnlp-file”。当这个值从服务器发送出去后，浏览器就会知道该处理什么样的文件。

太棒了，我马上就给Bossingen上传一个新的版本到服务器上。

这一单元里最重要的知识

- 不论用哪一种测试框架进行代码的**自动化单元测试**，都能展现出单元测试的优势，因为你的代码总有一天**会多到不能手动测试**。
- 在进行单元测试前，必须明确类的作用和预期结果是什么。至于类是**如何**根据这个要求实现的其实并不重要。
- 在大型的项目中，“测试人员”和“开发人员”是分开的，所以经常发生软件开发人员编写测试程序，而测试人员实现被测试类。
- 测试类是一个非常普通的类。用JUnit进行测试的时候可以在测试类里定义不同的测试用例，并用`@Test`注解来标记所有的测试方法。
- `org.junit.Assert`包含了各式各样的方法，为了测试不同的东西，可以在测试用例里使用相应的方法。比如，判断两个对象是否相等，判断布尔表达的值为`true`或者为`false`，等等。使用这些方法的好处在于可以产生`AssertionError`。当一个测试失败且产生`AssertionError`时，整个测试就不会是全绿色通过，而是会变成红色。
- 不仅`AssertionError`可以导致测试失败，被抛出和没有被捕捉到的**异常**也可以导致测试失败。
- 除非在测试中出现的异常是预先设定好的。也就是说，测试中出现预期中的异常时，测试会全绿色通过。

JWS

- JWS通过**图形界面**可以提供给基于**网络部署**的应用程序服务。
- 通过一个用**JNLP格式编写的配置文件**（XML文件）可以定义不同的东西，比如，为了运行程序，指定Java的版本信息以及JAR文件的依赖关系等。

【奖励/答案】

祝贺你，小薛，你完成了所有的学习内容！最后一个装备已经准备好了：**用于碰撞试验的头盔**。它可以保护你免受错误代码的伤害。

此时此刻能让我再说几句吗?

当然可以，只是我们还剩一两页的篇幅。

好吧。我真的非常感谢你，在这18章里给我讲解的内容简直太经典了。尽管我还想多看些示例，当然不是指鞋的例子，但总体上我必须承认，我真的通过示例学到了很多东西，真的比一般入门书里的东西多很多。

谢谢，我也得感谢你，一直很好地跟着学习，坚持到最后。首先是非常基础的内容：**原始数据**、**构造函数**和**字符串**，尽管这些对于初学者来说也许会感觉有些枯燥，而且你之前可能听说过一些相关的内容，但我还是希望，你可以从这些内容里学到新的知识。

那是一定的！最开始的时候就用文字游戏来做练习，真是非常完美的入门，让我有了更多的兴趣。

很好。这主要是因为基础知识对后面三章面向对象编程的内容非常重要。

没错，我觉得，就算我没有全部弄明白或者有时也会弄错，这几章的内容对我来说也非常难得。

是的，可惜我的很多例子都是面向对象编程的，而且都是在Java环境下编写的程序。你现在已经掌握得很好了。比如你现在学会了所有**集合**（collection）和**映射**（map）的使用方法，而且还学会了抛出**异常**（exception）……

还有正确地捕捉和处理异常。

甚至那两个让人讨厌的内容，**泛型**（generics）和**线程**（thread）也没有把你难倒。我真的非常非常为你感到骄傲。

是的，这两个是难啃的骨头。

不过幸好，**输入–输出**的内容还算相对容易些，后面**部署**那章的内容也还不算难。尽管之后还有**XML**和**数据库**的知识，但这些也没有我想象中的难理解。

幸好你学会了Swing和JavaFX的知识，现在你可以创建真正的图形用户界面了。

多语言化也好理解，指的就是**本地化**、**国际化**和**格式化**。

用**正则表达式**来实现一些东西应该算是比较难的了……

说实话，我还不能说全弄明白了。

好了，小薛，来吧，让我给你一个拥抱。跟你一起学习真的太棒了！以后如果有什么想知道的，或者还有什么不明白的地方，可以直接问我。如果你们还要做小麦汤，或者你女朋友的鞋柜又需要整理，再或者Bossingen又对滑块提出新的要求，你都可以直接来问我。但现在我真的相信你有能力搞定他们。至此，你已经具备学习其他知识的能力，比如去尝试学习Android、Eclipse RCP、Java Web Service、用Java实现网络开发、Ant、Maven，或者其他在JVM上运行的编程语言，如Groovy、Scala等。